中国西部地区水资源开发利用与管理

任建民　孙　文　顾明林　编著

黄河水利出版社
·郑州·

内 容 提 要

本书介绍了中国西部地区水资源开发利用与管理，水资源开发利用分为水量资源开发利用和水能资源开发利用。水量资源开发利用包括常规水量资源开发利用和雨水资源，洪水资源，污水资源，再生水、咸水及微咸水资源，水沙等非常规水资源的开发利用，水能资源开发利用主要讲述了区域电能开发利用。在结构安排上，首先概述了水资源开发利用的基础知识，其次阐述了中国西部地区水资源开发利用及存在的问题，最后是作者关于"石羊河流域水资源开发利用与生态环境研究"的部分专题研究成果。

本书可供从事水利工程建设与管理的科研工作者和业务人员参考使用，也可作为水利工程相关专业的研究生教材使用。

图书在版编目(CIP)数据

中国西部地区水资源开发利用与管理/任建民，孙文，顾明林编著．—郑州：黄河水利出版社，2012.3

ISBN 978-7-5509-0218-3

Ⅰ.①中… Ⅱ.①任…②孙…③顾… Ⅲ.①水资源开发-研究-西北地区②水资源开发-研究-西南地区 Ⅳ.①TV213

中国版本图书馆CIP数据核字(2012)第040911号

出 版 社：黄河水利出版社

地址：河南省郑州市顺河路黄委会综合楼14层　　邮政编码：450003

发行单位：黄河水利出版社

发行部电话：0371-66026940、66020550、66028024、66022620(传真)

E-mail：hhslcbs@126.com

承印单位：河南省瑞光印务股份有限公司

开本：787 mm×1 092 mm　1/16

印张：30

字数：730千字　　印数：1—1 000

版次：2012年3月第1版　　印次：2012年3月第1次印刷

定价：95.00元

前　言

水，是生命之源、生产之要、生态之基。国民经济的发展和人类生活水平的提高无疑将受到水资源状态的制约。长期以来，水资源的不合理开发利用所造成的严重的水资源短缺和区域性的生态、环境灾害受到国际水资源与环境领域的广泛关注。现代水资源开发利用已从传统的仅对水资源量的评价与无序开发，转变为水资源量与质的综合评价、合理开发利用；不仅包括地表水、地下水常规水资源的开发利用，而且概念扩展为包括雨水资源，洪水资源，污水资源，再生水、咸水及微咸水资源，水沙等非常规资源的开发利用，包括区域水能资源的开发利用。显然，水资源的合理利用与管理已成为人类维持社会进步、国民经济可持续发展所必须采取的重要手段和保证措施。

西部地区特定的自然地理条件决定了水资源在西部经济和社会发展进程中的重要性。西部地区位于我国长江、黄河等主要江河的上游，因历史原因和自然条件的差异，或水少地多，或水多地少，生态环境脆弱，洪涝、干旱、地震、滑坡及泥石流等自然灾害发生频繁。西部水利发展严重滞后，主要存在着水资源配置不合理、开发利用效率低、水土流失和水污染严重、抗御洪涝灾害的能力差等问题。水利已成为西部地区社会经济发展、生态环境改善的重要制约因素。特别是随着西部大开发的推进，经济与社会的发展，对水资源的需求越来越高，水资源的供需矛盾也更加突出。这就需要完善西部地区水资源管理措施，制定西部地区水资源可持续利用战略，以水资源的可持续利用保障西部地区经济和社会的可持续发展。

本书的逻辑和基本结构是：首先概述了水资源开发利用的基础知识，其次阐述了中国西部地区水资源开发利用及存在的问题，最后展开案例研究。“石羊河流域水资源开发利用与生态环境研究”是作者进行多年研究的部分成果。本书第1、4、9章由任建民编写，第2、7、8章由孙文编写，第3、5、6章由顾明林编写。

本书主要内容包括9章。其中，第1章介绍了水资源的概念、特性与水资源的形成，全球和我国水量资源、水电能资源的蕴藏量及开发利用状况；第2章介绍了地表水资源开发利用工程，生活、农业、工业用水，生态用水的概念及计算方法，航运、渔业、旅游等地表水量资源的开发综合利用；第3章介绍了地下水资源开发利用的概念及模式，地下水取水构筑物，地下水资源的评价和计算，地下水开发利用规划设计；第4章介绍了雨水资源化利用模式及设计，水旱灾害资源化，污水资源化技术及再生水的利用，咸水及微咸水资源的利用，水沙灾害及水沙利用等非常规水资源开发利用；第5章介绍了西北和西南地区水资源概况、水资源开发利用状况及水资源开发利用带来的生态环境问题；第6章介绍了调水工程的发展史，世界调水工程，我国南水北调工程及西部调水工程；第7章介绍了水能计算基本方程及蕴藏量估算，水电能资源开发基本方式，我国十二大水电能源基地规划，黄河中、上游大型梯级电站群及西南地区河流的梯级水电站，我国小水电开发及水电建设出现的问题；第8章介绍了水资源管理、水资源保护的概念，西部地区水资源可持续利用；第9章是案例研究，介绍了石羊河流域水资源开发利用与生态环境研究成果。

本书的主要目的是简要介绍水量、水能资源开发利用的基本概念，西部地区水资源开发利用的发展及发展中存在的问题，供从事研究和关心我国西部地区水资源开发建设的读者参考，也可作为大专院校水电工程相关专业的辅助读物。

本书在编写过程中参考了大量的文献，所引用的数据，取自参考文献中所列的出版书籍，以及长期工作在水利水电建设战线的工程技术专家、学者、教授和院士们的研究成果论文专著。在此，向参考文献的作者们致以诚挚的敬意和谢意！引用文献时尽管作者做了细致的工作，仍存在个别文献处理不合适的可能，如果存在此问题，作者表示真诚的歉意。

特别感谢兰州大学钱菊教授、冉新民教授，兰州交通大学季日臣教授、何文社教授、张济世教授、于清高教授、董玉云教授、李明顺教授，甘肃省水文水资源勘测局赵映东教授级高级工程师、陈文雄高级工程师，甘肃省水利厅董迎新高级工程师，石羊河管理局张永明高级工程师，甘肃省水利水电学校杜红民高级讲师，景电管理局李浩武高级工程师在本书的设计、讨论、研究、编写过程中给予的无私帮助；感谢研究生李军秀、杨阳、刘德志、蒋存仁、申惟文、丁东彦在本书编写过程中所做的大量整理工作。

黄河水利出版社为本书的出版花费了大量精力，促进了本书早日问世，在此表示深深的谢意。

由于作者水平有限，不足之处敬请读者批评指正，真诚地希望提出宝贵意见。

作　者
2011 年 12 月

目　录

第1章　绪　论

水，是生命之源，是人类赖以生存和发展不可替代的自然资源，是农业的命脉、工业的血液、城市的灵魂、生命的源泉，是地球上所有生物的生存之本，是地球系统中最活跃和影响最广泛的物质。水是生态系统物质循环和能量流动的主要载体。人类四大文明是伴随着对河流的开发而发祥起来的：古埃及文明发祥于尼罗河，中华文明发祥于黄河流域，美索不达米亚文明发祥于底格里斯河和幼发拉底河两河流域，古印度文明发祥于印度河流域。由此可见，水在人类社会发展和进步过程中，起着一种不可替代的特殊作用；而且，随着人类文明的发展进步，它的战略性资源地位日益显著。在漫长的人类文明发展史上，水扮演着非同寻常的角色，未来将扮演更加重要的角色。进入21世纪，随着人口增长、经济社会发展，水资源需求量持续增长，它的战略地位将越来越突出。

新中国成立以来，中国水利建设取得了举世瞩目的巨大成就，为经济社会发展、人民安居乐业作出了突出贡献。但必须看到，人多水少、水资源时空分布不均是中国的基本国情水情。洪涝灾害频繁仍然是中华民族的心腹大患，水资源供需矛盾突出仍然是可持续发展的主要瓶颈，农田水利建设滞后仍然是影响农业稳定发展和国家粮食安全的最大硬伤，水利设施薄弱仍然是国家基础设施的明显短板。随着工业化、城镇化深入发展，全球气候变化影响加大，中国水利面临的形势更趋严峻，增强防灾减灾能力要求越来越迫切，强化水资源节约保护工作越来越繁重，加快扭转农业主要“靠天吃饭”局面的任务越来越艰巨。2010年西南地区发生特大干旱，多数省（区、市）遭受洪涝灾害，部分地方突发严重山洪泥石流，再次警示我们加快水利建设刻不容缓。为了实现水资源的可持续利用，消除水资源的瓶颈制约，促进经济长期平稳较快发展和社会和谐稳定，在水利面临的新形势下，中共中央于2011年1月29日正式公布了《中共中央　国务院关于加快水利改革发展的决定》。“一号文件”从战略和全局高度出发，明确了新时期的水利发展战略定位，强调“水是生命之源、生产之要、生态之基”，兴水利、除水害，事关人类生存、经济发展、社会进步，是治国安邦的大事。全面深刻阐述水利在现代农业建设、经济社会发展和生态环境改善中的重要地位；鲜明提出水利具有很强的公益性、基础性、战略性；将水利提升到关系经济安全、生态安全、国家安全的战略高度。

中国耕地资源稀缺已众所周知，但实际上中国水资源与其相比更加稀缺，却少为人知。“一号文件”划定“三条红线”：

第一条红线，是建立水资源开发利用的控制红线，严格实行用水总量控制。红线将明确，到2020年，全国年总用水量控制在6 700亿m^3。所谓红线，即强化刚性手段，对于取水总量已经达到或者超过总量控制指标的地区，暂停审批建设项目的新增用水，对取水总量接近取水许可控制指标的地区，限制审批新增用水。此外，还要完善配套措施，通过严格的水资源论证、严格实施取水许可和水资源有偿使用制度、强化水资源统一调度等来实现全国用水总量控制目标。

第二条红线，是建立用水效率控制红线，坚决遏制用水浪费。据了解，有关部门确定的红线是,到2015年,全国万元工业增加值的用水量要比现状下降30%以上,这是一个约束性指标。此外,全国农业灌溉水的有效利用系数要从0.5提高到0.53以上,该指标原来是预期性、引导性指标,也将成为约束性指标。这两个指标分别反映了工业、农业用水效率。从水量上讲,工业和农业用水量占总用水量的90%。

第三条红线,是建立水功能区限制纳污红线,严格控制入河排污总量。水功能限制纳污红线指标,确定为全国主要江河、湖泊水功能区达标率要提高到60%以上。"一号文件"要求,各地区要按照水功能区水质目标要求,从严核定水域纳污能力,严格控制入河湖限制排污总量;水功能区水质目标要作为各级政府水污染防治和污染减排工作的重要依据。对排污量已经超过水功能区限排总量的地区要限制审批新增取水口和入河排污口。

此外,规划水资源论证也明确写入"一号文件"。这意味着,超过红线的地区,或者水资源不足的地区,今后某些区域建设项目,尤其是耗水量大的工业、农业、服务业项目,将受到限批或者禁批,城市规模也会受到影响。而不进行水资源论证,没有获得取水许可,项目也将不得立项。"一号文件"明确水资源管理的"三条红线",就是要全社会像重视1.2亿 hm^2 耕地一样,重视水资源保护和管理。

1.1 水资源的概念与特性

1.1.1 水资源的概念

地球上的水是在一定的条件下循环再生的,过去人们普遍认为水是"取之不尽,用之不竭"的。然而,随着社会的发展,人类社会对水的需求量越来越大,加上环境污染、生态平衡破坏,人们开始感到可用水资源的匮乏。人们在长期的实践中逐渐认识到地球上水所特有的循环再生、运动变化规律,并承认水是有限的,才逐渐把水的问题连同环境保护、生态平衡等问题与人类的生息和社会发展联系在一起加以考察研究,才逐渐将水看成一种自然资源。

随着时代的进步,水资源(Water Resources)的内涵也在不断丰富和发展。迄今为止,关于水资源的定义,国内外有以下多种提法。

水资源最早出现于正式的机构名称是1894年美国地质调查局(USGS)设立的水资源处(WRD),并一直延续至今,在这里水资源和其他自然资源一道作为陆面地表水和地下水的总称。1963年,英国的《水资源法》把水资源定义为:"地球上具有足够数量的可用水。"《大不列颠大百科全书》将水资源定义为:"全部自然界一切形态的水,包括气态水、固态水、液态水的总量。"该定义将水资源赋予了广泛含义,实际上作为资源的主要属性是体现"可利用性",不能被人类利用的不能称为水资源。联合国教科文组织(UNESCO)和世界气象组织(WMO)1988年将水资源定义为:"可以利用或有可能被利用,具有足够数量和可用质量,并可适合某地水需求而长期供应的水源。"这一定义强调了水资源的"质"与"量"的双重属性,不仅考虑了水的数量,而且必须具备质量的可利用性。

在中国,对水资源的理解也各不相同。1988年颁布的《中华人民共和国水法》将水资源定义为:"地表水和地下水。"1994年《环境科学词典》将水资源定义为:"特定时空下可利用的水,是可再利用资源,不论其质与量,水的可利用性是有限条件的。"

引起对水资源的概念及内涵的不同认识和不同理解,主要原因是:水资源具有类型复杂、用途广泛、动态变化等特点，同时人们从不同角度对水资源含义有不同的理解，因此很难给以统一、准确的定义，造成对“水资源”一词理解的不一致性和认识的差异性。

水资源的定义有以下几种提法：

(1)广义的提法。包括地球上的一切水体及水的其他存在形式，如海洋、河川、湖泊、地下水、土壤水、冰川、大气水等。

(2)狭义的提法。指陆地上可以逐年得到恢复、更新的淡水。

(3)工程上的提法。指上述可以恢复、更新的淡水中，在一定的技术经济条件下可以为人们利用的那一部分水。

本书所讲的水资源仅限于狭义水资源范畴，即具有使用价值、能够开发利用的水。

1.1.2 水资源的特性

水是自然界最重要的物质组成之一，是环境中最活跃的要素。它不停地运动着，积极参与自然环境中一系列物理的、化学的和生物的过程。水资源作为自然的产物，具有天然水的特征和运动规律，表现出自然本质，即自然特性；作为一种资源在开发利用过程中，它与社会、经济、科学技术发生联系，表现出社会特征，即社会特性。

1.1.2.1 水资源的自然特性

水资源的自然特性，可以概括为水资源的系统性、流动性、有限性、可恢复性和不均匀性。

(1)系统性。无论是地表水还是地下水，都是在一定的系统内循环运动着。在一定水文地质条件下，形成水资源系统。系统内部的水，是不可分割的统一整体，水力联系密切。人类经历了从以单个水井为评价单元到含水层、含水岩组再到含水系统整体评价的历史发展过程。把具有密切水力联系的水资源系统，人为地分割成相互独立的含水层或单元，分别进行水量、水质评价，是导致水质恶化、水量枯竭、水环境质量日趋下降的重要原因。

(2)流动性。水资源与其他固体资源的本质区别在于其具有流动性，它是循环中形成的一种动态资源，具有流动性。地表水资源和地下水资源均是流体，水通过蒸发、水汽输送、降水、径流等水文过程，相互转化，形成一个庞大的动态系统。因此，水资源的数量和质量具有动态的性质，当外界条件变化时，其数量和质量也会变化。例如，河流上游取水量越大，下游水量就会越小；上游水质污染会影响到下游等。

(3)有限性。水资源处在不断地消耗和补充过程中，具有恢复性强的特征。但实际上全球淡水资源的储量是十分有限的。全球的淡水资源仅占全球总水量的2.5%，大部分储存在极地冰帽和冰川中，真正能够被人类直接利用的淡水资源仅占全球总水量的0.8%。可见，水循环工程是无限的，水资源的储量是有限的。

(4)可恢复性。水资源的可恢复性又被称为再生性。地表水和地下水处于流动状态，在接受补给时，水资源量相对增加；在进行排泄时，水资源量相对减少。在一定条件下，这种补排关系大体平衡，水资源可以重复使用，具有可恢复性。这一特性与其他资源具有本质区别。地下水量恢复程度随条件而不同，有些情况下可以完全恢复，有时却只能部分恢复。在地表水、地下水开发利用过程中，如果系统排出的水量很大，超出系统的补给能力，势必会造成地下水位下降，引起地面沉降、地面塌陷、海水倒灌等环境及水文地质问题，水资源就不可能得到完全恢复。

(5)不均匀性。地球上的水资源总量是有限的，在自然界中具有一定的时间、空间分布。时空分布的不均匀性是水资源的又一个特性。

我国幅员广阔，地处亚欧大陆东侧，跨高、中、低三个纬度区，受季风与自然地理特征的影响，南北气候差异很大，致使我国水资源的时空分布极不均衡。

我国地下水资源分布与降水的区域变化规律一致。南方水资源丰富，北方水资源贫乏。约占全国总面积60%的北方15省(自治区、市)地下水补给资源量约$2\ 600\times10^{8}\ m^{3}/a$，约占全国的30%，而约占全国总面积40%的南方地区地下水补给资源量约为$6\ 100\times10^{8}\ m^{3}/a$，约占全国的70%。北方是我国地下水开采量和开采强度最大的地区，因此在相当长的时期内，我国北方在开源节流、合理开发利用水资源以及协调城市(工业)用水与农业用水等方面面临着更大的压力。从长远看，为从根本上改变我国北方水资源的紧缺状况，提出了跨流域调水并实现水资源在地区上再分配的艰巨任务。

我国各地的径流年内分配在很大程度上取决于降水的季节分配，很不均衡。在广大的东北、华北、西北与西南地区，降水量一般集中在6～9月，占正常年降水量的70%～80%，12月至次年2月降水极少，气候干旱。

我国年径流C_v值的分布也同年径流分布一样，具有明显的地带性，但两者的趋势相反。年径流的C_v值反映地区年径流的相对变化程度，C_v值大表明年径流变化剧烈，故C_v值从东南向西北增大，即从丰水带的0.2～0.3增至缺水带的0.8～1.0。

我国水资源在时空上分布的极不均匀性，不仅造成频繁的大面积水旱灾害，而且对水资源的开发利用十分不利，在干旱年份还加剧了缺水地区城市、工业与农业用水的困境。

1.1.2.2 水资源的社会特性

水资源的社会特性主要指水资源在开发利用过程中表现出的资源的商品特性、不可替代特性和环境特性。

(1)商品特性。水资源一旦被人类开发利用，就成为商品，从水源地送到用户手中。由于水的用途十分广泛，涉及工业、农业、日常生活等国民经济的各个方面，在社会物质流通的整个过程中水资源流通的广泛性非常巨大，是其他任何商品无法比拟的。与其他商品一样，水的价值也遵循市场经济的价值规律，水的价格受各种因素的影响。

(2)不可替代特性。水资源是一种特殊的商品。其他物质可以有替代品，而水则是人类生存和发展必不可少的物质。水资源的短缺将制约社会经济的发展和人民生活水平的提高。

(3)环境特性。水资源的环境特性表现为两个方面：一是水资源的开发利用对社会经济的影响，这种影响有时是决定因素，在缺水地区，工农业生产结构及经济发展模式都直接或间接地受到水资源数量、质量、时空分布的影响，水资源的短缺是制约经济发展的主要因素之一；二是水作为自然环境要素和重要的地质营力，水的运动维持着生态系统的相对稳定以及水、土和岩石之间的力学平衡。水资源一旦被开发，这些稳定和平衡有可能被破坏，产生一系列环境效应。例如，拦河造坝，会使下游泥沙淤积、河道干涸，同时可使上游地下水位上升，引起沼泽化；过度开采地下水，会产生地面沉降、地面塌陷、海水入侵等问题。水资源开发利用与环境保护是相互矛盾的，一般来说，水资源的开发利用总会不同程度地改变原有的自然环境，打破原有的平衡。因此，应该寻找水资源开发与环境保护两者协调、和谐发展的途径，科学合理地开发水资源，尽可能减轻或延缓负环境效应，走可持续发展的路子。

（4）利与害的两重性。水资源的利、害两重性主要表现为：一方面，水作为重要的自然资源，可用于灌溉、发电、供水、航运、养殖、旅游及净化水环境等各个方面，给人类带来各种利益；另一方面，由于水资源时间变化上的不均匀性，当水量集中得过快、过多时，不仅不便于利用，还会形成洪涝灾害，甚至给人类带来严重灾难，到了枯水季节，又可能出现水量锐减，满足不了各方面需水要求的情形，甚至给社会发展造成严重影响。水资源的利、害两重性不仅与水资源的数量及其时空分布特性有关，还与水资源的质量有关。当水体受到严重污染时，水质低劣的水体可能造成各方面的经济损失，甚至给人类健康以及整个生态环境造成严重危害。人类在开发利用水资源的过程中，一定要用其利、避其害。"除水害、兴水利"一直是水利工作者的光荣使命。

1.2 水资源的形成

1.2.1 地球水储量及分布

水是地球极其丰富的自然资源，它以气态、固态和液态三种基本形态存在于自然界之中，分布极其广泛。表1-1是地球水圈储存于各种介质中的水分布情况。

表1-1 地球水圈水储量分布

水体种类	水储量		咸水		淡水	
	$\times 10^3$ km^3	占总水量百分比（%）	$\times 10^3$ km^3	占咸水百分比（%）	$\times 10^3$ km^3	占淡水百分比（%）
海洋水	1 338 000	96.54	1 338 000	99.04	0	0
冰川与永久积雪	24 064.1	1.74	0	0	24 064.1	68.697 2
地下水	23 400	1.69	12 870	0.95	10 530	30.060 6
永冻层中冰	300	0.022	0	0	300	0.856 4
湖泊水	176.4	0.013	85.4	0.006	91	0.259 8
土壤水	16.5	0.001 2	0	0	16.5	0.047 1
大气水	12.9	0.000 9	0	0	12.9	0.036 8
沼泽水	11.74	0.000 8	0	0	11.47	0.032 7
河流水	2.12	0.000 2	0	0	2.12	0.006 1
生物水	1.12	0.000 1	0	0	1.12	0.003 2
总计	1 385 984.88	100	1 350 955.4	100	35 029.21	100

注：贺伟程，世界水资源。中国水利大百科全书·水利，北京：中国大百科全书出版社，1992。

地球水圈是"四圈"（岩石圈、水圈、大气圈和生物圈）中最活跃的圈层。所谓的水圈，就是由地球地壳表层、表面和围绕地球的大气层中液态、气态和固态的水组成的圈层，大部分水以液态形式存在，如海洋、地下水、地表水（湖泊、河流）和一切动植物体内存在的生物水等，少部分以水汽形式存在于大气中形成大气水，还有一部分以冰雪等固态形式存在于地球的南北极和陆地的高山上。从表1-1可以看出，地球上的水量是极其丰富的，其总储水量约为 13.86×10^{8} km^{3}，大部分水储存在低洼的海洋中，占 96.54%，而且 97.47%（分布于海洋、地下水和湖泊水中）为咸水，淡水仅占总水量的 2.53%，且主要分布在冰川与永久积雪（占 68.70%）和地下水（占 30.06%）之中。如果考虑现有的经济、技术能力，扣除无法取用的冰川和高山顶上的冰雪储量，理论上可以开发利用的淡水不到地球总水量的 1%；实际上，人类可以利用的淡水量远低于此理论值，主要是因为在总降水量中，有些是落在无人居住的地区（如南极洲），或者降水集中于很短的时间内，由于缺乏有效的水利工程措施，很快流入海洋之中。由此可见，尽管地球上的水是取之不尽的，但适合饮用的淡水水源是十分有限的。

1.2.2 地球上的水循环

在自然因素和人类活动的影响下，自然界各种形态的水体处在不断运动和相互转化之中，即各种形态的水体不断地循环、交替与更新，形成了地球上的水循环。

在太阳辐射能的作用下，水从海洋及陆地的江、河、湖和土壤表面蒸发上升，遇冷凝结而以降水的形式又回到陆地或水体。降到地面的水，除植物吸收和蒸发外，一部分渗入地表以下形成地下径流，另一部分沿地表流动形成地面径流，并通过江河汇流进入海洋；然后又继续蒸发、运移、凝结形成降水。水分的这种周而复始的运动称为地球上的水循环（见图 1-1）。

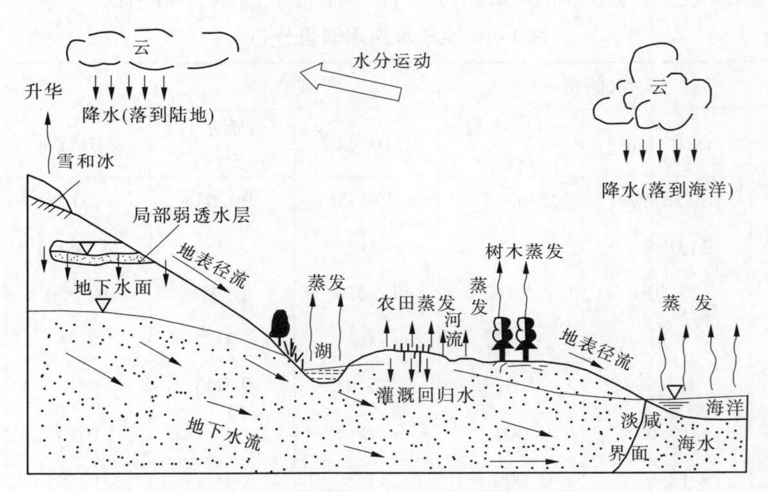

图 1-1　地球水循环示意图

地球上的水循环，根据其循环途径分为大循环和小循环。

大循环也称为海—陆循环，它是由于海陆分布不均及大气环流作用形成的。具体表现为：海洋中的水分经蒸发进入到大气中以后，一部分飘移到大陆上空形成积云，然后以降水的形式降落到地面。降落到地面的雨水，一部分形成地表径流，通过江河汇流进入海洋；另一部分则渗入地下形成地下水，又以地下径流或泉流的形式注入江河或海洋。

小循环包括陆地—陆地水循环以及海洋—海洋水循环。陆地—陆地水循环指陆地上的水，通过蒸发作用（包括江、河、湖、水库等水面蒸发，潜水蒸发，陆面蒸发及植物蒸腾等）上升到大气中形成积云，然后以降水的形式降落到陆地上。海洋—海洋水循环主要是海水通过蒸发成水蒸气而上升，再以降水的形式降落到海洋中。

水循环是地球上最主要的物质循环之一。通过形态的变化，水在地球上起到输送热量和调节气候的作用。显然,水循环对于地球环境的形成、演化和人类生存都有着重大的作用和影响。例如,水在其吸热和散热过程中参与了气温调节,使地球得以保持大体稳定的温度,又对一个地区的气候产生重要的影响;同时,水的循环又直接对地貌的形成与变化产生影响。水的不断循环和更新为淡水资源的不断再生提供条件,为人类和生物的生存提供基本的物质基础。实际上,陆地上的小循环对人类的经济活动产生更为直接的影响。

根据联合国 1978 年的统计资料,参与全球动态平衡的循环水量为 $0.005\ 77 \times 10^8\ km^3$,仅占全球水储量的 0.049%。参与全球水循环的水量中,地球海洋部分的比例大于地球陆地部分,且海洋部分的蒸发量大于降水量,见表 1-2。

表 1-2　全球水循环状况

分区	面积($\times 10^4\ km^2$)	水量(km^3)		
		降水	径流	蒸发
世界海洋	36 100	458 000	47 000	505 000
世界陆地	14 900	119 000	47 000	72 000
全球	51 000	577 000		577 000

参与循环的水,无论从地球表面到大气、从海洋到陆地或是从陆地到海洋,都在经常不断地更替和净化自身。地球上各类水体由于其储存条件的差异,更替周期具有很大的差别,表 1-3 列出各种不同水体的更新周期。

表 1-3　各种不同水体的更新周期

水体种类	更替周期(a)	水体种类	更替周期(a)
永冻层底冰	10 000	沼泽水	5
基地冰川和雪盖	9 700	土壤水	1
海洋水	2 500	河川水	16 d
高山冰川	1 600	大气水	8 d
深层地下水	1 400	生物水	几小时
湖泊水	17		

所谓更新周期,指在补给停止的条件下,各类水从水体中排干所需要的时间,一般可按下式进行估算

$$T = W/Q \tag{1-1}$$

式中:T 为水循环的更新周期,d;W 为地球水圈中某种水体的体积,km^3;Q 为单位时间内进入该水体的交换量,km^3/d。

1.2.3　中国水循环的途径

我国地处西伯利亚干冷气团和太平洋暖湿气团进退交锋地区,一年内水汽输送和降水量的变化主要取决于太平洋暖湿气团进退的早晚和西伯利亚干冷气团强弱的变化,以及7 ~ 8 月间太平洋西部的台风情况。

我国的水汽主要来自东南海洋,并向西北方向移运,首先在东南沿海地区形成较多的降水,越向西北,水汽量越少。来自西南方向的水汽输入也是我国水汽的重要来源,主要是由于印度洋的大量水汽随着西南季风进入我国西南,因而引起降水,但由于崇山峻岭阻隔,水汽不能深入内陆腹地。西北边疆地区,水汽来源于西风环流带来的大西洋水汽。此外,北冰洋的水汽,借强盛的北风,经西伯利亚、蒙古进入我国西北,因风力较大而稳定,有时甚至可直接通过两湖盆地而到达珠江三角洲,但所含水汽量少,引起的降水量并不多。我国东北方的鄂霍茨克海的水汽随东北风来到东北地区,对该地区降水起着相当大的作用。

综上所述,我国水汽主要从东南和西南方向输入,水汽输出口主要是东部沿海。输入的水汽,在一定条件下凝结、降水成为径流。其中大部分经东北的黑龙江、图们江、绥芬河、鸭绿江、辽河,华北的滦河、海河、黄河,中部的长江、淮河,东南沿海的钱塘江、闽江,华南的珠江,西南的元江、澜沧江以及中国台湾省各河注入太平洋;少部分经怒江、雅鲁藏布江等流入印度洋;还有很少一部分经额尔齐斯河注入北冰洋。

一个地区的河流,其径流量的大小及其变化取决于所在的地理位置,以及水循环路线中外来水汽输送量的大小和季节变化,也受当地水汽蒸发多少的控制。因此,要认识一条河流的径流情势,不仅要研究本地区的气候及自然地理条件,也要研究它在大区域内水分循环途径中所处的地位。

1.2.4 水量平衡

根据质量守恒原理,对于任一区域,在任一时段内,输入的水量与输出的水量之差应等于该区域内水量的变化量,这就是水量平衡原理。水量平衡原理是水文学的基础,在水文资料的分析、水文计算和水利计算等方面被广泛应用。

1.2.4.1 流域的水量平衡

对于不闭合流域,以年为计算时段的水量平衡方程为

$$P = E + R \pm \Delta U \pm \Delta W \tag{1-2}$$

式中:P 为流域年降水量,mm;E 为流域年蒸发量,mm;R 为流域年径流量,mm;ΔU 为流域年蓄水变量,mm;ΔW 为流域不闭合时与相邻流域的交换量,mm。

对于闭合流域,$\Delta W = 0$,则以年为计算时段的水量平衡方程为

$$P = E + R \pm \Delta U \tag{1-3}$$

若取多年平均的情况,流域年蓄水变量 ΔU 近似为0,则水量平衡方程为

$$\overline{P} = \overline{E} + \overline{R} \tag{1-4}$$

式中:$\overline{P}$ 为流域多年平均降水量,mm;$\overline{E}$ 为流域多年平均蒸发量,mm;$\overline{R}$ 为流域多年平均径流量,mm。

1.2.4.2 全球水量平衡

全球的陆面作为一个整体,其多年平均的水量平衡方程可由式(1-4)得出

$$\overline{P}_{\mathrm{L}} = \overline{E}_{\mathrm{L}} + \overline{R}_{入海} \tag{1-5}$$

式中:$\overline{P}_{\mathrm{L}}$ 为全球陆面多年平均降水量,mm;$\overline{E}_{\mathrm{L}}$ 为全球陆面多年平均蒸发量,mm;$\overline{R}_{入海}$ 为全球陆面多年平均入海径流量,mm。

全球的海洋作为一个整体,其多年平均的水量平衡方程为

$$\overline{P}_{H} = \overline{E}_{H} - \overline{R}_{入海} \tag{1-6}$$

式中：$\overline{P}_{H}$ 为全球海洋多年平均降水量，mm；$\overline{E}_{H}$ 为全球海洋多年平均蒸发量，mm。

全球的海洋与陆面作为一个整体，其多年平均的水量平衡方程为

$$\overline{P}_{Q} = \overline{E}_{Q} \tag{1-7}$$

式中：$\overline{P}_{Q}$ 为全球多年平均降水量，mm；$\overline{E}_{Q}$ 为全球多年平均蒸发量，mm。

这表明，全球的多年平均降水量与其多年平均蒸发量相等。据统计，它们的数值约为 577 000 km^3。全球水量平衡及我国主要江河的水量平衡见表 1-4 和表 1-5。

表 1-4　全球水量平衡

水量	面积	多年平均降水量		多年平均蒸发量		多年平均入海径流量	
	$\times 10^6$ km^2	mm	km^3	mm	km^3	mm	km^3
陆地	149	800	119 000	485	72 000	315	47 000
海洋	361	12 700	458 000	1 400	505 000	130	47 000
全球	510	1 130	577 000	1 130	577 000		

注：本表引自《地球的世界水平衡和水资源》，1974 年。

表 1-5　我国主要江河的水量平衡

水量	松花江	黄河	淮河	长江	珠江	雅鲁藏布江
流域面积（km^2）	549 655	752 443	261 504	1 807 199	452 616	246 000
降水（mm）	525	468	867	1 060	1 547	699
蒸发（mm）	380	382	633	529	727	225
径流（mm）	145	86.5	234	531	820	474

1.3　水量资源开发利用

人类对水资源开发利用的认识经历了一个漫长的历史时期。在古代社会，努力适应水环境变化，力图达到趋利避害、增利减害的目的；在近代社会，为了兴利除害，追求对水资源进行多目标开发；在现代社会，对于水资源的利用进入了密切协调社会与自然关系的阶段，更加注意社会、经济效益和生态平衡，以期获得最大的综合效益。

1.3.1　全球水资源的开发利用

1.3.1.1　全球水资源开发利用的状况

据统计，在过去的 300 年中，人类用水量增加了 35 倍多，尤其是在近几十年里，取水量每年递增 4% ~8%，增加幅度最大的主要是发展中国家，而工业化国家的用水状况趋于稳定。由于世界各地人口及水资源数量的差异性，人均用水量差别较大。发达国家的人均年用水量是发展中国家和工农业落后地区的 3 ~8 倍。

1980 年的统计结果表明，全球水资源的利用量为 0.324×10^4 km^3，其中 69% 用于农业，

23%用于工业,8%为居民用水。

1)农业用水

就全球而言,历年来农业用水一直占全部用水量的2/3以上。不同自然条件、不同作物组成和不同的灌溉方式下,用水量大小也有差别。随着灌溉面积的增加,用水量将大幅度增加。灌溉方式的改变,在一定程度上降低了农田灌溉用水量。如在我国,用传统的灌溉方式——漫灌和畦灌,灌溉用水量为7 500 m^3/hm^2,而喷灌和滴灌仅为3 000 m^3/hm^2,可降低灌溉用水量60%左右。20世纪70年代以来,在发达国家,如日本、美国等,集约高效农业的发展,节水灌溉措施的加强与节水灌溉技术的应用,使得农业产量增加而用水量基本稳定。20世纪80年代以来,以色列的农业灌溉普遍采用计算机自动控制的滴灌与喷灌技术,农业用水减少了30%,并将全国70%的废水处理后用于灌溉,大大提高了水资源的利用效率。

2)工业用水

工业用水是全球水资源利用的一个重要组成部分。工业用水取水量约为全球总取水量的1/4。工业用水的组成是十分复杂的,用水量的多少取决于各类工业的生产方式、用水管理、设备水平和自然条件等,同时取决于各国的工业化水平。

20世纪50年代至80年代初,发达国家工业生产的迅猛发展,使得工业用水量经历了一段快速增长的过程。工业用水占总用水量的比例由8%迅速提高到28%左右。随着工业结构的调整、工艺技术的进步、工业节水水平的提高,发达国家的工业用水量增长逐渐放缓,达到零增长,甚至出现负增长,而工业用水回收利用率持续提高。

发展中国家由于工业基础相对较为薄弱,工业经济发展水平低下,用于工业的水量占总用水量的比例偏低,大多不到10%。工业用水的增长仍具有一定的空间。用水浪费仍是发展中国家不可忽视的重要问题。

3)生活用水

居民生活用水量随着人口的增加和生活水平的提高而增加,同时与自然界的气候有关。尤其是随着居民生活水平的不断提高,不仅对水资源的数量要求较高,而且对水资源的质量具有较高的要求。总体来说,全球的生活用水量仅占全球总用水量的很小一部分,约为8%。随着生活水平的提高,生活用水量增长较大,世界各大城市中居民用水量也相差甚远。发达国家的主要城市中居民用水水平是发展中国家的数倍,是贫穷国家的数十倍。

4)地下水资源在全球供水中的位置

在全球水资源的开发利用过程中,地下水资源由于水质优良、清洁卫生、受污染程度轻而在供水中占据十分重要的地位。图1-2表示日本城市生活用水中地下水和地表水所占的比例,地下水占总用水量的30%。图1-3则表示英国不同用水目的地下水和地表水所占的比例,表明在英国地下水的利用占有相当重要的地位。尤其在农业用水中,1984年地下水量占总农业用水量的92.6%,多年(1974~1984年)平均高达86.4%,这一比例甚至高于我国农业用水中地下水所占的比例。据统计,在我国农业用水中地下水占80%左右,全国近75%的人口饮用地下水。

1.3.1.2 全球水资源开发利用的趋势

20世纪初以来,全球工业化的不断发展及居民生活水平的不断提高,使工业化带来的城市化速度加快,农业生产不断发展,这就造成全球用水量和取水量的不断增加,尤其是第二次世界大战以来,工农业发展的迅速加快导致用水量的大幅度增加。表1-6为世界主要

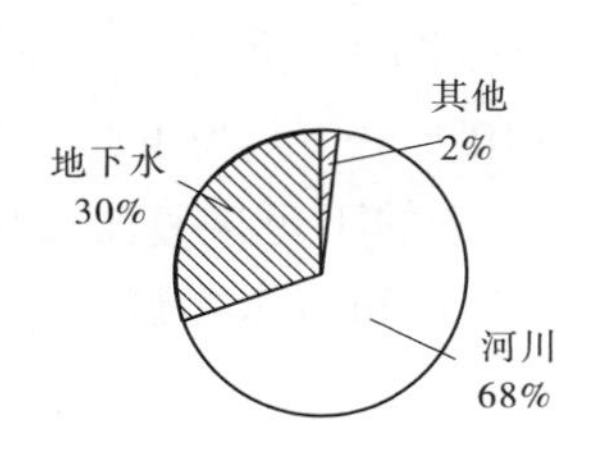

图 1-2　日本城市生活用水中地下水和地表水所占的比例

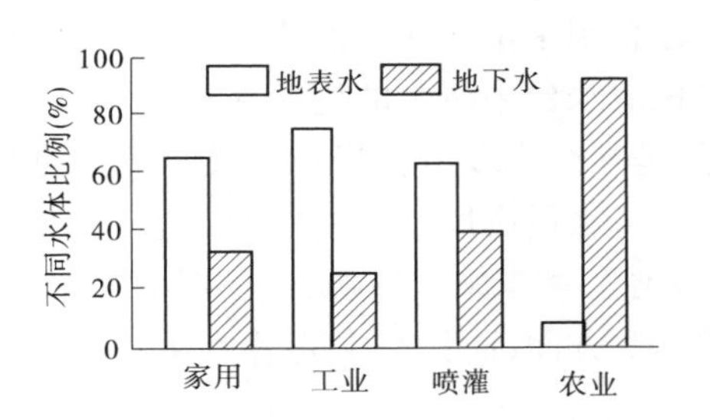

图 1-3　英国不同用水目的地下水和地表水所占的比例

用水部门用水量/不可恢复水量的统计。

表 1-6　世界主要用水部门用水量/不可恢复水量的统计　（单位:km^3/a）

用水部门	用水量/不可恢复水量							
	1900 年	1940 年	1950 年	1960 年	1970 年	1975 年	1985 年	2000 年
城市	20/5	40/8	60/11	60/14	120/20	150/25	250/38	440/65
农业	350/260	660/480	860/630	1 500/1 150	1 900/1 500	2 100/1 600	2 400/1 900	3 400/2 600
工业	30/2	120/6	190/9	310/15	510/20	630/25	1 100/45	1 900/70
总计	400/267	820/494	1 110/650	1 870/1 179	2 530/1 540	2 880/1 650	3 750/1 983	5 740/2 735

注:分子为用水量,分母为不可恢复水量。

从表 1-6 中可见:

(1)1900 年全球总的用水量为 400 km^3,1900 ~ 1940 年 40 年间的用水量约翻一番;1940 ~2000 年间隔 15 ~25 年就翻一番,2000 年全球总的用水量达到 5 740 km^3,是 1900 年全球总用水量的约 15 倍。其中,不可恢复水量(主要指植物蒸腾量、地表蒸发量和土壤蒸发量)约占 50%。

(2)农业用水量及农业用水中不可恢复水量均最高。1900 年农业用水量为 350 km^3,占总用水量的 87.5%;到 2000 年时达到 3 400 km^3,占总用水量的 59.2%,100 年间增长约 10 倍,平均每隔 10 年增加 1 倍。不可恢复水量占用水量的 75%左右。应该注意到,自 1900 年以来,农业用水量占总用水量的比例在逐年下降。农业节水措施的实施和灌溉方式的改变是造成这一变化趋势的关键所在。

(3)工业用水量在 1900 ~ 1975 年间相对较少,在总用水量中所占的比例较低,一般低于 20%,但增长幅度大。1900 年用水量仅 30 km^3,占总用水量的 7.5%;到 1940 年,用水量增长 3 倍,所占总用水量的比例提高了 1 倍;1960 年用水量增长 9 倍;1975 年增长 20 倍;到 2000 年工业用水在 100 年间增长 60 倍以上,达到 1 900 km^3,占总用水量的 33.1%。不可恢复水量只占用水量的 3.7%。

(4)在整个用水组成中,生活用水量所占的比例最小,一般不超过总用水量的 10%。但用水量的增长幅度较大,速度较快。1900 年用水量为 20 km^3,2000 年达到 440 km^3,增长了 21 倍,相当于 4.5 年增长 1 倍。其中不可恢复水量只占用水量的 15%。

由上述可知,全球用水量随着社会的发展在不断提高,综观 20 世纪用水量的变化,以工业用水取水量增加幅度最大,2000 年的工业用水量是 1900 年工业用水量的 63 倍,而且工业用水量在总用水量中所占的比例在未来的用水中仍将迅速增加。还应注意到，尽管农业用水量在总用水量中所占的比例在逐年降低，但农业用水量基数大，仍占总用水量的60%以上，仍然是当今和今后相当长一段时间内的水资源开发利用大户。尤为重要的是，农业用水的不可恢复水量占用水量的比例又远远大于工业和生活用水的不可恢复水量的比例，高达75%。因此，在未来水资源开发利用过程中，农业用水的方式和节水措施将是克服水资源短缺的重要方面，而且节水的潜力巨大。

1.3.2　中国水资源的开发利用

由于受热带、太平洋低纬度上温暖而潮湿气团的影响以及西南的印度洋和东北的鄂霍茨克海的水蒸气的影响，在我国的东南地区、西南地区以及东北地区降水量充沛，使我国成为世界上水资源相对比较丰富的国家之一。

我国水资源总量约为28 124 $\times 10^8$ m^3，居世界第6位，仅次于巴西、俄罗斯、加拿大、美国、印度尼西亚，其中地表水资源约占94%，地下水资源仅占6%左右。虽然我国水资源总量不少，但人均水资源量仅2 400 m^3 左右，不足世界人均占有量的1/4，居世界第121位，被列入13个贫水国家之一。由于受技术经济条件限制，目前我国河川年径流总量（对应于75%的保证率）中的可用水量只有7 000 $\times 10^8$ m^3 左右。

我国地域辽阔，地处亚欧大陆东侧，跨越高、中、低三个纬度区，受季风、自然地理特性的影响，南北气候差异很大，致使我国的水资源时空变化极大。水资源在时空分布上的极不均匀性，不仅会造成频繁的水灾、旱灾，而且对地表水资源的开发利用也是十分不利的，同时加剧了缺水地区的用水困难。

1.3.2.1　空间分布特征

我国地表水资源总的趋势是东南多、西北少，由东南沿海向西北内陆逐渐减少。表1-7为我国径流地带区划及降水、径流分区情况。年地表水资源量可近似以年径流量表示，而年径流量是由年降水量决定的。干旱与否，一般以年降水深度400 mm为分界线。我国约有45%国土处于400 mm以下，属于干旱少水地区。我国沿海地区与内蒙古、宁夏等地区相比，年降水量相差达8倍以上，年径流深相差达90倍之多。可见，我国地表水资源在地区分布上是极其不均衡的。要改变我国北方水资源紧缺状况，现已提出跨流域调水，以实现水资源在地区上的再分配，但任务将是艰巨的。

1）降水、河流分布的不均匀性

我国水资源空间分布的特征主要表现为，降水和河川径流的地区分布不均，水土资源组合很不平衡。据统计，我国多年平均年降水量约61 889 $\times 10^8 m^3$，折合降水深度为648 mm，与全球陆地多年平均降水深800 mm相比约低20%，也小于亚洲多年平均降水深740 mm。

我国各省、市、自治区年降水量差异也比较大。由于夏季季风是中国降水的主要水汽来源，年降水量从东南向西北逐渐减少。夏季季风控制时间最长的东南沿海一带，年降水深度超过1 600 mm，西北非季风区降水深度一般小于200 mm。从东北大兴安岭到中国西南与不丹边境画一条500 mm的等雨量线，可大致把中国分为西北和东南两半，东北长白山区年降水量可以多达800 ~1 000 mm，长江中下游及其以南都在1 000 mm以上，东南沿海、台湾、海南岛许多地方降水深度还超过了2 000 mm，中印边境东段有些地区年降水深度在

4 000 mm 左右，是中国大陆上降水深度最大的地区。

表 1-7　我国径流地带区划及降水、径流分区

降水分区	年降水量（mm）	年径流（mm）	径流分区	大致范围
多雨	>1 600	>900	丰水	海南、广东、福建、台湾大部、湖南山地、广西南部、西藏西南部、西藏东南部、浙江
湿润	800 ~ 1 600	200 ~ 900	多水	广西、云南、贵州、四川、长江中下游地区
半湿润	400 ~ 800	50 ~ 200	过渡	黄河、淮河、海河流域，山西，陕西，东北大部，四川西北部，西藏东部
半干旱	200 ~ 400	10 ~ 50	少水	东北西部、内蒙古、甘肃、宁夏、新疆西部和北部、西藏北部
干旱	<200	<10	缺水（干涸）	内蒙古、宁夏、甘肃的沙漠、柴达木盆地、塔里木盆地、准噶尔盆地

我国的雨季类型丰富。长江中下游地区是春雨梅雨区，3 月份雨量开始迅速增加，一直到 6 月底（南部）或 7 月上旬（北部），梅雨结束，雨量锐减，接着就进入伏旱和秋高气爽时期，直到 11 月份，雨日开始增多，进入雨量不大但阴雨日数较多的冬季。淮河以北是夏雨区，主要是东南季风大雨带盛夏北上所造成的，因而雨量大都集中在 7 ~ 8 月。全年少雨区南侧的云南、西藏和四川西部地区，雨季中的雨量主要来自印度洋上的西南季风，所以雨季在6 ~ 9月。雅鲁藏布江河谷及西藏西部地区，西南季风盛行晚而结束早，因而雨季缩短至7 ~ 8月。拉萨7 ~ 8 月雨量占年雨量的 64%，西部的噶尔更高达 70% 之多。而云南西南部雨季则长达5 ~ 10 个月。在东部春雨梅雨区和西部夏秋雨区之间，春有春雨，秋有秋雨，雨季多长达半年之久，广东、广西、台湾大部和福建南部地区，4 ~ 5 月是东南季风大雨期，接着西南季风盛行，8、9 月份台风频繁登陆，所以雨季也较长，雷州半岛、海南岛台风雨季可延长到 10 月份。仅台湾东北端，因冬半年面迎东海上来的东北季风，因而成为我国唯一雨季在冬天的地区。

我国是一个多河流分布的国家，流域面积在 100 km^2 以上的河流有 5 万多条，流域面积在 1 000 km^2 以下的河流有 1 500 条。在数万条河流中，年径流量大于 7.0 km^3 的大河流有 26 条。我国河流的径流量主要分布在东南和中南地区，与降水量的分布具有高度一致性。

全国河川年平均总径流量约为 2 710 km^3，仅次于巴西、苏联、加拿大、美国、印度尼西亚。我国人均占有河川年径流量约为 2 327 m^3，仅相当于世界人均占有量的 1/4，美国人均占有量的 1/6，苏联人均占有量的 1/8。上述径流地带的分布受降水、地形、植被、土壤和地质等多种因素的影响，其中降水影响是主要的。由此可见，我国东南部属于丰水带和多水带，西北部属于少水带和缺水带，中间部分及东北地区属于过渡带。

2）地下水资源分布的不均匀性

地下水资源作为水资源的重要组成部分，其分布受地形及其主要补给源——降水量的制约。我国是一个地域辽阔、地形复杂、多山分布的国家，山区（包括山地、高原和丘陵）约占全国面积的 69%，平原和盆地约占 31%。地形特点是西高东低，北方分布的大型平原和盆地成为地下水储存的良好场所。东西向排列的昆仑山—秦岭山脉，成为我国南北方的分界线，对地下水资源量的区域分布产生了深刻影响。

另外，年降水量由东南向西北递减所造成的东部地区湿润多雨、西北部地区干旱少雨的降水分布特征，对地下水资源的分布起到重要的控制作用。

正是地形上、降水上的分布差异性，使我国不仅在地表水资源上表现为南多北少的局面，而且北方和南方地下水天然资源量和地下水开采资源量对比，地下水资源仍具有南方丰富、北方贫乏的空间分布特征。全国各省、自治区、直辖市水资源总量统计见表 1-8。

表 1-8　全国各省、自治区、直辖市水资源总量统计

省、自治区、直辖市	地表水平均资源量（$\times10^8$ m^3）	地下水（$\times10^8$ m^3）	复计算量（$\times10^8$ m^3）	平均年资源量（$\times10^8$ m^3）	平均年产水模量（$\times10^4$ m^3/km^2）
北京市	25.3	26.2	10.7	40.8	24.29
天津市	10.8	5.8	2.0	14.6	12.91
河北省	167	145.8	75.9	236.9	12.62
山西省	115	94.6	66.1	143.5	9.13
内蒙古自治区	371	248.3	112.6	506.7	4.39
辽宁省	325	105.5	67.3	363.2	24.96
吉林省	345	110.1	65.1	390.0	20.69
黑龙江省	647	269.3	140.5	775.8	16.62
上海市	18.6	12.0	3.7	26.9	43.49
江苏省	249	115.3	33.9	330.4	31.88
浙江省	885	213.3	201.2	897.1	88.12
安徽省	617	166.6	106.8	676.8	48.49
福建省	1 168	306.4	305.7	1 168.7	96.28
江西省	1 416	322.6	316.2	1 422.4	85.08
山东省	264	154.2	83.2	335.0	21.85
河南省	311	198.9	102.2	407.7	24.41
湖北省	946	291.3	256.1	981.2	52.78
湖南省	1 620	374.8	368.2	1 626.6	76.79
广东省	1 801	545.9	522.8	1 824.1	100.66
海南省	310	159.0			
广西壮族自治区	1 880	397.7	397.7	1 880.0	79.05
四川省	3 131	801.6	798.8	3 133.8	55.21
贵州省	1 035	258.9	258.9	1 035.0	58.76
云南省	2 221	738.0	738.0	2 221.0	57.86

续表 1-8

省、自治区、直辖市	地表水平均资源量（$\times10^8$ m^3）	地下水（$\times10^8$ m^3）	复计算量（$\times10^8$ m^3）	平均年资源量（$\times10^8$ m^3）	平均年产水模量（$\times10^4$ m^3/km^2）
西藏自治区	4 482	1 094.3	1 094.3	4 482.0	37.31
陕西省	420	165.1	143.2	441.9	21.50
甘肃省	273	132.7	131.4	274.3	6.93
青海省	623	258.1	254.9	626.2	8.66
宁夏回族自治区	8.5	16.2	14.8	9.9	1.92
新疆维吾尔自治区	793	579.5	489.7	882.8	5.36
台湾省	637	138.7	111.6	664.1	184.57
全国	27 115.2	8 446.7	7 273.5	27 819.4	29.46

占全国总面积60%的北方地区，水资源总量（约为579 km^3/a）只占全国水资源总量的21%，不足南方的1/3。北方地区地下水天然资源量约260 km^3/a，约占全国地下水天然资源量的30%，不足南方的1/2。而北方地下水开采资源量约140 km^3/a，占全国地下水开采资源量的49%，宜井区开采资源量约130 km^3/a，占全国宜井区开采资源量的61%。特别是占全国约1/3面积的西北地区，水资源量仅有220 km^3/a，只占全国的8%，地下水天然资源量和开采资源量分别为110 km^3/a和30 km^3/a，均占全国地下水天然资源量和开采资源量的13%。而东南及中南地区，面积仅占全国的13%，但水资源量占全国的38%，地下水天然资源量和开采资源量分别为260 km^3/a和80 km^3/a，均占全国地下水天然资源量和开采资源量的30%。南、北地区在地下水资源量上的差异十分明显。

上述是地下水资源在量上的空间分布状态。就储存空间而言，地下水与地表水存在着较大差异。

地下水埋藏在地面以下的介质中，因此按照含水介质类型，我国地下水可分为松散岩类孔隙水，碳酸盐岩类岩溶水及碎屑岩、岩浆岩和变质岩类裂隙水三大类型。

由于沉积环境和地质条件的不同，各地不同类型的地下水所占的份额变化较大。孔隙水资源量主要分布在北方，占全国孔隙水天然资源量的65%。尤其在华北地区，孔隙水天然资源量占全国孔隙水天然资源量的24%以上，占该地区地下水天然资源量的50%以上。而南方的孔隙水天然资源量仅占全国孔隙水天然资源量的35%，不足该地区地下水天然资源量的1/8。

我国岩溶水资源主要分布在南方，南方岩溶水天然资源量约占全国岩溶水天然资源量的89%，特别是西南地区，岩溶水天然资源量约占全国岩溶水天然资源量的63%。北方岩溶水天然资源量占全国岩溶水天然资源量的11%。

我国山区面积约占全国面积的2/3，在山区广泛分布着碎屑岩、岩浆岩和变质岩类裂隙水。基岩裂隙水中以碎屑岩和玄武岩中的地下水相对较丰富，富水地段的地下水对解决人畜用水具有重要意义。我国基岩裂隙水主要分布在南方，其基岩裂隙水天然资源量约占全国裂隙水天然资源量的73%。

上述表明，我国地下水资源量总的分布特点是南方高于北方，地下水资源的丰富程度由东南向西北逐渐减少。另外，由于我国各地区之间社会经济发达程度不一，各地人口密集程度、耕地发展情况均不相同，使不同地区人均、单位耕地面积所占有的地下水资源量具有较大的差别。

我国社会经济发展的特点主要表现为：东南、中南及华北地区人口密集，占全国总人口的65%，耕地多，占全国耕地总数的56%以上；特别是东南及中南地区，面积仅为全国的13.4%，却集中了全国39.1%的人口，拥有全国25.5%的耕地，为我国最发达的经济区。而西南和东北地区的经济发达程度次于东南、中南及华北地区。西北地区经济发达程度相对较低，约占全国面积1/3的广大西北地区人口稀少，其人口、耕地分别只占全国的6.9%和12%。

我国地下水资源及人口、耕地的分布，决定了全国各地区人均和每公顷平均地下水资源量的分配。地下水天然资源占有量分布总的特点是：华北、东北地区占有量最小，人均地下水天然资源量分别为351 m^3 和545 m^3，平均每公顷地下水天然资源量分别为3 420 m^3 和3 285 m^3；东南及中南地区地下水总占有量仅高于华北、东北地区，人均占有地下水天然资源量为全国平均水平的73%；地下水资源占有量最高的是西南和西北地区，西南地区人均占有地下水天然资源量约为全国平均水平的2倍，平均每公顷地下水天然资源量为全国平均水平的2.7倍。

1.3.2.2 时间分布特性

从时程分布而言，我国地表水资源的时程分布也极不均匀。地表水资源的时程分布主要是由降水季度（月份）决定的。在我国的东北、华北、西北和西南地区，降水量一般集中在每年的6～9月份，正常年份其降水量占年降水量的70%～80%；而12月至次年2月，降水量却极少，气候干旱。

我国的水资源不仅在地域上分布很不均匀，而且在时间分布上也很不均匀，无论年际或年内分配都是如此。造成时间分布不均匀的主要原因是受我国区域气候的影响。

我国大部分地区受季风影响明显，降水年内分配不均匀，年际变化大，枯水年和丰水年连续发生。许多河流发生过3～8年的连丰、连枯期，如黄河在1922～1932年连续11年枯水，1943～1951年连续9年丰水。

我国最大年降水量与最小年降水量之间相差悬殊。我国南部地区最大年降水量一般是最小年降水量的2～4倍，北部地区则达3～6倍。如北京的降水量1959年为1 405 mm，而1921年仅256 mm，1891年为168 mm，1959年为1891年的8.4倍，为1921年的5.5倍。

降水量的年内分配也很不均匀，由于季风气候，我国长江以南地区由南往北雨季为3～6月至4～7月，降水量占全年的50%～60%。长江以北地区雨季为6～9月，降水量占全年的70%～80%。北京市月降水量占全年降水量的百分比及与世界其他城市的对比结果表明：北京市6～9月的降水量占全年总降水量的80%，而欧洲国家全年的降水量变化不大。这进一步反映出和欧洲国家相比，我国降水量年内分配的极不均匀性以及水资源合理开发利用的难度，充分说明我国地表水和地下水资源统一管理、联合调度的重要性和迫切性。

正是由于水资源在地域和时间上分布的不均匀，造成有些地方或某一时间内水资源富余，而另一些地方或时间内水资源贫乏。因此，在水资源开发利用、管理与规划中，水资源的时空再分配将成为克服我国水资源分布不均、灾害频繁状况，实现水资源最有效利用的关键之一。

1.4 水电能资源开发利用

人类开发利用水能量资源(Water Energy Resources)的历史源远流长。人们对其内涵的认识随着科技进步和历史的进程在不断发展。

水能资源开发利用的主要内容是水电能资源的开发利用。人们通常把水能资源(Water Power Resources)、水力资源(Hydraulic Power Resources)、水电能资源(Hydroelectric Power Resources)作为同义词而不加区别。实际上,水能资源包含水热能资源、水力能资源、水电能资源、海水能资源等广泛的内容。

在古代,人们已经开始直接利用天然温泉的水热能资源建造浴池,沐浴、健身、治病;公元前的中国、埃及和印度也已出现了利用湍急的河流、跌水、瀑布水力能资源建造水车、水磨等机械,进行提灌、粮食加工;18 世纪 30 年代,欧洲出现了水力站(Hydraulic Station),是集中开发利用水力能资源,为粮食加工、棉纺厂和矿石开采等大型工业提供动力;19 世纪 80 年代,当电被发现后,根据电磁理论制造出了发电机,建成了把水力站的水力能转化为电能的水力发电站(Hydroelectric Power Station)并输送电能到用户。现在水力发电工程技术已经成熟,能在十分复杂的自然条件下修建各种类型的水力发电工程。

水电能资源是一种可再生、清洁廉价、便于调峰、能修复环境生态、兼有一次与二次能源双重功能、极大促进地区社会经济可持续发展、具有防洪航运旅游等综合效益的电能资源。

1.4.1 全球水电能资源开发

水电能资源一般是利用江河水流具有的势能和动能下泄作功,推动水轮发电机转动发电产生的电能。煤炭、石油、天然气和核能发电,需要消耗不可再生的燃料资源。水力发电,并不消耗水量资源,而是利用了江河流动所具有的能量。如不利用,江河水流会下泄冲刷淤积河床。

水电能资源是随自然界的水文循环而重复再生的,可周而复始供人类持续利用。人们用“江水滚滚向东流,流得都是煤和(石)油”、“取之不尽,用之不竭”来生动描述水电能资源的可再生性。

水电能资源在生产运行中,不消耗燃料,不排泄有害物质,其管理运行费与发电成本费以及对环境的影响远比燃煤电站低得多,是成本低廉的绿色能源。

水电能资源调节性能好、启动快,在电网运行中担任调峰作用,快捷而有效,可确保供电安全,在非常情况和事故情况下减少电网的供电损失。

水电能资源与矿物能源同属于资源性一次能源,转换为电能后称为二次能源。水电能资源开发是一次能源开发和二次能源生产同时完成的,兼有一次能源建设与二次能源建设的双重功能;它不需要一次能源矿产开采、运输、储存过程的费用,降低了能源成本。

水电能开发修建水库,改变了局部地区的生态环境,一方面需要淹没部分农田土地、城镇古迹,造成移民搬迁,另一方面,它可修复该地区的小气候,形成新的水域生态环境,有利于生物生存,有利于人类进行防洪、灌溉、旅游和发展航运。因此,权衡生态环境得失,水电开发利大于弊。而且在水电工程规划中,应精心设计,把对生态环境的不利影响减小到最低程度。

事实证明，一个水电工程的开发，必然使该地区的社会经济发展，人口增长，并形成一个新的城市和经济强势区。因此，水电开发规划和地区可持续发展规划结合进行，是水电能资源特性的要求。

水电能开发是流域水资源综合利用的重要组成部分，对江河流域综合开发治理具有极大的促进作用。现在世界各国都采取优先开发水电能的政策，使得许多国家的电力工业中水电能开发占据很大的比重。许多国家的水能资源已开发过半或开发殆尽。

全世界江河的水能资源蕴藏量总计为 50.5 亿 kW，相当于年发电量 44.28×10^4 亿 kWh。技术可开发的水能资源装机容量 22.6 亿 kW，相当于年发电量 9.8×10^4 亿 kWh。1980 年，全世界水电装机容量已达到 4.6 亿 kW，发电量为 1.75×10^4 亿 kWh，占可开发量的 18%。

例如，1990 年水能资源丰富的巴西，水电比重高达 93.2%，挪威、瑞士、新西兰、加拿大等国水电比重都在 50% 以上。意大利和日本 20 世纪 50 年代的水电比重高达 60% ~80%，90 年代下降到 30% ~20%；美国 20 世纪 50 年代水电比重为 22.5%，90 年代下降到 13%。

1990 年一些国家水电发电量占可开发电量的利用率：美国为 55%、法国为 74%、瑞士为 72%、日本为 66%、加拿大为 50%、巴拉圭为 61%、埃及为 54%、巴西为 17.3%、印度为 11%。同期中国为 6.6%。

1.4.2 我国水电能资源开发

根据 1980 年水能资源普查结果：我国江河水能理论蕴藏量 6.76 亿 kW，年发电量 5.92×10^4 亿 kWh，水能理论蕴藏量居世界第一位；我国水能资源的技术可开发装机容量 3.78 亿 kW，年发电量 1.92×10^4 亿 kWh，也名列世界第一位。我国具有巨大的江河径流和落差，形成了我国水电能资源的丰富蕴藏量，例如，我国的长江、黄河落差分别为 5 400 m 和 4 880 m，雅鲁藏布江、澜沧江、怒江落差均在 4 000 m 以上。还有大量的河流落差在 2 000 m 以上。1990 年一些国家可开发水能资源量，见表 1-9，其中，第二位是苏联，第三位是巴西，第四位是美国，第五位是加拿大，第六位是印度。

表 1-9　1990 年一些国家可开发水能资源量

编号	地区	技术可开发装机容量（万 kW）	所占比例（%）	年发电量（亿 kWh）	所占比例（%）
	全世界	226 110.7	100	98 024.2	100
1	中国	37 853	16.7	19 233	19.6
2	苏联	26 900	11.9	14 200	14.5
3	巴西	21 300	9.4	11 949	12.2
4	美国	19 430	8.6	7 015	7.2
5	加拿大	15 290	6.8	5 353	5.5
6	印度	8 400	3.7	4 500	4.6

我国水电能开发采用“因地制宜地发展火电和水电，逐步把重点放在水电上”和“优先

发展水电”的方针,至2000年底,全国水电发电量的开发利用率达到12.5%。显然,我国在水电能资源开发方面还存在巨大的潜力和空间,进一步提高对水电能资源开发重要性的认识,采取有效措施,加快水电能开发,提高水电比重,改善一次能源结构是十分必要的。

我国水电装机容量的比重,20世纪50~60年代为10%~16%,1973~1985年发展到30%以上,其中1984年达32%,1995年降为24%。

1949年我国水电装机容量为16.3万kW,发展到1999年底达7 297万kW,占可开发水电装机容量的19.3%,仅次于美国,居世界第二位。2000年全国水电装机容量达7 935万kW,占可开发水电装机容量的21.0%,占电力工业总装机容量的24.8%。

我国1949~2000年水电能资源累计开发装机容量和年发电量,以及水电占电力工业总装机容量和年发电量的比重,见表1-10。

表1-10　我国1949~2000年水电占电力工业的比重

年份	水电开发				电力工业		比重	
	容量		电量		容量	电量	容量	电量
	万kW	%	亿kWh	%	万kW	亿kWh	%	%
总量	37 853	100	19 233	100	—	—	—	—
1949	16.3	0.4	7.1	0.03	184.8	43.1	8.8	16.5
1950	16.5	0.4	7.8	0.03	186.6	45.5	8.8	17.1
1960	194.1	0.5	74.1	0.4	1 191.8	594.3	16.3	12.5
1970	623.5	1.6	204.6	1.1	2 377.0	1 158.6	26.2	17.7
1980	2 031.8	5.4	582.1	3.0	6 568.9	3 006.3	30.8	19.4
1990	3 604.6	9.5	1 263.5	6.6	13 789.0	6 213.2	26.0	20.3
2000	7 935	21.0	2 403.5	12.5	31 900	13 685	24.8	17.5

我国可开发水能资源的地域分布不均,其中:可开发装机容量西南地区占全国总量的61.4%,为23 234.33万kW;中南地区占17.8%,为6 743.49万kW;西北地区占11.2%,为4 193.77万kW。因此,我国水电开发的重点必将在西南、中南和西北地区。

1991年我国开始执行十二大水电能源基地建设计划,计划总装机容量为2.1亿kW,占水电可开发装机容量的55.6%;年发电量1万亿kWh,占可发电量的52.1%。其中包括已经开始发电的三峡水电站,装机容量1 820万kW。十二大水电能源基地建设的完成,将会从根本上改变我国的水电能资源开发利用状况。

在水能资源中,除河川水能资源外,海洋中还蕴藏着巨大的潮汐、波浪、盐差和温差能量。据估计,世界海洋的潮汐能约有10亿kW,大部分分布在潮差大的浅海和狭窄的海湾,如英吉利海峡约有8 000万kW,马六甲海峡约有5 500万kW,黄海有5 500万kW等。

我国海洋中,潮汐能蕴藏量约有2 179万kW,波浪能蕴藏量约有1 285万kW,潮流能蕴藏量约有1 394万kW,盐差能蕴藏量约有1.25亿kW,温差能蕴藏量约有13.21亿kW,总计约14.95亿kW,超过陆地河川水能理论蕴藏量6.76亿kW 1倍多,具有广阔诱人的开发利用前景。

第2章 地表水资源开发利用

地表水具有分布广、径流量大、矿化度和硬度低等特点,因此地表水资源是人类开发利用最早、最多的一类水资源。随着社会和经济的发展,地表水日益成为城市及工业用水的重要水源。地表水开发的方式不仅与河川径流的特征值(可供储存和利用的年、月、日径流总量,枯水流量及洪水流量)有关,而且与开发利用的目的如工业、农业用水,生活、生态用水,航运、渔业、旅游用水等有密切关系。

2.1 地表水资源开发利用工程

为满足工农业用水和城市给水等要求,常需要从河道取水,并通过渠道等输水建筑物将水送达用户。但是,除在地表水体附近,天然状态下的水体大多数难为人们直接利用。为保证取水的质和量,人类对水资源的利用往往需要修建一系列的水资源开发利用工程。常见的地表水资源利用工程主要有河岸引水工程、蓄水工程、输水工程与扬水工程等四类。

2.1.1 河岸引水工程

由于河流的种类、性质和取水条件各不相同,从河道中引水通常有两种方式:一是自流引水,二是提水引水。对于自流引水,又分为无坝引水和有坝引水两种。

2.1.1.1 无坝引水

当小城镇或农业灌区附近的河流水位、流量在一定的设计保证率条件下,能够满足用水要求时,即可选择适宜的位置作为引水口,直接从河道侧面引水,这种引水方式就是无坝引水。

在丘陵山区,若灌区和城镇的位置较高,水源水位不能满足灌溉要求,亦可从河流上游水位较高地点筑渠引水(见图2-1)。这种引水方式的主要优点是可以取得自流水头;主要缺点是引水口一般距用水地较远,渗漏损失较大,且引水渠通常有可能遇到施工较难地段。

无坝引水渠首一般由进水闸、冲沙闸和导流堤三部分组成。进水闸的主要作用是控制入渠流量,冲沙闸的主要作用为冲走淤积在进水闸前的泥沙,而导流堤一般修建在中小河流上,平时发挥导流引水和防沙作用,枯水期可以截断河流,保证引水。渠首工程各部分的位置应统一考虑,以利于防沙取水为原则。

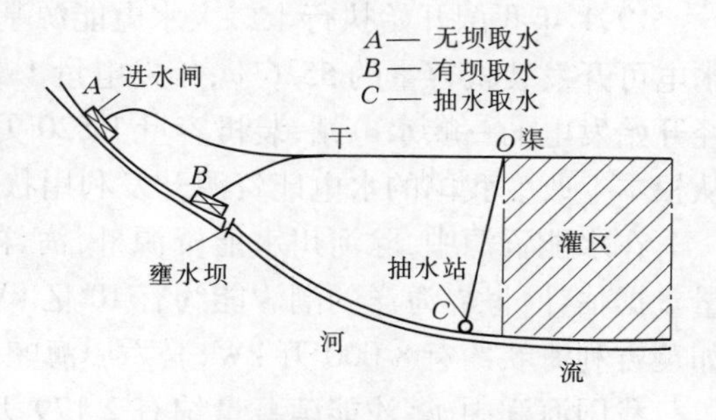

图2-1 灌溉取水方式平面示意图

无坝引水受下列因素影响较大,在设计中必须加以注意:

(1)受河道水位涨落影响较大。在枯水期,由于天然河道中的水位较低,可能引不进所需水量,不能满足供水要求,引水保证率较低。而在汛期,河道中水位较高,含沙量也较大。

因此,渠首的结构布置既要适应河水涨落的变化,又要采取必要的防沙措施。

(2)水流转弯的影响。从河床直端的侧面引水时,由于水流的转弯,产生强烈的横向环流,使取水口发生冲刷和淤积。试验表明,水流转弯产生的横向环流会使表层水流与底层水流发生分离,进入取水口的底层水流宽度大于表层水流宽度,大量推移质泥沙随底流进入渠道,并随引水率(引水流量与河道流量的比值)的增大而增大。当引水率达到50%时,河道中的底沙几乎全部进入渠道。因此,引水率不得超过25% ~33%,我国河套地区的经验认为,引水率不宜大于20% ~30%。

(3)受河床稳定性的影响较大。若取水口处的河床不稳定,就会引起主流摆动。一旦主流远离取水口,就会导致取水口淤积,使引水不畅,严重时会使取水口被泥沙淹没而报废。所以,在不稳定的河流上引水,应谨慎选择取水口的位置,务必使取水口尽量靠近主流,并对床势变化加以观察,必要时应加以整治,以防河床变迁。

鉴于以上因素,无坝引水一般将渠首位置放在凹岸中点的偏下游处,这里水深且横向环流作用发挥得最为充分,同时避开了凹岸水流冲刷的部位。当用水地点及地形条件受到限制,无法把渠首布置在凹岸而必须放在凸岸时,可以把渠首放在凸岸中点的偏上游处,因为河流的这一部位泥沙淤积较少。

2.1.1.2 有坝引水

当天然河道的水位、流量不能满足用水要求时,就必须在河道适当地点修建壅水建筑物(拦河坝或闸),以抬高水位,保证引取所需的水量,提高工作可靠性,这种取水形式称为有坝引水,所建工程称为有坝渠首。

在用水地点位置已定的情况下,有坝引水方式与无坝引水方式相比较,虽然增加了拦河坝(闸)工程,但引水口一般距用水地点较近,可缩短输水干渠(管)线路长度,减少工程量,且提高了引水保证率,便于引水防沙与综合利用,故在我国使用也较广(见图2-1中的*BO*段)。在某些山丘区,洪水季节虽然河流流量较大,水位也能满足无坝自流引水要求,但是由于河流水位洪枯季节变化较大,为了保证枯水季节能满足引水要求,也需修建临时性的坝拦河引水。

有坝引水枢纽中的拦河坝(闸)虽然有利于控制河道的水位,但也破坏了天然河道的自然状态,改变了水流、泥沙运动的规律,尤其在多泥沙河流上,会引起渠首附近上下游河道的变化,影响渠首的正常运行,因此在设计中也必须加以注意。

(1)对上游河道的影响。上游河道淤积是有坝引水的普遍现象。这是由于上游水位抬高,水流速度减缓,水流挟沙能力相应降低。这种淤积发展很快,尤其在多泥沙河流上,往往1~2年内,甚至经过一次洪水就可以将坝前淤平。拦河坝淤平后,即失去对主流的控制作用,进水闸处于无坝引水的工作状态,不仅渠首取水得不到保证,而且由于主流的摆动,加剧了上游河岸的冲刷变形,甚至使主流改道,导致工程的失败。此外,拦河坝淤平后,还增加了上游水位的壅高。

(2)对下游河道的影响。拦河坝(闸)的存在,影响了下泄水流的含沙量,因此导致了下游河道的冲刷和淤积。冲刷常发生在有坝渠首的运行初期,大量泥沙在上游淤积后,下泄水流的含沙量较低,故对下游河道造成冲刷;淤积则发生在有坝渠首的运用期,在上游河道淤高,拦河坝淤平后,下泄水流含沙量增大,加之下游河道流量减小,水流的挟沙能力降低,促使下游河道的淤积,严重时甚至会将拦河坝(闸)淹没。

有坝引水枢纽主要由拦河坝(闸)、进水闸、冲沙闸及防洪堤等建筑物组成,如图 2-2 所示。

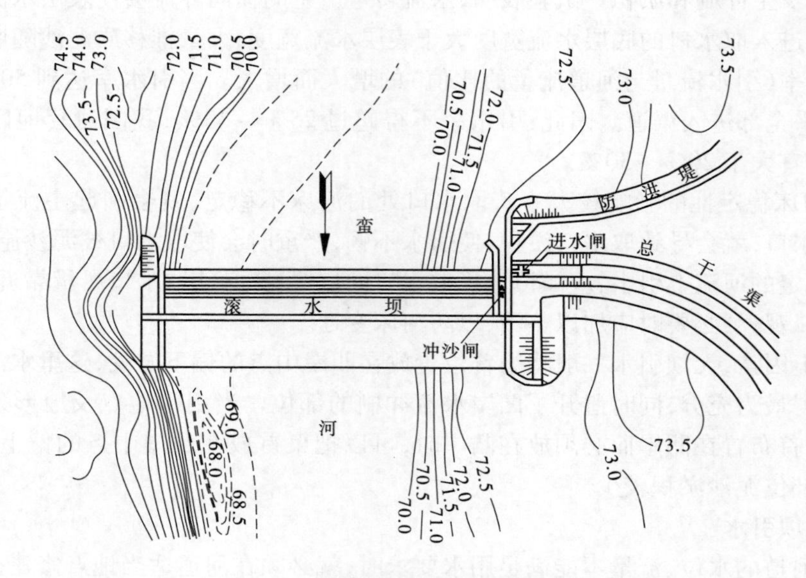

图 2-2　某有坝渠首工程平面布置

1)拦河坝

拦河坝是有坝渠首中的主要建筑物,其作用为拦截河道,非汛期能抬高河道水位,以满足自流引水对水位的要求;汛期通过溢流建筑物(如溢流坝)泄流河道洪水。因此,溢流坝顶应有足够的溢流宽度,在宽度受到限制或上游不允许壅水过高时,可降低坝顶高程,采用带闸门的溢流坝或改为拦河闸,以增加泄洪能力。

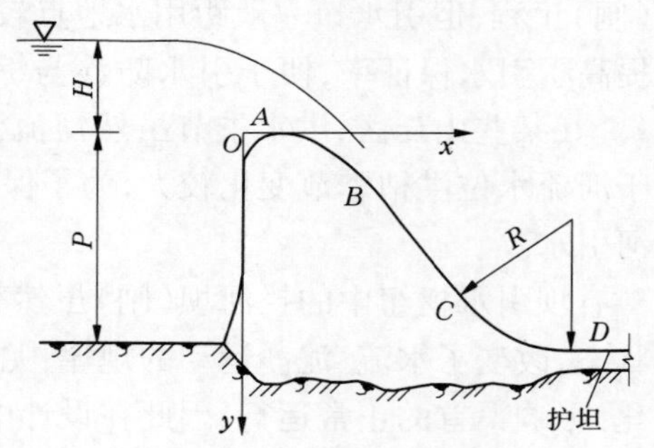

图 2-3　拦河坝的断面

拦河坝的断面形式类似梯形(见图 2-3),它的迎水坡一般垂直于地面,背水坡由三段组成,即溢流曲线段 AB、直线段 BC 和反弧段 CD。

2)进水闸

进水闸的作用是控制引水流量。其平面布置主要有两种方式,第一种方式为正面排沙、侧面引水。在这种布置方式下,进水闸沿引水渠水流方向的轴线与河流水流方向正交,例如渭惠渠渠首即是此种布置方式(见图 2-4)。这种渠首布置方式始于印度,也叫印度式,其构造简单,施工简易,造价经济。但此方式防止泥沙进入渠道的效果较差,一般只用于渠首上下游水头差较小,推移质泥沙颗粒较细的平原或清水河道。第二种方式为正面引水、侧面排沙(见图 2-5)。在这种布置方式下,进水闸沿引水渠水流的轴线与河流水流方向一致或斜交,采用这种引水方式,能在取水口前激起横向环流,促进水流分层。

表面清水进入进水闸,底层含沙水流则涌向冲沙闸排除。这种渠首布置方式适用于推移质泥沙多且颗粒粗的山区河流,我国在新疆、内蒙古修建了许多这种形式的渠首。

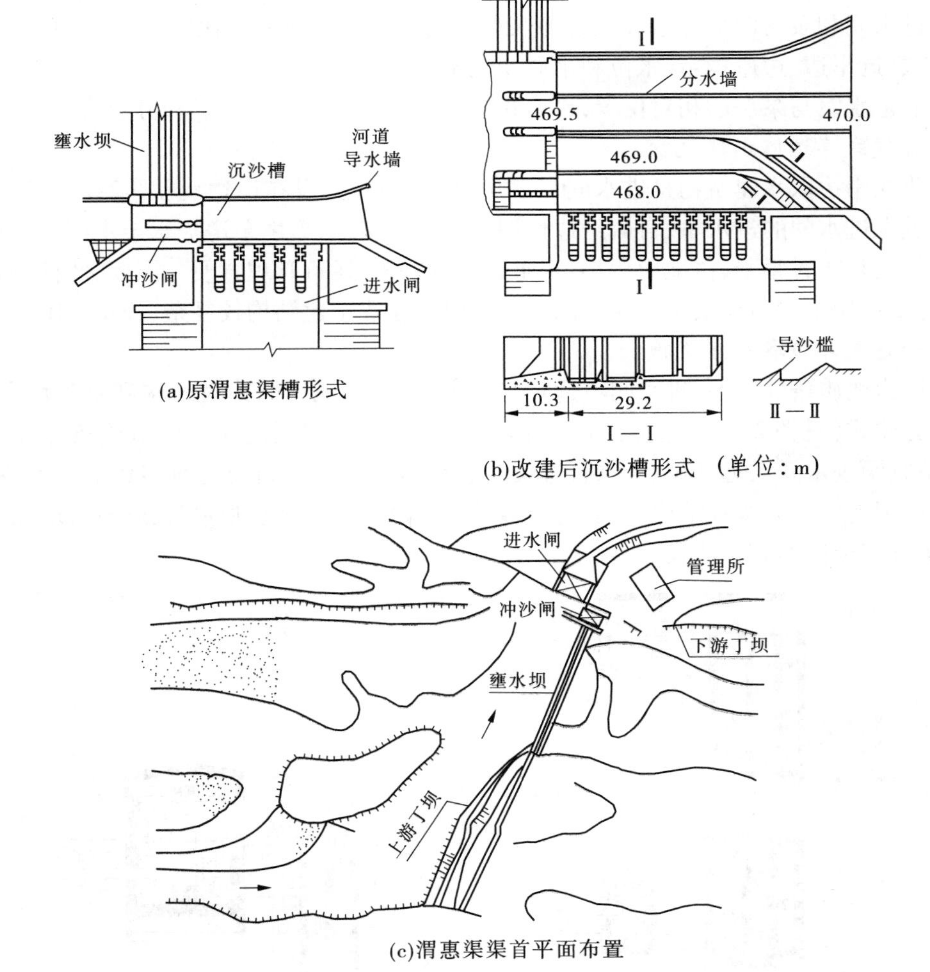

图 2-4　渭惠渠渠首布置

3）冲沙闸

冲沙闸是多泥沙河流低坝引水枢纽中不可缺少的组成部分，它的过水能力一般应大于进水闸的过水能力，能将取水口前的淤沙冲往下游河道。冲沙闸底板高程应低于进水闸底板高程，以保证较好的冲沙效果。

4）防洪堤

为减少拦河坝上游的淹没损失，在洪水期保护上游城镇、交通的安全，可以在拦河坝上游沿河修筑防洪堤。此外，若有通航、过鱼、过木和发电等要求，还要设置船闸、鱼道、筏道及水电站等专门建筑物。

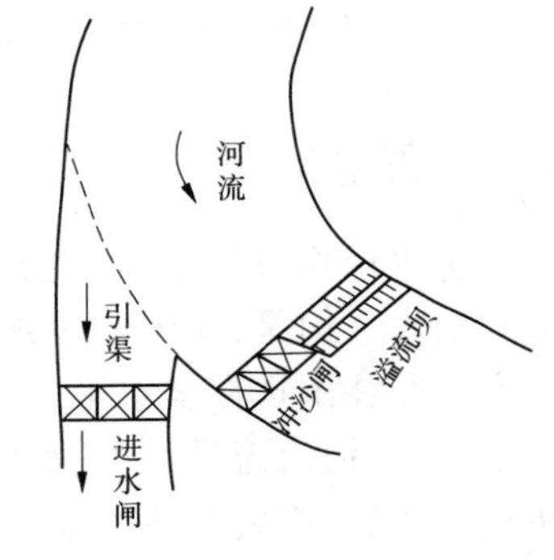

图 2-5　正面引水、侧面排沙工程示意

2.1.1.3　傍河抽水工程

傍河抽水工程是指直接从江河的岸边、河床或水库利用水泵取水。下面主要介绍岸边式取水方式，与其相应的建筑物称为岸边式取水建筑物，主要由进水间和泵房两部分组成。这种取水方式适用于江河岸边比较陡、岸边有足够的水深、主流靠近岸边、边岸稳定、水位和水质变化不大的情况。

按照进水室与泵房的相对位置，岸边式取水建筑物可分为合建式和分建式。

1）合建式岸边取水建筑物

合建式岸边取水建筑物是进水间与泵房合建在一起，设在岸边（见图 2-6）。河水经过进水孔进入进水间的进水室，自流经过格网进入吸水室，然后由泵房提水至水厂或用户。合建式的优点是布置紧凑，占地面积小，水泵吸水管路短，运行管理方便。因此，此种方式采用比较广泛，适用于岸边地质条件较好的情况。但合建式土建结构较复杂，施工较困难。

2）分建式岸边取水建筑物

当岸边地质条件较差，进水间不适宜与泵房合建时，或者分建对结构和施工均有利时，宜采用分建式（见图 2-7）。这种方式进水间设于岸边，泵房则建在岸内地质条件较好的地点，但不宜距进水间太远，以免吸水管过长。进水间与泵房之间的交通多数采用引桥，有时也采用堤坝连接。分建式结构简单，施工容易，但操作管理不便，吸水管路较长，增加了水头损失，运行安全性不如合建式。

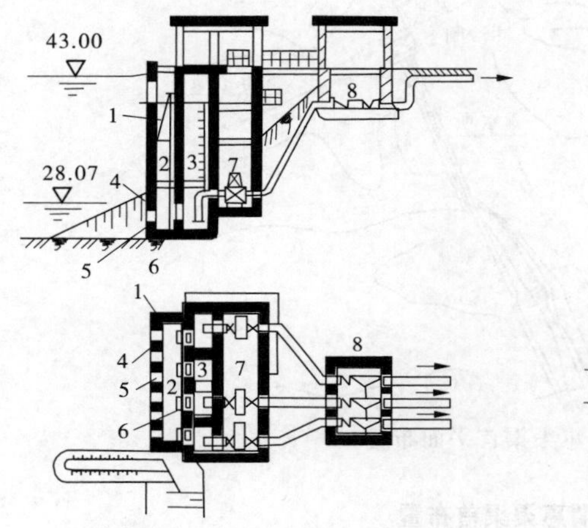

1—进水闸；2—进水室；3—吸水室；4—进水孔；5—格栅；6—格网；7—泵房；8—闸门井

图 2-6　合建式岸边取水建筑物

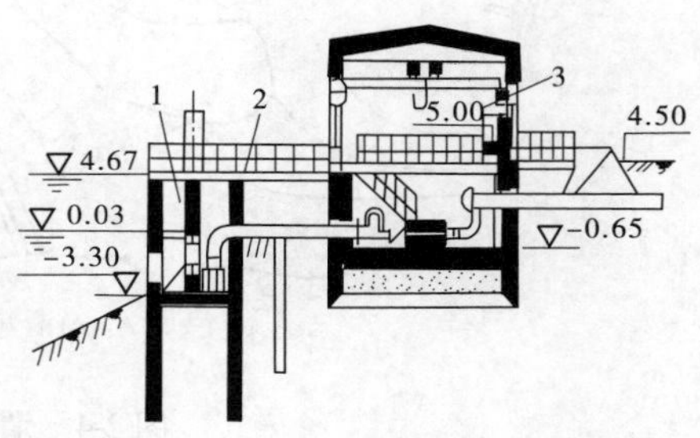

1—进水闸；2—引桥；3—泵房

图 2-7　分建式岸边取水建筑物

2.1.2　蓄水工程

在引水量相对较小、河流水位与流量在年际和年内变化幅度不大时，可采用岸边直接取水方式引水。但是，我国大多数河流，特别是在北方地区，河流水位和流量在年际与年内变化很大。往往出现在丰水年组或年内汛期，地表水水量得不到充分利用，而在枯水年组或枯水季节，由于河流流量过小、水位低，无法满足各用水部门对地表水资源的利用要求。为了解决这个矛盾，需要修建蓄水工程——水库来进行径流调节。水库的作用是重新分配河川径流，在汛期拦蓄洪水，削减洪峰，发挥地表水资源的综合效益。水库不但可以按季度与年度重新分配天然径流，防止旱涝灾害，同时还可以利用抬高的水位进行灌溉、供水、发电、航运、水产养殖以及发展旅游等。

2.1.2.1 **水利枢纽**

水利枢纽是指为了充分利用水利资源或兼顾防洪而集中兴建、协同运作的若干水工建筑物的群体。一个水利枢纽的功能可以是单一的，如防洪、灌溉、供水、发电等，但多数是兼有以上几种功能的，这种水利枢纽称为综合利用水利枢纽。水利枢纽按其所在地区的地貌形态可分为平原地区水利枢纽和山区（包括丘陵区）水利枢纽；按其承受水头大小可分为高水头水利枢纽、中水头水利枢纽和低水头水利枢纽。高水头水利枢纽多修建在山区峡谷河流上，一般均包括挡水、泄水和引水（或输水）这三类基本建筑物，即挡水建筑物——各种拦河坝，泄水建筑物——溢洪道及泄水隧洞等，引水建筑物——水工隧洞或水电站进水口等。图 2-8 为丹江口水利枢纽平面布置图。低水头水利枢纽多修建于平原河流上，枢纽中一般有较低的壅水坝或水闸、水电站厂房、通航和引水等建筑物。

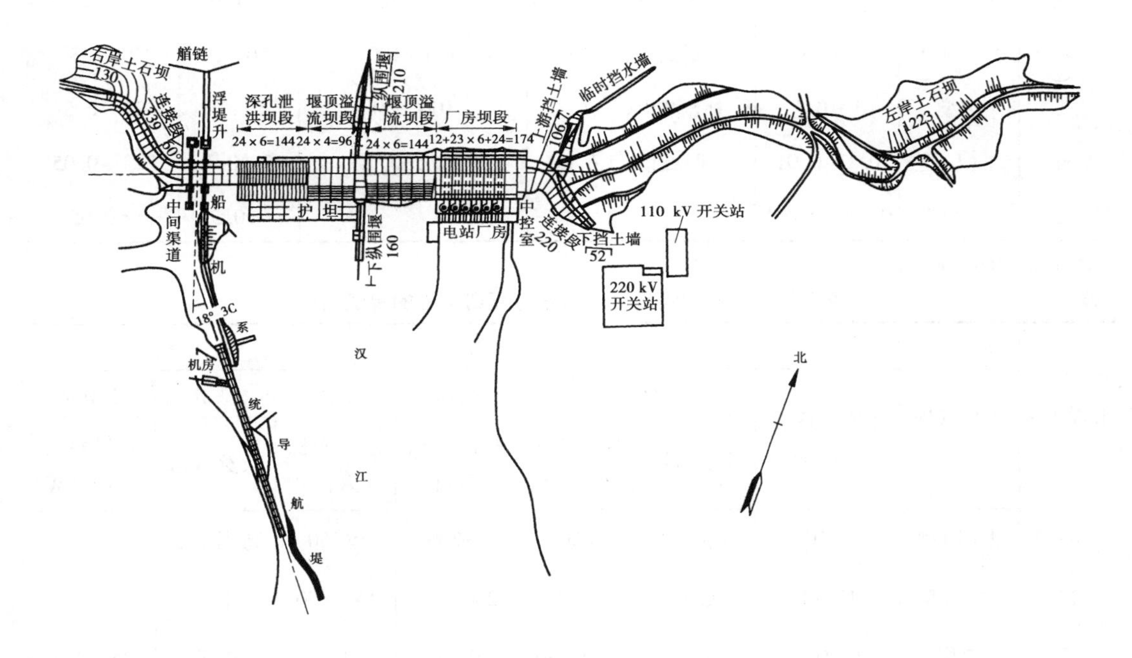

图 2-8 丹江口水利枢纽平面布置

1）水利工程标准

在开发利用地表水资源的水利工程建设中，必须妥善解决工程安全和经济之间的矛盾。为了处理好这对矛盾，需将水利工程及其包含的水工建筑物按其工程规模、效益及其在国民经济中的重要性划分成不同等级，并据此规定不同的技术要求和安全要求，以达到既安全又经济的目的。

水利工程等级指标及其包含的水工建筑物的级别指标，是根据国家的方针、经济政策和水利科学技术的水平制定的（见表 2-1、表 2-2）。

水利工程特别是水库工程的失事，将会给下游人民的生命财产和经济建设带来灾难性的损失。因此，在进行水利工程勘测、规划、设计、施工及管理时都要慎重对待，按科学规律办事，妥善解决安全与经济的矛盾。在正常情况下，按设计要求发挥效益；在特殊情况下，采取非常措施，以确保工程安全。

表2-1及表2-2中总库容是指校核洪水位以下的水库库容，灌溉面积等均指设计面积。对于综合利用的工程，如按表中指标分属几个不同等别，整个枢纽的等别应以其中的最高等别为准。挡潮工程的等别可参照防洪工程的规定，在潮灾特别严重的地区，其工程等别可适当提高。供水工程的重要性，应根据城市及工矿区和生活区供水规模、经济效益和社会效益分析决定。分等指标中有关防洪、灌溉两项，是指防洪或灌溉工程系统中的重要骨干工程。

表2-1　山区、丘陵区水利水电枢纽工程的等级指标

工程等级	工程规模	分等指标				
		水库总库容（$\times10^8\ m^3$）	防洪		灌溉面积（万亩）	水电站装机容量（$\times10^4$ kW）
			保护城镇及工矿区	保护农田面积（万亩）		
一	大(1)型	>10	特别重要城市、工矿区	>500	>150	>75
二	大(2)型	10～1	重要城市、工矿区	500～100	150～50	75～25
三	中型	1～0.1	中等城市、工矿区	100～30	50～5	25～2.5
四	小(1)型	0.1～0.01	一般城镇、工矿区	<30	5～0.5	2.5～0.05
五	小(2)型	0.01～0.001			<0.5	<0.05

注：1亩=666.7 m^2，下同。

表2-2　平原、滨海地区水利水电枢纽工程的等级指标

工程等级	工程规模	分等指标						
		水库总库容（$\times10^8\ m^3$）	防洪		排涝	灌溉	供水	水电站
			保护城镇	保护农田面积（万亩）	排涝面积（万亩）	灌溉面积（万亩）	供给城镇	装机容量（$\times10^4$ kW）
一	大(1)型	>10	特别重要	>500	>200	>150	特别重要	
二	大(2)型	10～1	重要	500～100	200～60	150～50	重要	
三	中型	1～0.1	中等	100～30	60～15	50～5	中等	25～2.5
四	小(1)型	0.1～0.01	一般	<30	15～3	5～0.5	一般	2.5～0.05
五	小(2)型	0.01～0.001		<5	<5	<0.5		<0.05

枢纽中的水工建筑物按其所属枢纽工程的等级及其在工程中的作用和重要性分为5级，见表2-3。

表2-3中永久性建筑物是指枢纽工程运行期间使用的建筑物，根据其重要性又分为主要建筑物和次要建筑物。前者指失事后将造成下游灾害或严重影响工程效益的建筑物，如坝、水闸、泄洪建筑物、电站厂房等。后者指失事后不致造成下游灾害或对工程效益影响不大并易于修复的建筑物，如挡土墙、护岸、导流墙等。临时性水工建筑物是指枢纽工程施工期间使用的建筑物，如导流建筑物、施工围堰等。

表 2-3　水工建筑物分级指标

工程等级	永久性建筑物级别		临时性建筑物级别
	主要建筑物	次要建筑物	
一	1	3	4
二	2	3	4
三	3	4	5
四	4	5	5
五	5	5	

按表 2-3 确定水工建筑物级别时,对仅有一种用途的水工建筑物,根据所属工程在该项用途的等别确定其级别;对具有几种用途的建筑物,则应根据所属工程的最高等别确定其级别。

对于二～五等工程,在下列情况下经过论证可提高其主要建筑物级别:当水库大坝较高,超过表 2-4 的规定,或当建筑物的工程地质条件特别复杂,或采用实践经验较少的新坝型、新型结构时,可提高 1 级,但洪水标准不予提高;工程位置特别重要,失事后将造成重大灾害者,其重要建筑物级别可适当提高,洪水标准也要相应提高;对综合利用工程,当按库容和不同用途的分等指标有两项接近同一等别的上限时,其共用的主要建筑物可提高 1 级。对于临时性建筑物,如其失事后将造成严重灾害或严重影响施工,视其重要性和影响程度,可提高 1～2 级。对于低水头工程或失事后损失不大的工程,其水工建筑物级别可适当降低。

表 2-4　水库大坝提级的指标

项目		坝的原级别			
		2	3	4	5
坝高(m)	土坝、堆石坝、干砌石坝	90	70	50	50
	混凝土坝、浆砌石坝	130	100	70	40

对不同级别的水工建筑物,在抗御洪水能力、结构强度和稳定性、建筑材料及运行可靠性方面应有不同的要求。即使同一级别的水工建筑物,当采用不同形式时,其要求也有所不同。

2)洪水标准

洪水标准分为正常运用(设计)和非常运用(校核)两种情况。正常运用洪水标准应根据工程规模、重要性和基本资料按表 2-5 中规定的幅度分析确定,非常运用洪水标准的确定主要是保证工程失事后对下游不致造成较大灾害,可参照表 2-6 中规定的数值确定。

表 2-5　永久性水工建筑物正常运用的洪水标准

建筑物级别	1	2	3	4	5
洪水重现期(年)	2 000～500	500～100	100～50	50～30	30～20

表 2-6　失事后对下游不致造成较大灾害的永久性水工建筑物非常运用的洪水标准下限值

不同坝型的枢纽工程	建筑物级别				
	1	2	3	4	5
	洪水重现期(年)				
土坝、堆石坝、干砌石坝	10 000	2 000	1 000	500	300
混凝土坝、浆砌石坝和其他水工建筑物	5 000	1 000	500	300	200

3)水利枢纽布置的一般原则和要求

枢纽布置是根据枢纽任务确定枢纽建筑物的组成,并有机而妥当地安排各建筑物的位置、形式和布置尺寸。由于自然条件以及枢纽任务不尽相同,枢纽布置时要考虑的因素很多,涉及面较广,因此应深入研究当地条件,并从设计、施工、运行管理、经济等方面进行全面论证和比较,最后从若干个比较方案中选定最优方案。下面仅介绍水利枢纽布置时应当遵守的一般原则与要求。

(1)运用要求。枢纽建筑物的布置应保证在一般条件下能正常地工作,避免运用时相互干扰。例如:城市供水与灌溉取水建筑物,应保证在各时期均能按需要引进设计流量;航运建筑物进、出水口水流应顺畅、流速小、水位平稳;发电取水口应使水流平顺,水头损失小,下游尾水平稳;泄水、排沙、过木、过鱼等建筑物均要有所保证。凡要求具有一定水流条件的建筑物,应采取必要的布置措施和考虑不同方案,使之相互协调,满足对水流条件的要求。

(2)技术经济条件。枢纽布置应当在技术可能的条件下,尽量做到经济上最优。在不影响运用条件且不互相矛盾的前提下,为了节约投资,尽量使一个建筑物担负多种任务。例如,灌溉、供水与发电相结合,泄水与排沙、放空水库相结合等。当具备采用当地土石料筑坝条件时,应当尽量优先采用,以减少水泥、钢材和木材的使用量。应尽早地考虑将枢纽投入运转或部分运转的布置方案,使之早日发挥工程的经济效益,相应地降低工程造价,同时增加国民经济收入。

(3)综合效益与工程总投资。枢纽布置应从防洪、灌溉、供水、发电、航运、养殖、林业、环境卫生、生态平衡以及旅游等方面的要求出发,尽可能发挥最大的综合效益。还必须考虑建库后对附近地区的各种影响,以及水库的淤积和下游河床的演变等;在保证枢纽发挥其正常功能的前提下,力求减小淹没、浸没损失,并使工程总投资最少。

(4)施工安排。坝址、坝轴线的选择和枢纽布置,应当与施工导流、施工方式和施工期限密切结合,力求施工方便,技术落实,工期短,劳动力省,力求做到以最少的投资在最短时间内顺利完成施工任务。

(5)美化环境。枢纽工程的布置应当在外形上力求美观,特别是有旅游条件的,应当尽量使枢纽的外观与周围的环境相协调。

2.1.2.2　水库

1)水库的作用

河流中天然流量在年内和年际都有一定的变化,不能满足各用水部门的要求。修建水库则可以重新分配河川径流,以适应需水过程,这称为径流调节。其中,为满足用水部门要求的调节称为兴利调节;为减免洪水灾害,汛期蓄洪、削减洪峰的调节称为防洪调节。根据调节周期的长短,径流调节可分为多年调节、年调节、周调节和日调节。

2)水库的特性

a. 水库的特征水位和特征库容

用来反映水库工作状况的水位,称为水库特征水位,与特征水位相应的库容称为水库特征库容。水库的特征水位与特征库容主要有以下几种:

(1)死水位与死库容。水库的一部分库底的库容作为淤沙使用,其他如灌溉、供水、发电、航运、养鱼以及旅游等都要求在水库运行时不能低于某一水位,这一水位通常称为死水位。死水位以下的库容称为死库容或垫底库容。死库容除遇特殊干旱年份外,一般是不能动用的。

(2)正常蓄水位与兴利库容。为满足各部门枯水期正常用水,需在供水期开始时蓄满一定的水位,这一水位称为正常蓄水位(或称兴利水位、设计蓄水位)。它与死水位之间的库容称为兴利库容(或称有效库容、调节库容)。它与死水位之间的深度称为消落深度。

(3)防洪限制水位与结合库容。汛期洪水来临前允许兴利蓄水的上限水位称为防洪限制水位(简称汛限水位)。该水位以上的库容,只有在发生洪水时,才允许作为滞蓄洪水使用。在整个汛期当中,一旦入库的洪水消退,水库应尽快泄流,使库水位再回到汛限水位。汛限水位与正常蓄水位之间的库容,可兼作兴利与防洪之用,称为结合库容。

(4)防洪高水位与防洪库容。水库下游有防洪要求时,水库遇到相应于下游防护对象的设计洪水,按下游安全泄量控制进行洪水调节,水库达到的最高水位称为防洪高水位。它与防洪限制水位之间的库容称为防洪库容。

(5)设计洪水位与设计调洪库容。当水库遇到设计洪水时,水库自汛限水位对该洪水进行调节,正常泄洪设施全部打开,水库达到的最高水位称为设计洪水位。它与汛限水位之间的库容是为调蓄水库设计洪水用的,称为设计调洪库容。

(6)校核洪水位与校核调洪库容。当水库遇到设计洪水时,水库自汛限水位对该洪水进行调节,正常泄洪设施与非常泄洪设施先后投入运用,水库达到的最高水位称为校核洪水位。它与汛限水位之间的库容称为校核调洪库容。

(7)总库容与动库容。校核洪水位到库底的全部库容称为水库的总库容。各水位与相应库容如图 2-9 所示。图中所示的动库容是由上游回水曲线形成的,由于其容积很小,一般可不考虑,只有在研究水库淹没问题时才考虑其影响。

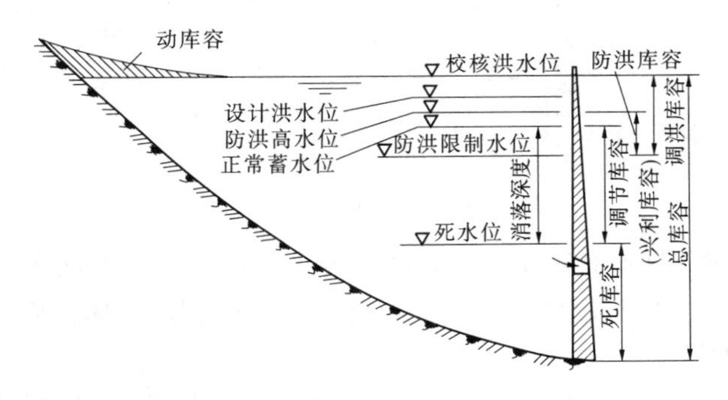

图 2-9　水库特征水位及相应库容示意

b. 水库的特性曲线

用来反映水库库区地形特性的曲线,称为水库特性曲线。有水库的水位—面积曲线和水位—容积曲线两种,也可简称为面积曲线(或 $Z \sim F$ 曲线)和容积曲线(或 $Z \sim V$ 曲线)。这两条曲线在水库规划和设计时均已制好。制作方法是在地形图上,根据不同水位计算出相应的水库面积和库容,然后在适当比例的坐标纸上绘制得到。

2. 1. 2. 3　**枢纽建筑物**

下面主要介绍组成水库枢纽的三类基本建筑物。

1)挡水建筑物

水库的挡水建筑物,是指拦河坝。拦河坝按筑坝材料可分为混凝土坝、土石坝和浆砌石坝。常见的混凝土坝的类型有重力坝、拱坝和支墩坝等;土石坝是土坝、堆石坝和土石混合坝的总称;浆砌石坝常见的形式有重力坝和拱坝等,由于这种材料的坝体不利于机械化施工,故在中小型水库低坝上采用较多。现仅简要介绍最为常见的重力坝、拱坝和土坝。

a. 重力坝

重力坝是一种古老而应用很广的坝型,它因主要依靠坝体自重产生的抗滑力维持稳定而得名。由于重力坝的结构简单,施工方便,抗御洪水能力强,抵抗冻害或战争破坏等意外事故的能力较强,工作安全可靠,至今仍是被广泛采用的一种坝型。重力坝是用混凝土或浆砌石修筑而成的大体积挡水建筑物。浆砌石重力坝的设计方法、工作原理与混凝土重力坝基本相同。

i. 重力坝的工作原理和特点

重力坝的工作原理是在上游水压力及其他荷载作用下,主要依靠坝体自重产生的抗滑力来满足稳定要求;同时,也依靠坝体自重在水平截面上产生的压应力来抵消由于水压力所引起的拉应力,来满足强度要求。其基本剖面为上游面是近于铅直的三角形断面,且垂直于轴线方向常设有永久性伸缩缝,将坝体分成若干独立的工作坝段(见图 2-10)。与其他坝型比较,具有以下特点:

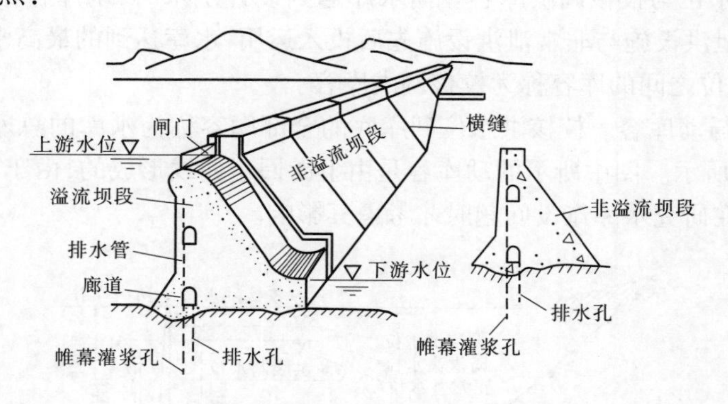

图 2-10　混凝土重力坝示意

(1)便于枢纽布置,即泄洪和施工导流易于解决。重力坝的断面大,筑坝材料抗冲刷能力强,可在坝顶溢流和在坝身设置泄水孔。在施工期可以利用坝体或底孔导流,一般不需要河岸溢洪道或泄洪隧洞。

(2)安全性强,结构简单,便于机械化施工。坝体剖面尺寸大,筑坝材料强度高,耐久性好,故抵抗渗水、抗冲刷以及抗地震和战争的破坏能力较强,安全性高。坝体在放样、立模、混凝土浇筑和振捣方面均比较方便,有利于机械化施工。

(3)对地形、地质条件适应性强。重力坝对地形的要求不高,几乎任何形状的河谷断面均可修建重力坝。重力坝对地基的要求高于土石坝,但低于拱坝和支墩坝,除承载能力较低的软基和有难以处理的断层、破碎带等结构的岩基外,具有一般强度的岩基,均可修建重力坝。

(4)坝体体积大,水泥用量多,温度控制要求严格;坝体应力较低,材料强度不能充分发挥。混凝土重力坝在施工期因水泥水化热和硬性收缩产生不利的温度应力和收缩应力,故在施工期均需采取温控散热措施,以防止产生危害性的裂缝,从而削弱坝体的整体性。

(5)受扬压力影响大。重力坝坝体和坝基严格地说并不是完全不透水的,因此渗水就将对坝体产生向上的扬压力。由于坝体和坝基接触面大,故受扬压力影响也大。向上的扬压力会抵消部分坝体的有效重力,对坝体的稳定和应力均不利,应采取有效的防渗排水措施削减扬压力,以节省坝体工程量。

ii. 重力坝的类型

(1)按坝的高度分,可分为高坝、中坝和低坝三类。坝高大于 70 m 的为高坝,坝高在 30 ~ 70 m 的为中坝,坝高小于 30 m 的为低坝。

(2)按筑坝材料分,可分为混凝土重力坝和浆砌石重力坝。一般情况下,重要的工程和较高的坝常采用混凝土重力坝,中、低坝和小型工程可采用浆砌石重力坝。

(3)按坝体是否过水分,可分为溢流坝和非溢流坝。坝体内设有泄水孔的坝段和溢流坝段统称为泄水坝段。非溢流坝段又称挡水坝段,其坝顶不过水。

(4)按坝体剖面结构形式分,可分为实体坝(见图 2-11(a))、宽缝重力坝(见图 2-11(b))和空腹重力坝(见图 2-11(c))。宽缝重力坝和空腹重力坝可以利用宽缝和空腹排除坝基的渗水,有效地减小扬压力,较好地利用材料的抗压强度,从而可减少工程量 10% ~ 30%,降低工程造价。空腹重力坝的空腔还可布置水电站厂房,可减少电站厂房的开挖工程量,也可以从厂房顶部泄水,解决狭窄河谷中布置电站厂房和泄水建筑物的困难。20 世纪 70 年代以前宽缝重力坝和空腹重力坝在我国应用的较多,如新安江、丹江口、潘家口水电站均为宽缝重力坝,陕西省石泉水电站为空腹重力坝。

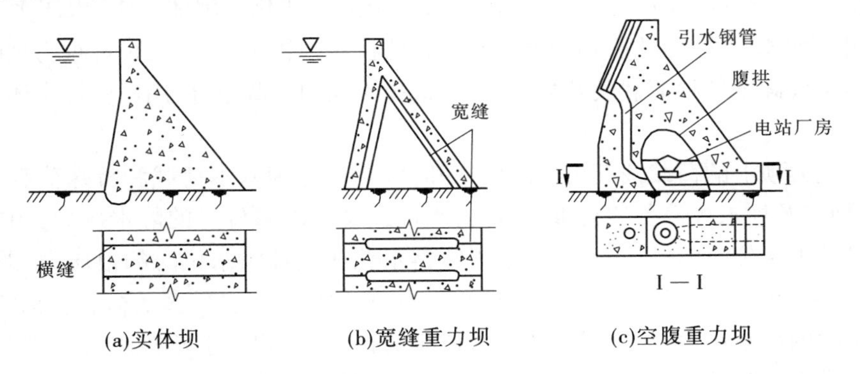

图 2-11　重力坝形式

(5)按施工方法分,可分为浇筑混凝土重力坝和碾压混凝土重力坝。

iii. 重力坝的组成及布置

重力坝通常由非溢流坝段、溢流坝段和二者之间的连接边墩、导墙及坝顶建筑物等组成

(见图2-12)。布置时必须根据地形、地质条件,结合枢纽其他建筑物综合考虑。首先选择坝址,确定坝轴线。一般坝轴线采用直线,有时为使坝体布置在更好的岩基上,也可以布置成折线或弯度不大的曲线。溢流坝段一般布置在原河道主流位置,两端以非溢流坝段与岸坡相接,溢流坝段与非溢流坝段之间用边墩、导墙隔开。用永久性横缝分成的各坝段的外形应当尽可能协调一致,力求整齐美观。当地形、地质及运用等条件有显著差别时,应尽量使上游面保持齐平,下游面可采用不同的下游边坡,使各坝段均达到安全、经济的目的。

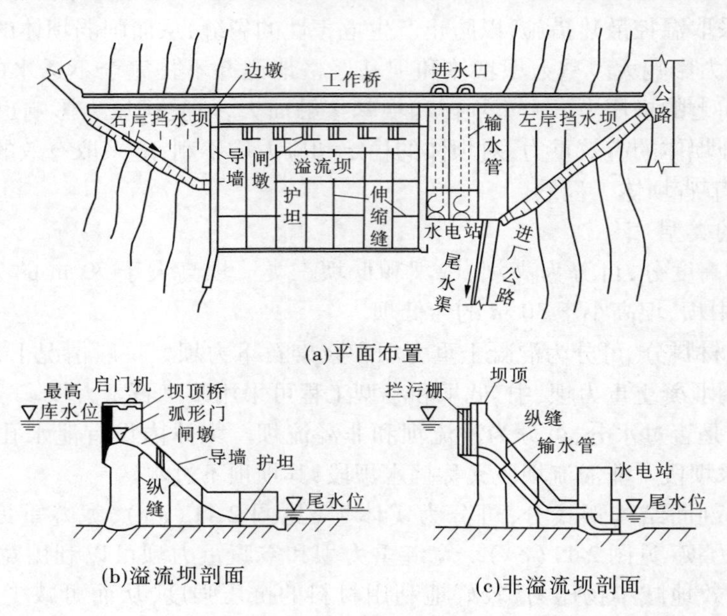

图 2-12 重力坝的布置

作用在重力坝上的各种荷载,除坝体自重外,多数都有一定的变化范围且出现的机会也不相同。例如在正常运行、放空水库、设计或校核洪水等情况下,大坝上下游水位各不相同,而且当水位发生变化时,相应的水压力、扬压力也会随之变化。坝体自重、水压力和扬压力是经常作用在坝体上的,而地震和特大洪水出现的机会则较少。因此,设计重力坝时应根据具体的运用条件确定各种荷载及其数值,并且选择不同的荷载组合,用以验算坝体的稳定和强度。

作用于重力坝上的荷载按其出现的概率和性质,可分为基本荷载和特殊荷载两种。基本荷载有:坝体及坝永久设备的自重,正常蓄水位或设计洪水位时的静水压力,相应于正常蓄水位或设计洪水位时的扬压力,相应于正常蓄水位或设计洪水位时的浪压力,泥沙压力,冰压力,土压力,相应于设计洪水位时的动水压力,其他出现机会较多的荷载。特殊荷载有:校核洪水位时的静水压力,相应于校核洪水位时的扬压力,相应于校核洪水位时的浪压力,相应于校核洪水位时的动水压力,地震荷载,其他出现机会很少的荷载。

荷载组合情况分为两大类:一类是基本组合,指水库处于正常情况下或在施工期间较长一段时间内可能发生的荷载组合,又称设计情况,由同时出现的基本荷载组成;另一类是特殊组合,指水库处于非常运用情况下的荷载组合,又称校核情况,由同时出现的基本荷载和特殊荷载组成。进行荷载组合时,应根据各种荷载同时作用的实际可能性,选择其中最不利的荷载组合。

b. 拱坝

拱坝是坝体向上游凸出，在平面上呈现拱形，拱端支承于两岸山体上的混凝土坝或浆砌石坝。作用于拱坝迎水面上的荷载，大部分依靠拱的作用传递到两岸岩体上，只有小部分通过竖向“梁”（坝横断面相当于悬臂梁）的作用传递到坝基（见图 2-13）。因此，拱坝的稳定性主要是依靠两岸拱端基岩的反作用力来支承。拱的传力特点主要是沿轴传向两岸，能够较好地利用混凝土或浆砌块石材料的抗压强度，所以坝体厚度较薄，从而节省筑坝材料。对于有条件修建拱坝的坝址，修建拱坝与修建同样高度的重力坝相比，拱坝工程量一般比重力坝节省 1/2 ~ 1/3。但拱坝是周边与岩基连接的高次超静定结构，坝体没有永久性横缝，地基变形和温度变化对坝体内力影响均较大。因此，拱坝对地形、地质条件及坝基处理的要求均较重力坝严格。

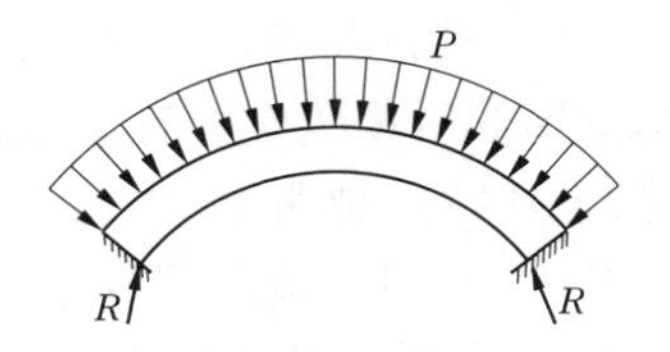

图 2-13　拱作用力示意

i. 拱坝的类型

（1）按坝的高度分，可分为高坝、中坝和低坝三类。

（2）按厚高比 δ/H（即坝底厚度 δ 与坝高 H 的比值）分，可分为薄拱坝（$\delta/H<0.2$）、中厚拱坝（$\delta/H=0.2\sim0.35$）和厚拱坝（$\delta/H>0.35$）三类。

（3）按坝体形态分，可分为单曲拱坝和双曲拱坝两类。单曲拱坝又称定圆心、等半径拱坝，其仅在水平方向上呈拱形，而悬臂梁断面的上游面是铅直的。双曲拱坝又称变圆心、变半径拱坝，其在整体形状上是弯曲的穹形结构，即在水平和铅直方向上均呈拱形。

ii. 拱坝的特点

（1）受力条件好。在荷载作用下，拱坝同时起拱和悬臂梁的作用。拱和悬臂梁的作用大小主要取决于河谷形状，河谷深而窄，则拱的作用大，梁的作用小；反之，则梁的作用大，拱的作用小。拱坝主要依靠两岸坝肩和坝基岩体维持稳定，坝体自重对拱坝的稳定性影响不大。

（2）坝的体积小。拱坝是一种受压结构，拱的作用越显著，材料的抗压强度越能充分利用，坝体的厚度越可减小；反之，拱的作用越小，梁的作用就增大，更多地需要靠坝体自重来抵抗水压力，坝的厚度就要相应加大。

（3）超载能力强，安全度高。拱坝通常属周边嵌固的高次超静定结构，当外荷载增大或坝的某一部位因拉应力过大而局部开裂时，能调整拱梁系统的荷载分配，改变应力状态，进行坝内应力重分配，不致使坝全部丧失承载能力。裂缝对拱坝的威胁不像对其他坝型那样严重。例如意大利的瓦依昂双曲拱坝，高 261.6 m，于 1961 年建成，是当时世界上最高的双曲拱坝。1963 年 10 月 9 日晚，由于水库左岸大面积滑坡，2.7×10^8 m^3 的滑坡体以 28 m/s 的速度滑入水库，掀起 150 m 高的涌浪，涌浪溢过坝顶，致使 1 925 人丧生，水库被填满，但拱坝并未失事，仅在两岸坝肩附近的坝体内发生两三条裂缝。据估算，拱坝当时已承受住相当于 8 倍设计荷载的作用，由此可见拱坝的超载能力是较大的。

（4）抗震性能好。由于拱坝是整体性的空间结构，坝体较坚韧，富有弹性，又能自行调整其结构性能，因此可提高坝体的抗震性能。例如意大利的柯尔弗诺拱坝，高 40 m，曾遭受破坏性地震，附近市镇的建筑物大都被毁，但该坝没有发生裂缝和任何破坏。又如我国河北邢台地区峡沟水库浆砌石拱坝，高 78 m，在满库情况下遭受 1966 年 3 月的强烈地震，震后检查坝体未发现裂缝和损坏。

(5)荷载特点。拱坝坝体不设永久性伸缩缝，其周边嵌固于基岩上，因而温度变化、地基变形等对坝体应力有显著影响。此外，坝体自重和扬压力对拱坝应力的影响较小，坝体越薄，上述特点越明显。

(6)坝身泄流布置复杂。拱坝坝体单薄，坝身开孔或坝顶溢流会削弱水平拱和顶拱的作用，并使孔口应力复杂化；坝身下泄水流的向心收聚易造成河床及岸坡冲刷。但随着修建拱坝的技术水平不断提高，经过合理的布置，坝身不仅能安全泄流，而且能开设大孔口泄洪。

(7)施工技术要求高。由于拱坝坝体截面较薄，几何形状复杂，因此对施工技术、施工质量控制和筑坝材料的强度等均有较高要求，对地基处理的要求更为严格，以致有时开挖量很大。

iii. 拱坝的地形、地质条件

(1)地形条件。拱坝的地形条件是决定坝体结构形式、工程布置及经济性的主要因素。所谓地形条件，是针对开挖后的基岩面而言的，常用坝顶高程处的河谷宽度和坝高之比(宽高比 L/H)及河谷断面形状两个指标表示。河谷的宽高比 L/H 值越小，说明河谷越窄深，拱坝水平拱圈跨度相对较短，悬臂梁高度相对较大，即拱的刚度大，拱的作用容易发挥，可将荷载大部分通过拱作用传给两岸，坝体可设计的薄些。反之，L/H 值越大，河谷越宽浅，拱作用越不易发挥，荷载大部分通过梁的作用传给地基，坝断面必须设计得厚些。根据经验，当 $L/H<1.5$ 时，可修建薄拱坝；当 $L/H=1.5\sim3.0$ 时，可修建中厚拱坝；当 $L/H=3.0\sim4.5$ 时，可修建厚拱坝；在 L/H 更大的条件下，一般认为修建拱坝已趋于不利。一般来说，理想的地形是左右对称的 V 形或 U 形狭窄河谷。在 V 形河谷中修建拱坝，虽然水压力自坝顶向下加大，但跨度随着减小，拱的厚度变化不大(见图 2-14(a))，所以适于修建薄拱坝。在 U 形河谷中，拱的跨度沿整个坝高相差不大，自坝顶向下随着总压力的增加，拱的厚度也相应加大，适于修建中厚拱坝或厚拱坝(见图 2-14(b))。当河谷具有台地时，可在河谷中部修建拱坝，而在台地上修建重力坝作为支撑(见图 2-14(c))。

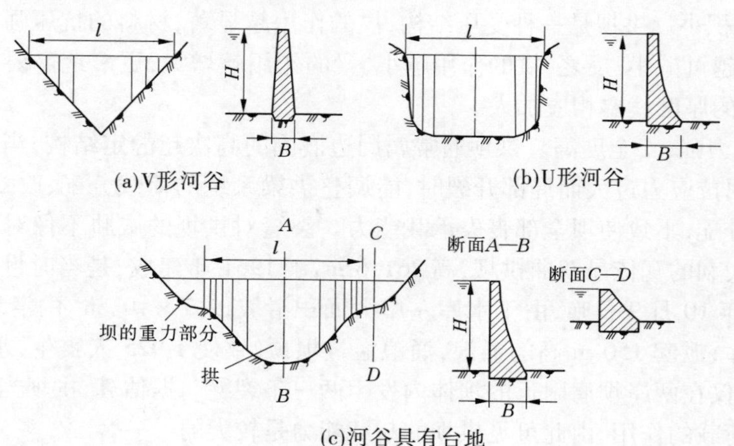

图 2-14　各种峡谷形状的拱坝断面

(2)地质条件。由于拱坝是高次超静定整体结构，地基的过大变形对坝体应力有显著影响，甚至会引起坝体破坏，因此拱坝对地质条件的要求比其他混凝土坝要严格。一般来说，较理想的地质条件是岩石均匀单一，有足够的强度，耐久性好，透水性小，两岸拱座基岩坚固完整，边坡稳定，无大的断裂构造和软弱夹层，能承受由拱端传来的巨大推力而不致产生过大的变形，尤其要避免两岸边坡存在向河床倾斜的节理裂隙或构造。而在实际工程中，理想的地质条件是少见的，天然坝址或多或少会存在某些地质缺陷。建坝前需弄清地基地质情况，采取相应合理有效的工程措施进行严格处理。

iv. 拱坝的荷载及其组合

作用在拱坝上的荷载基本上和重力坝相似，同样包括自重、静水压力、动水压力、扬压力、泥沙压力、浪压力、冰压力和地震荷载等，但由于拱坝结构的特点，必须考虑温度荷载，且温度荷载是拱坝设计中的主要荷载之一。

拱坝的荷载组合同重力坝一样，也分为基本组合和特殊组合，但温度荷载应作为基本荷载。国内以往设计的拱坝基本组合一般为正常蓄水位加温降等，特殊组合为校核洪水位加温升等，更多的组合情况可参考我国现行混凝土拱坝设计规范所推荐的荷载组合。

c. 土坝

土坝是人类最早建造的坝型，也是现代世界各国所普遍采用的一种坝型。土坝的筑坝材料基本来源于当地，故又将其称为当地材料坝。

i. 土坝的类型

土坝按照坝体横断面的防渗材料及其结构，可分为以下几种类型：

(1)均质坝。坝体绝大部分由均一的透水性较弱的黏土料(如黏土、亚黏土等)填筑而成，整个坝体起防渗作用(见图2-15(a))。均质坝断面简单，施工方便，当坝址附近有合适的土料且坝高不大时应优先采用。但黏性土料的施工受气候的影响较大，在多雨的条件下受含水量的影响，施工碾压较困难，故高坝采用较少。

(2)分区坝。坝体专门设置具有防渗作用的防渗体(多为防渗性能好的黏性土)，采用透水性较大的砂石料作坝壳。其中，防渗体设在坝体中部或稍向上游倾斜的称为心墙坝(见图2-15(b)、(c))；防渗体设在坝体上游面或接近上游面的称为斜墙坝(见图2-15(d)、(e))；坝体由几种不同性质的土料筑成的称为多种土质坝，按其防渗体位置的不同又可分为中间防渗体型式(见图2-15(f))和上游防渗体型式(见图2-15(g))。

(3)人工防渗材料坝。防渗体采用混凝土、沥青混凝土、钢筋混凝土、土工膜或其他人工材料制成，其余部分由土石料筑成。其中，防渗体在坝体中央的称为心墙坝(见图2-15(c))，防渗体在上游面的称为斜墙坝(或面板坝)(见图2-15(e))。采用土工膜防渗的土石坝，坝坡较陡，工程造价低，施工方便且工期短，不受气候影响，是一种有很好发展前景的新坝型。如1984年建成的西班牙波扎捷洛斯拉莫斯坝(Pozade Los Ramos)，高97 m，后加高至134 m，至今运行良好。1991年我国在浙江鄞县修建的坝高36 m的小岭头复合土工膜防渗堆石坝，防渗效果较好，下游坝面无渗水。

上述几种坝型，除均质坝外，都是将弱透水材料布置在坝体剖面中心或上游，以达到防渗的目的；而将透水性较强的材料布置在两侧或下游，以维持坝体的稳定。

ii. 土坝的特点

土坝在实践中之所以能够得到广泛采用并得到不断发展，与其自身的优越性是密不可分的。同其他坝型相比，它有以下特点：

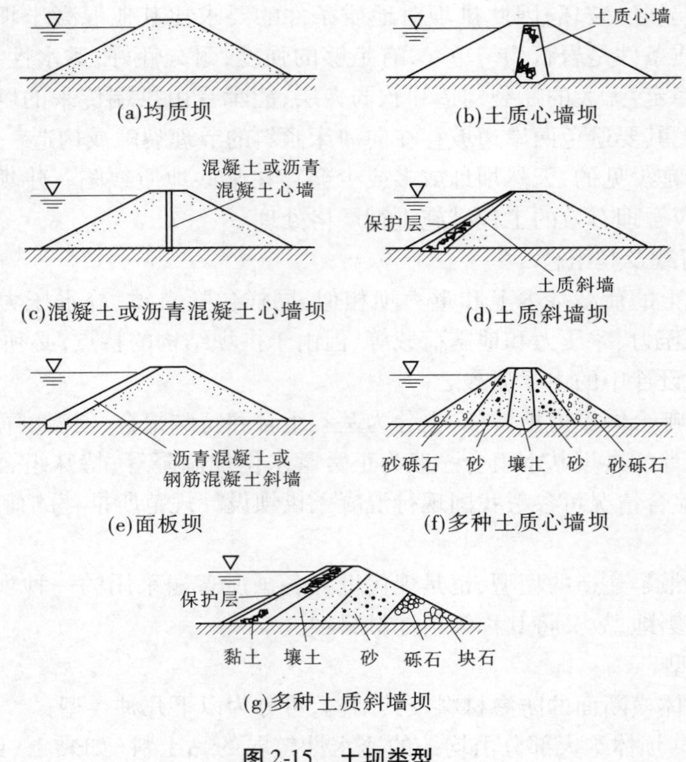

图 2-15　土坝类型

(1)筑坝材料就地取材,可节省大量的钢材、水泥和木材等建筑材料。

(2)适应地基的变形能力强。土坝的散粒体结构能较好地适应地基的变形,对地基的要求在所有坝型中是最低的,几乎在所有的地质条件下都能修建。

(3)构造简单,施工技术易以掌握,施工方法选择灵活性大。土坝能适应不同的施工方法,从简单的人工填筑到高度机械化施工都可以;工序简单,施工速度快,质量也易保证。

(4)运营管理方便,工作可靠,寿命长,易于维修加固和扩建。

(5)坝顶不能溢流。土坝受散粒体材料整体强度的限制,坝身通常不允许过流,因此常需在坝外另设泄水建筑物,如河岸溢洪道等。

(6)施工导流不如混凝土坝方便,因而相应地增加了工程造价。

(7)坝体填筑工程量大,且土料填筑质量易受气候条件的影响。这将给施工带来困难,甚至可能延长工期,增加造价。

iii. 土坝的工作条件

土坝是由松散颗粒的土料填筑而成的,由于土粒间联结力较低,抗剪强度小,上、下游坡如不维持一定的坡度,坝体就有可能发生坍塌现象。所以,土坝的剖面一般为梯形,其失稳形式则是坝坡滑动或坝坡连同一部分地基一起滑动的剪切破坏,这是与其他坝型失稳形式的不同之处。此外,在渗流、冲刷、沉降、冰冻和地震等因素的作用和影响下,其工作条件和其他坝型也有所不同。

(1)渗流影响。土坝挡水后,在上下游水位差作用下,库水经过坝身及坝基(包括两岸)的接合面和坝体土与混凝土等建筑物的接合面向下游渗漏。渗流在坝体内形成自由水面,浸润线以下的土体全部处于饱和状态，使得土体的有效重量减轻，并使土的内摩擦角和黏聚力减小；同时，渗透水流对坝体颗粒产生拖曳力，增加了坝坡滑动的可能性。渗透水流在土壤中运动时，如渗透坡降超过土料的允许渗透坡降，还会引起坝体和坝基的渗透变形，严重时会导致坝的失事。

（2）冲刷影响。由于土料颗粒间的黏聚力很小，因此土坝抗冲能力较低。降雨时，雨水一方面沿坝坡下流而冲刷坝面，另一方面还可能侵入坝内降低坝的稳定性；库内风浪对坝面也将产生冲击和淘刷作用，使坝面容易受到破坏，甚至滑坡。

（3）沉陷影响。由于土粒间存在空隙，在坝体自重和水荷载的作用下，坝体和坝基都会因压缩而产生沉陷。如沉陷量过大，会造成坝顶高程不足而影响大坝的正常工作；同时过大的不均匀沉陷量还会引起坝体开裂，甚至形成渗水通道而威胁大坝安全。

（4）其他影响。在严寒地区，当气温低于 0 ℃时库水面结冰形成冰盖层，与岸坡及坝坡冻结在一起，冰层的膨胀对坝坡产生很大的冰压力，易导致护坡的破坏；位于水位以上的坝体黏土，在反复冻融作用下会造成孔穴、裂缝；在夏季，由于土料含水量的损失，上述土壤也可能干裂引起集中渗流；修建在地震区的大坝，地震的作用会增加坝坡坍塌的可能性，对于粉砂地基，在强烈震动作用下还容易引起液化破坏；动物（如白蚁、獾等）在坝身内筑造的洞穴，将形成集中渗水通道，严重影响大坝安全。

总之，从土坝的工作条件可以看出，土坝的破坏有多方面的原因。根据对国内外土坝事故分析统计，由于水流漫顶失事的占 30%，由于坝坡坍塌失事的占 25%，由于坝基渗漏失事的占 25%，由于坝下涵管出问题的占 13%，其他占 7%。因此，要求对土坝进行精确的设计和施工，在运用期间加强管理，以保证土坝的安全运行并正常工作。

iv. 土坝的组成部分

土坝主要由坝体、防渗体、排水设施和护坡四部分组成。

坝体是土坝的主要组成部分，作用是维持土坝的稳定。

防渗体的作用是防渗，必须满足降低坝体浸润线、降低渗透坡降和控制渗流量的要求，另外还需满足结构和施工上的要求。

排水设施也是土坝的一个重要组成部分，其主要作用是：①降低坝体浸润线及孔隙压力，改变渗流方向，增强坝体稳定；②防止渗流逸出处的渗透变形，保护坝坡和坝基；③防止下游波浪对坝坡的冲刷及冻胀破坏，起到保护下游坝坡的作用。防渗和排水是互相联系的，总的原则是“高防低排”或“上堵下排”，即在靠近高水位一侧设防渗设施，堵住渗水；而在低水位下游一侧设排水设施，尽量排出已渗入坝身的渗水。

排水设施应具备足够的排水能力，同时应按反滤原则设计，保证坝体和地基不发生渗透破坏，设施自身不被淤堵，且便于观测和检修。常见的排水形式有棱体排水、贴坡排水、褥垫排水、组合式排水。棱体排水是在坝址处用块石填筑堆石棱体，如图 2-16（a）所示。这种形式排水效果好，除能降低坝体浸润线，防止坝坡渗透变形和冻胀破坏外，还可支承坝体，增加坝体稳定性和保护下游坝脚免受下游水流及波浪淘刷。贴坡排水是在坝体下游坝坡一定范围内设置 1 ~ 2 层堆石形成排水体，如图 2-16（b）所示。贴坡排水又称表层排水，它构造简单，石料用量少，施工方便，便于检修，能防止坝坡土发生渗透破坏和保护坝坡免受下游波浪淘刷，但不能降低坝体浸润线。如图 2-16（c）所示，将排水伸入坝体内部，形成褥垫排水，常用于下游水位较低或无水的情况。这种形式能有效地降低坝体浸润线，但对增加下游坝坡的稳定性不明显，且石料用量较多，造价高，检修困难，施工时对坝体施工干扰较大。在实际工程中，常根据具体情况将上述几种排水形式组合在一起，兼有各种单一的排水形式的优点，如图2-16(d)所示。

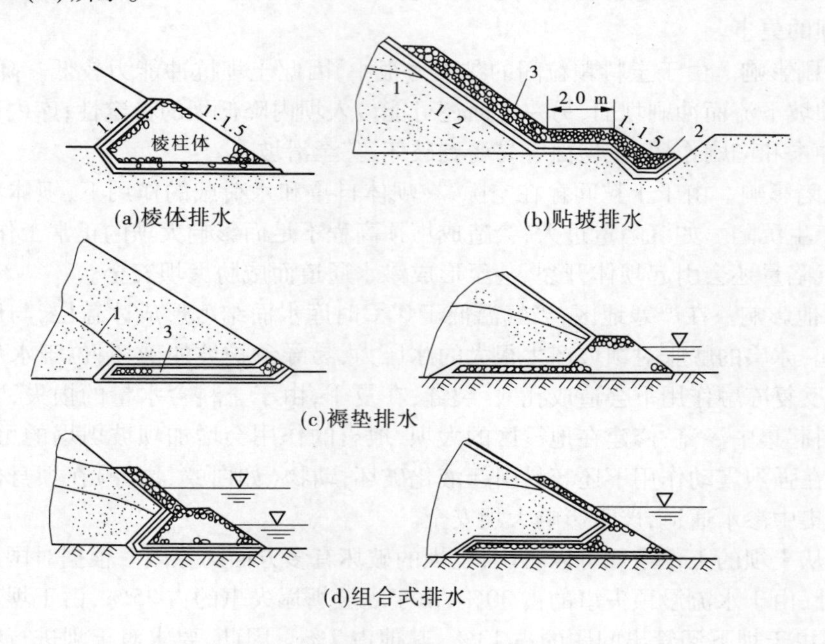

1—浸润线；2—排水沟；3—反滤层

图2-16　土石坝坝体排水设施主要形式

护坡的主要作用是保护坝坡免受波浪淘刷、冰层和漂浮物的损害、降雨冲刷，防止坝体土料发生冻结、膨胀和收缩以及人畜破坏等。土坝护坡结构要求坚固耐久，能够抵抗各种不利因素对坝坡的破坏作用，还应就地取材，便于施工和维修。上游护坡常采用的方式有堆石护坡、浆砌石或干砌石护坡、现浇或预制混凝土板护坡、钢筋混凝土板护坡等。下游护坡要求较低，可采用较简单的单层砌石护坡、砾石护坡、草皮护坡等。

v. 土坝的计算

土坝设计时，在初步拟定了坝的剖面尺寸和主要构造形式及尺寸（如防渗体、排水体等）以后，为了进一步校核它的合理性，必须先进行渗流计算，再进行稳定分析，必要时应进行沉陷量的计算。具体方法及步骤详见有关规范及参考书。

2)泄水建筑物

在水利枢纽中必须设置泄水建筑物，以宣泄规划所确定的库容所不能容纳的多余水量，防止洪水漫溢坝顶，保证大坝安全。泄水建筑物有深式泄水建筑物和溢洪道两类。

深式泄水建筑物有坝身泄水孔、水工隧洞和坝下涵管等。这类建筑物泄水能力较小，一般仅作为辅助的泄洪建筑物。其泄水孔道位于库水位以下，深度较大，除向下游宣泄部分洪水外，还可从水库放出各用水部门所需的水量，又可兼作施工导流、放空水库以及在洪水来临之前预留部分库容作调洪之用。

溢洪道按位置不同，可分为河床式和河岸式两种形式。在混凝土坝和浆砌石坝枢纽中，常利用建在原河床内的溢流坝段泄洪，该溢流坝即为河床式溢洪道。当坝型不宜从坝顶溢流（如土坝、堆石坝以及某些轻型坝）或溢流坝的溢流段长度不能满足大量泄洪要求时，需在坝体外的河谷两岸适当位置单独设置溢洪道，称为河岸式溢洪道。这种溢洪道的进水口通常是敞露的，其后的泄水道可为陡坡式明渠或为封闭式的竖井、斜井，前者称为开敞式河岸溢洪道，后者称为封闭式溢洪道。开敞式河岸溢洪道在水利枢纽中使用较广，故下面简要介绍开敞式河岸溢洪道的形式、组成及作用等。

a. 开敞式河岸溢洪道的形式

开敞式河岸溢洪道根据泄水槽与溢流堰的相对位置的不同可分为正槽式溢洪道和侧槽式溢洪道两种形式。

（1）正槽式溢洪道。泄槽轴线与溢流堰轴线垂直（与过堰水流方向一致）。这种形式结构简单，施工方便，工作可靠，泄水能力大，故在工程中应用广泛。

（2）侧槽式溢洪道。泄槽轴线与溢流堰轴线接近平行，即水流过堰后，在很短的距离内转弯约 90°，再经泄槽下泄。侧槽式溢洪道多设置在较陡的岸坡上，沿等高线设置溢流堰和泄槽，这样就能在单宽开挖量增加不多的情况下，采用较大的前缘长度，以较小的溢流水头宣泄较大的流量，故在岸坡陡峻的中小型水库中得到了比较广泛的应用。但由于过堰水流在侧槽内转 90°弯，则在侧槽内形成螺旋流，流态较为复杂，与下段的水面衔接较难控制。在实际工程中，主要根据库区地形条件来选择溢洪道的形式。

b. 开敞式河岸溢洪道的组成与作用

开敞式正槽溢洪道通常由进水渠（引水段）、控制段、泄槽、消能防冲设施和出水渠五部分组成（见图 2-17），开敞式侧槽溢洪道主要由溢流堰、侧槽、泄槽、消能防冲设施和出水渠等部分组成。控制段、泄槽和消能防冲设施三个部分是溢洪道的主体部分，是每个溢洪道工程不可缺少的。进水渠和出水渠分别是主体部分同上游水库及下游河道的连接部分。这两部分可视主体部分与上、下游的连接情况而决定设置与否。

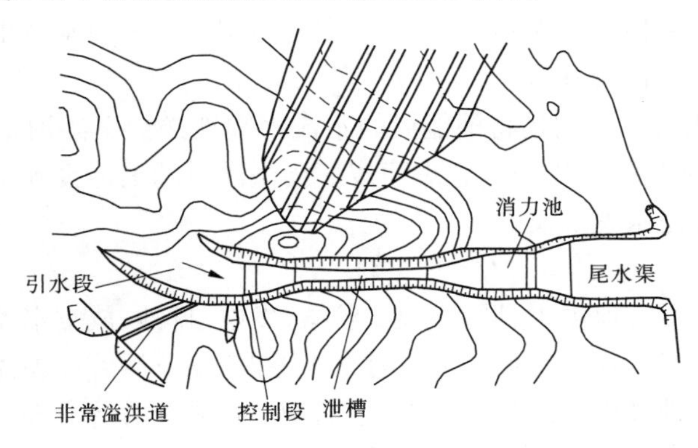

图 2-17　开敞式河岸溢洪道

（1）进水渠。作用是将水流平顺、对称地引向控制段，并具有调节水流的作用。其设计原则是：在合理的开挖方量下，尽可能减小水头损失，以增加溢洪道的泄水能力。因此，进水渠在布置时，应尽量短而直；一般采用梯形断面，末端用渐变段与控制段的矩形断面连接；渠内水流因要求平稳、水面波动小、横向水面比降小，则渠内流速一般不大于 4 m/s；渠底应做成平底或倾向水库的反坡，以使进水渠的过水断面大于控制段的过水断面。

（2）控制段。是控制溢洪道泄流能力的关键部位。其横断面（垂直水流方向）一般采用矩形断面;纵断面(平行水流方向)多采用宽顶堰和实用堰两种堰型。宽顶堰的结构简单,施工方便,但流量系数较实用堰小,在泄量不大或附近地形较平缓的中、小型工程中应用较广。实用堰的流量系数较大,在相同泄量条件下,其溢流前缘长度较短,工程量相对较小,但施工较复杂,在大、中型水库,特别是岸坡较陡时,多采用此种形式。溢流堰顶可以设置闸门,也可以不设闸门。是否设置闸门、闸门的尺寸与数量应结合水库规划,根据具体条件通过方案比较确定。一般情况下,小型水库常采用无闸门的,大、中型水库溢洪道设置闸门的较多。

(3)泄槽。泄槽的作用是宣泄通过控制段的水流。泄槽落差大、纵坡陡,槽内水流为高速流态,而高速水流有可能带来冲击波、掺气、空蚀和脉动等不利影响,故在布置泄槽时必须考虑高速水流的特点并采取相应的措施。平面布置上泄槽应尽量采用直线、等宽、对称的布置,以使水流顺畅,保证工程安全。泄槽的纵剖面设计主要是确定纵坡。纵坡要根据地形、地质、施工条件和工程量大小等因素综合考虑确定。通常应大于水流的临界坡,并以尽量适应地形条件为原则。陡坡应尽量采用均一坡度。溢洪道应尽量不设弯道,有时为了避免大量开挖和避开不易处理的地质条件,或为了解决洪水下泄归河问题需设置弯道时,应尽量将弯道设在进水渠段或出水渠上,而使控制段与泄槽保持直线。如果由于各方面条件的限制,必须在泄槽上设弯道时,应布置在纵坡比较平缓的地带,并尽量使横断面内单宽流量分布均匀。工程上常用的有效措施之一是将弯道的槽底做成外高内低的横向坡。为防止槽内水流冲刷地基、降低槽内糙率、保护岩石不受风化,泄槽常需进行衬砌。

(4)消能防冲设施。从溢洪道下泄的水流,单宽流量大,流速高,因此在泄槽末端集中了很大的能量,必须采取有效的消能防冲措施。其作用是消除下泄水流具有破坏作用的动能,从而防止下游河床和岸坡及相邻建筑物受水流的冲刷,并保证溢洪道本身不受破坏。河岸溢洪道泄槽出口的消能方式主要有两种:一种是底流式水跃消能,适用于土质地基及出口距坝址较近的情况;另一种是鼻坎挑流式消能,主要适用于岩石地基及出口距坝址较远的情况。目前采用较多的是后一种形式。

(5)出水渠。出水渠的作用是将消能后的水流平顺地送到下游河道。在实际工程中应尽量利用天然冲沟或河沟等加以适当整理而成。当溢洪道的消能设施与下游河道相接或距离很短时,则可不必设出水渠。

3)引水建筑物

在蓄水枢纽中,为了宣泄洪水、城镇给水、灌溉、发电、排沙、放空水库以及施工导流等目的,水库必须修建引水建筑物。常见的形式有水工隧洞、坝下涵管和坝体泄水孔等。前两种多用于土石坝中,后一种多用于混凝土坝中,它们均需设置工作闸门等设备和结构物,以控制取水及泄水流量。下面仅简要介绍水工隧洞和坝下涵管。

a.水工隧洞与坝下涵管的类型

水工隧洞与坝下涵管大致类似,只是前者开凿在河岸岩体内(见图2-18),后者在坝基上修建,涵管管身埋设在土石坝坝体下面(见图2-19)。按它们担负任务性质的不同,可分为引水和泄水两大类,如发电引水隧洞、灌溉和供水隧洞、施工导流隧洞等均属于引水隧洞,其水流流速一般较低;如泄洪隧洞、排沙隧洞、放空隧洞等属于泄水隧洞,一般为高速水流。按工作时水力条件的不同,可分为有压及无压两种,有压隧洞(涵管)运用时,洞(管)身全部断面均被水流充满,洞(管)内壁有一定的压力水头;无压隧洞(涵管)运用时,水流不充满整个断面，洞（管）顶部留有一定的净空，而且具有自由水面。发电引水隧洞（涵管）多数是有压的，其他隧洞（涵管）可以是有压的，也可以是无压的，也可以设计成前段是有压的而后段是无压的。但在隧洞（涵管）的同一段内，应避免出现时而有压时而无压的明满流交替状态（施工导流隧洞除外），以防发生振动、空蚀或影响泄流能力等问题。

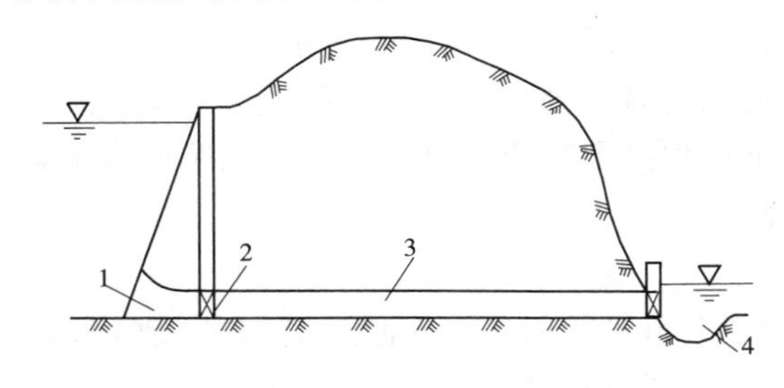

1—进口；2—检修闸门；3—隧洞；4—消力池

图 2-18　隧洞布置示意

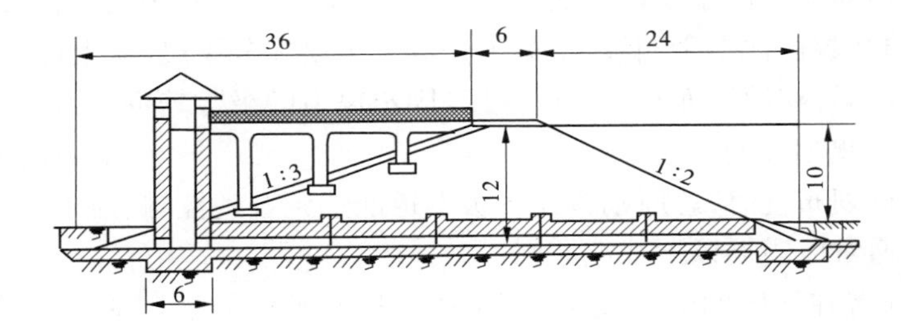

图 2-19　坝下涵管　（单位：m）

b. 水工隧洞与坝下涵管的组成

水工隧洞与坝下涵管一般均由进口段、洞（管）身段和出口段组成。进口形状为喇叭口，一般设有拦污设施、闸门段、渐变段、通气孔、平压管和上部结构（闸门操作室）。泄水隧洞出口设消能建筑物，发电隧洞末端则由高压管道通入发电厂房。压力泄水隧洞的出口也设有渐变段及工作闸门室。

c. 水工隧洞与坝下涵管的工作特点

（1）为了控制流量和便于工程检修，水工隧洞和坝下涵管必须设置控制建筑物，如工作闸门、检修闸门和启闭设备等。

（2）洞（管）身位于深水下，除承受较大的围岩压力（或土压力）外，还要承受高压水头及高速水流的作用。工作闸门是高压闸门，开启时洞内流速很高，要求过水轮廓应用合理的形式和尺寸，并采取必要的措施（如设通气孔等），避免空蚀和振动。

（3）隧洞洞身是在岩层中开凿而成的，开凿后破坏了岩体的应力平衡状态，使岩体可能发生变形和崩塌，因而需设置临时性支护或永久性衬砌，保持围岩稳定。

（4）涵管管身埋设在土石坝坝体下面，其管壁渗流和管缝渗漏都将直接影响坝体的安全。因此，在进行涵管设计和施工时，必须采取相应的措施和保证涵管周围填土、管节之间接头止水的施工质量，以确保管身和坝体的安全。

总之，枢纽中的深式引水建筑物，究竟是采用隧洞还是涵管，需根据地形、地质、施工条件、水头高低、运用要求以及与枢纽中其他建筑物的配合等因素进行全面分析比较，择优选择方案。

2.1.3 输水工程

在利用水资源的各种活动中,总会遇到这样的问题,即水资源与用水地点之间总是存在着一定的距离。特别是在农田灌溉方面,水源一般情况下是以集中形式存在的,而农田用水却是分散的。输水工程的兴建就是为了解决这个问题。目前,输水工程主要采用渠道输水和管道输水两种方式。下面仅简要介绍灌溉渠道工程和城市供水管道工程。

2.1.3.1 灌溉渠道工程

1)灌溉渠系的组成

对一个灌区而言,灌溉渠道系统由各级灌溉渠道和退(泄)水渠道组成。灌溉渠道按其使用寿命可分为固定渠道和临时渠道两种:多年使用的永久性渠道称为固定渠道,使用寿命小于1年的季节性渠道称为临时渠道。灌溉渠道按其控制面积大小和水量分配层次可分为若干等级:大、中型灌区的固定渠道一般分为干渠、支渠、斗渠、农渠四级;在地形复杂的大型灌区,固定渠道的级数往往多于四级,干渠可分成总干渠和分干渠,支渠可下设分支渠,甚至斗渠也可下设分斗渠;在灌溉面积较小的灌区,固定渠道的级数较少。

2)灌溉渠道的规划原则

在进行灌区规划布置时,总原则应使各级渠道能达到合理控制、便于管理、保证安全、力求经济的要求。通常应遵循以下几点原则:

(1)干渠应布置在灌区的较高地带,以便自流控制较大的灌溉面积。其他各级渠道也应布置在各自控制范围内的较高地带。斗渠、农渠的布置应满足机耕要求。

(2)使总工程量和工程费用最小。一般使渠线尽量短直,以减少用地和工程量。

(3)灌溉渠系的位置应参照行政区划尽可能使各用水单位都有独立的用水渠道,以利管理。其布置应与土地利用规划相配合,以提高土地利用率,方便生产和生活。

(4)布置时应考虑发挥灌区原有小型水利工程的作用,并为上、下级渠道的布置创造良好条件。

3)渠道断面

渠道断面形状应根据水流流量、地形、地质、施工以及运用条件等综合考虑。常采用梯形断面(见图2-20(a)),因为它最接近水力最优断面,也便于施工,并有利于经过不同稳定性的土壤时,采用复式断面,即随深度不同采用不同边坡(见图2-20(b))。在坚固岩石中,为了减少挖方,也可采用矩形断面(见图2-20(c))。当渠道经过狭窄地带,若两侧土壤稳定性较差,要求渠道宽度较小时,可在两侧修建挡土墙(见图2-20(d)),常在外侧修建隔墙(一般为浆砌块石)(见图2-20(e)),大断面的渠道常采用半挖半填断面(见图2-20(f)),可利用弃土。在渠道断面设计中,为减少工程量,应尽量采用水力最优断面,可在同等过水断面面积的情况下,使通过的流量最大。但水力最优断面仅仅是输水能力最大的断面,不一定是最经济的断面,这是因为对于某些大型渠道,如果采用窄深的水力最优断面,会使开挖深度较大,易受地下水的影响,使施工困难,而且渠道流速可能超过允许不冲流速,影响河床稳定。这就要求渠道设计断面的最佳形式还要考虑河床稳定要求和施工难易等因素,使渠道的底宽、渠内水深和渠道边坡系数均有适当的比例,并满足其他运用要求,有通航要求的渠道,应根据船舶吃水深度、错船所需的水面宽度以及通航的流速要求等确定渠道的断面尺寸。

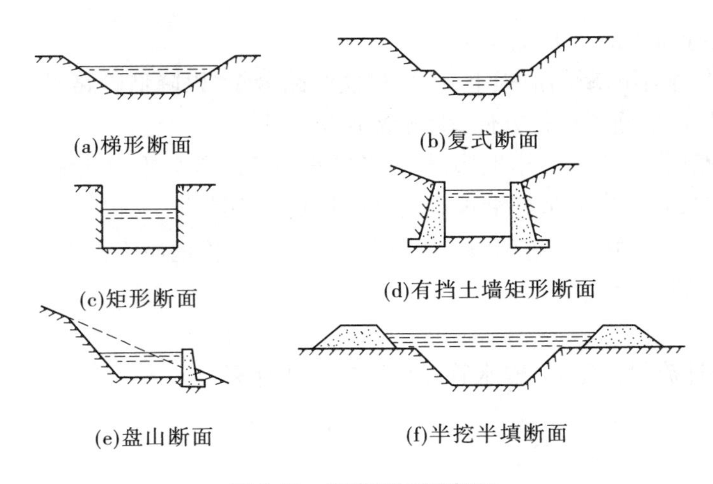

图 2-20　渠道断面示意图

4)渠道的流量与流速

在坡度均一的渠段内,两端渠底高差与渠段长度之比,称为渠道比降。比降选择是否合理关系到工程造价和控制面积。为了减少工程量,应尽可能选用和地面坡度相近的渠道比降。根据水力学知识,流速大小主要取决于比降大小,即流速与比降的平方根成正比。渠道中的水流流速要适当,过大会引起冲刷,过小泥沙容易淤积,并可使渠道生长杂草。在稳定渠道中,不致引起渠道冲刷的允许最大平均流速称为不冲流速;不致引起渠道淤积的允许最小平均流速称为不淤流速。为了维持渠底河床稳定,渠道通过设计流量时的平均流速应介于上述两者之间。

按渠道所担负的输水任务,先确定设计流量 $Q(m^3/s)$,如灌溉设计流量通常是根据设计灌水模数(设计灌溉率)和灌溉面积进行计算的。再确定渠道的过水断面面积 $A(m^2)$。根据流量公式 $Q=Av$,即可求出平均流速 $v(m/s)$。在流速符合上述要求时,需进一步分析比较,确定最经济合理的渠道断面形式。

5)渠道的渗漏损失及防渗措施

渠道的水量损失,主要是渠水通过渠床渗透到土壤中形成的渗漏损失,其次是水面蒸发。渠道渗漏水量占渠系损失水量的绝大部分,一般占渠首引水量的30%~50%,有的灌区高达60%~70%。渠系水量损失不仅降低了渠系水利用系数,减少了灌溉面积,浪费了宝贵的水资源,而且会引起地下水位上升,导致农田盐渍化。因此,必须采取渠道防渗工程措施,减少渠道渗漏水量。目前,渠道防渗措施主要有以下几种:土料防渗(土料夯实、黏土护面、灰土护面、三合土护面等)、砌石防渗(浆砌或干砌卵石等)、砖砌防渗、混凝土衬砌防渗、沥青材料防渗(沥青混凝土、埋藏式沥青薄膜、沥青席等)和塑料薄膜防渗等。

2.1.3.2　城市供水管道工程

城市供水通常采用给水管网形式来实现。城市给水管网是由直径大小不等的管道组成的。按给水管网在整个供水系统中的作用,可将其分为输水管网和配水管网两部分。下面简要介绍输水管的布置、管径确定和管材方面的知识。

1)输水管线选择与布置

从水源到水厂或从水厂到配水管网的管线,因沿线一般不接分叉管,所以此管也叫输水管。输水管线选择布置的一般要求为：

(1)在保证供水不间断的前提下，应尽量使线路最短，以降低管路投资、减少水头损失、减小土石方工程量，使施工维护方便，少占或不占农田。

(2)选择线路时，应充分利用地形，优先考虑重力流或部分重力流输水。

(3)有条件时，管线走向最好沿现有道路或规划道路铺设。

(4)输水管应尽量避免穿越河谷、重要铁路、沼泽、工程地质不良地段，以及洪水淹没的地区，从而保证管路安全运行。

2)管径确定

在输水管设计流量已定时，输水管径可以按下式计算：

$$d = \sqrt{\frac{4Q}{\pi v}} \tag{2-1}$$

式中：d 为管道直径，m；Q 为设计输水流量，m^3/s；v 为管道中平均流速，m/s。

由式(2-1)可以看出，管径不但和管段流量有关，而且与管中流速的大小有关。也就是说，在确定管径时应采用适当的流速，使得修建投资与动力费用的总成本最低，这种流速称为经济流速。

影响经济流速的因素很多(如施工条件、动力费用、投资偿还期等)，主要归结为管道建造费用和经济管理费用两项，因此必须根据当时当地的具体条件来确定。根据实践经验，一般经济流速的取值范围为：中小管径的给水管道($d=100\sim400$ mm)，经济流速为0.6～1.0 m/s；对于大直径输水管道($d>400$ mm)，经济流速为1.0～1.4 m/s。

3)管材

输水管材可以分为金属管材和非金属管材两大类。

(1)金属管材。主要包括铸铁管和钢管两种。铸铁管的优点是工作可靠、使用寿命长，一般可使用60～70年，但一般在30年后就要开始陆续更换。缺点是较脆，不能承受较大的动荷载，比钢管要多花1.5～2.5倍的材料，每根管子长度仅为钢管的1/3～1/4，故接头多，增加了施工工作量。钢管与铸铁管相比，优点是能经受较大的压力，韧性强，能承受动荷载，管壁较薄，节省材料，管段长而接头少，铺设简便。缺点是易腐蚀，寿命仅为铸铁管的一半。常用的钢管有热轧无缝钢管、冷轧(冷拔)无缝钢管、水煤气输送钢管(即自来水管)和电焊钢管等。

(2)非金属管材。主要有水泥土管、素混凝土管、钢筋混凝土管、预应力混凝土管、自应力钢筋混凝土管、石棉水泥管与塑料管等。

2.1.4 扬水工程

扬水是指将水由工程较低的地点输送到工程较高的地点，或给输水管道增加工作压力的过程。扬水工程主要指泵站工程，是利用机电提水设备(水泵)及其配套建筑物，给水流增加能量，使其满足兴利除害要求的综合性系统工程。水泵与和其配套的动力设备、附属设备、管路系统和相应的建筑物组成的总体工程设施称为水泵站，亦称扬水站或者抽水站。扬水的工作程序为：高压电流→变电站→开关设备→电动机→水泵→吸水(从水井或水池吸水)→扬水。

2.1.4.1 水泵

1）水泵的分类

泵是一种能量转换的机械，它将外施于它的能量再转施于液体，使液体能量增加，从而将其提升或压送到所需之处。用以提升、压送水的机械称为水泵。泵按其工作原理可分为两大类，即动力式泵和挤压式（容积式）泵。

（1）动力式泵。是靠泵的动力作用将能量连续地施加于液体，使其动能（或流速）和压能增加，然后在泵内或泵外将部分动能再转换成压能。属于这一类的有叶片式泵、旋涡泵、射流泵和气升泵（又称空气扬水机）。其中，叶片式泵是靠泵中叶轮高速旋转的机械能转换为液体的动能和压能。根据叶轮对液体的作用力的不同，叶片式泵可分为离心泵、轴流泵和混流泵。离心泵是靠叶轮旋转形成的惯性离心力而工作的，其扬程较高，流量范围广，在实际工程中应用较多；轴流泵是靠压力旋转形成的轴向推力而工作的，其扬程较低（一般在10 m以下），但出水流量大，多用于低扬程、大流量的泵站工作中；混流泵的叶轮旋转时既产生惯性离心力又产生轴向推力，其适用范围介于离心泵和轴流泵之间。

（2）挤压式（容积式）泵。是通过泵中工作体的运动，交替改变液体所占的空间的容积，挤压液体使其压能增加。根据其工作机构的形式可分为往复式泵和回转式泵两大类。往复式泵是靠工作件的往复运动挤压液体而工作的，其中有活塞和柱塞泵、隔膜泵等；回转式泵是靠回转转子凸缘挤压液体而工作的，其中有齿轮和凸轮泵、螺杆泵、滑片泵等。

2）离心泵的工作原理和分类

由物理学知，做圆周运动的物体受有向心力的作用，当向心力不足或失去向心力时，物体由于惯性就会沿圆周的切线方向飞出，称为离心运动，离心泵就是利用这种惯性离心运动而进行扬水的。具体地说，离心泵的工作原理就是当动力机（电动机或内燃机）通过泵轴带动叶轮高速旋转时，叶轮中的水也随着一起高速旋转，由于水的内聚力和叶片与水之间的摩擦力不足以形成维持水流旋转运动的向心力，泵中水流不断地被叶轮甩向水泵出口处，而在水泵进口处造成负压，进水池的水在大气压的作用下经过底阀（见图2-21）、进水管流向水泵进口。离心泵按其转轴的立卧可分为卧式离心泵和立式离心泵；按其轴上叶轮数目多少可分为单级和多级两类；按水流进入叶轮的方式可分为单侧进水和双侧进水。常见的类型有以下几种：

（1）单吸单级卧式离心泵。水从叶轮的一侧吸入，其扬程较高，流量较小，结构简单，使用方便，一般属于小型泵。

（2）双吸单级卧式离心泵。吸水口和出水口均在泵体上，呈水平方向且与泵轴垂直，水从吸入口流入后沿吸水室从两侧流入叶轮。叶轮固定在轴的中央。其扬程较高，流量较单吸泵大。其体积庞大，比较笨重，适于固定使用。

（3）多级卧式离心泵。这种泵是将多个叶轮串装在一根转轴上，轴上的叶轮数代表泵的级数，级数越多扬程越高，故它主要用于高扬程或高压泵站中。

（4）自吸式离心泵。这种泵只要向泵中灌少量的水，启动后就能自行上水。它启动容易，移动方便，在我国喷灌中应用较多。之所以能自吸，是由于其泵体部分构造与一般离心泵不同，主要表现在：①泵的进水口高于泵轴；②在泵的出水口设有较大的气水分离室；③一般都具有双层泵壳。

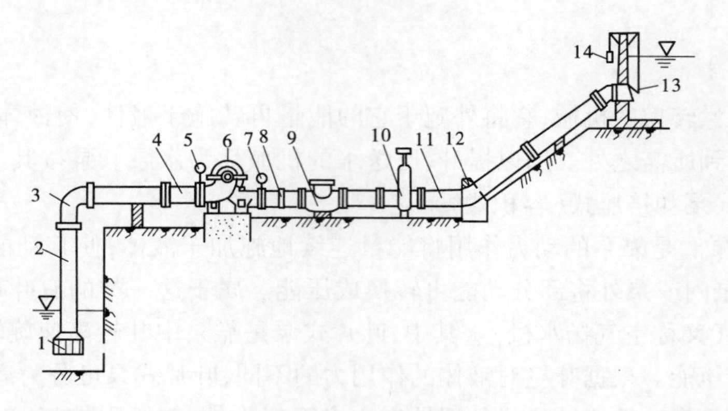

1—滤网和底阀;2—进水管;3—90°弯头;4—偏心异径接头;5—真空表;6—离心泵;7—压力表;
8—渐广接头;9—逆止阀;10—阀门;11—出水管;12—45°弯头;13—拍门;14—平衡锤

图 2-21 离心泵抽水装置示意

3)离心泵的工作参数和特性曲线

影响和反映泵工作状态及变化的量,一般称为泵的工作变量或工作参数。离心泵的技术性能通常由以下 6 个工作参数表示:

(1)流量(输水量)Q。水泵在单位时间内所输送水体的体积,常用单位是 m^3/s 或 L/s。

(2)扬程(总扬程)H。水泵在工作时,所作的功包括两部分:一是将水流提升到一定高度 Z;二是克服水流在吸水管及压力管中沿程水头损失和局部水头损失 h_w。$H = Z + h_w$ 即表示水泵内单位重量的水所获得的净增能量,即水泵的扬程,其单位为 m。

(3)轴功率 $N_{轴}$。由动力机通过传动设备传给水泵轴上的功率,也就是泵的输入功率,常用单位为 kW。

(4)效率 η。水泵在功率传递中有各种能量损失,所以有效功率 $N_{效}$ 总是小于轴功率 $N_{轴}$,两者的比值称为水泵效率,一般以百分数表示。水泵效率反映了水泵对输入能源的有效利用程度,η 值越大,说明能源利用程度越高。它是衡量水泵工作性能好坏的重要标志之一。

(5)转速 n。水泵叶轮的转动速度,常用单位为 r/min。各种水泵都是按一定的转速设计的。如果在使用时,水泵的实际转速与设计转速值不同,则水泵的其他性能参数(Q、H、N 等)也将按一定的规律变化。

(6)允许吸上真空高度 h_s。水泵在规定的标准状况(一个标准大气压,水温 20 ℃)、定额转速下运转时,所允许的最大吸上真空高度,单位是米水柱。水泵厂常用 h_s 反映离心泵的吸水性能。

由于影响泵工作参数的因素比较复杂,目前尚难以从理论上准确地求出泵工作参数间的相互关系和变化规律,所以在实际中往往采用试验方法测出有关工作参数,再绘出其关系曲线,用以反映它们之间的内在联系和变化规律,这种关系曲线称为泵的特性曲线(或性能曲线)。特性曲线可全面、直观、准确地表示泵的工作特性,它是经济、合理地选择水泵、应用水泵和分析研究水泵运行的基本资料和依据。在水泵厂提供的水泵说明书中,除对水泵的构造、尺寸作出说明外,更主要的是提供了一套表示各工作参数之间相互关系的特性曲线,使用户全面地了解该水泵的性能。

2.1.4.2 泵站

1)泵站的分类

按照泵站在给水系统中的作用,可分为以下三类:

(1)取水泵站(也称一级泵站)。一般直接从水源取水,并将水输送到净化建筑物,或者直接输送到配水管网、水塔、水池等建筑物中。由于这种泵站直接建在江河及湖泊岸边,因受水源水位变幅影响的限制,往往都建成干室型泵房或浮动式泵房(泵船或泵车)。所谓干室型泵房,就是将泵房四周的墙基础和泵房地板以及机组基础用钢筋混凝土建成一个不透水的整体结构,形成一个干燥的地下室,其结构复杂,工程造价高。浮动式泵房具有较大的灵活性,没有构造复杂的水下建筑结构,故而施工期短,收效快,投资少。但泵房移动及输水管接头的改换较麻烦,活动设备多,所需管理员多,维修、养护工作量大,泵房空间小,工作条件差。

(2)送水泵站。通常设在净水厂内,将净水建筑物(或自来水厂)净化后的水输送给用户。由于输送的是清水,又叫清水泵站。这类泵站因直接从清水池中取水,且均安装卧式离心泵,所以一般建成分基型泵房。所谓分基型泵房,就是泵房的墙基础与机组基础是分开的,结构形式一般与单层工作厂房相似,其特点是没有水下结构,故而结构简单,容易施工。

(3)加压泵站(也称中途泵站)。在一个给水区域内,某一地区或某些建筑物要求水压特别高,或者输配水管线很长,或者供水对象所在地地势很高时,采用加压泵站,用以升高输水管中的压力。

(4)循环泵站。是将处理过的生产排水抽升后,再输入车间加以重复使用。

2)泵站的组成

泵站主要由安装有主机组、辅机及其电气设备的泵房,吸水井和配电设备三部分组成,如图2-22所示。图中Ⅰ是吸水井,它的作用是保证水泵有良好的吸水条件,同时也可以兼作水量调节建筑物。Ⅱ是泵房,是整个泵站工程的主体,包括吸水管路、出水管路、控制闸门及计量设备等;低压配电与控制启动设备一般也设在泵房内。各水管之间的联络管可根据具体情况,设置在室内或室外。Ⅲ为配电部分,包括高压配电、变压器、低压配电及控制启动设备。变压器可以设在室外,但应有防护设施。此外,泵房内还应有起重等附属设备。

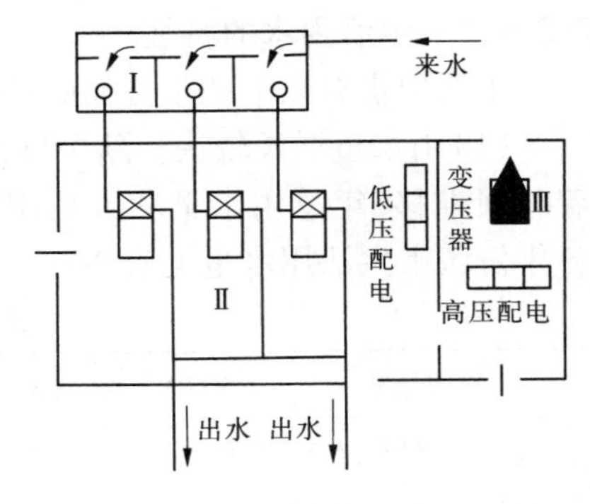

图2-22 给水泵站平面布置

2.2 生活用水

2.2.1 生活用水概述

2.2.1.1 生活用水的含义

生活用水是人类日常生活及其相关活动用水的总称。生活用水分为城市生活用水和农村生活用水。

1)城市生活用水

城市生活用水是指城市用水中除工业(包括生产区生活用水)外的所有用水,简称生活用水,有时也称为大生活用水、综合生活用水、总生活用水。它包括城市居民住宅用水、公共建筑用水、市政用水、环境景观和娱乐用水、供热用水及消防用水等。

(1)城市居民住宅用水,是指城市居民(通常指城市常住人口)在家中的日常生活用水,有时也称为居民生活用水、居住生活用水等。它包括冲洗卫生洁具(冲厕)、洗浴、洗涤、烹调、饮食、清扫、庭院绿化、洗车以及漏失水等。

(2)公共建筑用水,是指包括机关、办公楼、商业服务业、医疗卫生部门、文化娱乐场所、体育运动场馆、宾馆饭店、学校等项设施用水,还包括绿化和道路浇洒用水。

(3)市政、环境景观和娱乐用水,是指包括浇洒街道及其他公共活动场所用水,绿化用水,补充河道、人工河湖、池塘及用以保持景观和水体自净能力的用水,人工瀑布、喷泉用水,划船、滑水、涉水、游泳等娱乐用水,融雪、冲洗下水道用水等。

(4)消防用水,是指扑灭城市或建筑物火灾需要的水量。其用水量与灭火次数、火灾延续时间、火灾范围等因素有关;必须保证足够的水量;根据火灾发生的位置高低,还必须保证足够的水压。

2)农村生活用水

农村生活用水可分为日常生活用水和家畜用水。前者与城镇居民日常生活的室内用水情况基本相同,只是由于城乡生活条件、用水习惯等有差异,仅表现在用水量方面差别较大。虽然随着社会经济的发展,农村生活水平的提高,商店、文体活动场所等集中用水设施也在逐渐增多,但用水量还相对较小。

2.2.1.2 生活用水的特征

生活用水有以下几个方面的特征:

(1)用水量增长较快。新中国成立初期,城市居民较少、生活水平低,用水量较少。随着时间推移,年总用水量和人均用水量逐步增加,全国每年以平均3% ~6%的速度增长。各年份城市生活用水量见表2-7。

表2-7 我国城市生活用水量

分项指标	1949年	1957年	1965年	1980年	1985年	1987年	1990年	2000年
城市人口(亿人)	0.576 7	0.994 9	1.304 5	1.849 5	2.190 0	2.340 0	2.560 0	3.060 0
用水量(亿 m^3/a)	6.3	14.2	18.2	49.0	64.0	69.9	84.0	168.0
用水量年增长率(%)		10.6	3.2	6.8	5.5	3.8	6.8	7.2
人均用水量(L/d)	30.0	39.1	38.2	72.6	80.1	81.8	89.9	150.4

(2)用水量时程变化较大。城市生活用水量受城市居民生活、工作条件及季节、温度变化的影响,其时程变化呈现早、中、晚三个时段用水量比其他时段多的时变化,一周中周末用水量比正常周一到周五多的日变化,夏季用水量最多,春秋次之,冬季最少的年变化。

(3)供水保证率要求高。供水年(历时)保证率是供水得到保证的年份(历时)占总供水年份(或历时)的百分比。生活用水量能否得到保障,关系到人们的正常生活和社会的安定,根据城市规模及取水的重要性,一般取枯水流量保证率的90% ~97%作为供水保证率。

(4)对水质要求高。一是饮用水水质标准不断提高。我国卫生部于1959年制定生活饮用水水质指标16项,1976年增加到23项,1985年改为35项,2006年颁布(2007年7月1日实施)的新标准增加到106项。二是供水水质的要求越来越高。随着科技的进步,检测技术的提高,对水中有害物质有了进一步的了解,同时随着物质生活水平的提高,人们要求饮用水水质既无害又有益,如人们偏好饮用矿泉水。

(5)水量浪费严重。在城市生活用水中,由于管网陈旧、用水器具及设备质量差、结构不合理、用水管理松弛,造成了用水过程中的"跑、冒、滴、漏"。目前,大多数城市供水管网损失率在5%~10%,有的城市高于10%,仅管网漏失一项,全国城市自来水供水每年损失约15亿m^3。其次,空调、洗车等杂用水大量使用新水,重复利用率低,也造成了用水浪费。比如,对219个公共建筑抽样调查表明,空调用水占总用水量的14.3%,循环利用率仅为53%。另外,用水单位和个人节水观念淡薄、不好的用水习惯也是用水浪费的原因之一,尤其是公共用水,如学校、宾馆、机关,存在水龙头滴漏、"长流水"现象。

(6)生活污水水质污染程度小于工业废水,但污水排放量却逐年增长。我国城市排水管道普及率只有50%~60%,致使城市河道和近郊区水体污染严重,甚至危及城市生活水源和居民健康。北方许多以开采地下水为主的城市,地下水源也受到不同程度的污染。生活污水占污废水排放总量的30%,2000年底全国城市的污水处理率仅为34.3%,而生活污水处理率还不到10%,污水再生利用基本上是空白。

2.2.1.3 生活给水系统

生活给水系统是由保证城市生活用水和农村生活用水的各项构筑物(如水池、水塔等)的输配水管网组成的系统。其基本任务是经济合理、安全可靠地供给城市、小城镇、农村居民生活用水和用以保障人们生命财产的消防用水,以满足对水量、水质和水压的要求。

生活给水系统一般由取水工程、净水工程和输配水工程三部分组成。

(1)取水工程。用来从地表水源或地下水源取水,并输入到输配水工程的构筑物。它包括地表水取水头部、一级泵站和水井、深井泵站。

(2)净水工程。主要任务是满足用户对水质的要求。因此,需建造水处理建筑物,对天然水进行沉淀、过滤、消毒等处理。

(3)输配水工程。主要任务是将符合用户要求的水量输送、分配到各用户,并保证水压要求。因此,需建造二级泵站,铺设输水管道、配水管网,设置水塔、水池等调节建筑物。

如图2-23所示为以地面水为水源的给水系统。取水构筑物1从江河取水,经一级泵站2送往水处理构筑物3,处理后的清水储存在清水池4中。二级泵站5从清水池取水,经输水管6送往管网7供应用户。一般情况下,从取水构筑物到二级泵站都属于自来水厂的范围。有时为了调节水量和保持管网的水压,可根据需要建造水库泵站、水塔或高地水池。

以地下水为水源的给水系统,常用管井等取水。若地下水水质符合生活饮用水卫生标准,可省去水处理构筑物,从而使给水系统比较简化,如图2-24所示。

2.2.1.4 给水水源的选择

1)水源的种类与特点

a.地下水源

地下水源包括上层滞水、潜水、承压水、裂隙水、溶岩水和泉水等。其分布的位置及特征见表2-8。地下水水质清澄,且水源不易受外界污染和气温影响,一般宜作为生活饮用水的水源。

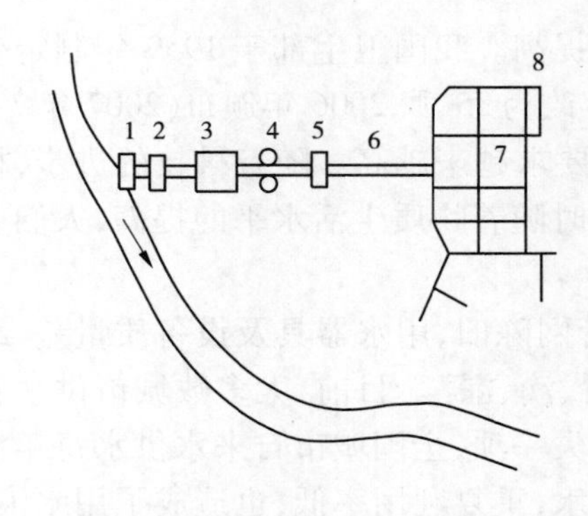

1—取水构筑物；2——级泵站；3—水处理构筑物；4—清水池；
5—二级泵站；6—输水管；7—管网；8—水塔

图 2-23 地面水源给水系统

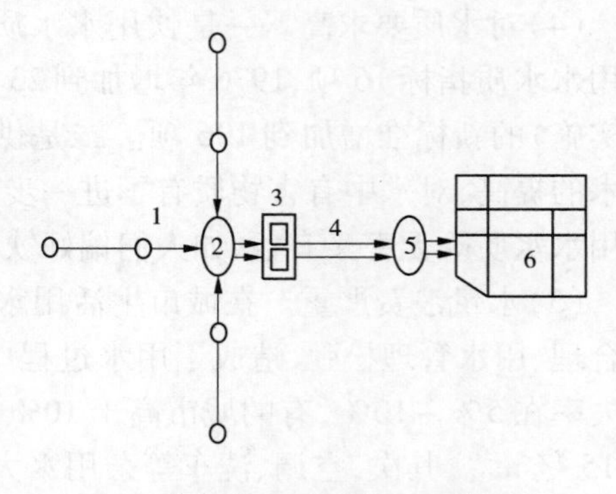

1—管井群；2—集水管；3—泵站；
4—输水管；5—水塔；6—管网

图 2-24 地下水源给水系统

表 2-8 地下水源的基本情况

水源	位置及特征
上层滞水	存在于包气带中局部隔水层之上，常见于西北黄土高原区，分布范围有限，旱季甚至干枯。只宜作少数居民或临时供水水源
潜水	埋藏在第一隔水层上，有自由表面的无压水，分布较广，储量丰富，常用做给水水源，但易被污染
承压水	充满于两隔水层间有压的地下水。一般埋藏较深，不易被污染，是我国城市和工业的重要水源
溶岩水	分布较广，特别是广西、云南、贵州等地。水量丰富，为低矿化度的重碳酸盐水，可作为给水源
泉水	潜水泉由潜水补给，受降水影响，季节性变化显著。深水泉涌水量变化较小，是良好的供水水源

但地下水也有缺点，一般含矿物盐类较高，硬度较大，有时含过量铁、锰、氟等。我国地下水的含盐量在 200～500 mg/L，总硬度通常在 60～300 mg/L（以 CaO 计），少数地区有时高达 300～700 mg/L。含铁量通常在 10 mg/L 以下，个别可高达 30 mg/L。含锰量一般不超过 2～3 mg/L，个别也有高达 10 mg/L 的。大部分含氟量为 2～4 mg/L，有的为 5～10 mg/L，最高可达 30 mg/L 以上。地下水含铁、锰、氟量超过生活饮用水卫生标准时，需经过除铁、除锰和除氟处理后方可使用。

b. 地表水源

地表水源包括江河水、湖泊水、水库水以及海水等。

江河水流程长、汇水面积大，受降水和地下水的补给，水量大。江河水含盐量一般为 50～500 mg/L，含盐量和硬度较低。但水中悬浮物和胶态杂质含量较多，浊度高于地下水。江河水最大的缺点是，易受工业废水、生活污水及其他各种人为污染，因而水的色、臭、味变化较大，有毒或有害物质易进入水体。

湖泊和水库水体大，主要由河水补给，水量充分，水质与河水类似。但由于湖泊（或水库）水流动性小，储存时间长，经过长期自然沉淀，浊度较低。水的流动性小和透明度高又给水中浮游生物特别是藻类的繁殖创造了良好条件,湖水一般含藻类较多,使水产生色、臭、味。由于湖水不断得到补给又不断蒸发浓缩,故含盐量往往比河水高。咸水湖的水不宜生活饮用。

海水含盐量高,而且所含各种盐类或离子的质量比例基本上一定,这是海水与其他天然水源所不同的一个显著特点。其中,氯化物含量最高,约占总含盐量的89%;硫化物次之;碳酸盐再次之;其他盐类含量极少。海水一般须经淡化处理才可作为居民生活用水。

2)水源的选择

一般对于用水量小、供水安全要求低的乡镇供水系统,应优先采用水质好的地下水、水库水作为水源。对用水量大、供水安全要求高的城市供水系统,应优先采用河流、湖泊等地表水源,这将有利于地下水资源的保护和合理开发,提高供水安全可靠性。此外,还要按照水源水量、水质和地形地貌及用水户的分布等,综合分析选择出水量稳定、水质达标、综合效益好的水源。

a. 给水水源应有足够水量

i. 地表水源

对于江河水源,为了保证供水系统在最不利的枯水季节能取到足够的水量,需要对一定保证率的枯水量进行评价。其方法是,根据城市规模及取水的重要性,确定取水的枯水流量保证率,一般为90% ~97%;收集水源10 ~15年连续的水文资料,计算相应保证率下的枯水流量。取水流量和枯水流量应满足下式

$$Q_k \leqslant kQ_s \tag{2-2}$$

式中:Q_k为供水系统设计取水流量,m^3/s;Q_s为保证率为90% ~97%的水源枯水流量,m^3/s;k为系数,在一般河流中,取0.15,比较有利水源条件,如河流窄而深,流速小,下游有浅滩、潜堰,取0.3 ~0.5,修建斗槽或渠道等引水构筑物的水源,取0.25。

ii. 地下水源

城市地下水取水构筑物,每日抽取的水量不应大于地下水的开采储量。地下水开采储量,是开采期内在不使地下水位连续下降或水质变化的条件下,从含水层中所能取得的地下水量。开采储量可以包括动储量、调节储量和部分静储量。但静储量一般不动用,只能在很快补给的条件下,才可以动用一部分静储量。

(1)静储量Q_g:即永久储量,是指最低潜水面以下含水层的体积,计算公式为

$$Q_g = \mu_g HF \tag{2-3}$$

式中:Q_g为地下水静储量,m^3;H为潜水层最低水位时含水层的平均厚度,m;F为含水层的分布面积,m^2;μ_g为给水度,指在重力作用下从饱和水岩层中流出的水量,其值为流出水的体积与岩层总体积之比,以百分数表示,如表2-9所示。

表2-9　给水度

岩层名称	黏土	黏砂土	中细砂	砾石含少量粉砂
给水度(%)	0	12 ~14	20 ~25	20 ~35

(2)动储量Q_d:地下水在天然状态下的流量,即在单位时间内,通过某一过水断面的地下水流量,其值等于在一定时间内,由补给区流入的水量,或向排泄区排出的水量,相当于地

下水径流量，通常可根据达西公式进行计算，即

$$Q_d = kiHB \tag{2-4}$$

式中：Q_d 为地下水动储量，m^3/d；k 为含水层渗透系数，m/d，见表 2-10；i 为计算断面间地下水的水力坡降；H 为计算断面上含水层平均厚度，m；B 为计算断面的宽度，m。

（3）调节储量 Q_t：地下水最高水位与最低水位间含水层中水的体积，计算公式为

$$Q_t = \mu_g \Delta HF \tag{2-5}$$

式中：Q_t 为地下水调节储量，m^3；ΔH 为地下水最高水位与最低水位之差，m；F 为含水层的分布面积，m^2。

表 2-10 渗透系数 K 值

岩石种类	岩层颗粒		渗透系数（m/d）
	粒径（mm）	占质量百分比（%）	
粉砂	0.05～0.10	70 以下	1～5
细砂	0.10～0.25	>70	5～10
中砂	0.25～0.50	>50	10～25
粗砂	0.50～1.00	>50	25～50
极粗砂	1.00～2.00	>50	50～100
砾石夹砂	—	—	75～150
带粗砂砾石	—	—	100～200
清洁砾石	—	—	>200

b. 给水水源的水质应良好

水质是水源选择时需要考虑的重要因素之一，城市供水系统应按生活饮用水的要求选择水源。水源选择前需要收集或实测各水源一定时间段的水质资料，会同当地卫生防疫部门共同对水质作出评价，并选出最终合格的水源。采用地表水源时，水源水质应符合《地表水环境质量标准》（GB 3838—2002）Ⅰ、Ⅱ、Ⅲ类水质标准以及《生活饮用水水源水质标准》（CJ 3020—93）的要求；采用地下水源时，水源水质应符合《地下水质量标准》（GB/T 14848—93）中的Ⅰ～Ⅳ类水质的要求；采用海水时，水源水质应符合《海水水质标准》（GB 3097—1997）中的Ⅰ类海水水质的要求。当条件所限，需要利用超标准的水源时，应采用相应的净化工艺进行处理，处理后的水质应符合现行《生活饮用水卫生标准》（GB 5749—2006）的要求，并取得当地卫生部门及主管部门的批准。

c. 统筹考虑，供水经济安全

首先，要了解当地各水域的功能，调查分析国民经济其他部门用水对水量、水质变化的影响；其次，分析用户的分布、地形地貌等，采用多水源多点供水，降低泵站扬程及管网水压，减少爆管和管网漏水，保障整个供水系统供水均衡；最后，全面考虑取水、输水、净水构筑物的建设、运行管理，进行技术经济比较分析，选择技术上可行、经济上合理、运行管理方便、供水安全可靠的水源。

3)水源卫生防护

为了保护水源水质不受污染,一般应设置防护地带。现行《生活饮用水卫生规程》(GB 5749—2006)对城市集中给水水源的卫生防护带的要求是:取水点周围半径不小于100 m的水域内,不停靠船只,不进行游泳、捕捞和从事一切可能污染水源的活动;河流取水点上游1 000 m至下游100 m水域内,不排入工业废水和生活污水;其沿岸防护范围内,不堆放废物,不设置有害化学物品的仓库或堆栈,不设立装卸垃圾、粪便和有毒物品的码头;沿岸农田不使用工业废水或生活污水灌溉及施用持久性或剧毒性农药,并禁止放牧;在单井或井群的影响半径内,不使用工业废水或生活污水灌溉和施用持久性或剧毒性农药,不修建渗水厕所、渗水坑,不堆放废渣或铺设污水管道,并不应从事破坏深层土层的活动;在水厂生产区或单独设立的泵站、沉淀池和清水池外围不小于10 m范围内,不得设立生活居住区和修建禽畜饲养场、渗水厕所、渗水坑,不堆放垃圾、粪便、废渣或铺设污水管道;应保持良好的卫生状况,并充分绿化。

2.2.2 生活用水量的计算方法

2.2.2.1 分类法

分类法是将用户用水特性一致的类型归纳在一起,然后根据用水量标准及有关因素进行调查计算。总生活用水量可用下式表示

$$W_{总} = \sum_{j=1}^{m} W_j \tag{2-6}$$

式中:W_j为定时期或时段第j种用水类型的用水量,m^3;m为用水类型的总数。

每种用水类型还可据其规格、性质、特点等进一步细分,并列表进行调查与计算。分类法的特点是调查范围大,计算简便。

2.2.2.2 分区法

分区法是将计算区人为地划分为若干区域,也可按行政区域划分,然后根据各区用水特点、用水量标准进行调查与计算。其总用水量可用下式表示

$$W_{总} = \sum_{i=1}^{n} W_i \tag{2-7}$$

式中:W_i为定时期或时段第i个区域的用水量,m^3;n为被划分的区域数。

区域划分还可将大区域分为若干小区域,然后列表进行调查与计算。这种方法与分类法相比,调查范围小,不易遗漏,但计算工作量较大。

实际调查与计算中,常根据上述两种方法的特点,综合成分区分类法,即先分区,后在区内再分类。这时总用水量可用下式表示

$$W_{总} = \sum_{i=1}^{n} \sum_{j=1}^{m} W_{i,j} \tag{2-8}$$

式中:$W_{i,j}$为定时期或时段第i个区域第j种用水类型的用水量,m^3;其他符号意义同前。

2.2.2.3 定额计算法

居住区日均生活用水量计算

$$Q_{\mathrm{j}} = Pq_{\mathrm{j}}/1\ 000 \tag{2-9}$$

式中:Q_{j}为居住区日均生活用水量,m^3/d;P为设计年供水区规划人口数,人;q_{j}为平均日生

活用水定额,L/(人·d)。

牲畜日均用水量计算

$$Q_s = Nq_s/1\,000 \tag{2-10}$$

式中:Q_s 为牲畜日均用水量,m^3/d;N 为设计年供水区牲畜数,头;q_s 为平均日牲畜用水定额,L/(头·d)。

2.2.2.4 **最高日用水量**

最高日用水量是一年中用水量最多一天的用水量。在给水工程设计时,一般以最高日用水量来确定给水系统中各构筑物的规模。

(1)居住区最高日生活用水量 Q_1。计算公式为

$$Q_1 = \sum (q_i N_i) \tag{2-11}$$

式中:Q_1 为居住区最高日生活用水量,m^3/d;q_i 为不同卫生设备的居住区最高日生活用水定额,$m^3/(人·d)$;N_i 为设计年限内计划用水人数,当用水普及率不是100%时,应乘以供水普及系数。

(2)工业企业职工生活及淋浴用水量 Q_2。计算公式为

$$Q_2 = \sum (Q' + Q'') \tag{2-12}$$

式中:Q_2 为工业企业职工生活及淋浴用水量,m^3/d;Q' 为各工业企业的职工生活用水量,按 $Q' = \Sigma \frac{nN_i'q_i'}{1\,000}$ 计算;Q'' 为各工业企业的职工淋浴用水量,按 $Q'' = \Sigma \frac{nN_i''q_i''}{1\,000}$ 计算;q_i' 为工业企业的职工生活用水定额,一般采用25~35 L/(人·班);N_i' 为每班人数;n 为每日班制;q_i'' 为工业企业的职工淋浴用水定额,一般采用40~60 L/(人·班);N_i'' 为工厂每班职工淋浴人数。

(3)公共建筑用水量 Q_3。计算公式为

$$Q_3 = \sum (q_{gi} M_i) \tag{2-13}$$

式中:Q_3 为公共建筑用水量,m^3/d;q_{gi} 为各公用建筑的最高日用水定额,$m^3/(人·d)$;M_i 为各公共建筑的用水单位数。

(4)市政用水量 Q_4。计算公式为

$$Q_4 = \frac{mAq_L}{1\,000} + \frac{A'q_L'}{1\,000} \tag{2-14}$$

式中:Q_4 为市政用水量,m^3/d;A、A' 为道路洒水面积和绿地浇水面积,m^2;q_L、q_L' 为道路洒水和绿地浇水的用水定额,$m^3/(人·d)$;m 为每日道路洒水次数。

(5)未预见水量和管网漏水量 Q_5。可按最高日用水量的15%~25%计算,也可以由下式计算

$$Q_5 = (0.15 \sim 0.25)(Q_1 + Q_3 + Q_4) + \alpha Q \tag{2-15}$$

式中:Q_5 为未预见水量和管网漏水量,m^3/d;Q 为工业企业生产用水和职工生活及淋浴用水量之和,生产用水量由生产工艺确定,m^3/d;α 为工业企业未预见水量系数,根据工业发展情况确定。

2.2.3 我国生活用水的状况

我国近年来城市化的快速发展推动城市用水人口快速增长,由1993年的1.86亿人增

加到2004年的3.03亿人,11年增加了1.17亿人,年均递增6.0%。与此同时,城市用水普及率也相应由55.2%增加到88.8%,但城市郊区边缘还有11.2%的居民没能喝上自来水。

我国目前城市生活用水的状况可归结为以下特点。

2.2.3.1 城市生活用水量增长迅速

随着城市居民住房卫生设施条件的不断改善和生活水平的提高,以及城市化进程特别是第三产业的发展和城市市政建设的发展,城市生活用水量不断增长。表2-11列出了我国16座大城市和全国城市人均家庭生活用水量平均值统计。

表2-11 我国16座大城市和全国城市人均家庭生活用水量平均值统计

(单位:L/(人·d))

城市		1996年	1997年	1998年	1999年	2000年	2001年	2002年	2003年
南方城市	上海	122	150.6	147.7	145.2	185.5	151.9	150.4	199.1
	杭州	159.6	117.7	146.4	143.9	164.3	193.2	161.4	207.5
	广州	346.4	375.2	394.1	412.3	344.1	327.7	328.4	343.3
	深圳	139	133.9	127	123.3	227.4	274	257.9	236.2
	武汉	218.7	230.5	207.5	206.3	207.1	217.7	204.1	300.1
	重庆	101.6	96.4	112.4	117.6	113.7	145.9	131.5	128.8
	成都	156.6	159.7	176.2	171.7	172.1	187.5	178.7	167
	昆明	63.8	61.4	53.7	60.9	120.3	62.5	61.3	59.9
	平均	165.4	177.2	177.7	177.9	199.5	193.3	185.9	213.4
北方城市	北京	94.7	98.8	101.4	96.1	105.2	119.6	113.5	132.1
	天津	89.3	91	95.1	95.1	89.4	92.6	83	82.8
	沈阳	151	147.6	130.4	93.5	95.5	98.4	100.7	100
	大连	77.7	84.3	99.3	120.5	82.7	102.2	83.2	120.7
	西安	132.8	110.4	112.8	113.9	116.7	123.3	145	90.7
	兰州	109.1	148.7	119	119	126.2	130.2	128.2	129.2
	济南	158.1	166.5	174	172.8	162.1	154.8	120.1	146.4
	郑州	116.5	126.7	138.3	137.3	125.9	149	140.9	135.6
	平均	116.1	113.5	113.9	108.8	106.0	115.0	108.9	114.5
平均		135.4	138.2	141.4	144.1	146.0	153.5	150.5	150.4

注:根据1992~2003年《城市建设统计年报》(建设部综合财务司)统计数字计算。

从表2-11中可以看出:

(1)我国城市人均生活日用水量持续增长,由1996年的135.4 L/(人·d)增加到2003年的150.4 L/(人·d),平均每年增加约2.1 L/(人·d)。

(2)南方城市人均生活用水量一般高于北方城市。2003年纳入统计的南方8个城市人均生活用水量平均值为213.4 L/(人·d),远高于北方城市平均值114.5 L/(人·d),其中深圳近年来达到了236~274 L/(人·d),武汉和广州则超过了400 L/(人·d);同样,夏季气候较炎热的重庆、杭州、成都和上海等城市为128.0~207.5 L/(人·d)。北方一些干旱、资源短缺的城市,如天津、大连等城市多年来该数字均小于100 L/(人·d),其余城市一般在120~146 L/(人·d)。

2.2.3.2 结构变化明显

我国生活用水结构变化明显,主要具有以下特点:

(1)生活用水占国民经济用水的比重逐步提高,由1980年的6%提高到2000年的11%。东部生活用水比例高于全国平均水平;西部最低,反映出局部安全饮水的紧迫性。如图2-25所示。

(2)城市和农村生活用水的比例由1980年的29:71转变为2000年的53:74,表明城市供水压力逐渐增大。

(3)城镇居民生活用水与公共及环境用水的比例和农村居民与牲畜用水的比例都呈下降的趋势。全国城镇居民生活用水与公共及环境用水比例大致为2:1,呈明显下降趋势。农村居民与牲畜用水比例呈现下降趋势,与大量农村剩余劳动力转移到城镇就业有关。

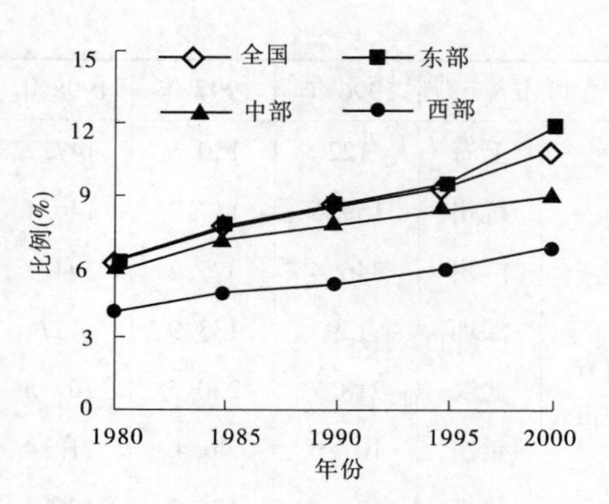

图2-25 1980~2000年生活用水量占总用水量的比例变化曲线

2.2.3.3 定额不断提高

图2-26、图2-27分别表示我国城镇和农村的人均生活用水定额变化。可以看出,全国城镇和农村的人均生活用水定额均逐年稳步提高。1980~2000年,城镇人均生活用水增长了73%,从人均123 L/d提高到213 L/d。相比之下,农村生活用水水平提高的幅度要小得多。农村人均生活用水增长了39%,从人均66 L/d提高到92 L/d。城镇与农村人均生活用水量之比由1.85上升到2.32,差距最大的是东部,其次是中部和西部。

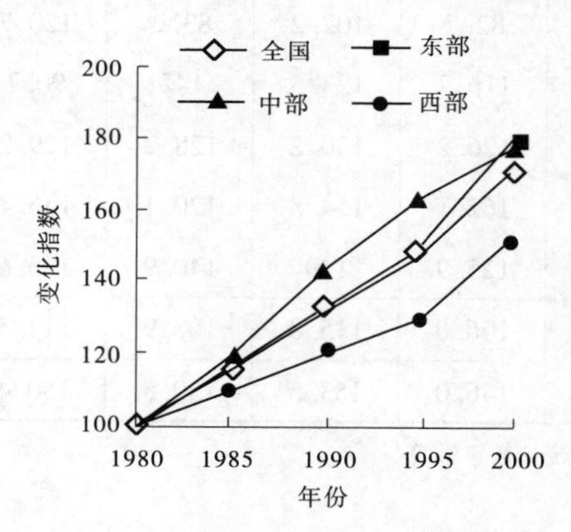

图2-26 1980~2000年我国城镇人均生活用水定额变化曲线

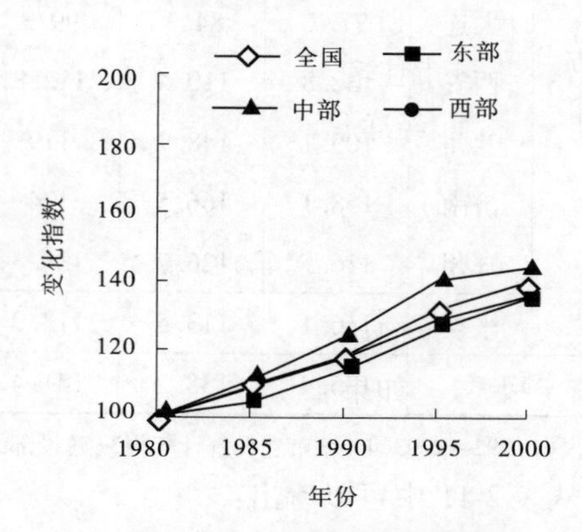

图2-27 1980~2000年我国农村人均生活用水定额变化曲线

2.2.4 生活节水

据统计,全国570个大中型城市中,缺水城市达333座,其中严重缺水的城市有108座,城市每天缺水 1 600 万 m^3。全国尚有 7 500 万人、2 000 万头牲畜饮水困难。在生活用水总量中，饮用等生理必需用水占的比例很小，而做饭、洗衣、冲洗厕所、洗澡等用水占家庭用水的 80% 左右。据北京市的调查资料，在居民生活用水中，冲厕、淋浴及厨房用水量约占居民生活用水总量的 70%；在城市公共用水中，空调冷却水、冲厕水、淋浴水三项用水量约占公共用水总量的 60%。如果采取有效措施，洗涤、冷却用水可以大大减少，大量节约生活用水，有效缓解水资源危机。

2.2.4.1 生活节水途径

1）加强节水宣传工作

通过宣传教育，增强人们的节水观念，改变其不良用水习惯。宣传方式可采用报刊、广播、电视等新闻媒体及节水宣传资料，张贴节水宣传画，举办节水知识竞赛等。另外，还可在全国范围内树立节水先进典型，评选节水先进城市和节水先进单位等。节水宣传是项长期工作，虽不能“立竿见影”，但一定要常抓不懈。

2）开发和推广应用节水技术

a. 加快城市供水管网技术改造，降低输配水管网损失率

城市供水管网因年久失修，常有漏水现象，要加强城市管网的输、净、配等供配水工程的维修改造，减少跑、冒、漏造成的损失，以降低损失率。自来水管道采用高技术新材料，可防爆裂。

b. 全面推行节水型用水器具，提高生活用水效率

节水器具和设备在城市生活用水的节水方面起着重要作用。采用成功的节水器如陶瓷芯片水龙头，它以高强度、高平滑，使封水垫使用寿命达到 30 万次，水龙头跑、冒、滴、漏的问题从根本上得到解决；PP-R 交联聚乙烯管是一种新型优质耐用管材，适用于建筑物室内上水管道。普通厕所用水量是 19 L/次，低用水量厕所为 13 L/次，节水 32%；冲洗式厕所用水量为 4 L/次，节水 79%；空气压水掺气式厕所用水量为 2 L/次，节水 89%。还有一种不用洗衣粉的离子洗衣机问世，省去了漂洗程序，省水 37%。

c. 处理污水和中水回用

在缺水城市住宅小区设立雨水收集、处理后重复利用的中水系统，利用屋面、路面汇集雨水至蓄水池，经净化消毒后用泵提升用于绿化浇灌、水景水系补水、洗车等，剩余的水可再收集于池中进行再循环。在符合条件的小区实行中水回用可实现污水资源化，达到保护环境、防治水污染、缓解水资源不足的目的。目前，城市污水二级处理形成 40 亿 m^3 水源的投资大约在 100 亿元，形成同样规模的长距离引水需 600 亿元左右，海水淡化则需 1 000 亿元左右。虽然中水回用在规模上不如城市污水处理经济，但其投资也不会超过长距离引水，具有明显的优势。如果中水回用率为 10%，相当于节约了大约 10% 的生活用水，可见中水回用潜力之大。

3）运用经济杠杆节水

科学合理的水价改革是节水的核心内容。要改变缺水又不惜水、用水浪费无节度的状况，必须用经济手段管水、治水、用水。可以利用价格杠杆促进节约用水，适时、适地、适度调整水价。合理提高水价，使用户在节水中获得较好的边际效益，水价偏低会挫伤人们节水的积极性。据研究分析，当水价从 1 元左右涨到 3. 5 元左右时，预期用水量会减少 20% 左右，可见水价对用水量的调节作用是比较强的。

2.2.4.2 节水器具

1)节水方法

为了防治一般用水器具(非节水器具)在使用过程中的跑、冒、滴、漏等无用耗水现象,用水器具设备可以采用下面的节水方法:①限定水量,如限量水表;②限定(水箱、水池)水位,如设置水位自动控制装置、水位报警器;③防漏,如低水位水箱的各种防漏阀;④限制水量或减压,如各类限流、节流装置,减压阀;⑤限时,如各类延时自闭阀;⑥定时控制,如定时冲洗装置;⑦改进操作或提高操作控制的灵敏性,前者如冷热水混合器,后者如自动水龙头、电磁式淋浴节水装置;⑧提高用水效率;⑨适时调节供水水压或流量,如微机变频调速给水设备。上述方法几乎都以避免水量浪费为特征,这些方法可通过在各种原理的基础上不断创新来实现。

2)节水设备

a. 水龙头

水龙头是遍及住宅、公共建筑、工厂车间、大型交通工具(列车、轮船、民航飞机),应用范围最广、数量最多的一种盥洗、洗涤用水器具,同人们的关系最为密切。水龙头的节水主要是设计水龙头的开关,减少人为因素忘关、开水太大等造成的水量损失。

目前,常用的水龙头有延时自闭水龙头,手压、脚踏、肘动式水龙头和停水自动关闭(停水自闭)水龙头。

延时自闭水龙头按作用原理可分为水力式、光电感应式和电容感应式等类型,适用于公共建筑与公共场所,有时也可用于家庭。水力式延时自闭水龙头应用最为广泛,使用时只需轻压一下阀帽,水流即可持续 3 ~ 5 s,然后自动关闭断流。光电感应式水龙头与电容感应式水龙头的启闭是借助于手或物体靠近水龙头时产生的光电或电容感应效应及相应的控制电路、执行机构(如电磁开关)的连续作用。其优点是无固定的时间限制,使用方便,尤其适用于医院或其他特定场所,以免交叉感染或污染。在公共建筑与公共场所应用延时自闭水龙头的最大优点是可以减少水的浪费,据估计,其节水效果约为 30%。

手压、脚踏式水龙头适用于公共场所,如浴室、食堂和大型交通工具(列车、轮船、民航飞机)上,借助于手压、脚踏动作及相应传动等机械性作用,释手或松脚即自行关闭。使用时虽略感不便,但节水效果良好。肘动式水龙头靠肘部动作启闭,主要用于医院手术室,以免手术者手的污染,同时亦有节水作用。

停水自动关闭水龙头能帮助供水不足地区和无良好用水习惯或一时疏忽的用户适时关闭水龙头。这里面有两个问题,其一是我们经常能想象的,有些疏忽的用户心不在焉,用完水后忘了关水龙头,造成水量损失;其二是在给水系统供水压力不足或不稳定,引起管路“停水”的情况下,当管路系统再次“来水”时水大量流失。

b. 淋浴节水器具

淋浴时因调节水温和不需水擦拭身体的时间较长,若不及时调节水量会浪费很多水。这种情况在公共浴室尤甚,不关闭阀门或因设备损坏造成“长流水”现象也屡见不鲜。这些器具的节水设计有两点,一是自动断水,当不需要冲洗的时候,要及时断水,不能“长流水”;二是冷、热水调节灵敏,调水时间短。针对这些节水目的,目前有冷、热水混合器具,淋浴用脚开关,电磁式淋浴节水装置等淋浴节水器具,其中电磁式淋浴节水装置节水效率在 48% 左右。

c. 卫生间节水器具

卫生间的水主要用于冲洗便器。除利用中水外,采用节水器具仍是当前节水的主要努力方向。节水器具的节水目标是保证冲洗质量,减少用水量。现研究产品有低位冲洗水箱、高位冲洗水箱、延时自闭冲洗阀、自动冲洗装置等。

常见的低位冲洗水箱多用直落上导向球型排水阀。这种排水阀仍有封闭不严漏水、易损坏和开启不便等缺点,导致水的浪费。近些年来逐渐改用翻板式排水阀。这种翻板阀开启方便、复位准确、斜面密封性好。此外,以水压杠杆原理自动进水装置代替普通浮球阀,克服了浮球阀关闭不严导致长期溢水之弊。

高位冲洗水箱提拉虹吸式冲洗水箱的出现,解决了旧式提拉活塞式水箱漏水问题。一般做法是,改一次性定量冲洗为"两挡"冲洗或"无级"非定量冲洗,其节水率在50%以上。

为了避免普通闸阀使用不便、易损坏、水量浪费大以及逆行污染等问题,延时自闭冲洗阀应具备延时、自闭、冲洗水量在一定范围内可调、防污染(加空气隔断)等功能,并应便于安装使用、经久耐用和价格合理等。

自动冲洗装置多用于公共卫生间,以克服手拉冲洗阀、冲洗水箱、延时自闭冲洗水箱等只能依靠人工操作而引起的弊端。例如,频繁使用或乱加操作造成装置损坏与水的大量浪费,或者是疏于操作而造成的卫生问题、医院的交叉感染等。

3)中水回用

建筑物内洗脸、洗澡、洗衣服等洗涤水、冲洗水等集中后,经过预处理、生物处理、过滤处理、消毒灭菌处理甚至活性炭处理,而后流入再生水的蓄水池,作为洗厕所、绿化等用水。这种生活污水经处理后,回用于建筑物内部冲洗厕所和其他杂用水的方式,称为中水回用。

我国制定了《生活杂用水水质标准》,按照这个水质标准,生活杂用水可用于厕所冲洗便器、绿化、扫除洒水和冲洗汽车等,若用于水景、空调冷却等其他用途,应当提高杂用水水质标准,但我国尚没有这方面的规定。

中水水源可取自生活用水后排放的污水和冷却水。根据中水回用的水量和水质来选取中水水源,一般可按下列次序来选取:冷却水、沐浴排水、盥洗排水、洗衣排水、厨房排水,最后为厕所排水。医院排放的污水一般不宜作中水水源,对于传染病院、结核病院和某些放射性污水严禁作为中水水源。

我国中水回收利用方式如图2-28所示,目前常用的中水水源集流方式是部分集流和部分回流。即优先集流不含厕所污水或不含厕所和厨房污水的集流方式,经过物理、化学处理

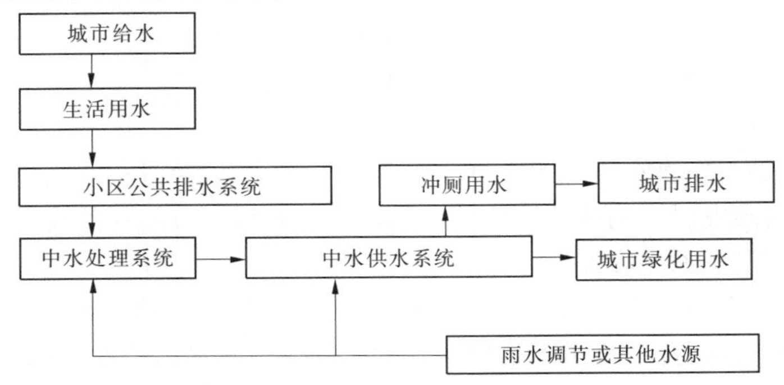

图2-28　小区中水系统框图

后(中水典型处理工艺流程见表 2-12)回用于冲洗厕所、洗车、绿化等部分生活用水。这两种方式需两套室内、外排水管道(杂排水管道、粪便污水管道)和两套配水管道(给水管道、中水管道),因而基建投资大,但中水水源水质较好,水处理费低,管理简单,国内外工程实例较多。

表 2-12　中水典型处理工艺流程

序号	处理流程
1	中水原水→格栅→调节池→混凝气浮(沉淀)→化学氧化→消毒→中水出水
2	中水原水→格栅→调节池→一级生化处理→过滤→消毒→中水出水
3	中水原水→格栅→调节池→一级生化处理→沉淀→二级生化处理→沉淀→过滤→消毒→中水出水
4	中水原水→格栅→调节池→絮凝沉淀(气浮)→过滤→活性炭→消毒→中水出水
5	中水原水→格栅→调节池→一级生化处理→混凝沉淀→过滤→活性炭→消毒→中水出水
6	中水原水→格栅→调节池→一级生化处理→二级生化处理→混凝沉淀→过滤→消毒→中水出水
7	中水原水→格栅→调节池→絮凝沉淀→膜处理→消毒→中水出水
8	中水原水→格栅→调节池→生化处理→膜处理→消毒→中水出水

2.3　农业用水

我国自古以来是个农业大国,农业是国民经济发展的基础和重要保障。在我国总用水中,农业是第一用水大户,而在农业用水中,农田灌溉占农业用水的 70% ~80%。可见,保证农田灌溉用水、合理安排农业用水、有效实施农业节水,对农业的发展乃至整个经济社会的发展以及水资源合理利用都具有十分重大的战略意义。

2.3.1　农业用水概述

2.3.1.1　农业用水的含义

水与农作物的关系十分密切。它是农作物正常生长发育必不可少的条件之一,对作物的生理活动、作物生长环境都有着重要的影响。

1)作物需水量

作物需水量是指作物在适宜的土壤水分和肥力水平下,经过正常生长发育,获得高产时的植株蒸腾、株间蒸发以及构成植株体的水量之和。农田水分消耗的途径主要有三个方面:植株蒸腾、株间蒸发和深层渗漏。

植株蒸腾是指作物根系从土壤中吸收水分,然后通过植物体表面以气态的形式扩散到大气中去的过程。株间蒸发是指作物植株间的土壤或田间水面蒸发。株间蒸发和植株蒸腾受气象因素影响很大,二者有互为消长的关系。一般在作物生长初期,植株较小,作物叶面覆盖面积小,地面裸露面积大,以株间蒸发为主。随着作物的生长发育,植株逐渐长大,作物叶面覆盖程度增加,地面裸露面积减小,植株蒸腾逐渐大于株间蒸发。到了作物生育后期,作物生理活动减弱,蒸腾耗水减少,而株间蒸发有所增加。深层渗漏是指旱田中由于降水或灌溉水量太大,土壤水分超过了田间持水量,水分渗透到根系以下深层的土壤中。深层渗漏一般是无益的,且会造成水分和养分的流失浪费。

在上述三项农田水分消耗中,常把植株蒸腾和株间蒸发合并在一起,称为腾发,消耗的水量称为腾发量,一般把腾发量视为作物需水量。但对水稻田来说,也有将稻田渗漏量计算在需水量中的。

2)作物的灌溉制度

灌溉是人工补充土壤水分,以改善作物生长条件的技术措施。作物灌溉制度,是指在一定的气候、土壤、地下水位、农业技术、灌水技术等条件下,对作物播种(或插秧)前至全生育期内所制定的一整套田间灌水方案。它是使作物生育期保持最好的生长状态,达到高产、特产及节约用水的保证条件,是进行灌区规划、设计、管理、编制和执行灌区用水计划的重要依据及基本资料。它包括灌水次数、每次灌水时间、灌水定额、灌溉定额等内容。灌水定额是指作物在生育期间单位面积上的一次灌水量。作物全生育期需要多次灌水,单位面积上各次灌水定额的总和为灌溉定额。两者单位皆用 m^3/m^2 或用灌溉水深 mm 表示。灌水时间指每次灌水比较合适的起讫日期。

不同作物有不同的灌溉制度。如水稻采用淹灌,旱作物只需在土壤中有适宜的水分即可,同一作物在不同地区和不同的自然条件下,有不同的灌溉制度。如稻田在土质黏重、地势低洼的地区,渗漏量小,耗水少;在土质轻、地势高的地区,渗漏量、耗水量都较大。对于某一灌区来说,气候是灌溉制度差异的决定因素。因此,不同年份,灌溉制度也不同。干旱年份,降水少,耗水大,需要灌溉次数也多,灌溉定额大;湿润年份相反,甚至不需人工灌溉。为满足作物不同年份的用水需要,一般根据群众丰产经验及灌溉试验资料,分析总结制定出几个典型年(特殊干旱年、干旱年、一般年、湿润年等)的灌溉制度,用以指导灌区的计划用水工作。

3)灌溉水量

作物消耗水量主要来源于灌溉、降水和地下水,在一定的区域、一定的灌溉条件、一定的种植结构组成情况下,地下水对作物的补给量是较为稳定的,而降水量的年际变化较大。因此,在计算农田灌溉用水量时,需要考虑不同降水频率的影响,即选择典型年计算地区作物灌溉用水量。

灌溉水量是指从灌溉供水水源所取得的总供水量。由于灌溉水经过各级输水渠道送入田间时存在一定的水量损失,因此灌溉水量又分为毛灌溉水量、净灌溉水量和损失水量,毛灌溉水量等于净灌溉水量与损失水量之和。同理,灌溉定额也分为净灌溉定额和毛灌溉定额。

2.3.1.2 农业用水的途径

灌溉渠道系统是农业用水的主要途径,是指从水源取水、通过渠道及其附属建筑物向农田供水、经由田间工程进行农田灌水的工程系统,包括渠首工程、输配水工程和田间工程三大部分。在现代灌区建设中,灌溉渠道系统和排水沟道系统是并存的,二者互相配合,协调运行,构成完整的灌区水利工程系统,如图 2-29 所示。

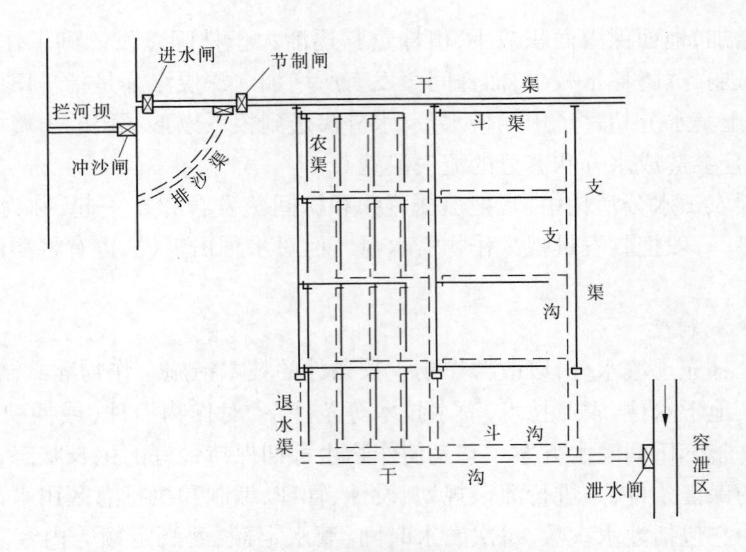

图 2-29　灌溉排水系统示意图

1）灌溉水源

灌溉水源是指可以用于灌溉的水资源，主要有地表水和地下水两类。按其产生和存在的形式及特点，又可细分为河川径流、当地地表径流、地下水。另外，城市污水也可作为灌溉水源。城市污水用于农田灌溉，是水资源的重复利用，但必须经过处理，符合灌溉水质标准后才能使用。

2）灌溉渠系

灌溉渠系由各级灌溉渠道和退（泄）水渠道组成。灌溉渠道按其使用寿命可分为固定渠道和临时渠道两种：多年使用的永久性渠道称为固定渠道，使用寿命小于1年的季节性渠道称为临时渠道。按其控制面积大小和水量分配层次可分为若干等级：大、中型灌区的固定渠道一般分为干渠、支渠、斗渠、农渠4级；在地形复杂的大型灌区，固定渠道的级数往往多于4级，干渠可分成总干渠和分干渠，支渠可下设分支渠，甚至斗渠也可下设分斗渠；在灌溉面积较小的灌区，固定渠道的级数较少。

3）田间工程

田间工程通常指最末一级固定渠道（农渠）和固定沟道（农沟）之间的条田范围内的临时渠道、排水小沟、田间道路、稻田的格田和田埂、旱地的灌水畦和灌水沟、小型建筑物以及土地平整等农田建设工程。做好田间工程是进行合理灌溉，提高灌水工作效率，及时排除地表径流和控制地下水位，充分发挥灌排工程效益，实现旱涝保收，建设高产、优质、高效农业的基本建设工作。

2.3.2　农业用水量的计算

农业用水量包括农田灌溉用水量、渔业及林果地用水量。在农业用水量计算时，应分区分类统计计算，在计算方法上基本一致。林果地用水可以认为与农田作物用水一样，通过渠系供水灌溉。渔业用水量可按单位面积净耗用水量乘以渔塘面积计算得到。下面仅介绍灌溉用水量计算方法。

2.3.2.1 灌溉水利用率

为了反映灌溉水的利用效率，衡量灌区工程质量、管理水平和灌水技术水平等，通常用以下4个系数来表示。

1）渠道水利用系数

渠道水利用系数指某一渠道在中间无分水的情况下，渠道末端的净流量与进入渠道毛流量的比值，用符号 η_c 表示，它反映了某条渠道的输水损失情况，或者是某一级渠道水量损失的平均情况，计算公式为

$$\eta_c = \frac{Q_n}{Q_g} \tag{2-16}$$

式中：Q_n 为某渠道净流量；Q_g 为某渠道毛流量。

2）渠系水利用系数

灌区灌溉渠道往往根据灌区面积、地形条件或灌溉要求，设置不同的渠道级别，一般分为干、支、斗、农、毛5级。农渠为末级固定渠道，毛渠属于田间工程。因此，渠系水利用系数 η_s 等于灌溉渠道系统中从末级渠道放出的净流量与渠首引进的毛流量的比值，它等于各级渠道水利用系数的乘积，反映了整个渠系的水量损失情况，同时还反映了灌区的自然条件、工程技术状况以及灌区的管理工作水平，计算公式为

$$\eta_s = \eta_{干} + \eta_{支} + \eta_{斗} + \eta_{农} \tag{2-17}$$

3）田间水利用系数

田间水利用系数指实际灌入田间的有效水量（旱作农田是指存在计划湿润层中的灌溉水量；对于水稻田是指贮存在格田内的灌溉水量）和末级固定渠道（农渠）放出水量的比值，用符号 η_f 表示，它反映了田间工程状况和灌水技术水平，计算公式为

$$\eta_f = \frac{A_{农} I_N}{W_{农净}} \tag{2-18}$$

式中：$A_{农}$ 为农渠的灌溉面积，亩；I_N 为净灌水定额，m^3/亩；$W_{农净}$ 为农渠供给田间的水量，m^3。

4）灌溉水利用系数

灌溉水利用系数指实际灌入农田的有效水量和渠首引入水量的比值，用符号 η_g 表示，也等于渠系水利用系数与田间水利用系数的乘积，它是评价渠系工作状况、灌水技术水平和灌区管理水平的综合指标，计算公式为

$$\eta_g = \frac{AI_N}{W_g} = \eta_s \eta_f \tag{2-19}$$

式中：A 为某次灌水全灌区的灌溉面积，亩；W_g 为某次灌水从渠首引入的总水量，m^3。

2.3.2.2 灌溉用水量

计算灌溉用水量有直接法和间接法两种。

1）直接法

任何一种作物某次灌水所需要的净灌水量，都可用下式来表示

$$W_{净} = mA \tag{2-20}$$

式中：m 为某作物某次灌水的灌水定额，m^3/亩；A 为某作物的灌溉面积，亩。

若灌区有 k 种作物，则全灌区任一时段内的净灌溉用水量 $W_{i净}$ 是该时段内各种作物净灌溉用水量之和，即

$$W_{i净} = \sum_{j=1}^{k} m_{ij} A_j \tag{2-21}$$

式中：m_{ij}为第 i 时段第 j 种作物的灌水定额，m^3/亩；A_j 为第 j 种作物的灌溉面积，亩。

净灌溉用水量求出以后，可根据下式求出毛灌溉用水量

$$W_{i毛} = \frac{W_{i净}}{\eta_g} \tag{2-22}$$

式中：η_g 为灌区灌溉水利用系数。

全生育期或全年的灌溉用水量为

$$W_{毛} = \sum_{i=1}^{n} W_{i毛} \tag{2-23}$$

2）间接法

间接法是通过综合灌水定额计算灌溉用水量。任何时段内全灌区的综合灌水定额等于该时段内各种作物灌水定额的面积加权平均值，即

$$m_{综i} = \alpha_1 m_{i,1} + \alpha_2 m_{i,2} + \cdots + \alpha_j m_{i,j} = \sum_{j=1}^{k} \alpha_j m_{i,j} \tag{2-24}$$

式中：$m_{综i}$为第 i 时段内的综合净灌水定额，m^3/亩；$m_{i,1}$、$m_{i,2}$、…、$m_{i,j}$ 为各种作物在第 i 时段内的灌水定额，m^3/亩；α_1、α_2、…、α_j 为各种作物灌溉面积占全灌区灌溉面积的比例。

某时段全灌区的灌溉用水量为

$$W_{i毛} = \frac{m_{综i} A}{\eta_g} \tag{2-25}$$

全生育期或全年的灌溉用水量为

$$W_{毛} = \sum_{i=1}^{n} W_{i毛} \tag{2-26}$$

2.3.3 我国农业用水状况

在我国各个用水部门中，农业用水始终占有相当大的比例。2005 年全国总用水量为 5 633亿 m^3，其中农业用水量为 3 580 亿 m^3，占总用水量的 63.6%。在农业用水中，农田灌溉是农业的主要用水和耗水对象，在各类用户耗水率中，农田灌溉耗水率为 62%。据预测，到 2030 年我国人口将达到 16 亿人，为满足粮食需求，农业用水将有巨大缺口，水资源紧缺将成为 21 世纪我国粮食安全的瓶颈。

经济社会的发展必然促使工业生活和生态环境用水迅速增加，农业用水不可避免地要向其他行业用水让步，因此未来农业用水不可能大幅度增长。尽管目前我国总用水量增加，但农业用水量基本保持稳定，农业用水比重在我国总用水量中已呈下降态势，由 1949 年的 97.1% 下降到 2005 年的 63.6%。

目前，我国农业用水存在水资源短缺和用水浪费严重的双重危机。我国水资源时空分布不均，与农业发展的格局不相匹配。全年降水的 60% ~80% 集中在 6 ~9 月。2005 年全国总耕地面积为 18.31 亿亩，主要分布在东北、华北、西北以及长江中下游一带。华北、西北、东北地区，平原居多、土地肥沃、光热资源丰富，是我国重要的粮食产地，耕地面积约占全国耕地面积的 1/2，而水资源总量仅占全国水资源总量的 17%。黄淮海流域水资源量仅占

全国水资源总量的8.6%，水土资源严重失衡，亩均用水指标远低于我国平均水平。西北内陆地区不仅是我国重要的能源和粮食生产基地，而且也是今后我国经济发展的重点。由于西北内陆地区处于干旱半干旱气候区，尽管沃野千里，但存在着先天的水资源不足，水资源总量仅占全国水资源总量的5.2%左右，许多地区因干旱缺水，导致农业生产力急剧下降，严重威胁粮食安全和地区稳定。干旱缺水的现象在我国其他地区也普遍存在，据统计，20世纪90年代以后，我国年均受旱面积近4亿亩，特别是近几年农作物受旱面积达6亿亩，因干旱影响粮食产量500亿kg。我国南方地区水资源总量相对丰富，但土地资源相对较少。我国东南沿海地区水资源总量为2 261.7亿m^3，约占全国水资源总量的8%，相当于黄淮海流域水资源总量。西南地区水资源也比较丰富，但由于山区较多，水低田高，开发难度大，水资源利用率低，区域和季节性农业缺水问题比较普遍。

由于多年来采取传统的大水漫灌方式，我国2/3的灌溉面积灌水方法十分粗放，灌溉水利用率低。目前，我国农业用水的有效利用率仅为45%左右，远低于欧洲等发达国家水平。国际水资源管理所的研究表明，发展中国家地表水利用率平均为30%左右，发达国家地表水利用率高达70%～80%。我国地表水利用率约为40%，黄河流域中游地区可达60%。一般发展中国家地下水利用率比地表水利用率大约高20%，而我国则高30%～40%。就作物水分生产率而言，我国作物水分生产率同发展中国家相近，只相当于发达国家的40%。作物水分生产率全国平均约0.87 kg/m^3，接近发展中国家的平均水平；而发达国家可以达到2 kg/m^3以上，以色列已达到2.32 kg/m^3。

我国是世界上现代灌溉技术应用程度最低的国家之一。现代灌溉技术是指喷灌、滴灌和微灌等。实践表明，采用现代灌溉技术可以使田间输水损失率降低到10%以下。据有关科研机构对16个国家（占全世界总灌溉面积的73.7%）灌溉状况的分析，以色列、德国、奥地利和塞浦路斯的现代灌溉技术应用面积占总灌溉面积的比例平均达61%以上，南非、法国和西班牙为31%～60%；美国、澳大利亚、埃及和意大利为11%～30%；中国、土耳其、印度、韩国和巴基斯坦为0～10%。我国目前喷灌、滴灌面积仅为80万hm^2，占有效灌溉面积的1.5%。

我国水资源短缺严重，而工业化和城镇化速度的加快必然要求大幅度增加用水，农业由于用水比重和用水浪费共存的尴尬现象，一方面要给工业、生活和生态用水让路，另一方面还要保证自身灌溉用水的发展要求，严峻的用水现实对我国未来农业发展提出了新的挑战，决定了我国农业未来发展战略方向必须走节水高效的道路，采取有效的节水措施，加大节水力度，切实提高农业用水效率，实现有限水资源条件下的农业可持续发展。

2.3.4 农业节水

水资源短缺已成为严重制约我国国民经济可持续发展的瓶颈。农业作为我国第一用水大户，占全国总用水量的70%左右，但如此巨大的水量耗用背后却存在着严重的水资源浪费问题，不仅造成农业水资源供需矛盾突出，而且威胁到了我国国民经济的整体快速稳定发展。实施农业节水、发展节水农业不仅是建设现代农业自身的需求，更是我国建设节水型社会、促进水资源可持续利用、保障经济社会可持续发展的战略要求。

目前，关于农业节水的概念众说纷纭，没有一个明确统一的概念，但一般认为，农业节水就是在充分利用降水资源的基础上，通过各种技术、工程和管理等措施，在提高农业有效经济量产出的同时，最大限度地减少供水在农业用水过程中的损失，实现农业高效用水。归根结底，农业节水的目的就是以提高农业用水效率、增加农业产出为核心，确保水资源的良性循环，维持区域用水平衡，逐步减少农业用水总量，保证农业生产健康稳定发展。

农业节水的提出必然需要相应的技术工程体系作为支撑。目前，在全世界范围内，各国都在依靠科技进步和体制创新加大对农业节水技术的研究，逐步将其应用于农业生产实践，取得了显著的成果，这对节水型农业的发展起到了巨大的推动作用。

2.3.4.1 传统农业节水措施

传统农业节水措施主要是指以输配水量节约为主的工程节水措施。具体包括渠道衬砌、管道输水、传统地面灌水技术的改进以及各种喷灌、微灌等新灌水技术的实施。

渠道衬砌是我国应用较为普遍的一项工程节水措施，主要是减少农田灌溉过程中的输水损失。我国每年因渠道渗漏而损失的水量多达上千亿立方米，几乎占了我国农业总用水量的1/2。通过渠道衬砌可以有效减少农田输水系统的水量损失，提高田间入水效率。有资料表明，通过混凝土衬砌的渠道可减少渗漏量90%～95%以上，水量节约十分显著。渠道衬砌不仅能减少输水过程中的水量损失，而且提高了渠道的抗冲刷能力，便利了输水条件，提高了灌溉保证率；减少了对地下水的补给，防止土地次生盐碱化现象的发生；减少渠道淤积、防止杂草生长，节省维护费用。

管道输水是将灌溉水通过管道直接把水送到田间进行灌溉的工程。低压管道输水灌溉系统一般由水源、水泵及动力设备、进水装置、输水管道、出水装置及管件组成。管道输水具有如下特点：①节水节能，管道输水工程可有效减少渗漏损失和蒸发损失，输送水的有效利用率可达95%以上，且与土渠输水相比，井灌区管道输水可节能20%～30%；②省地省工，以管道代替渠道输水，一般能节地2%～4%，同时管道输水速度快，灌溉效率提高1倍，但用工减少1/2以上；③管理方便，有利于适时适量灌溉，能及时满足作物生长需水要求，促进增产增收；④成本低，易于推广，管道输水每亩成本为20～100元，且当年施工当年见效，因此易于推广。

传统地面灌水技术的改进主要包括小畦"三改"灌水技术、长畦分段畦灌、波涌灌溉等。小畦"三改"灌水技术中的"三改"是指长畦改短畦、宽畦改窄畦、大畦改小畦。关键是使灌溉水在田间分布均匀，节约灌水时间，减少灌溉水的流失。长畦分段畦灌是把一条长畦分为若干个设有横行畦埂的小畦，用塑料软管或者地面纵向输水沟将灌溉水送入畦内，自上而下或自下而上进行灌水的方法，它可比一般长畦灌溉节水40%～60%，田间畦埂少，省地省力，便于耕作，适合地广人稀、劳力不足、水资源缺乏的地区。波涌灌溉又称间歇灌溉和涌流灌溉，它是按一定周期间歇地向沟(畦)供水，使水流呈波涌状推进到沟(畦)末端，以湿润土壤的一种节水型地面灌水新技术，具有省时、省水、节能、灌水质量高等优点，并能基本解决长畦(沟)灌水难的问题，且可对传统地面灌水系统的供水方式作适当调整，因此所需设备少，投资显著低于喷灌、微灌及低压管道输水灌溉。波涌灌溉具有明显的节水效果，已有成果表明，波涌灌溉的节水率为30%～50%，随沟畦的增长而增加。

喷灌是利用专门的系统将水加压后送到喷灌地段，通过喷头将水喷洒到空中，并使水分散成小水滴后均匀地洒落在田间进行灌溉的一种灌溉方式。微灌是指根据作物生长需水要求，通过低压管道系统与安装在末级管道上的滴水器，将有压水变成细小的水流或水滴，把作物生长所需要的水分和养分输送到作物根区附近的灌水方法。喷灌和微灌都是新型的节水灌溉技术，与传统地面灌溉相比，具有节水节能、省地省工、操作性强、使用方便的特点。喷灌系统一般由水源工程、首部装置、输配水管道和喷头等组成，其中喷头是影响喷灌技术灌水质量的关键设备。微灌系统由水源，首部枢纽，灌水器以及流量、压力控制部件和量测仪表等组成，灌水器是微灌设备中最关键的部件，多数由塑料注塑成型。

2.3.4.2 农业节水新技术

1）农艺节水

农艺节水技术是通过采取各种耕作栽培措施和化学制剂调控农田水分状况，目的是减少无效蒸发，防止水土流失，改善土壤结构，提高作物产量和水分利用率。农艺节水措施主要包括地面覆盖、耕作改良、水肥耦合、抗旱品种选育等。

a. 地面覆盖

常见的地面覆盖主要是薄膜覆盖和秸秆覆盖，是将不透水薄膜或秸秆覆盖在田面上，可有效抑制土壤水分蒸发，不仅具有明显的蓄水保墒、提高地温、改善土壤、节水增产的作用，而且实施技术简单，成本低廉，易于推广。试验表明，冬小麦和春玉米生育期秸秆覆盖使降水保蓄率比不覆盖时分别提高 24% 和 20%，农田冬闲期秸秆覆盖减少土壤蒸发 48%。

b. 耕作改良

耕作改良是通过各种耕作作业改善土壤耕层结构，蓄水保墒，增加养分供给，减少水分蒸发消耗，为作物生长发育提供一个良好的生态环境。耕作改良措施包括深松耕法和免耕少耕法等。深松耕法是只疏松土层而不翻转土层的一种土壤耕作方式，该法实施后的土壤透气性好，蓄水保墒能力强。免耕少耕法是减少耕作次数或在一定年限内免除一切耕作，具有保持水土和抗旱增产的效果。免耕少耕法可使玉米增产 10% ~20%。

c. 水肥耦合

合理施肥是提高水分利用效率的重要途径。作物营养的基本问题是解决在有限的水资源条件下，合理施肥，培肥地力，充分发挥水肥协同效应和激励机制，在不增加施肥量的条件下获得最大经济效益。通过改变灌水方式、灌溉制度和作物根区的湿润方式，达到有效调节根区水分养分的有效性和根系微生态系统的目的，从而最大限度地提高水分养分耦合的利用效率。

d. 抗旱品种选育

大量研究和实践证明，作物品种的水分利用效率由本身遗传特性、形态特征和生理过程所决定，并在环境条件和栽培措施的综合应用中得以体现，因此通过选用作物品种实现高效利用水资源，具有很大的潜力。目前，在抗旱节水作物品种选育方面，发达国家已选育出了一系列的抗旱、节水、优质的作物品种，如美国的棉花、加拿大的牧草等，这些品种不仅节水抗旱，而且稳定高产、品质优良。

e. 化学制剂

化学制剂节水技术的基本原理是利用化学制剂对水分的调控机能，抑制叶面蒸腾，增加蓄水，提高水分利用效率。目前，常用的化学制剂包括保水剂、抗蒸腾剂等。

2）生理节水

生理节水是将作物水分生理调控机制与作物高效用水技术紧密结合形成的新型节水技术，主要是指调亏灌溉、局部灌溉和控制性分根交替灌溉。

a. 调亏灌溉

调亏灌溉是澳大利亚持续农业研究所 Tatura 中心 20 世纪 70 年代中期提出并研发的节

水技术。它是根据作物的生理生化作用受到遗传特性或生长激素的影响,在其生长发育的某些时期施加一定的水分胁迫(有目的地使其有一定程度的缺水),即可影响作物的光合产物向不同的组织器官分配,提高所需收获的产量而舍弃营养器官的生长量和有机合成物质的总量。它是从作物生理角度出发,在一定时期主动施加一定程度的有益的亏水度,使作物经历有益的亏水锻炼后,达到既节水增产、改善农产品的品质,又可控制上部的旺长,实现矮化密植,减少剪枝等工作量的目的。国际上有关调亏灌溉的研究主要是针对果树和西红柿等蔬菜作物,对大田作物的研究较少。

b. 局部灌溉

局部灌溉是指根据作物需水要求,通过低压管道系统与安装在末端管道上的特殊灌水器,将水和作物生长所需的养分用比较小的流量均匀准确地直接输向植物根末部,以湿润植物根部土壤为主要目标。与传统的地面灌溉和全面积喷灌相比,局部灌溉更为省水,比地面灌溉省水50%~70%,比喷灌省水15%~20%。

c. 控制性分根交替灌溉

控制性分根交替灌溉是我国西北农林科技大学的科技人员提出的新概念,它与传统的概念不同。传统的灌水方法追求田间作物根系层的充分和均匀湿润,而控制性分根交替灌溉则强调利用作物水分胁迫时产生的根信号功能,即人为保持和控制根系活动层的土壤在垂直剖面或水平面的某个区域干燥,使作物根系始终有一部分生长在干燥或较干燥的土壤区域中,限制该部分的根系吸收水分,让其产生水分胁迫信号传递至叶气孔,形成最优气孔开度,减少作物奢侈的蒸腾耗水;另一部分根系区则保持湿润,维持作物正常吸水,保证作物产量。通过对不同区域根系进行交替干旱锻炼和其存在的补偿生产功能而刺激根系的生长,提高根系对水分和养分的利用率,最终达到不牺牲作物产量而大量节水的目的。

3)管理节水

管理节水是指根据作物需水规律和生长发育特点,运用现代先进的管理技术和自动化管理系统对作物用水进行科学调控,最大限度地满足作物对水分的需求,实现区域效益最佳。

建立农田土壤墒情检测预报模型,实时动态分析灌区内土壤墒情,在气象预报的基础上进行实时灌溉预报,实现灌区动态配水计划,达到优化配置灌溉用水的目的。

开展灌区多种水源联合利用的研究,建立多水源优化配置的专家系统,提出不同水源组合条件下的优化灌溉与管理模式,合理利用和配置灌区地表水、地下水和土壤水,在最大限度满足作物生长需水的同时,达到改善农田生态环境的目的。

实现灌区用水的科学政策管理,其核心是制定合理的水价,建立适合灌区实际水情和民情的用水交互原则和相关条例,探索科学水市场的形成条件和机制,推动节水灌溉的规范化和法制化。

2.4 工业用水

2.4.1 工业用水概述

2.4.1.1 工业用水的含义

工业用水一般是指工、矿企业在生产过程中,用于制造、加工、冷却、空调、净化、洗涤等方面的用水量。

工业用水是城市用水的一个重要组成部分。在整个城市用水中,工业用水不仅所占比重较大,而且用水集中。工业生产大量用水,同时排放相当数量的工业废水,又是水体污染的主要污染源。世界性的用水危机首先在城市出现,而城市水源紧张主要是工业用水问题所造成的。因此,工业用水问题已引起各国的普遍重视。

目前,没有哪个工业部门在没有水的情况下会得到发展,因此人们称"水是工业的血液"。一个城市工业用水的多少不仅与工业发展的速度有关,而且与工业的结构、工业生产的水平、节约用水的程度、用水管理水平、供水条件和水资源的多寡等因素有关。

2.4.1.2 工业用水的分类

尽管现代工业分类复杂,产品繁多,用水系统庞大,用水环节多,而且对供水水流、水压、水质等有不同的要求,但仍可按下述四种分类方法进行分类研究。

1)按工业用水在生产中所起的作用分类

按工业用水在生产中所起的作用可分为以下几类:

(1)冷却用水,是指在工业生产过程中,用水带走生产设备的多余热量,以保证进行正常生产的那一部分用水量。

(2)空调用水,是指通过空调设备用水来调节室内温度、湿度、空气洁度和气流速度的那一部分用水量。

(3)产品用水(或工艺用水),是指在生产过程中与原料或产品掺混在一起,有的成为产品的组成部分,有的则为介质存在于生产过程中的那一部分用水量。

(4)其他用水,如清洗场地用水等。

2)按工业用水过程分类

按工业用水过程可分为以下几类:

(1)总用水,即工矿企业在生产过程中所需要的全部水量($Q_{总}$)。总用水量包括空调、冷却、工艺、洗涤和其他用水。在一定设备条件和生产工艺水平下,其总用水量基本是一个定值,可以测试计算确定。

(2)取用水(或称补充水),即工矿企业取用不同水源(河水、地下水、自来水或海水)的总取水量($Q_{取}$)。

(3)排放水,即经过工矿企业使用后向外排放的水($Q_{排}$)。

(4)耗用水,即工矿企业生产过程中耗用掉的水量($Q_{耗}$),包括蒸发、渗漏、工艺消耗和生活消耗的水量。

(5)重复用水,即在工业生产过程中,二次以上的用水。重复用水量($Q_{重}$)包括循环用水量和二次以上的用水量,如图2-30所示。

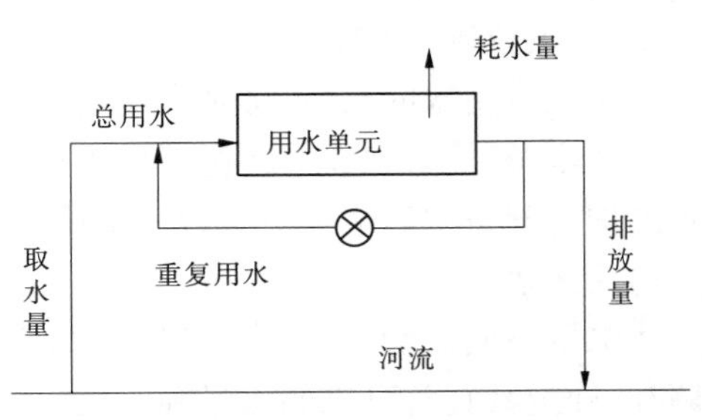

图2-30 用水过程示意图

3)按水源分类

按水源可分为以下几类:

(1)河水,工矿企业直接从河内取水,或由专供河水的水厂供水。一般水质达不到饮用水标准,可作工业生产用水。

(2)地下水,工矿企业在厂区或邻近地区

自备设施提取地下水,供生产或生活用的水。在我国北方城市,工业用水中取用地下水占相当大的比重。

(3)自来水,由自来水厂供给的水源,水质较好,符合饮用水标准。

(4)海水,沿海城市将海水作为工业用水的水源。有的将海水直接用于冷却设备;有的将海水淡化处理后再用于生产。

(5)再生水,城市排出废污水经处理后再利用的水。

4)按工业组成的行业分类

在工业系统内部,各行业之间用水差异很大,由于我国历年的工业统计资料均按行业划分统计,因此按行业分类有利于用水调查、分析和计算。一般可分为高用水工业、一般工业和火(核)电工业三类用户分别进行预测。

高用水工业和一般工业用水可采用万元增加值用水量法进行预测。火(核)电工业用水分循环式、直流式两种冷却用水方式,采用单位装机容量(万 kW)取水量法进行用水预测,并可以采用单位(亿 kWh)发电量取水量法进行复核。

有条件的地区可对工业行业进一步细分后进行用水量预测,如分为电力、冶金、机械、化工、煤炭、建材、纺织、轻工、电子、林业加工等。同时在每一个行业中,根据用水和用水特点的不同,再分为若干亚类,如化工还可分为石油化工、一般化工和医药工业等,轻工还可分为造纸、食品、烟酒、玻璃等,纺织还可分为棉纺、毛纺、印染等。此外,为了便于调查研究,还可将中央、省市和区县工业企业分出单列统计。

在划分用水行业时,需要注意两点:

(1)考虑资料连续延用。充分利用各级管理部门的调查和统计资料,并通过组织专门的调查,使划分的每一个行业的需水资料有连续性,便于分析和计算。

(2)考虑行业的隶属关系。同一行业,由于隶属关系不同,规模和管理水平差异很大,需水的水平就不同。如生产同一种化肥的工厂,市属与区(县)属化工厂单耗用水量相差很多;生产同一种铁的炼铁厂,中央直属与市属的工厂,每生产 1 t 铁的需水量也不同。因此,工业行业分类既要考虑各部门生产和需水特点,又要考虑现有工业体制和行政管理的隶属关系。

工业用水分类,其中按行业划分是基础,如再结合用水过程、用水性质和用水水源进行组合划分,将有助于工业用水调查、统计、分析、预测工作的开展。一般来说,按行业划分越细,研究问题就越深入,精度就越高,但工作量增加;而分得太粗,往往掩盖了矛盾,用水特点不能体现,影响用水问题的研究和成果精度。

2.4.1.3 工业供水水源

作为工业用水的水源,可供利用的有河水、湖水、海水、泉水、潜流水、深井水等,种类很多。选择水源时,必须充分考虑工厂生产性质、规模与需要用水的工艺等情况,根据建设投资和维护管理费用等情况,对水量、水质等问题进行研究,从中选择合适的供水水源。

1)河流取水

从水量方面来看,一般来说河水水量比较丰富,而且比较可靠。但是,必须事先进行详细调查,确定其具有可靠的水量和水质。

从水质方面来看,河水在上游地区流速较快,自净作用较大,溶解盐类也少,水质较好。但是,到下游地区,由于有来自地面的污染,自净作用也降低了,所以浑浊度和有机物含量都随之增加。特别是在人口密度大的城市和工业地区周围，生活污水、工业废水、垃圾等的流入量越来越大，污染有增无减，河流本身早已丧失了自净作用，使河水作为用水的价值降低。

2）水库（湖泊）取水

水库是以调节水量与水质为目的的，对河水、泉水等进行拦蓄，由于水库的蓄水作用，水库具备沉淀、稀释和其他自净作用。但另一方面，浮游生物、藻类等生物的繁殖机会增加，有时使水产生难闻的臭味，给以后的水处理带来不良影响。因此，水库（湖泊）蓄水作用既可能改善水质，也可能恶化水质。有益影响包括：①浑浊度、色度、二氧化硅含量等降低；②硬度、碱度不会发生急剧的变化；③降低水温；④截留沉淀物；⑤在枯水期蓄入排放的水，有可能稀释污水等。反之，不好的影响包括：①增加藻类繁殖；②在水库的深层溶解氧减少，二氧化碳含量增加；③在水库的底部，铁、锰含量和碱度增加；④由于蒸发或岩石矿物的分解，溶解固形物与硬度增加等。

水库的水越深，不同季节的水温、水质、生物的繁殖情况，在不同深度的变化就越大。详细调查这种变化，有利于从水库取到优质水。

3）海水取水

在沿海地区，如果单纯依靠地下水作为水源，则在凿井和确保水量的供应方面会受到限制，因此可以取海水作为工业供水水源。利用海水时要考虑的问题，原则上和一般工业用水基本一致，但在具体内容方面，利用海水作为水源有一些特殊性。

海水作为工业用水时，必须具备的条件可概括为以下几点：①具有较高保证率的必需水量；②水质良好（污染程度低，透明度良好），而且稳定；③水温要经常满足使用要求；④取水设备中造成危害的生物（贝类、浮游生物、藻类及其他细菌）的发生率要小；⑤海水对金属的腐蚀性要比淡水大，所以必须采取防止腐蚀的措施；⑥海底和海岸的地形要便于进行取水、配管等的施工；⑦取水地点要选择在异常潮流、河水流入、台风等灾害少的地方；⑧离河水入海位置较远，而且没有漂浮的垃圾和有害的工业废水；⑨有关渔业和航道等水利问题少的地方。以上所述的各项中，最主要的问题是以下三个方面：

（1）取水条件因取水地点周围的海水环境（地形、地质、水深等情况）而异。特别是在浅海地带，地基松软，海水中泥沙含量较高。因此，必须根据这种情况充分考虑取水设备的形式，或者考虑取水管的位置与结构。如果在附近进行取水，应设置沉沙池或其他排沙设备。

关于取水管的位置，首先，必须考虑的是管的上端必须低于最低落潮水位至少0.5～1.0 m，以免吸入漂浮在海面上的垃圾。其次，为了不会大量搅动海底的泥沙，管的下端必须至少距海底0.5 m。海岸浅而远时，必须把取水管的末端部分用混凝土进行加固，而且要进行大范围的疏浚工作。

（2）关于海水的温度问题。在有10 m左右水深的内湾处，一般在5 m深左右的地方有一个温水层与冷水层的分界线，这个分界线的深度由船舶的移动、风、潮汐等条件决定。因此，如果把取水口的上端设在这两个水温层的分界线以下1～2 m处，设计成以平均流速为10 cm/s取水的结构，则可防止上层温水的混入。

（3）海水中存在鱼类及贝类的卵、小鱼、浮游生物、藻类等生物，其中贝类、藻类等附着性生物的孢子或卵进入机械设备的冷却水系统后，附着在机器上生长，则可能引起机械设备故障。

4)地下水

利用地下水作为工业用水的水源时,因为其使用目的决定了全年都处于连续工作状态,所以设计、施工都必须在充分计划、研究的基础上进行,而且必须进行严格的管理。

地下水是在含水层中处于饱和状态的水,因重力作用而流动,不仅水质明显地受岩层性质和地下环境等的影响,其水量也由地形、地质及其构造所决定。因此,在确定凿井地点以前应进行水文地质方面的调查。

使用井水则存在水质异变的问题,特别是在沿海平原地区,常会发生地下水盐化问题,因此对于它的管理必须充分注意。

2.4.2 工业用水量计算

2.4.2.1 各种用水量之间的关系

按用水方式划分,工业用水量可分为用水量(总用水量)、循环水量、回用水量、重复利用水量、耗水量、排水量、取水量(或新水量)、漏水量、补充水量等9种(见表2-13)。单位通常为体积单位(m^3),考察的时段较短时,也可用流量单位表示,如m^3/s、m^3/h或m^3/d等。

表2-13 工业用水量分类基本情况

序号	用水量分类名称	符号	定义	说明
1	用水量(总用水量)	Q_t	一定期间内某用水系统所需的(总)水量	包括补充水量与重复利用水量
2	循环水量	Q_{cy}	一定期间内某用水系统中循环用于同一用水过程的水量	亦称循环利用水量
3	回用水量	Q_s	一定期间内被用过的水量适当处理后再用于系统内部或外部其他用水过程的水量	包括第一次使用后被循环利用的水量(串用水量)
4	重复利用水量	Q_r	同一用水系统中的循环水量与回用水量	亦称重复水量
5	耗水量	Q_c	一定期间内某工业用水系统在生产过程中,由蒸发、吹散、直接进入产品、污泥等带走所消耗的水量	
6	排水量	Q_d	一定期间内某用水系统排放至系统外的水量	包括生产与生活排水量
7	取水量	Q_f	一定期间内某用水系统利用的新鲜水量	
8	漏水量	Q_l	包括漏失在内的全部未计量水量	
9	补充水量	Q_w	一定期间内用水系统取得的新水量与来自系统外的回用水量	

上述各种用水量之间存在着以下关系:

(1)总用水量 Q_t 等于补充水量 Q_w 与重复利用水量 Q_r 之和，而补充水量包括取水量 Q_f 和系统外的回用水量 Q'_s，即

$$Q_t = Q_w + Q_r \quad 或 \quad Q_t = Q_f + Q'_s + Q_r \tag{2-27}$$

从水量平衡角度考虑，总用水量也等于耗水量 Q_c、排水量 Q_d、漏水量 Q_l 与重复利用水量 Q_r 之和，即

$$Q_t = Q_c + Q_d + Q_l + Q_r \tag{2-28}$$

(2)重复利用水量 Q_r 等于同一用水系统中的循环水量 Q_{cy} 与回用水量 Q_s 之和，即

$$Q_r = Q_{cy} + Q_s \tag{2-29}$$

(3)取水量等于耗水量 Q_c、排水量 Q_d、漏水量 Q_l 之和减去系统外的回用水量 Q'_s，即

$$Q_f = Q_c + Q_d + Q_l - Q'_s \tag{2-30}$$

当无系统外回用水时，取水量等于耗水量 Q_c、排水量 Q_d、漏水量 Q_l 之和，即

$$Q_f = Q_c + Q_d + Q_l \tag{2-31}$$

2.4.2.2 工业用水量的分析计算

关于工业用水量的计算，一般有两种途径：一是直接计算法，即根据工业用水量统计计算得到，因为工业用水一般都有比较完善的供水系统，可以控制和核算用水量大小；二是根据定额估算，即根据当地统计分析，获得万元工业增加值用水量经验数据，再由当年工业增加值计算工业用水量。设万元工业增加值用水量为 Q_{Ih}(m^3/万元)，当年工业增加值为 Y_1(万元)，则工业用水量 IW 为

$$IW = Q_{Ih}Y_1 \tag{2-32}$$

定额估算方法是一种间接估算，其关键是要通过统计得到比较准确的万元工业增加值用水量的经验数据，这是计算的基础。在目前统计资料不太完善的情况下，万元工业增加值用水量数据在不同地区也有比较大的差异。比如，2005 年我国平均万元工业增加值用水量为 169 m^3/万元，而某些发达国家平均已经达到 100 m^3/万元。当然我国国内也有高有低，有些城市万元工业增加值用水量已经很小，比如天津万元工业增加值用水量为 24 m^3/万元，北京为 38 m^3/万元。

2.4.3 我国工业用水的状况

随着我国经济建设的不断推进，全国工业用水量一直逐年增加。例如，2006 年全国总用水量 5 795 亿 m^3，工业用水量占 23.2%。与 2005 年比较，全国总用水量增加 162 亿 m^3，工业用水量增加 59 亿 m^3(其中火电用水量增加 21 亿 m^3)。但是，工业用水设施总体落后，全国工业用水重复利用率与部分发达国家的 90% 相比，尚存在较大差距，万元工业增加值用水量为发达国家的 5～10 倍，主要工业的行业用水水平平均明显低于发达国家。因此，我国工业用水水平亟待提高。

同时，我国工业废水处理率和处理程度低，带来的污染危害严重。2006 年全国废污水排放总量 731 亿 t，其中工业废水占 2/3。工业废水中又有 30% 的废水未经任何处理就直接排入江河，致使我国 1/3 以上的河段受到污染，90% 以上的城市水域污染严重，50% 以上的城市地下水受到污染，约 50% 的城市供水水源达不到卫生饮用水标准，不少城市河段鱼虾绝迹，部分湖泊的富营养化问题日趋严重。

目前，我国工业用水主要具有以下一些特点：

(1)用水量大。目前我国工业取水量约占全国总取水量的20%,随着城市化和工业化进程的加快,水资源供需矛盾将更加突出。

(2)大量工业废水直接排放是造成水污染的主要原因。根据2006年全国环境统计公报,全国废水排放总量为536.8亿t,其中,工业废水排放量240.2亿t,占废水排放总量的44.7%。因此,加强工业节水不仅可以缓解水资源供需矛盾,还可以减少废水排放,改善水环境。

(3)工业用水效率总体水平较低。2001年,我国万元工业产值取水量为90 t左右,为发达国家的3~7倍,工业用水重复利用率约52%,远低于发达国家80%的水平,与世界先进水平相比差距悬殊。国内地区间、行业间、企业间的差距也较大。如火电取水量占工业取水量的25%,水的重复利用率最高为97%,而最低的只有2.4%。再如石油化工行业,每加工1 t原油用水,世界先进水平为0.5 t,我国平均为2.4 t;生产1 t乙烯最先进的用水为1.58 t,达到了国际先进水平,但平均用水则为18.6 t,总体上与国外先进水平差距较大,工业节水潜力巨大。

(4)工业用水相对集中。我国工业用水主要集中在火电、纺织、石油化工、造纸、冶金等行业,约占工业取水量的45%。

2.4.4 工业节水

工业用水占城市用水量的绝大多数,供水量的不足往往制约着产品的结构,影响到企业的发展。解决这些问题的有效途径是"开源节流"。在目前我国城市水资源严重短缺的形势下,解决好"节流",即有效地开展工业节水工作,不仅能够保证企业正常的生产、生活用水,而且可缓解企业对增加新水资源的依赖,并能有效地减少工业废水的排放量,减轻废水对环境的污染,因此它是维持城市可持续发展的重要途径。

自20世纪80年代以来,我国已大力推行城市节约用水工作,各城市以工业企业节水为重点,制定了与生产过程用水紧密联系的一系列节水措施,并在实践中逐步形成了一定的经验。但在工业产品种类繁多,用水过程较为复杂,生产技术落后,设备陈旧的情况下,节水效果会受到一定影响。因此,有效的工业节水措施应以改进生产工艺为基础,以强化节水技术为手段,以落实行政法制管理为保证。具体节水措施有以下几方面的内容。

2.4.4.1 调整产品结构,改进生产工艺,建立节水型工业

生产过程所需的用水量是由产品和生产工艺决定的。耗水量较大的产品在立项时应充分论证与当地水资源及可供水量的协调关系。对已建的项目要根据可供水量调整结构。但是,单靠调整产品结构达到节约用水的目的往往是被动的,从经济效益方面考虑,这种措施有时是难以实现的,而且产品结构往往与区域性资源优势相联系,实现大幅经济转型要靠合理的政策和严格的制度加以保证。

相对而言,企业内部改进生产工艺,利用先进的生产工艺降低生产用水量是较易被企业接受的节水措施。但生产工艺的改进往往会导致原材料、操作、设备等方面的较大变动,牵涉面较大,因此必须结合原、辅材料的供应,对产品的数量和质量的影响,成本以及设备等方面统筹考虑。此外,还必须有强大的技术和资金的支持。目前,较常见的工艺改进有:生产主要过程中少用水或无水生产工艺技术,顺流洗涤改为逆流洗涤工艺技术,直接冷却改为间接冷却技术,水冷却改为非水冷却等。

不论是调整产业结构，还是改进生产工艺，其目标是建立节水型工业，这也是我国推行节能减排政策的重要措施。对此，我国在政策保障、行政审批、技术开发、技术引进、资金保证等方面均有十分有益的探索。

2.4.4.2 强化节水技术，开发节水设备，努力降低节水设施投资

先进的节水技术往往是进行产品结构调整、生产工艺改进的前提，而先进的节水技术常通过生产工艺，并借助一些辅助系统得以体现。

循环系统是提高水的重复利用率的必备装置，借助循环系统可将使用过的水经适当处理后重新用于同一生产用水过程。如循环冷却水系统，大部分间接冷却水使用后除水温升高外，较少受到污染，一般不需较复杂的净化处理，经冷却后即可重新使用。由于水的循环重复使用，有效地减少了新水量或补充水量，达到了高效的节水目的。

回用水系统是将使用后的排水经处理达到生产过程的水质要求后，再用于生产过程的系统。根据回用水的来源可将其分为系统内回用水和系统外回用水。系统内回用水的使用，不仅满足了用水系统的部分供水量，而且减少了工业废水的排放量，减轻了废水对周围环境的污染程度。系统外回用水的使用，可减轻企业对新鲜水的依赖，不仅实现节水，而且可节省水费的开支。

循序用水系统是一水多用的系统。它是基于生产工艺各环节具有不同的用水水质标准，因而可利用某些环节的排水作为另一些环节的供水原理形成的节水技术。该系统可极大地提高水的利用率。

此外，海水淡化技术可将海水的水盐分离，淡化水作为工业新水量直接供给用水系统。海水代用技术可用海水代替淡水用于冷却系统、除尘、火力发电厂除灰系统、海产品洗涤，以及纺织、印染工厂的煮炼、漂白、染色、漂洗等生产工艺用水等。由于海水的利用，减轻了对城市淡水资源的依赖，从“开源”的途径实现了“节流”。

上述工业用水系统和辅助用水系统实现节水，都需要选用适当的专用先进设备和器具。因此，要不断地研制和开发新的配套节水设备。同时，要实现节水设备的经济化，使配套的节水系统产生良好的经济效益，只有这样才能调动企业的节水积极性，推动工业节水的管理工作。

2.4.4.3 加强企业用水行政管理，实现节水的法制化

有效的节水管理是实现工业节水目标的根本保证。要设立专门的、代表政府行政的节水管理机构，并建立必要的用水管理制度，以便用水（节水）考核和进行必要的奖惩。要制定切合实际的用水量定额和其他行之有效的节水考核指标体系，努力实现用水（节水）的科学化管理。

节水工作与企业的切身利益密切相关。为提高节水效率，企业往往需投入大量的资金配套节水设施和改进生产工艺。在目前我国水价严重失真的情况下，企业对节水工作不可避免地普遍存在着消极的态度。因此，加强节水的法制教育，制定适宜的法律条文，并严格执法程序，不仅可以克服节水行政管理存在的某些局限性，而且可使行政管理有法可依，真正做到依法行政。只有这样才能推动工业节水事业的健康发展，实现城市的可持续发展战略。

2.4.4.4 提高工业生产规模，发挥规模经济效应

由于地区经济和资源的差异，目前我国还存在着大量规模较小的企业，这些企业工艺技

术与管理落后、生产效率低下、能耗较高、污染严重。在用水(节水)方面,不同行业中单位产品取水量或万元产值取水量先进与落后的指标值相差数倍。主要原因是小企业的经济实力限制了其产品结构调整、工艺节水改革的实现,从而无法进入节水指标先进的行列。

在政策的鼓励和引导下,企业通过自身改革、联合或重组等形式形成规模生产,以规模效应促进工业企业节水目标的实现已势在必行。这样不仅可有效地实现企业资源的合理配置,而且可为生产过程的优化创造良好的条件,从而实现低耗(包括耗水、耗能及原料等)高效的生产,提高企业的市场竞争力。

2.5 生态用水

2.5.1 生态用水的概念

2.5.1.1 生态用水的由来

有关生态用水(或需水)方面的研究最早是在20世40年代,随着当时水库建设和水资源开发利用程度的提高,美国的资源管理部门开始注意和关心渔场的减少问题,由鱼类和野生动物保护协会对河道内流量进行了大量研究,建立了鱼类产量与河流流量的关系,并提出了河流最小环境(或生物)流量的概念。此后,随着人们对景观旅游业和生物多样性保护的重视,又提出了景观河流流量和湿地环境用水以及海湾——三角洲出流的概念。

进入20世纪70年代,欧洲、澳大利亚、南非等国家先后开展了多项关于鱼类生长繁殖、产量与河流流量关系的研究,提出了许多计算方法和评价方法。在此期间,河流生态学家将注意力集中在能量流、碳通量和大型无脊椎动物生活史等方面。到70年代后期,河道内流量增加法的出现使得河道内流量分配方法趋于客观,该方法已经成为在北美洲广泛应用的方法,用来评估流量变化对鲑鱼栖息地等的影响。

然而,当时的研究尚处在原始阶段,无论是生态用水的概念还是理论方法都是十分模糊的、不确定的。直到20世纪90年代,随着水资源学和环境科学在相关领域研究的深入,生态系统用(或需)水量化研究才正式成为全球关注的焦点。Gleick在1995年提出了基本生态需水量的概念,并将此概念在其后来的研究中进一步升华并同水资源短缺、危机与配置相联系。Falknmark(1995)将“绿水”的概念从其他水资源中分离出来,提醒人们注意生态系统对水资源的需求。Rasin等(1996)也提出了水资源可持续利用必须要保证有足够的水量来保护河流、湖泊、湿地生态系统,人类所使用的作为景观、娱乐、航运的河流和湖泊要保持最小流量。Whipple等(1999)提出了类似的观点,认为现在的水资源规划和管理中要考虑河道内的环境用水。

在国内,生态用水(或需水)研究起步较晚,最早的研究在20世纪80年代末期,但近年来发展较快。1988年,在方子云主编的《水资源保护工作手册》中,已涉及了流域生态用水方面的内容,但未明确使用生态用水这一术语。1989年,汤奇成等在分析塔里木盆地水资源与绿洲建设问题时,首次提出了生态用水的概念,指出应该在水资源总量中划分出一部分作为生态用水,其目的是使绿洲内部及其周围的生态环境不再恶化。进入20世纪90年代,随着我国可持续发展战略的确立,人们又开始探讨面向21世纪如何实现经济社会和人口、资源、环境协调发展(PRED)的新问题。水利部提出水资源配置中应考虑生态用水量。但直到20世纪90年代前半期,生态用水研究一直停留于仅有名称而无内涵的状态,对其概念的定义、内涵的界定、类型的划分等理论问题均未进行过深入的研究和探讨。

20世纪90年代后期,尤其是国家“九五”科技攻关项目“西北地区水资源合理利用与生态环境保护”的实施,才真正揭开了干旱区生态用水研究的序幕。通过5年的研究,项目组成员对我国西北五省区的水资源利用情况和生态环境现状及存在问题进行了分析,探讨了干旱区生态环境用水量的概念和计算方法,建立了基于二元模式的生态环境用水计算方法,取得了一些初步成果。1999年,中国工程院开展了“中国可持续发展水资源战略研究”项目,其中专题之一“中国生态环境建设与水资源保护利用”就我国生态环境需水进行了较为深入的研究,界定了生态环境需水的概念、范畴及分类,估算了我国环境需水总量为800亿~1 000亿 m^3(包括地下水的超采量50亿~80亿 m^3),这一研究成果对我国宏观水资源规划和合理配置具有十分重要的指导意义,推动了生态用水研究的进程。

由于生态用水本身属于生态学与水文学之间的交叉问题,过去虽然做了大量的研究工作,但在基本概念上仍未统一,许多基本理论仍不成熟,有待进一步研究。

2.5.1.2 生态系统与水资源的关系

水是生态系统不可替代的要素。可以说,哪里有水,哪里就有生命。同时,地球上诸多的自然景观,如奔流不息的江河,碧波荡漾的湖泊,气势磅礴的大海,它们的存在也都离不开水这一最为重要、最为活跃的因子。一个地方具备什么样的水资源条件,就会出现什么样的生态系统,生态系统的盛衰优劣都是水资源分配结果的直接反映。下面将从不同的角度来介绍水资源对生态系统的影响和作用。

1)水资源是生态系统存在的基础

水是一切细胞和生命组织的主要成分,是构成自然界一切生命的重要物质基础。人体内所发生的一切生物化学反应都是在水体介质中进行的。人身体的70%由水组成,哺乳动物含水60%~68%,植物含水75%~90%。没有水,植物就要枯萎,动物就要死亡,人类就不能生存。

无论自然界环境条件多么恶劣,只要有水资源保证,就有生态系统的存在和繁衍。以耐旱植物胡杨为例,在西北干旱地区水资源极度匮乏的情况下,只要能保证地表以下5 m范围内有地下水存在,胡杨就能顽强地成活下去。因此,水资源的重要意义不只是针对人类社会,对生态系统也是同样起决定作用的。

2)人类过度掠夺水资源,使生态系统遭受严重破坏

自18世纪中叶的工业革命以来,随着科技和经济的飞速发展,人类征服自然、改造自然的意识在逐步增强,对自然界的索取越来越多,由此对自然界造成的破坏规模越来越大,程度也越来越深。包括水资源在内的自然资源都遭到了人类的过度开发和掠夺,人类对自然的破坏已超越了自然界自身的恢复能力。因此,地下水超采严重、土地荒漠化、水环境恶化这些专业词汇已成为人们耳闻目睹的常用词,生态退化问题也由局部地区扩展到全球范围,由短期效应转变为影响子孙后代的长久危机。

3)生态系统的恶化又会影响人类的生存和发展

人类在向自然界索取的同时,也受到了自然界对人类的反作用。随着人类对生态系统的破坏越来越严重,一系列的负面效应已经回报到人类身上。目前,我国的河流、湖泊和水库都遭到了不同程度的污染。2005年,中小河流50%不符合渔业水质标准;全国1/5以上

的人饮用污染超标水;巢湖、滇池、太湖、洪泽湖已发生了严重的富营养化,水体变色发臭,引起湖泊生态系统的改变;20 世纪中后期,我国西北地区部分城市由于只重视经济发展,缺乏对生态系统承受能力和水资源条件的考虑,水资源过度开发导致地下水位迅速下降、耕地荒漠化严重,曾经好转的沙尘暴问题又再次加剧。由此可见,人类在自身发展的同时,必须要考虑自然资源和生态系统的承受能力。否则,过度的开发将会让人类尝到自己种下的恶果。

4)对经济社会发展的宏观调控,是实现人与自然和谐共存的途径

人与自然和谐共存是当今社会发展的主流指导思想,也是可持续发展理论的重要体现,对经济社会的宏观调控则是实现这一目标的重要手段。就水资源而言,用"以供定需"替代"以需定供",通过对水资源的合理分配,使得在保证生态用水的基础上,考虑生活和生产用水,尽最大可能协调人类社会与生态系统之间的用水需求和平衡关系,实现两者共同发展的双赢局面。

2.5.1.3 生态用水的定义

从广义上讲,生态用水(Ecological Water Use)是指"特定区域、特定时段、特定条件下生态系统总利用的水分",它包括一部分水资源量和一部分常常不被水资源量计算包括在内的水分,如无效蒸发量、植物截留量。从狭义上讲,生态用水是指"特定区域、特定时段、特定条件下生态系统总利用的水资源总量"。根据狭义的定义,生态用水应该是水资源总量中的一部分,从便于水资源科学管理、合理配置与利用的角度来讲,采用此定义比较有利。

生态用水量的大小直接与人类的水资源配置或生态建设目标条件有关。它不一定是合理的水量,尤其在水资源相对匮乏的地区更是如此。

与生态用水相对应的还有生态需水和生态耗水两个概念,为了便于区分也给出了它们的定义。

生态需水(Ecological Water Demand):从广义上讲,维持全球生物地球化学平衡(诸如水热平衡、水沙平衡、水盐平衡等)所消耗的水分都是生态需水。从狭义上讲,生态需水是指以水循环为纽带、从维系生态系统自身的生存和环境功能角度,相对一定环境质量水平下客观需求的水资源量。生态需水与相应的生态保护、恢复目标以及生态系统自身需求直接相关,生态保护、恢复目标不同,生态需水就会不同。

生态耗水(Ecological Water Consume):是指现状多个水资源用户(生产、生活和生态)或者未来水资源配置(生产、生活和生态)后,生态系统实际消耗的水量。它需要通过该区域经济社会与生态耗水的平衡计算来确定。生产、生活耗水过大,必然挤占生态耗水。

生态用水与生态需水、生态耗水三个概念之间既有联系又有区别。通过生态需水的估算,能够提供维系一定的生态系统与环境功能所不应该被人挤占的水资源量,它是区域水资源可持续利用与生态建设的基础,也是估计在一定的目的、生态建设目标或配置条件下,生态用水大小的基础。通过对生态用水和生态耗水的估算,能够分析人对生态需水挤占程度,决策生态建设对生态用水的合理配置。

2.5.1.4 生态用水的分类

生态用水可以按照使用的范围、对象和功能进行分级和分类。首先,按照水资源的空间位置和补给来源,生态用水被划分为河道内生态用水和河道外生态用水两部分。河道外生态用水为水循环过程中扣除本地有效降水后,需要占用一定水资源,以满足河道外植被生存和消耗的用水;河道内生态用水是维系河道内各种生态系统生态平衡的用水。其次,依据生

态系统分类，又对生态用水进行二级划分，如将河道内生态用水进一步划分为河流生态用水、河口生态用水、湖泊生态用水、湿地生态用水、地下水回灌生态用水、城市河湖生态用水；将河道外生态用水进一步划分为自然植被用水、水土保持生态用水、防护林草生态用水、城市绿化用水。最后，根据生态用水的功能不同，再进一步进行三级划分，其划分后的结果如表 2-14 所示。

表 2-14　生态用水系统分类

一级分类	二级分类	三级分类
河道内生态用水	河流生态用水	河道基流用水 冲沙用水 稀释净化用水
	河口生态用水	冲淤保港用水 防潮压咸用水 河口生物用水
	湖泊生态用水	最小水位用水 水生植物用水 稀释净化用水
	湿地生态用水	生物栖息地用水 沿岸带及沼泽湿地用水 稀释净化用水
	地下水回灌生态用水	地下水回灌用水
	城市河湖生态用水	城市各种河湖景观用水
河道外生态用水	自然植被用水	自然林地(乔灌)用水 自然草地用水
	水土保持生态用水	人工造林用水 人工种草用水
	防护林草生态用水	农田防护林用水 防风固沙林用水
	城市绿化用水	城市各种植被或绿地用水

2.5.1.5　生态用水的意义

良好的生态系统是保障人类生存发展的必要条件，但生态系统自身的维系与发展离不开水。在生态系统中，所有物质的循环都是在水分的参与和推动下实现的。水循环深刻地影响着生态系统中一系列的物理、化学和生物过程。只有保证了生态系统对水的需求，生态系统才能维持动态平衡和健康发展，进一步为人类提供最大限度的社会、经济、环境效益。

然而，由于自然界中的水资源是有限的，某一方面用水多了，就会挤占其他方面的用水，特别是常常忽视生态用水的要求。在现实生活中，由于主观上对生态用水不够重视，在水资源分配上几乎将 100% 的可利用水资源用于工业、农业和生活，于是就出现了河流缩短断流、湖泊干涸、湿地萎缩、土壤盐碱化、草场退化、森林破坏、土地荒漠化等生态退化问题，严重制约着经济社会的发展,威胁着人类的生存环境。因此,要想从根本上保护或恢复、重建生态系统,确保生态用水是至关重要的技术手段。因为缺水是很多情况下生态系统遭受威胁的主要因素,合理配置水资源,确保生态用水,对保护生态系统、促进经济社会可持续发展具有重要的意义。

2.5.1.6 生态用水供水水源

生态用水的水源比其他用水方式都要广泛。从广义生态用水角度来看,降水、地表水、土壤水、地下水等所有水循环过程的水都可作为生态用水的水源。对于森林、草地等陆面植被生态系统而言,降水是主要的生态用水水源;在干旱半干旱地区,土壤水、地下水对生态用水的贡献也很大;对于河湖沼泽中的水生生态系统而言,地表水是主要生态用水水源。而按照狭义生态用水概念来看,则主要是指通过水利工程措施施用给生态系统的那部分水资源,由于生态用水对水源的水质要求不高(保护区内的河湖用水除外),因此生态用水的水源形式也多种多样,除地表水、地下水等常规水源外,各种非常规水源(如微咸水、中水等)都可作为生态用水的水源。在实际利用时,应尽可能地利用非常规水源,减少对常规水源的依赖,以避免出现生态用水与生活用水、生产用水争水的局面。例如,美国、日本早在20世纪六七十年代就开始大规模建设污水处理厂,并将处理后的中水用于城市园林绿化、河湖景观补水等方面;而我国尽管中水回用起步较晚,但近年来发展迅速,青岛、大连、太原、北京、天津、西安等许多大中型城市均将中水回用作为未来城市发展和水资源综合利用的有效支撑手段。

值得关注的是,与生活用水、工业用水不同,目前生态用水的供水保证率比较低,特别是在我国西北干旱地区,由于水资源紧缺,经常会出现工业用水挤占农业用水,农业用水挤占生态用水的现象。这与我国长期以来过度追求经济利益的增长而忽视对生态环境的保护,致使生态用水在水资源优先供给的排序较低和环境保护意识淡薄有关。近年来,各级政府已逐步认识到这种错误观念的危害,并开始重视保证生态用水的到位。水利部在今后的水资源管理工作目标中曾明确指出"(在'十一五'期间)要重视对河流健康的维护,开展生态用水及河流健康指标研究,建立生态用水保障和补偿机制"。

2.5.1.7 生态用水供水方式

生态用水的供水方式多种多样,并视不同的生态系统类型而选取相应的供水方式。对于河道外生态用水来说,由于天然植被系统多依赖于降水补给,因此生态用水的对象主要是针对城市绿地、人工绿洲、防护林草等各种人工植被系统,它们通常采用各种农业输水方式和灌溉方式来进行供水,特别是城市绿地多以喷灌、滴灌等节水灌溉措施为主。

对于河道内生态用水,则主要通过各种水利工程对河流、湖泊内的水量进行调度和分配,以满足河道内各种生态用水需求。例如,黄河自2002年7月以来,在每年汛期开始实施"调水调沙"工程,通过小浪底水库下泄水量的人工调度,制造出一种能够冲刷下游河床泥沙的"人造洪峰",从而把淤积在黄河河道和水库中的泥沙尽可能地送入大海,减缓泥沙的淤积程度;再如,淮河自1990年开始,在支流沙颍河上开展污染联防工作,通过对流域内的水闸实施防污调度,从而调控沙颍河重污染水体下泄时空分布,并充分利用淮河干流水环境容量,稀释消化沙颍河高浓度污染水体,进而达到防污、减灾的目的。

总体来看,由于生态用水涉及自然水循环全过程以及水资源开发利用的各个方面,因此各种蓄、引、提、调水利工程,在一定情况下都可作为生态用水的供水工程。

2.5.2 生态用水量计算

目前,计算生态用水量的方法主要有两大类:一是针对河流、湖泊(水库)、湿地、城市等小尺度提出的计算方法;二是针对完整生态系统区域尺度提出的计算方法。通常按水资源的补给功能将流域划分为河道外和河道内两部分,并以此分别计算各部分的生态用水量。河道外生态用水为水循环过程中扣除本地有效降雨后,需要占用一定水资源以满足植被生存耗水的水量。它主要针对不同的植被类型,分析其生态用水定额,再求出生态用水量。河道内生态用水是维系河流或湖泊、水库等水域生态系统平衡的水量。它主要从实现河流的功能以及考虑不同水体这两个角度出发,包括非汛期河道的基本用水量,汛期河流的输沙用水量,以及防止河道断流、湖泊萎缩等的用水量。

2.5.2.1 河道外生态用水量计算方法

河道外生态用水主要是针对各种植被系统(包括自然植被、防护林草、城市绿化等)的用水。天然情况下,河道外生态系统的用水主要依靠降水,对河川径流的依赖性较小,而在人工调控措施下,可将一定数量的地表或地下水资源取出,用以维持河道外生态系统的生存,这部分人工取水灌溉措施通常称为生态补水。河道外生态用水量的计算方法有直接计算方法和间接计算方法。

1)直接计算方法

以某一区域某一类型植被的面积乘以其生态用水定额,计算得到的水量即为生态用水。该方法适用于基础工作较好的地区与植被类型,如防护林草、人工绿洲等生态用水量的计算。计算公式为

$$W_{out} = \sum_{i=1}^{n} A_i q_i \tag{2-33}$$

式中:W_{out}为河道外生态用水量,m^3;A_i 为第 i 类植被对应的面积,hm^2;q_i 为第 i 类植被年平均灌溉定额,m^3/hm^2;n 为乔木、灌木、草本等植被类型数量。

2)间接计算方法

对于某些地区天然植被生态用水计算,如果前期工作积累较少,用水定额获取困难,可以考虑采用间接计算方法。该方法是根据潜水蒸发量的计算来间接计算生态用水。即某一植被类型在某一潜水位的面积乘以该潜水位下的潜水蒸发量与植被系数,得到的乘积即为生态用水。计算公式如下

$$W_{out} = \sum_{i=1}^{n} A_i q_{gi} K \tag{2-34}$$

式中:q_{gi}为第 i 类植被在地下水位某一埋深时的潜水蒸发量,由经验值或试验确定;K 为植被系数,即在其他条件相同的情况下有植被地段的潜水蒸发量除以无植被地段的潜水蒸发量所得的系数,由试验确定。

2.5.2.2 河道内生态用水量计算方法

河道内生态用水量的计算,视河道内不同生态系统和环境功能用水而异。一般河道内用水主要考虑以下几个方面:①河流水生生物的保护和利用;②多沙河流的水沙平衡;③河流水力发电用水;④河流航运等。而在生态用水范畴内所指的河道内用水主要是指具有重大的社会、环境效益,包括防淤冲沙、水质净化、维持野生动植物生存和繁殖,维护沼泽、湿地

一定面积等的生态用水，不包括诸如水力发电、航运等生产活动所使用的水量。在具体计算时，由于各类用途的河道内生态用水量不容易划分，因此通常将其放在一起计算出一个总的河道内生态用水量。该值可看做是扣除供给河道外经济用水、调出或流出本河段非生态用水之后的所有河道内天然径流量，即

$$W_{in} = R_s - W_E - R_0 \quad (2\text{-}35)$$

式中：W_{in}为河道内生态用水量；R_s 为河道天然径流量；W_E 为供给河道外的经济用水量（包括生产、生活用水）；R_0 为调出或流出本河段的非生态用水量。

式(2-35)通常是针对受水利工程调控影响较小的河流。如果在一条河流上建有许多闸坝、水库、调水工程等水利设施，则其生态用水量的计算还要考虑水量调度的影响，如下式

$$W_{in} = R_h - W_E + Q_D - R_0 \quad (2\text{-}36)$$

式中：R_h 为受水利工程调控后的河道径流量；Q_D 为通过水利工程调度后的生态补水量；其他符号意义同前。

如果从人工调控角度来计算河道内生态用水量，则可通过下式来进行计算

$$W'_{in} = Q_D + Q_T + Q_F + Q_P \quad (2\text{-}37)$$

式中：W'_{in}为仅考虑人工调控的河道内生态用水量；Q_D 为通过水利工程调度后的生态补水量；Q_T 为从外流域的生态调水量；Q_F 为汛期洪水的人工回灌量；Q_P 为处理后的中水回用于河道景观的用水量。

2.5.3 我国生态用水现状

我国在生态用水方面的研究起步较晚，对生态用水的重要性也认识不足，目前我国生态用水的特点反映在以下两个方面。

2.5.3.1 生态用水所占比重非常小

相对于生活用水和生产用水，生态用水在我国水资源开发利用中所占的比重非常小，表2-15给出了2003～2006年全国生态用水统计资料。由表2-15可见，全国生态用水量仅占总用水量的1%～2%，具体到各水资源一级分区，除西北诸河和东南诸河高于2%外，其他都在2%以下，而目前缺水问题最突出的淮河、海河和黄河3个流域生态用水都在1%左右。这与我国长期以来重视经济建设、忽视生态环境保护有关。随着我国建设人水和谐社会新的指导思想的提出，加强水生态系统的恢复和建设、保证生态用水成为当务之急。

表2-15 2003～2006年全国生态用水统计

编号	水资源一级分区	2003年		2004年		2005年		2006年	
		用水量（亿 m^3）	占总用水量比例（%）	用水量（亿 m^3）	占总用水量比例（%）	用水量（亿 m^3）	占总用水量比例（%）	用水量（亿 m^3）	占总用水量比例（%）
A	松花江	3.0	0.85	3.2	0.87	5.5	1.45	2.4	0.60
B	辽河	0	0	1.3	0.69	1.6	0.84	2.4	1.18
C	海河	1.9	0.50	4.3	1.16	5.1	1.35	4.6	1.18
D	黄河	2.5	0.71	3.2	0.86	3.6	0.94	3.7	0.93
E	淮河	3.0	0.63	4.1	0.74	5.0	0.92	5.5	0.93

续表 2-15

编号	水资源一级分区	2003 年		2004 年		2005 年		2006 年	
		用水量（亿 m^3）	占总用水量比例（%）	用水量（亿 m^3）	占总用水量比例（%）	用水量（亿 m^3）	占总用水量比例（%）	用水量（亿 m^3）	占总用水量比例（%）
F	长江	27.0	1.57	30.0	1.65	22.1	1.20	24.7	1.31
G	东南诸河	7.5	2.37	7.5	2.37	7.9	2.43	8.2	2.50
H	珠江	9.0	1.07	8.0	0.93	8.9	1.02	8.6	0.98
I	西南诸河	0.6	0.64	0.2	0.21	0.3	0.30	0.3	0.29
J	西北诸河	24.9	4.13	20.1	3.35	32.8	5.32	32.6	5.24
K	全国合计	79.4	1.49	81.9	1.48	92.8	1.65	93.0	1.60

注：资料来源于 2003～2006 年《中国水资源公报》。

2.5.3.2 生态用水保障意识仍需提高

客观地说，目前我国已充分认识到保障生态用水的重要性，水利部门和科研院所先后开展了一系列相关研究工作，并有诸多研究成果发表。然而，对于美国、欧洲各国的生态保护工作而言，差距还比较明显。由表 2-15 也可以看出，近年来全国的生态用水量略有增长，2006 年比 2003 年增加 13.6 亿 m^3，但生态用水占总用水量的比例仅上浮 0.11%，增幅太小。

为了解决我国塔里木河、黑河、石羊河等北方流域的水资源危机，近年来也多次提出塔里木河流域生态调水、黑河流域生态调水、石羊河流域引黄（河）济民（勤）等调水工程，以缓解这些地区的用水危机，并取得了一定的成效。但仍看到，随着我国经济飞速增长，用水量在不断增加，如何从本已匮乏的生活用水和生产用水中抽出一定的水资源用于生态用水方面，是当前水资源管理部门亟需解决的难题之一。

2.5.4 生态用水保障措施

在自然条件下，生态用水不需要采取任何人工措施，而完全依靠自然界对水资源的时空分配来满足生态系统健康发展需求，但在水资源开发利用程度相当高的今天，人类用水大量挤占生态用水，生态用水常常不能满足生态系统基本需要，造成生态系统日益退化。为了人类的水资源开发利用活动不影响到生态系统的正常发展，必须采取相应的工程措施，以确保生态用水能满足最低生态需水要求。下面对几种经常采取的生态用水保障措施进行介绍。

2.5.4.1 蓄水调节工程措施

抬高水位的工程调节措施是指通过对河湖水位的抬高，增大河湖水面和水深来满足生态用水的需要。对于各种水生生物来说，为维持其生长繁殖的正常生境，必须要保留一定的水深或水面空间，而当地表水资源被大量开发利用时，水面面积则得不到保证，并会出现河道断流、湖泊萎缩等现象，此时就需通过各种水利工程措施来调蓄地表水体，进而保证在有限的水资源条件下能维持较高的水位或较大的水面面积。通常，蓄水调节工程措施主要包括在河道或湖泊出口处建设橡胶坝、翻板坝、溢流堰、节制闸等，以蓄水来抬高水位。

（1）橡胶坝。是一种在河道内生态用水调节的常见工程，该坝枯水期能抬高河湖水位，保持坝前水量的动态平衡，以满足生态用水的要求。洪水期橡胶坝放空（排气或水），不影响河道正常行洪，洪水过后再充气（或水），坝继续挡水。其优点是既不影响行洪又能方便地抬高水位，工程投资较低；缺点是难以适应污染较严重的城市河道，特别是漂浮物和推移质对坝体影响较大。

（2）翻板坝。是一种间断蓄水、排水的水利工程，该坝在水位抬高超过设计水位后，翻板在水压力的作用下倒伏，开始排水，当水位降低到一定高度后，翻板在水压力的作用下，重新竖立挡水，以保持一定的水位变化范围，满足城市景观和生态用水的要求。翻板坝的优缺点与橡胶坝基本相同。

（3）溢流堰。是一种固定式挡水坝，当水位高于堰顶时，开始溢流，当来水较少时，堰顶停止溢流。溢流堰的优点是枯水期能有效地保持河湖水位，漏水少，管理简单，运行要求低。其缺点是对河湖行洪有一定的影响，对水位调节困难。

（4）节制闸。是建在河道或湖泊排水出口处的一种常见的水利工程，能有效地抬高或降低水位，对行洪影响也较小。但水闸开、关频率较高，水位变幅较大，管理较为复杂。

对城市某条河流或湖泊，采用哪种水工建筑物抬高河湖水位，必须具体问题具体分析，选择适合的构筑物，如对漂浮物和推移质很多的河道不应采用橡胶坝，对行洪要求很高的河道不应采用溢流堰，对管理困难的河湖不应采用节制闸。

2.5.4.2　水利调度措施

生态用水不能满足的主要原因是水资源开发利用程度太高或来水不均匀，因此采取的措施也应是增加来水量，解决枯水期水量不足问题。水利调度工程是一项十分复杂的流域或区域系统工程，通过水资源的合理配置，确保缺水地区生态用水要求。水资源的调入必须建立在大量的水利工程的基础上才能实现，如水库工程、泵站工程、河道工程等，这些工程建设能实现生态调水的目标。目前，我国已开展了大量保障生态用水的水利调度实践工作，并取得了显著成效，如塔里木河流域生态输水工程、黄河全流域调度工程等，著名的南水北调西线工程也兼有向黄河上中游地区以及西北地区生态调水的目标。

塔里木河是我国最长的内陆河，全长 1 321 km，流域总面积 102 万 km^2。自 20 世纪 50 年代以来，由于塔里木河中上游地区无序开荒和无节制用水，干流水量日趋减少，下游河道断流 320 km，尾闾台特玛湖萎缩甚至干涸，稀疏的荒漠植物大量枯死，气候变得越发干燥。自 2001 年起，我国开始对塔里木河流域进行综合治理，其中，向下游生态输水是主要治理措施之一。截至 2007 年年底，新疆已先后 9 次向塔里木河下游实施生态输水，总输水量达 22.95 亿 m^3，其中 7 次将水输送到台特玛湖，结束了塔里木河下游河道断流 30 多年的历史。随着输水措施的实施，塔里木河下游沿河两侧地下水位明显回升，天然植被恢复面积达 27 万亩，台特玛湖重现碧波荡漾的景色，大片胡杨林焕发了生机，越来越多的野生动物重返故园，下游生态环境质量得到明显改善。

黄河是我国的第二大河，是中华民族的母亲河，全长 5 400 km，流域总面积 75.2 万 km^2。由于黄河流域本身的生态系统十分脆弱，加之长期以来不合理的开发利用，造成黄河存在洪涝灾害严重、下游断流频繁发生、中游水土流失严重、水污染致使生态系统蜕变等一系列突出问题。在 1972 ~ 1997 年 26 年中，黄河下游先后有 20 年发生断流，利津水文站累计断流 70 次，共 908 d。黄河断流给下游沿黄地区工农业生产造成了较大损失，同时也严重影响了下游及河口生态系统。为了解决黄河断流问题，1999 年黄河水利委员会开始对黄河水资源实行统一管理和调度，在基本保证治黄、城乡工农业用水的情况下，确保生态用水，当年黄河仅断流 8 d;2000 年,在北方大部分地区持续干旱和成功向天津紧急调水 10 亿 m^3 的情况下,黄河实现了全年未断流。

2.5.4.3 地下水回灌调节措施

通常,在枯水季节为满足工农业生产以及生态系统用水需求,需要大量开采地下水,而这又势必会引起地下水位下降、水资源储量减少,并引起地面沉降、土地荒芜、海水入侵等地质灾害和环境问题。因此,在开发利用地下水资源时,必须人为地调节好地下水的开采与补给关系,在丰水季节借助各种工程措施,将地表水引入地下,从而达到在时间和空间上对地下水进行合理调配、补偿枯水季节损失水量的目的,这种增补地下水的方法称为人工补源回灌工程。

地下水人工回灌工程具有安全、经济、不占地、工程技术简单的特点。在 20 世纪 50 年代,国外已开始采用人工补给的方法增加地下水补给量,如日本早已将人工回灌地下水列入地下水保护法。我国在人工回灌地下水方面也做了大量研究工作,如上海市每年抽取地下水 0.14 亿 m^3,人工回灌 0.17 亿 m^3,使地下水位得到控制;河北省南宫水库采用人工回灌,仅花费 2 000 万元,就取得了回补 1.12 亿 m^3 调节水量至地下水库的效果。目前,地下水人工回灌工程在控制地面沉降、扩大地下水开采量、利用含水层储能等方面取得了巨大效益。

人工回灌地下水的方法很多,可分为直接法和间接法两种。直接法分为浅层地面渗水补给和深层地下水灌注补给两种;间接法主要指诱导补给法。

1)浅层地面渗水补给

浅层地面渗水补给就是将水引入坑塘、渠道、洼地、干涸河床、矿坑、平整耕地及草场中,借助地表水与地下水的水头差,使水自然渗漏补给含水层,增加含水层的储存量,如图 2-31 所示。该法适用于地表有粉土、砂土、砾石、卵石等较好的透水层,包气带的厚度在 10 ~ 20 m的情况。根据补给方式的不同,浅层地面渗水补给包括河流渗水补给、渠道入渗补给、灌溉渗水补给、水库渗漏补给和坑塘洼地渗漏补给等。浅层地面渗水补给具有设备简单、投资少、补给量大、管理方便、因地制宜等优点。

2)深层地下水灌注补给

当含水层上部覆盖有弱透水层时,地表水渗入补给强度受到限制,为了使补给水源直接进入潜水或承压水含水层,常采用深井回灌,通过管井、大口井、竖井等设施,将水灌入地下,如图 2-32 所示。深井回灌法具有以下特点:①不受地形条件的限制,也不受地面弱透水层分布和地下水位埋深的影响;②占地少,可以集中补给,水源浪费少;③设备复杂,需附加专用水处理系统、输水系统、加压系统,工程投资和运行费用较高;④由于水量集中,井及其附近含水层的流速较大,容易使井管和含水层堵塞;⑤由于回灌是直接进行的,对回灌水源的

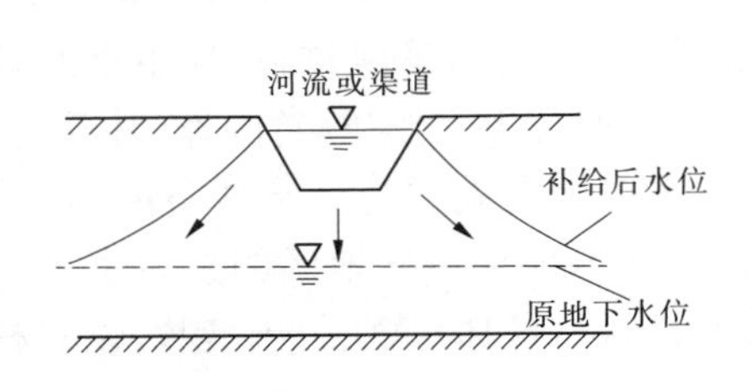

图 2-31 地面渗水补给

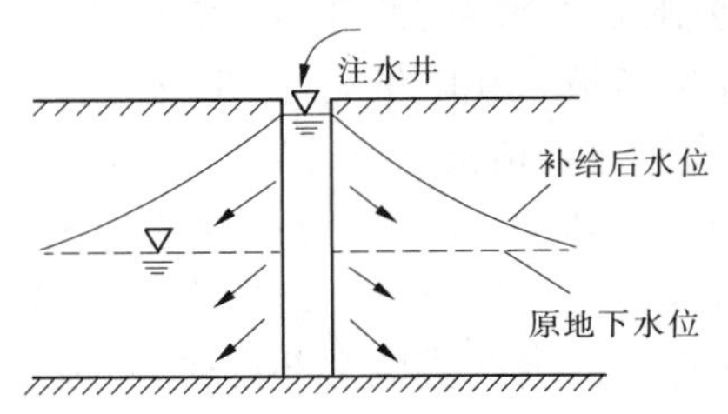

图 2-32 深井回灌补给

水质要求较高,如果回灌水水质差,则容易污染地下水。因此,深井回灌法主要适用于地面弱透水层较厚(大于10 m),或受地面场地限制,不能修建地面入渗工程的地区,特别适用于补给埋深较大的潜水或承压水含水层。

尽管深井回灌法有一定的缺陷,但在含水层储能、防止海咸水入侵、控制地面沉降等方面应用广泛。深井回灌法分为真空(负压)、加压(正压)、自流(无压)三种,可根据含水层性质、地下水位埋深、井的构造和设备条件来选择。

3)诱导补给法

诱导补给法是一种间接人工补给地下水的方法。在河流、湖泊、水库等地表水体附近凿井抽水,随着地下水位的下降,增大了地表水与地下水之间的水头差,诱导地表水下渗补给地下水。

诱导补给量的大小与含水层渗透性及水源井与地表水体间的距离有关。距离越近,补给量越大,砂层的过滤、吸附作用小,水质差;距离越远,过滤吸附作用强,水质好,但补给量会减少。为了保证天然净化作用,两者需要保持一定距离,并且水源井一般要位于地下水流向的下游比较有利。

实践证明,采取地下水回灌工程措施,不仅可达到调蓄地表径流、有效利用洪水、平衡水资源在时程上分配不均匀的效果,而且具有不占耕地、投资少、避免生态系统退化等一系列优点,尤其对于我国西北干旱地区,可避免水资源的无效损耗和浪费,最大限度地发挥水资源的社会、经济、环境综合效益。

2.5.4.4 退耕还林措施

1998年长江流域发生大洪水以后提出的"退耕还林,退田还湖"的治水措施,是我国实行的第一个大规模生态系统建设措施。与之相类似,在过度放牧的地区"退牧还草"、把利用效率很低的平原水库"退蓄还流"也都是生态系统建设措施之一。同时,这些措施也是调整农村产业结构、合理保障生态用水、促进人水和谐的重要举措。这是因为在天然情况下,各种生态系统发挥了自我调节、净化环境等多种功能,而农业的大力发展占用了大量的水土资源,严重挤占了天然生态系统的生存空间,于是河道断流、湖泊萎缩、植被消亡等生态危机接踵而至。为了重建生态系统,恢复其原有的环境自净功能,必须压缩人类自身的发展用水,其中退耕还林政策是压缩农业用水、保障生态用水的有效手段。

实施退耕还林,首先,要坚持"生态效益优先,兼顾农民吃饭、增收以及地方经济发展"的原则,科学划定退耕还林面积,凡是水土流失严重、粮食产量低而不稳的坡耕地和沙化耕地,应按国家批准的规划实施退耕还林,而对于生产条件较好,又不会造成水土流失的耕地,农民不愿退耕的不强迫退耕。其次,要根据不同气候水文条件和土地类型进行科学规划,做到因地制宜,乔灌草合理配置,农林牧相互结合。在干旱、半干旱地区,重点发展耐旱灌木,恢复原生植被。在雨量充沛、生物生长量高的缓坡地区,可大力发展竹林、速生丰产林。再次,在确保地表植被完整、减少水土流失的前提下,可采取林果间作、林竹间作、林药间作、林草间作、灌草间作等多种合理模式还林,立体经营,实现生态效益与经济效益的有效结合。最后,对居住在生态地位重要、生态环境脆弱、已丧失基本生存条件地区的人口实行生态移民。对迁出区内的耕地全部退耕、草地全部封育,实行封山育林育草、封山禁牧,恢复林草植被。

国家林业局2007年2月发布的《退耕还林工程总体建设情况报告》显示,自1999年退耕还林工程启动以来,全国各省(区)已完成了国家下达的退耕还林3.44亿亩的计划任务,其中退耕造林1.35亿亩,累计投入工程建设资金1 300.1亿元。退耕还林工程取得了显著的生态效益,主要表现在加快国土绿化进程、治理水土流失、涵养水源、防治土地沙化等方面。四川省通过退耕还林工程,每年减少水土流失0.53亿t,增加蓄水6.84亿t,平均每年提供生态服务价值达134.5亿元;宁夏回族自治区通过退耕还林,荒漠化土地面积减少了7%;内蒙古通过退耕还林,森林覆盖率由13.8%提高到17.7%,沙漠化扩展速率由0.87%下降到0.25%。

2.6 航运、渔业、旅游

2.6.1 内河水运

内河水运包括航运(客运、货运)与筏运(木、竹浮运),是利用内陆天然水域(河流、湖泊)或人工水域(水库、运河)等作为运输航道,依靠水的浮载能力进行交通运输。它是利用水资源,但不消耗水量的重要部门。河川水资源能够用来进行内河运输的部分,称水运资源。

2.6.1.1 水运资源的特点

水运突出特点是:①运量大,成本低,一个百吨级的船队,相当于几列火车的运量;②水运是消耗能源最少的一种运输方式,据统计,若水运完成每吨公里消耗的燃料为1,则铁路为1.5,公路为4.8,空运为126;③水运的投资较铁路省,美国运输部门的研究表明,完成同样的运量,铁路为水运投资的4.6倍,而水运成本仅为铁路的1/3~1/5、公路的1/5~1/20。因为水运有如此的优越性,一些城镇沿河发展,许多大型企业沿河建造;这些反过来又促进了水运的发展。水运还具有污染轻、占用土地少、综合效益高等特点。但是,受水域所限,水运货物往往不能直达货物目的地,而且周转速度慢。

2.6.1.2 航道基本要求

航道设计尺度,是保证船舶安全航运的至关重要的条件,是进行航道工程建设与治理、开挖人工运河、建造过船设施等所必须达到的标准,主要有以下几方面。

1)航道水深

航道水深是航道尺度中重要的指标,它决定着船舶的航速和载重量。河流航深不足,阻碍通航,是以工程措施进行治理所要解决的主要问题;而人工运河的航道水深,又是决定工程量大小的关键。

所谓航道水深,是指在通航保证率一定的前提下,航道最低水位时所能达到的通航水深,可用下式表示

$$H = T + \Delta H \tag{2-38}$$

式中:H为航道水深,m;T为船舶设计吃水深,m;ΔH为富裕水深,m。

航道设计水位是通过选择某种设计保证率而确定的,为了充分利用水运资源,实际航运中丰水期可以行驶载重量较大的船舶,而枯水期可以考虑船舶的短期减载。分期分载航行更具有经济效益,更适应国民经济建设的需要。

2)航道宽度

航道宽度是航道尺度中另一个重要指标。航道中一般禁止并航或超航,但准许双向航行。因此,航道宽度是以保证两个对开船队能够错船为原则(地形特殊的河段,方可考虑单线航道)进行计算的。理想的航道宽度可以下式表示

$$B_L = b_1 + b_2 + c_1 + 2c_2 \tag{2-39}$$

式中:B_L 为理想的航道宽度,m;b_1、b_2 为两个对开船队各自的宽度,m;c_1 为船队与船队之间的富裕宽度,m;c_2 为船队与岸线间的富裕宽度,m。

3)航道弯曲半径

由于水流流经弯曲航道,其流向和流速都要发生变化,因而船舶在弯曲航道中行驶,也需要不断地变更航向和航速。变更航向和航速的过程,会使船舶承受侧压力、离心力、水动压力及力矩等的作用,促使船舶偏离航线。对此,在航道规划设计中要充分考虑。

4)航道中的流速与流态

航道中的表面流速与局部比降直接影响船舶的正常行驶。表面流速由纵向表面流速和横向表面流速组成,必须予以控制。过大的纵向水流不仅使上行船舶为克服阻力而增加能量消耗,而且使下行船舶舵效难以发挥,造成操作困难;横向水流会使船舶两侧失去平衡,导致推离航道,造成海事。航道中允许的最大表面流速和局部比降,与通过的船型、河道整治的措施等有关,必须进行实船试验,分析比较才能确定。

2.6.2 渔业

2.6.2.1 水库渔业的特点

渔业是国民经济的重要组成部分,是满足人们日常生活需要的物质生产部门。水库渔业具有如下主要特点:

(1)产量可观。水库具有水深、面广的突出特点,并且水质肥沃,天然饵料丰富,鱼类生长快。

(2)对部分鱼类的繁殖不利。水库水位变幅较大,流速较小,流程较短,使得鲤、鲫等草上产卵鱼类的繁殖条件不能稳定,鲢、鳙等流水产卵鱼类的受精和孵化也受到限制。水库运用对鱼类繁殖生存的自然生态系统有一定负面影响,需要人为地对适宜水库发展的经济鱼类进行定向培殖,并定期投放足量的鱼种和饵料,其规格、密度应和水库承受能力相适应。积极发展网箱养鱼和流水养鱼。

(3)便于开展养鱼试验。水库水土资源丰富,可进行各种科学养鱼试验,开辟养殖新领域,探索稳定高产的新途径。

(4)投资少,收益大,见效快。水库养殖便于在水利资源综合开发中,水利管理单位自我积累,滚动发展。

(5)人为影响显著。对鱼苗的投入量、放养品种、成鱼捕捞等较容易控制。

2.6.2.2 水库渔业应注意的问题

人类在开发利用水资源过程中,在江河海口及大江大河的干、支流上,需要建一系列诸如挡潮闸、拦河坝等水工建筑物。这些工程对消除水患、造福人类作出了巨大贡献。但是,对鱼类的生活规律和环境带来了影响,其影响因素是多方面的,既有利也有弊。其中特别需要引起人们重视的是洄游性野生鱼类的繁殖问题。有些鱼类需要在河湖淡水中甚至山溪浅

水总流中产卵孵化,却在河口或浅海育肥成长;另一些鱼类则要在河口或近海产卵孵化,上溯到河湖中育肥成长。这些鱼类称为洄游性鱼类,其中有不少名贵品种,例如鲥鱼、刀鱼、湖蟹等。水工建筑物如拦河坝、闸等截断了洄游性鱼类的通路,使它们有绝迹的危险。因鱼类洄游往往有季节性,故采取的必要措施大体上有以下几种:

(1)在闸、坝旁修筑永久性的鱼梯(鱼道),供鱼类自行过坝,其型式、尺寸及布置,常需通过试验确定,否则难以收效。

(2)在洄游季节,间断地开闸,让鱼类通行,此法效果尚好,但只适用于上下游水位差较小的情况。

(3)利用机械或人工方法,捞取孕卵活亲鱼或活鱼苗,运送过坝,此法效果较好,但工作量大。

利用鱼梯过鱼或开闸放鱼等措施需耗用一定水量,在水利规划中应涉及。

此外,为了使水库鱼场便于捕捞,在蓄水前应做好库底清理工作,特别要清除树木、墙垣等障碍物。还要防止水库的污染,并保证在枯水期水库里留有必需的最小水深和水库面积,以利鱼类生长。也应特别注意河湖的水质和最小水深。

2.6.3 旅游

利用水利工程发展旅游业,保护和改善自然水域的生态环境,是综合开发利用水资源,极大地发挥水利工程效益的一个重要方面。因此,有必要对它们的重要意义和基本规律进行认识和研究。

水利工程旅游是利用水利工程(主要指水库以及枢纽)开展旅游事业的简称。随着世界旅游市场的日益兴旺,人们在不断寻找和开拓新的旅游资源。由于水利工程及其系统对旅游业具有极大的吸引力和竞争力,近几十年来,受到了世界许多国家旅游者的青睐,得到了快速的发展。

水利工程旅游资源的主体是自然旅游资源,山水秀丽,环境优雅,空气新鲜,气候宜人,是发展旅游业的基础。其客体是人文旅游资源。水利工程旅游资源是自然旅游资源与人文旅游资源的有机结合,二者相得益彰,显示出更加强烈的吸引力和竞争力。

利用水利工程发展旅游业,不需要增加更多的投资便能较好地收到经济效益。如随着新安江水库的兴建而形成的千岛湖,山清水秀融为一体,稍加整修,增添设施,便成为我国著名的旅游区。

在开发利用水利工程旅游资源过程中,开发形式往往是相互依存、相互补充、紧密相连的。总的来说,形式越多,综合性越强,其吸引力越大,效益越高。例如兰州的黄河风情线,兰州是万里黄河唯一穿城而过的城市,为把兰州建成山川秀美、经济繁荣、社会文明的现代化城市,兰州市政府规划了百里黄河风情线,经过多年的打造,这条全国唯一的城市内黄河风情线像一串璀璨夺目的珍珠,吸引着来自四面八方的中外游客。

第3章　地下水资源开发利用

3.1　地下水资源开发利用的概念及模式

3.1.1　地下水资源的概念

3.1.1.1　地下水资源的特点

地下水资源是指对人类生产与生活具有使用价值的地下水，它属于地球上水资源的一部分。地下水资源与其他资源相比，有以下一些特点：

(1)可恢复性。地下水资源与固体矿产资源相比，它具有可恢复性。在漫长的地质年代中形成的固体矿产资源，开采一点就少一点；地下水资源却能得到补给，具有可恢复性。因此，合理开采地下水资源不会造成资源枯竭；但开采过量又得不到相应的补给，就会出现亏损。所以，保持地下水资源开采与补给的相对平衡是合理开发利用地下水应遵循的基本原则。

(2)调蓄性。地下水资源与地表水资源相比，它具有一定的调蓄性。如果在流域内没有湖泊、水库，则地表水很难进行调蓄，汛期可能洪水漫溢，旱季也许河道断流。而地下水可利用含水层进行调蓄，在补给季节(或丰水年)把多余的水储存在含水层中，在非补给季节(或枯水年)动用储存量以满足生产与生活的需要。利用地下水资源的调蓄性，在枯水季节(或年份)可适当加大开采量，以满足用水需要，到丰水季节(或年份)则用多余的水量予以回补。因此，实施"以丰补枯"是充分开发利用地下水的合理性原则。

(3)转化性。地下水与地表水在一定条件下可以相互转化。由地表水转化为地下水是对地下水的补给；反之，由地下水转化为地表水则是地下水的排泄。例如，当河道水位高于沿岸的地下水位时，河水补给地下水；相反，当沿岸地下水位高于河道水位时，则地下水补给河水。因此，在开发利用水资源时，必须对地表水和地下水统筹规划。可见，转化性是开发利用地下水和地表水资源的适度性原则。

(4)系统性。地下水资源是按系统形成与分布的，这个系统就是含水系统。存在于同一含水系统中的水是一个统一的整体，在含水系统的任一部分注入或排出水量，其影响均将涉及整个含水系统，而某一含水系统可以长期持续作为供水水源利用的地下水资源，原则上等于它所获得的补给量。不论在同一个含水系统中打井取水的用户有多少，所能开采的地下水量的总和原则上不应超过此系统的补给量。在计算地下水资源时，应当以含水系统为单元，统一评价及规划利用地下水资源。

3.1.1.2　地下水资源的分类

由于地下水资源的复杂性，其分类一直是国内外学者重点研究的问题，并提出了不同的分类方法。下面介绍在我国影响比较大的，以水均衡为基础和以分析补给资源为主的两种分类方法。

1）以水均衡为基础的分类法

一个地下水均衡单元（例如，某一地下水流域，或某一地下水蓄水构造，或某一含水层的开采地段等）在某均衡时段内，地下水的循环总是表现为补给—储存—排泄变化三种形式，它们三者之间在数量上的均衡关系可表达为

$$V_{补} - V_{排} = \pm \Delta V \tag{3-1}$$

补给量（$V_{补}$）、排泄量（$V_{排}$）和储存量的变化量（$\pm\Delta V$）三者无论是天然状态还是人工开采条件下，尽管各自的数量会有变化，但上述总关系是不变的。

由上述分析可知，地下水资源可分为补给量、排泄量和储存量三类，详见表3-1。

表3-1　地下水资源分类

补给量			排泄量		储存量	
天然补给量	人工补给量	开采补给量	天然排泄量	人工开采量	容积储存量	弹性储存量

a. 补给量

补给量是指单位时间内进入某一单元含水层或含水岩体的重力水体积，它又分为天然补给量、人工补给量和开采补给量。

天然补给量是指天然状态下进入某一含水层的水量，即在天然条件下存在的补给量，它由侧向补给量和垂直补给量所组成。侧向补给量是指地表水或地下水在天然水位差的作用下，经上游边界进入含水层内的水量；垂直补给量主要是指降水垂直渗入量和相邻含水层通过弱透水层垂直渗透的越流量。

人工补给量是指人工引水入渗补给地下水的水量。

开采补给量是指开采条件下，除天然补给量外，额外获得的补给量。例如，开采引起动水位下降，降落漏斗扩展到邻近的地表水体（河流、湖泊、水库等），使原来补给地下水的地表水渗漏补给量增大（如顶托渗漏变为自由渗漏等）；或使原来不补给地下水的地表水体变为补给地下水；或使邻区的地下水流入本区，从而得到额外补给。

b. 排泄量

排泄量是指单位时间内从某一单元含水层或含水岩体中排泄出去的重力水体积，它可分为天然排泄量和人工开采量两类。

天然排泄量有潜水蒸发、补给地表水体（河、沟、湖、库等）、侧向径流进入邻区等。人工开采量是取水建筑物从含水层中取出来的地下水量。人工开采量反映了取水建筑物的取水能力，它是一个实际开采值。

c. 储存量

储存量是指储存在含水层内的重力水体积，可分为容积储存量和弹性储存量。容积储存量是指潜水含水层中所容纳的重力水体积，可用式（3-2）计算，即

$$V_{容} = \mu V \tag{3-2}$$

式中：$V_{容}$ 为潜水含水层中的容积储存量，m^3；μ 为给水度，以小数计；V 为计算区潜水含水层的体积，m^3。

弹性储存量是指将承压含水层的水头降至含水层顶板以上某一位置时，由于含水层的弹性压缩和水体积弹性膨胀所释放的水量，可用式（3-3）计算，即

$$V_{弹} = \mu^* \Delta s F \tag{3-3}$$

式中：$V_{弹}$ 为承压含水层的弹性储存量，m^3；μ^* 为承压含水层的弹性释水（储水）系数，无量纲；Δs 为承压水位降低值，m；F 为计算区承压含水层的面积，m^2。

由于地下水位是随时间不断变化的，所以储存量也随时间而增减。天然条件下，在补给期，补给量大于排泄量，多余的水量便在含水层中储存起来；在非补给期，地下水的消耗大于补给，则动用储存量来满足消耗。所以，地下水储存量起着调节作用。在人工开采条件下，同样如此，如开采量大于补给量，就要动用储存量；当补给量大于开采量时，多余的水变为储存量，则储存量的调节作用也是很重要的。

这种以水均衡为基础的地下水资源分类法，基本上反映了地下水的补排关系，为地下水资源的分类与评价提供了可靠的理论并指明了方向，在我国非区域性（集中开采区）的地下水资源评价中已得到广泛应用。

2）*以分析补给资源为主的分类法*

进行区域地下水资源评价时，一般把地下水资源分为补给资源和可开采资源，并着重分析补给资源，在此基础上估算可开采资源。

a. 补给资源

补给资源是指在地下水均衡单元内，通过各种途径接受大气降水和地表水的入渗补给而形成的具有一定化学特征、可资利用并按水文周期呈规律变化的多年平均补给量。补给资源的数量一般用区域内各项补给量的总和（或各项排泄量的总和）来表征。

在平原区，以总补给量表示补给资源，它包括降水入渗补给量、河（沟）渗漏补给量、地表水体（湖泊、水库、闸坝和坑塘等）蓄水渗漏补给量、渠系和田间入渗补给量等。

在山丘区，地下水的补给主要来自大气降水，但直接由降水入渗来估算地下水补给量比较困难，可采用总排泄量来反求总补给量，因为两者多年平均值几乎是相等的。

b. 可开采资源

一个地下水均衡单元内的地下水补给资源量，受开采条件和其他条件的限制，不可能全部被开发利用。可开采资源量采用多年平均值，其优点在于可提高用水保证率，使地下水资源得到合理而又充分的利用，丰水期把多余的水量储存起来，以便枯水期应用。

3.1.2 地下水资源过度开发带来的环境问题

同地表水相比，地下水的开发利用具有分布广泛、容易就地取水、水质稳定可靠、能够进行时间调节、可以减轻或避免土地盐碱化等优势。因此，自 20 世纪 70 年代以来，我国通过各种地下水工程大量开发利用地下水资源。但近年来，随着我国地下水资源的过度开采，许多地区（特别是在北方的一些大中型城市）地下水位急剧下降，含水层疏干、枯竭，进而引发了一系列的环境问题。

3.1.2.1 形成地下水位降落漏斗

随着我国经济快速发展，对水资源的需求日益增加，进而会对地下水长期过量开采，造成地下水位持续下降，并形成地下水位降落漏斗。调查显示，截至 1999 年年底，华北地区已形成浅层地下水降落漏斗 46 个，漏斗总面积达 1.6 万 km^2，漏斗中心水位下降 15～45 m；长江三角洲地区因长期过量开采第二含水层地下水近 4 亿 t，已形成苏州、常州、无锡等区域性地下水位降落漏斗，漏斗中心地下水位降落速率为 1～2 m/a；在东北地区，位于松辽平原的大庆市形成近 4 000 km^2 的地下水位降落漏斗，下降速率为 11 m/a，沈阳、哈尔滨、长春也出现了埋深大于 200 m 的地下水位降落漏斗；在西北地区，位于黑河流域的酒泉盆地、敦煌灌区等以及新疆的哈密盆地、吐鲁番盆地等，均已出现由于地下水位下降而引起降落漏斗。

3.1.2.2 引发地面沉降、地面塌陷、地裂缝等地质灾害

地下水过度开采，不仅会引起地下水位下降、形成降落漏斗，还会引发地面沉降、地面塌陷、地裂缝等地质灾害。

地面沉降是指自然条件下或人为超强度开采地下流体（地下水、天然气、石油等）等造成地表土体压缩而出现的大面积地面标高降低的现象。地面沉降具有生成缓慢、持续时间长、影响范围广、成因机制复杂和防治难度大的特点。我国城市地面沉降的最主要原因是城市发展导致水资源需求量增加，进而加剧对地下水的过度开采，使得含水层和相邻非含水层中空隙水压力减小，土体的有效应力增大，由此产生压缩沉降。据不完全调查，全国已陆续发现具有不同程度的区域性地面沉降的城市 30 多座，包括西安、上海、天津、太原、无锡、嘉兴、宁波、常州等。如西安市在 1972～1983 年期间，由于地下水超采造成的最大累计沉降量为 777 mm；到 1989 年，最大累计沉降量已达 1.51 m，沉降量超过 100 mm 的范围达 200 km^2。

地面塌陷是隐伏的岩溶洞穴在第四纪土层覆盖以后，又在人类过度抽、排岩溶区地下水的作用下产生的塌陷现象。20 世纪 90 年代，对我国 18 个省、自治区、直辖市统计调查显示，共发现地面塌陷点 700 多处，塌陷坑 3 万多个，其中由于超采地下水而造成的塌陷点占 27.5%。秦皇岛、杭州、昆明、贵阳、武汉等大城市，由于超采地下水，使碳酸盐岩溶地下水位急剧下降，造成了地面塌陷现象。1988 年 4 月秦皇岛市柳江水源地塌陷，面积达 34 万 m^2，出现塌陷坑 286 个，其中最大直径 12 m、深 7.8 m。此外，1988 年 5 月武汉市陆家街塌陷、黑龙江七台河市塌陷等，也都是由于过量开采地下水而引发的地面塌陷现象。

另外，地下水超采还会产生地裂缝。地裂缝可使城市建筑物地基下沉、墙壁开裂、公路遭到破坏，严重影响到工农业生产与居民生活，并造成很大的经济损失。例如，20 世纪 90 年代以来，河北平原已发现地裂缝 100 多条，主要分布在邢台、邯郸、石家庄、沧州、衡水、廊坊等城市，其长度从几米到几百米，宽 5～40 cm，最大深度可达 9.8 m。西安市自 20 世纪 80 年代以来，由于过量抽取承压水导致地面沉降，并进一步引发了地裂缝，地裂缝所经之处，地面及地下各类建筑物开裂，路面遭到破坏，地下供水、输气管道错断，进而危及一些著名文物古迹的安全。

3.1.2.3 泉水流量衰减或断流

我国北方平原在 20 世纪 70 年代以前，不少地区承压地下水可喷出地表，并形成了许多著名的岩溶泉水，如济南四大泉群、太原晋祠泉等。然而，近年来由于泉域内地下水开采布局不够合理，在泉水周围或上游凿井开采同一含水层的地下水，导致泉水流量衰减，枯季断流，甚至干涸。20 世纪 90 年代，济南四大泉群中多数泉水在枯季出现断流，部分泉水甚至全年断流；太原晋祠泉在 20 世纪 50 年代时流量为 1.98 m^3/s，随着地下水开采量日益增加，泉水流量逐渐衰减，至 90 年代初已断流。在我国西北内陆干旱区，由于在细土带大量开采地下水以及在出山口过多兴建地表水库和在戈壁带修建高防渗渠道，改变了河流对地下水补给的天然条件，致使河流渗漏补给量大量减少，进而造成山前冲洪积扇处的泉水溢出量大幅下降。如位于河西走廊的石羊河流域，20 世纪 70 年代的山前冲洪积扇区泉水溢出量比

60 年代减少 3/5，并造成武威绿洲的泉灌区逐渐变为井灌区。

3.1.2.4 引起海水（或咸水）入侵

在近海（或干旱内陆）地区过量开采地下水，常会引起海水（或咸水）入侵现象。这是因为地下水的过度开采改变了天然情况下地下含水层的水动力学条件，破坏了原有的淡水与咸水平衡界面，从而使海水（或咸水）侵入淡水含水层。近 20 年来，随着环渤海湾城市群的快速发展和扩张，地下水开采量不断增加，进而引起大连、秦皇岛、天津、青岛、烟台等沿海城市的地下含水层海水入侵现象加剧。国家海洋局最新监测资料显示，至 2007 年辽东湾北部及两侧的滨海地区海水入侵面积已超过 4 000 km^2，其中严重入侵区的面积为1 500 km^2，海水入侵最远距离达 68 km；莱州湾海水入侵面积达 2 500 km^2，其中严重入侵区的面积为 1 000 km^2，海水入侵最远距离达 45 km。

3.1.2.5 引起生态退化

在我国西北干旱地区，由于地下水与地表水联系密切，当地下水资源过量开采时，就会造成超采区地下水位大幅度下降，包气带增厚，并引发草场、耕地退化和沙化，绿洲面积减少等生态退化问题。如位于内蒙古东部的科尔沁草原，在 20 世纪 60 年代沙漠化土地面积只占该草原所在兴安盟的 14.3%，由于地下水资源过量开采，到 70 年代中后期，沙漠化土地面积已扩大到 50.2%，生态平衡被严重破坏。石羊河、塔里木河等西北内陆河流域，由于地下水过量开采以及山前戈壁带河流对地下水补给的减少，也引起了不同程度的区域性地下水位下降，进而导致下游植被衰退和土地沙化。

3.1.2.6 造成地下水水质恶化

随着经济的高速发展和城市人口的急剧膨胀，近年来由于工业废水和生活污水不合理地排放，而相应的污废水处理设施没有跟上，从而使不少城市的地下水遭到严重污染。此外，过量开采地下水还导致地下水动力场和水化学场发生改变，并造成地下水中某些物理化学组分的增加，进而引起水质恶化。例如，位于淄博市的大武水源地，由于水源地的地表区域建有齐鲁石化公司所属炼油厂、橡胶厂、化肥厂、30 万 t 乙烯工程等一批大型企业，每年工业排污量达 33 356 m^3，其中仅有 44% 的工业废水排入小清河后入渤海，其余废水则在当地排放，引起水源地水环境状况不断恶化，地下水中石油类、挥发酚、苯的含量大大超标。

综上所述，由于地下水过度开发所带来的环境问题十分复杂且后果严重。此外，需要注意的是，上述问题并不是独立的，而是相互关联在一起的，往往随着地下水的超采，几个问题会同时出现。如对于石羊河流域，上述提到的环境问题都不同程度地存在。

3.1.3 地下水资源的合理开发模式

从上面的介绍可以看出，不合理地开发利用地下水资源，会引发地质、生态、环境等方面的负面效应。因此，在地下水开发利用之前，首先要查清地下水资源及其分布特点，进而选择适当的地下水资源开发模式，以促使地下水开采利用与经济社会发展相互协调。下面将介绍几种常见的地下水资源开发模式。

3.1.3.1 地下水库开发模式

地下水库开发模式主要用于含水层厚度大、颗粒粗，地下水与地表水之间有紧密水力联系，且地表水源补给充分的地区，或具有良好的人工调蓄条件的地段，如冲洪积扇顶部和中部。冲洪积扇的中上游区通常为单一潜水区，含水层分布范围广、厚度大，有巨大的存储和调蓄空间，且地下水位埋深浅、补给条件好，而扇体下游区受岩相的影响，颗粒变细并构成潜伏式的天然截流坝，因此极易形成地下水库。地下水库的结构特征决定了其具有易蓄易采的特点及良好的调蓄功能和多年调节能力，有利于“以丰补歉”，充分利用洪水资源。目前，不少国家和地区，如荷兰、德国、英国的伦敦、美国的加利福尼亚州，以及我国的北京、淄博等城市都采用地下水库开发模式。

3.1.3.2 傍河取水开发模式

我国北方许多城市，如西安、兰州、西宁、太原、哈尔滨、郑州等，其地下水开发模式大多是傍河取水型的。实践证明，傍河取水是保证长期稳定供水的有效途径，特别是利用地层的天然过滤和净化作用，使难以利用的多泥沙河水转化为水质良好的地下水，从而为沿岸城镇生活、工农业用水提供优质水源。在选择傍河水源地时，应遵循以下原则：①在分析地表水、地下水开发利用现状的基础上，优先选择开发程度低的地区；②充分考虑地表水、地下水富水程度及水质；③为减少新建厂矿所排废水对大中型城市供水水源地的污染，新建水源地尽可能选择在大中型城市上游河段；④尽可能不在河流两岸相对布设水源地，避免长期开采条件下两岸水源地对水量、水位的相互削减。

3.1.3.3 井渠结合开发模式

农灌区一般采用井渠结合开发模式，特别是在我国北方地区，由于降水与河流径流量在年内分配不均匀，与农田灌溉需水过程不协调，易形成“春夏旱”。为解决这一问题，发展井渠结合灌溉，可以起到井渠互补、余缺相济和采补结合的作用。实现井渠统一调度，可提高灌溉保证程度和水资源利用效率，不仅是一项见效快的水利措施，而且也是调控潜水位，防治灌区土壤盐渍化和改善农业耕作环境的有效途径。经内陆灌区多年实践证明，井渠结合灌溉模式具有如下效果：一是提高灌溉保证程度，缓解或解决了“春夏旱”的缺水问题；二是减少了地表水引水量，有利于保障河流在非汛期的生态基流；三是可通过井灌控制地下水位，改良盐渍化状况。

3.1.3.4 排供结合开发模式

在采矿过程中，由于地下水大量涌入矿山坑道，往往使施工复杂化和采矿成本增高，严重时甚至威胁矿山工程和人身安全，因此需要采取相应的排水措施。例如，我国湖南某煤矿平均每采 1 t 煤，需要抽出地下水 130 m^3 左右。矿坑排水不仅增加了采矿的成本，而且还造成地下水资源的浪费，如果矿坑排水能与当地城市供水结合起来，则可达到一举两得的效果，目前在我国已有部分城市（如郑州、济宁、邯郸等）将矿坑排水用于工业生产、农田灌溉，甚至生活用水等。

3.1.3.5 引泉模式

在一些岩溶大泉及西北内陆干旱区的地下水溢出带可直接采用引泉模式，为工农业生产提供水源。大泉一般出水量稳定，水中泥沙含量低，适宜直接在泉口取水使用，或在水沟修建堤坝，拦蓄泉水，再通过管道引水，以解决城镇生活用水或农田灌溉用水。这种方式取水经济，一般不会引发生态环境问题。

以上是几种主要的地下水开发模式，实际中远不止上述几种，可根据开采区的水文地质条件来选择合适的开发模式，使地下水资源开发与经济社会发展、生态环境保护相协调。

3.2 地下水取水构筑物

地下水取水构筑物的型式多种多样,综合归纳可概括为垂直系统、水平系统、联合系统和引泉工程四大类型。当地下水取水构筑物的延伸方向基本与地表面垂直时,称为垂直系统,如管井、筒井、大口井、轻型井等各种类型的水井;当取水构筑物的延伸方向基本与地表面平行时,称为水平系统,如截潜流工程、坎儿井、卧管井等;将垂直系统与水平系统结合在一起,或将同系统中的几种联合成一整体,便可称为联合系统,如辐射井、复合井等。

3.2.1 管井

3.2.1.1 管井的型式与构造

管井是地下水取水构筑物中应用最广泛的一种,因其井壁和含水层中进水部分均为管状结构而得名。因常用凿井机械开凿,故俗称机井。按其过滤器是否贯穿整个含水层,可分为完整井和非完整井。

管井主要由井室、井壁管、过滤器及沉砂管构成,见图 3-1(a)。当有几个含水层且各层水头相差不大时,可用多过滤器管井,见图 3-1(b)。在抽取稳定的基岩中的岩溶、裂隙水时,管井也可不装井壁管和过滤器。

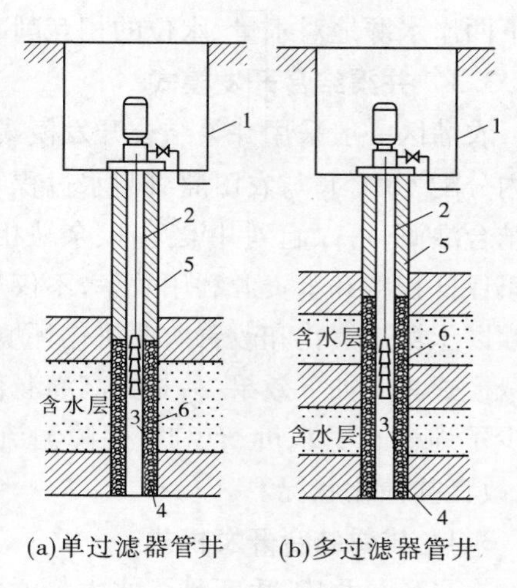

(a)单过滤器管井　　(b)多过滤器管井

1—井室;2—井壁管;3—过滤器;
4—沉砂管;5—封闭黏土;6—人工填砾

图 3-1　管井的一般构造

井室位于最上部,用以保护井口、安装设备、进行维护管理;井管则是为了保护井壁不受冲刷、防止不稳定岩层的塌落、隔绝水质不良的含水层;过滤器两端与井管连接,置于含水层位置,是井管的进水部分,同时也可防止含水层中细小颗粒大量涌入井内,起保护作用;人工填砾可扩大进水面积和促进天然滤层的形成;沉砂管位于井管的最下端,用以沉积涌入井内的砂粒,长度一般不少于 2 ~ 3 m,如果含水层中多粉细砂,可适当加长;人工封闭物是为了防止地表污水、污物及水质不良地下水污染含水层而设置的,一般采用优质黏土,如果要求较高,也可选用水泥封闭。现将管井各部分构造分述如下。

1)井室

井室通常是保护井口免受污染、安装各种设备(如水泵机组或其他技术设备)以及进行维护管理的场所,因此井室的构造应满足室内设备的正常运行要求,为此井室应有一定的采光、采暖、通风、防水、防潮设施,应符合卫生防护要求。具体实施措施如下:井口要用优质黏土或水泥等不透水材料封闭,并应高出井室地面 0.3 ~ 0.5 m,以防止井室积水流入井内。

抽水设备是影响井室的主要因素,水泵的选择首先应满足供水时流量与扬程的要求,即根据井的出水量、静水位、动水位和井的构造(井源、井径)、给水系统布置方式等因素来决定,在此基础上,综合考虑井的施工方式、水质的影响、气候、水文地质条件及取水井附近的卫生状况。井室根据抽水设备的不同可分为以下几种类型：

(1)深井泵房。深井泵由泵体、装有传动轴的扬水管、泵座和电动机组成。泵座和电动机安装在井室内,根据不同的条件和要求,深井泵房可以建成地面式、地下式或半地下式。大流量深井泵房通常采用半地下式(见图 3-2(a)),其维修管理、防水、防潮、采光、通风等条件较好;但地下式(见图 3-2(b))便于城镇、厂区规划,防寒条件好。

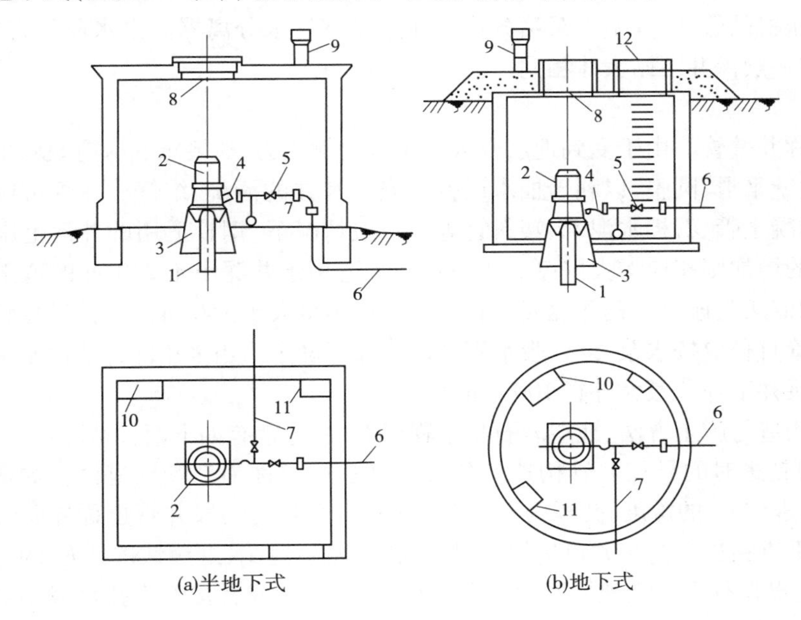

1—井管;2—水泵机组;3—水泵基础;4—单向阀;5—阀门;6—压水管;
7—排水管;8—安装孔;9—通风孔;10—控制柜;11—排水坑;12—入孔

图 3-2 深井泵房布置

(2)深井潜水泵房。深井潜水泵的水泵和电动机一起浸没在动水位以下,井室内只要安装闸门等附属设备即可,井室实际上与一个阀门井相似(见图 3-3)。由于潜水泵具有结构简单、使用方便、质量轻、运转平稳、无噪声等优点,在小流量管井中被广泛采用。

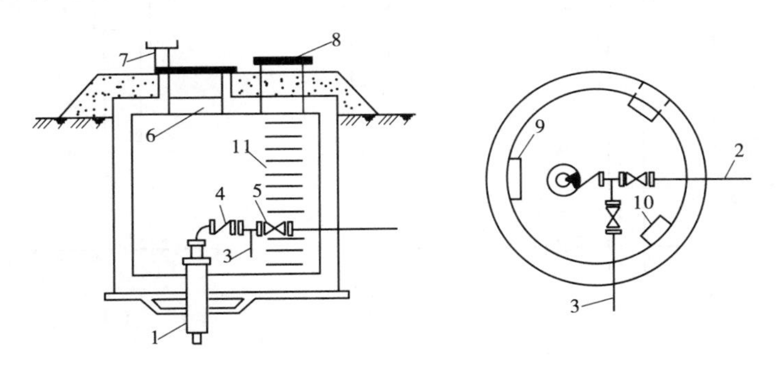

1—井管;2—压水管;3—排水管;4—单向阀;5—阀门;6—安装机;
7—通风管;8—入孔;9—控制柜;10—排水坑;11—攀梯

图 3-3 深井潜水泵房

(3)卧式水泵房。采用卧式水泵的管井,其井室可以与泵房分建或合建。分建的井室类似阀门井;合建的井室与深井泵房相似。由于卧式水泵受其吸水高度的限制,常常用于地下水动水位较高的情况,而且其井室大多设于地下。

(4)其他类型的井室。对于地下水位很高的管井,若可采用自流井或虹吸方式取水,由于无须在井口设抽水装置,井室大多做成地下式,其结构与一般阀门井相似。

装备空压机的管井,井室与泵站分建。井室设有气水分离器。出水通常直接流入清水池,故井室与一般深井泵站大体相同。

2)井管

井管也称井壁管。由于受到地层及人工填砾的侧压力,故要求它应有足够的强度,并保持不弯曲,内壁平滑、圆整,以利于抽水设备的安装和井的清洗、维修。井管可以是钢管、铸铁管、钢筋混凝土管、石棉水泥管、塑料管等。一般情况下,钢管适用的井深范围不受限制,但随着井深的增加则相应增大壁厚。铸铁管一般适用于井深小于 250 m 的范围,它们均可用管箍、丝扣或法兰连接。钢筋混凝土管一般井深不得大于 150 m,常用管顶预埋钢板圈焊接连接。井管直径应按水泵类型、吸水管外形尺寸等确定。当采用深井或潜水泵时,井管内径应大于水泵井下部分最大外径 100 mm。

井管的构造与施工方法、地层岩石稳定程度有关,通常有如下两种情况:

(1)分段钻进时的异径井管构造。分段钻进法通常称为套管钻进法。如图 3-4(a)所示,开始时钻进到 h_1 的深度,孔径为 d_1,然后下入井管 1,这一段井管也称导向管或井口管,用以保持井垂直钻进和防止井口坍塌;然后将孔径缩小到 d_2,继续钻进到 h_2 的深度,下入井管段 2。上述操作程序可视地层厚度或者重复进行下去,或者接着将孔径减小到 d_3 继续钻进至含水层,放井管段 3,放入过滤器 4。最后,用起重设备将井管段 3 拔起,使过滤器 4 露出,并分别在适当部位切断管段 3、管段 2,如图 3-4(b)所示。为防止污染,两井管段应重叠 3 ~5 m,其环形空间用水泥封填,如图 3-4(c)所示。

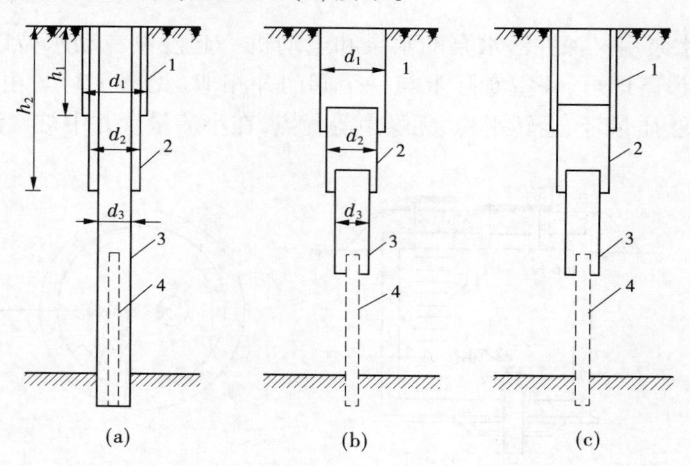

图 3-4　分段钻井时井管构造

(2)不分段钻进时的同径井管构造。在地层比较稳定和井深不大的情况下都不进行分段钻进,而采用一次钻进的方法。在钻进中利用清水或泥浆对井壁的压力和泥浆对松散颗粒的胶结,使井壁不发生坍塌。这种方法又称清水钻进法或泥浆钻进法。当钻进到设计深度后，将沉砂管、过滤器、井管一次下入井孔内，然后在过滤器与井管之间填入砾石，并在井口管和井壁之间用黏土或水泥封填。当井内地层不稳定时，则在钻进的同时下入套管，以防坍塌，至设计深度后在套管内下入井管、填砾，最后拔出套管，并封闭井口，此种方法称套管护壁钻进法。

3）过滤器

a. 过滤器的作用、组成

过滤器是管井的重要组成部分。它连接于井管，安装在含水层中，用以集水和保持填砾与含水层的稳定。它的构造、材质、施工安装质量对管井的出水量、含砂量和工作年限有很大影响，所以是管井构造的核心。对过滤器的基本要求是：具有较大的孔隙度和一定的直径，有足够的强度和抗蚀性，能保持人工填砾和含水层的稳定性，成本低廉。

过滤骨架孔眼的大小、排列、间距与管材强度、含水层的孔隙率及其粒径有关。首先，骨架的孔隙率应不小于含水层的孔隙率；同时，受管材强度的制约，各种管材允许孔隙率为钢管30% ~35%、铸铁管18% ~25%、钢筋水泥管10% ~15%、塑料管10%。此外，按含水层的粒径选择适宜的孔眼尺寸能使洗井时含水层内细小颗粒通过其孔眼被冲走，而留在过滤器周围的粗颗粒形成透水性良好的天然反滤层。这种反滤层对保持含水层的渗透稳定性、提高管井单位出水量、延长管井使用年限都有很大作用。表3-2为过滤器的进水孔眼直径或宽度与含水层粒径关系。

表3-2　过滤器的进水孔眼直径或宽度

过滤器名称	进水孔眼的直径或宽度	
	岩层不均匀系数（$\frac{d_{60}}{d_{10}}<2$）	岩层不均匀系数（$\frac{d_{60}}{d_{10}}>2$）
圆孔过滤器	$(2.5\sim3.0)d_{50}$	$(3.0\sim4.0)d_{50}$
条孔或缠丝过滤器	$(1.25\sim1.5)d_{50}$	$(1.5\sim2.0)d_{50}$
包网过滤器	$(1.5\sim2.0)d_{50}$	$(2.0\sim2.5)d_{50}$

注：①d_{60}、d_{50}、d_{10}分别指颗粒中按质量计算有60%、50%、10%粒径小于这一粒径；

②较细砂粒取小值，较粗砂粒取大值。

过滤层起着过滤作用，有分布于骨架外的密集缠丝、带孔眼的滤网及砾石充填层等。

b. 过滤器的类型

由不同骨架和不同过滤层可组成各种过滤器。现将几种常用的过滤器简述如下（见图3-5）：

（1）骨架过滤器（见图3-5（a）、（b））。只由骨架组成，不带过滤层。仅用于井壁不稳定的基岩井，较多地用做其他过滤器的支撑骨架。

（2）缠丝过滤器（见图3-5（c）、（d））。过滤层由密集程度不同的缠丝构成。如为管状骨架，则在垫条上缠丝；如为钢筋骨架，则直接在其上缠丝。缠丝为金属丝或塑料丝。一般采用直径2 ~3 mm的镀锌铁丝；在腐蚀性较强的地下水中宜用不锈钢等抗蚀性较好的金属丝。生产实践中还曾试用尼龙丝、增强塑料丝等强度高、抗蚀性强的非金属丝代替金属丝，取得较好的效果。缠丝的间距应根据含水层颗粒组成，参照表3-2确定。

缠丝的效果较好，且制作简单、经久耐用，适用于中砂及更粗颗粒的岩石与各类基岩。

若岩石颗粒太细,要求缠丝间距太小,加工常有困难,此时可在缠丝过滤器外充以砾石。

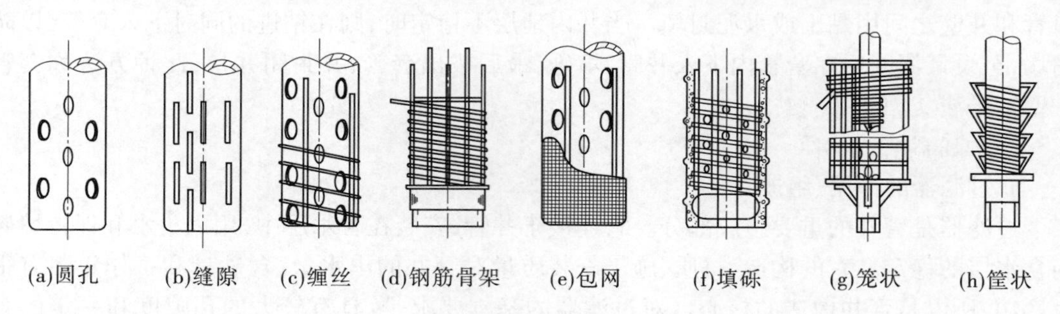

图 3-5 过滤器类型

(3)包网过滤器(见图 3-5(e))。由支撑骨架和滤网构成。为了发挥网的渗透性,需在骨架上焊接纵向垫条,网再包于垫条外。网外再绕以稀疏的护丝(条),以防磨损。网材有铁、铜、不锈钢、塑料压模等类。一般采用直径为 0.2 ~1 mm 的铜丝网,网眼大小也可根据含水层颗粒组成,参照表 3-2 确定。过滤器的微小铁丝易被电化学腐蚀并堵塞,因此也有用不锈钢丝网或尼龙网取代的。

(4)填砾过滤器(见图 3-5(f))。以上述各种过滤器为骨架,围填以与含水层颗粒组成有一定级配关系的砾石层,统称为填砾过滤器。工程中应用较广泛的是在缠丝过滤器外围填砾石组成的缠丝填砾过滤器。

这种人工围填的砾石层又称人工反滤层。由于在过滤器周围的天然反滤层是由含水层中的骨架颗粒的迁移而形成的,所以不是所有含水层都能形成效果良好的天然反滤层。因此,工程上常用人工反滤层取代天然反滤层(见图 3-6)。

填砾过滤器适用于各类砂质含水层和砾石、卵石含水层,过滤器的进水孔尺寸等于过滤器壁上所填砾石的平均粒径。

填砾粒径与含水层粒径之比应为

$$\frac{D_{50}}{d_{50}} = 6 \sim 8 \tag{3-4}$$

式中:D_{50}指填砾中粒径小于 D_{50} 值的砂、砾石占总质量的 50%;d_{50} 指含水层中粒径小于 d_{50} 的颗粒占总质量的 50%。

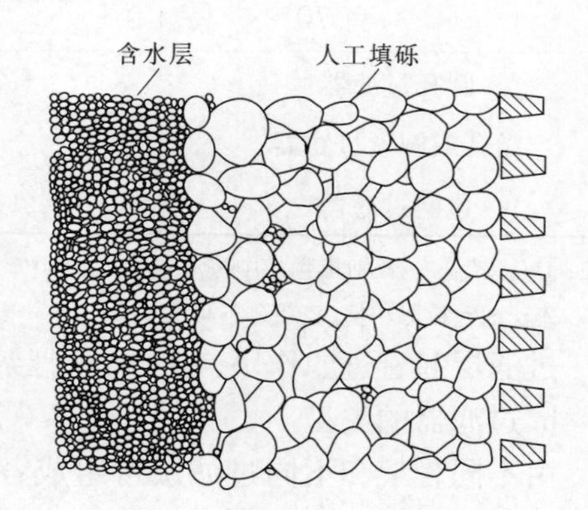

图 3-6 过滤器周围的人工反滤层(填砾)

填砾粒径和含水层粒径之比在式(3-4)的范围内时,填砾层通常能截留在含水层中的骨架颗粒,使含水层保持稳定,而细小的非骨架颗粒则随水流排走,故具有较好的渗水能力。从室内试验观察,在式(3-4)级配比范围内,当填砾厚度为填砾粒径的 3 ~4 倍时,即能保持含水层的稳定,阻挡粉细砂大量涌入井内。生产实践中,为了扩大进水面积,增加出水量,弥补所选择填砾不完全符合要求的缺点,一般当含水层为粗砂、砾石时,填砾厚度为 150 mm;当含水层为中、细、粉砂时,填砾厚度为 200 mm。过滤器缠丝间距应小于填砾的粒径。

c. 过滤器的直径、长度

过滤器的直径直接影响井的出水量,因此它是管井结构设计的关键。过滤器直径的确定，是根据井的出水量选择水泵型号，按水泵安装要求确定的。一般要求安装水泵的井段内径应比水泵铭牌上标定的井管内径至少大 50 mm。

此外，在管井运行时，如地下水流速过大，当超过含水层允许渗透速度时，含水层中某些颗粒就会被大量带走，破坏含水层的天然结构。为保持含水层的稳定性，需要对过滤器的尺寸，尤其是过滤器的外径，进行入井速度的复核计算

$$D \geqslant \frac{Q}{\pi L v n} \tag{3-5}$$

式中：D 为过滤器的外径（包括填砾厚度），m；Q 为设计出水量，m^3/s；L 为过滤器有效长度（工作部分长度），m；n 为过滤器进水表面有效孔隙度（一般按过滤器进水表面孔隙度 50% 考虑）；v 为允许入井流速，m/s，含水层的允许入井流速可用式 $v = 65\sqrt[3]{k}$ 近似计算，其中 k 为含水层渗透系数，m/s。

根据某些生产井的实际资料验算，该公式的计算结果虽比其他公式要好，但仍偏大近 1 倍，因此允许入井流速还可从表 3-3 查得。

表 3-3　允许入井流速

含水层渗透系数（m/d）	>122	82 ~ 122	41 ~ 82	20 ~ 41	<20
允许入井流速（m/s）	0.030	0.025	0.020	0.015	0.010

注：当地下水对过滤器有结垢和腐蚀时，允许入井流速减小 1/3 ~ 1/2。

过滤器长度是根据预计出水量、含水层性质和厚度、水位降及其他技术经济因素确定的，它关系到地下水资源的有效开发。合理确定过滤器的有效长度是比较困难的。根据井内测试，在细颗粒含水层中，靠近水泵吸水口部位进水多，下部进水少，有 70% ~ 80% 的出水量是从过滤器上部进入的；在粗颗粒含水层中，过滤器的有效长度可随动水位和出水量的加大而向深部延长，但随着动水位继续增加，向深度的延长率就会越来越小。上述管井中出水量的不均匀分布，当含水层厚度越大、透水性越好、井径越小时，其不匀性越明显。根据地下水运动的井流理论，上述现象与水泵吸水口以下井周围的含水层中形成部分流线向上弯曲的地下水三维流所造成的附加阻力有关（见图 3-7），同时也与水流通过过滤器进入井内产生所谓井损的水头损失有关。

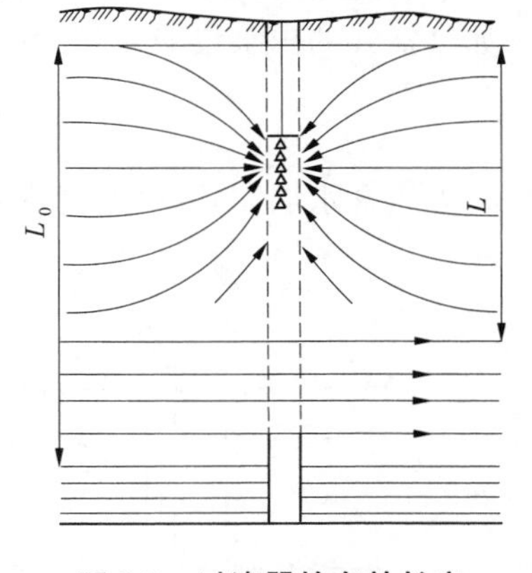

图 3-7　过滤器的有效长度

d. 过滤器的安装部位

过滤器的安装部位影响管井的出水量及其他经济技术效益。因此，应安装在主要含水层的主要进水段；同时，还应考虑井内动水位深度。过滤器一般设在含水层中部厚度较大的含水层，可将过滤管与井壁管间隔排列，在含水层中分段设置，以获得较好的出水效果。对多层承压含水层，应选择含水性最强的含水段安装过滤器。潜水含水层若岩性为均质，应在含水层底部的 1/3 ~ 1/2 厚度内设过滤器。

4）*沉砂管*

沉砂管又称沉淀管，可起到保护过滤器的作用，使过滤器不会因沉砂堵塞而影响进水效

果。一般直径与过滤器相同,长度通常为 2 ~ 10 m,可按井深确定。

3.2.1.2 出水量计算

1)单井计算

根据地下水构筑物渗流运动的求解方法,井的出水量计算公式通常有两类,即理论公式与经验公式。在工程设计中,理论公式多用于根据水文地质初步勘察阶段的资料进行的计算,其精度差,故只适用于考虑方案或初步设计阶段;经验公式多用于在水文地质详细勘察和抽水试验基础上进行的计算,能较好地反映工程实际情况,故通常适用于施工图设计阶段。

井的实际工作情况十分复杂,因而其计算情况也是多种多样的。例如,根据地下水流动情况,可以分为稳定流与非稳定流、平面流与空间流、层流与混合流;根据水文地质条件,可分为承压与无压、有无表面下渗及相邻含水层渗透、均质与非均质、各向同性与各向异性;根据井的构造,又可分为完整井与非完整井。实际计算中都是以上各种情况的组合。管井出水量计算的理论公式很多,以下仅介绍几种基本公式。

2)稳定流情况下的管井出水量计算

a. 承压含水层完整井(见图 3-8)

承压含水层完整井出水量为

$$Q = \frac{2\pi kms}{\ln(R/r)} = \frac{2.73kms}{\lg(R/r)} \tag{3-6}$$

式中:Q 为井的出水量,m^3/d;s 为出水量为 Q 时,含水层中距井中心 r 处的水位下降值,m;m 为含水层的厚度,m;k 为渗透系数,m/d;R 为影响半径,m。

如已知井的出水量 Q,则可由式(3-6)求得含水层中任意点的水位下降值 s

$$s = 0.37\frac{Q\lg(R/r)}{km} \tag{3-7}$$

b. 无压含水层完整井(见图 3-9)

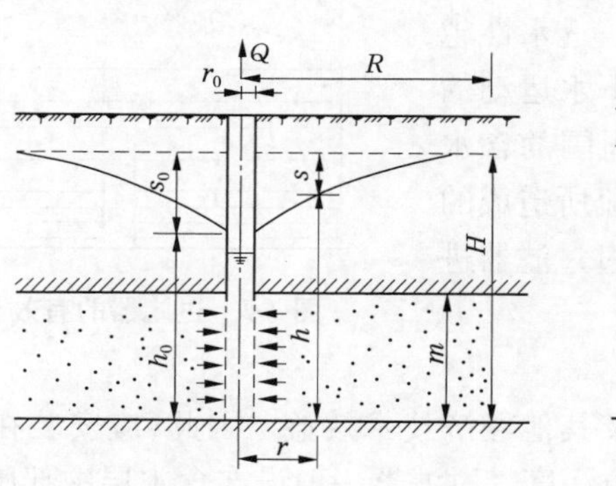

图 3-8 承压含水层完整井计算简图

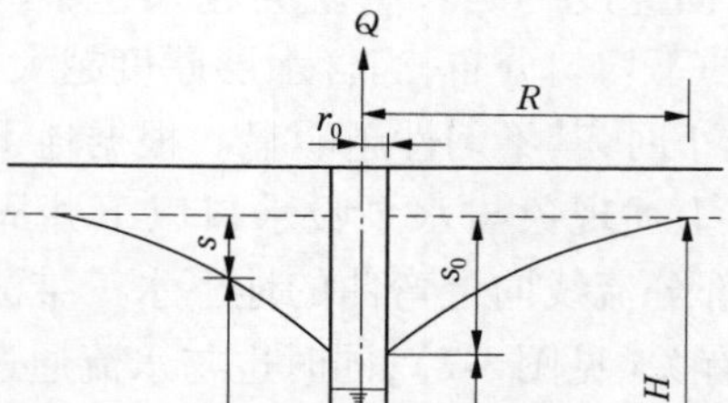

图 3-9 无压含水层完整井计算简图

无压含水层完整井出水量为

$$Q = \frac{\pi k(H^2 - h^2)}{\ln(R/r)} = \frac{1.37k(2Hs - s^2)}{\lg(R/r)} \tag{3-8}$$

式中:H 为含水层的厚度,m;h 为含水层中距井中心 r 处的水位值,m;s 为与 h 相对应的点的水位下降值；其余符号意义同前。

若已知出水量 Q，则由式(3-8)求得含水层中任意点的水位下降值 s

$$s = H - \sqrt{H^2 - 0.73\frac{Q\lg(R/r)}{k}} \tag{3-9}$$

计算时，k、R 等水文地质参数比较难以确定，并且 k 值对计算结果影响较大，故应力求符合实际。

上述为 Dupuit 公式，它是在下列假设的基础上用一般数学分析方法推导而得的：地下水处于稳定流、层流、均匀缓变流状态；水位下降漏斗的供水边界是圆筒形的；含水层为均质、各向同性、无限分布；隔水层顶板与底板是水平的。显然，不可能存在上述理想状态的水井，而且公式的水文地质参数(k、R)也难以准确确定，因此理论公式在实际应用上有一定的局限性。

c. 承压含水层非完整井(见图 3-10)

承压含水层非完整井抽水时，流线呈复杂的空间流状态。Muskat 应用空间源汇映射和势流量叠加原理推导出下面的非完整井的理论公式

$$Q = \frac{6.28kms}{\frac{1}{2\bar{h}}[4.6\lg(4m/r) - A] - 2.3\lg(4m/r)} \tag{3-10}$$

式中：$\bar{h}$为过滤器插入含水层的相对深度，$\bar{h} = \frac{L}{m}$；A 为根据$\bar{h}$值确定的函数值，$A = f(\bar{h})$，其函数曲线见图 3-11；L 为过滤器长度，m；其余符号意义同前。

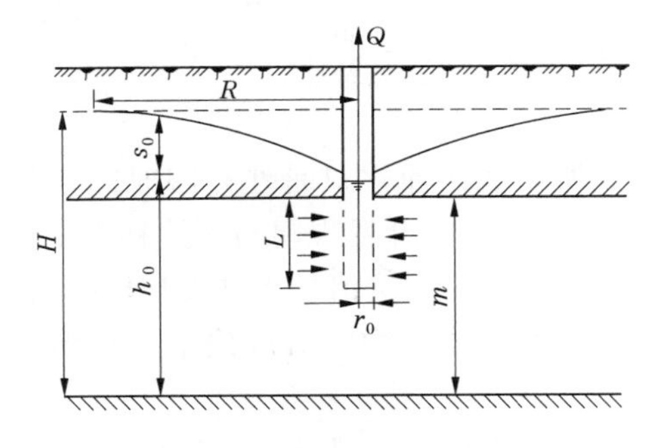

图 3-10　承压含水层非完整井计算简图

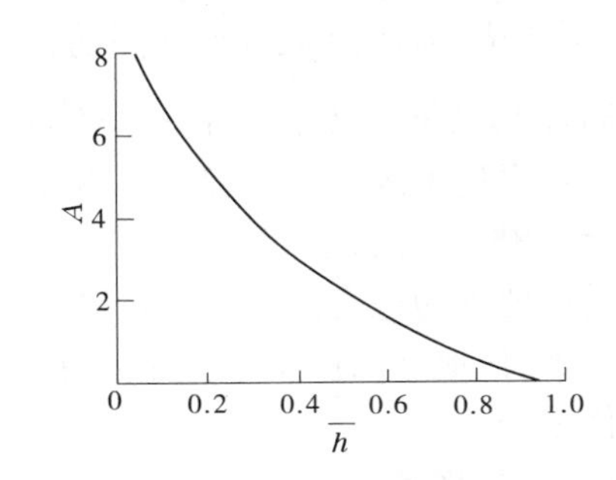

图 3-11　计算辅助图

同完整井相比，在相同条件下用非完整井取同等水量，水流将克服更大的阻力。若利用完整井出水量计算公式计算非完整井出水量，可将含水层中水位下降值(s)分解成两部分，即对应完整井该点水位下降值和附加水位下降值(Δs)，根据式(3-6)和式(3-10)求得 Δs

$$\Delta s = 0.16\frac{Q}{km}\xi \tag{3-11}$$

其中，$\xi = 2.3\left(\frac{m}{L} - 1\right)\lg(4m/r) - \frac{2m}{L}A$；其余符号意义同前。

若插入含水层的过滤器长度与含水层厚度相比很小，即当$\frac{L}{m} \leqslant \frac{1}{3}$时，则有

$$Q = \frac{2.73kLs}{\lg(1.32L/r)} \tag{3-12}$$

当 $\frac{L}{m} \leqslant \frac{1}{3} \sim \frac{1}{4}, \frac{r_0}{m} \leqslant 5 \sim 7$ 时，由式(3-12)求得的 Q 的误差不大于10%，且无须确定难以估计的 R 值。

d. 无压含水层非完整井

无压含水层非完整井可用下式计算

$$Q = \pi k s \left[\frac{L + s}{\ln(R/r)} + \frac{2M}{\frac{1}{2\bar{h}}\left(2\ln\frac{4M}{r} - A\right) - \ln\frac{4m}{r}} \right] \tag{3-13}$$

式中：$M = h_0 - 0.5L$；A 为根据 $\bar{h}$ 值确定的函数值，$A = f(\bar{h})$，其函数曲线见图3-11，其中 $\bar{h} = \frac{0.5L}{M}$；其余符号意义同前。

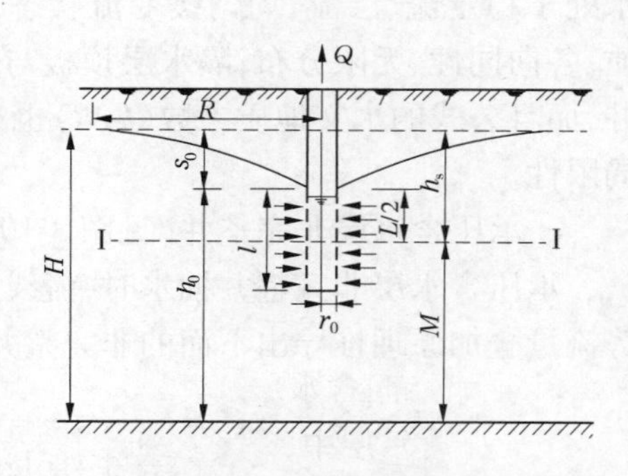

图3-12　无压含水层非完整井计算简图

式(3-13)表示井的出水量是根据分段解法由两部分出水量近似叠加而得的，即图3-12中Ⅰ—Ⅰ线以上的无压含水层完整井和Ⅰ—Ⅰ线以下的承压含水层非完整井出水量之和，由式(3-8)和式(3-10)组合而成。

若以式(3-8)计算无压含水层非完整井的出水量，附加水位下降值应为

$$\Delta s = H' - \sqrt{H'^2 - 0.37\frac{Q}{k}\xi} \tag{3-14}$$

式中：$H' = H - s_0$；ξ 函数计算式同前，其中 $m = H - \frac{s_0}{2}, L = L_0 - \frac{s_0}{2}$。

3) 非稳定流情况下管井出水量的计算

自然界地下水运动过程中并不存在稳定态，所谓稳定流也只是在有限时间段的一种暂时平衡现象。然而，地下水运动十分缓慢，尤其是当地下水开发规模与天然补给相比很小时可以近似地视为稳定流，故稳定流理论概念仍有广泛的实用价值。当开发规模扩大、地下水补给不足时，地下水位发生明显的、持续的下降，就要求用非稳定流理论来解释地下水的动态变化过程。

包含时间变量的Theis公式是非稳定流理论的基本公式。Theis公式除在抽水试验中确定水文地质参数有重要意义外，在地下水开发中可以用于预测水源建成后地下水位的变化。

(1) 承压含水层完整井的Theis公式

$$s = \frac{Q}{4\pi km}W(u) \tag{3-15}$$

$$W(u) = \int_u^\infty \frac{e}{u}\mathrm{d}u = -0.5772 - \ln u + u - \frac{u^2}{2\times 2!} + \frac{u^3}{3\times 3!} - \cdots \tag{3-16}$$

$$u = \frac{r^2}{4at} \tag{3-17}$$

式中：s 为抽水时间后任意点的水位下降值，m；Q 为井的出水量，m/d；r 为任意点至井的距离，m；t 为抽水延续时间，d；$W(u)$ 为井函数，可自专门编制的图表查得；a 为承压含水层压力传导系数，$a = \frac{km}{S}$，此处 S 为弹性储留系数，a 或 S 由现场扬水试验测定；其余符号意义同

前。

对于透水性良好的密实破碎岩石层中的低矿化度水而言，a 值一般为 $10^4 \sim 10^6\ m^2/d$；在透水性差的细颗粒含水层中，a 值为 $10^3 \sim 10^5\ m^2/d$。

当 u 很小，如 $u \leqslant 0.01$ 时，式(3-15)可简化为

$$s = \frac{Q}{4\pi km}\ln\frac{2.25at}{r^2} \approx \frac{Q}{2\pi km}\ln\frac{1.5\sqrt{at}}{r} \tag{3-18}$$

将式(3-18)同式(3-6)相比较可知，在非稳定流情况下，相当于式(3-6)中的 $R = 1.5\sqrt{at}$。

(2)无压含水层完整井的 Theis 公式

$$h^2 = H^2 - \frac{Q}{2\pi k}W(u) \tag{3-19}$$

$$u = \frac{r^2}{4at}$$

式中：h 为含水层任意点动水位高度，m；a 为水位传导系数，m^2/d，$a = -\frac{kh'}{\mu}$，此处 μ 为给水度，h' 为抽水期间含水层的平均动水位高度；其余符号意义同前。

在无压含水层中，a 值通常为 $100 \sim 5\ 000\ m^2/d$。

当 μ 很小，如 $\mu \leqslant 0.01$ 时，式(3-19)可简化为

$$h^2 = H^2 - \frac{Q}{2\pi k}\ln\frac{2.25at}{r^2} \tag{3-20}$$

在水文地质勘探中，通常可根据扬水试验资料 s、t，利用 Theis 公式推算含水层常数 S(储留系数)和 $T(T = km)$，此种计算方法用普通的代数方法求解是困难的，但用图解法可取得满意的结果，有关算法可参看专门文献或有关手册。如已知 S 或 T，也可利用 Theis 公式计算 s 或 Q，多用于给水工程设计及运行管理，这种情况计算并不难，可直接由 Theis 公式进行计算。

Theis 公式是在以下假设的基础上推导的：含水层均质、各向同性、水平且无限广阔；含水层的导水系数 T(对无压地层 $T = kH$)为常数；当水头或水位降落时，含水层的排水瞬时发生；含水层的顶板、底板不透水等。实际上，虽然不存在符合上述假定条件的情况，然而随着非稳定流理论的发展，已出现不少适应不同条件的公式，如越流含水层、存在延迟给水的无压含水层的计算公式，非完整井的计算公式等。

4)经验公式

在工程实践中，常直接根据水源或水文地质相似地区的抽水试验所得的 $Q \sim s$ 曲线进行井的出水量计算。这种方法的优点在于不必考虑井的边界条件，避免确定水文地质参数，能够全面地概括井的各种复杂影响因素，因此计算结果比较符合实际情况。由于井的构造形式对抽水试验结果有较大的影响，故试验井的构造应尽量接近设计井，否则应进行适当的修正。经验公式是在抽水试验的基础上拟合出水量 Q 和水位下降值 s 之间的关系，据此可以求出在设计水位降落时井的出水量，或根据已定的井出水量求出井的水位下降值。

$Q \sim s$ 曲线有直线型、抛物线型、幂函数型、半对数型几种类型，其对应的经验公式见表3-4。表3-4中的4种公式适用于承压含水层，但当无压含水层的抽水试验资料符合上述类型时，也可近似应用。

表 3-4　单井出水量经验公式表

$Q \sim s$ 曲线及其方程			$Q \sim s$ 曲线的转化		系数的计算公式	外延极限
直线型	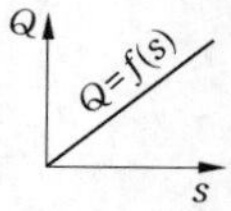 $Q=f(s)$	$Q=\frac{Q_1}{s_1}s$				$<1.5\ s_{max}$
抛物线型	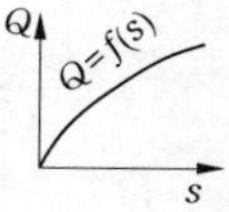 $Q=f(s)$	$s=aQ+bQ^2$	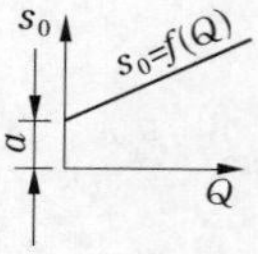 $s_0=f(Q)$	两边各除以 Q，则 $s_0=a+bQ$ $(s_0=\frac{s}{Q})$ 可用直线 $s_0=f(Q)$ 表示	$a=s_0-bQ_1$ $b=\frac{s''_0-s'_0}{Q_2-Q_1}$ $(s_0=\frac{s}{Q})$	$(1.75 \sim 2.0)s_{max}$
幂函数型	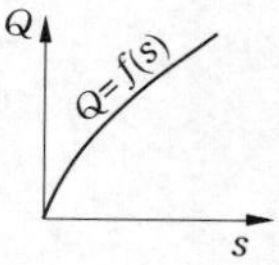 $Q=f(s)$	$s=\left(\frac{Q}{n}\right)^m$	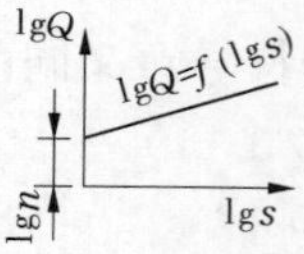 $\lg Q=f(\lg s)$	取对数，则 $\lg s=m(\lg Q-\lg n)$ 可用直线 $\lg Q=f(\lg s)$ 表示	$m=\frac{\lg s_2-\lg s_1}{\lg Q_2-\lg Q_1}$ $n=\lg Q_1-\frac{\lg s_1}{m}$	$(1.75 \sim 2.0)s_{max}$
半对数型	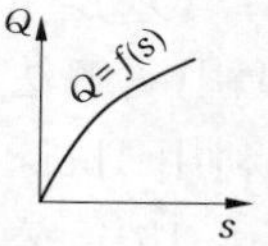 $Q=f(s)$	$Q=a+b\lg s$	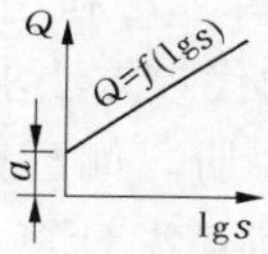 $Q=f(\lg s)$	可用直线 $Q=f(\lg s)$ 表示	$b=\frac{Q_2-Q_1}{\lg s_2-\lg s_1}$ $a=Q_1-b\lg s_1$	$(2 \sim 3)s_{max}$

选用上述经验公式的方法如下：

(1)抽水试验应有 3 次或更多次水位下降，在此基础上绘制 $Q \sim s$ 曲线。

(2)如所绘制的 $Q \sim s$ 曲线是直线，则可用直线型公式计算；如果不是直线，必须进一步判别，可适当改变坐标系统，使 $Q \sim s$ 曲线转变为直线，见表 3-4，这样可以经过复杂的运算，选定符合试验资料($Q \sim s$ 曲线)的经验公式。

为了选择经验公式，必须将所有的试验数据按表 3-5 列出。

表 3-5　抽水试验数据

抽水次数	s	Q	$s_0=s/Q$	$\ln s$	$\ln Q$
第一次	s_1	Q_1	s'_0	$\ln s_1$	$\ln Q_1$
第二次	s_2	Q_2	s''_0	$\ln s_2$	$\ln Q_2$
第三次	s_3	Q_3	s'''_0	$\ln s_3$	$\ln Q_3$

然后根据表 3-5 的数据作出下列图形：

$$s_0=f(Q),\quad \ln Q=f(\ln s),\quad Q=f(\ln s)$$

假如图形中 $s_0 = f(Q)$ 为直线，则井的出水量呈抛物线增长，这时可用抛物线型公式计算；

假如图形中 $\ln Q = f(\ln s)$ 为直线，则井的出水量按幂函数增长，这时可用幂函数型公式计算；

假如图形中 $Q = f(\ln s)$ 为直线，则井的出水量按半对数函数增长，这时可用半对数型公式计算。

5）单井计算中的几个问题

本节介绍单井理论计算中几个与实际情况出入较大而且在理论与实际中都十分复杂的问题。鉴于问题的复杂性，至今还缺少这方面比较系统和普遍适用的研究成果，但在工程实际中应予以关注。恰当地处理这些问题，会取得较好的技术经济效果。

a. 层状含水层中管井的计算问题

在天然情况下均质含水层并不多见，几乎所有的第四纪地层中的含水层都是成层的，甚至是各向异性的。有时含水层的分层构造及其渗透特性对取水构筑物的影响不能忽视。解决这类问题比较简便的办法是：设法把非均质的层状地层或各向异性的地层近似地当做一个均质的各向同性的含水层，求得其平均渗透系数，进而利用相应的理论计算公式求解。下面讨论的水平层状含水层的计算都以平面渗流及缓变流为基础，并且只限于各向同性的，其结果再用于管井计算也是一种近似做法。

（1）平行于含水层的渗流情况。如图 3-13 所示，通过含水层的单位宽度流量应为

$$q = \sum_{i=1}^{n} k_i m_i \frac{h_1 - h_2}{L} \tag{3-21}$$

式中：$h_1 - h_2$ 为水流流经地层经距离 L 的水头损失；k_1、k_2、…、k_n 分别为各层的渗透系数；m_1、…、m_n 分别为各层的厚度。

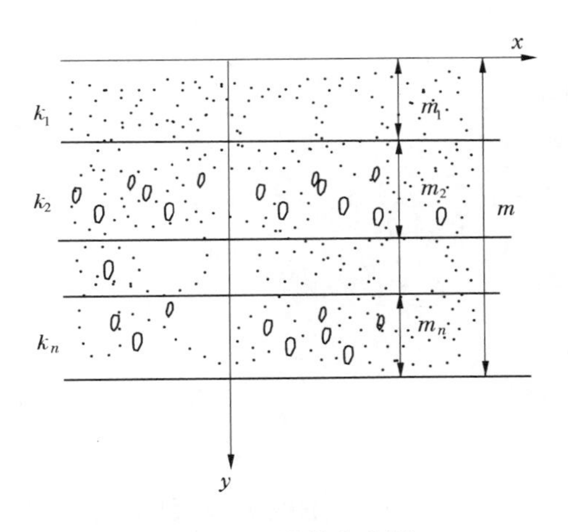

图 3-13　层状含水层

x 方向的渗流速度应为

$$v_x = \sum_{i=1}^{n} \frac{k_i m_i}{m} \frac{h_1 - h_2}{L} \tag{3-22}$$

式中：m 为含水层总厚度。

则沿水平方向的平均渗透系数为

$$k_x = \sum_{i=1}^{n} \frac{k_i m_i}{m} \tag{3-23}$$

在地下水流有自由表面的情况下，相应含水层的厚度可近似地取平均值。

（2）垂直于含水层的渗流情况。根据渗流连续性方程，通过各层的垂直渗流速度应相等，故

$$v = k_y i = k_1 i_1 = k_2 i_2 = \cdots = k_n i_n \tag{3-24}$$

式中：k_y 为沿 y 方向含水层的平均渗透系数；i 为垂直通过整个含水层的总水力坡降；i_1、i_2、…、i_n 分别为垂直通过各含水层的水力坡降。

另一方面，水流通过整个含水层的总水头损失应为通过各含水层水头损失之和，故

$$im = i_1 m_1 + i_2 m_2 + \cdots + i_n m_n$$

$$i = \frac{i_1 m_1 + i_2 m_2 + \cdots + i_n m_n}{m} \quad 或 \quad \frac{v}{k_y} = \frac{v\frac{m_1}{k_1} + v\frac{m_2}{k_2} + \cdots + v\frac{m_n}{k_n}}{m}$$

由此

$$k_y = \frac{m}{\sum_{i=1}^{n} \frac{m_i}{k_i}} \tag{3-25}$$

由式(3-23)及式(3-25)可知,$k_x > k_y$。

上述计算的前提是必须取得各含水层的 k_x 或 k_y,显然就目前的技术条件而言是难以做到的。用经验公式计算取水井就不存在这类问题。

b. 井径对井出水量的影响

由井的理论公式可知,井径 r_0 对井的出水量 Q 影响甚小。然而,实际测定表明,在一定范围内,井径对井的出水量有较大影响。图 3-14 为实测的 $Q \sim r_0$ 曲线与理论公式计算的 $Q \sim r_0$ 曲线的对比情况。实测曲线明显反映出井径对井出水量的影响,这是由于理论公式假定地下水流为层流、平面流,忽视了过滤器附近地下水流态变化的影响。实际上,水流趋近井壁,进水断面缩小,流速变大,水流由层流转变为混合流或紊流状态,且过滤器周围水流为三维流。在试验条件下,管径在 500 mm 以内时,井出水量受到紊流和三维流影响而下降,管径越小,则影响越大。

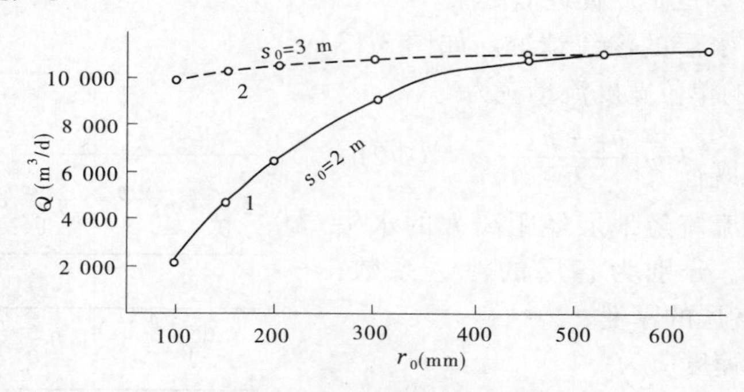

1—实测的 $Q \sim r_0$ 曲线;2—用理论公式计算的 $Q \sim r_0$ 曲线

图 3-14　实测的与用理论公式计算的 $Q \sim r_0$ 曲线

井径与井出水量的关系,目前仍采用经验公式计算。常用的公式为

$$\frac{Q_1}{Q_2} = \frac{r_1}{r_2} \tag{3-26}$$

在无压含水层,可用抛物线型经验公式

$$\frac{Q_2}{Q_1} = \frac{\sqrt{r_2}}{\sqrt{r_1}} - n \tag{3-27}$$

式中:Q_1、Q_2 分别为小井和大井的出水量,m^3/d;r_1、r_2 分别为小井和大井的半径,m;n 为系数,$n = 0.021\left(\frac{r_2}{r_1} - 1\right)$。

在设计中,设计井和勘探井井径不一致时,可结合具体条件应用上述或其他经验公式进行修正。

3.2.1.3 成井工艺

管井施工是一项基建工程，应严格按工程施工工艺及技术要求进行，以保证管井工程质量。管井的建造一般包括地面地质调查、物探以确定孔位、钻进井孔，测井、下管、填砾、封井、固井、洗井、抽水试验和水质检验工艺流程。管井的主要施工程序及成井工艺简述如下。

1）井孔钻进

井孔钻进方法较多，包括冲击钻进、回转钻进、冲击回转钻进以及循环钻进、空气钻进等，目前国内普遍使用的方法为冲击钻进和回转钻进。

a. 冲击钻进

冲击钻进的基本原理是使钻头在井孔内上下往复运动，依靠钻头自重来冲击孔底岩层，使之破碎松动，再用抽筒捞出，如此反复，逐渐加深，形成井孔。冲击钻进依靠冲击钻机来实现，适用于松散的冲洪积地层。钻机型号可根据岩层情况，管井口径、深度，以及施工地点的运输和动力条件，结合钻机性能选定，这在钻井工程设计中就要明确给定。在钻进过程中，必须采取护壁措施，常用的有泥浆护壁钻进和套管护壁钻进。随着冲洗井技术的进步，清水水压钻进受到了重视，一是由于水静压力的作用，有助于井壁的稳定；二是在钻进过程中自然造浆，增加护壁性能。因此，在水源充分、覆盖层地层密实的地方多采用此方法。冲击钻进法效率低、速度慢，但机具设备简单、轻便。CZ-30 型钻机示意图见图 3-15。

b. 回转钻进

回转钻进的基本原理是使钻头在一定的钻压下在孔底回转，以切削、研磨破碎孔底岩层，并依靠循环冲洗系统将岩屑带上地面，如此循环钻进形成井孔。回转钻进依靠回转钻机来实现。回转钻进又分一般回转钻进、反循环回转钻进及岩心回转钻进。

一般回转钻进既适用于松散的冲积层，也适用于基岩地层。此种钻机用动力机通过传动装置，使转盘转动，转盘带动钻杆旋转，从而使钻头切削岩层。在钻进的同时，钻机上的泥浆泵不断地从泥浆池抽取一定浓度的泥浆，经提引水龙头，沿钻杆内腔至钻头喷射到被切削的工作面上。泥浆与钻孔内的岩屑混合在一起，沿井孔上升到地面，流入沉淀池，在沉淀池内分离岩屑后的泥浆又重复被泥浆泵送至井下。这种泥浆循环方式又称正循环回转钻进。循环泥浆在钻进中既起清除岩屑的作用，又起加固井壁和冷却钻头的作用。

反循环回转钻进克服了正循环回转钻进中由于井壁有裂隙和坍塌，发生循环的漏失和流速降低，以致岩屑在井孔内沉淀而不能从井孔中排出的弊病，泥浆由沉淀池流经井孔到井底，然后经钻头、钻杆内腔、提引水龙头和泥浆泵回到泥浆沉淀池。它的特点是循环流量大，在钻杆内腔产生的流速较高。

岩心回转钻进设备与工作情况和一般回转钻进法基本相同，只是所用的钻头是岩心钻头。岩心钻头只将沿井壁的岩石破碎，保留中间部分，因此效率较高，并能将未被破碎的岩心取到地面供考察地层之用。岩心回转钻进适用于钻进坚硬的岩石，其优点是进尺速度快，钻进深度大，所需设备功率小，常用于钻进基岩深管井。

钻井方法的选择对于降低造价、加快工程进度、保证工程质量都有很大的意义，因此应结合各地的具体情况，选择适宜的钻井方法。

2）成井

钻凿井孔到预定深度，要对地层资料进行编录，必要时还要通过物探测井准确确定地层岩性剖面和取水层，然后按照管井构造设计要求，依据实际地层资料，对井壁管、滤水管、沉

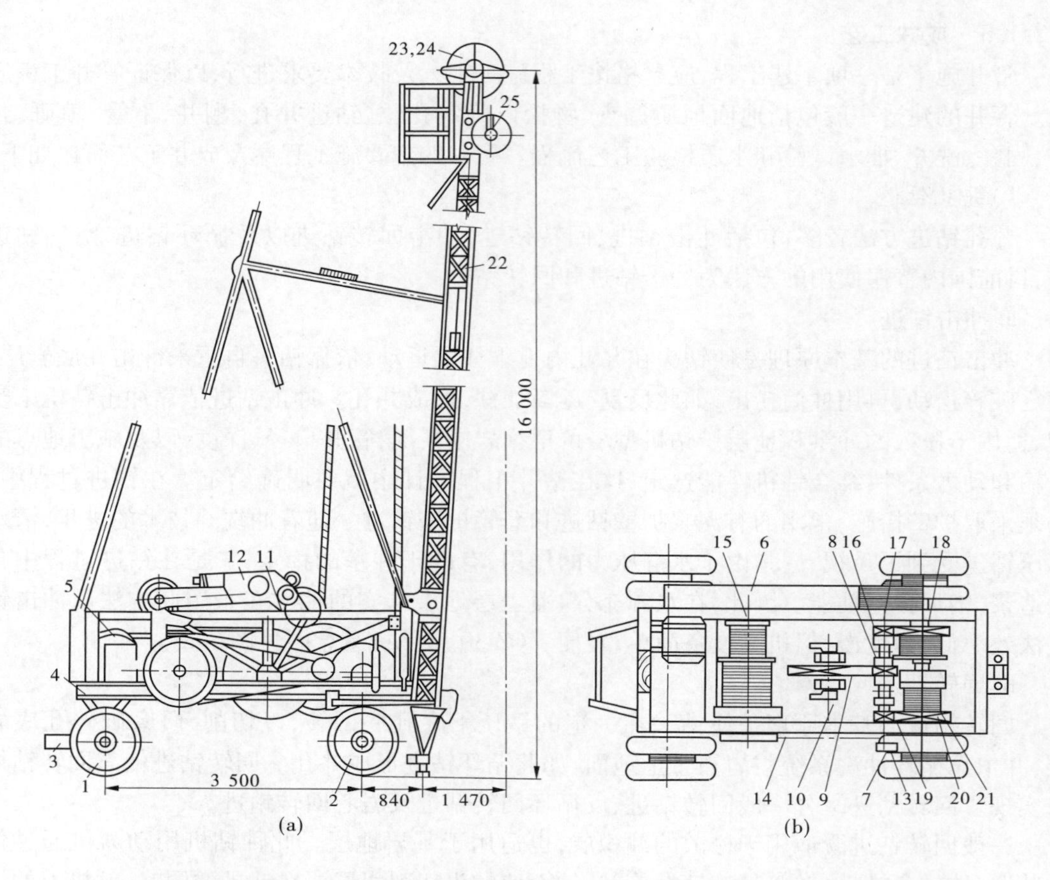

1—前轮;2—后轮;3—钻杆;4—底架;5—电动机;6—三角带;7—主动轴;8,13,16,19—摩擦离合器;
9—齿轮;10—冲击轮;11—连杆;12—缓冲装置;14—链条;15—钻井工具;17,20—齿轮;
18—抽筒用卷筒;21—复式滑车用卷筒;22—桅杆;23—钻井工具钢丝绳滑轮;
24—抽筒钢丝绳滑轮;25—起重用滑轮

图 3-15　CZ-30 型钻机

淀管进行排管,最大限度地使滤水管对准取水层,然后及时进行下管安装、填砾和封井等,形成水井。

(1)井管安装。下管前先要用试孔器直至顺利下到井底,然后打孔、换浆,做好下管准备工作,排好管、准备好井管底托,检验管扣或焊接机具,并对黏土球、砾料、封井等材料、器具进行严格的质量检验和数量核对,不合格不得使用,准确测量孔深后即可下管。下管可采用直接提吊法、提吊加浮板(浮塞)法、钢丝绳托盘法、钻杆托盘法等。井管下完后,钻机仍需提吊部分重量,确使井管位于井口上部。

(2)填砾及井管外封闭。这是成井工艺中的一个重要环节。填砾规格、填砾方法以及不良含水层的封闭和井口的封闭质量的优劣,都可能影响管井的质量。

填砾要按设计要求的粒径与级配进行筛选,并以圆形砾石和椭圆形砾石为主,在井内换浆后,把砾料由孔口均匀连续填入(避免砾石充塞于井孔上部),随时测量填砾深度,核对填料数量,直到达到要求深度。填砾要求如下:

①围填砾石质量的要求。除要求砾石本身必须保证颗粒浑圆度好、经过筛选冲洗、不含

泥土杂物、符合规格标准外，还要求在填砾工序中做到及时填砾和均匀填砾，以防止产生滤料的堵塞和离析等不良现象，尽量满足填砾的设计标准。

②围填砾石数量的要求。一般要求在围填砾石之前，应结合井孔及井管规格和井孔岩层柱状图，对所准备的砾石，除满足质量要求外，在数量上应具备10% ~15%的安全富裕量，因在井孔钻进中可能会产生超径现象，相应地要增大填砾数量。

③围填砾石高度的要求。应根据滤水管的位置来确定，一般要求对所有设置滤水管的部位进行填砾，其高度应高出最上一层含水层5 ~10 m，以防止在洗井及抽水试验中因滤料下沉而产生滤水管涌砂等不良现象。

除抽水试验孔要用止水器进行临时性管内管外止水外，为保证成井后水质合格，要进行永久性止水来阻止上部污染或下部咸水层进入。

3）洗井

在凿进的过程中，泥浆和岩屑不仅滞留在井周围的含水层中，而且还在井壁上形成一层泥浆壁，洗井就是要消除井孔及周围含水层中的泥浆和井壁上的泥浆壁，同时还要冲洗出含水层中部分细小颗粒，使井周围含水层形成天然反滤层。因此，洗井是影响水井出水能力的重要工序。洗井工作要在安装井管、填砾、止水与管外封闭工作完成并用抽筒清理井内泥浆之后立即进行，以防泥浆壁硬化，给洗井带来困难。

选择适宜的洗井方法，要根据含水层的特性、井孔结构、井管质量、井孔水力特征及沉沙情况综合确定。洗井方法有活塞洗井、压缩空气洗井、水泵抽水或压水洗井、液态 CO_2 洗井、酸化 CO_2 喷洗井等。活塞洗井法是用安装在钻杆上带有活门的活塞，在井壁管内上下拉动，使过滤器周围形成反复冲洗的水流，以破坏泥浆壁并清除含水层中残留的泥浆和细小颗粒。活塞洗井效果好，洗井较彻底。压缩空气洗井法效率较高，采用较广，但对于粉细砂地层，一般不宜采用此法。有时适宜选择几种方法联合洗井，可以提高洗井效果，既能按要求达到水清沙净的要求，又能增大井的出水量。当泥浆壁被破坏，出水变清时，就可以结束洗井工作。

4）抽水试验

抽水试验是管井建造的最后阶段，目的在于测定井的出水量，了解出水量与水位降落值的关系，为选择、安装抽水设备提供依据，同时采取水样进行分析，以评价井的水质。因此，成井后进行抽水试验是必不可少的最后一道工作。

抽水试验前应测出静水位，抽水时应测定与出水量相应的动水位。抽水试验的最大出水量一般应达到或超过设计出水量，如设备条件所限，也不应小于设计出水量的75%。抽水试验时，水位下降次数一般为3次，至少为2次。每次都应保持一定的水位降落值与出水量稳定延续时间。

抽水试验过程中，除认真观测和记录有关数据外，还应在现场及时进行资料整理工作，例如绘制出水量与水位降落值的关系曲线、水位和出水量与时间关系曲线以及水位恢复曲线等，以便发现问题，及时处理。

3.2.1.4 维修与管理

1）管井的验收

管井竣工后，应由使用、施工和设计单位根据设计图纸及验收规范共同验收，检验井深、井径、水位、水量、水质和有关施工文件。作为饮用水水源的管井，应经当地的卫生防疫部门对水质检验合格后，方可投产使用。管井验收时，施工单位应提交下列资料：管井施工说明书，管井使用说明书，钻进中的岩样。上述资料是水井管理的重要依据，使用单位必须将此作为管井的技术档案妥善保存，以便分析研究管井运行中存在的问题。

2）管井的使用

管井使用的合理与否，将影响其使用年限。生产实践表明，很多管井由于使用不当，出现水量衰减、漏沙，甚至早期报废。管井使用应注意以下问题：抽水设备的出水量应小于管井的出水能力；建立管井使用卡制度，严格执行必要的管井、机泵的操作规程和维修制度；管井周围应按卫生防护要求保持良好的卫生环境和进行绿化。

3）管井出水量减少的原因及恢复和增加出水量的措施

a. 管井出水量减少的原因及恢复出水量的措施

在管井使用过程中往往会有出水量减少现象，其原因很多，问题也较复杂。通常，有管井本身和水源两方面的原因。属于管井本身原因，除抽水设备故障外，一般都是过滤器或其周围填砾、含水层填塞造成的，在采取具体消除故障措施之前应掌握有关管井构造、施工、运行资料和抽水试验、水质分析资料等，对造成堵塞的原因进行分析、判断，然后根据不同情况采取不同措施，如更换过滤器、修补封闭漏沙部位、清除过滤器表面的泥沙、洗井等。属于水源方面的原因很多，如长期超量开采引起区域性地下水位下降，或境内矿山涌水及新建水源地的干扰等，使管井出水量减少和吊泵。对此，应开展区域水文地质调查研究，开展地下水位和开采量的长期动态观测，查明地下水位下降漏斗空间分布的形态、规模及其发展的规律、速度、原因。在此基础上采取下列措施：调整管井的布局，变集中开采为分散开采；调整管井的开采量，必要时关闭一部分位于漏斗中心区的管井；对矿山开展防、止水工作，以减少矿坑涌水量，并研究矿坑排水的利用问题；协调并限制新水源地的建设与开发；加强地下水的动态监测工作，实行水资源的联合调度和科学管理。

b. 增加管井出水量的措施

增加管井出水量的措施有真空井法、爆破法和酸处理法。真空井法是将井管的全部或部分密闭，抽水时，使管井处于负压状态下进水，达到增加出水量的目的；爆破法适用于基岩井，通常是将炸药和雷管封置在专用的爆破器内，用钢丝吊入井中预定位置，用电起爆，以增强裂隙、岩溶的透水性；对于石灰岩地区的管井可采用注酸的方法，以增大或串通石灰岩的裂隙或溶洞，增加出水量。

3.2.2 大口井

大口井是开采浅层地下水的一种主要取水构筑物，是我国除管井外的另一种应用比较广泛的地下水取水构筑物。小型大口井构造简单、施工简便易行、取材方便，故在农村及小城镇供水中广泛采用，在城市与工业的取水工程中则多用大型大口井。对于埋藏不深、地下水位较高的含水层，大口井与管井的单位出水能力的投资往往不差上下，这时取水构筑物类型的选择就不能单凭水文地质条件及开采条件，而应综合考虑其他因素。

大口井的优点：不存在腐蚀问题，进水条件较好，使用年限较长，对抽水设备型式限制不多，如有一定的场地且具备较好的施工技术条件，可考虑采用大口井。但是，大口井对地下水位变动适应能力很差，在不能保证施工质量的情况下会拖延工期、增加投资，亦易产生涌砂（管涌或流砂现象）、堵塞问题。在含铁量较高的含水层中，这类问题更加严重。

3.2.2.1　**大口井的构造**

大口井的主要组成部分是上部结构、井筒及进水部分，见图 3-16。

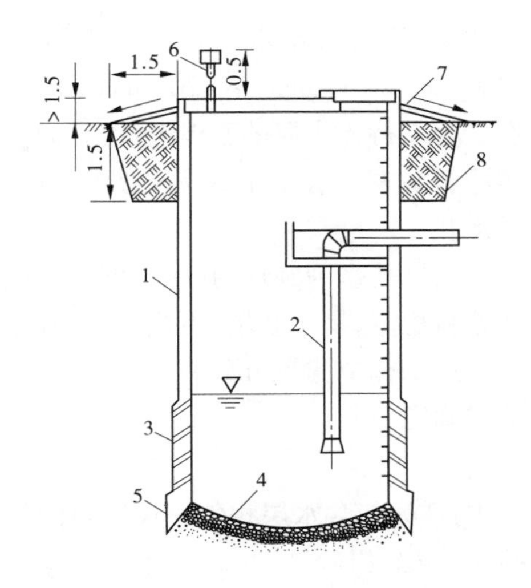

1—井筒;2—吸水管;3—井壁进水孔;
4—井底反滤层;5—刃脚;6—通风管;
7—排水坡;8—黏土层

图 3-16　大口井的构造　(单位:m)

1）上部结构

上部结构情况主要与水泵站同大口井分建或合建有关，这点又取决于井水位（动水位与静水位）变化幅度、单井出水量、水源供水规模及水源系统布置。如果井的水位下降值较小，单井出水量大，井的布置分散，仅 1 ~ 2 口井即可达到供水规模要求，可考虑泵站与井合建。

为便于安装、维修、观测水位，泵房底板多设有开口，开口布置形式有半圆形、中心圆形及人孔三种（见图 3-17）。开口形式主要应根据泵站工艺布置及建筑、结构方案确定。当地下水位较低或井水位变化幅度大时，为避免合建泵房埋深过大，使上部结构复杂化，可考虑深井泵取水。泵房与大口井分建，则大口井上部可仅设井房或者只设盖板，后一种情况在低洼地带（河滩或沙洲），可经受洪水冲刷和淹没（需设法密封）。这种情况下，构造简单，但布置不紧凑。

2）井筒

井筒通常用钢筋混凝土浇筑或用砖、石、预制混凝土圈砌筑而成，包括井中水上部分和水下部分。其作用是加固井壁、防止井壁坍塌及隔离水质不良的含水层。井筒的直径应根据水量计算、允许流速校核及安装抽水设备的要求来确定。井筒的外形通常呈圆筒形、截头圆锥形、阶梯圆筒形等（见图 3-18），其中圆筒形井筒易于保证垂直下沉，节省材料，受力条件好，利于进水。有时在井筒的下半部设有进水孔。在深度较大的井筒中，为克服较大下沉摩擦阻力，常采用变截面结构的阶梯状圆形井筒。

用沉井法施工的大口井，在井筒的最下端应设有刃脚。刃脚一般由钢筋混凝土构成，施工时用以切削地层，便于井筒下沉。为减小井筒下沉时的摩擦力和防止井筒在下沉过程中受障碍物的破坏，刃脚外缘应比井筒凸出 10 cm 左右。

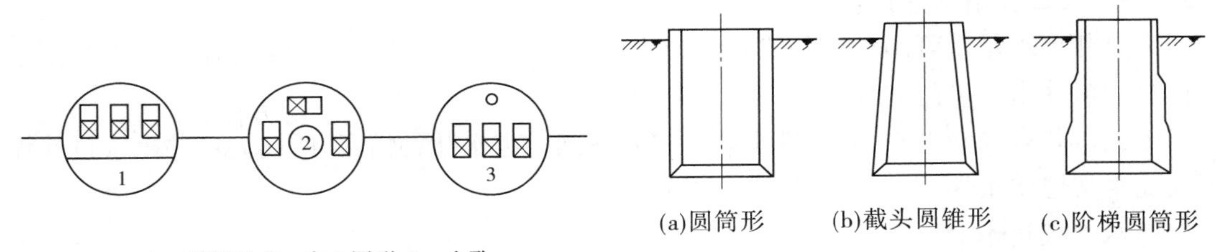

1—半圆形;2—中心圆形;3—人孔

图 3-17　大口井泵站底板开口形式

图 3-18　大口井井筒外形

3）进水部分

进水部分包括井壁进水孔（或透水井壁）和井底反滤层。井壁进水孔分水平孔和斜形孔两种形式，其中水平孔施工容易，采用较多。壁孔一般为 100～200 mm 直径的圆孔或（100 mm×150 mm）～（200 mm×250 mm）的矩形孔，交错排列于井壁，其孔隙率在 15% 左右。为保持含水层的不渗透性，孔内装填一定级配的滤料层，孔的两侧设置不锈钢丝网，以防滤料漏失。水平孔不易按级配分层加填滤料，为此也可应用预先装好滤料的铁丝笼填入进水孔。

斜形孔多为圆形，孔倾斜度不宜超过 45°，孔径为 100～200 mm，孔外侧设有格网。斜形孔滤料稳定，易于装填、更换，是一种较好的进水孔形式。

进水孔中滤料可分两层填充，每层为半井壁厚度。与含水层相邻一层的滤料粒径，可按下式确定

$$D \leqslant (7 \sim 8) d_i$$

式中：D 为与含水层相邻一层滤料的粒径；d_i 为含水层颗粒的计算粒径，细、粉砂 $d_i = d_{40}$，中砂 $d_i = d_{30}$，粗砂 $d_i = d_{20}$，其中 d_{40}、d_{30}、d_{20} 分别表示含水层颗粒中某一粒径，小于该粒径的颗粒质量占总质量的 40%、30%、20%。

两相邻滤料层粒径比一般为 2～4。

大口井井壁进水孔易堵塞，多数大口井主要依靠井底进水，故大口井能否达到应有的出水量，井底反滤层质量是重要因素，如反滤层铺设厚度不均匀或滤料不合规格都有可能导致堵塞和翻砂，使出水量下降。

3.2.2.2 大口井的施工

大口井的施工方法有大开挖施工法和沉井施工法两种。

1）大开挖施工法

大开挖施工法即在开挖的基槽中进行井筒砌筑或浇筑及铺设反滤层工作。其优点是井壁比沉井施工法薄，且可就地取材，便于井底反滤层施工，可在井壁外围回填滤料层，改善进水条件；缺点是在深度大、水位高的大口井中，施工土方量大，排水费用高。因此，此法适用于建造直径小于 4 m、井深 9 m 以内的大口井，或地质条件不宜采用沉井施工法的大口井。

2）沉井施工法

沉井施工法是在拟建井位处先开挖基坑，然后在基坑上浇筑带有刃脚的井筒，待井筒达到一定强度后，即可在井筒内挖土，这时井筒靠自重或靠外加重量切土下沉，随着井内继续挖土，井筒不断下沉，直至设计井深。

3.2.2.3 大口井出水量计算

大口井出水量也可用理论公式和经验法计算。经验法与管井相似，本节只介绍理论公式计算大口井出水量的方法。

因大口井有井壁进水、井底进水或井壁井底同时进水几种情况，所以大口井出水量计算不仅随水文地质条件而异，还与进水方式有关。

1）从井壁进水的大口井

此时大口井出水量按完整井计算公式进行计算。

2）从井底进水的大口井

从井底进水的大口井有承压含水层和无压含水层两种情况，如图 3-19、图 3-20 所示。

（1）承压含水层大口井出水量计算公式

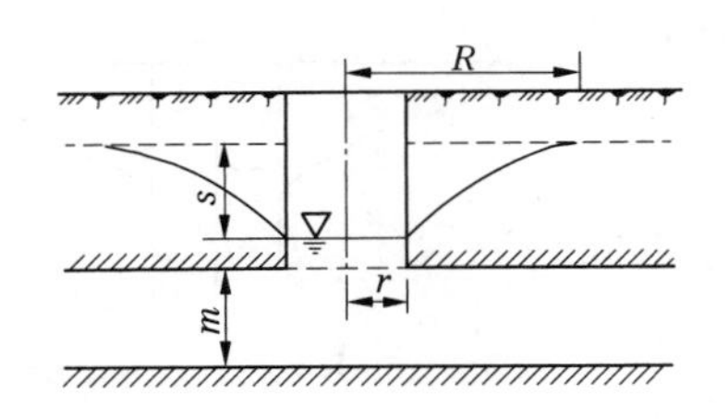

图 3-19 承压含水层井底进水大口井计算简图

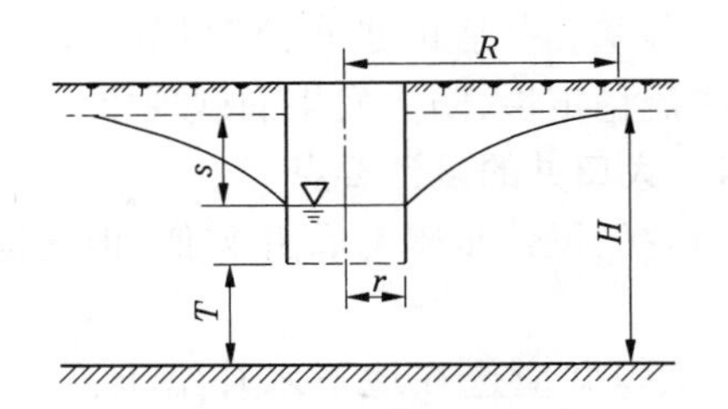

图 3-20 无压含水层井底进水大口井计算简图

$$Q = \frac{2\pi ksr}{\frac{\pi}{2} + 2\arcsin\frac{r}{m + \sqrt{m^2 + r^2}} + 1.185\frac{r}{m}\lg\frac{R}{4m}} \tag{3-28}$$

式中:Q 为大口井出水量,m^3/d;s 为出水量为 Q 时井的水位下降值,m;r 为井的半径,m,对于方形大口井,应按 $r=0.6b$(b 为方形边长)关系换算,对于正多边形大口井,可使式中的半径等于多边形的内切圆及外接圆半径的平均值;k 为渗透系数,m/d;R 为影响半径,m;m 为承压含水层厚度,m。

当含水层较厚($m \geqslant 2r$)时,式(3-28)可简化为

$$Q = \frac{2\pi ksr}{\frac{\pi}{2} + \frac{r}{m}\left(1 + 1.185\lg\frac{R}{4m}\right)} \tag{3-29}$$

当含水层很厚($m \geqslant 8r$)时,还可简化为

$$Q = 4\pi sr \tag{3-30}$$

此式简便,并且不包括难以确定的 R 值,对于估算大口井出水量有实用意义。

(2)无压含水层大口井出水量计算公式

$$Q = \frac{2\pi ksr}{\frac{\pi}{2} + 2\arcsin\frac{r}{T + \sqrt{T^2 + r^2}} + 1.185\frac{r}{T}\lg\frac{R}{4H}} \tag{3-31}$$

式中:H 为无压含水层厚度,m;T 为大口井井底至不透水层的距离,m;其余符号意义同前。

当含水层较厚($H \geqslant 2r$)时,式(3-31)可以简化为

$$Q = \frac{2\pi ksr}{\frac{\pi}{2} + \frac{r}{T}\left(1 + 1.185\lg\frac{R}{4T}\right)} \tag{3-32}$$

3)井壁井底同时进水的大口井

计算井壁井底同时进水的大口井出水量时,可用分段解法。对于无压含水层,可以认为井的出水量是无压含水层中的井壁进水量和承压含水层中的井底进水量的总和

$$Q = \pi ks\left[\frac{2H - s}{2.31\lg\frac{R}{r}} + \frac{2r}{\frac{\pi}{2} + \frac{r}{T}\left(1 + 1.185\lg\frac{R}{4T}\right)}\right] \tag{3-33}$$

式中:符号意义同前。

无压含水层井壁井底进水大口井计算简图如图 3-21 所示。

在确定大口井尺寸、进水部分构造及完成出水量计算之后,应校核大口井进水部分的进

水流速。井壁和井底的进水流速都不宜过大,以保持滤料层的渗流稳定性,防止发生涌砂现象。

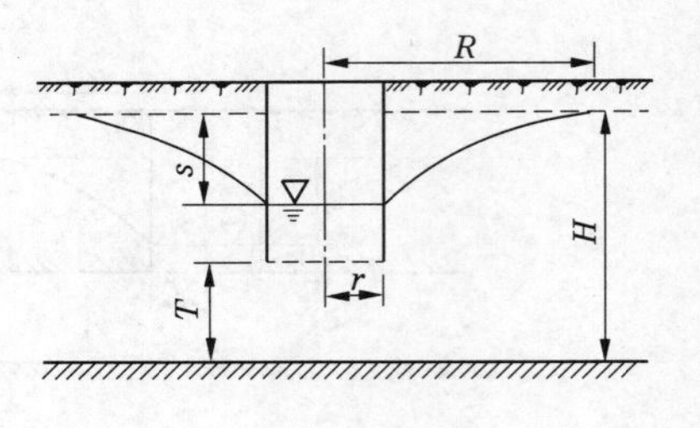

图 3-21　无压含水层井壁井底进水大口井计算简图

3.2.2.4　大口井的设计要点

大口井的设计步骤与管井类似,但还应注意以下问题:

(1)大口井应选在地下水补给丰富,含水层透水性良好、埋藏浅的地段。集取河床地下水的大口井,除考虑水文地质条件外,应选在河漫滩或一级冲积阶地上。

(2)适当增加井径是增加水井出水量的途径之一。同时,在相同的出水量条件下,采用较大的直径,也可减小水位下降值,降低取水电耗,降低进水流速,延长使用年限。

(3)由于大口井井深不大,地下水位的变化对井的出水量和抽水设备的下沉运行有很大影响。对于开采河床地下水的大口井,因河水位变幅大,更应注意这一情况。为此,在计算井的出水量和确定水泵安装高度时,均应以枯水期最低设计水位为准,抽水试验也以在枯水期进行为宜。此外,还应注意到地下水位区域性下降的可能性以及由此引起的影响。

3.2.3　辐射井

辐射井是由集水井(垂直系统)及水平向或倾斜状的进水管(水平系统)联合构成的一种井型,属于联合系统的范畴。因水平进水管是沿集水井半径方向铺设的辐射状渗入管,故称这种井为辐射井。由于扩大了进水面积,其单井出水量为各类地下取水构筑物之首。高产的辐射井日产水量可达 10×10^4 m^3 以上。因此,也可作为旧井改造和增大出水量的措施。

3.2.3.1　辐射井的型式

辐射井按集水井本身取水与否分为集水井井底与辐射管同时进水和集水井井底封闭仅辐射管进水两种型式,前者适用于厚度较大的含水层。

按辐射管铺设方式,辐射井有单层辐射管(见图 3-22)和多层辐射管两种。前者适用于只开采一个含水层时;后者在含水层较厚或存在两个以上含水层,且水头相差不大时采用。

辐射井按其集取水源及辐射管布置方式的不同,又可分为集取一般地下水(见图 3-23(a))的辐射井、集取河流或其他地表水体渗透水(见图 3-23(b)、(c))的辐射井、集取岸边地下水和河流渗透水的辐射井(见图 3-23(d))、集取岸边和河床地下水的辐射井(见图 3-23(e))等型式。

3.2.3.2　辐射井的结构构造

1)集水井

集水井又称竖井,其作用是汇集由辐射管进来的水和安装抽水设备等,对于不封底的集水井还兼有取水井的作用。我国一般采用不封底的集水井,以扩大井的出水量。

集水井的深度视含水层的埋藏条件而定。多数深度为 10 ~ 20 m,也有深达 30 m 者。根据黄土区辐射井的经验,为增大进水水头,施工条件允许时,可尽量增大井深,要求深入含水层深度不小于 15 ~ 20 m。

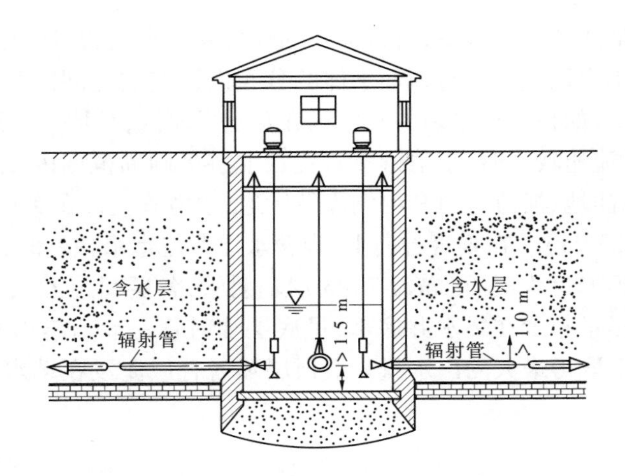

图 3-22　单层辐射管辐射井

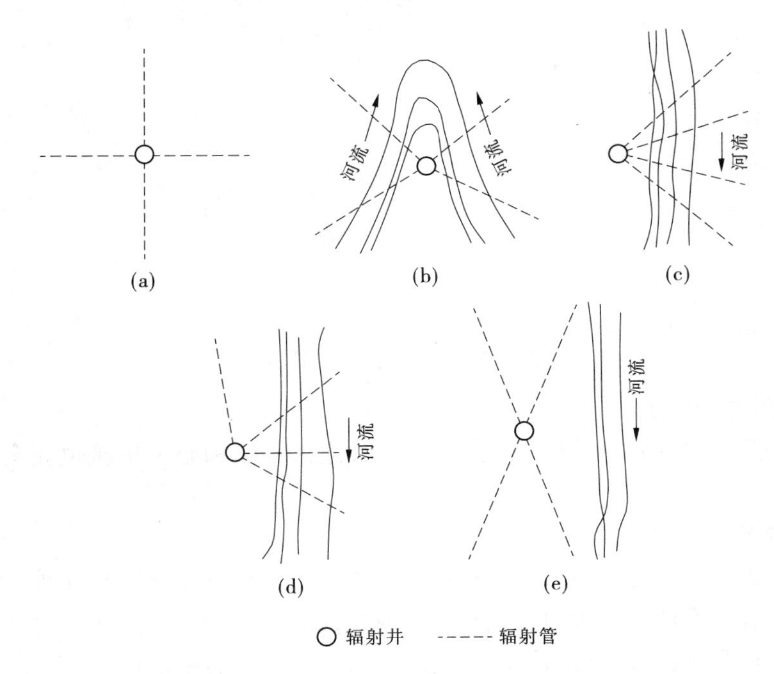

图 3-23　按补给条件与布置方式分类的辐射井

2)辐射孔(管)

松散含水层中的辐射孔中一般均穿入滤水管,而对坚固的裂隙岩层,可只打辐射孔而不加设辐射管。辐射管上的进水孔眼可参照滤水管进行设计。

辐射管的材料多为直径 50 ~200 mm、壁厚 6 ~9 mm 的穿孔钢管,也有用竹管和其他管材的。管材直径大小与施工方法有密切关系。当采用打入法时,管径宜小些;若为钻孔穿管法,管径可大些。

辐射管的长度,视含水层的富水性和施工条件而定。当含水层富水性差、施工容易时,辐射管宜长一些;反之,则短一些。目前生产中,在砂砾卵石层中多为 10 ~20 m,在黄土类土层中多为 100 ~120 m。

辐射管的布置形式和数量多少,直接关系到辐射井出水量的多少与工程造价的高低,因此应密切结合当地水文地质条件与地面水体的分布以及它们之间的联系,因地制宜地加以确定。在平面布置上,如在地形平坦的平原区和黄土平原区,常均匀对称布设6~8根;当地下水水面坡度较陡、流速较大时,辐射管多布置在上游半圆周范围内,下游半圆周少设甚至不设辐射管;在汇水洼地、河流弯道和河湖库塘岸边,辐射管应设在靠近地表水体一边,以充分集取地下水(见图3-24)。在垂直方向上,当含水层薄但富水性好时,可布设1层辐射管;当含水层富水性差但厚度大时,可布设2~3层辐射管,各层间距3~5 m,辐射管位置应上下错开。辐射管应尽量布置在集水井底部,最底层辐射管一般离集水井底1~1.5 m,以保证在大水位降条件下取得最大的出水量。最顶层辐射管应淹没在动水位以下,至少应保持3 m以上水头。

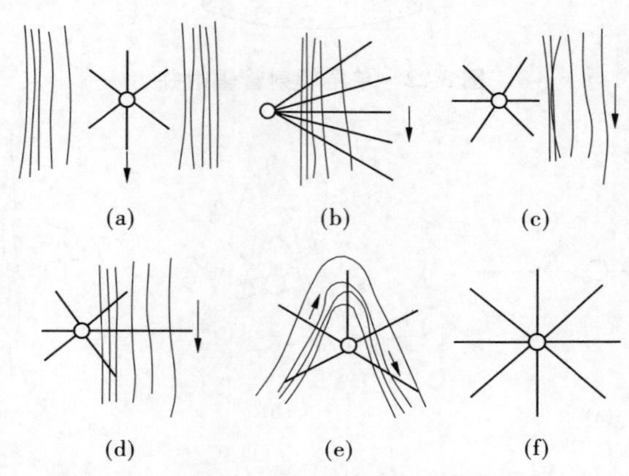

图3-24　辐射管平面布置示意

3.2.3.3　辐射井的施工

辐射井的集水井和辐射管(孔)的结构不同,施工方法和施工机械也完全不同,下面分别叙述。

1)集水井的施工方法

集水井的施工方法基本与大口井相似。除人工开挖法和机械开挖法外,还可用钻孔扩孔法施工。钻孔扩孔法是用大口径钻机直接成孔,或用钻机先打一口径较小的井孔,然后用较大钻头一次或数次扩孔,到设计孔径为止。井孔打成之后用漂浮法下井管。此法适宜井径不很大的集水井,当前一般小于3 m。

2)辐射管的施工方法

辐射管的施工方法基本上可分为顶(打)进法和钻进法两种。前者适用于松散含水层,而后者适合于黄土类含水层。

顶进法是采用1 000 kN或更大的油压千斤顶,将长1.5 m左右的短节穿孔钢管逐节陆续压入含水层中。顶进法需配合水枪作业,所需供水压力30~80 N/cm^2,孔口流速在砂类含水层为15 m/s左右,在卵石类含水层约为30 m/s。

目前,先进的顶进法是在辐射管的最前端装有一个空心铸钢特制的锥形管头,并在辐射管内装置一个清砂管。在辐射管被顶进的过程中,含水层中的细砂砾进入锥头,通过清砂管带到集水井内排走。同时可将含水层中的大颗粒砾石推挤到辐射管的周围,形成一条天然的环形砂砾反滤层。

钻进法用的水平钻机的结构和工作原理与一般循环回转钻进所用设备相似，但钻机较轻便且钻进方向不同，目前推广应用的水平钻机有 TY 型、SPZ 型和 SX 型，其性能见有关手册。

3.2.3.4 辐射井出水量的确定

由于辐射井的结构特殊，抽水时水力条件与管井、大口井不同。试验表明，辐射井抽水时水位降落曲线由两部分组成（见图 3-25）：在辐射管端以外呈上凸状（类似普通井），在辐射管范围内呈下凹状。水流运动的方向也不相同，辐射管端以外，地下水呈水平渗流，辐射管范围内以垂直渗流为主。

因受辐射管的影响，距井中心等半径处，地下水位高低不同，辐射管顶上水位较低，两辐射管之间水位较高，呈波状起伏。其等水位线如图 3-26 所示。

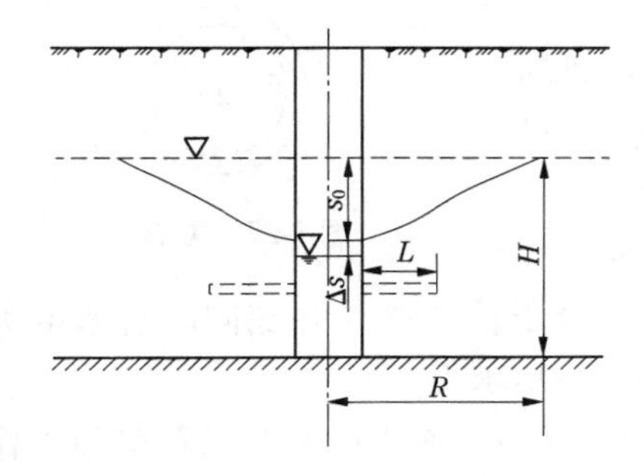

图 3-25　辐射井水力特征

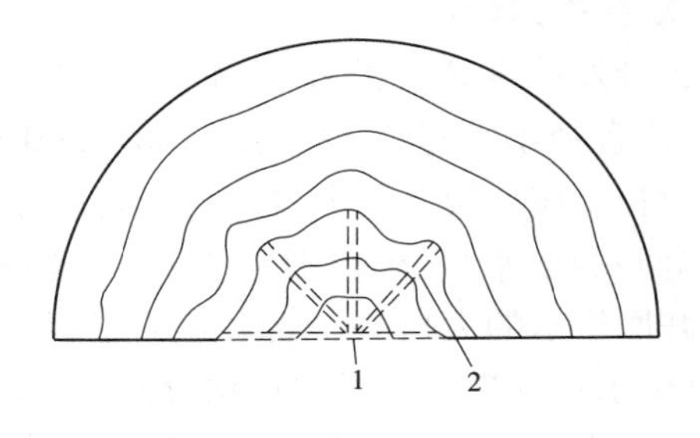

1—集水井；2—辐射管

图 3-26　辐射井抽水时等水位线示意

目前，辐射井出水量的确定尚无较准确的理论计算方法，多按抽水试验资料确定。若缺乏资料，在初步规划时，可按下列方法估算。

1）*等效大口井法*

将辐射井简化为一虚拟大口井，出水量与它相等，然后可按与潜水完整井相类似的公式计算辐射井的出水量，即

$$Q = 1.364ks_0 \frac{2H - s_0}{\lg \frac{R}{r_f}} \tag{3-34}$$

式中：Q 为辐射井的出水量，m^3/d；s_0 为井壁外侧的水位下降值，m；r_f 为虚拟等效大口井的半径，m；k 为含水层的渗透系数，m/d；R 为辐射井的影响半径，m；H 为含水层厚度，m。

其中，r_f 用下列经验公式确定，即

$$r_{f1} = 0.25\frac{L}{n},\quad r_{f2} = \frac{2\sum L}{3n}$$

式中：r_{f1} 为辐射管等长时的等效半径，m；r_{f2} 为辐射管不等长时的等效半径，m；L 为单根辐射管的长度，m；$\sum L$ 为辐射管的总长度，m；n 为辐射管的根数。

2）*渗水管法*

将辐射管按一般渗水管看待，其出水量为

$$Q = 2\alpha krs_0 \sum L \tag{3-35}$$

式中：α 为干扰系数，变化较大，通常 $\alpha=\frac{1.27}{n^{0.418}}$；$r$ 为辐射管的半径，m；其余符号意义同前。

3.2.4 复合井

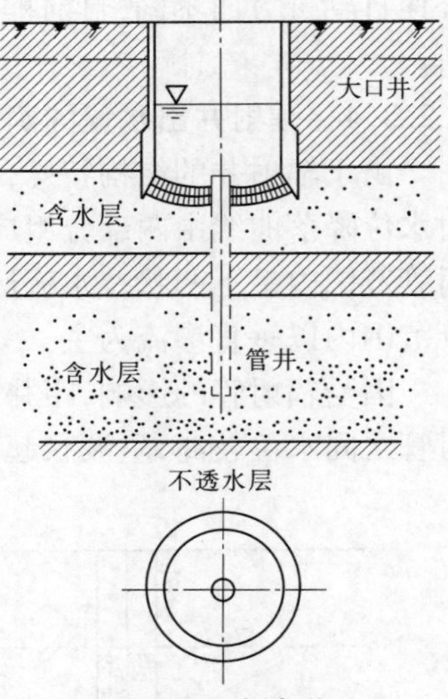

图 3-27 复合井

3.2.4.1 复合井的构造及其适用条件

复合井是由非完整大口井和井底下设管井过滤器组成。实际上，它是一个大口井和管井组合的分层或分段取水系统（见图 3-27）。它适用于地下水位较高、厚度较大的含水层，能充分利用含水层的厚度，增加井的出水量。模型试验资料表明，当含水层厚度大于大口井半径 3～6 倍，或含水层透水性较差时，采用复合井出水量增加显著。

3.2.4.2 复合井的计算

为了充分发挥复合井的效率，减少大口井与管井间的干扰，过滤器直径不宜过大，一般以 200～300 mm 为宜，过滤器的有效长度应比管井稍大，过滤器不宜超过 3 根。

对复合井的出水量计算问题，至今仍然研究甚少。一般只考虑井底进水的大口井与管井组合的计算情况。对于从井壁与井底同时进水的大口井，其井壁进水口的进水量可以根据分段解法原理很容易地求得。

复合井出水量计算采用大口井和管井的出水量计算方法，在分别求得二者单独工作条件下的出水量后，取二者之和，并乘以干扰系数。用计算公式一般表示为

$$Q=\alpha(Q_1+Q_2) \tag{3-36}$$

式中：Q 为复合井出水量，m^3/d；Q_1、Q_2 分别为同一条件下大口井、管井单独工作时的出水量，m^3/d；α 为互阻系数，α 值与过滤器的根数、完整程度及管径等有关，计算时，根据不同条件选择相应的等值计算公式。

3.2.5 截潜流工程

在河床有大量卵石、砾石和砂等的山区间歇河流，或一些经常干涸断流，但却有较为丰富的潜流的河流中上游，山前洪积扇溢出带或平原古河床，可采用管道或渗渠来截取潜流，这种截取潜流的建筑物，一般通称为截潜流工程，即地下水截流工程。

截潜流工程的优点是：既可截取浅层地下水，也可集取河床地下水或地表渗水；集取的水经过地层的渗滤作用，悬浮物和细菌含量少，硬度和矿化度低，兼有地表水与地下水的优点，并且可以满足北方山区季节性河段全年取水的要求。其缺点是：施工条件复杂、造价高、易淤塞，常有早期报废的现象，应用受到限制。

3.2.5.1 截潜流工程的结构、型式与构造

1）截潜流工程的结构

截潜流工程通常由进水部分、输水部分、集水井、检查井和截水墙组成，下面分别叙述各部分。

（1）进水部分。主要作用是集取地下潜流，多由用当地材料砌筑的廊道或管道构成。进水部分留有进水孔，周围填以合格的砾石滤料。

(2)输水部分。将进水部分汇集的水输送往明渠或集水井，以便自流引水或集中抽水。输水管道一般不进水，铺设有一定的坡度。

(3)集水井。用于储存输送来的地下水，通过提水机具，将地下水提到地面上来。当地形条件允许自流时可不设集水井，直接引取地下水储蓄或自流灌溉，可以利用闸门调节水量。

(4)检查井。当输水部分较长时，应在管道转弯处、变径衔接处或每隔 50 ~ 70 m 设置检查井，用以供通风、疏通、清淤、修理及观察管道工作状况等。当输水部分在 100 m 之内时，为了防止洪水淹没，在河床中可不设检查井，而只在河岸边输水部分与进水部分衔接处设置。

(5)截水墙。又称暗坝或地下坝。当含水层厚度小于 10 ~ 15 m、不透水层浅时，为了增大截潜水量，用当地材料拦河设置不透水墙，将集水管道或廊道埋设于墙脚迎水面一侧，建成完整式截潜流工程；当冲积物厚度较大，用截水墙不容易截断潜流时，可视具体条件，不设置截水墙或部分设置截水墙，构成不完整截潜流工程。

2)截潜流工程的型式与构造

(1)按截潜流工程完整程度的不同可分为两种类型：①完整式，适用于砂砾石层厚度不大的河床地区；②非完整式，适用于砂砾石层厚度较大的河床地区。

(2)按截潜流工程结构和流量大小的不同可分为以下三种类型：①明沟式，适用于流量较大的地区；②暗管式，适用于流量较小的地区；③盲沟式，用卵砾石回填的集水沟，适用于流量较小的地区。

截潜流工程的基本组成部分是水平集水管、集水井、检查井和泵站。

集水管一般为穿孔钢筋混凝土管、混凝土管，水量较小时可用铸铁管、陶土管，也可采用浆砌块石或装配式混凝土暗渠。

在集水管外需设置人工反滤层，以防止含水层中细小砂粒堵塞进水孔或使集水管产生淤积。人工反滤层对于渗渠十分重要，它的质量将影响渗渠的出水量、水质和使用年限。

铺设在河滩和河床下的渗渠构造如图 3-28 所示。人工反滤层一般为 3 ~ 4 层，各层级配最上一层填料粒径是含水层或河砂颗粒粒径的 8 ~ 10 倍，第二层填料粒径是第二层的 2 ~ 4倍，以此类推，但最下一层填料的粒径应比进水孔略大。

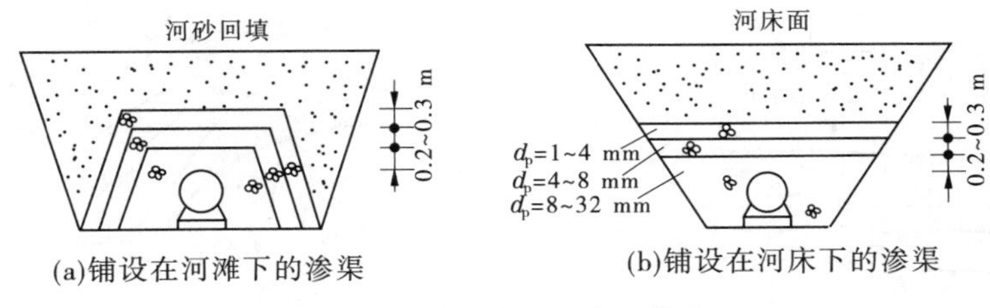

(a)铺设在河滩下的渗渠　　(b)铺设在河床下的渗渠

图 3-28　渗渠人工反滤层构造

为了避免各层中颗粒出现分层现象，填料颗粒不均匀系数$\frac{d_{60}}{d_{10}} \leqslant 10$（其中，$d_{60}$、$d_{10}$ 指填料颗粒中按质量计算有 60%、10% 的粒径小于这一粒径）。各层填料厚度原则上应大于 $(4 \sim 5)d_{max}$（d_{max}为填料中最大颗粒的粒径），为安全起见，可取 200 ~ 300 mm。

为便于检修，在集水管直线段每隔 50 ~ 100 m 及端部、转角处、断面变换处设检查井。洪水期能淹没的检查井井盖应密封,并用螺栓固定,以防洪水冲开井盖,涌入泥沙,淤塞渗渠。

3.2.5.2 截潜流工程的位置选择

截潜流工程的位置选择是其设计中一个重要并且复杂的问题(对集取河床渗透水的渗渠更是如此),有时甚至关系到工程的成败。选择渗渠位置时不仅要考虑水文地质条件,还要考虑河流的水文条件,要预见到取水条件的种种变化,其选择原则如下:

(1)选择在河床冲积层较厚的河段,并且应避免有不透水的夹层(如淤泥夹层之类)。

(2)选择在水力条件良好的河段,如河床冲淤相对平衡河段(靠近主流、流速较急、有一定冲刷力的凹岸,避免河床淤积影响其渗透能力);河床稳定的河段(因河床变迁、水流偏离渗渠都将影响其补给,导致出水量降低)。这必须通过对长期观测资料进行分析和调查研究确定。

(3)选择具有适当地形的地带,以利于取水系统的布置,减少施工、交通运输、征地及场地整理、防洪等有关费用。

(4)如果考虑建立潜水坝,则应选择河谷(指河床冲积层下的基岩)束窄、基岩地质条件良好的地带。

(5)应避免易被工业废弃物淤积或污染的河段。

3.2.5.3 截潜流工程的布置方式

截潜流工程的布置是发挥其工作效益、降低工程造价与运行维护费用的关键之一,在实际工程中,应根据补给来源,河段地形与水文、施工条件等而定,一般有以下几种布置方式:

(1)平行于河流布置(见图3-29)。当河床地下水和岸边地下水均较充沛且河床较稳定时,可采用平行于河流沿河漫滩布置,以便同时集取河床地下水和岸边地下水,施工和检修均较方便。工程通常敷设于距河流30~50 m处的河漫滩下;如果河水较浑,则以距河流100~150 m为好。

(2)垂直于河流布置(见图3-30)。当岸边地下水补给较差、河床含水层较薄、河床地下水补给较差且河水较浅时,可以采用此种方式集取地表水。这种布置方式以集取地表水为主,施工和检修均较困难,且出水量、水质受河流水位及河水水质影响较大,且其上部含水层极易淤塞,造成出水量迅速减少。

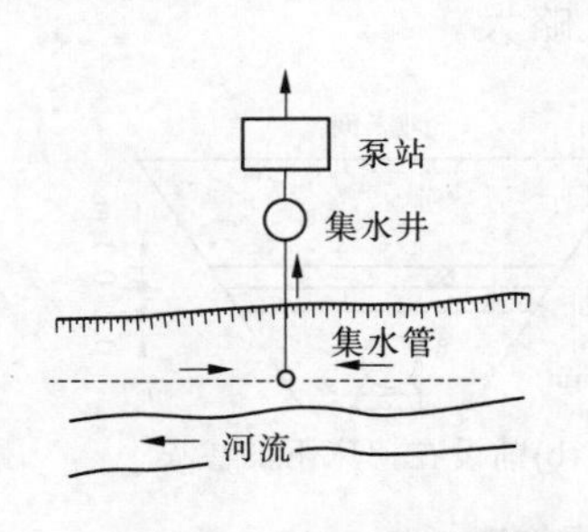

图3-29 平行于河流布置

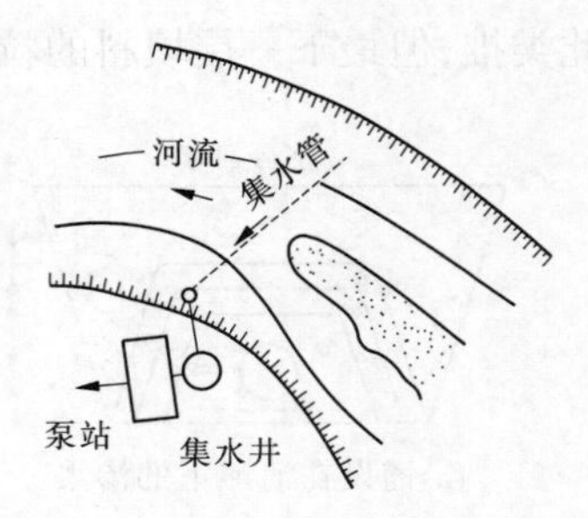

图3-30 垂直于河流布置

(3)平行和垂直组合布置(见图3-31)。此类布置方式能较好地适应河流及水文地质条件的多种变化,能充分截取岸边地下水和河床渗透水,出水量比较稳定,在冬季枯水期可以得到岸边地下水的补给。

不论采用哪种布置方式,都应经过经济技术比较,因地制宜地确定。

3.2.5.4　截潜流工程出水量计算

1)河床无水时出水量计算

河床无水时的截潜流工程又分为完整式和非完整式两种情况。

a. 完整式

单侧进水的完整式集水量按下式计算(见图 3-32)

$$Q = Lk\frac{H^2 - h_0^2}{2R} = Lk\frac{H + h_0}{2}I \qquad (3\text{-}37)$$

式中：Q 为集水量，m^3/d；I 为潜水降落曲线的平均水力坡度；k 为含水层渗透系数，m/d；H 为含水层厚度，m；L 为集水段的长度，m；h_0 为集水廊道外侧水层厚度，$h_0 = (0.15 \sim 0.30)H$；R 为影响半径，$R = 2s\sqrt{kH}$，m。

图 3-31　平行和垂直组合布置

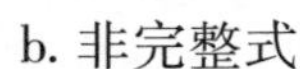

b. 非完整式

单侧进水的非完整式集水量采用下式计算(见图 3-33)

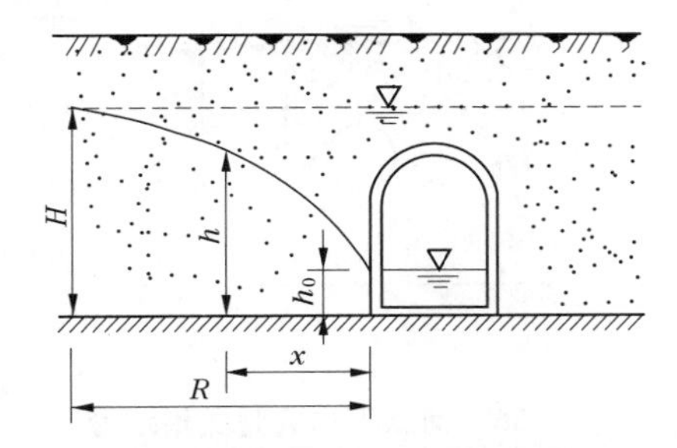

图 3-32　单侧进水的完整式集水量计算简图

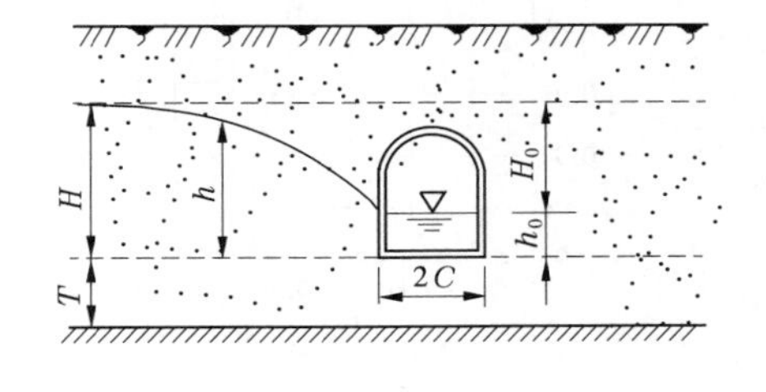

图 3-33　单侧进水的非完整式集水量计算简图

$$Q = Lk\left(\frac{H_1^2 - h_0^2}{2R} + H_0 q_r\right) \qquad (3\text{-}38)$$

式中：q_r 为引用水量，$q_r = f(\alpha, \beta)$，可按 α、β 查图 3-34 求得，其中，$\alpha = \frac{R}{R + C}$，$\beta = \frac{R}{T}$，C 为廊道宽度的 1/2，m，T 为廊道底到不透水层的距离，m；H_1 为潜水面到廊道底的垂直距离，m；H_0 为潜水面到廊道内水面的垂直距离，m；h_0 为廊道内水深，m；其他符号意义同前。

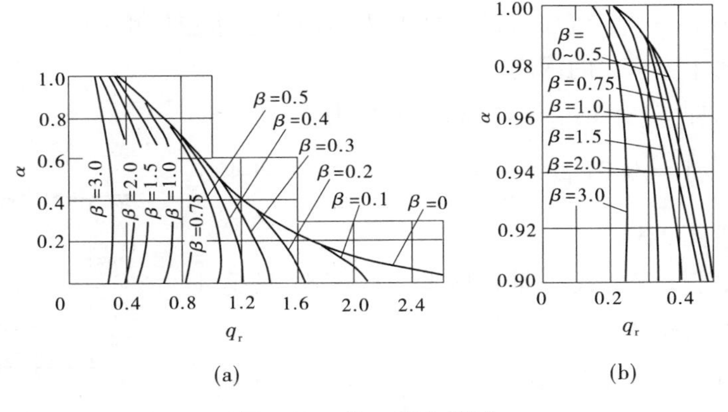

图 3-34　求 q_r 值曲线图

当$\beta>3$时，q_r可按下式计算

$$q_r=\frac{q'_r}{(\beta-3)q'_r+1} \tag{3-39}$$

$q'_r=f(\alpha_0)$可由图3-35查得，$\alpha_0=\dfrac{T}{T+\dfrac{C}{3}}$。

2）河床有水时出水量计算

a. 非完整式

非完整式集水量按下式计算（见图3-36）

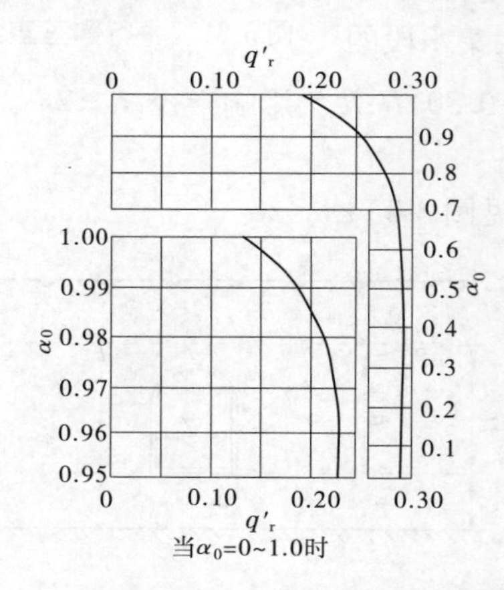

图3-35　求q'_r值曲线图

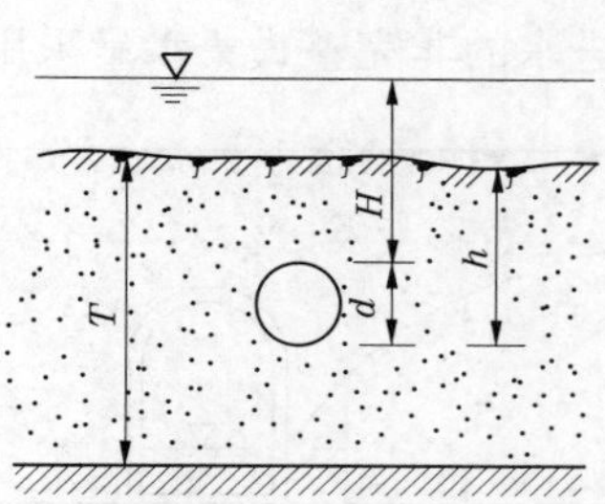

图3-36　河床下非完整式集水管

$$Q=\alpha Lkq_r \tag{3-40}$$

$$q_r=\frac{H-H_0}{A} \tag{3-41}$$

$$A=0.37\lg\left[\tan\left(\frac{\pi}{8}\times\frac{4h-d}{T}\right)\cot\left(\frac{\pi}{8}\times\frac{d}{T}\right)\right] \tag{3-42}$$

式中：α为与河水浑浊度有关的校正系数，较大浑浊度时可采用$\alpha=0.3$，中等浑浊度时$\alpha=0.6$，小浑浊度时$\alpha=0.8$；H为集水管顶部的水头高度；H_0为集水管外对应管内剩余压力的水头高度（当管内为一个大气压时，$H_0=0$）；T为河床透水层厚度；d为集水管直径；h为集水管的埋深，即河床至管底的深度。

当T值极大，即$T\to\infty$时，式（3-42）可简化为

$$A=0.37\lg\left(4\frac{h}{d}-1\right) \tag{3-43}$$

b. 完整式（见图3-37）

完整式集水量计算公式与非完整式基本一致，只是A值不同，按下列公式计算

$$A=0.37\lg\left[\cot\left(\frac{\pi}{8}\times\frac{d}{T}\right)\right] \tag{3-44}$$

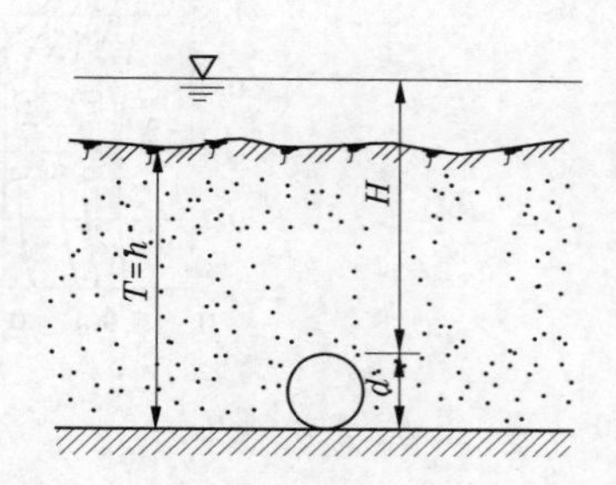

图3-37　河床下完整式集水管

3.3 地下水资源的评价和计算

3.3.1 地下水资源评价的概念

3.3.1.1 地下水可开采资源量

地下水是天然水循环中的一个组成部分，它能得到大气降水、地表水的补给而不断更新。一个地区地下水资源的丰富程度和可利用资源的多少，主要取决于补给条件和开采条件。地下水天然资源是指一个水文地质单元（区域的总体或单个含水层组）内在天然条件下接受大气降水、地表水直接或间接补给而形成的多年平均补给量，即指地下水中参与水循环且可以更新的动态水量（不含井灌回归补给量）。

地下水可开采资源量（统称为地下水开采资源）是在可预见的时期内，通过经济合理、技术可行的措施，在不引起生态环境恶化条件下允许从含水层中获取的最大水量。地下水可开采资源量是与一定的开采方案紧密联系的。应区别以下三种情况：

（1）基本上未开发的地区。对适宜开采的地段，常采用平均布井法概略估算可开采资源。

（2）具有一定开采规模的地区。利用已开采地段的资料，结合工、农业供水规划，评价可开采资源，选择合理的开发方案。

（3）大规模普遍开采的地区。利用大量实际观测资料，结合现有开采方案预测开采动态。

地下水可开采资源量是地下水补给量（地下水资源量）的一部分。地下水开采量与地下水可开采资源量的比值为开采系数，一般认为开采系数小于0.3为开采潜力巨大的地区，开采系数0.6~0.8为开采潜力中等的地区，开采系数大于1.2为严重超采区。习惯上常将地下水补给量乘以开采系数求得地下水可开采量。尤其是干旱地区降水稀少，地下水的补给量大部分来自地表水的转化（河道、水库、湖泊和渠道的渗漏以及田间灌溉水的入渗转化为地下水），而地下水的补给又取决于一定的地表水开发利用条件。因此，地下水的可开采资源量是以在一定的水利条件下由地表水转化为地下水的量，再加上与地表水不重复计算量为基数进行评价的。也就是说，由于水利工程建设、渠道防渗和田间节水技术的推广，都会严重影响地表水对地下水的补给。因而，地下水可开采资源量仅适用于一定的水利工程水平下（或仅适用于一定的历史时期），而对于中长期水利规划或其他规划都不能以根据现有水利工程水平情况估算出来的地下水可开采资源量作为依据。总之，根据一定时期水利条件确定地下水可开采资源量仅能适用于当时的具体情况，而不能把根据一定阶段地下水资源评价计算出来的某地区地下水可开采资源量，作为一个固定不变的数值。

3.3.1.2 天然生态耗水

在地区水资源利用规划、灌区规划和地下水开发利用规划中，不仅要考虑耕地的灌溉用水，而且要考虑天然生态的用水问题，尤其是在内陆干旱绿洲区域，如何保护生态与环境是非常重要的。在我国西北干旱内陆地区，一方面，进入灌区的水量增加，又缺乏配套的排水措施，造成某些地区地下水位过高，导致灌区土壤盐渍化和沼泽化；另一方面，向下游输送的水量减少，绿洲耕作区与沙漠区间的过渡带这一绿洲的天然屏障逐渐消退，使绿洲受到荒漠化的威胁。所以，在水资源总规划中一定要考虑天然生态用水，以保证有足够的地下水量用来维持良好的生态环境，防止沙漠的入侵和荒漠化的发展等，并在此基础上合理计算保护生态需水条件下地下水可开采资源量。

根据华北平原半湿润地区的资料，由于降水量在500～600 mm以上，不仅非耕地的天然植被可以靠降水存活，而且降水对非耕地地下水补给的一部分还可以供耕地开发利用。在这种情况下，地下水的可开采系数也仅有60%～80%，即地下水的可开采量也仅有地下水补给量的60%～80%。而干旱地区降水稀少，耕地不仅没有来自非耕地的地下水补给，非耕地还要靠耕地的地下水来维持天然植被的存活，野生生态地区必须保持一定的地下水位和生态耗水量。因此，干旱地区地下水的可开采系数应低于半湿润地区。

3.3.1.3 地下水资源评价区的划分与评价的主要任务

1）评价区的划分

地下水资源评价是针对某一特定区域进行的。如果这个区域内的水文气象条件、地质构造条件、地貌条件、水文地质条件、岩性条件等比较相近，就可把整个区域作为一个计算单元进行计算。如果区域内的上述条件差异较大，为准确计算地下水资源量，就要进行分区。水利部水利水电规划设计总院编制的《全国水资源综合规划技术细则》和《地下水资源量及可开采量补充细则》要求按3级划分，同一类型区的水文及水文地质条件比较相近，不同类型区之间的水文及水文地质条件差异明显。各级类型区名称及划分依据见表3-6。

表3-6 各级类型区名称及划分依据一览表

<table>
<tr><th colspan="2">Ⅰ级类型区</th><th colspan="2">Ⅱ级类型区</th><th colspan="2">Ⅲ级类型区</th></tr>
<tr><th>划分依据</th><th>名称</th><th>划分依据</th><th>名称</th><th>划分依据</th><th>名称</th></tr>
<tr><td rowspan="6">区域地形地貌特征</td><td rowspan="4">平原区</td><td rowspan="6">次级地形地貌特征、含水层岩性及地下水类型</td><td>一般平原区</td><td rowspan="6">水文地质条件、地下水埋深、包气带岩性及厚度</td><td>均衡计算区
…</td></tr>
<tr><td>内陆盆地平原区</td><td>均衡计算区
…</td></tr>
<tr><td>山间平原区（包括山间盆地平原区、山间河谷平原区和黄土高原台塬区）</td><td>均衡计算区
…</td></tr>
<tr><td>沙漠区</td><td>均衡计算区
…</td></tr>
<tr><td rowspan="2">山丘区</td><td>一般山丘区</td><td>均衡计算区
…</td></tr>
<tr><td>岩溶山区</td><td>均衡计算区
…</td></tr>
</table>

注：引自《地下水资源量及可开采量补充细则》，水利部水利水电规划设计总院，2002。

2）评价的主要任务

地下水资源评价就是对一个地区地下水资源的质量、数量、时空分布特征和开发利用的技术要求作出科学的定量分析，并评价其开采价值。它是地下水资源合理开发与科学管理的基础工作。目的是查清地下水资源的基本情况,为国民经济各部门的科学决策提供可靠的依据。区域地下水资源评价的对象,主要是针对与大气降水、地表水有直接联系的、更新较快且易于开采的浅层地下水资源(包括潜水与微承压水),评价的重点是矿化度小于2 g/L的多年平均地下淡水资源量。地下水资源评价的主要任务有以下几个方面:

(1)水量评价。水量评价的任务是通过区域内地下水资源总补给量的分析计算,而后确定允许开采量,并对能否满足用水部门需要以及有多大保证率作出科学评价。概括地说,地下水水量评价,一是算水账,二是计算允许开采量,三是确定用水保证率。

(2)水质评价。对水质的要求是随其用途的不同而不同的。因此,必须根据用水部门对水质的要求进行水质分析,评价其可用性,并提出开采区水质监测与防护措施。

(3)开采技术条件评价。分析论证在长期开采的条件下是否会引起不良的环境地质问题,并提出相应的预防措施。

3.3.2 水量均衡法

水量均衡法实质上是用"水量守恒"原理分析计算地下水允许开采量的通用性方法。它不仅是计算地下水允许开采量的其他许多方法的指导思想,而且是地下水资源评价的基本方法之一。水量均衡法是研究评价区(均衡区)在一定时段内(均衡期)地下水的补给量、储存量与排泄量之间的平衡关系,确定影响地下水动态各个要素及变化规律。

对于一个均衡区(或水文地质单元)的含水层组来说,地下水在补给和排泄过程中任一时段的补给量和排泄量之差,等于含水层中储存量的变化量,这就是水量均衡法的基本原理。

3.3.2.1 适用条件

从理论上讲,只要均衡要素可以求得,它可用于任何地区,但实际上经常用于范围较大的区域性地下水资源评价中。该法适用于地下水埋藏较浅,地下水的补给和排泄条件易于查清楚的地区。对于干旱或半干旱山前洪积平原和喀斯特地区、某些河谷地区以及封闭的自流盆地,使用效果一般都较好。对深层承压含水层或山区基岩裂隙含水层,其补给、径流和排泄条件不易查清或条件复杂时,不易使用该法。

3.3.2.2 水量均衡方程式

根据水量均衡原理,可建立如下水均衡方程,即

$$Q_{补} - Q_{排} = \pm \Delta Q_{储} \tag{3-45}$$

式中:$Q_{补}$ 为地下水的总补给量,m^3;$Q_{排}$ 为地下水的总排泄量,m^3;$\pm \Delta Q_{储}$ 为地下水储存量的变化量,m^3。

在天然条件下从多年平均来看,地下水储存量的变化量等于零。即地下水水量趋于平衡,这时 $Q_{补} = Q_{排}$。

若把地下水的开采量作为排泄量考虑,便可建立开采条件下的水均衡方程,即

$$(Q_{入} - Q_{出}) + (W - Q_{开}) = \mu F \frac{\Delta h}{\Delta t} \tag{3-46}$$

$$W = Q_{雨} + Q_{河} + Q_{越} + \cdots - Q_{蒸}$$

式中:$Q_{入} - Q_{出}$ 为侧向补给量与排泄量之差,m^3/d;$W - Q_{开}$ 为垂向补给量与开采量之差,

m^3/d；$\mu F\dfrac{\Delta h}{\Delta t}$为单位时间内含水层的储存量的变化量，$m^3/d$；$\mu$ 为含水层的平均给水度；F 为均衡区的面积，m^2；Δt 为计算时段（或均衡期），a；Δh 为在时段 Δt 内含水层水位的平均变幅，m；$Q_{雨}$ 为降水入渗补给量，m^3/d；$Q_{河}$ 为地表水体渗漏补给量，m^3/d；$Q_{越}$ 为越流补给量，m^3/d；$Q_{蒸}$ 为潜水蒸发总量，m^3/d。

考虑到开采过程，式(3-46)可改写为下列预测区域开采量的基本公式

$$Q_{开} = Q_{入} - Q_{出} + W + \mu F\frac{\Delta h}{\Delta t} \tag{3-47}$$

式(3-47)表明含水层的区域开采量由三部分组成：一是侧向补给量与排泄量之差 $Q_{入} - Q_{出}$；二是垂向补给量 W；三是开采过程中含水层的储存量的变化量 $\mu F\dfrac{\Delta h}{\Delta t}$。上述关系从理论上阐明了开采量的组成规律。

3.3.2.3 水量均衡法的计算步骤

1）划分均衡区、确定均衡期

由于水量均衡法是把某一特定的区域作为一个整体进行分析的，如果进行地下水资源评价的区域面积较大，或区域内水文地质条件和开采条件并无显著差异，则可将整个区域作为一个均衡区进行计算。否则，为了提高计算精度，就需要首先将计算区域划分为若干个均衡区，在均衡区内若水文地质条件还有较大的差异，可以再分为若干均衡段。

均衡区一般根据地下水类型和含水介质的成因类型的组合进行划分，如基岩山区裂隙地下水系统、平原区松散层孔隙水系统。

均衡段主要根据含水层的渗透系数、给水度、降水入渗系数、地下水位埋深等定量指标进行划分。其目的是处理水文地质参数上的差异，提高地下水资源量的计算精度。

均衡期一般为一个水文年。为了使地下水资源评价结果更加具有代表性，力争选用包括丰水年、平水年和枯水年在内的一个多年均衡期。

2）确定均衡要素、建立均衡方程

均衡要素指均衡方程中各种补给项和排泄项。一般来说，不同均衡区水文地质条件不同，其均衡要素也不同，应在查明区域地下水补给、径流和排泄条件的基础上确定并计算均衡要素，建立均衡方程。

3）地下水资源评价

在给出均衡期地下水允许变幅值的条件下，将计算的均衡要素代入均衡方程，得

$$Q_{开} = Q_{入} - Q_{出} + W - \mu F\frac{\Delta h}{\Delta t} \tag{3-48}$$

用计算均衡时段的地下水开采量可分析评价地下水资源对用水的保证程度。

3.3.3 地下水回归分析法

地下水资源的形成是一个受多种因素综合影响的复杂过程，很难用确定性的模型来准确地表述它们的关系。在实际运用确定性模型的求解过程中，很多情况下是人为地把某些因素加以删减或简化，因此用确定性模型来评价有一定的局限性。如果水源地已有一段开采时间，并有一系列观测资料，就可以根据概率统计的原理，利用已有的观测资料建立起开采量与其影响因素之间的随机性模型，这就是统计分析法。

一般来说,相关变量之间的关系大致可以分为两类:一类是确定性关系,即函数关系,如一个井的出水量与水位降深值常为确定性关系;另一类是非确定性关系,如开采量受许多因素(水位、降水量、蒸发量、地表水渗漏等)的影响,其值是不确定的。但通过大量的观测数据,则可以发现开采量与降水量(或其他自变量)之间确实存在密切的关系,这种关系在数理统计中称为相关关系。地下水回归分析法是根据地下水的两个或多个主要相关变量的大量实际观测数据找出它们之间相互关系的表达式,然后用外推法进行预报。

在研究变量之间的相关关系时,首先应从物理成因方面定性地挑选相关因子,在共同影响一个变量的许多因素中,确定哪些是主要因素,哪些是次要因素,并找出这些因素间的关系。变量间的相关关系分为单相关和复相关。两个变量的相关称为单相关,又叫一元相关。多于两个变量的相关称为复相关,又叫多元相关。一元相关可分为一元线性相关和一元非线性相关,本节主要介绍这种相关方法。

3.3.3.1 适用条件

(1)适用于有多年开采历史资料的水源地扩大开采时的水量计算与评价。它是在现实物理背景下得出的统计规律,在此基础上适当外推是可以的,但外推范围不能太大,否则物理背景可能发生变化,改变了原有的规律性。

(2)适用于稳定型开采动态或调节型开采动态,而且补给有余的水源地扩大开采时的地下水量计算与评价。

3.3.3.2 一元线性相关分析

在地下水水量评价中,经常要分析开采量(Q)与水位降深(s)的关系。对一个水源地而言,因井数很多,影响因素复杂,加上观测误差,开采量和水位降深的关系通常是寻找统计相关关系。如某水源地有一系列开采量和对应水位降深的观测资料,将这些资料点绘到坐标纸上,就会呈现一定的分布趋势。若它们的关系呈直线分布趋势,就可以用数理统计方法建立它们之间的线性相关关系式。下面介绍一元线性相关分析的具体步骤。

1)收集资料

首先收集必要的实测资料,如实际开采量(Q)和相应的水位降深(s)值:Q_1、Q_2、…、Q_n;s_1、s_2、…、s_n。数据个数 n 称为样本容量,样本容量不宜太小,否则精度无法保证。

2)绘制散点图

用收集到的资料在 $Q \sim s$ 坐标图上作散点图,如图3-38所示。从散点图可以看出,坐标点虽然不处在一条光滑的直线上,但从整体来看,显示为直线型的分布趋势(见图3-38(a)),也可能是曲线分布关系(见图3-38(b))。

3)建立回归方程

表征 Q 与 s 总体间相关关系的真实回归直线方程是无法知道的,但可根据有限的实测资料(Q_i,s_i),利用一个线性方程来近似描述 Q 与 s 的关系,这种方程称为一元线性回归方程。可以设此直线方程为

$$Q = A + Bs \tag{3-49}$$

式中:A、B 为待定系数。

要使式(3-49)满足回归方程的要求,必须使拟合值与所有观测值之差的平方和最小,即

$$\Delta = \sum_{i=1}^{n} (Q_i - Q)^2 = \sum_{i=1}^{n} (Q_i - A - Bs_i)^2 = 最小$$

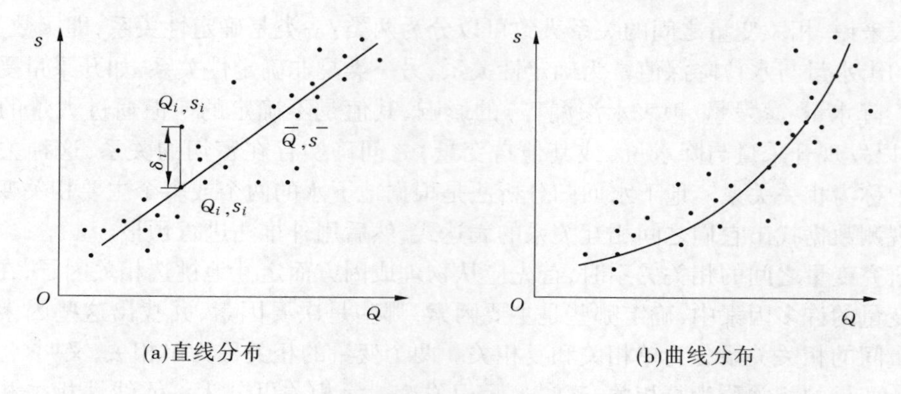

图 3-38　$Q \sim s$ 散点分布趋势

因 Q_i 和 s_i 都是已知值，故 Δ 可看做 A 和 B 的函数，要使函数值最小，则它对 A 和 B 的偏导数应等于零，即

$$\frac{\partial \Delta}{\partial A} = \frac{\partial}{\partial A}\left[\sum_{i=1}^{n}(Q_i - A - Bs_i)^2\right] = -2\sum_{i=1}^{n}(Q_i - A - Bs_i) = 0$$

$$\frac{\partial \Delta}{\partial B} = \frac{\partial}{\partial B}\left[\sum_{i=1}^{n}(Q_i - A - Bs_i)^2\right] = -2\sum_{i=1}^{n}(Q_i - A - Bs_i)s_i = 0$$

设观测值为 n 组，用均值 $\overline{Q} = \frac{1}{n}\sum Q_i$，$\overline{s} = \frac{1}{n}\sum s_i$ 代入上式，即可求得待定系数，即

$$A = \overline{Q} - B\overline{s}$$

$$B = \frac{\sum (Q_i - \overline{Q})(s_i - \overline{s})}{\sum (s_i - \overline{s})^2}$$

把求得的待定系数 A、B 值代入式(3-49)，即可求得回归方程。

4）计算相关系数(r)并作显著性检验

这样求得的回归直线方程实用价值如何？也就是这两个变量之间线性关系密切程度如何？在数理统计上用相关系数 r 来衡量。它的绝对值介于 0 到 1 之间，即 $0 \leqslant |r| \leqslant 1$。相关系数的绝对值越接近 1，说明两变量的线性相关程度越密切，所求出的方程式实用价值越大；反之，相关系数的绝对值越接近零，说明两变量的线性相关程度越差，所求出的方程式实用价值越小。$|r| = 1$ 是完全相关的线性函数关系。$|r| = 0$ 是零相关，这时有两种可能：一是两个变量没有关系；二是无简单的线性关系，也可能存在曲线相关关系。

相关系数可用式(3-50)求得

$$r = \frac{\sum_{i=1}^{n}(Q_i - \overline{Q})(s_i - \overline{s})}{\sqrt{\sum_{i=1}^{n}(Q_i - \overline{Q})^2(s_i - \overline{s})^2}} \tag{3-50}$$

在实际应用中，相关系数要多大，所建立的回归方程才有实用价值呢？这取决于样本的多少和要求的精度。根据这两方面的要求对相关系数规定了不同的值，这在数理统计上称为相关系数显著性检验。一般来说，样本容量 n 越大，$|r|$ 要求越小；反之，则 $|r|$ 要求越大。

表 3-7 中给出了不同的样本容量 n 在两种显著性水平 $a = 0.05$ 和 $a = 0.01$ 条件下，相

关系数达到显著时的最小值。当样本相关系数的绝对值在一定显著性水平处,等于或者超过表中的数值时,就认为在该水平处显著。所谓显著性水平,就是指作出显著(即有价值)这个结论时,可能发生判断错误的概率。当 $a=0.05$ 时,表示判断错误的概率(可能性)不超过0.05;当 $a=0.01$ 时,指判断错误的概率不超过0.01。所以,在相同样本容量 n 的条件下,显著性水平 a 越小,表示检验越严格,要求 $|r|$ 越大;在同一显著性水平处,样本容量 n 越小,则要求相关系数越大。因为当两个变量关系较密切时,少量的抽样便能反映出它们的关系来,反之,如果它们的关系不太密切,就需要很多的抽样才能反映出来。所以,当相关系数较小时,要使两个变量间的相关系数达到显著,就需要较多的抽样数。例如,样本容量 n 为20,查表知 $|r|\geqslant 0.444$,就可以认为在 $a=0.05$ 水平处是显著的,而在 $a=0.01$ 水平处不显著,只有当 $|r|\geqslant 0.561$ 时,才可以说它在 $a=0.01$ 水平处是显著的。若不显著,说明两个变量之间关系不密切,所求回归方程式的意义不大。

表3-7　相关系数显著性检验表

$n-2$	a		$n-2$	a	
	0.05	0.01		0.05	0.01
	r			r	
1	0.999	1.000	21	0.413	0.526
2	0.950	0.990	22	0.404	0.515
3	0.878	0.959	23	0.396	0.505
4	0.811	0.917	24	0.388	0.496
5	0.754	0.874	25	0.381	0.487
6	0.707	0.834	26	0.374	0.478
7	0.666	0.798	27	0.367	0.470
8	0.632	0.765	28	0.361	0.463
9	0.602	0.735	29	0.355	0.456
10	0.576	0.708	30	0.349	0.449
11	0.553	0.684	31	0.325	0.418
12	0.532	0.661	32	0.304	0.393
13	0.514	0.641	33	0.288	0.372
14	0.497	0.623	34	0.273	0.354
15	0.482	0.606	35	0.250	0.325
16	0.468	0.590	36	0.232	0.302
17	0.456	0.575	37	0.217	0.283
18	0.444	0.561	38	0.205	0.267
19	0.433	0.549	39	0.195	0.254
20	0.423	0.537	40	0.138	0.181

为了保证评价精度,在供水水量评价中,一般要求 $|r|>0.8$。

3.3.3.3 一元非线性相关分析

若实际观测值在散点图上不是直线趋势,而是近似曲线,如图 3-38(b)所示,此时可按上述相同的原理建立回归方程。在供水水量评价中经常用到幂函数曲线,设幂函数方程式为

$$Q = As^B \tag{3-51}$$

式中:A、B 为待定系数。

两边取对数,可得

$$\lg Q = \lg A + B\lg s$$

若把对数值看成变量,点绘到等对数纸上,则点群分布趋势为直线。这样就可将非线性相关转化为线性相关了。其待定系数为

$$\lg A = \lg \overline{Q} - B\lg \bar{s}$$

$$B = \frac{\sum (\lg Q_i - \lg \overline{Q})(\lg s_i - \lg \bar{s})}{\sum (\lg s_i - \lg \bar{s})^2}$$

把待定系数 A、B 代入式(3-51)可得幂函数曲线相关的回归方程,相关系数 r 为

$$r = \frac{\sum (\lg Q_i - \lg \overline{Q})(\lg s_i - \lg \bar{s})}{\sqrt{\sum (\lg Q_i - \lg \overline{Q})^2 \sum (\lg s_i - \lg \bar{s})^2}} \tag{3-52}$$

其他曲线类型都可以采用以上类似的方法处理。如:

指数曲线类型

$$Q = A\mathrm{e}^{Bs}$$

$$Q = A\mathrm{e}^{B/s}$$

对数曲线类型

$$Q = \lg A + B\lg s$$

3.3.4 地下水地表水资源平衡分析

水资源评价是保证水资源持续发展的前提,是水资源开发利用的基础。进行水资源评价时应遵循地表水与地下水统一评价、水量水质并重、水资源可持续利用与社会经济发展和生态环境保护相协调的原则,客观、科学、系统、实用地对水资源进行评价。

地下水均衡分析实质上是用"水量平衡"原理分析计算地下水开采量的通性方法,主要是验证总补给量与总排泄量计算的可靠性,是计算地下水可开采量的其他许多方法的基础。地表水均衡分析同样是根据"水量平衡"原理,对一定区域的地表水资源量进行平衡分析。地表水为河流、湖泊、冰川、沼泽等水体的总称,地表水资源量包括这些地表水体的动态水量。多年平均条件下,水资源量的收支项主要为降水、蒸发和径流,平衡条件下收支在数量上是相等的。对一定地域的地表水资源而言,其丰富程度是由降水量的多少来决定的。

地表水资源进入一定流域,在经过河道、渠道、田间、水库、湖泊湿地以及工业人畜用水等分配利用后,最终会流出该流域,在这一系列转化利用过程中会产生相当一部分的水量损失,损失的水量主要包括蒸发蒸腾损失水量和入渗补给地下水量。通过对不同流域多年平均水均衡计算分析发现,在多年平均条件下,流入区域内的地表水资源量与地下水量是存在

着一定关系的，所以说，地下水资源评价必须与地表水资源的利用规划紧密结合，同时进行。下面主要介绍地下水地表水资源平衡计算方法。

3.3.4.1 补给量计算方法

地下水补给量包括降水入渗补给量、河道渗漏补给量、库塘渗漏补给量、渠系渗漏补给量、渠灌田间入渗补给量、人工回灌补给量、地表水体补给量、山前侧向补给量和井灌田间入渗补给量。

1）降水入渗补给量

降水入渗补给量是指降水（包括坡面漫流和填洼水）渗入到土壤中并在重力作用下渗透补给地下水的水量，即

$$P_r = 10^{-1}PaF \tag{3-53}$$

式中：P_r 为降水入渗补给量，m^3；P 为有效降水量，mm；a 为降水入渗补给系数；F 为均衡计算评价区面积，km^2。

2）河道渗漏补给量

当河道水位高于河道岸边地下水位时，河水渗漏补给地下水，河道渗漏补给量可采用下述两种方法计算。

a. 水文分析法

该法适合于河道附近无地下水位动态观测资料但具有完整的计量河水流量资料的地区。计算公式为

$$Q_{河补} = (Q_{上} - Q_{下} + Q_{区入} - Q_{区出})(1 - \lambda)\frac{L}{L'} \tag{3-54}$$

式中：$Q_{河补}$为河道渗漏补给量，m^3；$Q_{上}$、$Q_{下}$ 分别为河道上、下水文断面实测河川径流量，m^3；$Q_{区入}$为上、下游水文断面区间汇入该河段的河川径流量，m^3；$Q_{区出}$为上、下游水文断面区间引出该河段的河川径流量，m^3；λ 为修正系数，即上下两个水文断面间河道水面蒸发量、两岸浸润带蒸发量之和占（$Q_{上} - Q_{下} + Q_{区入} - Q_{区出}$）的比率，可根据有关测试资料分析确定；$L$ 为计算河道或河段的长度，m；L'为上、下两水文断面间河段的长度，m。

b. 地下水动力学法（剖面法）

当河道水位变化比较稳定时，可沿河道岸边切割剖面，通过该剖面的水量即为河水对地下水的补给量。单侧河道渗漏补给量采用达西公式计算，即

$$Q_{河补} = 10^{-4}kJALt \tag{3-55}$$

式中：$Q_{河补}$为单侧河道渗漏补给量，m^3；k 为剖面位置的渗透系数，m/d；J 为水力坡度；A 为单位长度河道垂直于地下水流向的剖面面积，m^2/m；L 为河道或河段长度，m；t 为河道或河段过水（或渗漏）时间，d。

若河道或河段两岸水文地质条件类似且都有渗漏补给，则式（3-55）计算的 $Q_{河补}$的 2 倍即为该河道或河段两岸的渗漏补给量。剖面的切割深度应该是河水渗漏补给地下水的影响带（该影响带的确定方法参阅有关水文地质书籍）的深度；当剖面为多层岩性结构时，k 值应取用计算深度内各岩土层渗透系数的加权平均值。

3）库塘渗漏补给量

当位于平原区的水库、湖泊、塘坝等蓄水体的水位高于岸边地下水位时，库塘等蓄水体渗漏补给岸边地下水。计算方法有以下两种：

(1)地下水动力学法(剖面法)。沿库塘周边切割剖面,利用式(3-55)计算,方法与计算河道渗漏补给量相同。

(2)出入库塘水量平衡法。计算公式为

$$Q_{库} = Q_{入库} + P_{库} - E_0 - Q_{出库} - E_{浸} \pm Q_{库蓄} \tag{3-56}$$

式中:$Q_{库}$ 为库塘渗漏补给量,m^3;$Q_{入库}$、$Q_{出库}$ 分别为入、出库塘水量,m^3;E_0 为库塘的水面蒸发量,m^3;$P_{库}$ 为库塘水面的降水量,m^3;$E_{浸}$ 为库塘周边浸润带蒸发量,m^3;$Q_{库蓄}$ 为库塘蓄变量,m^3。

4)渠系渗漏补给量

渠系是干、支、斗、农各级渠道的统称。渠系水位一般均高于其周边的地下水位,故渠系水一般均补给地下水。渠系水补给地下水的水量称为渠系渗漏补给量。

计算方法有以下两种:

(1)地下水动力学法(剖面法)。沿渠系岸边切割剖面,利用式(3-55)计算,方法与计算河道渗漏补给量相同。

(2)渠系渗漏补给系数法。计算公式为

$$Q_{渠系} = \gamma Q_{渠水引} \tag{3-57}$$

式中:$Q_{渠系}$ 为渠系渗漏补给量,m^3;$Q_{渠系引}$ 为渠首引水量,m^3;γ 为渠系渗漏补给系数。

5)渠灌田间入渗补给量

渠灌田间入渗补给量是指渠灌水进入田间后,入渗补给地下水的水量。可利用式(3-58)计算

$$Q_{渠灌} = \beta Q_{渠田} \tag{3-58}$$

式中:$Q_{渠灌}$ 为渠灌田间入渗补给量,m^3;β 为渠灌田间入渗补给系数;$Q_{渠田}$ 为渠灌水进入田间的水量,m^3。

6)人工回灌补给量

人工回灌补给量是指通过井孔、河渠、坑塘或田面等方式,人为地将地表水等灌入地下且补给地下水的水量。可根据不同的回灌方式采用不同的计算方法。例如,井孔回灌,可采用调查统计回灌量的方法;河、渠、塘坑或田面等方式的人工回灌补给量,可分别按计算河道渗漏补给量、渠系渗漏补给量、库塘渗漏补给量或渠灌田间入渗补给量的方法进行计算。

7)地表水体补给量

地表水体补给量是指河道渗漏补给量、库塘渗漏补给量、渠系渗漏补给量、渠灌田间入渗补给量及以地表水为回灌水源的人工回灌补给量之和。

8)山前侧向补给量

山前侧向补给量是指发生在山丘区与平原区交界面上,山丘区地下水以地下潜水流形式补给平原区浅层地下水的水量。山前侧向补给量可采用剖面法利用达西公式计算,即

$$Q_{山前侧} = 10^{-4} kJAt \tag{3-59}$$

式中:$Q_{山前侧}$ 为年山前侧向补给量,m^3;k 为剖面位置的渗透系数,m/d;J 为垂直于剖面的水力坡度;A 为剖面面积,m^2;t 为时间,d,采用 365 d。

9)井灌田间入渗补给量

井灌田间入渗补给量是指井灌水进入田间后,入渗补给地下水的水量。井灌回归补给

量包括井灌水输水渠道的渗漏补给量和井灌田间入渗补给量。井灌田间入渗补给量可利用下式计算，即

$$Q_{井灌} = \beta_{井} Q_{井田} \tag{3-60}$$

式中：$Q_{井灌}$为井灌田间入渗补给量，m^3；$\beta_{井}$ 为井灌田间入渗补给系数；$Q_{井田}$为井灌水进入田间的水量，m^3。

3.3.4.2 排泄量计算方法

排泄量包括潜水蒸发量、河道排泄量、侧向流出量和浅层地下水实际开采量。

1）潜水蒸发量

潜水蒸发量可用公式 $E = E_0\left(1 - \dfrac{\Delta}{\Delta_0}\right)$进行计算，当考虑作物覆盖时可用修正后的阿维里扬诺夫公式，即

$$E = kE_0\left(1 - \frac{\Delta}{\Delta_0}\right)^n \tag{3-61}$$

式中：k 为作物修正系数，取1.0～1.3；E 为潜水蒸发值，mm；E_0 为水面蒸发值，mm，常采用E_{69}型蒸发皿的实测值；Δ 为地下水埋深，m；Δ_0 为潜水蒸发为0时的极限埋深。

2）河道排泄量

当河道内水位低于岸边地下水位时，河道排泄地下水，排泄的水量称为河道排泄量。计算方法、计算公式和技术要求同河道渗漏补给量的计算。

3）侧向流出量

以地下潜流形式流出评价计算区的水量称为侧向流出量。一般采用地下水动力学法（剖面法）计算，即沿均衡计算区的地下水下游边界切割计算剖面，利用式(3-59)计算侧向流出量。

4）浅层地下水实际开采量

各均衡计算区的浅层地下水实际开采量应通过调查统计得出。可采用各均衡计算区的多年平均浅层地下水实际开采量调查统计结果作为各相应均衡计算区的多年平均浅层地下水实际开采量。

由于地下水补给多来自于平原区，所以以上各项补给量、排泄量的计算方法只针对平原区。对于山丘区各项补给量、排泄量计算方法请查阅相关资料。

3.3.4.3 地下水、地表水均衡分析

地下水均衡分析主要是验证总补给量与总排泄量计算的可靠性，通过流域水均衡分析可进一步核实地下水补排量，本节以流域为水均衡分析基本单位。

流域水均衡基本原理：

进入流域总水量－流出流域总水量±储变量＝消耗水总量

根据进入流域水量、流域内的运行水量及流出流域水量的监测资料，计算各项水均衡量，并根据对现状年水均衡量分析进行评价。

平衡分析需满足以下三个平衡方程：

进入流域水量－流出流域水量≈蒸发蒸腾总量

地下水收入－地下水支出≈$\mu\Delta H_1 F_1$

入库水量（湖泊）－出库水量（湖泊）≈$\Delta H_2 F_2$

式中:μ 为地下水位变动带内的给水度;ΔH_1 为地下水位升降幅度,m;F_1 为地下水位升降区的面积,m^2;ΔH_2 为水库(湖泊)水位升降幅度,m;F_2 为水库(湖泊)水位升降幅度内的平均水面面积,m^2。

在多年平均情况下(除地下水位持续下降的超采区域),$\mu\Delta H_1F_1\approx0$,$\Delta H_2F_2\approx0$。

若以上三个平衡结果差距较大,要重新调整计算。

3.4 地下水开发利用规划设计

3.4.1 规划的原则与分区

3.4.1.1 规划的原则

在资源型缺水的地区,许多城市供水和农业灌溉用水都依靠地下水。由于对地下水资源的认识不足,许多人认为它是“取之不尽,用之不竭”的。其结果是缺少规划,盲目布井,过量开采,造成地下水位持续下降、水质恶化和地面沉降等诸多环境地质问题。为避免上述问题的发生,在编制地下水开发利用规划时,必须坚持贯彻全面规划、协调发展、可持续利用、因地制宜、依法治水、科学治水的规划原则。具体有以下几项基本原则:

(1)地下水开发利用规划应以各地水利总体规划及国土整治规划为基础,并兼顾流域与行政区域之间的关系,统筹规划区内国民经济近期和远景发展的需要,对水资源的开发、利用、保护和管理做出总体安排。

(2)规划应本着统筹协调生活、生产和生态环境用水,充分利用当地地表水、合理开采地下水,兼顾区内旱、涝、碱的综合治理,并合理地进行井、渠、路、林、电的规划布置。

(3)根据规划区的水资源状况和经济社会发展条件,确定适合本地区的水资源开发利用与保护模式及对策,提出各类水的优先顺序。在确定开发利用地下水时,应优先开采浅层地下水,严格控制开采深层地下水,尤其是在长期超采引起地下水位持续下降的地区,应限量开采;对已造成严重不良后果的地区,应停止开采。在滨海地区、湖滨地区、绿洲与沙漠过渡带地区,应严格禁止开采,以防海水入侵、湖泊干涸及植被枯死导致沙漠化等。

(4)应坚持水量与水质并重,开采与补给平衡,按照国家颁布的有关水资源管理的法律、法规和政策,以及相应的技术规范、规程进行规划编制。

(5)要运用水资源系统的理论与方法,合理配置地表水和地下水资源,缓解面临的水资源紧缺问题;采用先进的技术方法与手段,编制出有高水平的地下水开发利用规划。

(6)重视水质,保护供水安全。地下水质评价标准应按其功能确定,一般可以参照《生活饮用水卫生标准》(GB 5749—2006)、《地下水质量标准》(GB/T 14848—93)和《农田灌溉水质标准》(GB 5084—92)执行。

(7)规划中应制定地下水动态监测规划,借以指导地下水的合理开发利用。地下水监测站网的布设,可参照《地下水监测规范》(SL/T 183—96)进行。

从上述规划基本原则看,地下水开发利用规划涉及面广,涉及学科比较多,是一个综合性很强的规划。也就是说,对某些问题考虑不周或疏漏就会造成顾此失彼,成为一个不完善且难以实现的规划。为此,地下水开发利用规划可参照《全国水资源综合规划技术大纲》和《全国水资源综合规划技术细则》(试行)(水利部水利水电规划设计总院,2002 年 8 月)进行，应符合《机井技术规范》(SL 256—2000)的有关要求。

3.4.1.2 规划分区及其水资源配置

1)规划分区

为了便于规划，结合自然环境条件和基本资料，根据上述规划原则和规划任务，特作以下规划分区：

(1)根据流域地形地貌单元，将地下水规划划分为一级类型区，即山丘区、平原区、沙漠荒漠区或湖滨、滨海区。

山丘区是水资源的产流区或形成区；平原区是水资源的利用区，也称用水区；沙漠荒漠区或湖滨、滨海区为水资源的容泄区。

(2)水资源评价与开发利用是按河流水系的地域分布进行的，故将流域平原划分为二级类型区。

可根据流域平原区的水文地质单元，划分为三级类型区，或便于规划使用，也可根据行政区划分为三级类型区。

(3)根据地下水赋存条件、地质环境和生态环境，从地下水资源保护角度出发，可将地下水开发利用区划分为控制开采区、适宜开采区、调控开采区、禁止开采区四种类型区。①控制开采区指地表水散失区、地下水形成区；②适宜开采区是指地下水溢出带附近及补给条件好的平原区；③调控开采区是指冲积－冲洪积平原中下部，地下水位较高，土壤盐渍化比较严重的地区；④禁止开采区是指绿洲与沙漠间的生态环境脆弱带或绿洲与湖滨、滨海间的地质环境脆弱带。

规划分区图视其规划面积大小，使用不同比例尺的地形图。当规划面积超过 30 km^2 时，在 1∶5万的地形图上编绘；当规划面积在 10 km^2 左右时，在 1∶1万的地形图上编绘。究竟采用多大比例尺的地形图，可视规划实际需要而定。

2)分区的水资源配置

水资源配置是指特定流域或地域内，遵循有效、公平和可持续利用的原则，对有限的、不同形式的水资源，通过工程和非工程措施，在生活、生产和生态用水之间进行合理分配。

在配置时必须坚持保障生活用水，合理安排工业和农业用水，优先利用地表水，尽量少用地下水，遵循地方政府制定的水分比，坚持多种水源的联合调配，保证最小生态用水，保护生态环境等原则。在充分考虑未来开源和节水潜力的基础上，提出分区开发利用水资源的配置方案，结合社会经济发展规划分解到各个行政区。最后提出各个行政区不同水平年的水资源配置规划。在配置规划中，重视研究连续干旱年和特殊干旱年的配置方案及应急对策。

为此，对规划分区中水资源分配采用水资源优化配置模型。模型依据事先制定的一系列水资源调度分配方案、运行规则进行，从中选取最优者，以得出最佳的水资源分配结果。

3.4.2 基本资料

国民经济与社会发展规划均制定有不同规划水平年的发展目标。不同规划水平年发展目标对水资源会有相应的需求。规划应在综合分析与归纳区内各种基本资料的基础上，依据规划原则，结合发展目标的需水要求而得出相应的规划成果。由此可见，足够数量和精度的基本资料在规划时是必不可少的。

3.4.2.1　**基本资料的收集**

规划需要的基本资料包括以下几个方面。

1)自然地理概况

(1)地理位置:地形、地貌及地表水体分布与特征等。

(2)气象、水文条件:气象主要包括气温、降水、蒸发、霜期和冰冻层情况等,水文主要指河流、湖泊和水库等的水文变化特征及水源状况等。

(3)土地状况:主要包括土地总面积,耕地、荒地、沼泽地及水面面积;土壤类别、性质和分布状况等。

2)水文地质条件

(1)地质特征。主要包括:地质构造(褶皱、断层)的分布及对地下水的控制作用,含水层和隔水的埋藏分布、组合关系以及含水层岩性、渗透性、富水性及与地表水体的联系关系等。

(2)地下水的补给、径流、排泄特征及地下水化学特征、主要水文地质试验、地下水动态变化特征、地下水资源量和可开采量等。

3)生态环境状况

(1)植被:植被类型、分布面积及覆盖度,草原退化和土壤荒漠化的原因、演变、面积及分布。

(2)土壤盐渍化:土壤盐渍化的原因、类型及盐渍化的面积与分布。

(3)水土流失:水土流失的原因、类型、演变面积及分布。

(4)污染状况:水循环污染与土地污染的原因与类型,河流断流、湖泊萎缩与干涸的原因及其后果等。

4)农业生产及农业用水现状

(1)农业生产特点及发展规划(包括农业区划),农作物的种类、种植面积、复播指数和面积,林果业的种类、种植面积,农作物、林果业的产量。

(2)规划区引水量、灌溉面积、灌溉制度、灌溉水量及排水情况等。

5)水资源利用状况及水利工程现状

(1)地表水、地下水的利用率及利用量:农田灌溉、林果灌溉、草地灌溉和鱼塘补水情况等,生活用水和工业用水情况等。

(2)地表水工程措施:水库、池塘的数量、容积、现状和利用情况,各级渠道的长度和过水流量以及提水工程的规模和利用情况等,排水工程包括排水沟渠长度和排水量等。

(3)地下水工程措施:井的数量、开采深度和井的利用率,机泵配套情况,以及坎儿井、截潜流工程的数量、利用情况和出水量变化情况等。

6)社会经济状况和技术条件

(1)区内的人口,自然增长率。其中包括农业人口和非农业人口、劳动力状况;区内国民经济总产值,主要包括农业产值、工业产值及第三产业产值。

(2)施工队伍的装备、技术资质等级,人员技术职称结构及技术水平等;电力、建材、交通、环保投入能力和投资方式等。

上述基本资料,部分或大部分可以通过气象、水文、农林、科研、国土资源和水利部门等有关单位收集。但缺少部分必须通过野外调查、勘察和试验工作获得。

3.4.2.2 基本资料的分析整理

收集资料固然重要,但对收集来的资料,还得有一个去粗取精和弃伪存真的分析整理过程,然后编绘成各种实用的图件和表格,即上升为符合当地实际情况的规律性资料。

在基本资料中,水文地质资料是最重要的组成部分。其他资料可按当地情况,编制能反映其特征的实用图表。而水文地质资料必须编制下列图表:

(1)第四纪地质地貌图。

(2)水文地质分区图或综合水文地质图,应附有主要水文地质剖面图及各区典型钻孔柱状图。

(3)潜水等水位线图,有条件时应作不同典型年的潜水等水位线图或埋深等值线图。

(4)承压水等水压线图,有条件时可作不同承压含水岩层或含水岩组的承压水等水压线图。

(5)各分区典型观测孔潜水动态曲线图,并配合编制同时段的降水量、蒸发量、地下水开采量等要素的历时变化图。

(6)各抽水试验井孔的抽水试验曲线图和水文地质参数汇总表。参数包括井孔单位出水量、渗透系数、释水系数、导水系数、导压系数、干扰系数和影响半径等。

3.4.3 供需水平衡分析

供需水平衡分析的目的:一是分析和解决规划区内国民经济发展和生态保护对水的需求量和水资源可能的供给量之间的矛盾;二是根据供需平衡关系,确定地下水开发利用最大的开采规模,以便制定地下水开发利用工程规划。

3.4.3.1 供需平衡的原则

(1)供需平衡时要充分考虑调配当地全部水资源,在充分利用地表水资源的情况下,提出合理利用的地下水资源量。

(2)绝大部分分区以供定需,在部分分区即当地水资源非常丰富,且供水工程易于实施,可以考虑以需定供。在作供需平衡分析时,对供与需须做多方面认真反复分析比较,选择其中一个比较好的基本平衡方案。

(3)针对不同地区水资源开发利用条件,分析制定不同的供需平衡策略。在水资源比较贫乏、水资源利用程度较高的地区,在充分挖掘当地水资源潜力的同时,一定要强调节水,采用先进节水技术与设备,制定节水措施。

(4)在作供需平衡时,优先满足生活供水和重点工业用水,在维护与改善生态环境的基础上,合理安排农业灌溉用水、林业供水、畜牧业供水等。

3.4.3.2 需水量预测

需水量预测应充分考虑不同规划水平年可能实现的节水措施,及科技进步对实现合理用水和高效用水的影响。预测的内容应包括生活需水、农业需水、工业需水及生态环境需水预测等,用水定额参照《机井技术规范》(SL 256—2000)等有关规范执行。

1)生活需水量预测

生活需水量预测包括城镇生活需水量预测和农村生活需水量预测。城镇生活需水量主要是城镇居民用水、公共用水;农村生活需水量主要是农村居民用水。生活需水量预测主要根据人口增长预测,在考虑社会经济发展状况、节水技术的应用推广情况、水资源管理水平、水价的调整和暂住人口的变化等因素情况下进行预测。生活需水量采用人均日用量预测的方法。城市用水量指标按《城市给水工程规划规范》(GB 50282—98)执行,乡镇居民生活用水量及乡镇公共设施用水量定额,可参照表3-8 和表3-9。

表3-8 乡镇居民生活用水量定额

气候分区	给水卫生设备类型及日生活用水量(L/(人·d))		
	集中给水栓	给水龙头安装到户	
		无洗涤池	有洗涤池或有洗涤池及淋浴设备
Ⅰ	20~35	30~40	—
Ⅱ	20~35	30~40	40~70
Ⅲ	30~50	40~60	60~100
Ⅳ	30~50	40~60	70~120
Ⅴ	25~45	35~55	60~90

表3-9 乡镇公共设施日用水量定额

公共建筑名称	日用水量定额
乡镇医院:住院部(仅有水龙头)	20~40 L/(床·d)
门诊部	9~10 L/(人·次)
乡镇饮食店	7~23 L/(客·次)
乡镇机关食堂	44~136 L/(人·d)
乡镇办公机关:仅有水龙头	8 L/(人·班)
有水龙头和食堂	30~43 L/(人·班)
乡镇招待所(有水龙头、食堂)	86 L/(床·d)
幼儿园(无住宿)	6 L/(床·d)
综合商店(有水龙头)	22 L/(人·班)

2)农业需水量预测

农业需水量预测主要指农林业灌溉。因此,必须密切结合当地水文气象、土壤、作物、水文地质条件及农业生产情况,坚持科学种田和节水灌溉,正确制定农林业灌溉用水量。

(1)合理地制定作物种植结构比例。在优化作物结构的基础上,确定各种作物的种植比例和灌溉面积。

(2)先进的灌溉制度的确定。在规划区开展各种节水灌溉试验,结合现状的灌溉情况,探讨作物需水规律,分析制定出当地最适宜的灌溉制度,以满足作物的需水要求。

(3)根据当地自然条件,采用适宜的灌水技术与方法。对喷滴灌系统、地面灌溉(沟畦灌)系统,提高设计标准,加强管理,以此来提高水利用率。

3)农村牲畜用水量预测

农村牲畜的用水量,主要根据现状水平年,每个农村人口平均饲养的牲畜头数估算确定,即农村饲养量乘牲畜饮水量定额可得出农村牲畜用水量,可参照表3-10。

表3-10 牲畜家禽用水量标准

种类	用水量标准	种类	用水量标准
乳牛	70~120 L/(d·头)	母猪	60~90 L/(d·头)
育成马	50~60 L/(d·匹)	育肥猪	20~30 L/(d·头)
马	40~50 L/(d·匹)	羊	5~10 L/(d·只)
驴	40~50 L/(d·头)	鸡	0.5 L/(d·只)
骡	40~50 L/(d·头)	鸭	1 L/(d·只)

4)工业、副业需水量预测

工业、副业需水量预测主要是城镇企业和农村工、副业等需水量的预测。市场经济体制的建立,促进了乡(镇)农村经济的发展,政府鼓励乡(镇)村办企业,加快集体经济和个体经济的发展,无疑对乡(镇)村供水提出了更多和更高的要求,需要有比较充足的水源。因此,在选用用水定额(万元产值需水量)和重复利用率两个关键性综合指标时,要充分考虑产业结构、设备水平和节水措施等因素的影响,详见乡(镇)村办工业生产用水定额,可参考表3-11。

表3-11 乡(镇)村办工业生产用水定额

乡(镇)工业种类	平均用水量定额	乡(镇)工业种类	平均用水量定额
水泥	1~3 m^3/t	酿酒	20~50 m^3/t
豆制品加工	5~15 m^3/t	制糖	15~30 m^3/t
造纸	500~800 m^3/t	化肥	2~5.5 m^3/t
棉布印染	200~300 m^3/万 m	制植物油	7~10 m^3/t
塑料制品	100~220 m^3/t	屠宰	1~2 m^3/头
制砖	0.7~1.2 m^3/千块	酱油	4~5 m^3/t

5)生态环境需水量预测

水资源不仅是社会经济发展的重要战略性基础资源,而且是生态环境的重要物质,对生态环境保护具有不可或缺的重要作用。保护和改善生态环境,是保障社会经济可持续发展所必须坚持的基本方针,而保证生态环境需水是实现这一基本方针的重要基础。因此,要求在需水量预测中充分合理地考虑生态系统对水的需求。

对上述分项预测结果进行汇总,列出不同规划水平年的水资源需求量。

3.4.3.3 供水预测

供水预测包括地表水(包括地表径流和水库水)、地下水(包括泉水等)可供水量预测。

1)地表水可供水量

首先根据规划区可引用的地表河流上控制水文站的长系列资料,通过频率计算分析,求得不同保证率的年径流量及其年内分配,然后按照流域管理机构与地方政府协议制定的分水比例,即得到规划区不同水平年、不同保证率的地表水可供水量。

泉水可根据系列监测资料,与水文分析方法一样,以求得不同保证率的利用量。而水库水按分水比例获得不同规划水平年的引用量。

2)地下水可供水量

根据地下水资源开发利用情况,制定出地下水可供水量。对未超采地区,一般以多年地下水平均可开采量控制地下水可供水量,在枯水年可充分利用地下水的调节作用;对已超采地区,需要采取补救替代措施或压缩开采量,使地下水位稳定在一个合理水平上。通常是以评价结果的地下水资源量和地下水可开采量为依据,制定出不同水平年地下水的可供水量。

3)以开采地下水灌溉为主的规划区供需平衡分析

这类规划区供需平衡计算的主要内容包括以下两个方面:

(1)年内调节平衡计算。求出全规划区或各分区的多年平均可开采量与多年平均需水量之间的平衡关系和用水保证程度。如果系列资料较长,可进行逐年年内调节计算,并计算用水保证率。当保证率较高时,可视为年内调节能满足需水要求。

(2)多年调节平衡计算。若年内调节计算保证程度较低,则需进行多年调节计算。求出多年调节情况下的最大地下水位降深值,并计算所开采的水量能否得到回补。若不能完全得到回补,则其差额是多少?用水保证率可提高多少?根据当地具体情况,对差额部分提出解决办法。

4)地表水、地下水联合运用灌区的供需水平衡分析

这类规划区供需水平衡计算的目的在于:一是积极开采利用地下水,缓解地表水季节分布不均,增加春、秋季抗旱水源;二是开采利用地下水,可降低地下水位,预防与改良土壤次生盐渍化,使生态趋于良性循环;三是开采利用地下水,减少规划区的地表水引水量,即能置换出地表水量,支援邻区经济社会发展和生态环境建设。

3.4.4 工程规划及设计

3.4.4.1 工程规划

在规划分区、水资源评价及供需水平衡分析的基础上,结合水利工程现状,首先确定地下水的开采规模和工程规模,然后对机井和各配套工程进行合理规划布局。

1)开采规模

首先进行供需水平衡计算,灌区通过多种调节计算,要使地下水采补达到平衡。通过供需水平衡计算可确定出用水保证率、最大开采深度及特殊干旱年的限制开采量等。

根据规划水平年供需水平衡分析,计算在设计保证率时的全年毛缺水量、最大缺水月毛缺水量及净缺水量等,并由此来确定地下水的实际开采规模。

2)工程规模

(1)按限制开采量,结合规划区的单井出水量,即可确定规划区的井数。

(2)两水联合运用地区工程规模的确定,一般是用根据75%枯水年最大缺水月份的需水量而制定的地下水开采量除以单井出水量,即得开采井数。

3)机井布置

a.机井布置原则

(1)机井应布置在规划区开采条件最优的地段,即地下水埋藏较浅,含水层水质好,水量丰富、易开采的地方,既有利于降低消耗量,又有利于保护和改善生态环境。

(2)要紧密结合灌区总体水利规划,机井应尽可能布置在渠道、道路边,且有利于井渠

汇流与调水配水,同时便利施工。

(3)在满足经济提水的条件下,井距、井排距离尽量小些,可大大减小输配水渠道长度,降低输水损失。同时又可缩短输电线路,方便管理,以节省工程投资和管理费用。

(4)机井位置应沿等水位线布置,以便最大限度地截取地下水径流量;布置在地形较高的地方,使其控制灌溉面积最大,可充分发挥地下水资源的利用效益。

b. 井间距离的确定

i. 单井控制灌溉面积的确定

在地下水开发利用工程规划中,单井控制灌溉面积是一个最基本且又十分重要的技术指标。确定偏小会加大工程规模,增加工程投资;相反,会造成在干旱季难以满足作物需水要求。因此,必须慎重分析研究制定。影响单井控制灌溉面积的因素很多,有单井出水量、灌水技术与方法、作物的种植结构比例、土地平整程度、土壤性质及管理措施等。

根据《机井技术规范》(SL 256—2000),单井控制灌溉面积常用的计算公式为

$$F = \frac{QtT\eta(1-a)}{m} \tag{3-62}$$

式中:F 为单井控制灌溉面积,亩;Q 为单井不受干扰时的出水量,m^3/h;t 为灌溉期每天的开机时间,h/d,通常 $t = 16 \sim 20$ h/d;T 为每次输灌期天数,d,如以伏天抗旱标准可采用 7 ~ 10 d;η 为灌溉水有效利用系数,一般 $\eta \geqslant 0.9$;a 为干扰抽水的水量削减系数;m 为每亩每次综合平均灌水定额,m^3。

当地下水补给充足,资源丰富时,单井出水量较大,机井之间无干扰或干扰很小,可忽略不计,则式(3-62)可改写为

$$F = \frac{QtT\eta}{Q_m} \tag{3-63}$$

式中:Q_m 为每亩每次综合灌水定额,m^3/亩。

ii. 井距的初步拟定

井距的确定应考虑:在满足开采规模的情况下,井距应尽量小些,相应工程投资要少;主要渠道、输电线路投资少,且便于管理等。

在布置井群时,通常结合渠道布置,多布置为梅花状或正方形状的井网。

(1)井网按梅花状的等边三角形布置时,单井控制灌溉面积按矩形计算,则

$$F = ab = \frac{\sqrt{3}}{2}a^2$$

当面积按亩计算时,上式变为

$$F = \frac{\sqrt{3}}{2 \times 667}a^2$$

于是

$$a = 27.8\sqrt{F},\ b = \frac{\sqrt{3}}{2}a = 0.866a \tag{3-64}$$

式中:a 为井距,m;b 为排距,m;F 为单井控制灌溉面积,亩。

(2)井网按正方形布置时 $a = b$,则

$$F = \frac{a^2}{667},\ a = 25.8\sqrt{F} \tag{3-65}$$

iii. 最佳井距的确定

在灌溉、供水和排水工程中,在同一规划区需要布置井群开采地下水。在井群工作条件下,直接限制了各井的取水范围,必将导致井与井之间相互干扰。若要保持水井出水量不变,则水位降深必将增加;反之,若要保持水位降深不变,则水井出水量定要减少。可以说井群干扰是绝对的,不干扰是相对的。工程设计的目的在于满足所需求的地下水开采水量,只要所选井距能够确保干扰水位降深在设计的允许范围之内,就可认为此时的井距是合理的。具体确定最佳井距的方法如下:

(1)在保证开采工程规模不变的情况下,按单井控制灌溉面积计算出来的初选井距,先在1:1万的地形图为底图所绘制的地下水等值线图上布置一个井群,查得各井点的地理坐标值、地面高程值和地下水位埋深值。

(2)依据规划工程区含水层类型,选用相应干扰井群非稳定流出水量公式。将利用水文地质试验所求得的含水层参数值代入公式,可求得任意一点的水位降深值,即

$$s_{\mathrm{p}} = s_1 + s_2 + s_3 + \cdots + s_n = \sum_{i=1}^{n} s_i \tag{3-66}$$

式中:s_{p} 为任意一点的水位降深值,m;s_1、s_2、s_3、…、s_n 为各井分别抽水时对 p 点的水位削减值,m。

利用式(3-66)就可以计算求得规划水平年各井点的水位降深值。

(3)各井点的地下水位值 = 地面高程 - 地下水埋深 - 地下水位降深。

(4)绘制出实施规划水平年的地下水位等值线图,观察流场变化情况下,哪个地方地下水位最低,将该地方的地面高程减去相应地下水位值,即得该地方的地下水位埋深值。

(5)判断该地下水位埋深值是否在水泵经济扬程(实际扬程 + 损失扬程)的允许范围内。若在该范围以内,说明此井距是合理的;若不在该范围内,须重新调整井距,重复上述计算,直至满足水泵经济扬程要求。

3.4.4.2 工程设计

1)井型选择及设计

在地下水开发利用工程规划设计阶段,如果对井型选择不当,可能造成工程效率不高,影响出水量,增大供水成本,严重地影响着地下水开发利用。

井型的选择主要依据含水层类型、埋藏条件及技术经济条件而定。通常按下列条件进行选择:

(1)当含水层埋藏深度在 30 ~ 50 m 时,主要以开采潜水含水层为主,多采用 0.8 ~ 1.5 m的筒井。当含水层厚度较大且富水性较强时,宜采用直径 2 ~ 3 m 的大口井。有时为了增大井的出水量,则采用辐射井。

(2)当含水层埋藏深度在 50 m 以上时,多采用管井开采潜水和承压水含水层。

(3)若上层潜水含水层较薄且富水性较差,而下部埋藏有水头较低,水质、水量良好的承压水或半承压水,多采用筒管井实行混合开采。当下部承压含水层水头较高时,可将上部建成不透水的大口井,借以蓄积承压水,以增加机井的出水量。

(4)在黄土高原地区,由于黄土透水性较强且垂向节理相对比较发育,所以当要蓄积一定量的地下水时,可采用辐射井的形式。

(5)依据不同地区具有不同的水文地质条件,集水建筑物亦可采用截潜流工程、渗渠和

坎儿井工程等。

为此，必须根据井型、管材、所需出水量、施工机具和施工方法等确定典型井。典型井确定之后，即可以通过抽水试验准确地确定单井流量，并利用典型井的抽水试验资料推算建成同类井所需要的材料、机电设备及投资等。

2）渠道布置与设计

在地下水灌区，渠道系统的布置所涉及的因素比较多，在某种程度上也较复杂。在纯井灌区，由于机井的出水量较小，单井控制的灌溉面积不尽相同，故渠道系统布置与断面设计，既有与渠灌区相似的地方，也有不完全一致的地方。因此，在布置与设计时，必须考虑与农田基本建设田园化相结合，还要与农业机械化、农业耕作密切相关。

据北方地区经验，当单井控制灌溉面积在200亩以下时，渠系多采用两级渠道，即相当于渠灌区的农、毛渠；当单井控制灌溉面积为200～500亩时，宜采用三级渠道，即相当于渠灌区的斗、农、毛渠。渠道供水系统大致是：当灌区地形坡度比较平坦，为1/1 000～1/300时，多采用纵向布置，为减少输水损失，宜采取双向输水和灌水；若地形坡度较大，甚至达1/300以上时，多采取横向布置。具体设计时，视其输水时的流量大小，经水力计算，确定其纵横断面的尺寸。

3.4.5 地表水地下水联合调度方法

我国地表水地下水同出一源，即来自大气降水的补给。尤其是北方地区的降水量在时间上分布是极不均匀的。丰水年份和汛期，河川出现径流猛增，很大一部分地表水作为弃水而得不到利用。而在干枯年份和枯水季节，河川径流锐减。实施地表水和地下水联合调度运用，就是充分利用含水层作为调节库容，把地表水和地下水结合起来作为一个水资源系统来考虑，运用系统分析方法和模拟技术进行规划设计和运行管理，从而提高水资源的利用率，使水资源的开发利用获得最佳的经济效益、环境效益和社会效益。地表水和地下水联合运用是当前水资源开发利用的有效形式。主要有以下几点优势：

（1）可提高水资源的有效利用率，保证最大的供水量，有助于缓解水资源的供需矛盾。

（2）可以有效地调控地下水位。一则可控制某些地区地下水位的持续上升，减少土壤次生盐渍化的发生；二则可防止地下水位的大面积持续下降而形成降落漏斗，减少由此引起的一系列生态与地质环境问题的发生。

（3）利用含水层作为地下水库进行调蓄，在汛期可增加降水、地表水的入渗补给，从而减轻洪涝灾害的压力。

（4）可以优化地表水和地下水的开采比例，取得最大的经济效益、生态环境效益。

3.4.5.1 地表水地下水联合运用系统的类型

地表水和地下水联合运用系统主要由三个子系统组成，即地表供水子系统、地下供水子系统和用水子系统。但对于一个完善的地表水和地下水联合运用系统来说，还应有一个人工回灌子系统。

地表水子系统包括水源工程和输配水系统。水源工程可以是蓄水枢纽（如水库），也可以是无调节的引水工程。地下供水子系统也包括水源工程（取水建筑物）和输水系统。按照地表水源的存在形式及其复杂程度，可把地表水和地下水联合运用系统分为三种类型。

1)地表水库与地下含水层(或称地下水库)的联合运用

这种联合运用形式的主要特点是:地表供水系统是有调蓄能力的地表水库,一般情况下一个流域或地区可能包括有若干个并联或串联的地表水库,而地下含水层可根据水文地质条件、自然地理条件分为若干个特征不同的单元。

2)河流引水工程与地下含水层的联合运用

这种联合运用系统的特点是:地表供水子系统没有调蓄能力,供水量依据天然径流供水,丰枯变化较大。地下供水子系统可发挥地下含水层(地下水库)的调蓄功能,供水量稳定且可弥补地表供水量不稳定的不足。因此,在这种联合运用系统中,发展人工回灌子系统,增加地下水的补给量,提高地下水库的调蓄能力就显得更为重要。

3)多种地表水资源与地下水的联合运用

对于一个地区或一个流域来讲,地表供水水源常常是水库和河流兼而有之,有时还有跨流域的调水,这种多种地表水源与地下水的联合运用形式,常常是地区或流域水资源开发要研究的问题。

3.4.5.2 地表水地下水联合运用方法

随着国民经济的发展、人民生活水平的提高,对水资源的需求不断增长,供需矛盾日益突出。进入21世纪后,水资源的合理开发和利用显得十分重要。由于降水到达地面以后,形成地表水、土壤水和地下水,三者处在一个水文循环之中,构成了一个密切联系、双双相互转化的水资源系统。既然水资源是一个系统,就必须利用系统分析的方法,去研究解决水资源规划、设计、运行和管理等问题,提出合理有效的方案,以达到合理开发、治理、配置、节约和保护水资源的目的。

系统分析方法主要包括系统的模型化和最优化两部分内容。所谓模型化,是用一定的数学模型去尽可能真实地刻画系统中各个要素之间的关系,具有较高的仿真程度;最优化是按照一定的数学方法对建立的数学模型求解,寻找最优的答案作为系统的定量成果。

水资源系统分析方法,大致可分为以下5个工作步骤:

(1)确定系统分析的目标,明确建立该系统的目的和要达到的目标。

(2)收集、分析和研究各种信息和资料,拟定各种可行方案及有关的控制条件。

(3)建立数学模型,对各可行方案进行模拟,尽可能逼真地反映拟定的方案。

(4)求解数学模型,对各可行方案进行定量分析,在分析比较的基础上,经过优化选择,确定出最优方案。

第4章　非常规水资源开发利用

4.1　雨水资源开发利用

我国多年平均降水总量为6.2万亿m^3,可利用的雨水资源量巨大。在雨水利用的生产实践方面历史悠久,特别是20世纪80年代以来,由于干旱日益严重,雨水集蓄利用得到进一步重视,在西北、华北、西南有关省区的缺水山区以及沿海岛屿兴建了大量的雨水集蓄利用工程,在解决生活用水的同时,对发展集雨高效农业积累了许多有益的经验。近年来,雨水利用技术能够得到复兴,客观上存在两方面原因:一是已有的水资源开发规模和能力难以满足人口增长、城市化、工业化和灌溉面积发展等巨大的需水要求。开辟新的水源,建设跨流域调水工程是解决缺水问题的重要途径,但跨流域调水将引起一系列自然环境和社会经济问题,而且工程造价高,年运行费用大,解决问题有限;很多地区水资源的开发已达到或超过允许开采值,造成严重的环境和生态问题。二是技术本身的优越性,雨水分布极广,水质良好,无污染,转化为土壤水后,植物可直接吸收利用,收集、存储后可直接供给生活、灌溉和工业利用,利用技术简单易行,工程投资小,维护管理方便。尤其是近年来,雨水收集、输送、存储和利用技术体系研究的深化和新型材料的应用,使得雨水利用技术得到迅速普及并为更多的人所接受。

4.1.1　雨水利用技术的发展和应用

4.1.1.1　雨水利用技术的发展

雨水利用是一项曾被广泛应用的古老传统技术。墨西哥的一份报告指出,雨水利用可追溯到公元前6 000多年的阿兹特克(Aztec)和玛雅文化时期,那时人们已把雨水用于农业生产和生活所需。在墨西哥、秘鲁和南美的安第斯山脉上,建有大片梯田和数百千米精巧的渠道,供应印加人的太阳帝国和现已消失的马丘比城,使数十万人在此生活。在哥伦比亚、厄瓜多尔、苏里南沿海和秘鲁南部高原,3 000多年前的村居就成功地利用不同地形,修筑台地种植玉米,在沟底种植水稻。公元前2 000多年的中东地区,典型的中产阶级家庭都有雨水收集系统用于生活和灌溉。阿拉伯人收集雨水,种植了无花果、橄榄树、葡萄、大麦等。在利比亚的干燥河谷内,人们用堤坝、涵管把高原上的水引到谷底使用。埃及人用集流槽收集雨水作为生活之用。2 000年前,阿拉伯闪米特部族的纳巴泰人在降雨仅100多mm的内盖夫沙漠,创造了径流收集系统,利用这样少量的雨水种出了庄稼,这种纳巴泰技术直到现在还在应用。20世纪70年代,从卫星照片上发现了埃及北部的径流收集系统和非洲撒哈拉东南部存在的集水灌溉系统。在印度西部的塔尔沙漠,人们通过水池、石堤、水坝、水窖等多种形式收集雨水,获得足够的水量来支持世界上人口最稠密的沙漠(每平方千米达60人)。几百年前,在美国亚利桑那州的印第安人用漏斗状的长堤把雨水集中到几公顷的土地上,种植玉米、豆子和蔬菜。可以毫不夸张地说,雨水利用有力地支撑了古代许多地方的灿烂文明。

我国雨水利用也是由来已久,早在4 000年前的周代,农业生产中就利用中耕等技术增加降雨入渗,提高作物产量。秦汉时期在一些地方修建涝池、塘坝拦蓄雨水进行灌溉;而修筑梯田利用雨水的方式可以追溯到东汉。在生活用水方面,干旱地区的农民用水桶、瓦盆等收集降雨时屋面滴檐水饮用;水窖修筑历史也有数百年,在甘肃会宁有一清代末期修建的水窖至今仍然在使用。20世纪50年代,人们用水窖点浇玉米、蔬菜等,突破了原来只用水窖作为生活饮水的概念。在80年代后期,这一思路得到迅速发展,人们将收集的雨水用于发展庭院经济和大田作物需水关键期的补水灌溉。1988年以来,甘肃省在中东部干旱缺水地区开展了雨水利用试验示范研究,并将其成果进行推广;1995年在干旱半干旱地区实行了"121雨水集流工程",1997年制定并出版了《甘肃省雨水集蓄利用工程技术标准》。同一时期,宁南山区实施了"窖窖农业",内蒙古在准格尔旗和清水河县进行了"112集雨节水灌溉工程"试验示范研究,陕西、山西、河南、河北、江苏、浙江、贵州等省亦进行了雨水利用试验研究。1995年6月,北京举办了第七届国际雨水集流系统大会;1998年9月和2000年9月分别在徐州和大连举行了第二届和第三届全国雨水利用学术研讨会。会议的召开,极大地推动了我国雨水集蓄利用的研究。目前,我们国家的研究主要集中在干旱半干旱地区生活饮水、集流节灌和生态环境建设等问题上,同时对集蓄雨水补灌地下水及城市集流等问题也开展了研究。

然而,从19世纪末20世纪初开始,随着现代技术的兴起,先是地下水的开采在许多地方逐渐取代了雨水利用技术。接着,以控制洪涝灾害、利用河川径流和开采地下水为目标的当代水利工程的修建,又为社会经济的发展,特别是农业的持续稳定增长,发挥了巨大的作用,取得了巨大的效益,雨水利用渐渐被人们遗忘。但是,人类社会经济的进一步发展,人口的不断增长,对有限的水资源提出了越来越高的要求,水资源的紧缺已成为许多地方制约经济发展的因素,同时,大型水利工程引发越来越多的生态环境问题也迫使人们思考和寻找其他的出路。因此,近20年来,雨水利用又引起了人们的注意,特别是联合国1981~1990年"国际供水与卫生十年"开展以来,这一技术迅速在世界各国复兴和发展,成为许多国家解决水资源不足,特别是农村人口生活用水困难的一个重要途径。

我国的雨水利用发展可以概括为三个阶段:利用雨水解决生活用水为主的初级阶段、利用雨水解决生产用水的中级阶段和利用雨水解决生态用水的高级阶段。1980以前,利用雨水主要解决缺水地区生活用水问题;从1980年开始到1997年,主要注重于收集雨水用于发展农业生产;从1997年开始直到现在,雨水利用已逐渐在解决生活和生产用水的基础上,向生态供水方向发展,其中林草植被建设生态需水和城市地下水位下降区雨水回补是生态用水阶段的重点。

4.1.1.2 雨水利用技术的应用

雨水利用就是直接对天然降水进行收集、储存并加以利用,雨水利用技术的应用可以粗略地分为农业雨水利用和城市雨水利用两方面。

1)农业雨水利用

农业雨水利用,指通过自然过程或人类活动过程将雨水用于农业生产,以提高作物产量和改善农业生态系统的利用。农业雨水利用的形式很多,主要包括:①雨水的当时和就地利用,包括为了提高土壤水利用率的措施,如深耕耙耧、覆盖保墒等;②水土保持措施,主要是拦截降水径流,提高土壤水分含量,梯田、水平沟、鱼鳞坑及在小流域治理中的谷坊、淤地坝等治沟措施；③拦截雨洪进行淤灌或补给地下水；④微集雨，即利用作物或树木之间的空间来富集雨水，增加作物区或树木生长区根系的水分；⑤雨水集蓄利用，是指采取人工措施，高效收集雨水，加以蓄存和调节利用的微型水利工程。

我国开展雨水集蓄利用的范围主要涉及 13 个省（市、自治区），700 多个县，国土面积约 200 多万 km^2，人口 2.6 亿人，主要在西北黄土高原丘陵沟壑区、华北半干旱山区、西南季节性缺水山区、川陕干旱丘陵山区以及沿海及海岛淡水缺乏区。据统计，从 20 世纪 80 年代后期到现在，全国已建成水窖、水池、小塘坝等小微型工程 1 200 万处，可集蓄雨水 160×10^8 m^3，初步解决 3 600 万人的饮用水问题，为近 267×10^4 hm^2 旱作农田提供了补充灌溉水源，使近 3 000 万人开始摆脱干旱缺水的束缚和困扰。农业雨水利用具有显著的经济效益和社会效益，以黄土高原为例，西北地区作物的年总无效蒸发耗水达 33×10^8 m^3，若采取集流保墒措施，年可减少蒸发损失 64×10^8 m^3。如果收集居民工矿地和交通地的汇流潜力，可使西北的粮食增产超过 10%，初步推算黄土高原地区可增产粮食约 28×10^8 kg。

20 世纪中叶以来，国外兴起了对径流农业的研究和实践。以色列政府制订了为期 30 年的庞大径流农业计划，在内盖夫地区建立可持续发展的农业生态系统。联合国有关组织把发展适合当地条件的径流农业技术作为援助非洲的一项重要内容，组织发达国家科技人员在非洲许多地区做了大量试验和示范。以色列通过多年努力，重新起用和改进了古代的纳巴泰系统，并被中东、非洲及美洲的一些国家的干旱地区效法。在技术方面还研究了集流面材料和集流效果，提出了设计方法和发展农业的基本技术措施。

径流农业是指对降雨产生的径流进行收集、储存和利用，发展农业生产。在国外，径流农业大致可以分为以下几种类型：

(1) 以"集流区 + 种植区"为特征的微集水农业系统。由微型集流区和利用径流的种植区组成，在集流区收集的径流直接集中到种植区，为农业系统增加水分。径流区和种植区的面积比例取决于降雨量和作物需水量。例如，在巴西的 Petrolina 地区进行了利用田间土垅富集雨水的试验和示范，对比试验表明，此种措施可使作物增产 17% ~58%。在墨西哥、博茨瓦纳等地也有过此种试验，并导出了根据当地雨量、径流系数和作物需水量计算作物间距的公式。微集水技术也应用在造林上，称为径流林业，在林带之间设集水区，把径流集中到林带上。

(2) 以"集流区 + 蓄水设施 + 输水设施"为特征的集雨蓄水技术。集雨蓄水技术是收集雨水产生的径流并储存于蓄水池或蓄水罐内，在通过输水设施供给农业灌溉。收集径流的区域可以大到几十平方千米，小到几百平方米。例如，印度对 Andhra Pradesh 地区 8.9 hm^2 的小流域研究认为，修建 6 处由 1 hm^2 集流面、300 m^3 蓄水池组成的系统，即可为该流域农田提供充足的补充灌溉用水。在印度许多省份，采取修建小型水池、塘坝、谷坊等拦蓄雨水，进行灌溉。在墨西哥，采用淤地坝、谷坊等来收集储存雨水。肯尼亚来及比亚地区示范项目在年雨量 600 mm 的情况下，资助居民修建容积为 100 m^3 的地下水池，其中 25 m^3 用于家庭生活及牲畜饮水，75 m^3 用于灌溉庭院。雨水收集面为铁皮屋顶，项目收到很好效果。玉米产量从项目实施前的 1 800 kg/hm^2 提高到 2 700 kg/hm^2，增产 50%。

(3) 以"平整土地 + 增加入渗 + 拦蓄雨洪"为特征的拦截雨水措施。包括修整梯田、台地、水平沟等以增加土壤含水量等多种措施。前面所说的纳巴泰法也是一种拦截雨水的技术，在中东和北非有着广泛的作用。该方法是沿着山坡修建浅的网沟，把洪水引入干旱河谷。在河谷中部修建梯田,或者修建小水坝、堰,把土地截成小块,以拦蓄引过来的雨洪。伊朗北部阿塞拜疆省在年降水 250 mm 的条件下,修建水平沟和台地,植树种草,增加植被,取得了一定的效果。

(4)引洪漫地和回补地下水。伊朗许多地方采取引洪漫地来恢复植被和回补地下水,或采用筑坝蓄积径流,对地下水进行回灌,增加井的出水量。由于城市化所带来的大面积不透水层,日本首府东京 1967 ~1987 年 20 年间地下水的自然补给率下降了 37%,由此造成地下水位下降,泉水枯竭,河水减少。从 1990 年开始,东京地区启动了一项利用下渗坑回补地下水的计划,在房前屋后埋设直径为 350 mm、高为 600 mm,周围全为入渗孔的下渗坑,到 1995 年共安装了 180 000 套下渗坑。观测结果表明,与项目实施前相比,在同样的降水量情况下,泉水断流期缩短了 35%,利用雨水入渗进行地下水回补效果十分显著。

径流农业技术带来了很大的经济效益。博茨瓦纳年降水 500 mm 的地方,使用微集水技术使高粱的产量提高了 2 ~3 倍。印度半湿润区进行了集水技术和农林复合系统的试验,采用微集水技术的地栗贲蒿和水稻套种,每公顷纯收益增加了 1.3 倍。Jodhpur 地区微集水措施使绿豆产量从每公顷 1.98 t 提高到每公顷 2.7 t,增加 36.4%。在半干旱的 Andra Pradesh 区对高粱、蓖麻分别灌溉 15 mm 和 50 mm,每公顷产量增加 251 kg 和 523 kg。微集水技术使年降水仅 100 mm 的内盖夫地区,获得每公顷桃 6 ~12 t、葡萄 12 ~15 t、杏 3 ~8 t 的收成。美国亚利桑那州 Avra 谷地使用微集水技术栽种牧豆树的成活率达到38%,而对照区只有 2.5%;有两种树木的成活率甚至达到 81%。美国德克萨斯州用小水池蓄存径流一年补充两次灌溉,成本每英亩约为 60 美元,而总收入可达 80 ~100 美元。集流农业技术所花的代价比一般工程要低。据美国新墨西哥州的试验,微集水技术的费用仅为水泵抽水工程的 1/3 ~1/2。国外的经验,径流收集技术不仅可以用在发展干旱、半干旱地区的农业生产,而且能建立新的农业生态系统,起到改善生态环境的作用。这在以色列、非洲、美洲有很多成功经验。

总的来看,国外雨水集蓄技术在解决生活用水和农业生产上都有广泛的应用,特别在干旱、半干旱地区,是解决缺水问题、发展农业生产、建设生态系统的有效措施。这些经验对我国类似地区有重要的借鉴作用。

2)城市雨水利用

城市雨水利用有以下几种方式:①屋面雨水集蓄利用,利用屋顶作集雨面,用于家庭、公共和工业等方面的非饮用水,如浇灌、冲厕、洗衣、冷却循环等中水系统;②屋顶绿化雨水利用,屋顶绿化是一种削减径流量、减轻污染和城市热岛效应、调节建筑温度和美化城市的重要措施;③园区雨水集蓄利用,绿地入渗,维护绿地面积,同时回补地下水;④雨水回灌地下水,在一些地质条件比较好的地方,进行雨洪回灌,人工补给地下水。

城市雨水利用有很多成熟的案例。例如,伦敦世纪圆顶的雨水收集利用系统。英国于 2000 年在伦敦修建了世纪圆顶示范工程,该工程面积 10×10^4 m^2,相当于 12 个足球场大小。设计者将从圆顶盖上收集的雨水在芦苇床中进行处理,处理过程包括 2 个芦苇床(每个床的表面面积为 250 m^2)和 1 个塘(其容积为 300 m^3),将雨水利用与生态有机地结合起来,体现了人与自然的和谐。位于柏林的 Hlankwitz Beless Luedecke Strasse 公寓,将从屋顶、周围街道、停车场和通道收集的雨水,通过雨水管道送入 160 m^3 地下贮水池,经简单的处理步骤后用于冲厕所和浇洒庭院。丹麦从屋顶收集的降雨量为 $2\ 290 \times 10^4$ m^3,相当于目前饮用水生产总量的24%。新加坡水资源短缺,人均水资源为211 m^3,占世界倒数第二位,该国40%的水主要通过集雨来解决,几乎每栋楼顶都有专门用于收集雨水的蓄水池,经过专门的管道输送到全国18个水库贮存,供城市利用。日本是开展城市雨水利用规模最大的地方。雨水主要用于冲洗厕所、浇灌草坪,也用于消防和发生灾害时应急用水。另外,存储雨水的水池还用做调节城市雨洪的设施。在洪水季节要留出约1/3的容积存放洪水,以减小城市下水道的负担。除在一般住房中建蓄水池外,在有些大型建筑物如相扑馆、大会场、机关大楼下建有容积达数千立方米的地下水池来存蓄雨水。

城市雨水利用具有重要的积极作用,主要表现在以下几个方面:

(1)雨水资源的利用,可缓解城市供水紧张状况。

我国是水资源严重短缺的国家,水资源的匮乏和水环境的严重污染,已成为制约我国经济社会发展的重要因素,对我国的可持续发展构成了直接的威胁。目前,全国有300多个城市缺水,50多个城市严重供水不足,不得不超采地下水和跨流域、跨地区引水,每年造成直接经济损失达数千亿元。

与此同时,城市雨水作为一种长期被忽视的经济而宝贵的水资源,一直未得到很好的利用。如果将这部分径流雨水收集利用,可有效缓解城市水资源的短缺。

(2)雨水资源的利用,可减少雨水工程投资及运行费用,有效避免城市洪涝灾害。

一方面,随着城市化的快速发展,城市街道、住宅和大型建筑物使城市的不渗透水材料覆盖的面积不断增加,使得相同的降雨量下,城市地区产生的径流量迅速增加。另一方面,市区雨水管道不断完善和延伸及天然河道的改变,使雨水流向排水管网更为迅速,洪峰增大和峰现时间提前,径流过程线的形态与时间尺度都与城市发展以前显著不同。城市水文的这种变化,导致城市雨洪灾害问题日益严重。据统计,全国有300多座大中城市存在雨水排泄不畅,引起降雨积水而损失严重的问题。

将雨水资源化,利用雨水渗透技术涵养地下水、通过收集处理回用,可以减小雨水径流负荷,减小雨水管道、泵站的设计流量等,从而不但减少了城市雨水管道和泵站的投资及运行费用,而且可避免暴雨时的洪涝灾害。

(3)雨水资源的利用,可从源头上控制径流雨水对水环境的污染。

对径流雨水水质特性的调查分析表明,初期径流雨水直接排入水体后会对水体产生严重污染。以青岛为例,市区未经处理的径流雨水污染负荷,按照国外一些经验数据计算,每年大约排入青岛海湾的COD约为6 533 t,TN约为3 400 t,TP约为400 t,这些污染物质如果一次性投入海湾,可使约16 500 km^3的海水富营养化(TN:0.3 mg/L;TP:0.03 mg/L)。而雨水资源的利用,可从源头上有效地控制径流雨水对环境的污染。

(4)雨水资源的利用可有效防止地面沉降和海水倒灌。

一方面,由于城市化速度加快,城市建筑群增加,下垫面硬质化,排水管网化,降雨发生再分配,原本渗入地下的部分雨水大部分转为地表径流排出,造成城市地下水大幅度减少。另一方面,由于地表水受到越来越严重的污染,人们转向无计划、无节制地开采地下水。渗透量的减少与过度开采,导致地下水位下降,地面不断沉降。目前,全国每年超采地下水80多亿 m^3,形成了56个漏斗区,面积达8.7万 km^2,漏斗最深处达100 m,并且80%的地面沉降分布在沿海地区。由于地面沉降,造成城市重力排污失效;地区防洪、防汛效能降低;城市建设和维护费用剧增;管道、铁路断裂,建筑物开裂,威胁城市建筑的安全;地面高程失真,影响防洪、防汛调度,危及城市规划,造成决策失误等。

海水入侵问题主要是在大量超采地下水的情况下,地下水补给量小于开采量,区域地下水供需失去平衡所引起的。我国沿海地区的海水入侵是从20世纪70年代末开始的。到80年代,由于经济的迅速发展,对水的需求量越来越大,地下水的超采速度加大,海水入侵面积不断扩大。目前,海水入侵主要分布在渤海岸,其次是黄海岸。海水入侵所引起的潜在危害,如破坏生态环境,诱发地方病等都是不可估量的。

雨水入渗,回灌地下水,能够适当提高地下水位,补充地下水,可以减少或避免因过度开采地下水引起的漏斗区,防止地面沉降和海水倒灌。

过去大多数城市编制的城市总体规划,对城市雨水的处置原则上是直接快速就近排入周围水体(如河流、水库、海洋等),造成大量水资源浪费的同时,严重污染了水环境,不符合资源节约和可持续发展的要求。随着对雨水作为一种重要水资源的重新认识,城市雨水规划的编制应建立在雨水资源的充分利用基础之上。应结合城市建设、城市绿化和生态建设、雨水渗蓄工程建设、防洪工程(如拦河坝工程)建设,广泛采取透水铺装、绿地渗蓄、修建蓄水池等措施,在满足防洪要求的前提下,最大限度地将雨水就地截流利用或补给地下水,增加水源地的供水量,达到雨水资源的充分利用。

我国城市雨水利用具有很大的潜力,如表4-1所示。

表4-1　我国城市雨水利用潜力估算

项目	1997年	2010年	2030年	2050年
城市人均绿地面积(m^2)	31	35	39	40
绿地总面积(万m^2)	114.7	192.5	292.5	384
绿地入渗补给量($\times10^8$ m^3)	37.2	63.5	94.8	124.4
城市不透水面雨洪水量($\times10^8$ m^3)	69.4	118.5	176.9	217.7
绿地雨洪水量($\times10^8$ m^3)	11.9	20.3	30.3	37.3
绿地雨洪总水量($\times10^8$ m^3)	81	139	207	255
城市雨洪利用量($\times10^8$ m^3)	32.5	55.5	82.9	102
城市雨水利用量($\times10^8$ m^3)	69.7	119	177.7	226.4

从表4-1可以看出,我国雨水利用具有很大的潜力,科学地开发利用雨水资源,能有效地缓解我国水资源供需矛盾,促进经济社会和环境的协调发展。

4.1.2　雨水资源开发利用模式

雨水资源的开发利用模式可归纳为就地拦蓄入渗利用、富集叠加利用和径流异地利用三种。

4.1.2.1　雨水就地拦蓄入渗利用模式

"黄土高原地没唇,洪水冲走金和银"。因此,修筑高标准水平梯田,就地拦蓄入渗雨水,是改变农业生产条件、防止水土流失、确保农民食物安全的主导措施。根据技术规范要求,水平梯田蓄水埂高度不得低于30 cm。因此,在次暴雨200 mm情况下,高标准水平梯田应可保证水不出田。水平梯田的规划和利用应注意两个问题，即合理选择田面宽度和尽量减少水分无效蒸发。

水平梯田宽度是梯田断面各要素中的主要矛盾。它取决于降雨特征、地面坡度、土壤力学性质、作物生长环境、耕作机具、投资力度和治理速度等诸多因素，是一项系统工程。从图4-1可以看出，如果梯田断面是半挖半填，一般有

$$V = \frac{1}{8}B^2/(\cot\alpha - \cot\beta) \tag{4-1}$$

式中：α 为原地坡度；β 为梯田埂侧坡度；B 为梯田田面宽度；V 为单位梯田长度上挖方部分的体积。

由式(4-1)可知，当地面坡度已定和梯田埂侧坡度已知时，梯田挖方工程量 V 与田面宽度的二次方成正比。可见，梯田断面各要素中，田面宽度是主要矛盾。

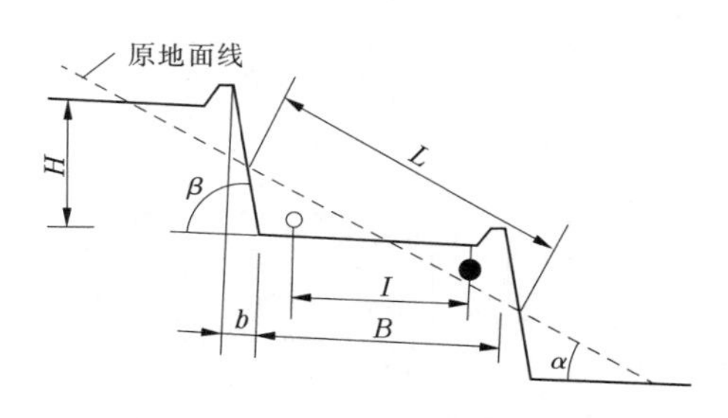

图 4-1　水平梯田断面图

梯田上作物的好坏，对作物产量的高低有很大的影响，由于地埂和田面的立体蒸发效应，在梯田外侧距边埂的某一范围之内，作物生长因水分亏缺而受到限制，长势明显不及田块中央和内侧，这就是群边所说的“胁迫”现象。“胁迫”宽度 b 与梯田田面宽度 B 的比值 n（百分数）随田面宽度的增大而递减，呈双曲线变化，如图4-2所示。

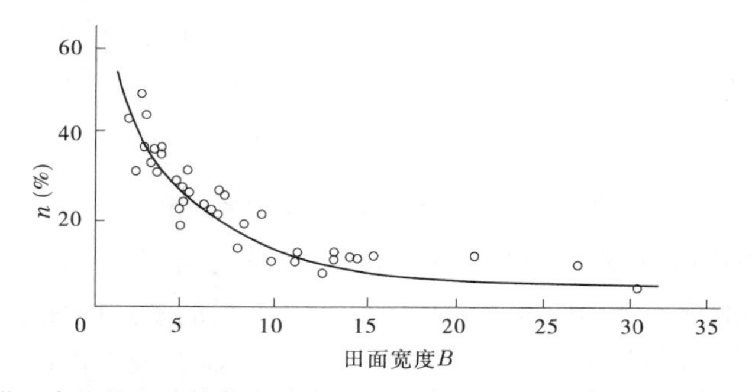

图 4-2　梯田内作物因立体蒸发效应而使生长受到影响范围随田面宽度变化曲线

由图4-2可以看出，当田面宽度 B 超过 8 m 时，n 值变化速率减缓，当田面宽度 B 超过 14 m 时，n 值趋于稳定。因此，就作物的生长环境而言，8～14 m 可看做是梯田宽度较适宜的区间。

建议人工修梯田时宽度不超过8 m（当地面坡度大于15°时），而机修梯田的田面宽度最好控制在14 m以内。

梯埂的稳定性与土壤力学性质密切相关。土壤的抗剪强度小，则梯埂的边坡必须放缓方可稳定。这样，地埂的占地损失就大，修筑也费工。

黄土高原的黄土，在耕层以下自然状态时的干密度一般为 1.3～1.4 t/m³，根据黄土的力学性质（见表4-2）和罗巴索夫图（见图4-3），可查得不同梯埂高度下相应的梯埂侧坡度 β 值。

表 4-2　黄土高原的土质要素(击实 10 次)

地区	夯实程度	干密度 γ(t/ m³)	内摩擦角 φ(°)	凝聚力 c(t/m²)
陕北	较坚实	1.40	26	0.41
晋西	较坚实	1.40	28	0.40
陇中	较坚实	1.40	24	0.40
宁南	较坚实	1.40	28	0.38

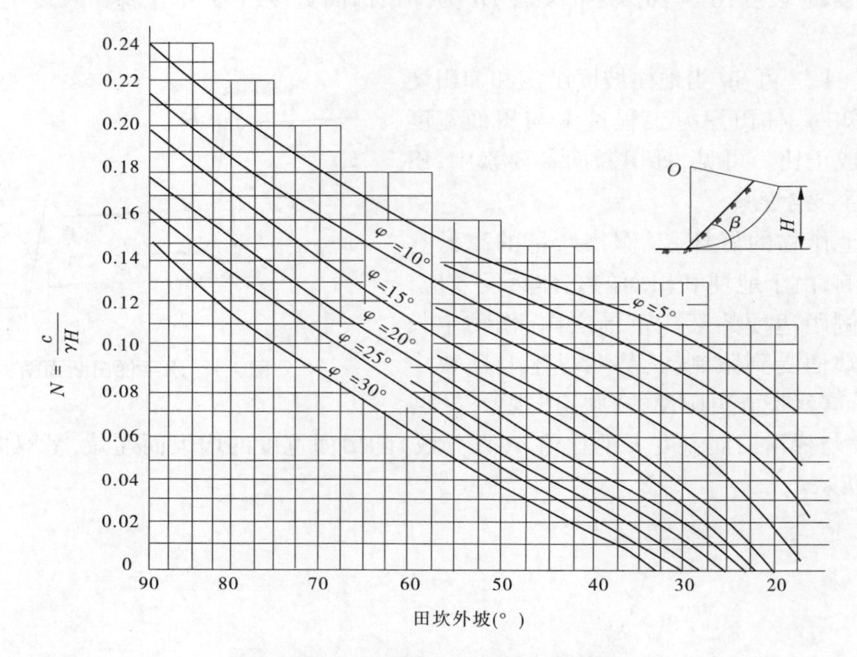

图 4-3　计算土坡稳定的罗巴索夫图

当前各地在机修梯田时,利用原状黄土比较密实(密度在 1.4 t/m³ 左右)和黄土的壁立性特点,将机修梯田的梯埂断面取为下立(近似 90°)上缓的复式断面形式。缓坡段的边坡为 45°~50°,其上种植牧草护坡。这种梯埂断面形式可显著减少占地损失,缓解了梯田修筑中"宽"与"占地"的矛盾,但其安全性还需在实践中接受检验。

4.1.2.2　雨水富集叠加利用模式

坡面上的水土保持工程措施,可从径流的产生和消除角度划分为两种类型,即消除径流型和利用径流型。前者,如坡改梯,修筑水平梯田,变坡地为平地,使降水就地入渗拦蓄,地面不发生径流;后者,则是创造一种平、坡相间的微地形,坡段有意产生径流,平段则加以拦蓄利用,使雨水在微地域内富集叠加,一块地对两块地或三块地,以弥补降水的不足,这类水土保持措施有隔坡梯田、隔坡水平阶地造林种草、隔坡竹节形水平沟造林种草、鱼鳞坑等。上述两种类型水土保持措施对降水的拦蓄利用模型是不同的。

对消除径流型,土壤在雨季中得到的水量 W_S 的计算式为

$$W_S = P + P_c \tag{4-2}$$

式中:P 为强度弱至中等时,在坡地上不会产生再分配的降水;P_c 为强度大时,在岗峦起伏

的地方能形成径流的降水。

对利用径流型，在水平田面部分，土壤从雨季降水中所获得的水量计算式为

$$W_1 = P + P_c + P_c L\cos\alpha\sin\beta \cdot \alpha_0 \tag{4-3}$$

式中：α 为径流发生地段地面坡度；β 为雨点着地倾角；α_0 为径流系数；L 为倾斜坡长度。

由式(4-2)与式(4-3)可以看出，与水平梯田相比，隔坡梯田的水平田面部分在整个雨季之中要多收入 $P_c L\cos\alpha\sin\beta \cdot \alpha_0$ 的水量，可见隔坡梯田(水平段)内的土壤水分要优于水平梯田，应大力提倡。

在延安市宝塔区燕儿沟，隔坡梯田苹果已十分普遍，其利用方式是坡段种牧草(苜蓿)、平段栽种苹果(见图4-4)。牧草饲养牛、羊，牛、羊粪便供果树施肥，形成一种良性生态循环。该地隔坡梯田苹果园的平坡比(隔坡梯田水平田面宽度与隔坡长度之比)大体为1:1。根据坡度的不同，水平田面的宽度一般为2～3 m栽种一行果树。根据观测，由于坡段的径流汇入，隔坡梯田果园内的水分也要优于水平梯田果园和坡地。结合目前"退田还林(草)"政策，应大力倡导修筑隔坡梯田，平段种粮，坡段种草种灌木，平坡比可采用1:1～1:2。

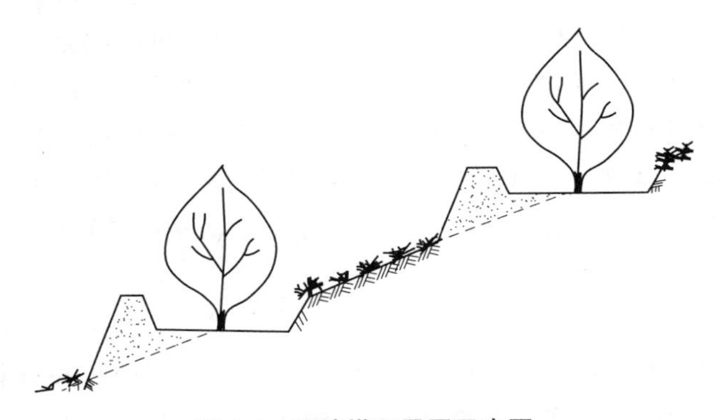

图4-4　隔坡梯田果园示意图

4.1.2.3　雨水径流异地利用模式

雨水径流异地利用，是指将屋面、场院、道路、荒坡上产生的径流，经净化处理而导入水窖中蓄存，以供人畜饮用和浇灌作物的一种利用雨水的方法。用水窖蓄存雨水，在黄土高原已有悠久历史，成效斐然。

4.1.3　雨水集流利用工程系统的设计

雨水利用工程系统设计包括集流系统设计、输水系统设计、净化系统设计、蓄存系统设计、利用系统设计等。输水系统、净化系统可作为附属设施包含在其他系统中进行设计。

4.1.3.1　集流系统设计

集流系统设计包括集流场设计及截流输水设施设计。集流场分天然集流场和人工集流场。对于天然集流场主要是进行产汇流及缺水计算，确定蓄水规模。可在人工集流场设计中一并讨论。

1)集流场位置与集流面材料的选择

集流场的选择应遵循因地制宜，就地取材，降低工程造价，提高集流效益的原则。

首先要考虑利用自然已形成的集流面，如沥青公路路面、乡村道路、场院和天然坡地等。现有的集流面积小，不能满足集水要求时，则需修建人工集流面来补充。集流面选址时，应尽量避开粪坑、垃圾场等污染源。半干旱地区无植被的土类集流面及沥青公路不宜作为人饮工程集流面。应尽量利用透水性较低的现有人工设施或自然坡面作为集流面，并应视需要改造或新建截流、汇流沟。为灌溉目的修建的集流面宜尽可能选择高于灌溉地块的地点布置。

集流面防渗材料有多种，常用的集流材料有混凝土、瓦（水泥瓦、机瓦、青瓦）、聚乙烯薄膜、片（块）石衬砌、天然坡面夯实等。

a. 混凝土

若当地砂石料丰富，运输距离较近，可优先采取混凝土或水泥瓦集流面。这类材料吸水率低，渗水速度慢，渗透系数小，在较小的雨量和雨强下即能产生径流，在全年不同降水量水平下，集雨效率比较稳定，可达 70%～80%，而且寿命长，集水成本低，施工简单，干净卫生。特别是混凝土是一种比较成熟的建筑材料，其材料性能和施工工艺等方面都趋于完善，已广泛应用于建筑行业。混凝土集流场具有抗渗性能好、强度高、使用寿命长等特点。资料和实践表明，混凝土破坏的形式主要是冻胀破坏。混凝土本身的抗冻性能强弱与水泥的品种、强度等级，混凝土的水灰比以及集流场的布置和处理等有密切关系。在材料一定的情况下，水灰比是影响混凝土性能的主要因素。在已往设计中混凝土的水灰比均大于 0.6，这是造成混凝土集流场破坏的主要原因。事实上只要选用合适的配合比，注意集流场的基础处理，并辅以良好的排水边界，避免基础被冲蚀成空洞，混凝土集流场的破坏问题是可以解决的。它的缺点是影响耕地的重复利用。

b. 水泥土及原状土

水泥土是仅次于混凝土和水泥瓦的一种应用广泛的集流材料，在材料性能上与混凝土比较有较大的差异。但由于其成本较低，因而比较适用于缺少砂石料的地区。水泥土在澳大利亚等国应用比较广泛。

原状土夯实比混合土集流面形成的径流少。这是因为土壤表面的抗蚀力弱，固结程度差，促使土壤下渗速度加快，下渗量加大，因而地表径流就相对减少。集流效率一般在 30%以下。由于其集流效率低，因而所需集流面较大，且随着年降雨水平的不同，年集流效率也不稳定，且差别较大。

c. HEC 混合料

HEC 混合料系列土壤固化剂是一种新材料，目前已在三峡工地的部分工程中开始使用。该材料可固结天然沙质土、粉质土、黏土、蒙脱土、粉煤灰、含硫尾矿砂、含泥碎石屑、风化沙和其他工业废渣等，使之产生较高的强度、水稳定性及耐久性。该材料的最大优点是对骨料没有限制，可以就地取材，减少了砂石料的费用，降低了综合造价。

d. 柔性防渗材料

若当地人均耕地较多，可采用土地轮休的办法，用防渗膜覆盖部分耕地作为集流面，第二年该集流面转成耕地，再选另一块耕地作为集流面。这些材料集流效率较高，但个别材料寿命较短。

柔性防渗材料包括常用的聚乙烯薄膜、复合型石油沥青玻璃丝油毡、机织防渗布等。

(1)聚乙烯薄膜。这种材料集流效率较高,但抗顶强度低,易被杂草顶破,影响集流效率。不过,一些高抗顶强度塑料薄膜已开发成功,正在进行推广。

(2)复合型石油沥青玻璃丝油毡。该材料是一种新型的防水材料,具有较大的柔度、较高的抗拉能力,对温度的变化和地基的变形有很好的适应能力,已广泛应用于渠库防渗和屋面处理等领域。现场测试证明其抗老化能力与耐久力较强,是一种很好的集流防渗材料。

(3)机织防渗布。是土工合成材料中的一支奇葩,是采用反滤布涂上聚乙烯或聚氯乙烯薄膜制成的。它具有独特的性能,如高强力、低延伸、高防渗、抗老化、防微生物等,能承受大的载荷,其抗顶强度也很高,能避免施工不小心引起的破损或杂草顶破现象,而且延伸率小。防渗方面,其渗透系数达 10^{-11} cm/s。

由于机织防渗布具有高强度、不渗漏、不易顶破等特点,目前已广泛应用于河堤、江堤、海堤和涵洞、隧洞、隧道、水库、油库、环保废水废物池等的防渗防漏。

2)集流面积的确定

a. 降雨资料的收集与计算

当地降雨量的多少关系到集流场面积大小的确定和工程造价问题。由于各地自然地理和气象条件的不同,降雨量差别也很大。因此,需根据当地资料来计算分析才符合实际。降雨资料主要来自当地水文气象部门。

b. 灌溉用水量的确定

尽量收集当地或类似地区不同作物的灌溉用水量资料,若资料缺乏,可采用相关公式进行估算。用水保证率按 75% 进行设计。

c. 集流场面积的确定

由集水量推求集流面面积的公式为

$$S = \frac{1\,000W}{P_P E_P} \tag{4-4}$$

$$R_P = KP_P \tag{4-5}$$

$$P_P = K_P P_0 \tag{4-6}$$

式中:S 为集流面面积,m^2;P_P 为用水保证率等于 P 时的降水量,mm;E_P 为用水保证率等于 P 时的集流效率;W 为用水保证率等于 P 时的年份全年需水量,m^3/m^2;R_P 为用水保证率等于 P 时的全年降雨量,mm,可从水文气象部门查得;P_0 为多年平均降雨量,mm,由气象资料确定;K_P 为根据用水保证率及 C_v(离差系数)值确定的系数,用小数表示,可从气象部门查得;K 为全年降雨量与降水量的比值,可根据气象资料确定。

对于雨水集蓄来说,P 一般取 50%(平水年)和 75%(中等干旱年),也可按表 4-3、表 4-4 计算。

3)人工集流面设计

集流场的集流面材料不同,其设计要求也不同,施工方法也就有区别。总的要求是,集流面应具有纵向坡度。集流面下游及两侧边应修建边埂。边埂可用土料填筑,表面加以衬砌。

表4-3　人畜饮水雨水集流工程每立方米集水量所需集流面面积　（单位：m^2）

C_v	年降水量(mm)	混凝土	水泥瓦	机瓦	手工瓦	土场瓦
0.20	250	7.1	8.2	13.3	17.8	35.6
	300	5.8	6.5	10.3	13.9	24.7
	350	4.8	5.4	8.3	11.2	18.1
	400	4.1	4.5	6.8	9.3	13.9
	450	3.6	3.8	5.7	7.8	11.0
	500	3.1	3.3	4.8	6.7	8.9
	600	2.6	2.7	3.9	5.3	6.5
	700	2.2	2.3	3.3	4.4	5.3
	800	1.9	2.0	2.9	3.8	4.4
0.25	250	7.6	8.8	14.3	19.0	38.1
	300	6.2	7.0	11.1	14.9	26.5
	350	5.2	5.7	8.9	12.0	19.4
	400	4.4	4.8	7.3	9.9	14.9
	450	3.8	4.1	6.1	8.4	11.8
	500	3.4	3.6	5.2	7.1	9.5
	600	2.7	2.9	4.2	5.7	7.0
	700	2.3	2.5	3.5	4.7	5.7
	800	2.0	2.1	3.1	4.1	4.7
0.30	250	8.3	9.6	15.6	20.8	41.7
	300	6.8	7.7	12.1	16.3	28.9
	350	5.7	6.3	9.7	13.1	21.3
	400	4.8	5.3	8.0	10.9	16.3
	450	4.2	4.5	6.7	9.1	12.9
	500	3.7	3.9	5.7	7.8	10.4
	600	3.0	3.2	4.6	6.2	7.7
	700	2.5	2.7	3.8	5.2	6.2
	800	2.2	2.3	3.4	4.4	5.1
0.35	250	9.1	10.5	17.1	22.8	45.5
	300	7.4	8.4	13.2	17.8	31.6
	350	6.2	6.9	10.6	14.3	23.2
	400	5.3	5.8	8.7	11.9	17.8
	450	4.6	4.9	7.3	10.0	14.0
	500	4.0	4.3	6.2	8.5	11.4
	600	3.3	3.6	5.2	7.1	9.2
	700	2.9	3.0	4.4	5.9	7.4
	800	2.5	2.7	3.9	5.2	6.3
0.40	250	10.0	11.6	18.8	25.1	50.1
	300	8.1	9.2	14.6	19.6	34.8
	350	6.8	7.6	11.7	15.8	25.6
	400	5.8	6.4	9.6	13.1	19.6
	450	5.0	5.4	8.0	11.0	15.5
	500	4.4	4.7	6.8	9.4	12.5
	600	3.7	3.9	5.7	7.8	10.1
	700	2.2	3.4	4.9	6.5	8.1
	800	2.8	2.9	4.3	5.7	6.9

注：①表中的集流面形式是人畜饮水雨水集流工程中几种常见的集流面形式，当所选的集流面形式不在表中所列时，可参考表中数值并结合地方经验选取；

②人畜饮水雨水集流工程用水保证率为90%；

③当工程所在地的降水量及 C_v 值不在表中所列时，可采取线性内插的方法求得。

表 4-4　集雨灌溉及家庭养殖用雨水集流工程每立方米集水量所需集流面面积（单位：m^2）

C_v	年降水量（mm）	混凝土	水泥瓦	机瓦	手工瓦	土路面、场院	良好沥青路面	裸露塑料膜	自然土坡
	250	6.2	7.2	11.6	15.5	31.0	6.6	5.5	58.3
	300	5.0	5.7	9.0	12.1	21.5	5.4	5.4	41.3
	350	4.2	4.7	7.2	9.8	15.8	4.5	3.8	30.2
	400	3.6	3.9	5.9	8.1	12.1	3.8	3.3	23.9
0.20	450	3.1	3.4	5.0	6.8	9.6	3.3	2.9	19.0
	500	2.7	2.9	4.2	5.8	7.8	2.9	2.6	15.5
	600	2.2	2.4	3.4	4.6	5.7	2.4	2.1	10.8
	700	1.9	2.0	2.9	3.9	4.6	2.0	1.8	7.9
	800	2.6	1.7	2.5	3.3	3.8	1.7	1.6	6.1
	250	6.5	7.5	12.2	16.3	32.5	7.0	5.7	60.8
	300	5.3	6.0	9.5	12.7	22.6	5.6	4.7	43.1
	350	4.4	4.9	7.6	10.2	16.6	4.7	4.0	32.2
	400	3.8	4.1	6.2	8.5	12.7	4.0	3.5	24.9
0.25	450	3.3	3.5	5.2	7.1	10.0	3.5	3.0	19.9
	500	2.9	3.0	4.4	6.1	8.1	3.0	2.7	16.2
	600	2.3	2.5	3.6	4.8	6.0	2.5	2.2	11.3
	700	2.0	2.1	3.0	4.1	4.8	2.1	1.9	8.3
	800	1.7	1.8	2.6	3.5	4.0	1.8	1.7	6.3
	250	6.8	7.9	12.8	17.1	34.2	7.3	6.0	63.8
	300	5.6	6.3	9.9	13.4	23.7	5.9	5.0	45.2
	350	4.6	5.2	8.0	10.8	17.4	5.0	4.2	33.7
	400	4.0	4.3	6.5	8.9	13.4	4.2	3.6	26.1
0.30	450	3.4	3.7	5.5	7.5	10.6	3.7	3.2	20.8
	500	3.0	3.2	4.7	6.4	8.5	3.2	2.8	17.0
	600	2.5	2.6	3.7	5.1	6.3	2.6	2.3	11.8
	700	2.1	2.2	3.2	4.3	5.1	2.2	2.0	8.7
	800	1.8	1.9	2.8	3.6	4.2	1.9	1.7	6.6
	250	7.1	8.2	13.4	17.8	35.7	7.6	6.3	66.8
	300	5.8	6.6	10.4	13.9	24.8	6.2	5.2	47.4
	350	4.8	5.4	8.3	11.2	18.2	5.2	4.4	35.4
	400	4.1	4.5	6.8	9.3	13.9	4.4	3.7	27.4
0.35	450	3.6	3.9	5.7	7.8	11.0	3.8	3.3	21.8
	500	3.1	3.3	4.9	6.7	8.9	3.3	2.9	17.8
	600	2.6	2.8	4.1	5.6	7.2	2.8	2.4	12.4
	700	2.2	2.4	3.5	4.7	5.8	2.4	2.1	9.1
	800	2.0	2.1	3.0	4.1	4.9	2.1	1.8	7.0
	250	7.5	8.7	14.1	18.8	37.7	8.1	6.6	70.6
	300	6.1	6.9	10.9	14.7	26.2	6.5	5.4	50.1
	350	5.1	5.7	8.8	11.9	19.2	5.5	4.6	37.4
	400	4.4	4.8	7.2	9.8	14.7	4.6	4.0	28.9
0.40	450	3.8	4.1	6.0	8.3	11.6	4.0	3.5	23.1
	500	3.3	3.5	5.1	7.1	9.4	3.5	3.1	18.8
	600	2.8	2.9	4.3	5.9	7.6	2.9	2.6	13.1
	700	2.4	2.5	3.7	4.9	6.1	2.5	2.2	9.6
	800	2.1	2.2	4.3	4.3	5.2	2.2	1.9	7.4

注：①表中的集流面形式是集雨灌溉及家庭养殖用雨水集流工程中常用的集流面形式，当所选的集流面形式不在表中所列时，可参考表中数值并结合地方经验选取；

②集雨灌溉及家庭养殖用雨水集流工程用水保证率为75%；

③当工程所在地的降水量及 C_v 值不在表中所列时，可采用线性内插的方法求得；

④表中的自然土坡是指植被稀少时的自然土坡。

a. 混凝土集流面

设计要求施工前应对地基进行洒水翻夯处理，翻夯厚度以 30 cm 为宜，夯实后的干密度不小于 1.5 t/m^3。没有特殊荷载要求的可直接在经过平整过的地基上铺浇混凝土。若有特殊荷载要求，如碾压场、拖拉机或汽车行驶等，则应按特殊要求进行。砂石料丰富地区，可将砂卵石、小块石砸入土基内，使其露出地面 2 cm，然后浇筑混凝土。集流面宜采用横向坡度 1:10～1:50，纵向坡度 1:50～1:100。一般用 C15 混凝土进行分块现浇，厚度 3～6 cm，并留有伸缩缝，缝宽 1.0～1.5 cm。砂石料含泥量不大于 5%，并不得用矿化度大于 2 g/L 的水拌和。分块尺寸以(1.5 m×1.5 m)～(2 m×2 m)为宜，缝间可填塞浸油沥青砂浆牛皮纸、三毡二油沥青油毡、沥青砂浆或红胶泥等。在兼有人畜饮水功用的集流面，其缝间不得用浸油沥青材料。表 4-5 列出了混凝土材料配合比及用量，供参考。在混凝土初凝后，要及时覆盖麦草、草袋等物，并洒水养护 7 d 以上，炎热夏季施工时，每天洒水不得少于 4 次。

表 4-5　1 m^3 混凝土材料的用量

混凝土强度等级	水泥标号	水灰比	配合比			水泥(kg)	粗砂		石子		水(kg)	说明
			水泥	砂	石子		kg	m^3	kg	m^3		
C15	325	0.60	1	2.87	4.13	286	835	0.56	1 191	0.70	170	卵石
	425	0.65	1	3.20	4.42	262	864	0.58	1 181	0.69	170	
C15	325	0.65	1	2.87	4.13	315	904	0.62	1 301	0.77	187	碎石
	425	0.65	1	3.20	4.42	288	922	0.64	1 273	0.76	187	

b. 瓦集流面

瓦有水泥瓦、机瓦、青瓦等。水泥瓦的集流效率要比机瓦和青瓦高出近 1 倍，故应尽量采用水泥瓦作集流面。用于庭院灌溉和生活用水的要与建房结合起来，按建房要求进行设计施工。一般水泥瓦屋面坡度为 1:4。也可模拟屋面修建斜土坡，铺水泥瓦作为集流面，瓦与瓦间应搭接良好。

c. 片(块)石衬砌集流面

利用片(块)石衬砌坡面时，应根据片(块)石的大小和形状采用不同的衬砌方法。片(块)石尺寸较大，形状较规则时，可以水平铺垫。铺垫时要对地基进行翻夯处理，翻夯厚度以 30 cm 为宜，夯实后的干容重不小于 1.5 t/m^3。若尺寸较小，形状不规则，可采用竖向按次序砸入地基的方法，砸入深度不小于 5 cm。

d. 土质集流面

利用农村土质道路作为集流面的，要进行道路平整。一般纵向坡度沿地形走向，横向坡度倾向于路边排水沟。利用荒山坡地作为集流面的，要对原土进行洒水、翻夯深 30 cm，夯实后的干密度不小于 1.5 t/m^3。

e. 柔性防渗材料集流面

柔性防渗材料包括塑料薄膜、复合型石油沥青玻璃丝油毡、机制防渗布等。不同防渗膜布其施工方法大同小异。以塑料薄膜为例，该种集流面可分为裸露式和埋藏式两种。裸露式是直接将塑料薄膜铺设在修整完好的地面上，四周用恒温熨斗焊接或搭接 30 cm 后折叠止水，接缝可搭接 10 cm 宽。埋藏式可用草泥或细砂等覆盖于薄膜上，厚度以 4 cm 为宜。草泥应抹均压实拍光，细砂应摊铺均匀。塑料薄膜集流面的土基要求铲除杂草，必要时还可采用除草剂进行表面处理,防止杂草滋生。整平并适当拍实或夯实,其程度以人踩不落陷为准。膜布表面适当部位用砖块、石块或木条等压实。

裸露式与埋藏式相比,前者集流效率高,但较易损坏,后者正相反。薄膜应以 EVA 加抗老化剂为最好。总的来说,膜布集流面的特点是:易移动、易替换,便于土地轮作,但寿命相对较短。

f. HEC 掺合料集流面

HEC(High Strength and Water Stability Earth Consolidator)是一种高强、高耐水,可适用于各种骨料的新型固化剂,如黄土、膨胀土、黏土、淤泥、沙质土、粉煤灰、含硫的碎石屑、风化沙、工业废渣等。其固结牢固,强度高,水稳定性好,变形小,耐久性强。

HEC 施工工艺与混凝土类同:既可进行浇筑式施工,也可碾压施工。甘肃省定西市现场显示工程为解决砂、石料缺乏困难,采用的是黄土掺铺碾压夯实施工法,成型厚度为 5 cm。1998 年施工后现场面粗糙,影响了集流效果。1999 年经过室内试验,将粗糙的表面变为平滑面后,大大提高了集流效果。

HEC 应用的最大优点是适合于不同地域、不同骨料。对掺合骨料(砂、石)不必选择,不必进行清洗,就可直接进行施工,非常方便。

HEC 在定西以当地黄土为掺合料,定西黄土为粉质黄土,采用配合比以 HEC: 土 = 1 : 8 为最好;施工中最优含水率为 16% ~ 19%。

4)集流场工程验收与管理

a. 集流场工程验收

集流场工程的验收主要包括以下内容:

(1)检查技术文件是否齐全、正确。

(2)集流面面积验收应采用量测法,不小于设计面积为合格。

(3)集流面质量验收采用直观检查法,集流面坡度一致,汇流沟、截水沟、边垅设置合理,硬化集流面无裂缝,塑膜集流面无破损为合格。新建混凝土集流面应进行厚度、分块尺寸检查,伸缩缝及表面质量检查。厚度应不小于设计尺寸,伸缩缝应符合设计要求,表面应光滑平整。

(4)集流面面积和质量的验收,两项应同时符合设计要求。

b. 集流场的管理

集流场的管理应注意以下内容:

(1)应经常对集流场进行巡查,发现问题及时处理。

(2)对集流场经常进行清扫,保持集流场干净整洁,防止杂物随雨水冲入蓄水窖(池)中或堵塞进水口。

(3)对易损坏的柔性材料集流场应加强巡查,防止人为或动物损坏,造成不必要的经济损失。对发现损坏的集流面应及时进行修补,保持集流场的完整性。

4.1.3.2 蓄水工程系统设计

1)窖型的选择

水窖是雨水集流蓄水中最常用的设施,也是集蓄雨水系统的核心。水窖容量的大小,除与窖址的土质有关外,还与水窖的形式和规格有关。常用的水窖按窖体的材料可分为混凝土窖和土窖两大类;按结构形式可分为自然土拱盖窖、混凝土拱窖和窑窖三种,常见的经典水窖有以下三种形式。

a. 混凝土球形水窖

混凝土球形水窖结构稳定,安全可靠,使用寿命长,受力均匀,所受外部压力及内部水压力相差不大,管理运行方便。它适用于各种土壤地形条件,但对建窖材料要求较严,施工技术精度要求较高。该窖结构设计的基本参数见表4-6,剖面图见图4-5。

表4-6　球形水窖基本参数

容积(m^3)	水窖壁厚(m)	窖内直径(m)	圈梁宽(m)	开挖范围(m)
10	0.04	2.68	0.15	3.56
15	0.04	3.06	0.15	3.94
20	0.04	3.37	0.15	4.55
25	0.05	3.63	0.15	4.55
30	0.05	3.86	0.15	4.75

b. 混凝土圆柱形水窖

混凝土圆柱形水窖结构简单,使用寿命长,施工管理方便。此窖型适用于质地密实的土壤条件,并应注意施工质量。但由于窖壁薄,应力接近,特别是在窖壁与窖底的相接处要采取适当的结构和施工措施(如配筋)改善应力,防止应力集中的现象发生。该窖的结构设计如图4-6所示。

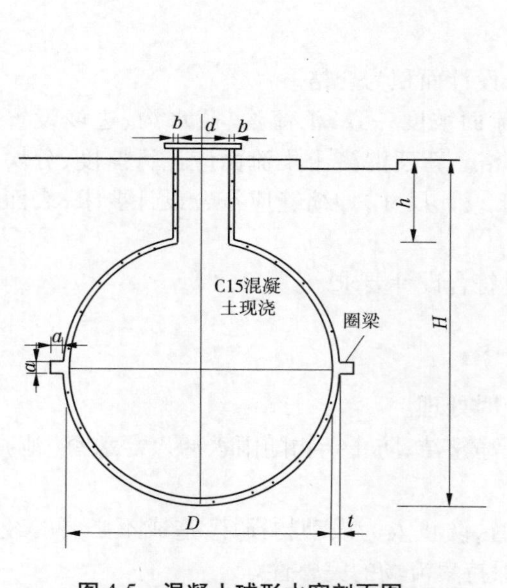

图4-5　混凝土球形水窖剖面图

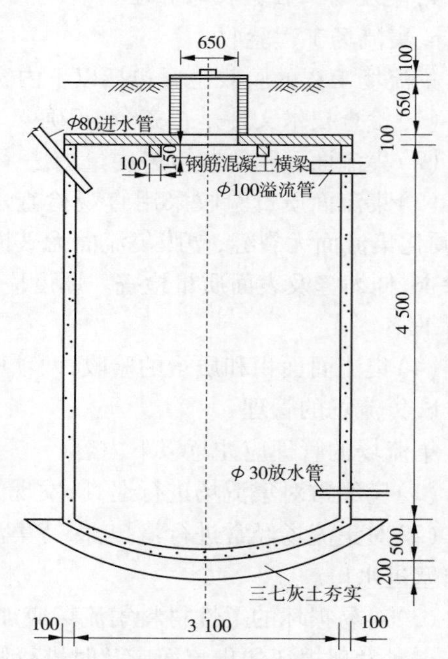

图4-6　混凝土柱形水窖剖面图　(单位:mm)

c. 红胶泥水窖

红胶泥水窖是一种群众十分喜爱的传统蓄水建筑物,呈瓶状,其结构设计见表4-7、图4-7。一般窖壁、窖底均用红胶泥打实。这种水窖历史悠久,经济耐用,材料来源方便,防渗性能较强,水质好,群众可自行投工建造,但其施工过程较为复杂,用工多,工期长,打一口窖一般需两个月左右,且管理运行不方便。它适用于土壤条件好,质地密实的黄土和红土区,多用于人畜饮用水蓄水。

表 4-7 红胶泥水窖结构尺寸

容积 (m^3)	口径 (m)	窖筒深 (m)	旱窖深 (m)
15	0.7	0.7	2.0
20	0.7	0.7	2.4
30	0.7	0.8	2.9
40	0.7	0.8	3.2
50	0.7	0.8	3.5
容积 (m^3)	水窖口径 (m)	水窖深 (m)	底径 (m)
15	3.0	3.0	2.0
20	3.4	3.4	2.2
30	3.9	3.9	2.5
40	4.3	4.3	2.7
50	4.6	4.6	3.0

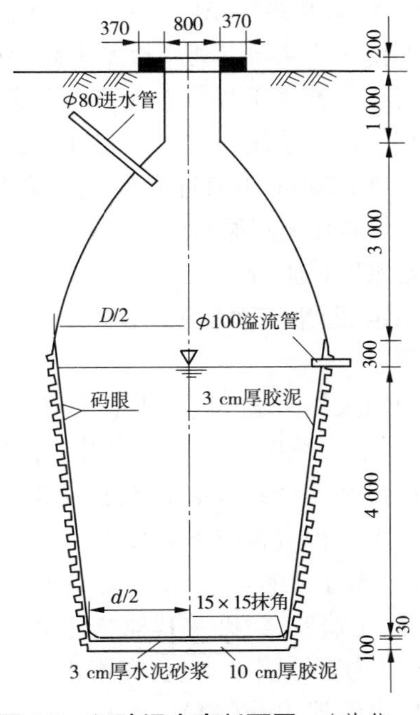

图 4-7 红胶泥水窖剖面图 (单位:mm)

对于微型蓄水工程,其蓄水形式除上述三种水窖形式外,在实际中水窖的形式还有水泥砂浆薄壁窖、混凝土盖碗窖、素混凝土肋拱盖碗窖、砖拱窖、窑窖等;水池有开敞式及封闭式圆形蓄水池、矩形蓄水池等。

2)蓄水工程形式的选择

蓄水工程的选择应根据地形、土质、集流方式、建筑材料、蓄水用途和社会经济等因素确定。当土质为较黏的黄土,且蓄水容积≤100 m^3 时,可选择蓄水窖的形式;土质含沙较多或土中有较多的裂缝,或者所需蓄水容积较大(≥100 m^3)时,一般可选用蓄水池;有适宜的低洼地形且主要用以拦蓄沟岔或蓄存坡、耕地及土路面等含沙量较大的雨洪时,可选用涝池和塘坝。

微型蓄水工程的形式选择不仅与地形、基土条件和用途等因素有关,而且与当地群众的经验和习惯有很大关系。我国西北和华北的黄土和黄土类土直立稳定性较好,利用这些特点,群众采用水窖、水窑这种建筑材料用量较少的蓄水工程形式已有几百年的历史。水窖和水窑以及地下埋藏式水池的形式也便于集中地面径流、减少蒸发和保存水质。因此,用做生活供水时,多用水窖。在经济较发达的地区常结合楼房改造,在楼的上层修建钢筋混凝土水池;或在房屋旁设置预制铁丝网水泥水罐,每个容积一般为 2 m^3 左右。水罐和房内钢筋混凝土水池,其单位蓄水量的造价都比较高,但可以形成自来水,使用方便。西南地区没有冻胀破坏问题,用于灌溉时,开敞式比较普遍。因此,在选择蓄水工程时,要充分考虑自然、用途、社会经济条件和当地习惯等因素。

3)蓄水工程布置

以解决人畜用水为主的蓄水工程,应将窖(池)建在庭院内的合适位置,既要考虑集水,又需考虑用水方便;以灌溉为主的蓄水工程应根据地形条件而定,宜选择比拟灌溉地高 8 ~ 10 m 的地方建窖,所有的窖池窖址必须避开塌方或易滑坡地段。窖(池)外壁距崖坎的距离不少于 5 m,并距根系较发育的树木 5 m 以外。若是群窖(池),两窖(池)外壁之间的间隔距离不得小于 4 m。利用重要道路路面为集雨场时,工程的规划和实施方案应征得交通部门的同意。蓄水工程位置应符合公路的有关标准要求,汇流沟或输水渠的修建不得破坏公路原有的排水系统。水窖应选在公路两侧建筑工程外,符合有关标准要求的地段。一般应距离国道≥20 m,距离省道≥15 m,距离县道≥10 m,特殊的应根据具体情况而定。水窖(池)引水不得破坏公路原有的排水系统,不得将公路排水沟拦住,让径流漫过,毁坏公路设施。

蓄水窖(池)的进水渠(管)应设闸板,并在适当的位置布置排水道。窖池、塘坝应选在地基稳定、距集流面较近、用水方便的地方,拦蓄沟岔雨洪的涝池、塘坝应按有关规范设置泄洪工程。

利用天然土坡、土路、场院作集流面时,集流的雨水宜先引入沉沙池沉沙,再引入水窖蓄存。窖、池一般按 5 级建筑物设计,浆砌石结构抗拉及抗剪强度安全系数取 3.3;混凝土结构抗拉强度安全系数取 2.5,抗剪强度安全系数取 1.55。

蓄水工程应符合下列要求:

(1)蓄水工程必须进行防渗处理。为人饮用修建的或半干旱地区蓄水工程宜修建顶盖,以防止蒸发、污染及其他意外事故发生。

(2)为宣泄多余水量,在蓄水工程的进水口应设堵水设施,并布置泄水道。在正常蓄水位处应设置泄水管(口)。

(3)蓄水工程进口前应设拦污栅,以防止柴草杂物进入。利用天然土坡、土路、场院集流时,应在进口前修建沉沙池。沉沙池尺寸应视来沙情况确定。

(4)蓄水工程的底部出水管或倒虹吸管,进口应高于底板 30 cm。

4)水窖设计应满足的要求

(1)水窖防渗材料可采用水泥砂浆抹面、黏土或现浇混凝土。水泥砂浆强度等级应不低于 M10,厚度不宜小于 3 cm,表面宜用纯水泥浆刷 2 ~ 3 遍。为使砂浆与水窖壁结合牢固,宜在窖壁上按一定间距布设深 10 cm 左右的砂浆短柱,与砂浆层形成整体。黏土厚度可采用3 ~ 5 cm,也宜在窖壁上布设土铆钉(码眼),每平方米不少于 20 个。混凝土强度等级不宜低于 C15,厚度一般可采用 10 cm。

(2)水窖顶宜采用混凝土拱或砂浆砌砖拱。混凝土强度等级不宜低于 C15,厚度不小于 10 cm,砖砌可采用强度等级不低于 M10 的水泥砂浆。土质较好时,也可只用厚 3 ~ 5 cm 的黏土或水泥砂浆防渗。水窖底基土应先进行翻夯,其上宜填筑 20 ~ 30 cm 的灰土(石灰与土质量比为 3:7),灰土上再抹水泥砂浆 3 ~ 4 cm,或采用厚 10 cm 的现浇素混凝土。窖壁一般可采用水泥砂浆和黏土防渗,水泥砂浆厚度不宜小于 3 cm,强度等级可采用 M10,但土质较软弱或砂粒含量较高时,宜采用混凝土支护,混凝土厚度不宜小于 10 cm,强度等级可采用 C15。

(3)窖顶、壁和底均采用水泥砂浆或黏土防渗,无其他支护的水窖总深度不宜大于 8 m,最大直径不宜大于 4.5 m,顶拱矢跨比不小于 0.5;窖顶采用混凝土或砖砌拱,窖底采用混凝土,窖壁采用砂浆防渗的水窖总深度不宜大于 6.5 m,最大直径不宜大于 4.5 m,顶拱的矢跨比不宜小于 0.3。

(4)水窖顶高于地面的高度不宜小于30 cm,水窖口直径宜为60~80 cm。

5)水池设计应满足的要求

(1)水池应尽量采用标准设计,或按5级建筑物根据有关规范进行设计。水池池底及边墙可采用浆砌石、素混凝土或钢筋混凝土。最冷月平均温度高于5 ℃的地区也可采用砖砌,但应采用水泥砂浆抹面。池底采用浆砌石时,应坐浆砌筑,水泥砂浆强度等级不低于M10,厚度不小于25 cm,并用水泥砂浆勾缝。采用混凝土时,强度等级不宜低于C15,厚度不小于10 cm。土基应进行翻夯处理,深度不小于40 cm。

(2)寒冷地区水池的盖板上应覆土或采取其他保温措施。

(3)湿陷性黄土上修建的水池应优先考虑采用整体式钢筋混凝土或素混凝土水池。地基土为弱湿陷性黄土时的池底应进行翻夯处理,翻夯深度不小于50 cm;对中、强湿陷性黄土应加大翻夯深度和采取浸水预沉等措施处理。

(4)水池内宜设置爬梯,池底应设排污管。

(5)封闭式水池应设清淤检修孔,开敞式水池应设护栏,护栏应有足够的强度,高度不小于1.1 m。

4.1.3.3 附属工程设计

1)截流输水工程的设计

进行截流输水工程的设计,首先必须进行产流、汇流计算,以确定输水规模。截流输水工程设计要考虑满足一定的标准,以满足不同的输水需求。大型集流场要考虑汇流过程。不同地区应选用不同的设计标准。修建人工集雨场的干旱缺水地区,为减少弃水,提高集流效率,要按最大汇流的流量来设计截流引水沉沙系统。丰水地区,要考虑溢洪设施。

输水工程的布置由于地形条件和集雨场位置、防渗材料的不同,其规划布置也不同。对于因地形条件限制距离蓄水设施较远的集流场,考虑长期使用,应规划建成定型的土渠。若经济条件允许,可建成U形或矩形素混凝土渠。

利用公路、道路作为集流场且具有路边排水沟的截流输水沟渠,可从路边排水沟的出口处连接修到蓄水设施。路边排水沟及输水沟渠应进行防渗处理,蓄水季节应注意清除杂物和浮土。

利用山坡地作为集流场时,可依地势每隔20~30 m沿等高线布置截流沟,避免雨水在山坡上漫流过长而造成损失。截流沟可采用土渠,坡度宜为1∶30~1∶50。截流沟应与输水沟连接。输水沟宜垂直等高线布置,并采用矩形素混凝土渠或砖(石)砌成。

利用已经进行混凝土硬化防渗处理的小面积庭院或坡面,可将集流面规划成一个坡向,使雨水集中流向沉沙池的入水口。若汇集的雨水较干净,也可直接流入蓄水设施,不另设输水渠。

汇集的雨水通过输水系统进入沉沙池或过滤池,而后流入蓄水池或窑窖中。输水一般采用引水沟(渠、管),引水沟(渠)需长期固定使用时,应建成定型土渠并加以衬砌,其断面形式可以是U形、半圆形、梯形和矩形,断面尺寸根据集流量及沟(渠)底坡等因素确定。

各种形式的断面其适应条件主要有以下几点:

(1)屋面集流面的截流输水沟可布置在屋檐落水下的地面上,宜采用C13混凝土的宽浅式弧形断面渠。设有庭院混凝土集流面的可与集流面施工同时进行,不再单独设置截流输水沟。庭院外的截流沟,可采用土渠或混凝土渠。输水工程宜采用20 cm×20 cm的混凝土矩形渠,开口 20 ~ 30 cm 的 U 形渠,砖砌、石砌暗管(渠)和无毒 PVC 塑料管。

(2)利用公路作为集流面且具有公路排水沟的,截流输水工程从公路排水沟出口处连接修建到蓄水工程,其尺寸按集流量大小确定。公路排水沟及输水渠宜进行防渗处理。

(3)利用天然土坡面作集流面时,可在坡面上每 20 ~ 30 m 沿等高线修截流沟,截流沟可采用土渠,坡度宜为 1∶30 ~ 1∶50,截流沟应连接到输水沟,输水沟宜垂直等高线布置并采用矩形或 U 形混凝土渠,尺寸按集雨流量确定。

(4)当集流蓄水工程较分散时,为有效蓄存雨水,可通过输水渠管,对其进行网络化连接。对蓄水工程来讲,上一级蓄水工程的排水管渠,即为本级蓄水工程的引水管渠,而本级蓄水工程的排水管渠,即为下一级蓄水工程的引水管渠。

除引水系统外,集雨工程均应设排水设施,设置排水设施有两方面的意义:①对窑窖区而言,当水窑内蓄水达到最高水位时应停止向窑内进水,以避免水位过高出现渗水、防渗层剥落和坍塌等不良后果,对于灌溉用水窖可利用沉沙池设计水位控制窖内水位,即沉沙池的设计最高水位与窖内最高水位相等,当窖内水位达最高时,水流经沉沙池溢水口流入排水系统;②对于蓄水池等水源而言,其排水系统也起到排泄溢流流量的作用,能在必要时泄空池水,便于维修、清理和维护等。

2)沉沙池设计

对于土路面集流,径流中会挟带大量的悬移质泥沙,甚至包含部分推移质泥沙。这时,就需要对有可能进窖的泥沙进行处理。常用的措施是,根据地形条件及流量大小,在集流面汇流后,选择适当的地方修建沉沙池。对于滴灌系统,通常认为粒径大于 0.05 mm 的泥沙是有害的,因为它容易堵塞滴头。沉沙池的断面远大于集流渠的断面,水流进入沉沙池后,由于断面扩大,流速减小,水流挟沙能力大为降低,使水流中的泥沙逐渐沉淀下来。

沉沙池结构形式较多,常见的有矩形、梯形断面单厢式,这也是最为简单的沉沙池。沉沙池的大小与池内设计流速、工作水深、泥沙粒径等有关,也与地形条件有着密切关系。通常,沉沙池是根据水流从进入沉沙池开始,所挟带的设计标准粒径以上的泥沙流到池出口时正好沉到池底来设计的。

根据目前已有的经验,池深 $H \geqslant 1.0$ m,长宽比 2∶1 比较适宜,若 H 值过小,将使池厢宽度增大,水流紊乱,不仅不利于泥沙下沉,也不经济。设沉沙池的长、宽、高分别由 L、B、H 表示,则沉沙池的设计尺寸为

$$H \geqslant 1.0 \text{ m}$$

$$L = \sqrt{2Q/v_c}$$

$$B = 0.5L$$

式中:Q 为引水流量,即汇流流量,m^3/s;v_c 为设计标准粒径的沉速,m/s,由公式 $v_c = 0.563D_c^2(\rho - 1)$ 得出,其中 D_c 为设计标准粒径,mm,ρ 为泥沙颗粒密度。

在泥沙含量较大时,为更充分发挥沉沙池的功能,在沉沙池内可用单砖垒砌斜墙(见图 4-8)。这样,一方面可延长水在池内的流动时间,有利于泥沙下沉;另一方面可使沉沙池由正面取水变成侧面取水,以利于排沙。

沉沙池底需要有一定的坡度(下倾)并预留排沙孔。沉沙池的进水口、出水口、溢水口的相对高程通常为:进水口底高于池底 0.4 ~ 0.5 m,出水口底低于进水口底 0.1 ~ 0.15 m,溢水口底低于沉沙池顶 0.1 ~ 0.15 m。

3)过滤池及拦污栅设计

对水质要求高时,可建过滤池,过滤池尺寸可根据来水量及滤料的导水性能确定,其结构如图4-9所示。施工时,其底部先预埋一根输水管,输水管与蓄水池或窑窖相连,池底要留一定的坡降,以免较大颗粒的泥沙在底部沉积。滤料一般采用卵石、粗砂、细砂自下而上顺序铺垫,且各层厚度应均匀。为便于定期更换滤料,各滤料层之间还可采用聚乙烯塑料密网或金属网隔开。此外,为避免平时杂质进入过滤池,在非使用时期,过滤池顶应用预制混凝土板盖住。

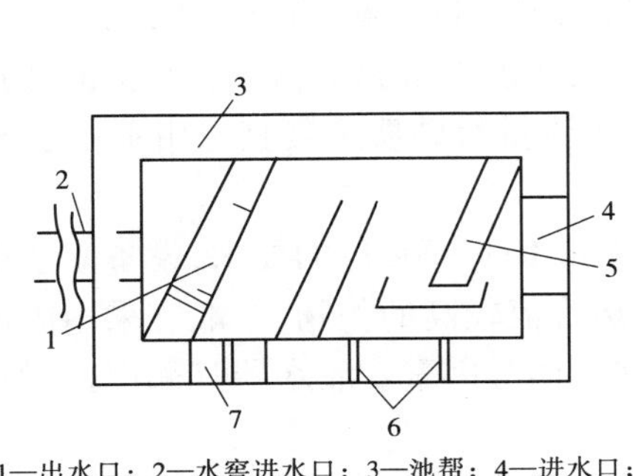

1—出水口;2—水窖进水口;3—池帮;4—进水口;
5—斜墙;6—排沙孔;7—溢水口

图4-8 斜墙沉沙池示意图

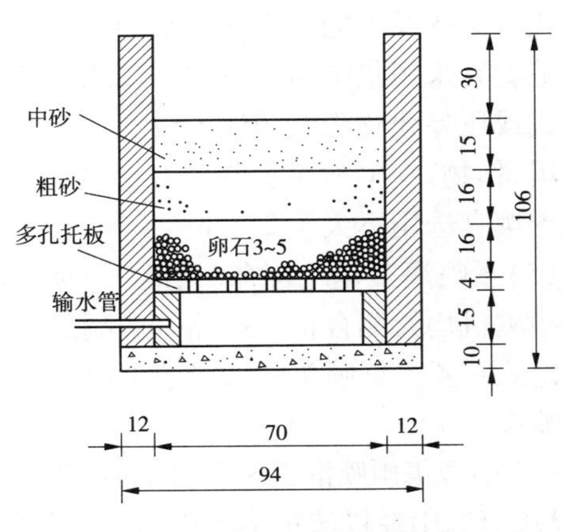

图4-9 过滤池断面图 (单位:cm)

在沉沙池、过滤池的水流入口处均应设置拦污栅,以拦截汇流中的大体积杂物,如枯枝残叶、杂草和其他较大的漂浮物。拦污栅构造简单,可在铁板或薄钢板及其他板材上直接呈梅花状打孔(圆孔、方孔均可,见图4-10),亦可直接采用筛网制成(见图4-11)。但无论采用何种形式,其孔径必须满足一定的要求,一般不大于10 mm×10 mm。

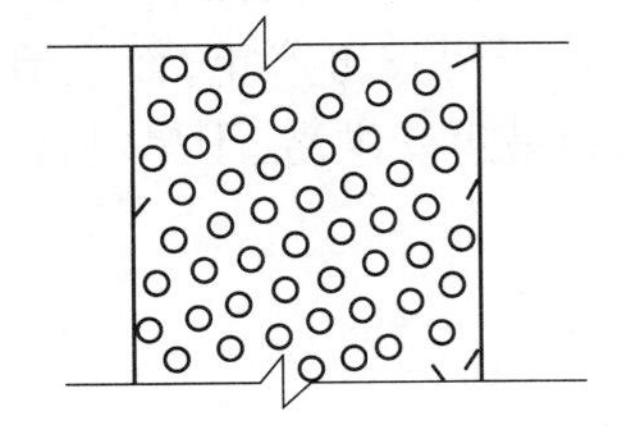
图4-10 梅花状孔拦污栅示意图

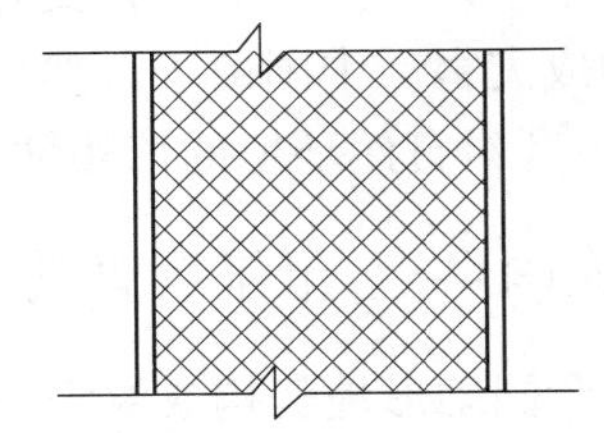
图4-11 筛网拦污栅示意图

4.1.3.4 雨水利用设施设计

1)供水系统设计

(1)人的饮用取水宜使用手压泵或微型电泵。经济条件不具备时,在运行初期也可采用吊桶汲水等较简单的方法。

(2)生活供水管道宜采用聚乙烯塑料或其他无毒管材。

2)节水灌溉系统设计

(1)利用集蓄雨水进行灌溉时,应采用节水灌溉方法。对旱作农田可采用点灌、注水灌、坐水种、膜上穴灌、地膜沟灌、渗灌、滴灌、微喷灌、小型移动式喷灌等,不得使用漫灌方法。对水稻田可采用“薄、浅、湿、晒”灌溉。

(2)点灌、注水灌和坐水种可采用人工进行。有条件的地方,可采用开沟、播种、坐水、覆膜一次完成的坐水播种机。

(3)平坦地区管网的干、支管管槽开口宽可为40 cm左右,管槽深度不宜小于50 cm,且应在多年平均冻土深度以下。

(4)集雨滴灌工程设计应符合《微灌工程技术规范》(SL 103—2009)的要求。宜采用定型设计。

有地形条件的地方,宜采用自压滴灌。大田集雨滴灌一般宜采用移动式或半固定式布置形式。果树及大棚的滴灌可采用固定式布置形式。半干旱地区的大田移动式或半固定式滴灌毛管宜采用集中布置方式。过滤设备采用120目网式过滤器,有条件的地方,可选用文丘里式或压差式化肥农药注入设备。严禁将化肥、农药加入水源工程中。滴头的选择应考虑土壤、作物、气象和灌水器水力特性等因素。滴头流量对砂质土壤宜选用不小于3 L/h,黏性土壤宜选用不大于2 L/h。

(5)微喷灌工程应符合《微灌工程技术规范》(SL 103—2009)的要求,设备应选用经过法定检测机构检测合格的产品。微喷灌宜用于经济价值较高的作物,一般宜采用固定式或半固定式布置。微喷头的选择应考虑土壤、作物和气候等因素。灌水器宜采用折射式或旋转式喷头。

(6)小型集雨喷灌工程的设计应符合《喷灌工程技术规范》(GB/T 50085—2007)的要求,设备应选用经过法定检测机构检测合格的产品,可用于集雨量较多的湿润、半湿润地区。宜采用单喷头喷灌机和人工移动管道喷灌机,有地形条件的地方,应采用自压式喷灌。

4.2 水旱灾害及洪水资源化

洪涝、干旱是自然界的一种变异现象,不断发生,当其对人类社会的生产和生活带来危害时,即构成灾害。中国由于自然、地理环境关系,洪涝、干旱灾害严重,而且治理难度相当大。农业生产对自然环境的依赖性大,生产周期长,最容易遭受洪涝、干旱灾害。

4.2.1 我国洪涝、干旱灾害的基本状况

4.2.1.1 全国地形地势构成洪涝、干旱的集中性

中国位于亚欧大陆的东南部,东临太平洋,西北深入亚欧大陆腹地,西南与南亚次大陆接壤。全国降水随着距海洋的远近和地势的高低而有非常悬殊的变化。按照年降水量400 mm等值线,从东北到西南,经大兴安岭、呼和浩特、兰州,绕祁连山,过拉萨,到日喀则,斜贯大陆,将国土分为东西相等的两部分,在此线以西为集中干旱地区,年降水200~400 mm,有的不足100 mm,年蒸发量大,常年干旱。在此线以东为洪涝多发地区,东南季风直达区内,年降水量由西向东递增,大部在800~1 600 mm,沿海一带可达2 000 mm。

我国绝大多数河流分布在东部多雨地区,随着地势降雨自西向东汇集,径流洪水自西向东递增,我国长江、黄河、淮河、海河、辽河、松花江、珠江等七大江河(以下通称七大江河)大都分布在这个地带,流域面积占国土面积的45%,七大江河中下游平原大部分在江河洪水位以下,易发生洪涝。而且这些地区降雨充沛,土地肥沃,历来是农业的发达地区,又是防御洪涝灾害的重点地区。

4.2.1.2 季风气候导致洪涝、干旱的频发性

中国东中部地区属于海、陆相交的东南季风气候,西北部属于干燥的大陆性气候,西南又有西南季风影响。全国降雨随着季风的进退,具有明显的季节变化。冬季盛行来自大陆的偏北气流,气候寒冷干燥,降水少,形成旱季;夏季盛行来自海洋的偏南气流,气候温热多雨,形成雨季。

各地降雨大都集中在5~10月,一般占全年降雨量的80%左右,极易发生暴雨洪水,导致洪涝灾害频发。其他季节因降水少,形成常年干旱。即使在雨季,由于降雨不均,部分地区也会发生干旱,特别是在农作物生长的关键时刻发生干旱,同样会造成干旱灾害。

由于降水年际间变率大,易形成大的洪涝、干旱年份。据有关部门统计,中国多数地区年降水量平均变率为10%~30%,长江以南为10%~15%,北方为15%~30%,西北干旱地区普遍为30%~50%。若以各地历年最大年降水量与最小年降水量相比,非常悬殊,西北地区相差8倍,华北一般为4~6倍,南方较小,为2~3倍。如水利部门统计1998年全国平均降水量713 mm,比常年偏多11.3%。松花江、辽河片比常年多20.6%,长江片比常年多11.5%。至于严重干旱年份,常常是在异常气候条件下长时期连季干旱而形成的。

4.2.1.3 农业承载洪涝、干旱灾害的能力脆弱

农业是维持人类生存能力和发展国家经济的基础产业,但是农业受自然环境的影响较大,容易受到洪涝、干旱灾害的侵害。多年来,我国广大农村不旱即涝,灾害连年不断。受灾后的成灾率相当高,洪涝大都在50%~60%,干旱在20%~50%,有的甚至绝产。总的来说,农业的抗灾能力比较低。洪涝、干旱灾害在一定程度上影响了粮食产量的波动。我国人口众多,至1997年已增加到12.36亿人,与1949年人口相比,半个世纪增长了1.26倍。据有关方面预测,到2030年或2035年总人口将达到16亿人。而我国耕地面积有限,据1997年《统计年鉴》资料统计耕地9 497万 hm^2,人均占有耕地0.077 hm^2(1.15亩),约占世界人均水平的1/3。因此,我国粮食的供需任务十分艰巨。所以,对于提高农业的抗灾能力,历来都得到各方面的高度重视。

4.2.1.4 抗御洪涝、干旱灾害的支持能力低

新中国成立以来,全国进行了大规模的防洪和农田水利基本建设。截止到1998年,全国共建成各类堤防25.8万 km,保护耕地3 629万 hm^2(5.4亿亩);建有水库8.49万余座,总库容4 924亿 m^3,其中大型水库403座,库容3 597亿 m^3;黄河、长江、淮河、海河共建有蓄滞洪区98处,总面积3.45万 km^2,总蓄水容量约1 000亿 m^3。但是,我国主要江河现有防洪能力大都没有达到国家规定的防洪标准。

长江:中、下游干流及湖区确保堤垸可达到10~20年一遇的防洪标准。如遇1954年洪水,运用现有蓄滞洪区,只保荆江以下重点保护区的防洪安全。

黄河:基本可防御1933年和1958年洪水(花园口水文站洪峰流量20 000 m^3/s 和22 300m^3/s),在运用蓄滞洪区的情况下,相当于60年一遇洪水。

淮河:中游干流可防御1954年洪水,标准不足40年一遇,下游约50年一遇。沂河、沭河中下游防洪标准为10~20年一遇。

海滦河:堤防防洪标准不到20年一遇,在运用蓄滞洪区的情况下,防洪标准相当于50年一遇。

珠江:北江大堤按100年一遇防洪标准设防,三角洲重点堤垸可防20~50年一遇洪水。

西江干流主要堤防可防 10 ~ 20 年一遇洪水。

辽河：干流堤防相当于 10 ~ 20 年一遇防洪标准。

松花江：干流堤防相当于约 20 年一遇防洪标准。

此外，沿海堤防可防御 10 ~ 20 年一遇台风暴潮。大量中小河流的防洪标准更低。

在农田水利建设方面，主要是发展灌溉工程，到 1998 年全国已建成配套机电井 355 万眼、固定排灌站 50 万处、万亩以上灌区 5 580 处。全国有效灌溉农田面积已发展到 5 340 万 hm^2（8.01 亿亩），其中节水灌溉面积 1 533 万 hm^2（2.3 亿亩）。据统计，占全国一半农田面积的灌溉土地上，生产全国 70% 的粮食。但是我国水资源贫乏，而且分布不均，很难满足农业的需要，农业灌区每年缺水 300 亿 m^3 左右，华北地区一般年份冬小麦缺水 200 m^3/亩左右。西北地区水资源紧缺更为严重。

4.2.2 洪涝灾害及其防治

4.2.2.1 我国洪涝灾害的特点

1）洪水形成的主要原因是夏季暴雨

a. 暴雨发生的气候特征

我国的暴雨受季风影响集中出现于夏季，雨带的移动与西太平洋副热带高压脊线位置变动密切相关。如果副热带高压脊线比正常年份在某一位置迟到、早退或停滞不前，就将在某些地方和另一些地方发生持续的干旱或持续的大暴雨。例如 1931 年、1954 年和 1998 年造成长江特大洪水和大洪水的连续暴雨，就是副热带高压脊线停留在华南时间过长所引起的。副热带高压脊线的走向和深入大陆的程度，对各地暴雨的分布也有明显影响。另外，热带风暴或台风登陆后，除在沿海局部地区形成暴雨外，少数台风深入内地与西北大陆性低涡和西南部气旋性涡旋东移北上相遇，也往往产生特大暴雨。如 1963 年 8 月造成海河南系部分支流特大洪水和 1975 年 8 月造成淮河上游两座水库漫决的特大暴雨，都是在这种背景下形成的。

b. 暴雨的多发区和高值区

我国的年降雨量在东南沿海地带最高，逐渐向西北内陆地区递减。东部的湿润、半湿润地区是暴雨多发区，雨区广、强度大、频次高；西部的干旱、半干旱地区也可能出现局部性、短历时、高强度的大暴雨，但雨区小，分布分散，频次也较低。在东部地区，24 h 暴雨的极值分布还有两条明显的高值带：一条从辽东半岛往西南至广西十万大山南侧的沿海地带，600 mm 以上的大暴雨经常出现，粤东沿海多次出现 800 mm 以上的特大暴雨；另一条分布在燕山、太行山、伏牛山的迎风面，即海河、淮河、汉江流域的上游，24 h 降雨极值为 600 ~ 800 mm，最大可达 1 000 mm 以上，是我国暴雨强度最高的地区。此外，四川盆地周边地区以及幕府山、大别山、黄山等山区也是暴雨极值较高的地区，最大 24 h 降雨可达 400 ~ 600 mm。

c. 暴雨的最大强度

有些地区的暴雨强度十分惊人，实测值与世界记录十分接近。这种强度大、覆盖面广的大暴雨，形成一些河流的特大洪峰流量。全国不同流域面积所产生的最大洪峰流量也十分接近，甚至超过世界记录。

d. 大暴雨历时长、覆盖面大，形成巨大的洪水总量

大面积暴雨集中分布在山地、丘陵向平原过渡的地带，是大江大河洪水的主要来源。一次大暴雨的历时、笼罩面积和降水总量在地区之间有一定的差别。大洪水或特大洪水年份，

一个流域往往发生数次连续性大暴雨,形成巨大的洪峰流量和洪水总量。

2)江河洪水和洪灾形成的特点

a. 江河洪水存在着某种随机性和相似性

如上所述,我国特大暴雨的形成,是由于夏季在我国上空移动的西太平洋副热带高压脊线在某一位置上徘徊停滞以及热带风暴或台风深入内陆后产生的影响。特大暴雨又往往发生在我国山区丘陵向平原过渡的地带。这种气象特点使我国江河洪水的年际差别极大,大洪水年和特大洪水年的洪峰流量和洪水量往往数倍于正常年份。

根据全国6 000多个河段实测和历史调查,20世纪主要江河发生过的特大洪水,历史上都有极为相似的情况,如:海河南系1963年8月和北系1939年特大洪水分别与1668年和1801年发生的特大洪水在成因和地区分布上十分相似;1931年和1954年在长江和淮河流域发生的特大洪水,其特点也基本相似。从历史资料中还可以发现:17世纪50年代,19世纪中期,20世纪30年代、50年代和90年代都是我国的洪水高发期,在各大江河流域连续数年都发生大洪水的现象相当普遍。值得警惕的是,历史上还曾发生过比20世纪更大的洪水,如长江上游1860年和1870年的特大洪水,黄河流域1761年和1834年的特大洪水都超过了20世纪的记录,其他江河也有这种情况。

b. 江河冲积平原的形成和开发

我国主要江河水系的基本格局在第四纪更新世中晚期已大体形成(距今约70万年)。在漫长的历史过程中,岩土受自然侵蚀后形成的江河泥沙,逐渐填平中下游的许多湖泊洼地和海湾,形成了今天的广大冲积平原。这些冲积平原由江河洪水挟带的泥沙淤积而成,因此必然是某个时期某条江河的洪水泛滥区。为了开发这些冲积平原,人们首先选择那些一般洪水不能淹没的地方;随着人口增长、经济发展、生产力逐步提高,又在河边和湖边修筑堤防,开发那些一般洪水可能淹没的地方。由于束窄了洪水宣泄的通道,缩小了洪水调蓄的场所,因此在同样的来水条件下,抬高了河道的洪水位,一旦洪水决破堤防,就形成洪灾。有时候,即使堤防没有决口,但因当地降雨过大,内水排泄不及,也会发生涝灾。许多地方因人口增加,在上游滥垦滥伐,加重了水土流失,使泥沙问题成为一些河流洪灾的重要因素。在我国北方,洪灾还和水资源严重短缺交织在一起,一些地方因缺乏地表径流,不能保持正常的河槽,更增加了防洪的困难。

c. 江河洪灾的产生及其规律

江河洪水是一种自然现象,而江河洪灾则是由于人类在开发江河冲积平原的过程中,进入洪泛的高风险区而产生的问题。当洪水来量超过人们给予江河的蓄泄能力时,自然对人类实行了报复。可以说,中华民族是在与洪水反复斗争中开发了广大的黄淮海平原、长江中下游平原、松辽平原以及各大江河的河口三角洲,洪灾是人类为争取生存和发展空间而与洪水反复斗争中不断出现的一种现象。

由于江河洪水存在着某种随机性,这些在冲积平原上开发的土地也存在着不同程度的风险性。一般来说,在枯水年份和正常年份,堤防可以保证安全;但若大洪水或特大洪水超过其防御能力,堤防不可避免地被冲毁。在新中国成立之前,由于经济条件的限制,许多江河的堤防系统不完整,标准也很低,一般只能防御3~5年一遇(即每年发生的概率为33%~20%)的洪水,遇稍大洪水即溃堤决口,使社会生产力难以提高,形成一种恶性循环。新中国成立后,在多数江河建成了比较完整的防洪系统,其防洪标准一般可达10~20年一遇。

在防洪有了初步保障的基础上，经济迅速发展，冲积平原的土地得到进一步开发利用。但是，洪水的宣泄通道和调蓄场所也相应地受到进一步限制，导致在同样洪水条件下洪水位的抬高。这就形成另一种性质的恶性循环：堤防越修越高，堤线越来越长，洪水位越来越高，一旦堤防决口，损失也更加严重。现在面临的问题是，能否使防洪系统达到最高标准，遇最大洪水也不至于溃口。事实证明，这是难以做到的，一些经济发达国家以很大的投入，也只能达到100年一遇左右的防洪标准。而稀遇的气象因素所形成的特大暴雨，其数值远远超过正常情况下的暴雨，它所形成的1 000年一遇、10 000年一遇以至可能发生的最大洪水，一般都大大超过经济合理的防洪工程标准。

4.2.2.2 近代防洪减灾面临的主要问题

总体来看，目前主要江河防洪标准都相对较低，很难抗御大洪水或特大洪水，每年还有相当范围遭受洪水灾害。防洪系统还存在以下主要问题。

1）由于种种历史原因，已建工程还存在不少质量问题

多数堤防是经历年加高加固形成的，地质条件复杂，堤身隐患很多，高水行洪时往往形成管涌、滑坍。加之缺乏应有的防浪护坡工程，不得不依靠“人海战术”来防汛抢险，造成沿岸军民的沉重负担。许多水库涵闸，设计施工中的质量问题很多，并且老化失修，至今仍有很多病险工程，有的不能充分发挥效益，有的成为防洪中的隐患。

2）分蓄洪区和漫滩行洪的河道，不能保证按计划使用

新中国成立初期，为了迅速安排洪水出路，许多江河都利用沿岸的湖泊洼地，安排了临时的分蓄行洪区，并在海河水系和淮河水系的沂沭河，开辟了漫滩行洪的入海河道，这些设施在过去的防洪中都发挥了很大作用。但经过几十年的发展变化，许多当年人口稀少、贫穷荒凉的分蓄洪区和行洪河滩，已成为富饶的农田，不少地方建成了繁荣的村镇，而安全建设又严重不足。就现在的情况看来，要落实原定的分蓄行洪任务有很大困难。在长江、黄河等天然行洪的河滩上，由于缺乏应有的管理，还修建了许多侵占河滩、妨碍行洪的设施，并有大量人口定居，这些问题如不能及时解决，实际的洪水位将大大超过规划设计的水位，从而降低原定的防洪标准。

3）按原定的防洪规划，还有许多骨干工程没有修建

例如：在黄河和长江流域，虽然小浪底和三峡水利枢纽都已建成，但与之配套的堤防、河道、分蓄行洪区和重要支流的控制性水库等工程尚未完成；在淮河流域，规划中的干流控制枢纽还没有建设，洪水入海出路也没有完全解决；在松花江和珠江流域，主干流嫩江和西江的控制性枢纽还没有建设；在海河和辽河流域，也没有完全完成规划中的骨干工程。

4）对跨省、市、自治区的江河水系，缺乏全流域的统一管理

改革开放以来，虽然陆续制定了《中华人民共和国水法》、《中华人民共和国防洪法》、《中华人民共和国水土保持法》和《中华人民共和国河道管理条例》等基本法律法规，但缺乏相应的行政组织措施。对各跨省、市、自治区的江河流域，虽有统一规划，但不能进行有效的统一管理。上下游、左右岸、各行业的建设往往互相矛盾，抵消效益。江河洪水的汇集、调蓄和宣泄，是一项巨大的系统工程。为保护河谷平原而加高上游支流堤防，不可避免地会减少洪水的调蓄，加快支流洪水的汇集，从而加速和加大干流的洪峰。如果筑堤保护干流两岸的行洪河滩和湖泊洼地，或提高其原定的防洪标准，将直接抬高干流的洪水位。河流上的桥梁、港口、道路、排灌等各种设施，都将影响河流的洪水位，甚至影响流势和上下游的冲淤变

化。多年来,由于缺乏统一的流域管理,一些河流在同样洪水条件下,洪水位不断抬高。有的在洪水过后,又进行新一轮的堤防加高,形成加高堤防与抬高洪水位的恶性循环。

5)对超标准的特大洪水,缺乏明确的对策

在目前条件下,各江河首先应当按已定规划达到规定的防洪标准,今后还将随着经济发展继续提高防洪标准。但即使这样,每年在一定范围仍将发生超标准或特大洪水。这种洪水发生的概率虽然不高,一旦发生其灾害却十分严重。改革开放后,全国人大常委会曾经确定主要江河遭遇特大洪水时的非常措施,但没有落实。

4.2.2.3 防洪减灾的基本措施

1)防洪减灾工程措施

近几年,洪涝灾害有相应增大趋势。当前,为了减轻洪涝灾害,按照中央[1998]15号文件的部署,要大力开展江河整治,力争到2015年使我国大江大河达到国家规定的防洪标准,到2030年全国基本控制洪水威胁,防洪安全基本得到保障。据此,对未来主要防洪工程建设应注意以下几点:

(1)继续巩固提高防洪工程能力。在加强整修加固现有防洪工程的同时,兴建主要江河控制性防洪工程,提高江河防洪标准。使主要江河的防洪标准分别不同保护对象,由现在的20~50年一遇提高到50~100年一遇。

(2)加快中小河流洪涝治理。我国中小河流众多,据统计,流域面积大于100 km^2 的有5万多条,是每年大面积洪涝灾害的根源。当前中小河流防洪标准低,一般只有3~5年一遇。今后应加大治理力度,使防洪标准提高为10~20年一遇。

(3)加强蓄滞洪区建设。蓄滞洪区是江河防洪工程系统中的重要组成部分,是对洪水超过河道泄量所采取的临时滞蓄措施,这一措施可以有计划地放弃局部农田,以减免大面积农田或城市受灾,是"牺牲局部保护全局"的有效措施。对蓄滞洪建设要完善各类工程设施,要结合"平垸行洪、退田还湖、移民建镇",全面规划完善安全防护措施,保障区内居民安全。同时,也要调整农业种植结构,以适应蓄洪需要。

(4)提高易涝易渍地区治理标准。我国易涝易渍(包括盐碱地)低产田面积大,1997年统计全国有易涝盐碱耕地3 230.5万 hm^2(4.85亿亩),当前治理标准很低,80%只有3年一遇,容易产生涝渍灾害,使农业产量低而不稳。今后应采取工程措施和农业措施相结合的办法,提高标准,加快易涝易渍耕地治理。

(5)加强沿海防风暴潮建设。我国大陆海岸线长18 000多km,已建有海堤13 000多km,保护耕地290多万 hm^2,保护人口3 879万人和大批海岸城市及河口三角洲。现有海堤标准较低,每年夏秋之际,台风暴潮危害严重,应加强治理,提高海堤防御标准。

2)防洪减灾非工程措施

防洪减灾体系,不仅应当有完善的工程措施,还必须建设各种非工程措施,才能更好地完成防洪减灾任务。防洪减灾非工程措施主要包括以下方面:

(1)建立现代化的防洪减灾指挥信息系统。在信息社会,掌握地理、气象、水情、工情信息是防洪减灾致胜的重要手段。当前我国在防洪减灾活动中,对信息的采集、传输、处理、预报交换、反馈等方面,与发达国家相比,还有相当差距,应尽快建立现代化的防洪减灾信息和指挥系统。

(2)建设高水平的水文测报和洪水预报系统。水文站是防洪抗灾的"耳目",是防洪减灾的基础设施，为了获得科学的防洪调度和指挥决策依据，必须要有准确的洪水、雨量实时观测和预报。应从人员素质、机构体制、技术设备上加强水文测报和洪水预报系统建设。

(3)加强生态环境和水域的保护管理。当前水域的生态环境不断恶化，人为活动经常产生一些不利因素。要加强水域的管理，禁止乱垦乱伐，禁止对河湖洲滩的围垦，清除阻水障碍。对于河道要不断进行清淤疏浚，保持行洪畅通。要继续推行"平垸行洪、退田还湖、移民建镇"政策，恢复河道、湖泊的行蓄洪能力。加强水土保持治理力度。

(4)做好《中华人民共和国防洪法》的宣传工作，加强执法力度。洪涝灾害形成的原因是多方面的，有自然因素和社会经济环境因素，也有人为干扰问题。因此，防洪减灾工作具有广泛的社会性，要制定有关《中华人民共和国防洪法》的各项配套法规，健全执法体系，做到有法必依。要做好法制宣传、教育工作。人人都要树立防灾减灾的思想意识。

(5)加强受洪水威胁地区的风险管理，并开展洪水保险。

4.2.3 干旱灾害及其防治

干旱灾害是中国的主要自然灾害之一。与其他自然灾害相比，由于自然环境和人为因素的影响，旱灾发生概率大、范围广、历时长，对农业生产的影响最大。中国有一半以上的耕地缺少灌溉设施，基本上是靠天吃饭，抗旱能力很低。

4.2.3.1 干旱灾害及其特征

1)干旱灾害的标准

干旱是一种水量相对亏缺的自然现象。干旱对人类社会的生产、生活及生态环境造成的不良后果称为干旱灾害。

旱灾不单纯是气象干旱或水文干旱的问题，而是涉及气象(降水、蒸发、气温)、水文(河流来水、水库、塘坝蓄水、地下水)、土壤(土质、含水量)、作物(种类、不同发育阶段)以及灌溉条件等诸多因素的问题。也就是说，即使降水少，发生了气象干旱，假如能及时为农作物提供灌溉，补充其所需水量，或采取其他农业措施保持土壤水分，满足了作物需要，也不会形成旱灾。

中国地域辽阔，自然条件差异大，难以用同一标准来衡量旱情。各地原则上是以包括天然降水量、土壤含水量、作物长势和水利条件四项因素的综合指标法，对旱情进行综合评估。

2)干旱灾害的一般特征

根据历史旱灾资料统计分析，中国旱灾的一般特征如下：

(1)普遍性。中国属大陆季风气候，逐年季风的不稳定性造成降水年际、年内分布极不均匀。占国土面积一半的西部干旱、半干旱地区，水资源已成为发展农牧业生产的制约因素。即使是东部湿润区，也常出现季节性干旱。因此，我国一年四季、从北到南、从西到东均可能发生干旱。

(2)区域性。中国各地发生旱灾频率大小不等，黄淮海地区发生大旱的频率最高。新中国成立以来，我国有10年发生了重旱，其中1960年主要发生在西北、华北及西南地区；1961年、1994年主要发生在黄淮海地区；1978年主要发生在淮河和长江中下游地区；1986年旱区分布范围广，重旱区在华北和西北地区；1988年旱区分布在南方和北方14个省(区、市)；1989年主要发生在东北和山东、河北、内蒙古等省(自治区)；1992年旱区分布很广，但以黄淮、长江中下游及西南地区夏伏旱为重；1997年主要发生在长江以北地区，黄淮海地区及东北地区旱情最重。

(3) 季节性。中国各地降水分布极不均匀,干旱的多发季节大不相同。北方地区发生春旱的概率最大,基本上是“十年九旱”,并且有范围大、持续时间长的特点。长江中下游地区以夏旱或夏秋连旱居多。西南地区多冬春旱,以冬春连旱为主。华南地区秋冬春常有旱情。西北地区和东北地区西部经常旱。

(4)持续性。有些地区的干旱常常连季甚至连年发生。例如,海滦河流域1637~1643年出现持续7年的干旱。黄河流域1632~1642年出现过长达11年之久的连旱。在1950~1998年的49年中,约有2/3的年份,一些地区都出现过连季干旱,尤以华北、西北地区较为常见。

4.2.3.2 我国各地区旱情分析

我国的旱灾存在显著的区域差异,这是由我国的气候、地理、水资源等自然条件决定的。从1950~1998年的旱灾统计资料分析,我国干旱区域分布大致以秦岭、淮河为界,在此以北,多春夏旱,以春旱为主;在此以南,多夏秋冬旱,以夏秋连旱或冬春旱为主。

1)黄淮海地区

黄淮海地区是我国发生旱灾次数最多和旱灾面积最大的地区,受旱面积和成灾面积均占全国的40%以上。本区位于南北气候分界线的淮河、秦岭以北,年降水量一般为400~800 mm,且分布不均,降雨主要集中在汛期。在作物生长期间(3~10月)全区均可能出现旱象,往往是春旱、春夏连旱或夏旱、夏秋连旱,少数年份局部地区还出现春夏秋连旱,以春旱为主。

2)长江中下游地区

长江中下游地区是我国受旱范围仅次于黄淮海地区的第二大区。本区累计受旱面积占全国的20.7%,成灾面积占全国的18.8%。本区3~11月均可出现干旱,但干旱主要出现在6~10月,以7、8、9月出现的机会最多,尤以伏旱危害最大。

3)东北地区

东北地区累计受旱面积占全国的12.4%,成灾面积占全国的12.3%。干旱主要出现在4~8月的春夏季节,以春旱和春夏连旱为主,春旱发生的频次西部较高,东部较低。夏旱发生频次较春旱为低。

本区纬度较高,气温较低,农作物生长季节较短,一年一熟。全生长期(4~9月)作物需水量500~600 mm,同期降水量东部较大,接近或略大于作物需水量,西部较小,低于作物需水量。

4)西北地区

西北地区累计受旱面积占全国的10%,成灾面积占全国的12%。几乎每年都会发生不同程度的旱灾。

本区气候干旱少雨,年降水量大部在400 mm以下,各季降水量均不能满足作物需水要求,干旱可能发生在一年中的任何季节。本区大部属于灌溉农业地区,农作物由于受灌溉水源年内、年际丰枯变化的影响,常出现区域性、季节性干旱。新疆北部灌区多发生春旱,南部灌区多发生春秋旱。宁夏多为春夏连旱,甘肃、青海多为春夏旱。宁夏银川、石嘴山灌区,甘肃河西走廊灌区,以及青海西宁和海东地区的灌区,由于灌溉水源条件较好,旱灾发生的频率较低。

5)西南地区

西南地区累计受旱面积占全国的10%,成灾面积占全国的9.5%。

本区的干旱范围较小,干旱一般从上一年的10月或11月开始,到下一年的4月或5月,个别年份的局部地区持续到6月份,但主要的干旱出现在冬春季节。

本区西南部包括川西南、云、贵西部,受南支西风急流的影响,春暖少雨多春旱。贵东部、四川盆地中东部和川北地区,夏旱发生频次较高。其中川东北是西南地区的干旱中心。

6)华南地区

华南地区是我国重旱发生频率和成灾面积均较低的地区,本地区累计受旱面积占全国的5.6%,成灾面积占全国的4.6%。

本区属湿润季风气候,雨水充沛,农作物一年三熟。由于华南地区雨季来得早,夏秋季又常有台风降水,故干旱主要出现在秋末和冬季及早春。琼、粤南和桂西以春旱为主,粤东部和北部以夏旱为主,桂东以秋旱为主。

4.2.3.3 抗旱减灾的主要措施

1)加强水利设施建设,努力提高灌溉效益

水利灌溉是抗旱减灾的重要措施。现有灌溉工程配套不全,老化失修严重。为此,今后一个时期农田灌溉的重点应放在现有工程的改善上,即加强对现有工程的维修、配套、改造和管理,恢复、巩固和提高现有工程的灌溉效益。同时,有计划地新建和续建必要的工程,适度扩大灌溉面积,以保证不同发展阶段在与干旱缺水的不懈斗争中,满足对农业生产日益增长的需求。

2)加强水资源调配和用水调度

黄淮海地区是我国重要的粮食及农产品生产基地,年平均受旱面积约占全国受旱面积的40%,对全国农业生产影响很大。水资源紧缺问题日益突出,已成为该地区国民经济发展的重要制约因素。黄河断流、海河成为季节性河流、河北省地下水严重超采等问题引起了世人关注,说明干旱的威胁已到十分严重的程度。

对此,必须采取综合措施,把黄淮海地区缺水问题与黄河断流结合起来,统筹考虑长江、淮河、黄河、海河四大流域水资源的合理配置。同时,要加强用水监督和水资源的统一管理、统一调配,大力推行计划用水、节约用水,充分利用现有水资源,使其发挥最大效益。

3)提高旱情测报、预测技术水平,建立和健全抗旱信息系统

a. 提高旱情测报、预测技术水平

旱情的变化包括降水、水情、土壤墒情、地下水动态、农情等诸多因素,其中降水因素是旱情的重要组成部分,也是主导因素,旱情的发展是一个长期无雨或少雨的积累过程,因此准确的中长期降水预报显得格外重要。目前,长期天气预报的准确率有限,需要进一步深入研究,逐步完善旱情监测、预测系统。

b. 完善抗旱信息系统建设

目前,旱情信息的采集、传输、处理手段仍很落后,难以满足国民经济发展对抗旱减灾事业的要求。近几年,国家防汛抗旱办公室虽做了大量的基础工作,但抗旱信息系统还是处于建设的起步阶段。要尽早建立一个覆盖全国的旱情监测及抗旱信息处理系统,按中央、省(区)地(市)和县分为四级。该系统可通过实时采集旱情及与抗旱有关的各类信息,如气象信息,水情信息,土壤墒情信息,农情信息以及水利工程蓄水、引水、提水等信息,及时发现旱情,实时监视旱情发展过程,掌握抗旱动态,分析受旱程度和旱情发展趋势,为各级决策部门提供及时、准确的旱情及抗旱信息,评估旱灾损失和抗旱效益,科学地提出防旱、抗旱、减灾

决策建议，为决策部门制定防旱、抗旱对策提供依据，使旱灾造成的损失减小到最低程度。

4）大力发展节水高效农业

为充分、合理地开发农业可利用的水资源，必须在充分利用天然降水的基础上，科学实施地表水、地下水联合运用，并逐步实现劣质水资源化。

节水农业建设需要节水工程技术、节水管理技术和农业技术有机结合，发挥综合技术优势，才能达到节水、高产、优质、高效的目的。就是说，不仅要提高水的利用率，也要提高作物的水分生产率。根据不同地区特点，因地制宜地进行，并形成节水高效的综合技术体系。

在灌溉农业区，应采取措施提高灌溉水的利用率。目前，我国自流灌区灌溉水利用率一般为40%左右，井灌区也只有60%左右，而世界发达国家农业用水的有效利用率已达到70%～80%。到21世纪中叶，在全国缺水地区全面推广节水灌溉，使灌溉水有效利用系数达到中等国家水平。同时要提高作物水分生产率。目前，我国粮食作物水分生产率约为1 kg/m^3，而世界发达国家多者可达2 kg/m^3 以上，可见我国灌溉水的利用效率较低，节水潜力很大。

在非灌溉农业区，要积极发展旱作农业技术。我国北方干旱、半干旱地区，由于天然降水不能满足农作物正常生长要求，没有灌溉条件的旱地粮食产量水平很低，需有一套蓄水保墒的旱作农业技术，因地制宜地通过耕作、水土保持等措施，把天然降水蓄好、用好，提高降水的利用率和水分生产率，加上其他育种、栽培、施肥等农业措施，也可以实现农业的稳产、高产。

4.2.4 洪水资源化

进入21世纪，面对恶化的干旱缺水态势，本着可持续发展和以人为本的原则，水利部提出了由“控制洪水”向“洪水管理”转变、由“单一抗旱”向“全面抗旱”转变的防洪抗旱新思路，洪水资源化作为综合体现上述“两个转变”的主要工作之一，受到水利部和国家防洪办的高度重视。

4.2.4.1 洪水资源化

洪水具有利害两重性。利体现在提供了人类可持续发展所必需的水土资源、生态环境资源和生物多样性环境，害则造成财产损失和人员伤亡。

在人类文明尚未形成和人类改造自然能力低下时期，河道洪水基本不受人类的干预，自然泛滥的洪水挟带大量泥沙、养分广泛落淤于流域中下游，形成了广袤、肥沃、物种繁多的流域中下游平原和大面积沿河湿地。得益于这一资源，人类文明得以发展，在我国更形成了以洪泛平原区为主体的社会经济发展格局。因此，从更大的时空尺度衡量，洪水为人类带来的利益远大于其造成的危害。

随着对洪水利害两重性认识的深入，近年来，治水思想和实践逐步被赋予新的内容。20世纪30年代，李仪祉先生所著《沟洫》、《利用洪水与蓄水地下》等文，提出了北方地区利用洪水的设想，姚汉源先生也在《中国水利史稿》中提出“利洪”的概念；美国在1993年密西西比河大水后，一改以往全面修复水毁堤防的做法，有意保留一些缺口让洪水迂回滞留于曾经被堤防保护的土地中，既利用了洪水的生态环境与资源功能，同时也减轻了其他重要地区的防洪压力，是近年来被国内外总结为“给洪水以空间（出路）”的具体实践；最为推崇工程防洪的日本，最近也提出了“泛滥允许”的新观念。

进入21世纪，面对严峻的干旱缺水、水生态环境恶化态势，我国的一些学者和水管理者将上述认识进一步引向深入，提出了“洪水资源化”的概念，并迅速达成广泛的共识，进而成为体现水利部新的治水思路的一项重要工作内容。

洪水资源化指综合系统地运用工程措施和政策、规范、经济、管理、技术、调度等非工程措施，将常规排泄入海或泛滥的洪水在安全、经济可行和社会公平的前提下部分转化储存为可资利用的内陆水。洪水资源化是对洪水常规运动或存在状态的改变，改变洪水状态必须运用工程（已有的和新建的）措施和调整洪水调度模式。由于洪水具有利害两重性，在洪水资源化过程中，往往会伴随着利益和风险的再分配，因此政府需通过政策法规的手段对这一再分配加以规范，使洪水资源化的行为有章可循，使利益受损者获得相应的补偿。

洪水资源化的对象是那些在现有工程常规运用和规范调度情况下排泄入海或泛滥的洪（涝）水，包括工程防洪标准内和超标准的河道洪水、防洪工程常规调度所不能蓄留的洪水，以及河道泛滥洪水和内涝水等。

洪水资源化必须遵循安全、经济可行和社会公平的原则。资源化的目的是获取整体上更大的利益，在洪水资源化过程中，必须避免盲目强调洪水利益而忽视工程、生命、经济和社会风险的行为。以人为本，保障工程安全和生命安全，给在洪水资源化过程中利益受损者以充分的补偿，避免引发社会问题，权衡利弊，确保利益大于成本（包括投入和损失），是洪水资源化的前提。

洪水资源不仅是可供生产、生活所用的水资源，而且是生态环境资源，应避免将洪水资源化按传统的思维片面地理解为仅是缓解生产、生活缺水的手段，在许多情况下，发挥其恢复地下水位、修复湿地和维持河道基流的生态环境功能，推进人与自然和谐模式的形成更为重要。实际上，国外的洪水资源利用多关注于后者。

4.2.4.2 洪水资源化途径、条件和问题

1）洪水资源化途径

洪水资源的转化形式有两种：蓄于地表和补于地下。基于此，归纳起来，洪水资源化途径主要包括：

（1）在保证安全的前提下，适当调整已达标水库的汛限水位，或多蓄洪水，或放水于下游河道；

（2）利用洪水前峰，清洗污染河道，改善水环境；

（3）完善和建设洪水利用工程体系，有控制地引洪水于田间（包括蓄滞洪区）、湿地，或回补地下水，或蓄洪于湿地和蓄滞洪区；

（4）利用超标准洪水发生时蓄滞洪区滞洪的机遇，有意识地延长洪水在适合于下渗回补地下水蓄滞洪区内的滞留时间，回补地下水；

（5）建设或完善流域间、水系间水流沟通系统，综合利用水库、河网、渠系、湿地和蓄滞洪区，调洪互济，蓄洪或回补地下水；

（6）建设和完善城市雨洪利用体系，兼收防洪、治涝和雨洪资源化等多项功效。

2）洪水资源化的基础条件

a. 水文地质条件

受地形和气候影响，我国各流域，特别是北方流域的降水分布极不均衡：年际降水差别大，并呈明显的丰枯交替特征；年内主要分布在汛期几次集中的降水过程中，出现汛期洪涝灾害严重，枯水期干旱缺水严重的现象。以海河流域为例，年内，6～9 月多年平均降水量占

全年的75%～85%，年际，最大年降水量为最小年降水量的2.23倍；而河川径流年内分配的集中程度和年际变幅较年降水量更甚，1956年最大为542亿m^3，为平均值的2.46倍，1999年最小为92亿m^3，只相当于平均值的42%；最大、最小年河川径流量的比值为5.9；长序列降水丰枯交替特征明显，20世纪50～60年代为丰水期，洪涝灾害频繁，到80年代，进入枯水期，干旱缺水严重。

我国许多流域都存在包气带岩性比较粗大的河段和地质带，有利于地表水和地下水的交换。

降水年内集中、年际变化大、丰枯交替和大洪水时有发生等，为洪水资源化提供了可能的水源条件。地下水位深和包气带岩性比较粗大的河段和地质带的存在，则为地下水回补提供了库容和地质条件。

b.社会、经济和生态条件

进入20世纪80年代，我国生活、生产、生态缺水问题愈演愈烈，严重制约了社会经济发展，并使生态环境状况日趋恶化。作为应对，国家不惜投入巨资建设各种规模的水资源开发和配置（包括调水）工程，水资源价值不断提高，而使得各类洪水资源化措施逐步成为经济上和生态上可行的选择。

c.工程条件

目前，我国主要流域已经形成的由水库、堤防、蓄滞洪区、分洪道和闸坝组成的洪水调控体系，以及已经完成或正在进行的水库大坝除险加固、蓄滞洪区进退水工程和分区建设为有控制地适度转化、利用洪水资源提供了必要的工程条件。

d.政策条件

根据《中华人民共和国防洪法》第三十二条“对居住在经常使用的蓄滞洪区的居民，有计划地组织外迁”的规定和1998年洪水后国家出台的“32字方针”，许多流域已经开始了或规划对使用频率较高的蓄滞洪区实施移民，特别是一些分区使用的蓄滞洪区，其经常运用的子区移民后将基本上成为无人区。

考虑到我国，特别是我国北方地区水资源短缺的现实情况，水利部已于2002年底正式将洪水资源化列为今后水利工作的内容，其中通过调整水库汛限水位转化洪水资源的工作已进入试点阶段。

鉴于湿地大量消失，水生态严重恶化的问题，一些流域正着手制定“流域水生态恢复规划”，计划在现有湿地基础上或选取有条件的蓄滞洪区扩大或修复部分湿地，例如海河流域计划到2030年将目前仅有的122 km^2 湿地增加到1 000 km^2 左右。洪水资源是规划中湿地恢复的主要水源之一。

上述法规、方针和规划在一定程度上为洪水资源化工作准备了部分政策条件。

4.2.4.3 洪水资源化面临的主要问题

1）防洪风险

调整水库调度方式转化洪水资源将面临大坝安全问题，引标准以下洪水入蓄滞洪区蓄洪转化洪水资源，将占用部分蓄滞洪区库容，若随后发生超标准洪水，可能会影响蓄滞洪区防洪能力的发挥。和水库的情况类似，在蓄滞洪区有排水设施的情况下，只要前期蓄洪量适度，现有防洪系统的综合调控能力和洪水预报水平，可以基本保证在超标准洪水来临之前泄掉已蓄的水量。

2）经济损失

无论是利用田间、蓄滞洪区还是湿地引洪回补地下水或蓄留洪水资源，对于已开发的地区，都可能造成作物和其他经济损失。国家颁布的《蓄滞洪区运用补偿暂行办法》是对超过河道泄洪能力，在防御洪水方案中明确规定需启用蓄滞洪区的洪水而言的，而对蓄滞洪区启用标准以下的洪水和引入田间、湿地的洪水，在将其转化为水资源，获取资源效益过程中造成的相关损失，是否需要补偿，如何补偿，目前尚无明确说法。即使对按防御超标准洪水方案正常启用的蓄滞洪区，从洪水资源化的角度考虑，也可以在洪水过后不像以往那样立即排水入河道，而是长时间滞留已蓄洪水在蓄滞洪区内，或回补地下水或作为地表水资源储备，但这种做法通常会与当地群众尽快恢复生产的愿望相冲突。

3）环境问题

在长期干涸不过水的河道中，平时生产和生活所排放的污染物高浓度积累，偶发的洪水会沿程洗挟输送这些污染物，即使有计划地放过高污染的洪水前锋，引洪水过程中的中间或靠后部分入田间、蓄滞洪区或湿地，也难免会同时引入一定量的污染物，可能会对引洪区的生态环境造成负面影响。

洪水资源化会减少入海水量，影响到河口生态环境，如果将资源化后的洪水全部或大部用于生产和生活，则对河道和河口生态的影响会更大。因此，资源化后的洪水如何在生产、生活和生态用途间合理配置，是洪水资源化工作中面临的主要挑战之一，也是各方面对洪水资源化效果存疑的焦点所在。

4）工程问题

现有水利工程体系多是以防洪或供水为目标建设的，并未考虑到洪水资源化的需求，虽然这些工程为可控制地适度利用洪水资源提供了主要的基础条件，但为高效地洪水资源化所用尚不尽完备，例如水系间的沟通难以满足调洪互济的要求，蓄滞洪区、湿地或田间引洪设施不完备，回补地下水的配套工程缺少，应急排洪设施能力不足或缺乏等，在很大程度上制约了洪水资源化的效率。

5）政策问题

任何政府行为必须以政策为先导和基础。对我国而言，甚至在世界范围内，洪水资源化基本上是一项全新的事业，针对洪水资源化的政策、法规、规范、标准、规划等尚处于空白状态。没有水利工程的洪水资源化调度规程规范，相应的洪水资源化调度便无章可循，不可能顺利开展；洪水资源化的补偿机制不建立，则难以利用蓄滞洪区、湿地或田间引洪回补地下水或蓄留洪水资源，若强行利用，则可能引发社会问题；缺乏流域间和流域内综合的洪水资源化规划，则可能出现各行其是，相互矛盾冲突，利用率低，利用模式和用途不合理的局面。

6）利益分配问题

无论是将洪水资源回补为地下水还是转化为地表水的形式蓄存，遭受损失和影响的地区或利益相关者本身所用的只是转化了的洪水资源的一部分，如果周边地区或其他地区无偿享用其余部分洪水资源的利益，对于在洪水资源化过程中的受损者而言是不公平的。

4.2.4.4 洪水资源化策略

1）统一和提高认识，进一步转变治水观念

随着水环境的改变，水资源的开发利用程度由50年前的不足20%上升到目前的90%，远远超过了国际公认的40%的合理程度。在这样的情况下，水资源依然缺乏，洪水这种特殊水资源必须予以足够的重视。传统的防洪、抗洪必须转变为在满足抗旱的条件下，进一步转变治水理念，从实际出发，切实增强系统意识、风险意识和资源意识，运用各种工程措施和科学手段对洪水资源实施有效管理，以最大限度地利用洪水资源。

2）应充分认识洪水资源化的长期性和复杂性

洪水资源化是一项涉及社会、经济、生态、环境、工程、技术、管理等各个层面，面临诸多问题和挑战的全新的事业，其长期性和复杂性主要体现在以下几个方面：

(1)观念的更新和对洪水资源化的认识是一个渐进和逐步完善的过程。一个新的观念，即使是适合社会发展趋势的，也需要不断充实内容和具体化，需要理论的支撑和实践的检验。就洪水而言，因利害损益往往伴生交织，对其利益和风险，以及在资源化过程中可能引发的次生问题的认识更需明确和清晰。提出洪水资源化概念并明确将其作为洪水管理的主要内容之一后的几年来，虽然在洪水资源化，特别是通过调整水库汛限水位转化洪水方面开展了一些理论、方法和技术上的研究和探索，但仍存在许多问题，尚待深入认识，逐步澄清。

(2)政策和制度的建设是一项长期和复杂的任务。作为一种主要是政府行为的洪水资源化工作，必须通过制定相关政策加以推行和实施，为使政策达到期望的效果和避免政策失误，需要对洪水资源化可能涉及的以及可能引发的问题进行充分的前期研究、分析和评价，谋定而后动。有些政策，例如推动流域间或水系间调洪互济，相对单纯，影响面小，可先期制定施行，而有些政策，例如利用蓄滞洪区回补地下水，因涉及复杂的社会问题，则需充分论证，待外部条件成熟后，才能落实。

(3)洪水资源化工程体系的建设和完善是一个长期的过程。转化洪水资源的主要工程包括水库、蓄滞洪区分区、引排洪设施、流域和水系间沟通渠系、地下水回补设施、雨洪利用设施等，除水库除险加固达标建设已部分完成或正在进行外，其他工程或在规划设计阶段(如蓄滞洪区分区)或仅提出了粗略的设想，尚待分析论证。由此可见，系统化的洪水资源转化工程体系的形成将是一项长期的工作。

随着认识的深入和科学技术的发展，新的洪水资源化方法和措施还会逐步提出，并不断给洪水资源化赋予新的意义和内容，因此洪水资源化工作本身也是一个长期的不断创新和完善的过程。

3）构建洪水资源利用科技保障体系

洪水具有高随机性和高风险性。因此，要实现在保障安全的前提下最大限度地调配利用洪水资源，必须依靠准确的预报和科学的决策。目前，我国的水利信息化指数仅为30%，距美国和日本等发达国家的95%以上相差甚远。可采取如下措施：

(1)建立暴雨洪水预报、信息采集系统。洪水的突发性决定了洪水资源利用必须建立在超前、准确、快速、可靠的暴雨洪水预报基础上，在保证防洪工程安全的前提下，通过优化调度，最大限度地利用洪水资源。

(2)建立洪水调度风险系统。对以水库蓄水和沿河两岸回补地下水为主要暴雨洪水调控手段的地区，在增加水库蓄水和河道回补的调度运用过程中，获得直接经济效益的同时，也会加大风险，因此必须从洪水资源安全利用的角度出发，对水库防洪蓄水效益和河道引洪回补地下水所产生的防洪风险及后果进行综合评价，建立洪水资源利用调度风险系统。

(3)建立决策指挥系统。利用卫星云图、雷达技术、遥测技术对重点地区的降雨范围和降雨强度实施监测,利用水文自动测报系统和水情信息采集系统,及时采集雨情水情信息,开展时段面雨量和洪水滚动定量预报,缩短分析时间,提高分析精度,延长预报期。

4)构筑洪水资源利用工程体系

(1)积极运用小型雨水集蓄工程。其实小型雨水集蓄工程不单单是解决干旱地区的人畜饮水和农业灌溉用水问题,它在拦蓄雨水径流的同时,也削减洪峰,为下游的防洪工程减压。小型雨水集蓄工程不仅可以用于山区,同样可以在平原和城市发展。

(2)充分发挥水库的调洪作用。水库不仅是拦蓄洪水资源的主要工程,同时也担负着防洪的重要任务。洪水具有峰高量大的特点,因此可以科学合理地采用洪水调度方式,提高水库工程的兴利效益,利用洪水资源,应用科学手段,利用准确及时的水文、气象预报,提高洪水预见期,提高水库调洪蓄水的预见性和主动性,提高水库调度水平。同时,也要对水库的主要建筑物或构筑物进行除险加固,使其适应新时期洪水资源管理的需要。

(3)加强蓄滞洪区管理与建设。要根据防洪规划,积极做好蓄滞洪区的管理与建设,在遇到大洪水时有计划、积极主动地运用蓄滞洪区分洪,滞蓄洪水。这样,不仅从防洪的角度减轻下游主河道的洪水压力,保障全局的防洪安全,而且起到了滞蓄洪水资源,改善水环境,充分利用洪水资源的作用。

(4)积极发挥跨流域、跨河系工程。目前,我国各流域、河系之间缺乏必要的连接工程,相对封闭,如果根据地形等条件,将各流域及较大的河系连接起来,当某一个流域发生洪水时,即可通过这些工程实现跨流域,根据水系配置洪水资源,实现防洪抗旱与增加效益的双赢。

5)建立洪水资源利用的管理、社会保障体系

(1)建立规范的管理体系,强化政府的有效管理,各级领导高度负责,靠前指挥,各职能部门密切配合、通力合作,各有关单位顾全大局,团结协作,齐抓共管,发扬团结互助精神,逐步建立风险共担、利益共享的合作机制,坚持以人为本、科学防控的原则,一切从实际出发,科学有效地利用洪水资源。

(2)制定相关政策,使洪水资源化工作有章可循。

政策是政府行为的依据和保障,没有政策的支撑、规范和约束,任何洪水资源利用行为都是临时的、零散的,特别是对利害并存的洪水而言,有时甚至可能造成重大失误和损失。

洪水资源的利用在一定程度上具有风险性,面对风险,要以法律、法规、经济、行政等手段来加强管理,在完善各项救助政策的同时,积极探索并建立有效的社会保障体系,不断完善投入机制,逐步推进洪水保险机制。

目前,急需研究并视条件具备情况相机制定的政策主要包括:水库、河道工程、蓄滞洪区洪水资源化调度规范,蓄滞洪区洪水资源化利用补偿办法等。

6)编制规划,有计划地推进洪水资源化工作

洪水资源化规划是为实现跨流域、流域或者区域洪水资源转化而制定的总体部署和具体措施安排,是开展洪水资源化工作的基本依据。洪水资源化规划应明确资源化对象、目标、途径,实现目标所需的工程和非工程措施及其投入,开展技术和经济可行性评价,落实工作计划等。

洪水资源化规划分为国家级(主要协调跨流域的洪水资源化)、流域级 、区域级(省或

城市)和工程级(例如水库、蓄滞洪区、湿地)等不同层次。

7)制定具体方案,切实开展洪水资源化工作

规划主要是对未来的设计,但洪水资源化既要期许未来,还需立足现实,因地、因时、因势制宜地开展洪水资源的转化工作。

各流域、各地区应根据现时的洪水时空分布特性、社会经济发展水平、干旱缺水状况,充分利用现有工程基础和调度措施,在安全、经济和技术可行的前提下,针对各种类型的洪水,编制具体的洪水资源化方案,并在现行法规和政策框架范围内,按规定的程序获得许可,一旦发生可资利用的洪水,即根据既定方案进行洪水资源转化的实际操作。

8)区分缓急,先易后难,开展试点,以点带面,稳步推广

我国目前开展洪水资源化最为急迫的地区是北方极度干旱缺水、水生态恶化的流域,其洪水资源化价值高,需求迫切,应选做开展洪水资源化工作的重点地区。

由于利用水库、河道渠系和湿地转化洪水资源仅关系到工程本身的调度运用,较少涉及复杂的社会问题,基本上可以在行业内部协调后即进入实际操作阶段,易于施行。

试点工作可在水库、湿地和河网开展。

水库的重点在于调整汛限水位和洪水调度方式,出于防洪安全考虑,应选择安全度高的水库,逐级调整。

湿地试点的目标在于以蓄洪的方式转化洪水资源,必要时,需建设一定规模的引排洪设施。这一试点将为今后蓄洪型蓄滞洪区的洪水资源化利用提供范例。

河网试点应选择在水系、河渠调洪互济,能够利用河道下渗能力回补地下水,转化洪水资源的理想场所。需要对不能完全满足调洪互济、开展洪水资源化要求的河网逐步进行必要的改造和建设。

上述试点基本包含了流域级洪水资源化的主要模式,试点完成后,随着有关政策的颁布,则可向全流域或其他流域推广。

城市雨洪利用的试点、政策制定和推广工作可由各城市根据各自的特点和需求开展。

9)加强研究,科学地开展洪水资源化工作

就目前的认识,在洪水资源化工作中需要开展的研究主要包括:①洪水资源时空分布及潜力研究;②洪水资源化效益和风险研究;③资源化洪水的生产、生活和生态配置研究;④水库、水系、河渠、湿地、蓄滞洪区联合调洪互济的模拟和情景分析;⑤地表-地下水交换及回补地下水机制研究;⑥洪水资源化相关政策研究;⑦洪水资源化规划方法研究;⑧水生态修复中洪水资源与其他水资源联合运用研究。

4.3 污水资源开发利用

随着世界人口的增长和工农业的迅速发展,污水量日益增加,未经妥善处理的污水如果任意排入水体就会造成严重的污染,使本来已经并不充裕的水资源更加紧张。这就是水在社会循环中人与自然在水量和水质方面存在的矛盾。解决这一矛盾的关键在于有效地控制水污染,并将污水作为一种综合性资源进行开发利用,这是解决水资源短缺和水环境污染的唯一优选途径。

4.3.1 污水资源化概念

4.3.1.1 我国当前面临的水环境问题

1）淡水资源匮乏

目前，我国现有耕地19亿亩，可供利用的水量约1.1万亿m^3/a。跨入21世纪，我国人均占有水资源量只有2 160 m^3，随着国民经济的发展，城市人口与工农业用水量也日益增加。工农业用水量大且利用率极低，仅因灌溉工程不配套和灌溉方法落后，损失水量一般就达50%～70%。工业用水重复利用率很低，全国用水重复利用率较高的上海也仅有50%左右。然而，全国污水排放量却与日猛增，造成水资源量的供需矛盾，这是我国当前水环境面临的一个主要问题。除水资源的量不能满足人民生活和社会发展的需要外，水环境的质量也令人担忧。

2）水环境污染日趋严重

由于城市数量、规模和人口的急剧增长，以及乡镇企业的迅速发展，造成城市水环境和农村水环境污染日益严重。目前，世界上每年有大量污水排入自然界，污染水体6 000 km^3。城市强大的经济活力，优越的物质条件，先进的生活方式，促使城市人口和工业过分集中，导致工业结构和建设布局不尽合理，加之城市基础设施滞后，大量生活废物和工业"三废"集中排放，造成水环境污染日趋严重。改革开放以来，乡镇企业迅速发展，污染物直接进入农业生态循环，使农业生态和水环境遭到严重破坏。据统计，2000年我国乡镇工业废水排放量由1982年的26.6×10^8 m^3增加到200×10^8 m^3，仅水污染一项造成的经济损失约达270亿元。

湖泊的污染同样也不容忽视。在大型淡水湖泊中，滇池污染最为严重；城市内湖的污染则以大明湖和玄武湖为最。我国许多湖泊，由于过度的围湖造田及泥沙淤积，面积日益缩小，乃至消失，湖泊水量继续减少，排洪抗旱的调蓄能力降低，自然灾害发生的频率增加。同时，由于大量废水、废物未经处理直接排入江、河、湖、海，我国水体受有机污染和富营养物质的污染较为严重。许多海洋、湖泊出现了不同程度的"赤潮"现象，其富营养化的面积将进一步扩大，富营养化的程度也将进一步增加，从而污染了大量的地面水和地下水体，降低了这些水源的利用价值。

3）过量开采地下水

地下水的现状也十分值得关注。一是过量开采所造成的地下水位下降及地下水储量减少，区域沉降现象日益严重。据全国27个主要城市的统计资料，其中一半城市以地下水为主要供水水源，11座为北方城市。地下水位的区域下降，反映了地下水资源的衰竭。在27个主要城市中，有24座城市出现了地下水降落漏斗，北方的几个大城市漏斗面积从几十平方千米扩大到几百甚至上千平方千米，中心水位累计下降10～30 m，最大可达70 m。每年平均下降速度为1～2 m。有的城市在漏斗中心或边缘已出现含水层部分疏干现象。二是地下水水质恶化。由于地表水不足，不得不大量超采地下水，由于种种污染源的影响，普遍体现了地下水总硬度、硝酸盐、氨、氮、亚硝酸盐等的超标，部分城市地下水中氟含量也有所增加，有的还检出了油类污染物和有毒有害物质，甚至使地下水化学类型发生变化，对饮用水源地构成越来越大的威胁。

4.3.1.2 水体污染

1984 年颁布的《中华人民共和国水污染防治法》中为“水污染”下了明确的定义:水体因某种物质的介入,而导致其物理、化学及生物或者放射性等方面特性的改变,从而影响水的有效利用,危害人体健康或者破坏生态环境,造成水质恶化的现象,就是人们常说的水体污染。

水体污染有两类:一类是自然污染,另一类是人为污染。

自然污染主要是由自然原因造成的。例如特殊的地质条件使某些地区有某种化学元素的大量富集,天然植物的腐烂过程中产生某种有害物质,以及降雨淋洗大气和地面后挟带各种物质流入水体等都会影响当地水质。

人为污染是人类生活和生产活动中产生的废物对水的污染,包括生活污水、工业废水和被污染的雨水等。此外,废渣和垃圾堆积在土地上或倾倒在水中、岸边,废气排放到大气中,经降雨淋洗和地面径流后各种杂质又流入水体,这些都会造成水的污染。

当前,对水体造成较大危害的是人为污染。水污染可根据污染杂质的不同而主要分为物理性污染、化学性污染和生物性污染三大类。

1)物理性污染

(1)悬浮物质污染。悬浮物质是指水中含有的不溶性物质,包括固体物质和泡沫等。它们是由生活污水、垃圾和工业等产生的废物泄入水中或农田的水土流失所引起的。悬浮物质影响水体外观,妨碍水中植物的光合作用,减少氧气的溶入,对水生生物不利。如果悬浮颗粒上吸附一些有毒有害的物质,则更是有害。

(2)热污染。来自热电厂、核电站及各种工业过程中的冷却水,若不采取措施,直接排入水体,可能引起水温升高、溶解氧含量降低、水中存在的某些有毒物质的毒性增加等现象,从而危及鱼类和水生生物的生长。

(3)放射性污染。原子能工业的发展,放射性矿藏的开采,核试验和核电站的建立以及同位素在医学、工业、研究等领域中的应用,使放射性废水、废物显著增加,造成一定的放射性污染,其中对人体健康有重要影响的放射性物质有锶、铯等。

2)化学性污染

a. 无机污染物质

污染水体的无机污染物质有酸、碱、氮和磷等植物营养物质,无机盐类和无机有毒物质等。酸污染主要来自矿山排水和含酸多的工业废水;另外,雨水淋洗含二氧化硫较多的空气后,流入水体也能引起酸的污染。碱的污染主要来自碱法造纸、炼油、制革、制碱等工业废水。酸碱污染使水体的 pH 值发生变化,抑制或杀灭细菌和其他微生物的生长,妨碍水体的自净作用,还会腐蚀船舶和水下建筑物,破坏生态平衡。一些工业废水中还常含有不少无机盐类,它们排入水体后将提高水的硬度和增加水的渗透压,降低水中的溶解氧含量,对淡水生物产生不良影响。生活污水和某些工业废水中经常含有一定数量的氮、磷等植物营养物质。另外,农田施肥后的排水中也会有残余的氮和磷。水体中氮、磷的含量较高时,对湖泊、水库等水流缓慢的水域会造成富营养化,使藻类等浮游植物及水草大量繁殖,溶解氧含量下降,引起水质恶化。无机有毒物质包括汞、镉、铅等重金属离子和砷、氰化物等非重金属离子,它们在水体中一般不会自行消失,但可以通过食物链积累、富集,以致会直接危害人体健康。

b. 有机污染物质

有机污染物质包括需氧污染物质、有机有毒物质和油类污染物质。需氧污染物质指生活污水和某些工业废水中所含的碳水化合物、蛋白质、脂肪和酚、醇等有机物质，在微生物的作用下，这些有机物可进行分解，因为在分解过程中需要消耗氧气，故称为需氧污染物质。如果这类物质排入水体过多，将会消耗大量水中的溶解氧，使水质变黑变臭，造成水质恶化。这是目前水体中最大量、最常见的一种污染物质。污染水体的有机有毒物质种类很多，主要有各种有机农药、多环芳烃等，在水中很难被生物降解，有些还被认为是致癌物质。油类污染物质会在水面形成一层油膜，能隔绝水面与大气接触，影响水质，危害水生生物。

3）生物性污染

生活污水，特别是医院污水和某些工业废水污染水体后，往往可能带入一些病原微生物，危害人体健康。例如，某些原来存在于人畜肠道中的病原细菌，如伤寒、霍乱和细菌性痢疾等都可以通过人畜粪便的污染而进入水体，随水流动而传播。

从我国当前水环境面临的一系列问题可以看到，水环境现状已不容乐观，水体污染程度和污染公害将不断加重，况且水资源一旦被污染，再去治理又是相当困难的，而且要花费大量人力、物力和财力，见效时间也相当长。因此，为了使水量枯竭和水质恶化的现状尽快遏制，从国内许多调查资料和成功经验来看，实现污水资源化，是一项一举多得的举措，其意义重大。

4.3.1.3 污水资源化

污水资源化即污水再生利用，就是将污水作为一种综合性资源再开发进行深度处理后作为再生资源回用到适宜的位置。由于污水水质一般较稳定，而且就近可得，易于收集，再生回用投资比海水淡化、远距离调水经济，因此许多国家都将污水有效的资源加以利用。事实上，即使是没有经过处理的城市污水，其含水量也要比海水高，前者杂质含量一般小于0.1%，而海水所含盐分平均都在3.5%左右，所以污水深度处理所需要的投资费用不会比海水淡化更高。因此，实现污水资源化是解决水资源短缺和水环境污染的唯一优选途径。

1）污水资源化的必要性和可行性

a. 污水资源化的必要性

从水资源充沛的地区调水引入水资源匮乏地区，固然可以从一定程度上缓解水资源的紧张状况，但是城市污水的再生回用比开发建设新水源更为重要且具有现实意义，且污水回用的费用比采用海水淡化获取水源的基建费和单位成本都要低。而城市污水经过二次处理，自然就减少了向水域的排污量，所以污水资源化可以实现环境效益、社会效益、经济效益的三丰收，是实现水资源可持续发展战略的保障，它既可开辟新的水源以缓解水短缺，有效地降低地下水的开采量，又解决了污水的出路问题，减轻了人类对水环境的污染和对水生态的破坏，同时还节约了大量优质水。据统计，在城市用水中，饮用水所占比例不足5%，而冲洗厕所用水却占40%左右，其他生活用水约占55%，大量自来水被冲厕所浪费掉。所以，实现污水资源化可以取得开源节流的双丰收。以天津为例，远距离调水的费用达6元/t以上，而污水资源化仅1~2元/t。因此，污水资源化这一既能弥补现有水资源的不足，又能有效地抑制水环境污染的有效途径越来越多地受到人们的关注，代表着当今的发展潮流。

b. 污水资源化的可行性

通过调查发现，目前几乎百分之百的人都赞同污水回用，尤其是将回用水用于冲厕更为人们所接受。污水资源化的可行性主要表现在以下几点：

（1）回用水的水质达标。据测算，城市用水的构成比重中，对饮用水的需求约占25%，其他为工业循环冷却、生活杂用等非饮用水。根据我国1989年颁布的《生活杂用水的水质标准》,现有的污水处理工艺,可以用经济的成本使回用水水质达到非饮用水的质量标准,满足城市用水中的大部分需求,如生活杂用、市政园林绿化、景观用水、车辆冲洗、工业冷却等。

(2)技术成熟,污水水质易于处理。城市污水由雨水、生活污水和工业废水组成。雨水几乎是清洁水源,生活污水也非常容易处理,只有工业废水水质较为复杂。但是,按照有关法规,工业废水必须由工厂先行进行处理,达到排放标准后才允许排放。而且,污水处理技术成熟,工业废水的水质可以受到严格的控制,称为易于处理的污水。所以,在技术方面,回用水的安全性就能够得到保障。

(3)城市污水收集方便,水源稳定。城市内部有完整的排水管道系统,利用该系统并加以改造,使城市污水方便快捷地进入污水处理厂,能有效地节省成本,且城市污水的水源稳定。

(4)城市污水的处理成本相对较低。回用水还具备相当大的价格优势,这也促进了回用水市场的扩大。根据大连市污水处理厂建设"十五"规划的成本测算,污水处理的成本为0.65～0.73元/t,根据大连市水务局提供的数据,目前海水淡化成本在4～7元/t,远距离调水成本为0.75元/t左右,污水处理成本远低于海水淡化的成本,与远距离调水的成本基本持平。跨流域调水影响不同水域的生态平衡,而污水资源化可减少污水排放并能保护生态环境。眼下,水危机是世界性的,污水资源化势在必行。

2)污水资源化的现状及存在的问题

a. 污水资源化的现状

污水资源化是水资源可持续开发及利用的重要途径,国内外都十分重视此项工作,并建立了一些示范工程和应用工程。如以色列100%的生活污水及72%的城市污水已经回用;美国的污水回用量达260×10^4 m^3/d,其中62%的再生水用于农业灌溉,30%的再生水用于工业,其余用于城市设施和地下水回灌。我国20世纪50年代就开始采用污水灌溉的方式回用污水,但是真正将污水经深度处理后回用于城市生活和工业生产仅有20年的历史。率先采用污水回用的是大楼污水的再利用,随着社会经济的发展和人们环境意识的不断提高。污水回用逐渐扩展到缺水城市的许多行业。但直到80年代中期,此项节水措施尚处于起步阶段。80年代末,随着我国大部分城市水危机的频频出现和污水回用技术趋于成熟,污水回用的研究与实践才得以迅速发展。早在1982年青岛市就将中水回用作为市政及其他杂用水;1984年北京市开始进行中水回用工程示范,到1995年北京市已有中水设施115个;太原市建筑中水回用进行的经济分析结果表明,2010年的回用成本仅为0.368元/m^3。此外,天津、深圳、上海和大连等城市的中水建设也初见成效。二级处理的出水经深度处理后再供给工业生产和城市生活是污水资源化的另一种形式。大连春柳污水处理厂是我国最早进行的示范工程,它是将二级处理的污水进行深度处理后回用于煤气厂。此后,北京、天津等大城市也进行了示范工程。"八五"的实践证明,污水回用措施既节水又能减轻环境污染,其环境效益、经济效益和社会效益非常显著。

b. 污水资源化存在的问题

我国污水资源化利用率非常低,尚不到污水排放量的5%,主要存在以下几个方面的问题:

(1)政策和管理问题。对于污水资源化的利用问题,目前在法律法规上没有明确规定,政策上也没有相应的要求,经济上没有优惠条件,致使该项功在当代、利在千秋的大好事处于自发状态,严重阻碍其发展。对于污水回用这项工作,我国目前没有统一的机构进行有效的管理,致使为数不多的已建回用工程,由于管理不善、协调不力,大多处于停用或半停用状态，未能充分发挥其应有的作用和优势。实施城市污水集中处理与回用，是一项庞大、复杂的工程，涉及城市规划、工业、农业、水利、环保、市政和卫生等众多单位与部门，必须在统一的领导下，提高认识、明确分工、互相协作，才能取得预期的效果。目前，污水再生回用还没有纳入地区水资源开发与利用的规划，各方面的关系还没有理顺，从源头治理到集中处理至再生水回用，一环扣一环的严密监测和控制制度还未形成，使污水资源化工作进展缓慢。

(2)认识问题。有的地区水资源规划缺乏长远性，忽视污水再利用，宁愿花人力、物力和财力去开发新水源和跨流域调水，而忘记了身边廉价的污水水源；有的地方对污水回用技术知之甚少，造成人们心理上的感受问题，唯恐其潜在的灾难和内在的影响有朝一日会发生，轻易否定污水在一些行业的回用可行性；回用水处理工艺需要的投资成本和运行费用都比较高，回用水处理成本一般为1.5~3.6元/m^3，在水资源相对比较丰富的地区，这个回用水水价要远高于自来水的价格，受局部经济利益和眼前利益驱使，用水单位不愿意接受回用水；也有的地方本来就很缺水，却不择手段地将污水排入江海，不积极进行污水资源化利用，致使水资源日益减少，开发的新水源也无法安全使用。

(3)技术问题。污水资源化利用在国外已有百年历史，许多技术已比较成熟，但在我国却刚刚起步，从国外引进的一些高投资、高运转费用、高技术含量的回用技术不太适合我国国情，而国内开发的一些低投资、低运转费用、管理简单的技术，由于种种原因又不被大家普遍认可，因此适合各地区实际情况的污水回用技术以后还需研究。

(4)城市基础设施问题。城市基础设施落后，下水道普及率低，人均占有率不到发达国家的10%；城市污水处理厂数量少，规模小，处理率不到20%。同时，与污水处理相配套的管网系统建设也没有跟上，目前城市中尚无输送回用水的管网系统，由于在认识上并未将污水处理厂置于优先发展的地位，因此落后的城市基础设施无法实现污水的全面回用。

(5)资金问题。由于污水处理是一项综合性工程，既涉及污水处理厂内的生产设备的投资，又涉及厂外污水截流系统、管网等的建设投资。目前的市政绿化和城市生活杂用水经过长期的市政建设，已经有了相对完善的供水与排水网络，如果要以回用水取而代之，势必需要投入大量的建设资金，资金筹措是开发回用水水源时不能回避的问题。但是，目前我国的筹资体制落后，手法单一，仅仅是国家拨款和地方自筹，基本是政府行为，没能充分调动各方面的积极性，走融资化的道路只能是纸上谈兵，无法落实。而发达国家的城市污水集中处理厂由国家投资，建成后的运转费由污水处理厂向用户征收。在我国，资源有偿使用机制的建立尚未起步，污水资源化设施建设和运转资金没有保证，从而严重影响了污水资源化的进程。

3)污水回用的水质指标与水质标准

a. 水质指标

水质指标项目繁多，总共有上百种，可以分为物理的、化学的和生物的三大类。

物理性水质指标主要有：感官指标，如温度、色度、嗅和味、浊度和透明度等；其他的物理性水质指标，包括总固体、悬浮固体、溶解固体、可沉固体、电导率等。

化学性水质指标包括：一般性的化学性水质指标，如pH值、碱度、硬度、各种阳离子、各种阴离子、总含盐量、一般的有机物质等；有毒的化学性水质指标，如各种重金属、氰化物、多环芳烃、各种农药等；氧平衡指标，如溶解氧、化学需氧量、生化需氧量、总需氧量等。

生物学水质指标，一般包括细菌总数、总大肠菌群数、各种病原细菌、病毒等。

b. 水质标准

水的用途不同，水质要求也不同，表4-8 和表4-9 给出了生活饮用水水质标准和工业用水水质要求。

表4-8　生活饮用水水质标准(GB 5749—85)

编号	分类	项目	标准
1	感官性和一般化学指标	色	色度不超过15度，并不得呈现其他异色
2		浑浊度	不超过3度，特殊情况下不超过5度
3		嗅和味	不得有异臭、异味
4		肉眼可见物	不得含有
5		pH值	6.5~8.5
6		总硬度(以碳酸钙计)(mg/L)	450
7		铁(mg/L)	0.3
		锰(mg/L)	0.1
8		铜(mg/L)	1.0
9		锌(mg/L)	1.0
10		挥发酚类(以苯酚计)(mg/L)	0.02
		阳离子合成洗涤剂(mg/L)	0.3
11		硫酸盐(mg/L)	250
12		氯化物(mg/L)	250
13		溶解性总固体(mg/L)	1 000
14	毒理学指标	氟化物(mg/L)	1.0
15		氰化物(mg/L)	0.05
16		砷(mg/L)	0.05
17		硒(mg/L)	0.01
18		汞(mg/L)	0.001
19		镉(mg/L)	0.01
20		铬(六价)(mg/L)	0.05
21		铅(mg/L)	0.05
22		镍(mg/L)	0.05
23		硝酸盐(以氮计)(mg/L)	20
24		氯仿[①](μg/L)	60
25		四氯化碳[①](μg/L)	3
26		苯并[α]芘[①](μg/L)	0.01
27		滴滴涕[①](μg/L)	1
28		六六六[①](μg/L)	5
29	细菌学指标	细菌总数(个/mL)	100
30		总大肠菌群(个/mL)	3
31		游离余氯	在接触30 min后不应低于0.3 mg/L，集中式给水除出厂水应符合上述要求外，管网末梢水不应低于0.05 mg/L
32			
34	放射性指标	总α放射性(Bq/L)	0.1
25		总β放射性(Bq/L)	1

注：①试行标准。

表 4-9 工业用水水质要求

项目	单位	工业名称						
		造纸	人造纤维	黏液丝	纺织	漂染	鞣皮	制革
浑浊度	度	2~5	0	5	5	5	20	10
色度	度	30	15	0	10~12	5~10	10~100	
硫化物	mg/L	—	—	—	—	—	—	1
总硬度	mg/L	12~16	2	0.5	4~6	0.5~1.0	3~5	1.5
耗氧量	mg/L	10	6	2	—	8~110	—	—
铁	mg/L	1.0	0.2	0.03	0.2	0.1	0.2	0.1
锰	mg/L	—	—	0.03	0.2	0.1	0.2	0.1
二氧化硅	mg/L	—	—	25	—	—	—	—
总固体	mg/L	300		100	—	—	—	—
pH 值		7~7.5	7~7.5	—	7~8.5	7~8.5	—	6~8

4.3.2 污水处理技术

污水回用的关键是污水处理技术,污水处理的基本方法,就是采用各种技术与手段,将污水中所含的污染物质分离去除、回收利用,或将其转化为无害物质,使水得到净化。

现代污水处理技术,按原理可分为物理处理法、化学处理法和生物处理法三类。

4.3.2.1 物理处理法

物理处理法是利用物理作用来分离污水中呈悬浮状态的污染物质,在处理过程中其化学性质并不改变。主要的处理方法有截留、筛滤、沉淀、气浮、离心分离等,以下是几种主要的物理处理技术。

1)截留

截留的主要作用是去除废水中粗大的悬浮物质,以保护后续的处理设备(特别是污水泵)正常运行,并防止管道堵塞。被截留的物质称为栅渣,其含水率为70%~80%。截留的构筑物有格栅、筛网和微滤机等。

格栅或筛网一般作为污水处理厂的第一个处理单元,通常设置在处理厂各处理构筑物之前,对污水进行预处理。格栅由一组平行的金属栅条与框架制成,倾斜或直立地安装在进水渠道或进水泵站集水井的进口处,以拦截污水中较大的悬浮物和杂质,其截留效率取决于栅条间缝隙的宽度。筛网用来去除粗粒的悬浮固体,筛网装置有转鼓式、水力旋转式、转盘式和振动筛网等不同形式。筛网的去除效果,可相当于初次沉淀池的作用。微滤机是用来截留细小悬浮物的筛网过滤装置。微滤机占地面积小,过滤能力强,操作方便,工业废水中有用物质的回收和污水的最终处理等应用微滤机。微滤机的处理能力与滤网孔径及悬浮物的性质和浓度有关。

2)沉淀

沉淀是污水处理中最基本的方法之一。沉淀法的工作原理是重力沉降,它是利用污水中悬浮颗粒的可沉降性能,在重力作用下产生下沉作用,以达到固液分离的一种过程。在污水处理厂中通常根据需要设置两个不同的沉淀设备:一种为沉沙池,另一种为沉淀池。

沉沙池的功能是去除水中砂粒、煤渣等相对密度较大的无机颗粒物,一般设在泵站之前,可以减轻无机颗粒对水泵的磨损;也可以设于沉淀池之前,以减轻其负荷,使沉淀池的污泥具有较好的流动性,且不致磨损污泥处置设备。沉淀池的作用是依靠重力使悬浮杂质与水分离。一般地,20 ~ 100 μm 以上的颗粒可以直接通过沉淀而去除,较小的颗粒,特别是胶体颗粒(10^{-9} ~ 10^{-6} m)就不可能直接利用沉淀分离了,需经过絮凝后再沉淀。

3)过滤

在污水深度处理技术中,过滤是最普遍采用的一种技术,是污水处理中比较经济而有效的处理方法之一。它是利用多孔粒状介质层(如砂、煤粒或硅藻土等)截留水中细小悬浮物的水处理操作方法,其主要目的是去除水中呈分散悬浊状的无机质和有机质粒子,也包括各种浮游生物、细菌、滤过性病毒与漂浮油、乳化油等。过滤常被用于废水的深度处理和饮用水处理过程。进行过滤操作的构筑物被称为滤池,滤池通常均采用水流自上而下的过滤处理工艺,滤料一般选用石英砂、无烟煤、陶粒等。

4)气浮

气浮是固液分离或液液分离的一种污水处理技术。它是通过某种方法产生大量的微气泡,利用污水中产生的高度分散的微小气泡作为载体去黏附污水中密度接近于水的固体或液体污染悬浮物,形成密度小于水的气浮体,在浮力的作用下,使其随气泡浮升到水面,形成泡沫层,而从水中除去。其主要处理对象是乳化油及疏水性细小悬浮固体。

气浮按照气泡产生的方法,可分为电解气浮法、散气气浮法和压力溶气气浮法三种。电解气浮法是在直流电的作用下,用不溶性的阳极和阴极直接电解废水,正负两极产生的氢和氧的微气泡,将污水中呈颗粒状的污染物带至水面进行固液分离的一种技术。散气气浮法目前应用的有扩散板曝气气浮法和叶轮气浮法两种。扩散板曝气气浮法是用压缩空气通过具有微细孔隙的扩散装置或微孔管,使空气以微小气泡的形式进入水中,进行气浮;叶轮气浮法是由叶轮高速旋转时在固定的盖板下形成负压,从进气管中吸入空气进行气浮的。压力溶气气浮法根据气泡析出时所处压力的不同分为加压溶气气浮和溶气真空气浮两种类型。前者,空气在加压条件下溶入水中,而在常压下析出;后者是空气在常压或加压条件下溶入水中,而在负压条件下析出。加压溶气气浮是国内外最常用的气浮法。

5)离心分离

离心分离是使水高速旋转,利用离心力分离水中悬浮颗粒的一种方法。按产生离心力的方式不同,离心分离设备可分为水力旋流器和离心机两类。水力旋流器是利用高速水流形成旋流的压力式或重力式的分离设备;离心机是利用机械动力旋转,利用污水中不同密度的悬浮颗粒所受离心力不同进行分离的一种分离设备。

4.3.2.2 化学处理法

化学处理法是利用某种化学反应的作用使废水中污染物质的性质或形态发生改变而从污水中除去的方法,其主要处理对象是水中溶解性污染物质或胶体物质。化学处理法包括混凝、中和、氧化还原、膜分离、电解、萃取、吸附、离子交换等。

1)混凝

通过投加化学药剂以破坏胶体和悬浮颗粒在水中形成的稳定分散系,使其聚集为具有明显沉降性能的絮凝体,然后用重力沉降法予以分离,即为混凝。混凝沉淀是污水深度处理常用的一种技术。混凝沉淀工艺去除的对象是污水中呈胶体和微小悬浮状态的有机和无机污染物,它们是用自然沉降法不能除去的悬浮微粒和胶体污染物。从表观而言,就是去除污水的色度和浊度。混凝沉淀还可以去除污水中的某些溶解性物质,如砷、汞等,也能够有效地去除导致缓流水体富营养化的氮、磷等。

2)氧化还原

通过化学药剂与污染物质之间的氧化还原反应,将废水中溶解的有毒有害污染物转化为无毒或微毒物质的方法,称为氧化还原法。水处理中常用的氧化剂有氧、臭氧、漂白粉、次氯酸钠、三氯化铁等;常用的还原剂有硫酸亚铁、亚硫酸盐、氯化亚铁、铁屑、锌粉、二氧化硫、硼氢化钠等。

3)化学沉淀

化学沉淀法是向污水中投加某种化学药剂,使其与水中的溶解性污染物质发生互换反应,生成难溶于水的盐类,然后进行固液分离,即可从水中沉淀而去除的一种处理方法。这种方法多用于处理污水中的钙、镁及重金属离子汞、镉、铅、锌等。

4)中和

中和处理主要是针对酸性和碱性废水,当废水酸碱浓度较高(约3%以上)时,应首先进行酸、碱的回收,对低浓度的酸碱废水,可采用二者互相中和或投加药剂中和的方法进行处理。

5)萃取

萃取过程是指将与水不相互溶且密度小于水的特定有机溶剂(称为萃取剂或有机相)与被处理水接触,在物理(溶解)或化学(络合、螯合或离子缔合)作用下,使原溶解于水中的某种组分由水相转移至有机相的过程。萃取法应用于水处理过程,主要以含高浓度重金属离子的溶液或某些高浓度有机工业废水(如含酚或染料废水等)为对象,提取回收其中的有用资源,从而达到综合治理的目的。在废水处理中常用的萃取剂有含氧萃取剂,如仲辛醇;含磷萃取剂,如磷酸三丁酯;含氮萃取剂,如三烷基胺等。

6)磁力分离

磁力分离是利用磁场力截留和分离废水中污染物质的方法,主要用于去除钢铁工业废水中磁性及非磁性悬浮物和重金属离子,对废水中有机物和营养物的去除也有帮助。另外,还可以去除废水中的油类物质。分离的效率取决于磁场力、物质的磁性和流体动力学特性。

7)膜分离

在溶液中凡是一种或几种成分不能透过,而其他成分能透过的膜,都叫做半透膜。膜分离法是利用一种特殊的半透膜使溶剂(通常是水)同溶质或微粒分离,从而达到分离溶质的目的。用膜分离溶液时,使溶质通过膜的方法称为渗析,而使溶剂通过膜的方法称为渗透。

根据溶质或溶剂透过膜的推动力不同,膜分离法可分为三类:以电动势为推动力的方法有电渗析和电渗透,以浓度差为推动力的方法有扩散渗析和自然渗透,以压力差为推动力的方法有压渗析和反渗透、超滤、微孔过滤。其中常用的是电渗析、反渗透和超滤,其次是扩散渗析和微孔过滤。

8)吸附

吸附法是利用多孔性的固体物质,使一种物质附着在另一种物质表面上的过程。具有吸附能力的多孔性固体物质称为吸附剂,而废水中被吸附的物质称为吸附质。废水处理中常用的吸附剂有活性炭、活化煤、焦炭、煤渣、吸附树脂、硅藻土、腐殖质酸、木屑等。吸附法多应用于去除废水中的微量有害物质,包括生物难降解物质,如杀虫剂、合成洗涤剂、微生物、病毒和一些重金属离子,也常用于去除水中的异味,脱色除臭等。

9)离子交换

离子交换的实质是水中离子态污染物与不溶于水的离子化合物(称为离子交换剂)上的同性可换离子发生交换的一种化学反应,常用的离子交换剂有磺化煤和离子交换树脂。离子交换法被广泛地应用于水与废水的处理,如进行水质软化和除盐,去除废水中的重金属及金属(如铜、锌、镉、汞、金、银、铂等),以及净化放射性废水(尤其是含量较低的放射性废水)等。

10)电解

电解质溶液在直流电作用下发生的电化学反应称为电解,废水进行电解反应时,其中的有毒物质在阳极和阴极分别进行氧化还原反应,产生新物质。这些新物质在电解过程中或沉积于电极表面,或沉淀下来,或生成气体从水中逸出,从而降低了废水中有毒物质的浓度。用电解法处理含氰废水,就是使氰在阳极被氧化;用电解法处理含铬废水,是使六价铬还原为三价铬;电解法还可用于废水的脱色、除油以及其他重金属离子废水的处理。

4.3.2.3 生物处理法

在自然界中,存在着大量依靠有机物生活的微生物,它们能氧化分解有机物并将其转化为无机物。生物处理法就是利用微生物的这一功能,并采取一定的人工措施,创造有利于微生物生长、繁殖的环境,使微生物大量繁殖,从而使废水中溶解状及胶体状有机物质得到氧化分解,以提高微生物氧化分解有机物的效率的一种废水处理方法。生物处理法具有投资少、处理效果好、运行费用低、操作简单等优点,在城市污水和工业废水的处理中得到了广泛的应用。

1)活性污泥法

活性污泥净化反应的实质是有机污染物作为营养物质被活性污泥微生物摄取、代谢和利用。活性污泥是由大量繁殖的悬浮状的微生物絮凝体组成的。向活性污泥与污水的混合液中不断充氧,微生物既能将污水中的有机污染物氧化分解,同时又能不断生长繁殖。停止曝气后,活性污泥在重力作用下沉降,从而与水分离。

在当前污水处理技术领域中,活性污泥法是应用最为广泛的技术之一,现已成为处理生活污水、城市污水以及有机性工业废水的主要技术。

2)生物膜法

生物膜法是与活性污泥法并列的污水好氧生物处理法的一种。微生物附着生长于某种载体的表面,形成一定厚度的生物膜,并利用生物膜处理废水的方法,即为生物膜法。生物膜主要由细菌、真菌和原生动物组成。

污水的生物膜处理法既是古老的,又是发展中的污水生物处理技术。迄今为止,属于生物膜处理法的工艺有生物滤池、生物转盘、生物接触氧化设备和生物流化床等。

3)厌氧生物处理技术

厌氧生物处理是在无氧的条件下,利用兼性菌和厌氧菌分解稳定有机物的生物处理方法,其最终产物是二氧化碳和甲烷。长期以来,厌氧处理只被用于处理城市污水厂的污泥。污泥中的有机物一般采用厌氧消化法,使污泥得到稳定。厌氧生物处理与好氧生物处理的显著差异在于:①它不需供氧,相反,氧的存在将破坏其处理过程;②它的最终产物是热值很高的甲烷气体,可被利用做能源。

4)污泥处理技术概述

废水处理过程中往往产生大量污泥,因其中含有大量污染物,必须对其进行妥善处理,以防止其对环境的危害。污泥的处理主要包括稳定处理、脱水处理和最终处理。

污泥稳定处理的目的是稳定其中的有机污染物,最常用的方法是厌氧消化池。经过厌氧消化,40% ~50%的有机物得到分解稳定,大部分致病菌和寄生虫卵能被杀死,还可产生沼气用做燃料或能源。

污泥的含水率一般为95% ~97%,二次沉淀池排出的剩余污泥含水率高达99% ~99.5%,为减小污泥体积,必须进行脱水及干化。对于含水率高于99%的剩余污泥,一般应先经浓缩池,使含水率降至97%,体积缩小至原体积的1/3。污泥干化是为了使污泥含水率进一步降低,可采用晒泥场或机械脱水,如真空过滤机、离心机、板框压滤机及带式压滤机等。

污泥最终处理应优先考虑利用污泥作农田肥料或进行其他利用,如填坑、筑路等。不能利用的污泥可采用填埋、投海或焚烧法处置,但必须十分谨慎,防止其对环境的危害。污泥处理中分离出的污泥水,污染程度仍十分高,应送回污水处理厂入口处,与废水一并处理。

4.3.2.4 污水的消毒

城市污水经过处理后,水质大为改善,细菌含量也大幅度减少,但细菌的绝对含量仍然很高,致病微生物很多,因此在回用时应进行消毒处理。消灭致病微生物,主要是通过投加消毒剂,依靠消毒剂的特性以及与致病微生物的反应来实现。目前,常用的消毒方法主要有氯消毒、臭氧消毒、二氧化氯消毒、次氯酸钠消毒、高锰酸钾消毒、重金属离子(如银)消毒等,近年来新发展起来的消毒技术有紫外线消毒、超声波消毒、电场消毒、光催化氧化消毒等。但目前使用最广泛的仍然是氯消毒,因为氯易溶于水,而且价格便宜,消毒反应后有保护性余氯存在。由于单一的消毒方法的局限性,为了加速和提高其消毒效果,在实际消毒过程中应不同消毒方法配合使用,互补长短。

4.3.3 污水的回用方式及途径

水资源短缺是当今很多国家和地区面临的一大问题,将净化处理后的废水作为新水源,供农业、渔业、工业、城市等各方面的需要,已成为一个新的趋势,在国内外被广泛应用。实践证明,废水再利用既可节约新鲜水,缓和水资源短缺的矛盾,又可大大减少水污染,保护水环境。城市污水回用的历史已有近百年,目前正处于全面普及的开始阶段。从城市污水回用的技术研究成果和工程应用状况来看,将城市污水处理后再利用,无论在技术上还是在经济上都是可行的。

4.3.3.1 污水回用的方式

就污水回用的方式和目标来说,主要有生活杂用水回用、农业回用、工业回用、城市回用、景观水体回用、地下水回灌、建筑中水等几个方面。

1)生活杂用水回用

城市污水回用于生活杂用水(指不直接与人体接触的生活用水),主要包括居住小区和公共建筑的厕所洁具冲洗、城市绿化、建筑施工、空调、冲洗车辆及浇洒道路等生活杂用水。

城市污水回用于生活杂用水不仅可以减少城市污水排放量,而且节约资源,利于环境保护。由于生活杂用水的水质要求较低,因此处理工艺也相对简单,投资和运行成本低。

污水回用于生活杂用水时,常见的处理流程有以下几种:

(1)原水为城市污水厂二级处理出水

(2)原水为建筑物中不包括粪便污水的生活杂排水

或

(3)原水为建筑物中或建筑小区内包括粪污水在内的生活污水

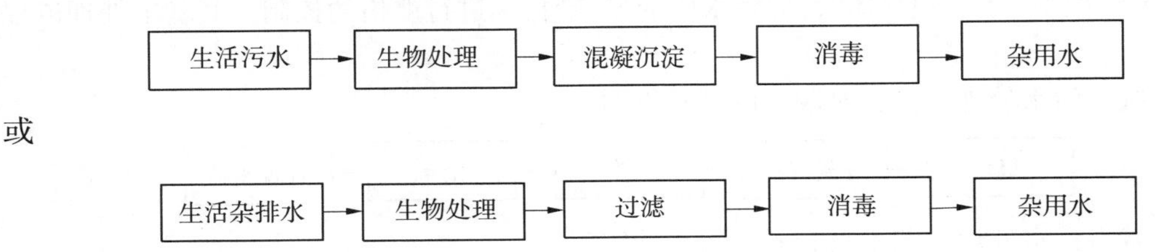

2)农业回用

我国污水回用于农灌已相当普遍。农业灌溉需水量很大,水质要求一般也不高,是污水回用的主要用途之一。城市污水回用于灌溉已有悠久历史,污水回用于农灌,既解决了缺水问题又能利用城市污水中的氮、磷、有机物等的肥效,还可利用土壤-植物系统的自然净化功能减轻污染。

城市污水回用于农业灌溉时的典型处理流程为

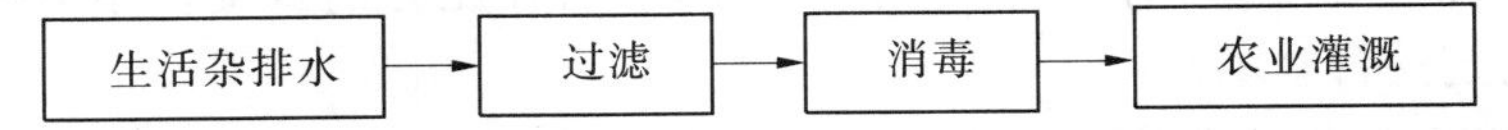

如果城市污水二级处理后直接用于灌溉,会产生许多问题,诸如土壤堵塞板结、细菌病毒毒害等,因此应适当处理后回用于灌溉。城市污水再生后回用于灌溉的历史最早,这是因为污水处理法中有一种方法为土地处理法,再生水灌溉农田即源于污水的土地处理。有时污水回用灌溉与土地处理很难区分开,事实上两者最根本的区别在于侧重点的不同,土地处理的重点是净化污水,而污水回用灌溉的重点是生产农作物。

3)工业回用

城市污水回用于工业生产用水的最大好处在于可以代替饮用水,因为在很多情况下,工业用水对水质的要求远低于饮用水标准。城市污水回用于工业对于工业企业和市政当局双方都有很大的益处。目前,随着社会的快速发展,工业相对于其他行业来说,对水的需求量最大,因此再生水用于工业生产用水的潜力巨大。

在城市用水中,工业废水所占比例相当大,将污水回用于工业生产,主要有以下几项用途:

(1)工业冷却水:冷却系统的补充水,直流冷却,包括水泵、压缩机和轴承的冷却,涡轮机乏汽的冷却以及直接接触(如熄焦)冷凝等。

(2)工业用水和锅炉给水。

(3)冲洗与洗涤水:洗涤、冲灰与除尘等用水。

(4)杂用水:包括厂区灌溉、消防。

工业水回用包括两个方面:一是本厂的水回用,提高水的循环利用率;二是用处理后污水代替自来水。经污水处理厂处理后供工业使用的水应具有较高的安全性、可靠性和稳定性,一般主要控制 pH 值、悬浮物量、COD、硬度与含盐量,以防止设备腐蚀、结垢、产生黏膜(生物垢)堵塞,泡沫和人体健康危害等不利影响的发生。

4)景观水体回用

目前,随着淡水资源的缺乏和水体污染的日益严重,各国各城市越来越多地将城市污水净化回用于娱乐景观用水,这不仅利于环境的保护,降低美化环境的费用,而且也利于保护水生生物的生态平衡。

城市污水回用于景观水体时,应对水中的氮、磷指标进行严格的控制。其基本处理流程如下:

(1)城市污水处理工艺具有脱氮除磷功能时

(2)城市污水处理工艺不具有脱氮除磷功能时

5)地下水回灌

城市污水处理后回用地下水回灌的目的主要是补充地下水供应,减少、阻止并改变地下水位的下降,防止地面沉降,防止海水及苦咸水入侵,储存地表水(包括雨水、洪水和再生水)以备后用。处理后的再生水通常采用直接注入法,在压力的直接作用下被灌入地下含水层(通常是特定的含水层)。

污水回用于地下水回灌,其水质一般应满足以下几个条件:①不会引起地下水水质恶化;②不会使注水井和含水层堵塞;③不腐蚀注水系统的机械和设备。

6)建筑中水

建筑中水是指单体建筑、局部建筑楼群或小规模区域性的建筑小区各种排水,经适当处理后循环回用于原建筑物作为杂用的供水系统。建筑中水不仅是污水回用的重要形式之一,也是城市生活节水的重要方式。建筑中水具有灵活、易于建设、无须长距离输水、运行管理方便等优点,是一种较有前途的污水直接再生利用方式,尤其是对大型公共建筑、宾馆和新建高层住宅区。

建筑中水回用处理工艺的典型流程如下:

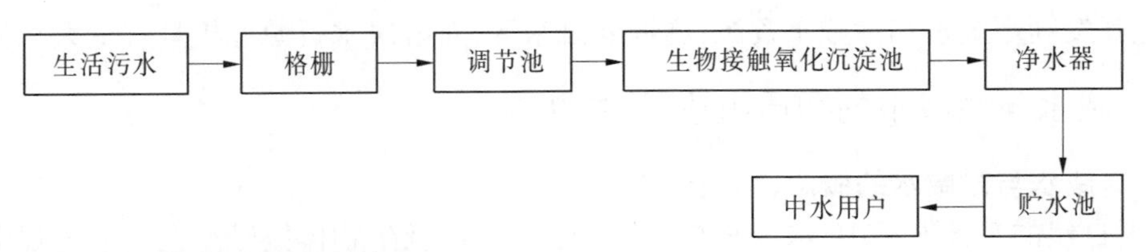

4.3.3.2 **污水资源化的实施途径**

污水资源化的实施途径归纳起来,有以下几个方面。

1)污水回灌

污水回灌是指将处理后的污水向地下含水层回灌,以提高地下水位,增加地下水资源量,防止地面沉降和海水倒灌,以及它对城市建设管道、楼房的破坏。同时,还可以将雨季大量的洪水与入海的弃水拦截入渗,补充地下水,以缓解超采地下水的矛盾。

2)污水重复利用

经过处理或质量较好不需处理的污水,可多次重复利用,例如:污水→取暖→工业再用→灌溉农田;污水→提取有用物质→冷却利用→浇灌园林与绿地等。

3)污水浇林绿化

利用城市污水浇林绿化,是城市节水的一项重要措施。我国许多城市(如北京等)利用城市污水浇灌花木与绿地,尤其是在亚黏土层很厚的地区,浇灌污水不易污染地下水。但切记在含水层裸露的地区,直接用不处理的污水浇灌园林或农作物时,一定要根据污水性质和环境水文地质条件而定。

4)氧化塘净化污水

氧化塘净化污水是一种简单易行、成本低廉、收益显著、增源增能的有效措施。许多试验证实是可行的。污水→水生生物→水质净化→饲料→绿肥、沼气→养殖等模式,适合我国的国情,应予以推广。

5)土地处理系统

土地处理系统即充分利用土壤和环境地质条件,合理地发展污水灌溉,经土壤净化、生物净化、太阳能净化等,可净化掉污水中的各种污染物质。在实施过程中,应做好土壤、地下水和作物的监测,以便于预测和调节污水的水质水量。

6)污水中有用物质的提取利用

污水中的有用物质包括有机物质与无机物质,尤其是重金属等,用于工业或其他行业,不仅可以防止水环境的污染,而且处理后的污水还可用于工业和农业。

4.4 咸水及微咸水资源开发利用

在我国的华北、西北及滨海地区,分布着大量的咸水和微咸水资源,这部分水资源远未得到很好的开发。随着国民经济和工农业生产的迅速发展,各地用水量和需水量不断增加,水资源供求矛盾日益尖锐。因此,开发利用咸水和微咸水资源是解决我国水资源供需矛盾的一条重要途径。按照传统观念,咸水和微咸水属于劣质水资源,是阻碍农业发展的有害因素之一。但是由于土壤对水中盐分具有不同程度的缓冲作用,作物也都具有一定的耐盐能力,只要采取适当的措施,利用咸水灌溉作物,达到抗旱增产的目的,是完全可能的。因此,合理开发利用咸水和微咸水资源,增辟灌溉水源,对解决水资源危机具有重大意义。

4.4.1　咸水与微咸水的物质组成、形成机制

4.4.1.1　咸水与微咸水的概念、物质组成

在大自然的水分循环中,水经常与大气、土壤、岩石及生物体接触。在运动过程中,水把大气、土壤、岩石中的许多物质溶解或挟持,使其共同参与了水分循环,成为一个极其复杂的体系。这些物质中,除少量的悬浮物质颗粒和气体分子外,主要是可溶性盐类。咸水及微咸水就是指含有不同种类和数量的含盐水,是相对于淡水而言的。

通常用矿化度来表示水中的盐分含量,并利用矿化度进行含盐水的分类。矿化度是指水中各种可溶性盐的总量,常用单位为 g/L 或 mg/L。关于含盐水矿化度分类标准的研究很多,由于研究目的和应用范围的不同也不完全一致。就农田灌溉而言,一般认为矿化度小于 2 g/L 的为淡水,2 ~ 5 g/L 的为微咸水,5 ~ 10 g/L 的为咸水,10 ~ 50 g/L 的为盐水,大于 50 g/L 的为卤水。

咸水及微咸水大致有以下几个来源:①地下水;②海水;③咸水湖;④农田排水或灌溉回归水;⑤主要成分为盐碱类物质的工业废水。就目前的技术和经济条件而言,矿化度大于 10 g/L 的含盐水是不能直接用于农田灌溉的,在内陆地区可供开采的咸水或微咸水资源为埋深在 0 ~ 200 m 的中浅层地下水。

咸水及微咸水的化学成分一般可分为五大类:离子、溶解气体、生物生成物、微量元素和放射性元素。其中分布最广、含量较多的离子有 8 种,其中阴离子有 4 种:氯离子(Cl^-)、硫酸根离子(SO_4^{2-})、碳酸根离子(CO_3^{2-})和重碳酸根离子(HCO_3^-);阳离子有 4 种:钙离子(Ca^{2+})、钠离子(Na^+)、钾离子(K^+)和镁离子(Mg^{2+}),合称八大离子,其总量占溶解质总量的 95% ~ 99% 以上。构成这种离子分布的原因,是这些离子的元素在地壳中的含量高,且易溶于水,如 O、Ca、Mg、Na、K 元素;有些元素虽然在地壳中含量不很大,但它易溶于水,如 Cl 元素和以 SO_4^{2-} 形式出现的 S 元素;而 Si、Al、Fe 等元素虽然在地壳中含量很高,但很难溶于水,在地下咸水中的含量并不高。

咸水及微咸水中的主要离子成分,随咸水矿化度的变化而改变。这种变化主要与不同盐类在水中的溶解度有关。通常,低矿化度水(矿化度小于 1 g/L)中以 HCO_3^-、Ca^{2+}、Mg^{2+} 为主;中矿化度水(矿化度一般为 1 ~ 3 g/L)中阴离子以 SO_4^{2-} 为主,阳离子以 Na^+ 或 Ca^{2+} 为主;高矿化度水(矿化度大于 3 g/L)中阴离子以 Cl^- 为主,阳离子以 Na^+ 为主。

咸水及微咸水中的主要阳离子 Ca^{2+}、Mg^{2+}、Na^+ 和阴离子 Cl^-、SO_4^{2-}、CO_3^{2-}、HCO_3^- 相互结合可生成 12 种盐类,如表 4-10 所示。表中的钠盐均有害,其危害程度为 $Na_2CO_3 : NaHCO_3 : NaCl : Na_2SO_4 = 10 : 3 : 3 : 1$。但钙盐和镁盐中只是在横线以下的才有害,横线以上的对土壤和作物没有多大的危害。

表 4-10　咸水及微咸水中的 12 种盐类

有害	Na_2CO_3	$MgCO_3$	$CaCO_3$	无害
	$NaHCO_3$	$Mg(HCO_3)_2$	$Ca(HCO_3)_2$	
	Na_2SO_4	$MgSO_4$	$CaSO_4$	
	$NaCl$	$MgCl_2$	$CaCl_2$	

除去难溶于水的 $CaCO_3$、$MgCO_3$ 和在水中溶解度很低的 $CaSO_4$, $Ca(HCO_3)_2$ 和 $Mg(HCO_3)_2$ 会很快地转化为 $CaCO_3$ 和 $MgCO_3$ 在水中形成沉淀，因此在一般条件下，在咸水灌溉中有害的共有 7 种盐类，即 Na_2CO_3（纯碱）、$NaHCO_3$（小苏打）、Na_2SO_4（芒硝）、NaCl（食盐）、$CaCl_2$、$MgCl_2$（盐卤）和 $MgSO_4$（泻盐），其危害顺序从大到小为 Na_2CO_3、$MgCl_2$、$CaCl_2$、$NaHCO_3$、NaCl、$MgSO_4$、Na_2SO_4。

4.4.1.2 咸水及微咸水的形成机制

1）咸水及微咸水形成的矿化作用

地壳中含有 87 种化学元素，目前在咸水及微咸水中基本都已发现。这些元素在咸水及微咸水中的含量与岩石圈的平均组成相差很大。多种化合物溶于水，又随着水文循环一起迁移，经历着不同环境，其数量、组成及存在形态都在不断变化。这个过程受到两方面因素的制约：一是元素和化合物的物理化学性质；二是各种环境因素，如水的酸碱性质、氧化还原状况、有机质的数量与组成，以及各种自然环境条件等。咸水及微咸水在形成过程中的主要矿化作用有以下几种：

（1）溶滤作用。土壤和岩石中某些成分进入水中的过程称溶滤作用。水由一个带负电荷的氧离子和两个带正电荷的氢离子组成，由于氢氧分布不对称，近氧原子一端形成负极，构成极性分子。当地表水或地下水流经土壤或岩石时，在与其密切接触过程中，带电性的水极性分子往往将矿物晶格中联结力弱的离子溶解到水中，组成咸水及微咸水中的各种盐类。在其他矿化作用的共同作用下，盐分在水中不断积累，含量持续增加，矿化度逐渐提高，最后就形成了咸水及微咸水。溶滤作用是自然界中广泛存在的一种水岩相互作用。

（2）蒸发浓缩作用。在干旱、半干旱地区，地下水埋藏不深，蒸发成为地下水排泄的主要方式。蒸发使盐分留在地下水中，随着时间的延续，地下水逐渐浓缩，矿化度不断增加，地下水演变为咸水及微咸水，这称为蒸发浓缩作用。在蒸发浓缩过程中，水中溶解度较小的盐类相继达到饱和而析出，易溶性盐类的离子逐渐成为水中的主要成分。蒸发浓缩作用主要发生在干旱、半干旱地区的平原和盆地的低洼处，水位埋深浅的地下水排泄区，如河间洼地、洪积扇溢出带的下缘及内陆河的下游地带。

（3）阳离子交换吸附作用。岩土颗粒表面带有负电荷，能够吸附阳离子。在一定条件下，水中离子从溶液中转移到胶体上，称为吸附过程；同时胶体上原来吸附的离子转移到溶液中，称为解吸过程。吸附和解吸的结果，表现为阳离子交换，因此称之为阳离子交换吸附作用。在地下咸水和微咸水中，阳离子交换作用广泛存在。

（4）氧化作用。水中的氧化作用，包括使围岩的矿物氧化和使水中有机物氧化。黄铁矿是岩石中常见的硫化物，含氧的水渗入地下，使黄铁矿发生氧化。硫化矿物的氧化是地下水中富集硫酸盐的重要途径。在硫化矿床附近和富含黄铁矿的煤田地区，在矿坑和风化壳中往往形成含大量硫酸盐（10 ~ 15 g/L）的酸性水。而在深层承压水中，因含氧不足，就不会出现这种情况。

（5）还原作用。在还原环境中，水若与含有机物的围岩接触，或受到过量的有机物污染，碳氢化合物可以使水中的硫酸盐还原成硫化物。硫化物与 CO_2、H_2O 进一步作用生成 $CaCO_3$ 沉淀，而水中失去了硫酸盐，富集了 H_2S。

（6）脱碳酸作用。水中 CO_2 的溶解度通常随温度升高或压力降低而减小，其中一部分 CO_2 便成为游离 CO_2 从水中逸出，这就是脱碳酸作用。其结果是使水中的 HCO_3^- 及 Ca^{2+}、

Mg^{2+}减少，矿化度降低。

(7)混合作用。成分不同的两种水汇合在一起，形成化学成分与原来两种水都不相同的地下水，这就是混合作用。这种作用常发生在地下水与地表水交汇处（如海滨、湖畔、河旁）及深层地下水补给浅层含水层处。雨水渗入补给地下水，地下水补给河水，河水注入湖泊或大海，河口段的潮水上溯，滨海含水层的海水入侵等，都会发生水的混合作用。

如果混合过程中没有发生沉淀和吸附阳离子交换作用，那么混合前后水的矿化度之间呈线性关系，对任一组分来说都是如此。混合作用往往使地下水的水化学类型发生变化，也有可能发生化学反应，形成完全不同的地下水。

(8)人为因素作用。近几十年来，随着生产力和人口的增长，人类活动对地下水形成和演化的影响愈来愈大，如建坝蓄水、大范围引水灌溉、过量开采地下水等都大大加剧了上述各种矿化作用的进程，使得地下水的水质演变的速度急剧增大，这主要表现在以下几个方面：

①干旱和半干旱地区频繁地建坝蓄水，大量地引水灌溉农田，水库和渠系漏水区周围地区的地下水位上升，在强烈的地表蒸发作用下，不仅出现了大面积的土壤次生盐渍化，地下水也逐渐演变成咸水及微咸水。这种现象在我国的西北地区如青海柴达木盆地、河西走廊和新疆灌区屡见不鲜。位于柴达木盆地的格尔木市，1975 年在格尔木河上游建水坝发电，提高了地下水位，增加了河流对地下水的补给量，使地下水位上升，造成格尔木原市区北部发生盐渍化，地下水质变咸。

②在滨海地区过量开采地下水，引起海水入侵，使矿化度增大，水质变咸，如在我国的大连、北海、威海、宁波等城市这种情况均有发生，特别是在山东省的莱州湾地区的形势更为严峻。

③通过开采地下水，使地下水位下降，减少地下水的蒸发，并灌水洗盐，使盐渍化程度降低或消除盐渍化。如 1982 年以前，河南濮阳市赵庄一带原是一片沼泽盐滩，中原油田勘探局在附近建立基地后，大量开采地下水，地下水位大幅下降，沼泽、盐渍消失，附近的盐渍地变为高产良田，地下水质也由咸变淡。这也是人类活动影响地下水质的一个范例。

2)咸水及微咸水形成的原因分析

咸水及微咸水的形成是上述各种矿化过程共同作用的结果，只是根据各地气候、地形、水文地质条件等多种因素的差别，其作用强度有所不同而已。综合分析影响咸水及微咸水形成的各种因素，现代咸水及微咸水的成因大致可分为三种类型，即陆地盐化咸水、海－陆沉积咸水和海相混合咸水，其形成示意图如图 4-12 所示。

a. 陆地盐化咸水

陆地盐化咸水形成的主要矿化作用是溶滤作用和蒸发浓缩作用，发生在内陆地区，没有受到海洋的直接影响。含有 O_2 与 CO_2 的大气降水，或地表水渗入地下后，溶滤它所流经的岩土，而获得其他的化学成分，这种水也称为溶滤水。在适当的条件下，溶滤水不断蒸发、浓缩最终形成咸水及微咸水，这实际上是一个水的盐化过程，因此称为陆地盐化咸水，其成分受气候、地形、地貌及流经岩土岩性等因素的影响。

气候对陆地盐化咸水化学组分的影响十分显著。在气候炎热潮湿地区，不同类型的岩土经过长期充分的洗蚀，易迁移的离子大部分均已淋失，剩下的是碳酸盐、二氧化硅和氧化铝等难以迁移的铁矿物。尽管原来地层的岩性不同，最终在浅部都会形成低矿化度的重碳

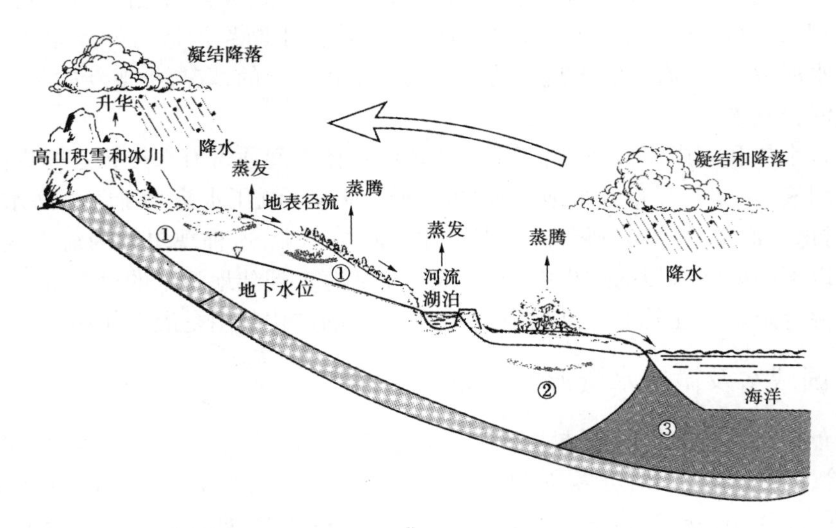

①—陆地盐化咸水；② —海－陆沉积咸水；③—海相混合咸水

图 4-12　咸水的形成过程示意图

酸盐型水，并且硅酸占有一定的比例。在干旱气候条件下，蒸发强烈，不论地层岩性如何，浅部地下水都会由重碳酸盐型水转变为硫酸盐型水，最终形成矿化度很高的氯化钠型水。总的来说，气候是决定地壳浅部元素迁移的重要因素，区域性的溶滤水成分也反映了气候的影响。

地形对溶滤作用的影响，是通过地下水径流条件起作用的。在切割强烈的山区，地下水径流条件好，径流强烈，水交替迅速，地下水滞留时间短，层中的易溶成分不断被溶滤并被带走，故地下水的矿化度低，以重碳酸盐型水为主。地势平坦的地区地下径流缓慢，水交替弱，水与岩土作用时间长，地下水易溶离子含量和矿化度较高。

地下水流经的岩土对陆地盐化咸水化学成分有一定的影响。在含有 $CaSO_4$ 沉积的第三系地层分布区，水中含有较多的 Ca^{2+} 和 SO_4^{2-}；石灰岩、白云岩等碳酸盐沉积区的地下水，以 HCO_3^-、Ca^{2+} 和 Mg^{2+} 为其主要成分；酸性岩浆岩地区的地下水大多为 $HCO_3^- - Na^+$ 型水；煤系地层分布区及有色金属矿床附近常形成硫酸盐型水。

b. 海－陆沉积咸水

海－陆沉积咸水是在古代与沉积物(海相、河相、湖相)同时生成的沉积水，主要是由古海水入侵形成的。古海水入侵后，一部分海水在滨海盆地或古河道中沉积下来。在漫长的地质年代中，赋存在含水层中的沉积水由于流动性好，逐渐与溶滤水混合，不再具有其原始的化学成分。但是赋存在海相淤泥中的沉积水，由于淤泥渗透性差，其中的沉积水受到外界的影响小。

在长期的还原环境中，脱硫酸作用对海相沉积水的成分影响最大，它使水中的 SO_4^{2-} 减少乃至消失，出现 H_2S，HCO_3^- 含量增加。HCO_3^- 含量增加与 pH 值的升高，会使部分 $CaCO_3$ 和 $MgCO_3$ 沉淀析出，令水中的 Ca^{2+}、Mg^{2+} 减少。因此，咸水的化学成分与现代海水相比，也发生了一系列变化。海相沉积咸水的化学成分与现代海水相比，主要有以下特征：①矿化度很高，最高可达 300 g/L；② SO_4^{2-} 减少，甚至消失；③钙的相对含量明显增大，钠含量减少；④溴、碘富集，尤其是碘含量增加；⑤出现硫化氢、甲烷、氨、氮；⑥pH 值增加。

海相淤泥中的生物遗骸的分解使溴、碘富集，并产生甲烷等有机气体。埋藏在地层中的海相淤泥沉积水，由于地壳运动而被剥蚀出露地表，或由于断裂构造与外界相通，沉积水有可能被溶滤水所取代，也有可能出现溶滤水与沉积水相混合的情况，形成新的化学成分。

c. 海相混合咸水

在滨海含水层和海岸河口地带，海水与陆地淡水体之间通常有一个稳定的界面，受各种自然和人为因素（主要是过量开采地下水）的影响，淡水体测压水头小于邻近海水楔体的测压水头，此时该界面便开始向内陆推进，直至建立新的平衡，这种现象称为海水入侵。在海水从淡水体以下向内陆入侵的过程中，会形成一个从海水到陆地淡水的过渡带，这一部分咸水就是海相混合咸水。在其形成过程中，占主导地位的矿化作用是混合作用。

4.4.2　中国咸水及微咸水资源的分布与特性

我国分布着大量的咸水及微咸水资源。北起辽东半岛，南至广东、广西的滨海地带，东起淮河、秦岭、巴颜喀拉山，西至喜马拉雅山沿线以北的干旱、半干旱、半湿润地区的大部分低平区域，都有广泛的分布，其中主要是在易发生干旱的华北、西北以及滨海地带。

根据2003年我国地下水资源评价结果，全国地下微咸水天然资源为277亿 m^3，地下咸水天然资源为121亿 m^3，绝大部分存在于地下10～100 m处，易于开采利用。矿化度1～3 g/L的微咸水分布区主要包括河北、山东、江苏、宁夏、新疆、内蒙古、甘肃、山西、陕西和吉林等省（自治区、直辖市）的部分地区。地下微咸水分布区的面积约53.92万 km^2，占全国总面积的5.68%；地下微咸水可开采资源为每年144.02亿 m^3，占全国地下水可开采资源总量的3.87%。矿化度大于5 g/L的咸水和矿化度3～5 g/L的半咸水分布区主要包括新疆、宁夏、内蒙古、青海、甘肃、天津、河北、山东、辽宁、上海、江苏、广东等省（自治区、直辖市）的部分地区，分布区面积约84.73万 km^2，占全国总面积的8.93%；可开采资源量为每年54.46亿 m^3，占全国地下水可开采资源总量的1.46%。

根据我国咸水资源的分布情况，在地域上可大致分为五个区，即华北平原区、松辽平原区、黄河中游黄土区、西北干旱区和长江三角洲滨海区。下面分别介绍各区咸水及微咸水资源的分布与特性。

4.4.2.1　华北平原区

本区包括北京、天津、河北、山东、河南的全部平原和安徽、江苏的北部平原，面积为32万 km^2，是我国重要的农业区。这一地区地下水的矿物质成分因地理位置的不同而差异较大。冲积扇的上部平原以含氯化物－硫酸或硫酸盐－氯化物为主，其地下水含盐量为3～5 g/L；接近滨海带的冲积、沉积低洼平原区，地下水主要以氯化物为主，含盐量达5～10 g/L，有的高达10～30 g/L。

4.4.2.2　松辽平原区

本区包括辽宁、吉林、黑龙江三省的大部分地区。这一地区地下水含盐成分主要以重碳酸盐为主，部分地区兼有重碳酸盐－氯化物。由于地理位置的不同，地下水含盐量也有较大区别。微斜洪积平原地下水径流畅通，含盐量小于0.5 g/L，属于淡水范围；而湖沉积平原地下水含盐量为1～5 g/L；低洼积水湖，水泡周围地下水含盐量达37 g/L左右。

4.4.2.3　黄河中游黄土区

本区包括陕西、甘肃、宁夏、河南、山西等省的部分地区，西起祁连山东段，东至太行山，北界长城,南抵秦岭,面积约 36 万 km^2。这一地区地下水含盐成分复杂,主要有重碳酸盐-硫酸盐、氯化物-硫酸盐等。其地下水含盐量低的为 1~2 g/L 或 2~10 g/L,高的达 10~20 g/L,个别地区高达 30 g/L 以上。

4.4.2.4 西北干旱区

本区主要包括塔里木盆地、准噶尔盆地、柴达木盆地、河西走廊等,属于典型的干旱气候带。

微咸水资源主要分布区域为:①新疆塔里木盆地和田河流域低山丘陵区(矿化度为 2~3 g/L,$Cl^- - SO_4^{2-} - Na^+ - Mg^{2+}$ 型水);②宁夏贺兰山北部、银川平原中部、腾格里沙漠、盐池北部、牛首山、青龙山、大罗山、南西华山、月亮山及六盘山边的隆德—固原一带、彭阳、孟塬等地区(矿化度为 1~3 g/L,部分地区小于 1 g/L);③陕西关中的乾县、礼泉及泾河以东渭河以北的富平、蒲城、澄城、大荔及陕北的延安以北的黄土梁峁区;④准噶尔盆地阿勒泰、塔城及木垒—北塔山以东的低山丘陵区,天山北麓冲洪积平原中下游及沙漠区边缘的承压水和深层承压水区(矿化度为 0.8~1.5 g/L);⑤宁夏窑堡—盐池一带、南部海原、西吉、彭阳等地(矿化度为 1~3 g/L)。

咸水资源主要分布区域为:①准噶尔、塔里木、柴达木三大盆地的中心地带,以及阿拉善高原西北部、宁南和甘肃中南部,包括新疆和田、阿勒泰、塔城、木垒、北塔山、巴里坤地区的丘陵残丘区(矿化度大于 2 g/L,$Cl^- - SO_4^{2-} - Na^+$ 和 $SO_4^{2-} - Cl^- - Na^+$、$HCO_3^- - SO_4^{2-} - Ca^{2+} - Na^+$ 型水);②宁夏陶乐、同心、王乐井、惠安堡—麻黄山及三合镇—田家坪一带(矿化度为 3~5 g/L 或大于 5 g/L);③陕西的定边及吴旗、子长的局部(氟、氯化物、硫酸盐超标,矿化度为 1~5 g/L 及 5~10 g/L);④内蒙古阿拉善高原和北部高平原的中西部,固阳盆地、乌拉特中旗的海流图盆地的局部地段(矿化度大于 5 g/L);⑤青海柴达木盆地中心地带(矿化度大于 1 g/L 的咸水、卤水及油田水)。

4.4.2.5 长江三角洲滨海区

长江三角洲在行政上包括上海市,江苏省的南京、镇江、扬州、泰州、苏州、无锡、常州、南通 8 市和浙江省的杭州、嘉兴、湖州、宁波、绍兴、舟山 6 市,土地总面积 99 610 km^2。该区咸水及微咸水储量丰富,地下水主要矿物质成分以钠质-氯化物为主。

4.4.3 咸水及微咸水的利用

4.4.3.1 咸水及微咸水的利用途径

1)农业灌溉

咸水及微咸水利用的一个主要用途是农业灌溉。在国内外已有不少的成功经验,像非洲国家突尼斯就没有 1 g/L 以下的淡水,但经他们的研究表明,对于沙壤土,可用 5 g/L 甚至矿化度更高的咸水灌溉,对于重壤土可用 2~5 g/L 的微咸水灌溉,排水条件好的盐碱地经过几年的咸水及微咸水灌溉,盐碱还有明显的减轻。意大利、美国西部以及印度、日本、西班牙、摩洛哥、苏联等国家的咸水及微咸水灌溉都有多年历史,中东的以色列、伊拉克、科威特等国家也大量使用咸水及微咸水灌溉。我国的宁夏、甘肃、陕西、河南等地区也都有长时间的咸水及微咸水灌溉浇地试验研究和生产实践。

目前,咸水及微咸水的农业利用方式是灌溉作物和冲淡盐碱土。利用咸水及微咸水灌溉作物包括微咸水直接灌溉、咸淡水混灌和咸淡水轮灌。

微咸水直接灌溉不同于淡水灌溉，它不仅要考虑满足作物对水分的需求，而且要控制盐分的危害。微咸水直接灌溉技术涉及水、土、作物等多门学科。在天气干旱时，蒸发加强，随着土壤中水分流失，土壤溶液浓度增高，植物细胞液相对降低，植物细胞液过低时会使作物吸收水分的速度变慢或停止，如果土壤溶液浓度过高，甚至会产生反渗透现象，使作物失水，造成减产或枯死绝收。如果此时灌溉适量咸水及微咸水，迅速降低土壤溶液浓度，能够使作物恢复正常生长。而且浇咸水后，盐分大部分集中在土壤表层 0 ~ 5 cm 处，而 5 cm 以下仍保持在作物耐盐极限之内或土壤溶液浓度仍低于极限值，也能保证作物正常生长。微咸水灌溉后水分不断蒸发，盐分在土壤中向表层积累，形成盐斑。夏季集中降雨的时候，在有排水条件时能起到自然淋洗的作用，通过沟或井排出去，达到周年土壤地表不积盐，最终不会引起土壤的盐渍化。所以，一般灌溉水含盐量宜控制在 1.5 ~ 2 g/L。有条件的地方也可以试验合理利用 3 ~ 5 g/L 的微咸水及咸水。据研究，在河北平原用矿化度 4.0 ~ 6.0 g/L 和 2.0 ~ 4.0 g/L的咸水及微咸水灌溉小麦、玉米，比不灌的旱作小麦、玉米增产 1.2 ~ 1.6 倍。

咸淡水混灌就是将咸水与淡水合理配比形成微咸水再用于灌溉。咸水和淡水混合灌溉，能改善灌溉水质，扩大水资源利用量。咸淡水的混合比例应根据当地的作物种植、水源条件、控制水质标准要求而定。

咸淡水轮灌就是根据作物耐盐特性及本地区的水资源条件，在作物耐盐生长阶段利用微咸水灌溉，而在作物的非耐盐阶段用淡水灌溉，轮灌时间和水量随微咸水的矿化度、作物种植方式和水资源供给条件的不同而有所变化。

2）水产养殖

地下咸水及微咸水水质稳定，无污染，比海水养殖安全。近年来，随着海水污染的不断加剧，严重影响了海水养殖业的发展，因此可以利用地下咸水及微咸水养殖，其中中国对虾的养殖试验在很多地方都取得了成功。因各地地下咸水及微咸水水质、水量会有差异，应先进行地下咸水调查评价。远离海水源地的瓣海地区可利用当地地下咸水及微咸水进行多种海水生物育苗和养殖，由于水中含有盐分，对鱼虾有防病虫害作用。对于越冬养殖，还可以利用地下咸水及微咸水来提供热能。实践表明，利用咸水及微咸水养殖是一种投资大，但收益高、周期短、见效快的开发模式。尤其是在排水不畅、不宜种植的盐碱荒地及废弃坑塘，咸水及微咸水养殖效益更加明显。

3）工业用水

直接利用咸水及微咸水的行业主要有电力、化工、冶金、橡胶、印染、机械、塑料等，其用途有冷却用水、制冷用水、作溶剂和还原剂、淬火、洗涤等。在碱厂使用咸水及微咸水，生产每吨纯碱可回收氯化钠 30 ~ 50 kg。纺织系统把咸水及微咸水作为冷源。此外，还可利用地下咸水及微咸水制盐和提取盐化工产品等。

4）咸水淡化饮用

在淡水资源严重缺乏地区，可以建立地下咸水及微咸水淡化站，利用电渗析和反渗透技术，通过淡化工艺脱盐、降氟、净化等，将咸水及微咸水变成达到国家规定标准的饮用水，改善人畜饮用水质量，提高人民生活水平。

5）城市生活用水

凡有条件利用咸水及微咸水的，应充分将咸水、微咸水用于居民生活，如洗涤、冲厕、洗车等,尽可能替代生活用自来水。还可将咸水及微咸水用于喷洒道路、浇灌城市草坪绿地、补充湖塘水体养鱼,以及消防、游泳池、喷水池用水等。

6)抽咸补淡

在汛期到来之前,抽取地下咸水及微咸水,或利用或排走,适当降低地下水位,能减少潜水蒸发,腾出地下库容,加大汛期降雨入渗,增补地下淡水量。这样既可以减少地表径流,又可以淋洗土壤中盐碱,把降雨转化为地下水资源,并淡化地下水,将咸水层改造为淡水层。

4.4.3.2 利用咸水及微咸水应注意的问题

(1)在利用地下咸水及微咸水前,必须做好必要的环境评价工作。地下咸水及微咸水水质、水量、含水层厚度及空间分布等也有很大的差异性。因此,在大规模开发地下咸水之前,必须查明这些水文地质条件。同时,如果地下咸水及微咸水过度开采,水位下降到一定程度,也会引起环境地质问题,应进行预测评价。而且目前对深部地下咸水及微咸水的研究还不够,研究深度仅限于浅层,因此还需要大力加强深部地下咸水及微咸水的研究。

(2)地下咸水及微咸水在目前还是一种非常规的水资源,人们对此认识还不够,有必要加大宣传力度,提高认识。鼓励合理利用地下咸水及微咸水,在水价和收取资源费上,咸、淡水要有大幅度的差别。建议使用咸水及微咸水时可以少收水资源费,国家也可补助一定资金,用于浅层咸水及微咸水资源的开发。

(3)在利用咸水及微咸水时需要注意环保问题,一些咸水淡化设施淡化后排出的尾水,可能会对浅层水及土壤造成盐污染。处理这部分尾水,一则可以避免二次污染,二则可以提高其他经济效益。在沿海地区,这部分尾水可以直接排入大海。

4.5 水沙灾害及水沙利用

在自然界中水流和泥沙的运动经常不是独立的,而是相互作用、相互影响的。在某些情况下,水灾和泥沙灾害密不可分,可以认为是一个整体。因此,如果将水沙灾害作为整体概念来理解和研究,将有利于对灾害机制的认识,有利于科学的防灾减灾技术的制定和实施,有利于对水沙合理地开发利用。

4.5.1 水沙灾害定义

水灾,包括通常所说的洪涝灾害,是发生频率最大也是危害最严重的一种自然灾害,其造成的损失占全球每年自然灾害损失比重最大。根据中国水利百科全书(1991)的定义,水灾是世界上普遍和经常发生的一种自然灾害,其成因有:强度较大的降雨使江河泛滥而产生的暴雨洪水;在中高纬度地区和高山地区,因积雪融化而产生的融雪洪水;在高寒地区,河流从低纬度流向高纬度时,挟冰下泄形成冰塞或冰坝,使江河水位上涨、河流泛滥而产生的冰凌灾害;山区因大雨或融雪,导致山坡的岩石、土壤突然发生滑坡而产生的山崩灾害;还有因连续降雨或大雨,沟谷和坡地含有大量水分的泥沙、石块骤然出现泥石流动而产生的泥石流灾害;水库坝体或其他挡水建筑物瞬时溃决而产生的溃坝灾害;沿海地区,由于强烈的大气扰动所引起的海面风暴潮差,或因近海海底地震、火山活动而产生的海啸。以上统称洪水灾害。

凡致灾因子是泥沙,或由泥沙诱发其他载体给人类的生存环境和物质文明建设带来危害,给经济带来损失,这样的泥沙事件就构成泥沙灾害。以泥沙为致灾因子形成的灾害为泥沙的直接灾害,如滑坡、泥石流及崩塌等;由泥沙诱发其他载体引发的灾害,如因土壤侵蚀形成的泥沙在河道或水库年复一年的淤积使河床抬高,泄洪能力降低,由不太大的洪水引发的漫堤、溃堤的灾害等,定义为泥沙的间接灾害。

实际上,在自然界中水流和泥沙的运动经常不是独立的,而是相互作用、相互影响的。只是有时泥沙作为直接致灾因子,水流作为间接致灾因子;有时水流作为直接致灾因子,而泥沙作为间接致灾因子。如坡面上水流对泥沙的冲蚀造成的水土大量流失、农田沙化、贫瘠化;河道中水流对软质河岸淘冲造成崩岸、曲流裁弯导致两岸的财产损失;汛期使用蓄滞洪区蓄滞含沙洪水造成区内土地的淤积沙化,作物减产;水库中泥沙的落淤造成防洪兴利库容的减小等。以上是水流引发泥沙灾害的一些例子。而危害更大的则是泥沙灾害加剧水灾,如流域中土壤沙化、植被减少引起流域蓄滞径流能力降低、汇流速度加快造成洪峰出现时间提前和峰形尖化;河流中下游河道中大量泥沙淤积造成的同流量下的洪水水位抬高;泥沙在调蓄湖泊中的淤积造成湖泊调蓄容积减小等。可以这样认为,水灾和沙灾两种灾害系统之间存在某个子系统,在这个子系统内部水灾和沙灾是相互联系、相互影响的,在此范围内水灾和泥沙灾害密不可分,是一个整体。因此,如果将水沙灾害作为整体概念来理解和研究,将有利于对灾害机制的认识,有利于科学的防灾减灾技术的制定和实施。所以,水沙灾害可定义为:水流和泥沙相互作用,成为直接或间接致灾因子,引起环境失稳,给人类的生存环境和物质文明建设带来危害,或造成人们生命财产损失的渐变或突变的自然灾害现象。

水沙灾害并不是一种新出现的灾害现象,它是水灾和沙灾之间的一个子系统。此前的灾害研究中,有些水沙灾害被归于水灾,有些水沙灾害被归于沙灾,人为地将其归于两个灾害系统之间的一个,割裂了它们之间的联系,对近年来频繁出现的“小流量、高水位”洪水现象无法解释。水沙共同作用造成的灾害已越来越严重,有研究表明,近几十年来我国大范围内的洪涝灾害逐年加剧的主要原因并非是气候因素,而是泥沙累积淤积。鉴于上述原因,必须将水沙灾害作为一个整体来研究。

4.5.2 水沙灾害的产生过程

自然界一方面通过地质作用(如火山、地震等)及内营力作用塑造着地球表面千姿百态的各种地貌形态,另一方面又通过风化作用以及水流、重力、风力、生物等外营力不断对各种地理环境进行缓慢演变。所谓的蚀山造原运动,就是这一过程的体现,首先通过风化作用产生地表剥蚀,接着风力、水流等的搬运作用使泥沙进入河川径流,然后通过河道中的泥沙输移,泥沙在下游入海口附近等低平地区堆积形成肥沃平坦的平原。人们聚集繁衍的河流两岸平原地区就是河流漫长的造原作用的结果。河流作为地球水圈中联系陆地大气降水与海洋的纽带,不仅是宣泄水流的通道,同时也具有输移泥沙的功能。一般河流的中上游是泥沙的来源,通过风力剥蚀、降雨直接作用、降雨形成的地表坡面流作用,地表被侵蚀并形成在河道中以悬移或推移形式输移的泥沙,泥沙沉积在河道、水库、湖海之中又会形成新的侵蚀源。上述各过程所发生的地点,在时间和空间上并不是固定不变的。例如,即使是同一地点,在某一时刻产生侵蚀,而在另外一个时刻则产生沉积,有时地表侵蚀和地下水侵蚀同时发生,沉积的泥沙又是新的侵蚀场所。泥沙的产生与输移现象,从地质学的观点来看,形成了一个循环周期:隆起、风化、侵蚀、输送、沉积、固结。其中隆起和固结过程是人类生命与之相比可以忽略不计的漫长过程。对人类影响最大的是侵蚀、输送、沉积。然而，地表物质的侵蚀、输移、堆积却有可能导致环境失稳，例如崩塌、滑坡、土地沙化、泥石流、河道侵蚀引发改道、淤积引发洪灾等。自从有了人类以来，随着生产力的发展，人类活动作为一个重要的影响因素也加入了这个过程中且起着越来越不可忽视的作用。同时由于人口密度的增加、人类活动范围的增大、财产的增加，这一过程中产生的环境失稳现象越来越对人们的生命财产构成威胁。

河流发源地和中上游往往是地势较高的山区、丘陵或高原，是河流中泥沙的主要来源。这些区域为水沙运动提供了必要的势能条件，而且往往存在植被覆盖情况不好、降雨的时空分布不均、土质结构疏松、地形陡峻等不利情形中的一种或几种，高强度降雨雨滴的滴溅、坡面水流冲蚀等作用往往会造成地表覆盖层流失。这些往往是缓慢的过程，称之为水土流失。产沙特性不但决定了泥沙产生的数量及其速度，从而影响河流并且通过河流对下游造成影响，而且在产沙区域本地也会造成一些不利于人类生命财产安全的灾害，如滑坡、山崩。长期的风化作用造成岩石的解理，使得山体抗应力减小，内应力相对增大，一旦降雨或别的条件使山体抗应力减小到某一临界值，将突然之间造成山崩或滑坡等山地灾害。崩落体或滑坡体可以直接进入河道，或形成坝体淤塞河道，在当地造成洪水灾害，或成为河流中推移质、悬移质泥沙的直接来源。堆积在山前坡脚的大型堆积体也成为流域内长期活跃的沙源，被其他的搬运动力挟带入河川径流。随着科技的发展，人类改造自然的能力越来越强，盲目的毁林开荒，不合理的耕作，一些工程的修建，如兴修公路、开挖矿井等，都会加剧泥沙的产生。

流域中的泥沙灾害一般为隐蔽的、缓发性的，所以短期内不易被人所察觉，而洪水灾害突发性强、破坏力大，所以水沙灾害通过水灾体现其后果剧烈和严重的一面。就灾害发生的时空范围、强度及其对人类生存与发展的威胁程度而言，洪水灾害居各种自然灾害之首。大多数情况下洪水灾害都是暴雨洪水造成的，天气变化造成暴雨，引起江河、湖泊水流量激增、水位猛涨，一旦超过堤防等防洪工程的承受能力，将引起漫堤、溃堤甚至溃坝。降雨是引发洪水的直接原因，而流域下垫面特征和兴修水利工程等则直接或间接影响洪水过程及其特性。泥沙运动正是通过改变流域下垫面特征影响流域洪水过程的。流域内地表侵蚀产生的泥沙有些直接进入河流，但大部分都是在暴雨时随地表径流进入河流并被水流挟带往下游。一般都是土壤中的细颗粒最易被带走，如果长期没有保护措施，将使土壤特性发生改变。土壤下渗率降低，涵养水分能力降低，结果在降雨时地下径流减少，流域汇流速度加快，河道中洪峰形成的时刻提前，峰形尖化，给下游的防洪造成负担。泥沙对洪水的最直接影响集中体现在河流中下游。这里水流相对缓慢，泥沙易于淤积，长年累月的淤积使一些河流的局部河段成为地上河。河道两岸湖泊急剧萎缩，对洪水的调蓄能力减小，加重了河流干流的洪水负担。河流中下游一般地势平坦、人口密集，堤防保证率低，易于成灾。所以，水沙灾害引起了洪水频率加大，洪灾形势恶化。

在远古时期，这些并不能构成灾害，因为当时生产力水平十分低下，原始人类除随时猎取食物外别无所求，而且人类活动也仅限于洪泛区之外的高地上，即使洪水泛滥也不会造成多大灾害，水沙灾害也不具备成灾条件，只是在河流下游造就大片的冲积平原和沼泽湿地。但随着人类文明的发展，河流中下游聚集的人口、财产急剧增加，就为水沙灾害提供了承灾体。特别是人类改造自然的幅度越来越大，人类力量成为加剧水沙灾害的主要因素，水沙灾害带来的问题越来越突出。

大量工程的兴建更是加大了水沙灾害的范畴，比如，人们在河流上兴修水库，开发利用水能、拦蓄洪水，然而，大量的泥沙淤积造成水库上游翘尾巴现象，下游引航道淤积造成通航困难，下泄的清水造成崩岸，曲流裁直或冲决等，甚至有粗颗粒泥沙磨损、打坏水轮机叶片。另外，还有桥墩附近泥沙冲刷引起桥墩失稳；水流主流摆动冲刷堤防引起堤防地基淘刷失稳；泥沙淤积河道和港池影响航运和交通；引水口门泥沙淤积影响工农业取水；蓄滞洪区泥沙冲淤等。

4.5.3 水沙灾害的防治及主要措施

水沙灾害既是气候、地形、地质等自然环境形成的自然灾害，又是由于社会经济发展，人类不断开发江河冲积平原、河谷阶地，与洪水争夺生存空间和出路而促成的人为灾害。水沙灾害的影响因素非常复杂，不同的时间、不同的区域导致灾害的原因可能不同；水沙灾害往往和其他灾害交织在一起，容易形成新的次生灾害。作为一种自然界的随机事件，在一定技术经济条件下防洪工程设施可以承受或控制一定标准的水沙灾害，但超标准的水沙灾害是永远存在的，在相当长的历史时期内人类不可能完全控制和消除灾害的发生。因此，对于水沙灾害的防治，应在把握主要原则的基础上，采取相应的措施。

4.5.3.1 水沙灾害防治原则

在水沙灾害的防治中应该遵循以下原则：

(1)加强水沙灾害的机制研究。治灾要治本，只有充分了解形成水沙灾害的原因、机制，才能对症下药地提出相应的治理策略。江河水沙灾害属于一种发生在地表的地貌水文灾害，泥沙在其中发挥了重要的作用。这些灾害可以是突发的也可以是渐发的，持续的或间歇的，区域的或局部河段的，原生的或次生的。水沙灾害一旦形成，往往在流域系统中形成灾害链，对国民经济的发展造成重大损失。因此，从深层次揭示水沙灾害形成的规律，寻找相应的防治理论和方法，并化灾为利是目前最为迫切的工作。

(2)全流域综合治理。流域作为一个系统，往往是牵一发而动全身。水沙灾害的防治也要从流域系统的角度来考虑。如在江河上修建水库和引水工程，将改变江河径流的时空分布，虽然满足了社会经济发展对水资源的需求，调节控制了某些河段的洪水，减轻了洪水威胁，但是由于河道下泄径流量的减小，径流过程的改变，特别是洪峰流量的削减，使原有天然河道不能适应新的水文情势变化，致使水流挟沙能力降低，淤积增加，河道萎缩，行洪水位抬高，河道泄洪输沙能力下降，抵消了一部分水库和堤防的防洪作用。修建水库、增加引水必须与河道整治措施密切结合，整体安排，才能防止或减少河道功能的衰退。

(3)因地制宜。如在上游水土保持中，要坚持宜林则林、宜草则草、宜荒则荒的原则。由于上游流域的自然环境状况的复杂性，对其进行生态环境建设，应遵循自然规律，因地制宜，不同地区、地段，不同生态条件，应采取不同的恢复与重建模式。不是对所有的荒山都应该造林，在长江上游地区，4 000 m 以上的高山已不适宜森林生长；在干旱河谷，要成片造林也是困难的，需要由点到面地逐步推进，目前关键是要禁止随意对土地表层和边坡的破坏。在湖区退田还湖时也要遵循上述原则，不能盲目，要有选择地将低洼区域的田垸还湖。

(4)有效控制常遇洪水。使受洪水威胁地区，即人口密集、经济发达的平原、河川盆地等，90% 以上的年份和 90% 以上的地区免受洪水灾害，保证社会经济的正常运行，在当代社会经济条件和科学技术水平下，加强常规的防洪工程措施并配合必要的非工程措施，是可能做到的。

(5)对超标准的非常大洪水,要有可行的对策。在充分利用自然河湖和常规防洪工程措施(如水库、河道堤防等)蓄泄能力的前提下,采取临时分蓄洪、积极防汛抢险和相应的非工程措施,将洪水控制在预期安排的范围内,防止洪水在较大范围内失控造成巨大损失或毁灭性灾害,使经济发展不致受到过大的冲击,社会仍然保持稳定。

(6)建立灾后的有力保障体系。使灾后的救济、恢复、重建工作迅速而有效地进行,保障灾区社会稳定,经济运行迅速恢复正常。大江大河中下游平原、湖区的洪灾安全保障体系应纳入整个国家的安全保障体系之中。

4.5.3.2 水沙灾害防治措施

水沙灾害的防治主要分为工程措施和非工程措施。

1)工程措施

工程措施力图减小洪水灾害的频度、严重程度,把有限区域的洪灾转移分散。其本质在于疏导水流,削减洪峰,调节洪水的时、空分布规律。一般是在上游兴修控制性的水库,拦蓄洪水,削减洪峰;在中下游进行河道整治,修建和加固堤防,开辟蓄滞洪区,调整和扩大洪水出路,形成一个防洪工程体系。工程措施可大致分为蓄水工程、拦水工程、排水工程等。

蓄水工程主要包括水库和蓄滞洪区。防洪水库又可以分为滞洪水库、蓄洪水库两种类型。滞洪型水库的蓄水时间为洪水通过无调节泄洪口的时间,泄水口的尺寸依据下游河道所允许的洪峰流量进行设计。蓄洪型水库有可控制的闸门泄水设施,蓄洪时间较长,主要根据下游洪水遭遇及错峰要求而定,兼有汛期拦蓄洪水、发电、供水、灌溉、航运、渔业等多种功能。蓄滞洪区是有计划地把沿江河两侧自然调节洪水的湖泊、洼地建设成有控制可调节的洪水滞留场所,既充分有效地发挥其分洪削峰作用,又提高了湖泊、洼地的利用率。随着蓄滞洪区内经济的发展和人口的增多,只有加强蓄滞洪区的管理和安全建设,才能尽量减少分洪时的损失和人员伤亡。

拦水工程包括水土保持、流域整治和防洪堤防的建设,主要作用于流域支流和上游地区,通过流域治理、水土保持、种草植树、营造防护林,可增加流域的蓄水能力,延长洪水形成的时间,坦化洪水波。

排水工程主要是河道整治,是为稳定河槽、改善河流边界条件及水流流态采取的工程措施,其目的是增加河道的输水能力,以减小洪水发生的频率和洪水泛滥的范围。河道整治工程常见的有护岸工程、疏浚工程、裁弯和堵汊工程等。

工程措施的核心是贯彻江河防洪综合治理的方针,点、线、面措施相结合。即:推行水土保持,控制水土流失,减轻自然生态环境破坏和山地灾害;进行中小河流治理,减小干流广大平原、湖区的洪水压力;加强堤防建设,整治河道,调整河势,提高河道泄洪排沙能力;修建控制性调洪水库和临时分蓄洪工程,削减洪峰流量和分泄超量洪水。这些措施必须在防洪综合规划的基础上建设,互为补充,密切配合,否则可能造成上下游、左右岸的矛盾,甚至加重某些河段的防洪负担。在各种工程措施中,堤防建设和河道整治是基础,河道整治必须充分利用水沙特性因势利导,必要时河道疏浚是整治河道的应急措施之一。在我国洪水威胁区人口密度大、土地开发利用程度高、防洪工程措施发展不平衡的情况下,依靠工程措施提高防洪能力,减少灾害损失,仍是当前防洪的主要方向。

2)非工程措施

我国的防洪减灾实践证明,在洪涝灾害损失不断增加的情况下,仅仅依靠工程措施对较大洪水,特别是超标准洪水,是很难起到明显减灾效果的,非工程措施显得日益重要,必须不断加强和完善。非工程措施一般包括洪水预报、洪水警报、洪泛区管理、洪水保险、超标准洪水防御措施、防汛抢险救灾、防洪宣传教育等。我国在提高水情预报、防洪警报的能力,完善防洪法规,加强河湖水域管理,健全防汛调度、抢险救援工作诸方面近年来有很大的进步,但对洪水可能泛滥成灾地区的有效管理和灾后保障体系方面,工作尚在起步阶段。根据具体条件,区别不同情况,对洪水严重威胁地区按照受灾风险程度实行有效管理,仍然是防洪减灾的必要措施。我国受洪水灾害严重威胁地区的管理,应根据受灾机会的多少、发生灾害的先后次序和严重程度,分类采取措施,制定不同管理办法。

综上所述,防洪措施的选取要兼顾兴利与除害、投资与效益,还要根据实际情况决定是选取工程措施还是非工程措施,做好防洪规划。防洪规划是指为某一流域或地区所制定和选择的整体防洪治理方案。根据国家或地区社会经济发展需要,结合本流域或地区的自然地理条件,特别是洪水特性及其危害程度,制定和选择防洪整体方案(包括工程措施和非工程措施)与治理程序,以便取得较佳的防洪经济效益和社会效益,同时也为防洪系统设计和流域综合开发提供有力的依据。防洪规划主要包括调查研究流域相关资料,以明确防洪的基本特性和任务;拟定防洪工程建筑物的防洪标准和保护对象的安全标准;根据防洪要求和现有的工程、非工程措施,从技术、经济、社会、政治诸方面提出各种有代表性的规划设计方案,并通过综合比较选出最优。

4.5.3.3 不同类型灾害及其防治

水沙灾害包含的内容广泛,有着丰富的内涵和外延。从流域的角度看,不同区域的水沙灾害呈现出不同的具体形式。在流域上游,主要是水土流失;在流域中下游,主要是泥沙的冲淤、洪水灾害、湖泊的萎缩;在河口,集中体现在海水的入侵和岸线的后退。此外,水沙灾害还可能引发次生灾害,如泥石流、滑坡、沙漠化、沿江低洼地带的土地盐碱化等。对于不同的灾害类型,应针对其自身的特性,采取不同的防治措施,才能达到最好的治理效果。

1)水土流失及其治理措施

水土流失是目前最为严重的水沙灾害的表现形式之一。水土流失对人类生存环境极为不利,它是人类诸多灾害的根源。全世界约有 $2\ 500 \times 10^4\ km^2$ 土地遭受水土流失。中国的水土流失面积达 $367 \times 10^4\ km^2$。水土流失问题是世界性的,无论发展中国家还是发达国家,都存在不同程度的水土流失问题。从总的趋势看,全球的水土流失问题十分严峻,而且还在向恶化的方面发展。世界上有1/3以上可耕地面临着这样的威胁。另外,风力侵蚀刮起大量的土壤粉尘沉积于海洋。据联合国粮农组织的专家估算,全世界每年流失土壤高达 $260 \times 10^9\ t$。这些泥沙输入河道、湖泊、水库、港口,给防洪、灌溉、发电、航运等带来极为不利的后果,更为严重的是点源和面源污染给人类生存带来的后患无穷。

水土保持是有效解决和减少水土流失问题的根本途径。其工程措施主要包括植树造林、种草、开垦梯田、挖鱼鳞坑及深沟等。在上述措施中,以植树造林最为有效,也是水土保持的根本手段。植被具有涵养水源、调节径流的功能。森林通过林冠截留雨水,通过枝叶遮掩减少日照,减小风速而抑制蒸发,增大林地土壤湿度;通过发育的根系疏松土壤,增强土壤下渗能力,增大土壤蓄水量。植被对于固土、防止水土流失、减少河道淤积具有十分重要的意义。

对于水土流失的治理，全国各地都有成功的范例。一般来说，水土流失严重的地区，都是贫困的山丘区。因此，水土流失的治理，必须同地方社会经济发展紧密联系，要在综合治理上下工夫。水土流失的综合治理措施包括：以改造坡耕地为梯田的基本农田建设和小型农田水利，以及以防治重力侵蚀的工程建设为主的工程措施；以植树造林、种草种果，因地制宜地调整农业内部结构等的生物工程措施；以改良农业耕作技术，保水保土的农耕措施，维护水土保持工作与成果的各项法令、法规配套的各项措施等。保护水土植物资源持续利用，使免遭破坏导致水土流失是水土保持的目的，它是可持续发展的一项重要基础设施。我国黄土高原水土流失区已得到初步治理，促进了生产，使部分地区的生态环境发生变化。据1995年底统计，初步治理面积15.4万km^2，兴修梯田、条田和其他基本农田517万hm^2，造林786.8万hm^2，种草234.5万hm^2，兴建治沟骨干工程852座、淤地坝10万余座。支流的综合整治改善了部分地区的生态环境和生产生活条件，同时也起到减水减沙的作用。

2)河道泥沙冲淤及其防治措施

流域河湖体系的演化，是自然地质系统中泥沙的“侵蚀—输移—沉积”的动态平衡过程。在这个演化过程中，河湖系统的流量、地质结构、沉积与搬运条件及整个系统的地质环境等，都是制约这一系统动态平衡的重要因素。人类活动深刻地影响着整个河湖体系的演化平衡，如人类活动引起的水土流失，可能打破沉积体系中沉积物通量平衡，加速河湖淤积；人为改变自然淤积场所，引起河湖体系中局部演化不平衡等，都可能造成河湖体系的突破式或灾变式后果。河道泥沙在不适宜位置的沉积或冲刷，可能打破原有的动态平衡过程，造成洪水位的抬升，并可能对航道、堤防、取水口造成危害，影响国民经济的可持续发展。

对于泥沙的冲淤，主要的防治措施应该是综合治理，上、中、下游联合整治。上游水土流失是河道泥沙的来源，过多或过少的下泄沙量将造成中下游的淤积或冲刷。因此，水土保持是解决泥沙问题的根本措施。对于中下游河道的局部河段的冲淤，主要可采取工程措施来加以防治。对于淤积，一是可以通过疏浚来处理，二是可以通过适当的引洪放淤等手段来将泥沙资源化，除害的同时可以兴利，一举多得。对于冲刷，主要可通过护底或护岸工程加以控制。

3)洪涝灾害及其防治措施

我国约占国土面积10%的地区遭受不同程度的洪涝威胁，主要在七大江河的中下游，如长江、珠江、黄淮海平原等，而这些地区往往是人口稠密、耕地集中、经济发达的地区，全国约有40%的人口、35%的耕地和70%以上的工农业生产总值集中在这些地区。20世纪90年代以来，由于气候条件加上人类活动频繁，全国范围内的洪涝灾害频频发生。洪水不仅给经济带来重大损失，还影响到社会、环境以及人身安全和生产生活。尤其是随着人口和国民经济的不断增长与发展，在同样的防洪能力情况下，洪涝灾害损失将越来越大。因此，洪水威胁始终是中华民族的心腹大患，应当予以高度重视。

对于洪涝灾害的防治应该是工程措施和非工程措施并举。工程措施包括蓄、拦、排水工程措施。从流域的角度来看，上游应该加强水土保持，较大的植被覆盖度将会拦截更多的下泄洪水，同时也可滞后径流形成的时间；中下游是防洪的重要区域，主要的矛盾是河道的安全泄量与上游的大量来水不相适应，因此应当采取的措施一是利用水库和蓄滞洪区来调蓄洪水，实现洪水的错峰调节，二是从河道边界条件着手，在加高堤防的同时采取必要的整治和疏浚措施。非工程措施主要是要做好江河的防洪规划，加强洪水的预警和预报，加强洪泛区的管理，完善防洪法规，健全灾后保障制度等。

4）湖泊萎缩及其防治措施

湖泊是天然的洪水调蓄场所，同时又具有重要的生态价值。但是随着泥沙的淤积和人类活动的增加，天然湖泊逐渐萎缩，对防洪和生态环境造成重大的破坏。从长江中下游的湖泊变化情况来看，鄱阳湖：水面面积由1954年的4 390 km^2 减少到1985年的3 222 km^2，净减1 168 km^2；洞庭湖：1949～1983年的34年中，湖泊水面面积减少为2 691 km^2；江汉湖群：有“千湖之省”之称的湖北，从20世纪50年代末开始，累计围垦湖泊面积达860多万亩，到1975年，湖群湖容净减约 30×10^9 m^3。武汉“襟江带湖”，城区、市郊曾有35个大小湖泊，现有8个已不复存在，余下的27个也正在缩小。至今，湖北的“千湖之省”和10多个县市的“百湖之县”已成为历史。

湖泊萎缩主要是人类活动的加剧造成的。因此，相应的治理措施应该是：把适当地退田还湖、平垸行洪作为主要的工程措施，以加强湖泊和蓄滞洪区的管理和法规建设等非工程措施作为必要的补充。

5）海水入侵及其防治措施

海水入侵是沿海地区社会经济发展引起自然水环境条件改变而导致海水向沿海地区储水层的侵入。海水入侵破坏地下水生态动态平衡，容易造成河口地区土地的板结和盐碱化，同时还会造成地下水含盐浓度的变化，对生活以及工农业用水造成不良影响，危及人类身体健康和工农业生产。

造成海水入侵的原因有两方面：一是由于整个流域的影响，上游的来水、来沙明显减少，造成岸线的后退和海水的入侵；二是由于河口地区人类活动的加剧，过度地开采地下水。因此，对于海水入侵的防治措施也要从两方面入手：一是研究河口地区水环境的承载力，通过流域的综合治理来保证入海水沙量的阈值；二是要控制河口地区生态环境的平衡，认真贯彻水法，严格控制地下水超采区，加强地下水的动态监测工作。美国密西西比河对盐水楔入侵的研究实践表明，在很宽的低流量范围内，在适当的天然沙洲的顶部，修建人工堰或人工潜坝，可以较好地阻止盐水楔的入侵。

6）次生灾害及其防治措施

由水沙灾害引发的次生灾害主要有泥石流、滑坡等山地灾害以及沙漠化等。

泥石流和滑坡是流域上游常见的地质灾害，通常由水土的大量流失而引发。泥石流的形成所需的固体物质主要来源于滑坡和崩塌物。随着生态环境的恶化，土地的质量下降，地表水力侵蚀和重力侵蚀更趋活跃，水土流失进一步发展，将会导致泥石流的爆发频率和规模加大。泥石流活动与滑坡、崩塌以及水土流失是互为因果，互相作用的，并不断地发展恶化。对于泥石流、滑坡等山地灾害，应该结合其成因特点，拟定防治总体规划和具体的防治措施。总的防治策略是：以防为主，以治为辅，防与治结合。对于已成灾害而今后仍会复活成灾的区段，要以治为主；对于有潜在威胁尚未成灾的区段，应该以防为主；在人口和经济建设集中的灾害点，要防治并重。防治措施主要有：工程防御、生物水土保持、预测预报和报警体系、社会管理体系等。

沙漠化即沙质荒漠化，是我国荒漠化的最主要表现形式。我国的沙漠及沙漠化土地面积约为 $1\ 607\times10^4$ km^2，占国土面积的16.7%。其中，干旱区沙漠化土地面积为 876×10^4 km^2，半干旱区沙漠化土地面积约为 492×10^4 km^2。研究表明，20世纪50年代初至70年代中期,我国沙漠化土地面积年均扩大1 560 km^2,年均增长率为1.01%;70年代中期到80年代中期,年均扩大面积2 100 km^2,年均增长率为1.47%。而目前我国沙漠化土地面积正以每年2 460 km^{2}的速度扩展,且有加速扩大的趋势。这对我国的国民经济和社会持续发展构成巨大危害,依照联合国环境规划署(UNEP)对全球荒漠化损失的评价标准,我国土地沙漠化每年造成的直接经济损失有17.4亿~20.4亿元,全部经济损失可达近900亿元。沙漠化的成因,主要是气候和环境的演变以及近几十年来人类活动加剧了水土流失。因此,治理的措施应该是加强水土保持工作,合理地退耕还林,并加强非工程措施的预报和管理。

综上所述,流域系统的不同类型的灾害具有其自身的特点和相应的防治措施。同时,也应注意到,不同类型灾害之间相互交叉、相互影响,因此对水沙灾害的防治,应从流域整体的角度考虑,分清主要矛盾和次要矛盾,制定相应的规划整治措施。

4.5.4 水沙利用

引黄对黄河两岸的工农业发展发挥了重要作用,但也走过了曲折坎坷的发展道路。在几十年的引黄和泥沙处理过程中,随着对社会环境需求和水沙资源认识的不断提高,人们对泥沙的资源化逐渐认识和接受,并在水沙综合利用方面做了大量的工作,取得了许多有益的经验,如淤改、稻改、淤临淤背、建材加工和浑水灌溉等。

4.5.4.1 淤改和稻改

淤地改土、种植水稻是沿黄人民根据黄河多泥沙的特点,结合本地情况,探索出的综合利用水沙资源,变害为利、改造自然、发展生产的有效途径之一。

1)引黄泥沙的组成及肥效

流域水土流失产生了大量的河流泥沙,表层土壤养分也随泥沙进入河流。人们从长期的生产实践中已逐渐认识到,黄河泥沙是一项十分重要的生产资源,汛期洪水具有含沙量高、泥沙细的特点,而且所挟带的泥沙具有相当数量的农作物生长养分(见表4-11),对农作物生长十分有利。河流泥沙的这种特点使它成为一种优良的土壤改良原料,利用泥沙含量多的河水进行淤灌,具有以水洗碱、平整土地、改良土壤结构、增加土壤肥力等作用,能起到一举多得的治理效果。

表4-11 洪水泥沙所含养分

平均粒径(mm)	有机质(%)	氮(%)	碱解氮(mg/L)	速效磷(mg/L)	速效钾(mg/L)
0.018 4	1.07	0.013	20	20	360

研究表明,放淤后土地的肥效将会显著提高,有机质、氮、速效磷、速效钾的含量均比淤前有所提高;放淤后盐分减少,重盐碱沉沙淤改后全剖面脱盐率将达50%~80%以上,对农作物生长十分有利。

2)放淤工程的技术及经验

黄河下游大堤背河侧一定范围内居住人口较少,盐碱、低洼地较多,可以考虑放淤改土后进行耕种,同时可以提高发生漫滩洪水时大堤的抗渗安全性。下游背河低洼地多集中在距大堤500 m的范围内。回填深度根据低洼地、盐碱地的利用情况具体确定,一般淤填深度为1.5 m左右。在淤填区顶部填筑0.5 m厚可耕植土,由临河土场调土填筑。

在整个放淤过程的规划设计和实施过程中,主要考虑以下三个方面:①淤改可能性及渠道淤积少;②淤区是否能满足“平厚匀”的放淤要求;③放淤工程投资及用工是否较少。为此,从放淤工程的论证到结束,应以上述原则为准绳,结合淤区的实际情况,根据水沙运动基本规律,采取一些新的放淤技术和放淤措施。

3)稻改及技术

在引黄灌区的上游地区(比如人民胜利渠),为了改良盐碱地,从20世纪50年代开始试验种水稻并获得成功,积累了稻改的宝贵经验。随着稻改工作的不断发展,近期很多灌区直接用浑水进行稻改,以水沙利用和土地改良为双向目标,这样既改良了低产盐碱地,又利用了泥沙资源,提高了土地肥效。如山东邹平渠道稻改2 500亩,其直接经济效益非常显著,稻改后土地产量由原来的250 kg/亩增至800 kg/亩,有的甚至达到吨粮田。

灌区上游利用水沙资源改土增收、下游利用稻田退水灌溉的模式对处理泥沙是非常有利的。水稻生长期贯穿整个汛期,据调查,引黄灌溉的含沙量一般为20~40 kg/m^3,亩毛灌水量为1 000~1 500 m^3,引沙量为30~45 t,稻田每年要抬升4 cm。结合种稻改土和水沙资源综合利用的原则,在稻改过程中需要注意以下几个主要技术问题:

(1)盐碱地淤灌稻改要有统盘规划。需要考虑水源、排水和当地农民生产力发展等条件。要连片种植,水旱接壤处要有截渗设施。

(2)稻改引水要设置专门控制闸门。高水位时自流引水,低水位时提水灌溉,即高闸高引,低闸提水的方式。

(3)支斗渠砌衬、断面合理设计。通过渠道衬砌减小糙率及断面合理设计(如断面为梯形,边坡1:1,宽深比合理),以提高支、斗渠的输沙能力,减少淤积。

(4)加强管理,采用轮流集中灌溉。通过从上到下或从下至上逐片轮流集中灌溉的方式,可以提高支、斗渠的输沙能力,但需专人负责,加强管理。

(5)渠系合理布置。稻田以田字形状合理分割开来,每一口字片过大不利于耕种、灌溉和输沙;过小田埂占地多、不利于管理。划分稻田和布局灌溉渠系以尽可能减少渠道条数为准则。

(6)加强截渗排水。在稻改区周围开挖截渗沟,做到排水畅通,以免产生涝灾和其他非稻区的次生盐碱化;严防浑水排入排水沟,若排水沟淤积应及时清淤。

(7)排水的综合利用。稻改区的用水是有限的,稻田退水有计划地用于下游地区的灌溉或补源。

(8)节水种稻。主要包括节水灌溉(如水稻用水随旱作物每年只施放几次关键水,集中灌溉)和新播栽技术(如旱播栽的湿润灌溉技术,节约用水)。山东省美家堡灌区20世纪80年代进行了水稻节水灌溉和优化配水的试验研究,结果表明,稻区年用水量可从黄河下游稻区年平均用水量1 000~1 500 m^3/亩减至毛用水量660 m^3/亩(节水灌溉)和净用水量仅为316.5 m^3/亩(湿润灌溉),进一步说明种稻节水潜力是非常大的。

(9)井渠结合灌溉。为了提高水源保证率,增强对地下水的调控能力,在淤灌稻改区只要地下水属于淡水或微咸水,应当推行井渠结合及地表水和地下水联合运用的灌溉方式。

4.5.4.2 浑水灌溉引沙入田

1)渠系浑水灌溉

20世纪80年代以来,由于引黄灌区受沉沙条件的限制及对水沙资源认识的提高等因素的变化,黄河下游引黄灌区出现了浑水灌溉(河南浑水明渠自流灌溉和山东浑水管道灌溉)的模式。尤其是河南省部分灌区,充分利用其地形比降较大(比降一般大于1/5 000)的有利条件,直接将泥沙输送到田间的浑水灌溉方法(如河南的祥符朱灌区),为有效地解决引黄灌区的泥沙问题开拓了一条新的途径。河南省人民胜利渠灌区于1988年由过去的渠首集中沉沙改为浑水灌溉后,渠首沙化大为减轻,而且泥沙进入田间的比例大大提高。

浑水灌溉输沙入田应具备一些必要条件,如在上游需建设沉沙池,用以集中处理部分粒径0.05 mm以上的粗颗粒泥沙;灌区渠道具有一定的输沙能力(大的渠道比降、优佳的断面和渠道衬砌等);先进的灌溉管理,使渠道处于设计条件下的良性运行状态(过渠流量不应低于设计标准的80%),避开沙峰引水,尽量减少引水的含沙量等。

2)管道浑水灌溉

由于管灌具有多方面的优越性,20世纪80年代后期把低压管道灌溉技术引入引黄灌区,作为分散管灌处理泥沙(输沙入田改良土壤)、节水的具体工程措施。山东陈垓灌区于1988~1992年把沟引提灌管灌推广了3.75万亩,以及中国水利水电科学研究院和邹平县水利局1989年在胡楼灌区输沙渠一侧进行浑水管道灌溉试验300亩,都取得了很好的效果。山东省水利科学研究院等于1991~1993年在位山灌区西输沙渠西侧(沉沙池以上)兴建浑水管灌试验区1 200亩,最大输沙距离为2 090 m,设计输水含沙量10.58 kg/m^3,直接输送不经沉沙的浑水入田灌溉取得成功。由于管灌工程目前投资较大,还没能得到大面积的推广,但该技术将节水、控制地下水位、输沙入田等结合为一体,具有多方面的综合效益。随着社会经济的发展和科学技术的进步,浑水管道灌溉将很快成为引黄灌区分散处理泥沙方式的一项具体措施,具有重要的战略意义。

4.5.4.3 淤临淤背和黄河防洪、灌区灌溉相结合

淤临淤背是指在黄河干堤的两侧,利用抽沙机械将土料调运至规划区内,一般临河一侧设计淤宽标准为50 m、背河一侧设计淤宽标准为100 m,加固黄河堤防,增强防洪能力。在淤临淤背工程实施过程中,首先要开展淤临淤背工程规划,包括淤临淤背位置的选择、取沙场选择、淤临淤背河段的规划布置、机械设备选用、选择合理的淤临淤背时期、淤临淤背工程设计等方面的内容。淤临一般很少,沉沙后的清水顺排水沟回入大河,在淤背时要充分考虑到灌区的灌溉问题,以免清水无故流失浪费。在淤背加固大堤的同时,如果利用灌区内干渠作为排水沟,既可满足灌区用水需求,又不至于落沙淤渠。

1)淤背围堤,提高黄河大堤防洪能力

黄河下游段河床一般高出地面3~5 m,两岸的防洪安全以大堤为屏障,大堤外侧存在着宽百米至数千米原黄河浸润带、取土坑塘及背河洼地等,这直接影响着大堤的安全。目前,黄河河床仍在以每年约0.1 m的速度不断升高,大堤平均十年左右需要大修加高一次,这就形成了黄河防汛日益严峻的客观形势。因此,在黄河浸润带、取土坑塘及背河洼地等进行放淤是必要的。河务部门于20世纪50年代开始淤临(淤顺堤串沟,修堤取土坑塘、洼地等)淤背(背河洼地),60年代试验扬水沉沙固堤,70年代以来全面开展机淤固堤;作为全局性的防洪和泥沙利用,80~90年代国家投入资金专门进行淤筑相对地下河的研究工作。

机械淤背固堤的主要生产环节包括造浆、泥沙输送和泥沙沉放,这三个环节构成了淤背固堤的生产全过程,其中任何一个环节对系统的生产率和生产成本都起着决定性的作用。几十年来,黄河下游利用泥沙淤背加固大堤的工程建设,累计淤背长达700多km,淤筑土方5亿m^{3}左右,有效地减少和防止了大堤渗水、翻沙和管涌等险恶情况的发生,大大提高了黄

河大堤的抗御能力,保证了黄河下游伏秋大汛安全,取得了巨大的社会效益和经济效益。

2)淤背沉沙清水灌溉

淤背沉沙清水灌溉是将沉沙池紧靠黄河大堤背后布置,经过沉沙的水用于灌区的农田灌溉。如山东早期的小开河、刘春家、道旭等灌区在某一时段内都曾采用过这种方式,特点是不仅处理了泥沙、加固了黄河大堤,而且达到"清水"灌溉的目的,水沙各得其用,具有显著的经济效益与社会效益。

4.5.4.4 泥沙至建筑材料的转化

1)洪水泥沙至建筑材料的转化

通过对山东、河南部分灌区的调查发现,在灌区渠首建有很多大型乡办或村办砖厂,其原料大都是取用洪水泥沙。其做法是,首先规划低产田(包括盐碱地、低洼地)进行取土烧砖,次年在附近再重新另辟新地取土,同时引黄河洪水放淤上一年取土坑地,泥沙沉积下来,清水用于农田灌溉,淤改后的土地既可以还耕变成丰产田,也可以继续用做第三年的取土之源;第三年或另辟新地取土,或用上一年淤地取土,同时继续引黄河洪水淤第二年的取土坑地。如此循环往复,洪水泥沙转化成建筑材料,既提高人民的生活水平,又达到处理泥沙、清水灌溉的目的。

2)清淤泥沙综合利用

目前,引黄灌区清淤泥沙用于两个方面:一是建筑材料的转化,即利用清淤泥沙转化为灰砂砖和加气混凝土;二是农用土,有计划地让农民搬运用做宅基或其他,解决农民用土难的问题。这两个方面的目的是逐步处理掉清淤泥沙。

沉沙池及条渠泥沙堆积越多、堆积越久,对周围环境影响越大,因此最好能把堆积的泥沙转化为建筑材料。利用清淤泥沙开发建筑材料主要有三种方式:一是利用沉沙池和骨干渠道清淤出来的较粗泥沙与白灰和其他添加剂等压制灰砖;二是利用灌区中下游清淤出来的细粒泥沙烧制砖瓦,这种方式具有范围广、规模小、群众自发的特点;三是用以生产灰砂砖和掺气水泥,使之成为本地区建筑材料基地。山东刘庄灌区在利用黄河泥沙与水泥掺混压制成品,以及东明县利用引黄泥沙制灰砂砖方面取得了成功的经验。

4.5.4.5 渠首综合治理

在目前集中处理泥沙的状况下,一般来说,引黄灌区的中下游是受益者(引水灌溉使粮食增产);而上游特别是渠首地区则是受害者,比如渠首次生盐碱地和沙化地的产生。这一受益不平衡直接影响灌区效益的正常发挥,政府和灌区领导部门对渠首地区的综合治理和长期规划应根据本灌区的具体特点进行研究。

以上谈及的淤改、稻改、建材转化等都是渠首综合治理的主要内容。另外,还有以下内容:

(1)渠首沙化地的治理。渠首沙化地是影响灌区效益发挥的主要矛盾之一。土地沙化治理的具体措施包括:①平整土地,提高抗旱防涝能力,改土增肥;②防风固沙措施,包括种草固沙,营造防风固沙和农田防护林带。

(2)经济林的开发和营造防护林带相结合。比如簸箕李渠首已成为滨州地区有名的果品生产基地,从而提高了渠首群众的生活水平。

(3)因地制宜,开展多种经营。利用渠首坑洼盐碱地多、用水便利的优势,进行渔业养殖。比如簸箕李灌区,根据其特点,渠首改造采用了双管齐下的方针,即"挖塘养鱼、弃土造地”,取得了很好的经验。

总的来说,放淤工程虽然对改良盐碱坑洼地具有显著的效果,但由于灌区泥沙处理使得坑洼地所剩无几,灌区放淤将受到一定的限制。稻改和浑水灌溉既能达到解决灌溉用水、改良土壤结构的目的,又能减轻灌区泥沙处理的负担, 起到分散处理泥沙的作用;浑水管道灌溉还具有节水的效能。这些泥沙利用方式是灌区值得进一步推广的。

目前,黄河仍不断淤高,黄河防洪并不能高枕无忧,两岸大堤需要加固,淤临淤背或淤背沉沙是利用黄河泥沙的重要措施。它们兼顾防洪和灌溉两方面的利益,是值得防洪部门和灌区相互结合实施的。对于以挖待沉处理泥沙的灌区,渠首堆积了大量的清淤泥沙,建筑材料的转化或农用转移是一个有效的措施,达到“以沙养沙、逐渐吃掉”的目的。引黄灌区的中下游是受益者(引水灌溉使粮食增产),而上游特别是渠首地区则是受害者。因此,灌区领导部门和政府机构对渠首地区一定要进行长期规划、综合治理,并采取必要的政策扶持措施。

第5章 西部地区水量资源开发利用

5.1 西北地区水资源概况

5.1.1 西北地区社会、经济概况

西北地区包括新疆、青海、甘肃、宁夏全境和陕西秦岭以北的关中、陕北地区，以及内蒙古西部的阿拉善盟、伊克昭盟、乌海和河套平原等地区，面积342.06万km^2，占全国土地面积的35%左右。据1997年统计，全区人口8 583万人，占当年全国总人口123 626万人的6.9%（见表5-1）。

表5-1 西北地区基本情况统计

地区	土地面积（万km^2）	人口（万人）	耕地面积（万亩）	灌溉面积（万亩）	人均耕地（亩/人）	国内生产总值（亿元）	人均GDP（元/人）
新疆	166.04	1 718	4 843	4 170	2.82	1 050.00	6 112
青海	72.12	496	885	266	1.78	202.02	4 073
甘肃	39.60	2 494	5 232	1 590	2.10	781.34	3 133
宁夏	5.18	530	1 210	417	2.28	210.92	3 980
陕西（关中、陕北）	13.04	2 591	3 992	1 436.4	1.54	1 267.45	4 892
内蒙古西部	46.08	754	1 921	1 421.55	2.55	536.89	7121
合计	342.06	8 583	18 083	9 300.95	2.11	4 048.62	4 717

注：人口数据引自《中国人口统计年鉴》（1998），GDP数据引自《中国经济年鉴》（1998），内蒙古西部数据引自《内蒙古自治区统计年鉴》（1998）。

西北地区土地资源和矿产资源丰富，光照条件好，现有耕地18 083万亩，其中灌溉面积达9 300.95万亩，人均耕地约2.11亩，人均灌溉面积1.08亩。该地区矿产资源丰富，远景储量大，经过几十年的建设已基本建成以煤、水电、油气、钾盐、有色金属、石油化工、机械电子为主体的工业体系和一批农牧业生产及加工基地。

但是，西北地区地处我国干旱半干旱地带，水资源分布不均，并由此造成环境脆弱，制约着西北地区的经济发展。

5.1.2 西北地区水资源形成的自然条件

西北地区主要包括内陆河流域、黄河流域和长江流域，其中内陆河流域面积约271万km^2，占西北地区总面积的78%；黄河流域面积约62万km^2，占西北地区总面积的18%；长江流域面积不足10万km^2，占全区面积的3%左右。

5.1.2.1　地形、地貌特征

西北地区地形、地貌十分复杂,类型多样,包括了我国西部的三大高原、四大内陆盆地和高山深谷的巨大山系。

兀立于西北地区南部的青南高原是青藏高原主体的一部分,是全区地势最高的地区,一般海拔在4 000 ~4 500 m以上,由昆仑山脉及其支脉可可西里山、巴颜喀拉山和阿尼玛卿山组成,冰川十分发育,西部高原面完整,南部和东部是长江、黄河和澜沧江的发源地,故有江河源之称。昆仑山以南为多年冻土区,冻土厚度达70 ~80 m,形成多种多样的冻土地貌。

横贯本区北部干旱剥蚀的内蒙古高原,海拔1 000 m左右,高原面起伏和缓,其特点是风多雨少,戈壁沙漠分布面积较大,巴丹吉林沙漠、腾格里沙漠、乌兰布和沙漠、库布齐沙漠和毛乌素沙地都分布在内蒙古高原西部。

沟壑纵横的黄土高原分布在本区东部,北以长城、南以秦岭为界,包括甘肃东部、宁夏南部、陕西的陕北和关中盆地,以及内蒙古的鄂尔多斯高原,面积约24万km^2,是我国西北黄土高原的主体部分,也是黄土分布和厚度最大、黄土地貌类型最为典型的地区,海拔一般在1 000 ~2 000 m。大致以六盘山为界,东西各有不同的地貌特征。六盘山以西,地貌类型以黄土丘陵为主,梁峁起伏,沟壑纵横,地形破碎,水土流失严重,由于黄河及其支流的切割,形成峡谷与盆地相间分布;六盘山以东,地貌类型以黄土沟壑为主,黄土厚达100 m以上,塬面平坦,塬面保持较好的有董志塬、早胜塬、山河塬等,黄土塬上耕地较多,农业生产条件较好。陕北黄土高原由于水流长期冲刷,地貌形态以梁、峁、塬及沟壑密布,延安以北地形相当破碎,为峁梁沟壑地形,延安以南黄土塬稍完整,如洛川塬就是现存面积较大的黄土塬之一。

山脉是构成地形的骨架。西北地区的高大山脉多为东北及西北走向展布,阿尔泰山、天山、昆仑山大致平行排列,横贯于我国中部的昆仑山—秦岭山系从帕米尔高原一直延伸到华北平原,成为我国南北的分界。昆仑山是新疆和西藏的界山,也是西藏高原和塔里木盆地的分界山脉,因此也成为西北地区的南界。昆仑山终年积雪,雪线在5 500 m左右,西昆仑山高峰慕士塔格高7 560 m,冰川十分发育;东昆仑山分为3支:北支祁曼塔格、中支阿尼玛卿、南支可可西里及巴颜喀拉山,为长江、黄河的分水岭。该地区地形高差较大,喀喇昆仑山属青藏高原,平均海拔在4 000 m以上,最高峰乔戈里峰高达8 611 m,是世界第二高峰,而天山中的吐鲁番盆地的最低点海拔为 -155 m,是我国陆地最低的地方,也是世界著名的洼地之一。

上述高山环境的内陆盆地有准噶尔盆地、塔里木盆地、柴达木盆地和河西地区。这些盆地不仅从地形上而且从地质构造上均具有盆地的特点,它们分别构成各自独立的水资源系统。

塔里木盆地位于天山与昆仑山之间,是我国最大的内陆盆地,四周被4 000 ~5 000 m的高山所环绕,为全封闭的巨大内陆干旱盆地。北为天山山脉,南为昆仑山和阿尔金山,西为帕米尔高原,东接河西走廊,总面积105万km^2,为东西轴长的椭圆形盆地。盆地边缘山前地带环状分布着冲洪积平原。在各河流的出口处,形成大小不等的绿洲。盆地中部为塔克拉玛干沙漠,沙漠面积约33.76万km^2,占全国沙漠面积的一半以上,是世界上第二大沙漠,以流动沙丘为主,气候极端干旱,生态环境极为脆弱。

准噶尔盆地位于新疆北部,是一个大致呈三角形的内陆盆地,面积约20万km^2,海拔200 ~1 000 m,北界阿尔泰山,南界天山,西面有阿拉山口和额尔齐斯河谷,自古以来就是交

通要道,大西洋气流可以经此进入北疆,对北疆的气候影响很大。盆地中为古尔班通古特沙漠,面积 4.5 万 km^2,为我国第二大沙漠,多为固定、半固定沙丘,天山脚下是广阔的冲积扇平原,为主要农业区。

柴达木盆地为青藏高原北部边缘的一个巨大封闭内陆盆地,是我国著名的内陆干旱盆地,西北、东北和南面分别被阿尔金山、祁连山和昆仑山所环绕,总面积 27.5 万 km^2,山区海拔 4 000 ~ 5 000 m 以上植被稀少、岩石裸露,海拔 5 100 m 以上终年积雪,现代冰川广布。盆地底部一般海拔 2 600 ~ 3 000 m,呈不规则的菱形,地貌复杂多样,盆地内北侧为一串小型山间盆地,南部为山前冲积平原,分布有戈壁带,其上有大面积分布的沙丘,盆地中部和南部多盐湖、咸水湖和盐水沼泽。

河西走廊东起乌鞘岭,西止甘肃与新疆交界处,南界祁连山,北至走廊北山(龙首山、合黎山和马鬃山的统称),面积 27.61 万 km^2,其中山区面积 16.11 万 km^2,平原面积 11.5 万 km^2,约占甘肃省总面积的 61.36%。

河西走廊南部的祁连山—阿尔金山山地,海拔 3 000 ~ 5 600 m,主峰 5 547 m,在海拔 4 000 m 以上的岭、沟中,终年积雪,发育着现代冰川。东、中段湿润,森林覆盖良好,为水源涵养林区;西段干燥,林木稀少,为山地草原和荒漠草原牧区。山地面积 9.12 万 km^2。

河西走廊东端的乌鞘岭是我国东西地理的分界线。

河西走廊中部祁连山和北山之间为一狭长的走廊平原,东西绵延 1 000 多 km,呈绿洲与戈壁、沙漠间断分布,地势平坦,光热资源充足,是主要的农业灌溉区。平原区面积 11.5 万 km^2。

河西走廊北部的北山山地,海拔 1 500 ~ 2 500 m,属低山丘陵地形,干燥、贫水、植被稀少、风蚀强烈,为荒漠天然牧场。面积 6.99 万 km^2。

由于地质构造隆起,将走廊从东到西分割成 3 个独立的内陆河流域,即东段的石羊河流域、中段的黑河流域和西段的疏勒河流域,同时将走廊从南到北分隔成一系列的盆地,形成了若干南盆地和北盆地。

5.1.2.2 气候

西北地区地处东亚大陆腹地,远离海洋,气候特征是:干旱、降水稀少、蒸发强烈、干燥度大、风大沙多;夏日炎热、冬季严寒,年温差和日温差较大。西北地区的气候主要受以下 4 股气流的影响:

(1)东南气流。来自太平洋副热带高压和东南沿海的暖气流,主要影响内蒙古西部和河西走廊地区,影响程度向西逐渐减小。

(2)北冰洋气流。主要影响阿尔泰山一带,对新疆大部分地区的影响不大,水汽含量小,降水量少。

(3)中西亚气流。来自湿润的大西洋气流,由于沿途受阻较少,再加上地中海水汽的补充,主要影响中亚、西亚内陆区和天山地区,塔里木盆地,向东至甘新边界影响相应减弱。

(4)西南气流。由孟加拉湾沿雅鲁藏布江和青藏高原东缘进入本区,主要影响长江和黄河源区及羌塘高原的东部、柴达木盆地、祁连山和昆仑山地区。

西北地区无论是降水还是气温的分布都受各大山系影响。年降水量的地区分布极不均匀。海拔高度、地形屏障对降水的影响极为明显,从垂直变化上看,各山区各自形成降水高值中心,而盆地中部则极端干燥少雨。大部分地区年降水量少于 200 mm,内陆盆地中心往往少于25 mm。西北地区降水量总体分布为从东南和西北两侧向中部明显减小。塔城盆地和伊犁河谷、准噶尔盆地大部分地区降水量不足150 mm，而在塔里木盆地西北部，中西亚气流受帕米尔高原和天山、昆仑山、喀喇昆仑山阻拦，形成封闭式背风气流下沉区，年降水量小于200 mm。塔里木盆地大部分地区降水量不足50 mm，吐鲁番盆地不足20 mm。柴达木盆地周围的封闭条件较好，中心地带年降水量也不足25 mm。河西地区年降水量从东南向西北方向呈逐渐减少的趋势，东部的石羊河流域多年平均降水量为80～250 mm，中部的黑河流域为50～200 mm，西部的疏勒河流域为30～120 mm。

西北地区降水量有随海拔递增的趋势，如河西地区降水量随海拔递增梯度为150～200 mm/1 000 m。高山地区的年降水量是平原区的几倍至十几倍，阿尔泰山、天山山区年降水量为400～500 mm，部分地段年降水量甚至超过800 mm。南疆、昆仑山和帕米尔高原山区的年降水量一般为200～300 mm，少部分地段大于400 mm。祁连山区年降水量为120～750 mm，东部石羊河流域山区年降水量为250～750 mm，中部黑河流域山区年降水量为200～600 mm，西部疏勒河流域山区年降水量为120～350 mm。年降水量的区域变化反映了不同水汽来源和强度。

降水量的年内分配极不均匀，夏季受不同方向暖湿气流的影响，降水最多，春、秋季次之，冬季最少。5～9月份降水量占年降水量的80%左右，其中祁连山、天山和柴达木盆地西缘大于90%。降水的特点是暴雨多、强度大、历时短。每年连续无降水日数自东向西逐渐增加，南疆多在250 d以上，青海冷湖有331 d滴水未降的纪录，吐鲁番的托克逊地区，1968年降水量仅为0.5 mm。

水面蒸发量大。年蒸发量大小与降水量的分布相反，降水量大的地区蒸发量小，降水量小的地区蒸发量大，即内陆盆地的水面蒸发量大于山区。西北内陆大部分平原年蒸发量为1 500～2 000 mm，在几个盆地中部形成高值中心。如河西走廊西部的疏勒河流域年蒸发量大于2 500 mm，而山区托勒站年蒸发量不足1 500 mm。

西北地区是我国相对湿度最小的地区，年相对湿度为40%～50%，准噶尔、塔里木和柴达木等内陆盆地中部是最低值中心。

西北地区是我国太阳辐射能和日照最丰富的地区之一，年太阳总辐射量为5 300～6 500 MJ/m^2，由南向北递减，南疆为6 000～6 500 MJ/m^2，北疆为5 300～6 000 MJ/m^2。据统计，西北地区日照时数在2 600 h以上，其中青海西北部、新疆东部和内蒙古西部的年日照时数达到3 200 h以上。

年平均气温地区分布差异很大。阿尔泰山、天山、喀喇昆仑山、昆仑山及祁连山、帕米尔等山区是年平均气温低于0 ℃的低温区，其最低区为高山冰雪区。而新疆境内除高山区外基本上年平均气温在0 ℃以上，塔里木盆地和吐鲁番盆地年平均气温高于10 ℃，准噶尔盆地、伊犁河谷地、柴达木盆地、河西走廊地区等年平均气温都在0～10 ℃。

西北地区具有夏季高温、冬季严寒、年温差和日温差大的特点。如7月份平均气温除甘肃南部、青海、新疆的南缘和西北部分地区外，大部分平原地区气温都在20 ℃以上，吐鲁番盆地平均气温为32.8 ℃。冬季气温普遍较低，1月份全区的平均气温都在0 ℃以下，阿勒泰曾记录到－43.5 ℃的低温。年温差大，新疆的准噶尔盆地和吐鲁番盆地年温差都在40 ℃以上。西北地区由于干旱少雨，日温差也很大，日出温度骤升，日落迅速下降，全区日温差一般在12 ℃以上，尤其在秋季达到最大，塔里木盆地的部分地区10月份的日温差平均达 20 ℃以上,青藏高原以冬季的日温差最大,1 月份日温差均值大都在 16 ~ 20 ℃,春季次之,夏季最小,但也在 10 ℃以上。

西北地区风力较强,年平均风速为 2 ~ 3 m/s,春季风速最大,西部地区 8 级以上大风天数达 50 ~ 75 d,新疆的艾比湖地区年平均大风天数达 165 d,最大风速达 60 m/s 以上。西北是我国沙尘暴的多发地区,年沙尘暴天数在 20 d 以上,扬沙、浮尘天数达 100 d 以上。

5.1.2.3 河流

西北地区水系发育,以昆仑山、祁连山和贺兰山为分水岭,北为内陆水系,南为外流水系。西北地区河流以内陆水系分布面积最广,外流水系有黄河、长江和澜沧江,以黄河为主,发源于青海,流经西北地区的青海、甘肃、宁夏、陕西、内蒙古等省(区)。

1)内陆河

内陆河主要分布在新疆、青海、甘肃和内蒙古西部。内陆河的共同特点是径流产生于山区,依靠山区降水、冰川积雪融化补给。一般汇水面积小,流程短,流量小,比降大。河流进入平原后河水大量下渗,迅速转化为地下水,往往至洪积扇前缘又以泉水形式溢出地表,并汇集成河,最终消失于沙漠或汇入湖泊。内陆盆地中有大片无流区,不产流,如阿拉善高原及新疆东部由于降水少,蒸发量大,几乎没有常年性河流。有命名的内陆河共有 689 条,其中新疆 570 条,青海 63 条,甘肃 56 条(见表 5-2)。多年平均径流量大于 10 亿 m^3 的内陆河有 16 条,如塔里木河、玛纳斯河、喀什河、巩乃斯河、特克斯河、叶尔羌河和开都河等。

表 5-2 西北地区内陆水系概况

地区	主要河流	注入地域
鄂尔多斯地区	无常年性河流	毛乌素沙地
柴达木地区	布哈河、阿日郭勒河、鱼卡河、柴达木河、格尔木河、乌图莫仁河、那仁郭勒河、台吉乃尔河	盆地中心各湖泊
河西地区	石羊河、金川河、黑河、北大河、昌马河、疏勒河	居延海等
塔里木地区	米兰河、若羌河、车尔臣河、尼雅河、克里亚河、和田河、叶尔羌河、库山河、克孜勒河、喀什噶尔河、阿克苏河、渭干河、库车河、开都河、塔里木河、孔雀河	台特马等湖泊
准噶尔地区	乌鲁木齐河、玛纳斯河、奎屯河、精河、额敏河、博尔塔拉河、达尔布特河、白杨河、乌伦古河	盆地低洼处湖泊及沙漠中
伊犁河地区	特克斯河、科克苏河、巩乃斯河、喀什河、伊犁河	巴尔喀什湖

2)外流河

外流河主要有额尔齐斯河、长江和黄河(见表 5-3)。

表 5-3 西北地区外流水系概况

水系名称	区内长度(km)	主要支流
长江(上游)	800	沱沱河、通天河、白龙江、嘉陵江
黄河(中上游)	2 700	湟水、洮河、祖厉河、清水河、苦水河、窟野河、秃尾河、泾河、渭河
额尔齐斯河	350	哈巴河、布尔津河、克郎河、卡拉额尔齐斯河

额尔齐斯河发源于新疆阿尔泰山，注入北冰洋，我国境内产流100亿 m^3/a，境外水量80亿~90亿 m^3/a。

长江发源于唐古拉山主峰格拉丹东雪山的西南侧，流经我国10省（市），发源于西北地区的支流有通天河、大渡河、白龙江、嘉陵江等。流域产流273.4亿 m^3/a。

黄河是西北地区最大的河流，发源于青海巴颜喀拉山北麓、海拔约4 500 m的约古宗列盆地，流经西北地区的青海、甘肃、宁夏、内蒙古、陕西5省（区）。地势西高东低，西部属青藏高原的一部分，海拔2 500~4 500 m；东部为内蒙古高原和黄土高原，海拔1 000~2 000 m。流域产流475亿 m^3/a。托克托以上为上游，河道长3 472 km，流域面积38.6万 km^2，占全流域面积的51%，该段流域面积大于1 000 km^2 的支流有43条，主要有大通河、洮河、湟水、庄浪河、祖厉河、清水河和大黑河等。青海省的玛多县以上属河源段，河流地区河谷宽阔，河道平缓，穿行于湖盆地带，沿程湖泊星罗棋布，其中扎陵湖和鄂陵湖海拔都在4 000 m以上，是我国最大的高原淡水湖泊，该地地势平坦，是良好的草场，玛多至刘家峡干流穿行于高山峡谷之中，川峡相间，坡陡流急，水力资源丰富，著名的水库有龙羊峡水库、刘家峡水库、黑山峡水库、青铜峡水库等。青铜峡至托克托，黄河流经银川平原和河套平原，引水方便，是上游最大的引黄灌区。黄河中游主要流经黄土高原，支流有渭河、泾河和洛河等。

5.1.2.4 冰川

冰川有“高山固体水库”之称，西北地区冰川主要分布在新疆、青海和甘肃3省（区），集中发育在高大山峰的周围。冰川条数22 768条（见表5-4），占全国冰川总数的52%；冰川面积28 644.39 km^2，占全国冰川面积的48.8%；冰川储量28 828.14亿 m^3，约占全国冰川储量的56.2%。

表5-4　西北地区各山系冰川分布

山系	冰川条数（条）	冰川面积（km^2）	冰川储量（亿 m^3）	冰川储量占总量百分比（%）
阿尔泰山	403	279.91	148.40	0.51
穆斯套岭	21	16.84	7.35	0.03
天山	9 128	9 256.58	10 122.03	35.11
帕米尔高原	1 630	2 737.19	2 447.08	8.49
阿尔金山	205	248.26	144.29	0.50
喀喇昆仑山	1 961	4 869.55	6 211.42	21.55
西昆仑山	5 581	8 037.19	7 853.71	27.24
东昆仑山	1 024	1 268.27	958.90	3.33
祁连山	2 815	1 930.6	934.96	3.24
总计	22 768	28 644.39	28 828.14	100.0

注：据施雅风，气候变化对西北水资源的影响，济南：山东科学技术出版社，1995。

西北地区的冰川分布主要集中在新疆境内，其中天山、西昆仑山和喀喇昆仑山的冰川面积较大，分别为9 256.58 km^2、8 037.19 km^2 和4 869.55 km^2，合计占西北地区冰川分布面积总量的77.4%、冰川总储量的83.9%。

西北地区冰川水资源丰富，冰川融水径流是山区地表径流的重要组成部分，对西北干旱、半干旱地区的经济发展具有十分重要的意义。表5-5列出了西北内陆盆地和部分外流水系冰川融水在山区径流中的比重，平均为18.8%，其中塔里木盆地最大达40.2%，黄河外流水系最低仅为1.9%。

表5-5　西北内陆盆地和部分外流水系冰川融水在山区径流中的比重

水系	河川径流量（亿 m^3/a）	冰川融水量（亿 m^3/a）	冰川融水所占比重（%）
河西走廊	72.4	9.99	13.8
准噶尔盆地	125.0	16.89	13.5
伊犁河	193.0	26.41	13.7
塔里木盆地	347.0	139.51	40.2
柴达木盆地	47.6	5.96	12.5
青海哈拉湖	3.2	0.35	10.9
额尔齐斯河	100.0	3.62	3.6
黄河	209.0	3.94	1.9
合计	1 097.2	206.67	18.8

注：据杨针娘，中国冰川水资源，兰州：甘肃科学技术出版社，1991。

冰川水资源的地区分布极不均衡，甘肃省只有祁连山区有冰川分布，平均每年冰川融水对河西地区地表径流的补给量为10.0亿 m^3，占祁连山冰川径流总量的87%左右。在补给河西地区冰川融水的径流量中，疏勒河流域占64%，黑河流域占30%，石羊河流域仅占6%。而冰川融水在河西地区地表径流量中所占比例由西向东递减，疏勒河流域为32%，黑河流域为8.2%，石羊河流域为3.7%。

新疆冰川融水径流总量为187.7亿 m^3/a，其中塔里木盆地和伊犁河水系的冰川融水量占新疆冰川融水量的90%左右。在地表径流中，冰川融水所占比重新疆平均为25%左右，天山不少河流所占比重超过了50%，帕米尔高原、喀喇昆仑山和昆仑山区的一些河流冰川融水补给比重也在50%左右。可见，新疆的冰川融水资源是极丰富的。

青海的冰川融水径流总量为22.7亿 m^3/a，其中长江流域占41%，柴达木盆地占22.3%。由于青海是我国几大江河的发源区，所以外流河系的冰川融水径流量占到全省冰川融水径流总量的62%，内陆水系只占38%。全省冰川融水补给量占地表径流总量的比例平均为3.6%。而有些河流的补给比例还是很高的，如塔塔棱河、沱沱河等可达30%～40%。

冰川水资源作为固体水库，对河川多年径流起到一定的调节作用，对减缓河流流量的年际变化起着重要的作用。在低温湿润的年份，热量不足，冰雪的融化减弱，可增加冰川蓄积量；在干旱少雨的年份，气温升高，冰川消融强烈，可增加冰雪融水。从而对我国西部冰雪融水占一定比例的河流起到多年径流稳定作用，使得干旱年份不至于出现严重缺水，多雨年份由于气温较低，冰雪融水减少，稳定了河川径流的年际变化，使其趋于均匀。20世纪80年代后期以来，随着全球气温的不断升高，祁连山冰川融水量有所增加，通过对1986～1995年10年资料的统计与长系列资料的比较，山区（托勒站）近10年的年平均气温较系列均值高0.17℃；昌马河及党河近10年年均径流量比系列资料年均值分别增加0.18亿 m^3 和0.167

亿 m^3。

冰川融水径流的年内变化与冰川消融期长短有关,如祁连山冰川的消融期一般是 5 ~9 月份,约 153 d。河西地区的昌马河和党河属冰川融水、降水和地下水混合补给河流,冰川融水补给比例分别占 31.6% 和 42.2% ,昌马峡水文站多年平均径流量为 10.14 亿 m^3,由于 5 月份以后气温升高,冰雪融化加强,所以最大月平均径流量出现在 6 ~9 月份,总量达到 6.53 亿 m^3,占多年平均径流量的 63.8% ,8 月份最大,平均水量 2.33 亿 m^3,占全年径流量的 23.8% 。党河多年平均径流量 3.27 亿 m^3,连续最大 4 个月径流量出现在 4 ~7 月份,径流量为 1.442 亿 m^3,占全年径流总量的 44.1% 。

5.1.3 西北地区水资源的形成和分布

大气降水是地表水和地下水的补给来源,降水的分布和变化决定着地表水与地下水的形成及时空分布的规律,西北地区由于自然条件复杂,内陆盆地和外流河流域的水资源的形成和分布有着不同特点。

5.1.3.1 内陆盆地水资源的形成和分布

西北地区水汽来源比较复杂,又受地理位置和地形的影响,年降水量总的来说从东向西逐渐递减,地区分布很不均匀;加上西北地区的高山又受垂直气候的影响,形成垂直分带性,降水量随着海拔高度的升高而增加;而且由于山体高大,降水较多,在高寒条件下以冰雪积存,形成现代冰川,这是西北内陆山区水资源的特有形式,冰雪融水补给山区的河流和地下水,使得河流的年径流量比较稳定。

1)地表水资源的形成和分布

内陆盆地地表水径流形成于盆地周边的山区而汇入平原,其主要补给来源为降水和冰雪融水,因此降水量、冰雪融水量以及下垫面的条件,对地表径流的形成都有决定性的影响。西北地区的高大山系从东到西连绵数千千米,气候差异很大,特别是受各大山系的分布和高度影响,不仅有地区差异,而且具有明显的垂直分带规律。如祁连山屏列于河西走廊的南面,东西延伸 1 000 多 km,东段气候较湿润,西部十分干燥,降水量有自东向西递减的趋势;而新疆的降水量总趋势是北疆多于南疆,西部多于东部,山区多于盆地,盆地周边多于中央。

地表径流的时空分布规律取决于降水的时空分布规律,一般来说,在其他条件基本相同时,降水量大,则地表径流也大。

由于地表径流量来自山区降水和冰雪融水补给,因此地表径流的年内变化与降水过程和气温变化基本一致。如石羊河流域一般年降水量集中在 6 ~9 月,同期的地表径流量占全年总径流量的 55% ~80% ,11 月至次年 3 月枯水期的径流量只占 5% ~18% 。对冰川融水补给量比重较大的河流,6 ~9 月的径流量可达全年径流量的 84% ~89% ,枯季时只占 3.8% ~5.6% 。内陆河流域由于有冰雪融水补给,河流径流量年际变化较小。

2)地下水的形成及赋存条件

(1)地下水是按地下水系统形成和分布的,地下水系统取决于地质构造条件。西北地区是我国地质活动最活跃的地区之一,特别是第四纪以来,地质构造运动总体上以断块差异上升运动为主,并伴有水平、旋扭、断裂和地震活动的发生。被各大断裂分割的不同规模的断块,在相对升降幅度上存在很大差异,形成巨大的山脉和相对凹陷的盆地,随着第三纪以来青藏高原的不断上升,第四纪隆升强烈,上升幅度达 5 000 m 左右,帕米尔高原最高达

7 500 m 以上，造就了西北地区的显著特征，形成了规模不等的沉降区和隆起区，在沉降区堆积巨厚中、新生代地层，第四系厚度达几百米至千余米，为地下水活动提供了基础条件。较大沉降盆地有准噶尔、塔里木、柴达木和河西走廊等，相对下降 2 000 m 左右，塔里木盆地最大达 4 000 m 左右。每个盆地都形成独立的地下水补、径、排系统，这些盆地构成了西北内陆地区的地下水系统。

西北地区由于特殊的地理位置造就的气候条件，降水量主要集中在高山地区，年降水量为 400 ~ 800 mm；冰川和多年冻土发育；草地和森林生长在中高山区；荒漠化在中低山区及山前戈壁区；极度干旱区在盆地中部，年降水量一般不足 50 mm。在水资源条件较好的山前冲洪积扇缘地带，分布有大面积绿洲。

在每个地下水系统中，有着相同的地下水补给条件，各盆地除四周中、高山地区降水较充沛外，盆地内气候极为干旱，几乎不产地表径流，平原主要靠山区地表径流出山口后的大量渗漏补给，形成浅层地下水。

山前平原的潜水带是地下水的主要补给区，河水、洪水和渠系水的渗入是主要补给源。地下水在向下游径流的过程中，部分潜水渐变为承压水，地下水的运动方式从山前平原至盆地中心区由水平运动转化为垂向运动，最后以泉水溢出或向上顶托补给潜水蒸发消耗。

(2)地下水的类型。地下水由于埋藏于不同类型的含水介质中，形成不同类型的地下水。埋藏于第四系松散类含水层中的地下水为孔隙水，埋藏于碎屑岩类含水层中的地下水为裂隙水，埋藏于碳酸盐岩类含水层中的地下水为岩溶水。不同类型地下水的埋藏条件和开采条件有着很大的差异。

西北地区地层发育齐全，前古生界主要分布于秦岭、贺兰山、祁连山及天山的部分地段，岩性主要以片岩、片麻岩为主。古生界在区内变化较大，上古生界岩性多为海陆交互相碎屑岩，中、下古生界为海相碎屑岩，部分地段夹有火山岩和火山碎屑岩，在各山系中均有出露。中生界岩性复杂，三叠系在秦岭、昆仑山为浅海相碎屑岩，在鄂尔多斯地区主要为砂岩、砂砾岩和页岩；侏罗系广泛分布于各山前地带的低山丘陵区，岩性为湖相堆积物；白垩系为陆相、湖盆相沉积，在新疆克孜勒苏地区为浅海相沉积，岩性为灰岩、碎屑岩；新生界第三系为陆相沉积，岩性主要为红色泥岩、砂砾岩等，主要分布在各山间盆地、高原台地和黄土丘陵地区。第四纪地层广泛分布于各大内陆盆地、河谷平原及黄土平原，岩性构成复杂，在各盆地及河西地区，山区多以冰积、洪积和冰水堆积碎屑为主。山前地带，在早、中更新世为冰水及洪积卵砾相沉积，向盆地中心渐变为冲洪积砂与黏土互层积；晚更新世以洪、冰洪积为主，岩性为砂卵石、冰水相砂砾石、砂等。全新统地质沉积条件复杂，多以风沙为主，在西北内陆盆地形成的大沙漠有古尔班通古特沙漠、塔克拉玛干沙漠、腾格里沙漠、毛乌素沙地等，地层沉积主要为冲积、冲洪积、湖积、化学沉积等。

上述地层分布决定了含水介质和地下水类型的分布。总的来说，基岩裂隙水主要分布于盆地周边的山区和盆地中隆起的山岗，孔隙水则主要分布于盆地的山前冲洪积扇平原和盆地中部。由山边向盆地中心，地下水具有明显的分带规律，山前是扇形砾石平原潜水带，然后过渡为细土平原承压水带，最后是湖沼低地高矿化地下水带。

在各盆地中的山前平原均有第四纪冲洪积扇含水层，储水条件良好，是每个盆地系统最主要的储水区。近山麓地带的第四纪沉积物巨厚，岩性主要为冲积、冲洪积卵砾石层，潜水含水层单一，水位埋深几十米到百余米。从山前向盆地中部，单一大厚度的潜水含水层被冲洪积、河湖积的泥质相隔水层所分离,潜水渐变为承压水,形成西北干旱内陆盆地的山前自流斜地。含水层富水性好,潜水单井涌水量在 2 000 m^3/d 以上,水质优良,一般为矿化度小于 1 g/L 的淡水。塔里木盆地的皮山—和田山前平原最大单井涌水量可达 5 000 m^3/d。在倾斜平原的中部分布着潜水和承压水,含水层岩性多为第四纪不同时期的冲洪积砂砾石、中粗细砂等,承压水的自流量可达 1 000 ~ 4 000 m^3/d。在山前平原下游地区及盆地的中心部位是含水层的尖灭带,一般都分布着湖积和冲湖积相的细颗粒物质,水位埋藏浅,甚至溢出地表,形成泉水溢出带,在强烈的蒸发作用下,地下潜水矿化度多为 1 ~ 10 g/L。在柴达木盆地的盐湖地区,地下水的盐分积累最多,形成的卤水矿化度达 450 g/L 以上。

5.1.3.2 黄河流域水资源的形成和分布

黄河流域水资源主要是接受大气降水补给,无论是地表水资源,还是地下水资源的形成和分布,都与降水量的大小和分布有着十分密切的关系。

1)黄河流域水资源形成的基本情况

黄河流域自然条件复杂,各地区气候条件差异极大,降水量分布也很不均匀。兰州以上地区年降水量 400 ~ 800 mm,其中黄河源区属青藏高原,气温低,降水量丰沛,径流量大,是黄河主要径流形成区。兰州以上地区大部分为高寒草原,湖泊、沼泽较多,为全流域产水量最大的地区,河川径流量占全流域的 50% 以上。兰州至河口镇气候干燥,降水量少,年降水量仅有 150 ~ 400 mm,该区的甘肃景泰、靖远、皋兰、永登一带,以及宁夏北部、内蒙古河套地区基本上不产流。

黄河流域内河川径流量分布不均匀,南多北少,山区多于平川,南部降水丰沛,年平均径流深大于 150 ~ 200 mm,北部气候干旱,降水量小,年平均径流深小于 10 mm,是流域内产流量最少的地方。

中部降水较丰富,年平均径流深 25 ~ 50 mm,河套及汾渭平原区年径流深小于 50 mm,山区则增大到 100 ~ 300 mm。

黄河流域是典型的季风气候区,降水的季节变化强烈,导致河川径流在年内季节变化也很大,降水集中在 7 ~ 10 月,降水量占全年的 65% ~ 80%,形成汛期,这 4 个月内径流量最大,主要由暴雨形成,河水暴涨,在非汛期径流量变小,主要由地下水补给,径流变化比较稳定。

黄河流域地下水的形成和分布受一系列自然条件制约,它是由不同的补给来源在多种因素的作用下,通过各种途径渗入补给而形成的,其中大气降水是主要的补给来源,但在其他因素的干扰下,进行再分配,它们起着加强或削弱大气降水补给的作用,因此地下水资源的分布有着明显的地区特点。黄河流域东西跨越 22°经度,东西气候条件不同,决定了降水量东西不同,因而影响着地下水的补给量。同时,地下水在储存和分布上又受大地构造的控制,大地构造的格局奠定了不同的储水条件,不同的含水介质又决定了地下水的类型,再加上悠久的开采历史,人类的作用促使水循环变化加剧,由此决定了黄河流域地下水的形成和分布。

黄河上游地区地下水主要分布于祁连山地、青南高原及两山之间的一系列河谷平原和山间小盆地。一般山区基岩风化裂隙及构造裂隙发育,为地下径流创造了良好的条件,形成丰富的基岩裂隙水。但河流深切,地表水系发育,地下水往往排泄于沟谷中,储存条件较差。在河谷平原和山间小盆地中,地下水储存条件较好,并已成为当地经济建设中的重要水源,如湟水河谷地势较低平，第四系松散堆积物发育，含水层厚度一般为 20 ~ 60 m，水位埋藏浅，水量丰富，已建成大型水源地，成为西宁市供水的重要水源。但是湟水流域各盆地中，广泛分布的第三系地层是深层水储存的主要场所，大都有较高的矿化度，水量较少，真正有实际供水意义的承压含水层，仅局限于盆地边缘的第四系河湖相或湖滨相岩层分布地段内。

20 世纪 80 年代以来，随着经济发展，水资源的开发利用规模和强度不断增大，使地下水与大气降水、地表水之间的相互转化更为剧烈，并导致水循环、水环境正在发生变化，直接影响区域水资源的时空分布。

2）黄土高原水资源的形成和分布

黄土高原在我国是一个非常重要，同时又是一个十分特殊的地区，是中华民族的发祥地，孕育了中华民族的古代文明，是我国历史上政治、经济和文化的中心。但是黄土高原水少、沙多、旱灾频繁、水土流失严重，生态环境十分脆弱，制约着当今经济的发展。因此，对黄土高原治理和水资源合理开发利用的研究是刻不容缓的事情。

黄土高原主要分布在秦岭以北、日月山以东、黄河以西地区，是黄河流经的主要区域，水土流失严重，生态环境十分脆弱，是我国极度缺水的地区之一。黄土地区地势西高东低，青海东部山地海拔 4 000 m 以上，谷地海拔 3 000 m 左右。西部陇西黄土高原海拔 2 000 m 左右，东部陕西、甘肃、宁夏、内蒙古黄土高原地势由西向东，高程由 2 000 m 左右逐渐降至 1 000 m 左右。

黄土高原冬季受蒙古高压控制，气候干寒，风多雨雪少，春季受北太平洋副热带高压影响，风力大，降水少，沙暴多，夏季水汽含量丰富，往往产生暴雨。黄土高原属于干旱、半干旱气候区，年降水量由东南 800 mm 向西北递减至 150 mm，蒸发量与降水规律相反，由东南的 1 000 mm 向西北递增至 1 800 mm。

黄河是流经黄土高原的最大河流，多年平均径流量 475 亿 m^3，黄河从龙羊峡进入黄土高原，两岸支流较多，如湟水、庄浪河、大夏河、洮河、祖厉河等，这一段黄河接纳两岸支流河水与地下水的补给，水量丰富。黑山峡以下，黄河进入中卫和银川平原，到磴口转向东，形成宽广的河套平原，黄河水与地下水转化关系复杂多变，托克托到龙门为晋陕峡谷，两岸陡峭，此段黄河主要接受地下水补给。总之，黄土高原黄河水与地下水相互转化频繁，上游河水径流由地下水汇集而成，中游常为互补关系，下游则以河水补给地下水为主。汛期河水径流主要由暴雨形成，非汛期的河流基流量来源于地下水。

地表径流的区域分布是山区多于平原，南部多于北部，定边、包头一线以西是流域内产流量最小的地区。

5.1.4　西北地区水资源量

5.1.4.1　地表水资源量

西北地区地表水资源量的计算是以区内降水形成的河川径流表示的，主要是内陆河流域及黄河流域，不包括过境水量。全区 1956 ~ 1995 年径流系列的多年平均径流深为 62.6 mm，总量为 1 809.3 亿 m^3，其中内陆河流域为 953.9 亿 m^3，占总量的 52.7%；黄河流域为 475 亿 m^3，占总量的 26.3%；长江流域为 273.4 亿 m^3，占总量的 15.1%；西南诸河为 107.0 亿 m^3（见表 5-6）。

表 5-6　西北地区各流域地表水资源量　　(单位:亿 m^3/a)

地区		地表水资源量	
		多年平均	1997 年
内陆河流域	中亚西亚	192.7	181.3
	准噶尔盆地	126.0	117.1
	额尔齐斯河	100.0	102.1
	塔里木盆地	347.9	367.7
	新疆羌塘高原	20.8	16.0
	青海内陆区	94.6	89.3
	河西地区	66.9	58.3
	鄂尔多斯	2.1	1.6
	奇普恰普	2.9	2.5
	合计	953.9	935.9
黄河流域		475	328.4
长江流域		273.4	184.7
西南诸河		107.0	82.3
总计		1 809.3	1 531.3

注:据各省(区)1997 年《水资源公报》;河西地区含内蒙古额济纳旗,下同。

5.1.4.2　地下水资源量

西北地区地下水资源的形成和分布与地表水资源的形成和分布有着很大的不同,地表水在内陆平原区不产流,而地下水资源除接受山区的降水、冰雪融水补给外,在平原区还接受河渠入渗、灌溉水入渗以及山区侧渗补给的水量。在区域分布方面,地表水是线状分布,而地下水则是面状分布,是一种就地资源,便于就地开采利用。

根据最新评价结果,西北地区地下水天然补给资源总量为 1 112.1 亿 m^3/a。其中,山区为 761.9 亿 m^3/a,平原为 610.4 亿 m^3/a,山区与平原之间的重复量为 260.2 亿 m^3/a。内陆盆地区地下水天然补给资源量为 705.5 亿 m^3/a,占地下水天然补给量的 63.4%;黄河流域为 274.1 亿 m^3/a,占 24.6%;长江流域为 102.1 亿 m^3/a,占 9.2%。地下水可开采资源总量为 417.9 亿 m^3/a,其中内陆盆地区为 307.2 亿 m^3/a,黄河流域为 110.7 亿 m^3/a。地下水资源的地区分布见表 5-7、表 5-8。

5.1.4.3　水资源总量

水资源总量是地表水天然补给资源量和地下水天然补给资源量的总和,但由于地表水和地下水相互转化,河川径流中包括一部分地下水排泄量,而地下水资源补给量中又包括地表水的入渗补给量,这些转化的数量在计算时都作了分析,因此计算水资源总量时扣除了这部分重复的数量。经计算,西北地区水资源总量为 2 025.9 亿 m^3/a(见表 5-9)。

表 5-7　西北地区各省(区)地下水资源量(淡水)　　(单位:亿 m^3/a)

省(区)	地下水天然补给资源量			地下水开采资源量(浅层)
	山区	平原	合计	
新疆	392.1	392.0	561.8	250.0
青海	226.6	51.6	254.2	23.8
甘肃	84.2	55.7	126.0	41.2
宁夏	2.3	20.7	23.0	18.3
陕西(关中)	18.2	58.5	76.7	47.0
内蒙古西部	38.5	31.9	70.4	37.6
合计	761.9	610.4	1 112.1	417.9

注:据 96—912—01—03 项目报告,合计中已扣除山区和平原之间的重复量。

表 5-8　西北地区各流域地下水资源量(淡水)　　(单位:亿 m^3/a)

地区		地下水天然补给资源量			地下水开采资源量(浅层)
		山区	平原	合计	
内陆河流域	中亚细亚	98.9	67.6	124.8	36.0
	准噶尔盆地	64.8	71.2	93.7	52.5
	额尔齐斯河	41.7	26.2	54.0	13.5
	塔里木盆地	180.3	226.3	283.0	148.1
	新疆羌塘高原	5.1	0.3	5.1	—
	青海内陆区	48.8	35.7	64.5	18.0
	河西地区	38.6	47.8	68.1	32.1
	鄂尔多斯	9.7	2.1	11.8	7.0
	奇普恰普	0.5	—	0.5	—
	合计	488.4	477.2	705.5	307.2
黄河流域		141.0	133.2	274.1	110.7
长江流域		102.1	—	102.1	—
西南诸河		30.4	—	30.4	—
总计		761.9	610.4	1 112.1	417.9

注:据 96—912—01—03 项目报告,合计中已扣除山区和平原之间的重复量。

表 5-9　西北地区各流域水资源总量（淡水）　　（单位：亿 m^3/a）

地区		地表水	地下水	重复量	水资源总量
内陆河流域	中亚细亚	192.7	124.8	115.0	202.5
	准噶尔盆地	126.0	93.7	66.8	152.9
	额尔齐斯河	100.0	54.0	46.2	107.8
	塔里木盆地	347.9	283.0	241.3	389.6
	新疆羌塘高原	20.8	5.1	4.8	21.1
	青海内陆区	94.6	64.5	48.2	110.9
	河西地区	66.9	68.1	49.3	85.7
	鄂尔多斯	2.1	11.8	0.3	13.6
	奇普恰普	2.9	0.5	0.5	2.9
	合计	953.9	705.5	572.4	1 087.0
黄河流域		475	274.1	190.7	558.4
长江流域		273.4	102.1	102.1	273.4
西南诸河		107.0	30.4	30.4	107.0
总计		1 809.3	1 112.1	895.6	2 025.8

注：重复量据 96—912—01—03 项目报告。

5.2　西北地区水资源开发利用现状

西北地区水资源开发利用有着悠久的历史，早在秦汉时代已经修渠灌溉，新疆古老而独特的坎儿井引用地下水，对人民生活和农业发展起了重要作用。截至新中国成立前夕，全区大小灌渠有 2 000 多条，灌溉面积约 3 000 万亩，其中内陆地区约 2 000 万亩，黄河流域约 1 000万亩。新中国成立以来开展了大规模的开发利用，初期以开发河川径流扩大灌区为主，七八十年代大规模凿井开发地下水，并大力进行农田水利建设，80 年代以后城市供水发展，同时发展了农田灌溉节水措施，到 1997 年底有效灌溉面积约 9 200 多万亩，包括内陆地区 5 600 万亩，黄河流域 3 600 万亩。全区总供水量 823.4 亿 m^3，其中内陆地区约 560 亿 m^3，黄河流域约 263 亿 m^3。从 1980 年、1988 年、1995 年到 1997 年历年的供水量对比情况看，1997 年地表水供水量比 1980 年增加了 4.48%，地下水供水量增加了 40% 以上。

5.2.1　西北地区水资源开发利用的特点

西北地区地处干旱地区，水资源的形成和分布都与我国东部、南部地区有着明显的不同。西北地区水资源的开发利用具有以下特点，这也是进行水资源规划时必须考虑的问题。

（1）西北地区水资源总量大，人均水资源占有量超过全国人均水资源数量，但西北地区的生产和生活都集中在绿洲，用绿洲的水资源来支持全区经济的发展，那么西北地区水资源的人均和亩均数量就很少。

（2）西北地区产水模数低，开发利用易引起生态环境问题。

(3)西北地区位置特殊,地形复杂,许多地区地下水难以开发利用,如高山及沙漠地区等,因此可利用量少。

(4)维持生态平衡用水量大,因此西北地区水资源只能在充分考虑生态用水的基础上评价水资源的可利用量。

(5)西北地区依靠灌溉发展农业,没有灌溉就没有农业,而且西北地区干旱少雨,蒸发量大,农业灌溉定额在节水的前提下要高于东部湿润半湿润地区,因此农业用水量必然大于东部地区。

(6)西北地区有几条出国河流,水资源一部分流入国外,因此进行水资源规划时应注意扣除。

5.2.2 西北地区水资源开发利用的程度

1997年,西北地区水资源开发利用程度达39.6%。总的来看,西北地区水资源的利用程度已很高了,由于社会经济发展的不平衡和自然条件的不同,西北各地区的水资源开发利用情况有较大差异。

5.2.2.1 内蒙古西部

内蒙古西部的范围包括呼和浩特市以西的河套灌区、伊克昭盟和阿拉善盟,当地多年平均水资源总量为80.8亿m^3。1997年利用水资源总量达90.53亿m^3,包括引用黄河水量。

河套灌区为全国3个特大型灌区之一,是国家重要的粮、油、糖生产基地;呼和浩特市是内蒙古自治区的政治经济中心;包头市是国家钢铁及重工业基地;乌海市是内蒙古自治区建材、矿产、化工基地;伊克昭盟是内蒙古自治区乃至中国的能源基地和碱化工基地。由此可见,河套平原是内蒙古自治区重要的工农业基地之一。

1997年河套平原地表水总供水量为65.49亿m^3,其中引用黄河水量60.80亿m^3,占地表水总供水量的92.84%,引用黄河水量已超过国家分配的定额。因此,必须通过节水措施,降低黄河水的引用量。当地地表水资源利用以农牧业灌溉为主,其中农田灌溉用水占地表水用水量的91.86%。

河套平原地下水供水量为15.27亿m^3,其中浅层地下水为10.76亿m^3,深层地下水为4.46亿m^3,微咸水为0.05 m^3。地下水资源利用以工业用水、城乡生活用水和井灌区的农牧业灌溉为主,其中农田灌溉用水量为9.84亿m^3,占地下水总供水量的64.44%。

水资源情况最严重的是阿拉善盟,该地区为干旱区,大部分为腾格里沙漠所覆盖,由于黑河来水逐年减少,下游的居延海已经干枯,周围环境严重恶化,使当地居民不得不移居他乡。

5.2.2.2 宁夏河套平原

宁夏河套平原总面积7 983 km^2,其中引黄灌区面积6 573 km^2,这些分布在黄河两岸的引黄灌区,享引黄灌溉之利,水土光热资源充足,农业发达,素有“天下黄河富宁夏”、“塞上江南”之称誉,已有2 000多年的历史,是全国四大古老灌区之一。

1997年,宁夏全区总用水量为94.37亿m^3,其中引、扬黄河水84.46亿m^3,石嘴山电厂提黄河水3.0亿m^3,当地河川径流量1.48亿m^3,取用地下水量5.43亿m^3。宁夏引黄灌区总用水量为92.05亿m^3,占全区总用水量的97.5%,工业用水、城镇生活及农村人畜用水全部取自地下水,同时地下水也是农业用水的重要组成部分。大型工矿企业生产供水、城镇生活居民生活饮用水多采用水源地或集中开采井群形式开采地下水，水源地及开采井大多分布于工矿企业及城市附近。

黄河是宁夏生存和发展的唯一水源，若没有引黄灌溉，就没有今天高产稳产的宁夏河套平原。目前，引黄灌区存在很多问题亟待研究和解决，例如渠系布局不合理，不适应现代灌区管理和调度；渠系淤积严重导致引水不足，排水不畅引起土壤次生盐渍化；渠道过长，防渗衬砌难度大；“大水漫灌”和“昼灌夜不灌”浪费严重；水价偏低，节水工作举步维艰等。

宁夏引黄灌区由于大量引用黄河水灌溉，排水不畅，造成灌区地下水埋深普遍较浅，使得大量潜水无效蒸发，引起了严重的土壤次生盐渍化问题。而为了改造由于盐碱化造成的中低产田，又需要大量引水灌溉，进一步抬高了地下水位，形成了灌区水量、水盐的恶性循环。因此，必须采取有效措施降低灌区的地下水位，达到改造中低产田和减少潜水无效蒸发量的双重目的。

5.2.2.3 黄土高原地区

黄土高原地区的降水量大致由东南向西北递减，由秦岭北麓的800 mm，关中和六盘山一带的600 mm左右，到榆林—海原一线西北的200～400 mm。黄土塬、梁、峁区年降水量多在400～600 mm。该地区旱灾发生频率很高，例如，据宁夏1402～1991年590年系列资料，旱年次数达344次，占系列年长的58.3%。

在黄土高原，大气降水是地表水的主要补给来源，降水资源量为1 013.2亿 m^3/a，约有12.9%转化为河川径流量。1997年开发利用量为30.36亿 m^3。径流深与降水量的地区分布特点相似。地下水天然资源量为92.4亿 m^3/a，1997年开采量为35.07亿 m^3。

黄土高原水资源开发利用有以下几种方式：

（1）雨水的利用。在严重缺水农业区，建造水窖及屋顶集水来拦截雨水，用以缓解人畜饮水困难，丰水年还可解决部分农田灌溉问题。宁夏南部截至1997年共建水窖16.2万眼、屋顶集水工程5 200处，雨水利用量估算为200万 m^3/a；甘肃截至1997年在全省10地（州、市）雨水集蓄工程投资3.71亿元，建成水窖56.16万眼，集蓄雨水1 685万 m^3/a；陕西省2001～2005年规划建窖30万眼，投入资金0.6亿元，蓄雨水942万 m^3，发展集雨灌溉面积27万亩。据陕、甘、宁建雨水集流工程资料，每眼水窖投入200～600元，平均蓄水10～30 m^3/a，可供集雨节灌面积近1亩。但是，严重干旱年或连续干旱年雨水集流工程则无水可蓄。如宁南地区1998年10月至1999年4月遭遇大旱，近200 d未降雨，水窖根本就无法蓄上水，旱情严重。

（2）通过蓄、提、引工程利用当地地表水及引用黄河水。黄土高原全区已建中小水库700多座，有效库容近40亿 m^3。通过蓄、提、引，如黄河干、支流的陕西关中大型灌渠泾惠渠、洛惠渠，宝鸡峡引水渠、交口提灌工程，甘肃景泰扬水工程、引大入秦工程，宁夏全心扬水工程，以及陕、甘、宁的盐环定扬水工程和青海的引大入湟工程等。

（3）开采利用地下水。黄土高原区地下水开采量占水资源量的50.4%，1997年开采量为35.07亿 m^3。地下水开采程度为69.6%。城市生活和工业用水量的70%取自地下水，农业用水量近半来自地下水。

5.2.2.4 河西地区

河西地区是我国西北地区重要的农业基地，从东到西分布着三大内陆河，即石羊河、黑河和疏勒河，均发源于祁连山区，多年平均水资源总量为85.7亿 m^3。1997年供水量为

73.6 亿 m^3，开发利用程度极不平衡。

石羊河和黑河流域水资源开发利用过度，已产生了严重的生态问题，地下水位迅速下降，下游泉水枯竭，土地沙化，天然草场退化严重。疏勒河流域尚未全面开发。

河西地区农业用水的供需矛盾主要由水资源的时空分布特征及落后的灌溉方式造成，因此加强全流域的合理调配与利用，提倡节水灌溉，降低灌溉定额，可以缓解水资源供需矛盾。

5.2.2.5 柴达木盆地

柴达木盆地在自然地理区划上属于青藏高原的一部分，是我国著名的内陆干旱盆地，分布河流 70 多条，多年平均径流量为 45.5 亿 m^3/a，河水水质良好，是饮用、灌溉的良好水源。柴达木盆地可供利用的水资源包括地表水和地下水两部分，共 26.15 亿 m^3/a，其中地表水 9.73 亿 m^3/a，地下水 16.42 亿 m^3/a。

柴达木盆地是我国西部重要的能源基地，资源开发还处于初级阶段。1997 年现状用水量为 7.05 亿 m^3，水资源利用程度很低。但盆地内河流中游地区为满足工农业用水及城市化进程需要，大量开采地下水和引用地表水，导致下游对盐湖的补给量减少，难以维持盐湖卤水资源水盐均衡所必需的补给量，盐湖资源面临衰竭的危险。同时，在盐湖区缺少淡水资源补给，用水均由区外管道输送，距离远、投入大、成本高，造成生产及生活上的困难，影响对盐湖资源的开发。

格尔木市是柴达木盆地新兴的石油盐化工基地，目前区域地下水位下降，水源地供水能力远低于设计能力，出现城市用水水源不足现象。

5.2.2.6 新疆内陆区

新疆是我国西北地区自然条件较好、社会经济发展水平较高的地区。北疆的克拉玛依市、南疆的塔里木盆地都是我国重要的天然气、石油化工基地，南疆也是国家重要的农产品基地，对水资源需求量较高。

新疆开发利用水资源、发展绿洲农业的历史悠久，但水资源的大规模开发利用是在 1949 年以后。截至 1998 年，全区已建水库 472 座，总库容 66.7 亿 m^3，配套机井 3.4 万眼，水利工程年供水 478.9 亿 m^3，已累计解决了 879.27 万人、2 505.5 万头牲畜的饮水问题，有效灌溉面积 372.7 万 hm^2。据不完全统计，引用地表水已接近河流径流量的 60%。自 50 年代至 1973 年，配套机井平均每年增长 55%，1973 ~ 1977 年全新疆形成打井高潮，平均年增长率为 103%，1978 年以后有所减缓，平均年增长率为 2.3%。目前，新疆平均引水率约 58%，库容蓄水率约 14.6%，地下水开采率（包括机井、泉水、坎儿井）较低，渠系有效利用率仍很低。

目前，新疆的总需用水量中，城乡生活用水仅占 1%，工业用水占 2.5%，农业用水则占 96.5%。农业用水所占比例很大，这种用水结构反映了新疆的经济结构有待调整。由于新疆农业用水量很大，加上河流上下游用水矛盾，造成中上游大量用水，下游严重缺水，以致下游生态恶化，尤以南疆的塔里木河、北疆的乌鲁木齐和克拉玛依等地最为严重。

5.3 西北地区生态环境问题

新中国成立以来，西北地区水资源开发利用有了很大的发展，进行了大规模的水利建设,修建了大批蓄水、引水、提水等供水工程和控制性水利枢纽。地下水资源的开发利用为工农业及城乡生活等方面提供了水源,在抗旱防洪等方面发挥了显著的作用,有力地促进了西北地区国民经济的发展和人民生活水平的提高。但由于西北地区处于我国干旱地带,自然生态环境脆弱,对水土资源开发利用不当,容易产生一些生态环境问题。

水是生态环境中最重要、最活跃的因素,水分的分布和水量大小对生态环境的变化起着主导作用。

5.3.1 河道断流、湖泊萎缩和消亡

大部分河流在出山口处都开渠筑坝,拦截地表径流,河水不能顺其自然流淌,渠道引水代替了天然河道,加上上游大量引水,使得这些河流在出山口不远处即开始断流,人为强烈地干预了天然水循环,必然受到大自然的报复,几乎所有的河道尾闾湖泊都干枯消失,或湖面缩小。例如,石羊河下游位于民勤、昌宁盆地的猪野泽,东西长百余千米,南北宽数十千米,随入湖水量的减少及泥沙淤积,新中国成立前夕只剩青土湖有水可见,随后便干枯消失了;居延海为黑河干流的尾闾湖泊,分为东居延海(索洛果诺尔)和西居延海(嘎顺诺尔),历史上两湖都是淡水湖泊,湖水面积达 800 km^2,1949 年后,上游修建了几十座水库,湖面开始逐渐缩小,进入 90 年代已基本干枯;疏勒河下游的哈拉湖,也因水源不足而萎缩、干枯,已变为或即将变为盐碱荒滩。

新疆大多数湖泊是河流的尾闾,由于上游引水量迅速增加,入湖水量剧减,许多湖泊湖面萎缩,例如艾比湖、乌伦古湖(布伦托海)等,其造成的环境效应为湖水浓缩、矿化度增高,湖滨植被衰败、沙漠化和沙害发展等。著名的罗布泊更是沧桑巨变,由于河流水量的变化或人为截引河水,塔里木河多次改道,使罗布泊游移变动,20 世纪 50 年代前罗布泊水域面积超过 1 000 km^2,1952 年尉犁县修建塔里木河大坝后,罗布泊便基本干涸,能流入罗布泊的也只有孔雀河灌区的少量灌溉回归水。

5.3.2 土地盐渍化面积增加

由于受气候和灌溉等人为因素的影响,西北地区次生盐渍化比较严重,西北地区盐渍化土地主要分布在河西地区、新疆的塔里木河流域、准噶尔盆地南缘、柴达木盆地、内蒙古河套地区、宁夏银川平原和陕西的关中、渭南、定边一带。

河西地区盐渍化土壤主要分布在各流域下游绿洲区外围,盐渍化土壤总面积18 960 km^2,多由蒸发积盐作用形成。此外,不合理的灌溉,也可造成耕地次生盐渍化,如民勤湖区连续使用 3 g/L,甚至 5 g/L 以上的高矿化度的地下水灌溉,使盐渍化面积不断扩大,从 20 世纪 60 年代初的 18.7 万亩增加至 80 年代的 30.0 万亩。

新疆早期开发水资源的主要模式是在山口截流,长距离引水到中下游,特别是在引到本来潜水位就高的低洼地进行灌溉时,由于重灌轻排,大水漫灌,导致新疆许多灌区土壤次生盐渍化或沼泽化。例如,新疆巩留县县城附近有些老灌区,由于排灌失调,地下水位上升,土壤次生盐渍化严重,房倒屋塌,许多居民点被迫搬迁。

陕西的次生盐渍化土地主要分布在陕西关中、渭南和陕北定边等地,盐碱地面积约 344 km^2。20 世纪 70 年代宝鸡峡引渭工程和冯家山水库灌区建成后,灌区地下水位不断上升,产生渍水和土壤盐渍化等环境地质问题。1981 年形成 9 个渍化区,总面积达 142 km^2,明水

面积达3.08万亩，导致部分农田弃耕、农作物减产、房屋倒塌、村庄被迫迁移。

内蒙古河套灌区土壤次生盐渍化的形成和发展是自然与人为因素综合作用的结果。由于气候干旱、蒸发强烈、地下水径流不畅、灌溉用水量过大、长期引黄、有灌无排、灌溉渠系渗漏量大及土地不平整、耕作粗放，以及不合理的灌溉及管理制度等诸因素的相互作用、互相影响，加速了土壤次生盐渍化的发展。为控制和改良日益发展的土壤盐渍化，必须从降低地下水位入手，加强水资源管理，合理调配水资源，使地下水位埋深控制在一定深度之内，以达到既能防治土壤盐渍化，又能充分利用水资源的目的。

宁夏灌区主要引用黄河等外来地表水资源，极少利用灌溉入渗后形成的浅层地下水，造成大量地下水以潜水蒸发形式垂直排向大气，加重了灌区排水负担，造成了严重的土壤盐渍化。要从根本上解决这一问题，必须要改变水资源开发利用结构，提高利用地下水的比例，采取井渠结合、以灌代排的措施。

5.3.3 荒漠化土地不断扩大

我国是世界上荒漠化问题最为严重的国家之一。我国的荒漠化土地主要分布在西北地区，长期以来，由于滥垦、滥伐、过度放牧和不合理的水土资源开发，土地荒漠化不断发展。内陆盆地盐碱化土地有加快增加的趋势，土地沙化面积也在迅速增加。

河西走廊土地沙化是比较普遍的现象，石羊河下游民勤县现有沙漠化土地889.20 km^2，灌区约有1/3的耕地受到风沙威胁，毁种、毁苗现象时有发生。土地荒漠化是气候变化和人类活动造成的土地退化，灌溉水源不足，土壤含水量减少，不能满足作物种植需要，成为赤地。如民勤绿洲北部10余万亩耕地、敦煌黄墩子农场北大片耕地等，均因此而弃耕变成荒漠。

塔里木河上游过量截引河水灌溉，使水量逐年减少，生态环境失调，绿洲面积缩小，沙漠化日趋严重。目前，塔里木河已断流320多km，中下游沿河两岸的天然荒漠植被正在大面积萎缩或消亡。植被的衰亡，又使得地面失去保护，为风蚀河流堆积创造了条件，从而沙漠化面积逐年扩大。沙漠化不仅蚕食耕地、淹没村庄、壅塞河道、淤积水库，而且断绝交通、恶化环境，给经济建设和人民生活带来巨大危害。

5.3.4 水循环条件改变

内陆水资源的重要特征之一，是地表水与地下水之间极为密切的相互转化关系，无论是对地表水的改造利用，还是对地下水的开发，当达到一定规模时，都将引起区域性的“水文效应”，导致水资源时空分布的巨大变化，产生生态环境问题。大量修建水利工程，必然使得水循环条件发生变化。

5.3.4.1 泉流量减少

山区河流出山口后，往往倾泻于山前冲积平原，地下水获得大量补给。由于修渠筑坝后河水引入渠道，河道断流，使地下水失去散流补给和河道渗漏补给，同时人工渠道高标准衬砌，渠系渗漏量减少，使地下水的天然补给量逐年减少，再加上大量开采利用，最终造成一些地区地下水位大幅下降，从而引起泉水溢出量减少，泉群消失，泉水灌溉区被迫改为打井灌溉。如新疆石河子市及石总场一带，泉水溢出量1960年为3.77亿 m^3，1990年减少为2.88亿 m^3；奇台县平原区的泉水溢出量1966年为1.12亿 m^3，1993年减少为0.046亿 m^3。

河西地区随着灌溉面积的增大、水资源利用率的提高、地下水补给资源的减少，以及开采超量等现实变化，泉水资源快速减少，并出现区域内大量泉眼干枯，泉水溢出带下移等现象。

坎儿井是干旱地区利用地下水的特殊方式，新疆利用坎儿井的历史已很悠久，20 世纪 70 年代以后，由于增加引用地表水和大量打机井，坎儿井水量已出现大幅衰减，例如吐鲁县由 60 年代高峰时的 4.5 亿 m^3/a 减至 1986 年的 3.05 亿 m^3，减少约 1/3。

5.3.4.2 水位下降与水资源数量减少

水利化程度的提高使地下水补给资源减少，造成区域地下水位下降，而地下水的过量开采又加速了水位下降。如石羊河流域水资源利用率最高，区域地下水位的下降幅度也最大，其中武威盆地南部近 40 年内下降 20 m 左右。呼和浩特市是内蒙古经济、政治、文化中心，城市规模设施齐全，长期以来由于地下水超采严重，已引起地下水位持续下降，从 20 世纪 60 年代起，区域水位下降 28 ~ 35 m，集中开采区已形成了几个不同规模的降落漏斗，其中以西水厂开采区一带为最大，漏斗面积约 47 km^2，漏斗中心水位累计降幅达 51 m，且已引起不良地质环境现象。陕西关中大、中城市水资源普遍紧缺，城市供水主要靠地下水，各水源开采量已接近或超过允许开采量。近年来降水减少，河水截流量增加，地表水入渗补给量减小，水源地补给条件变差，水位持续下降，不少水源地年均地下水位下降达 2 m 多。西安城郊自备井区，已形成 250 km^2 的地下水降落漏斗，漏斗中心水位埋深达 140 余 m，单井出水量不断减小。

5.3.5 水质恶化

西北地区水质恶化主要是由于水资源开发利用中引起的水质变化和污染。地下水开采引起水质恶化。如青海省格尔木水源地 80 m 以浅的地下水自 1982 年以来，常规离子含量逐年增高，存在水质咸化现象，1992 年以后咸化增长率更大，1991 ~ 1998 年矿化度由 0.6 g/L升至 1.78 g/L，总硬度也由 206.7 mg/L 升至 334.8 mg/L。氯化物、硫酸根与矿化度同步上升，已影响到供水质量。为了确保市民身体健康，现已关闭了 80 m 以浅的供水井。

水污染特别是地下水污染，主要集中在中心城市地区。城市“三废”排放量大，且处理量、处理级别低，是导致水污染的关键。宁夏地处西北内陆，经济尚不发达，有限的一些工矿企业废水废气的排放、农田施放化肥农药的排水，对环境造成了一定程度的污染。城镇工业生活废水及其污染物大部分未经处理直接排放，是水体污染的主要原因。废水通过排水沟排入黄河，造成农田排水干沟水体污染严重，黄河水质也受到影响，青铜峡断面水质为Ⅲ级，至石嘴山断面上升到Ⅳ级，黄河入宁夏境内至出境，其水质污染沿程呈上升趋势。

内陆盆地引水灌溉，洗盐压碱后的水排入河道，造成河水矿化度逐渐升高。例如，新疆塔里木河水矿化度已达 5 g/L 以上，严重影响了河水的有效利用。地下水水质变化最突出的是石羊河流域下游的民勤县，1979 年，全县各灌区地下水矿化度均小于 5 g/L，1995 年，矿化度大于 5 g/L 的地下水分布面积达 250 km^2，有 7.61 万人及 12.41 万头牲畜饮用水非常困难，而且由于受开采高矿化度地下水灌溉的影响，更加速了该区域地下水水质恶化的速度（矿化度年增幅为 0.1 ~ 0.45 g/L）。

5.3.6 水土流失

水土流失实质上是土壤侵蚀作用，它包括水流、重力、风力等自然应力。人们不适当的生产活动加剧了土壤侵蚀作用,造成大范围的土地资源破坏、土地肥力退化、耕地减少,对生态环境造成危害,它是一个分布面广、危害又很严重的环境问题。黄土高原是我国水土流失最严重的地区,使整个高原的生产及人民生活处于困难、落后状态,黄土高原治理中的根本问题是水土流失。

黄土高原水土流失严重,宁夏、陕西两地水土流失面积达10万 km^2,其中土壤侵蚀模数大于1万 t/(km^2 · a)的面积近6万余 km^2。黄土高原土壤侵蚀强度区域间差别较大,其中土壤侵蚀最严重的地区当属黄河支流窟野河(上游为乌兰木伦河)、秃尾河与无定河,这3条河侵蚀的不仅是黄土,而且有大量的白垩系松散的砂岩,且这3条河是入黄河粗沙的主要来源区。此外,从托克托至河曲黄河干流西岸风成沙丘的流沙也是黄河泥沙不可忽视的来源。

5.3.7 天然绿洲及草场退化

5.3.7.1 天然绿洲退化

由于内陆河流中上游水资源开发利用过度,下游天然绿洲缺乏涵养水分,面积逐年减小,植被衰退,加上大量砍伐林木,森林面积减少。例如,柴达木盆地自20世纪50年代以来,森林面积减少了20%以上;准噶尔盆地梭梭灌木林面积20世纪80年代比50年代初减少了68%以上。塔里木河水历来都滋润着下游两岸由茂密的胡杨林和植被带形成的1~5 km宽的"绿色走廊",由于塔里木河下游来水量逐渐减少,地下水位下降,致使胡杨林干死,库鲁克沙漠与塔克拉玛干沙漠呈合拢之势。内蒙古西部阿拉善盟的额济纳绿洲由于黑河断流,下游居延海干枯,沙尘暴频繁发生。这种生态环境恶化的趋势仍在发展。

河西地区由于水资源利用的不合理性及人类掠夺性采伐,植被发生了巨大变化。例如,祁连山区的青海云杉林,因过度采伐而退化,胡杨林面积大为缩小,高山柳和柽柳灌丛因乱垦和过度放牧使面积缩小、质量下降,荒漠植被因樵采而变得更加稀疏,多种草甸植被由于地下水位的下降或土壤盐渍化而明显衰退。

5.3.7.2 草场退化

西北地区由于气候干旱,降水稀少,植被覆盖率低。由于过度放牧和虫、鼠害等,天然草场退化十分严重。新疆严重退化草场达800多万 hm^2,塔里木河流域退化草场面积占草场总面积的60%;宁夏天然草场退化也十分严重,除长期过度放牧外,滥挖药材和发菜也是草场退化的主要原因;河西地区、柴达木盆地、内蒙古等地区的草场退化面积也在20%~40%。

黄河源区草地大部分为高寒草原和高寒草甸,生长十分缓慢,草场承载力极低。近几十年来,由于气候变化和人口不断增加,樵采、淘金、滥垦滥伐和过度放牧等,加大了对土地的压力,使生态环境日趋恶化。主要表现为草场退化,可利用的草场面积减少,载牧能力下降,草场退化面积达到可利用草场总面积的26%~46%;土地荒漠化扩展速度加快,土地沙化面积约1 266 km^2。一些湖泊逐年解体,如黄河源区的扎陵湖、鄂陵潮、星星海和星宿海,历史上原是统一的大湖,解体为现今湖泊的状态,扎陵湖、鄂陵湖还在不断萎缩。

江河源区严酷的自然条件、特殊的生态环境,一旦遭受破坏就极难恢复。江河源区的生态环境与长江、黄河整个流域的生态环境有着极其密切的关系,因此对江河源区的生态环境保护和建设是十分重要而又迫切的。

5.4　西南地区水资源概况

5.4.1　西南地区基本情况

西南地区包括云南省、贵州省、四川省、重庆市及西藏自治区。在西部大开发中，西南地区还包括广西壮族自治区。

西藏位于我国第一台阶，高程在 3 000 ~ 5 000 m；云贵高原及四川周围和重庆地区主要属于第二台阶，高程以 1 000 ~ 2 000 m 为主；广西盆地主要属于第三台阶，高程在 1 000 m 以下。6 个省（市、自治区）的总面积为 257.06 万 km^2，其中山区占 75.1%，丘陵占 20.24%，平原和盆地及大谷地只占 4.66%。

由于喜马拉雅山的强烈上升和青藏高原的隆起，阻挡了南来的湿气，来自印度洋的暖湿气流，主要沿雅鲁藏布江河谷（南北向大峡谷）上溯，使降水量分布极不均匀，总的降水量变化趋势是自东南向西北逐渐减少。西藏地区的多年平均年降水量为 558 mm，而林芝地区则达 2 256 mm，阿里地区最小，只有 150 mm。雅鲁藏布江大拐弯后的大峡谷及藏东南一带雨量丰富，年降水量可达 2 000 ~ 6 000 mm。其他 5 省（市、自治区）属湿热气候条件，年降水量在 1 000 ~ 2 200 mm。

西南地区以山区为主，耕地面积都占较小的比例，各地耕地占其面积的百分数为 0.3% ~ 30.88%。虽然人均耕地在云南、贵州和西藏 3 省（自治区）分别达 2.35 亩、2.03 亩和 2.19 亩，大于全国人均耕地 1.57 亩的数值，但是，这些耕地多是山坡地，而四川省和重庆市的人均耕地只有 1.14 亩和 1.25 亩。西南各地区的水资源量虽然比华北及西北地区丰富，但土地资源少，而且多呈小片散布在山区高处，土层薄瘠，丰富的水资源赋存在深谷及地下深处，使水土资源不能更好匹配。这些地区的山地自然地质灾害较多，土壤侵蚀严重，水土流失量大，自然环境脆弱；人口不断增长，除西藏高原地广人稀外，其他 5 省（市、自治区）的人口总数达 2.38 亿，人口密度平均为 177.6 人/km^2，平地人口更集中，例如贵阳市达 2.5 万多人/km^2，使当地人均水资源量及人均耕地数量更显紧缺。

1997 年人均国内生产总值 GDP，云南为 4 042 元，贵州为 2 215 元，四川为 4 029 元，重庆为 4 452 元，西藏为 3 194 元，广西为 4 349 元，均低于全国平均数 6 079 元。

5.4.2　西南地区水资源基本状况

西南地区雨量充沛，水资源相对丰富，主要水系属于长江流域、珠江流域和四条西南国际河流及藏北羌塘内陆河流域，多年（1956 ~ 1979 年）平均年水量为 10 951 亿 m^3，扣除青海每年流入金沙江的来水量 114.63 亿 m^3，当地年产水量的多年平均值为 10 836.37 亿 m^3。

5.4.2.1　**长江流域上游**

西南地区一部分属于长江流域上游，主要包括青藏高原、四川省、云南省、贵州省的部分地区，重庆市的大部分地区，以及鄂西部分地区。长江发源于青藏高原腹部唐古拉山脉主峰格拉丹冬雪山的西南侧，青海玉树以上河段称通天河或沱沱江，长约 1 170 km，控制流域面积 13.3 万 km^2；玉树至四川宜宾河段为金沙江，长约 2 290 km，控制流域面积 47 万 km^2；宜宾至湖北宜昌河段长 1 040 km，又称川江；宜昌以上通称长江上游，控制流域面积约 100 万

km^2。宜宾以上为长江上游上段，主干是金沙江，有雅砻江汇入，源于雪山的这段长江河流，多为高程3 000 ~5 000 m 的高山，及深切千米以上的深谷；宜宾以下至重庆地区为长江上游中段，有岷江、沱江及嘉陵江汇入，大渡河汇入岷江，嘉陵江、岷江上游也是山高水深，都属于青藏高原斜坡地带。重庆以下及三峡地区为长江上游下段，主要有乌江汇入，乌江则发育于中山地带。长江流域上游多年平均地表水水资源量见表5-10。

表5-10　长江流域上游多年平均地表水水资源量(1956 ~1979 年)

地区	流域面积	年降水量		年径流量	
	万 km^2	mm	亿 m^3	mm	亿 m^3
金沙江	49.06	706	3 466	313	1 535
岷江、沱江	16.48	1 083	1 785	627	1 033
嘉陵江	15.88	965	1 532	443	704
乌江	8.70	1 164	1 012	620	539
干流区间	10.05	1 169	1 175	653	656
合计	100.17	896	8 970	446	4 467

注：据水利部《中国水资源公报》。

根据以上的统计资料可知，长江上游年水资源量约为4 467 亿 m^3，占全国年水资源总量28 000 亿 m^3 的15.95%，为长江全流域年水资源量10 000 亿 m^3 的44.67%。

长江上游地区地下水资源有松散岩类孔隙水、碎屑岩类裂隙水及变质岩和岩浆岩裂隙水、碳酸盐类岩溶裂隙洞穴水等。松散岩类孔隙水主要分布在成都平原及安宁河谷平原，碎屑岩类(包括变质岩、火成岩)裂隙水在云南、贵州、四川及重庆市的有关地区储量比较大，碳酸盐类岩溶裂隙洞穴水主要分布在云贵高原、金沙江石鼓—宜宾段、乌江流域、重庆地区及川南地区。岩溶水资源多以大泉及暗河出现，汇入地表河中。

5.4.2.2　珠江流域中上游

西南地区的珠江流域主要涉及其支流西江上游。西江有两支，一支为黔江，其上游为红水河。红水河上游南盘江为珠江正源，发育于云南省沾益县马雄山，长914 km，流域面积5.61 万 km^2；北盘江发源于云南省沾益县马雄山之西北坡，长449 km，流域面积2.58 万 km^2。西江上游另一支为郁江，发源于云南省东南斜坡山地。南盘江和北盘江的多年平均年降水量为1 122 mm，约有925 亿 m^3 降水量，实测多年平均年径流量为385 亿 m^3。

据水文观测资料(25 年)统计，珠江流域年水资源总量为3 344 亿 m^3，约占全国年水资源总量的12%。珠江流域河川径流主要由降水补给，多年平均年降水总量为6 700 亿 m^3，年径流深752 mm，天然年径流总量3 360 亿 m^3，径流系数0.5，表明降水的一半消耗于水面和陆面蒸发，部分渗入地下含水层。流域内地下水主要有碳酸盐岩的岩溶水，碎屑岩、花岗岩及变质岩的裂隙水，第四系松散沉积物的孔隙水。其中以碳酸盐岩的岩溶水为主，全区岩溶水资源年总量为538 亿 m^3，占流域地下水资源总量的55%，占流域水资源总量的16%。珠江流域中上游具体水资源情况见表5-11。

5.4.2.3　西南国际诸河

西南国际诸河，包括雅鲁藏布江和藏南的察隅曲、西巴露曲、朋曲等河流，以及藏西的森格藏布江、喀儿河、朗钦藏布河等。由云南出国境的河流主要是澜沧江、怒江、红河、伊洛瓦底江等国际河流，此外还有滇西南一些河流。

表 5-11　珠江流域分区水资源总量(1956～1979 年平均)

水系	分区名	分区集水面积(km^2)	地表水资源量(亿 m^3)	地下水资源量(亿 m^3)	水资源总量(亿 m^3)	年径流深(mm)	产水模数(万 m^3/(km^2·a))	降水量(亿 m^3)	产水系数
西江	南盘江、北盘江	82 480	385	157	542	467	46.7	925	0.42
	红水河、柳江、黔江	115 525	903	289	1 192	782	78.2	1 710	0.53
	左江、右江、郁江	78 997	416	166	582	527	52.7	1 040	0.40
	西江下游	62 943	551	126	677	875	87.5	1 000	0.55
全流域		444 304	3 338	980	4 318	752	75.3	6 528	0.51

雅鲁藏布江为西藏第一大江，发源于喜马拉雅山西部山区，基本沿喜马拉雅山北麓和冈底斯山之间谷地由西向东流，于林芝以东形成大拐弯后，改由北向南流，奔流于大峡谷。我国境内干流长 2 057 km，由西藏出境后，称布拉马普特拉河，流经印度、孟加拉国，注入孟加拉湾。澜沧江发源于青海唐古拉山北麓，流经西藏入云南，我国境内干流长近 2 000 km，自西双版纳出境后称湄公河，经缅甸、老挝、柬埔寨、越南汇入南海。怒江发源于西藏唐古拉山南麓，经云南境内至潞西，我国境内干流长 2 013 km，流入缅甸后，称萨尔温江，注入印度洋。红河发源于云南境内的哀牢山，在云南省元江县以上称元江，入红河县境后称红河，我国境内干流长 692 km，由河口出境入越南，在北部湾入海。伊洛瓦底江由西藏入云南，在云南境内称独龙江，流入缅甸后，汇入伊洛瓦底江。在藏西还有流入巴基斯坦印度河的森格藏布江、喀儿河及朗钦藏布河等，藏南有流入尼泊尔、不丹及印度的朋曲、西巴霞河、桑曲等河流。西南国际诸河过境内多年平均水资源量见表 5-12。

表 5-12　西南国际诸河过境内多年平均水资源量(1956～1979 年)

水系	流域面积	年降水量		年径流量	
	万 km^2	mm	亿 m^3	mm	亿 m^3
雅鲁藏布江	24.05	949	2 283	688	1 654
藏西诸河	5.73	129	74	35.1	20
藏南诸河	15.58	1 689	2 631	1 253	1 952
怒河	13.60	922	1 254	507	689
澜沧江	16.44	985	1 619	450	740
红河	7.63	1 346	1 027	635	484
滇西诸河	2.12	2 163	458	1 483	314
合计	85.15	1 098	9 346	688	5 853

注：①资源引自水利部有关成果及《中国水资源公报》；
②红河径流量中包括李仙江。

西南国际诸河总的多年平均年水资源量为 5 853 亿 m^3，比长江上游流量还要多一些。各国际河流的地表水资源量，受气候因素影响明显，流域内的地下水资源较为丰富，但目前开发很少。

5.4.2.4　湖泊

西南地区各地湖泊是地表水的重要调蓄场所，也是一些地下水的排泄地。湖泊中蓄积的水资源是非常宝贵的，而且湖泊对水资源的调节调蓄，与防洪、抗旱以及生态环境都有密切的关系。

西南地区湖泊、河流、水库及坑塘水面的面积见表5-13。其中，云南和西藏的湖泊水面的面积占较大的比重，分别占该省（区）上述4项主要水域面积之和的21.09%与92.21%。

表5-13　西南地区湖泊等水面面积统计

（单位：hm^2）

项目	地区						总计
	云南	贵州	四川	重庆	西藏	广西	
湖泊面积	101 347.5	2 835.9	28 322.2	592.6	2 578 859.4	326.8	2 712 284.4
河流面积	273 344.1	113 993.7	527 718.2	150 880.4	206 154.8	287 814.3	1 559 905.5
水库面积	60 141.5	24 615.5	76 210.9	26 891.5	8 317.1	138 599.7	334 776.2
坑塘面积	45 513.5	11 118.6	170 452.2	38 784.3	3 281.8	124 715.4	393 865.8
总计	480 346.6	152 563.7	802 703.5	217 148.8	2 796 613.1	551 456.2	5 000 831.9

注：据国土资源部《中国土地资源调查》的数据，以1996年为准。

高原地区的湖泊形成与地质构造断陷－上升作用密切相关。西藏是我国湖泊最多的地区，湖泊水面总面积近2.6万km^2，约占全国湖泊总面积的30%，也是重要的水资源聚集场所。全自治区约有湖泊1 500多个，面积大于1 km^2的湖泊有612个。其中，面积超过5 km^2的有345个，超过50 km^2的有104个，超过100 km^2的有47个，超过500 km^2的有7个，超过1 000 km^2的有3个。据10个较典型湖泊统计，面积6 398 km^2，蓄水量为1 704.5亿m^3，其中淡水及微咸水湖803亿m^3。推算全自治区湖泊总蓄水量可达2 000亿m^3以上。面积最大的淡水湖是玛旁雍错，高程为4 588 m，面积为412 km^2，储水量达200亿m^3。西藏淡水湖共465个，总面积达3 700 km^2，有405个在藏北，50个在藏南，藏东只有12个。

云贵高原的湖泊有断陷成因，也有岩溶作用成因。滇东及滇南的滇池、杞麓湖、抚仙湖、星云湖及异龙湖，滇西的洱海，贵州的草海，四川的邛海等湖泊都是水资源的重要调蓄场所。云南高原大于1 km^2的淡水湖泊有27个，其中大、中型湖泊有9个，总容量达290亿m^3。云南高原地区湖泊总蓄水量在300亿m^3以上。

5.4.2.5　西南地区各省（市、自治区）水资源基本状况

根据1956～1979年西南各省（市、自治区）分别计算的多年平均水资源量见表5-14。

表5-14　西南地区各地多年平均水资源量（1956～1979年）

省（市、自治区）	1997年底人口（万人）	多年平均年降水量（mm）	多年平均年径流量亿（m^3）	多年平均年水资源总量（亿m^3）	多年人均年水资源量（m^3）
云南	4 094	1 256	2 221	2 221	5 425
贵州	3 606	1 189	1 035	1 035	2 870
四川	8 430	1 038	3 131	3 134	2 732
重庆	3 606				
西藏	248	594	4 482	4 482	180 725
广西	4 633	1 533	1 880	1 880	4 021
合计	24 617		12 749	12 752	5 180

注：据水利部门资料。

在水资源量中,包括了地下水资源,1997 年西南各省(市、自治区)地下水资源情况见表 5-15。这些地下水资源除部分外,多数排入当地水文网中,成为地表水资源,所以实际的地表水资源的数量,在本区和总水资源量是基本相近的。

表 5-15 西南各地以 1997 年为准的地下水资源 (单位:亿 m^3)

项目	地区						
	云南	贵州	四川	重庆	西藏	广西	总计
地下水总资源量	742	479.36	551	158.82	1 344	699	3 974.18
年天然孔隙水资源量	25.63	极少量	79.76	0.13	470.35	11	586.87
年天然裂隙水资源量	371.33	93.10	296.32	42.36	672.34	314	1 789.45
年天然岩溶水资源量	345	386	175.29	118.33	201.35	374	1 599.97

注:①各地地下水资源数量据各省(市、自治区)地质矿产厅资料;

②表内各种地下水资源量实际上是作为近期地下水资源的基本数值。

表 5-15 中孔隙水包括河床、盆地及山坡松散的第四系砂卵石层、土层以及风化层中孔隙性地下水;裂隙水包括砂页岩、火成岩及各种变质岩中以裂隙性为主的地下水,也包括一定数量的这些基岩中的孔隙水;岩溶水主要指溶蚀管道及岩溶洞穴中水流,也包括溶蚀裂隙及溶蚀孔隙中的地下水。

西南各省(市、自治区)的地下水资源中,天然孔隙性地下水资源相对数量少,但是这类地下水资源较大片分布的地带,一般也是农业主要耕地及城镇所在地,通常已开发的程度还是较高的。例如云南大理、师宗等盆地,西藏雅鲁藏布江谷地的拉萨、察隅等地,四川省的成都平原、龙门山的山前冲积扇和峨眉山的山前冲积扇,及岷江、嘉陵江的大河滩一级阶地等,孔隙地下水资源都有较多开采。分布面积广的裂隙性地下水虽然资源量较大,但开采不易,只是在四川盆地红层中裂隙地下水有些开采。岩溶地下水资源是很丰富的,目前在云南、贵州、四川、重庆以及广西等地都有所开采。岩溶水资源中,洞穴暗河及大岩溶泉的水资源是最为重要的,云南、贵州、四川、重庆等地,经调查的岩溶暗河有 2 374 条,连同广西共有2 809 条暗河,枯水季节流量共有 394.19 亿 m^3/a。

5.4.3 西南地区水资源特征

西南地区的水资源总量及人均水资源量比我国西北及北方地区丰富,但是,由于西南地区山区占较大比重,所以水资源又具有其特性。

5.4.3.1 水资源总量大,但时空分布不均

受季风影响,西南地区降雨也多集中于 6 ~9 月,特别是 7 ~8 月,汛期降水量可占全年降水量的 70% ~80%。例如,宜昌测得长江多年平均流量为 14 300 m^3/s,常年洪峰流量在 50 000 m^3/s 以上,1870 年重庆万县洪峰流量达 108 000 m^3/s 以上,使寸滩(重庆)至宜昌段的长江水位比 1954 年洪水位还高出 10 m,使得 3 年后在长江中游又冲决出一条新的松滋河。西南地区水资源受气候因素影响的年份变化还是比较大的,变差系数 C_v 多数在 0.2 以上。长江上游各支流平均年水资源量为 419 亿 ~1 430 亿 m^3,以汛期 4 个月平均水量占总量的 70% 计,则汛期 4 个月平均水资源量为 293 亿 ~1 001 亿 m^3,而枯水期 8 个月的月平均流量只有 15.75 亿 ~53.62 亿 m^3,乌江在贵州清镇观测的最小流量只有 40.6 m^3/s。长江上

游年平均水资源量为 4 530 亿 m^3，1998 年为大水年，但 1999 年雨量少，河道流量比以前观测到的最小流量 2 770 m^3/s 还小得多，严重影响到船只航行。从这些数据可看出，由于水资源分布受自然气候条件影响，在时空分布不均的情况下，西南地区水资源量于干旱季节又显得相对不富裕。西南地区典型河段径流量变化见表 5-16，表 5-16 反映出许多河流实测最小流量只占多年平均流量的 11.09% ~22.73%，由此也反映出水资源时空分布的不均匀性。

表 5-16　西南地区典型河段径流量变化

项目	河流							
	长江干流	雅砻江	岷江	大渡河	嘉陵江	乌江	南盘江	澜沧江
观测地点	湖北宜昌（三峡以上地区）	四川渡口（二滩）	四川宜宾（偏窗子）	四川乐山（铜街子）	四川合川	重庆彭水	贵州安龙	云南云县（漫湾）
多年平均流量 $\overline{Q}$(m^3/s)	14 300	1 680	2 850	1 500	905	1 300	615	1 220
实测最小流量 Q_{min} (m^3/s)	2 770	352	461	341	127	165	68.2	275
$Q_{min}/\overline{Q}$ (%)	19.37	20.95	16.17	22.73	14.03	12.69	11.09	22.54

注：据全国水力资源普查有关资料。

南来的暖湿气流受横断山脉阻挡，使气流再折而向东，因此又造成川西、滇西高山地带降水量较大，向东反而逐渐减少，滇中、滇东高原和川东盆地雨量相对少，水资源补给量也相对少，人口密度又大，因而人均水资源就少。例如四川盆地中心地区面积为 15 万 km^2，人均年水资源量只有 600 ~700 m^3。

5.4.3.2　河流深切，开发难度大

西南地区受地质构造强烈上升的影响，河流深切数百米至数千米，而且深切河谷中平坦土地少，城镇及较大面积的耕地多分布于高处早期侵蚀、剥夷面或河流分水岭地带。多数人口稠密地区土高水低，开发利用水资源难度很大。为解决高处的农业和工业用水，特别是人口集中的城镇用水，开发深切数百米的河谷上奔腾的水资源，需要较大的投资，采取较大规模的工程措施。西南地区耕地坡度分级面积百分比（见表 5-17）也反映出西南地区陡峻地势占较大比重。

表 5-17 表明，除西藏地区因地广人稀，坡度 6°以下的耕地占较大比重外，其他人口较密的省（市、自治区），坡度 6°以下的耕地占比重小，15°以上的耕地占很大比重，而且，1996 年确定的耕地总面积比以前调查的少，也反映出耕地征用流失的情况。在山坡地占主要地位的情况下，要开发水资源供给高处山坡地的农业用水，以及解决高处较平坦大城镇的供水问题，是有较多难处的。

表 5-17 西南地区耕地坡度分级面积百分比简表

项目	耕地总面积①（hm^2）	坡度分级面积百分比（%）					
		≤2°耕地面积	2°~6°耕地面积	6°~15°耕地面积	15°~25°耕地面积	>25°耕地面积	合计
全国	130 039 229 / 134 878 644	54.44	17.21	14.26	9.57	4.52	100
云南	6 421 570 / 6 567 513	11.70	13.03	28.61	33.67	12.99	100
贵州	4 903 499 / 5 063 724	5.75	13.22	31.13	30.37	19.53	100
四川	6 624 082 / 6 794 234	16.43	16.01	33.62	24.22	9.72	100
重庆	2 545 016 / 2 575 425	4.72	15.83	31.96	31.37	16.12	100
西藏	362 593 / 348 955	48.41	19.21	17.55	11.20	3.63	100
广西	4 460 242 / 4 460 242	45.39	28.90	13.53	8.41	3.77	100

注：根据国土资源部土地资源原始调查数据计算出不同坡度耕地面积。

① 横线以上为1996年确定的耕地总面积，横线以下为原始调查时得到的耕地面积。

5.5 西南地区水资源开发利用存在的问题

西南地区水资源由于地理、地质及气候条件的制约，既是相对丰富的，又是相对匮乏的。

5.5.1 水资源开发利用程度低，投入强度小，基础设施薄弱

西南地区对水资源开发利用的程度还是很低的，1997年云南、贵州、四川、重庆和西藏5省（市、自治区）水库总库容占当地水资源量百分数见表5-18。西南地区共有水库16 228座，总蓄水量只有278.69亿m^3（未计三峡水库393亿m^3），而地表水资源总量为11 316亿m^3，水库蓄水量只占总水资源量的2.45%，若只计云南、贵州、四川、重庆4省（市），也只有4%。由于水库蒸发作用，实际上有效蓄水量还要低。况且，已建成水库中，有近一半为病险水库，不能很好地发挥作用。由于渠道等配套工程不完善，四川省有500多万亩土地不能很好地发挥效益。

表 5-18 1997年西南地区地表水库蓄水量

项目	地区						共计
	云南	贵州	四川	重庆	西藏	广西	
地表水库（座）	4 973	1 907	6 616	2 725	7	4 393	20 621
水库总蓄水量（亿m^3）	78.20	72.20	86.50	35.50	6.29	225.00	503.69
占当地水资源量（%）	3.40	5.68	4.14	7.99	0.15	9.12	4.00

注：①云南、贵州、四川、重庆的有关数据，引自《中国统计年鉴》（1998）；

②西藏地区的数据由西藏自治区有关部门提供。

西南地区各地有效灌溉面积所占耕地面积的百分比见表5-19。从表5-19可看出,真正有效的灌溉面积,所占当地总耕地面积的比率不大。其中,贵州最低,仅为12.87%。人均耕地面积及人均灌溉面积对比见表5-20,表中虽然云南、贵州人均耕地面积大于全国人均耕地面积,但山坡地占较大比重,而且土地片小、分散、质量差。除西藏外,人均灌溉面积均低于全国平均数值。

表5-19　1997年西南地区有效灌溉面积百分比

项目	地区					
	云南	贵州	四川	重庆	西藏	广西
总耕地面积(万 hm^2)	642.16	490.35	662.41	254.50	36.26	446.02
有效灌溉面积(万 hm^2)	132.10	63.12	235.62	50.89	15.65	148.91
有效灌溉面积占总耕地面积的百分比(%)	20.57	12.87	35.57	19.99	43.16	33.38

注:①耕地总面积,据国土资源部《中国土地资源大调查》成果中1996年的数据,也是目前耕地动态总量平衡所依据的数值;

②有效灌溉面积,据《中国统计年鉴》(1998)中所列1997年的数据。

表5-20　西南地区人均耕地面积及人均灌溉面积对比

项目	地区						
	全国	云南	贵州	四川	重庆	西藏	广西
人均耕地(亩)	1.57	2.35	2.03	1.14	1.25	2.19	1.44
人均灌溉面积(亩)	0.62	0.48	0.26	0.41	0.25	0.94	0.48

注:①耕地总面积,按国土资源部《中国土地资源大调查》成果;

②人口及灌溉面积数据,按《中国统计年鉴》(1998)中所列1997年数据。

据中国气象科学研究院《中国近五百年来旱涝分布图集(1981)》,概略计算出川东、渝东及云贵高原地区水灾频率为19.95%~41.16%,旱灾频率为15.87%~35.35%,水旱灾害总频率达35.82%~76.51%(见表5-21)。虽然水灾频率大,但旱灾影响面比水灾大。

表5-21　西南地区500年来水旱灾害频率统计

地区	水灾频率(%)			旱灾频率(%)			水/旱(灾害比)	水旱灾害总频率(%)
	重水灾	轻水灾	合计	轻旱灾	重旱灾	合计		
江汉平原	10.49	18.87	29.36	6.95	3.13	10.08	2.91	39.44
洞庭湖盆地	11.17	23.03	34.20	14.94	2.25	17.19	1.98	51.39
鄂西—湘西山地	7.82	22.08	29.90	14.33	5.54	19.87	1.50	49.77
广西盆地	5.05	21.38	26.43	19.95	3.53	23.48	1.12	49.91
滇东高原	10.02	27.62	37.64	11.99	3.96	15.95	2.35	53.59
滇西高原	10.38	29.19	39.57	11.22	4.65	15.87	2.49	55.44
贵州高原	4.20	15.75	19.95	13.53	6.66	20.19	0.98	40.14
川东山地	10.14	31.02	41.16	21.81	13.54	35.35	1.16	76.51

云南省在1950～1998年的49年间，有大旱24年，大洪涝22年。贵州省1991年发生的洪水，使全省83个县1 771万人受灾。四川省1981年的洪灾，使53个县被淹，受灾人口达1 256万人；1969～1982年间，四川省出现暴雨374次，平均每年26次，影响到长江中下游。西藏及川西地区基本为半干旱气候条件，云、贵、川、渝大部分地区虽然雨量充沛，但由于降雨不均，也不断发生旱灾。川东及贵州大部分为夏秋旱，以伏旱为主。云南和黔南多冬旱或春旱，不少为冬春连旱。由于生态环境恶化，1951～1980年间，干旱频率由50%上升至70%以上，大干旱年份3～4年出现1次。

西南地区虽然水资源量是丰富的，但由于投入强度小、开发难度大，所以各地水利设施还很薄弱，仅开发了当地水资源量的0.43%～8.70%。显然，这些有限的设施不能很好地解决干旱及洪涝问题，也制约并影响到工农业的发展。

5.5.2 水资源与水环境污染日益加重

西南地区地表水和地下水资源受到工业废水及城市生活污水的污染日益加重。长江及其较大支流的干流河段上的水质，一般属Ⅲ类，有的断面已属Ⅳ类，重庆一带小支流，60多条小河，有1/3污染情况更为严重。各地1992年及1997年工业废水排放量与处理达标水量对比见表5-22。由于农肥、农药造成面污染不断加剧，也使水环境污染不断加重，在重庆附近地下水中也可检测到农肥污染情况。

表5-22 西南地区工业废水排放量与处理达标水量对比

省(区、市)	1992年			1997年		
	工业废水排放量(万t)	处理达标水量(万t)	占工业废水量(%)	工业废水排放量(万t)	处理达标水量(万t)	占工业废水量(%)
云南	44 046	5 075	11.52	39 547	5 948	15.04
贵州	28 926	4 306	14.88	27 031	4 974	18.40
四川	199 002	26 140	13.13	107 436	23 952	22.29
重庆				38 494	8 110	21.06
西藏	180	0	0	2 386	1 236	51.80
广西	138 985	19 674	14.15	78 532	18 651	23.75

注：①据1993年和1998年的《中国统计年鉴》；

②1992年重庆包括在四川省内统计。

除河流污染外，高原湖泊污染问题也是非常严重的。昆明盆地总面积800 km^2，其中滇池的面积为300 km^2，平均水深4.4 m，最大深度10 m，容积为12.9亿m^3。滇池流域面积2 920 km^2，平均年天然水资源量5.5亿m^3。注入滇池污水量达1.85亿m^3/a，其中生活污水1.34亿m^3/a，工业污水0.49亿m^3/a，入湖全氮8 981 t、全磷1 021 t、COD 39 988 t，使湖水富营养化，水质为Ⅴ类，生态受到严重破坏。目前，虽然日污水处理量达36.5万m^3，但仍未对污染情况有明显改善，滇南地区的星云湖、杞麓湖、异龙湖等水域，也都受到了污染，应予以重视。

地表水库的污染问题也是很严重的，贵州猫跳河的6级水库，通过水质监测发现，库水中间地段不少项目是超标的，超标率达5.6%～176%。澜沧江上漫湾水库的库水也受到污染，是由于其上游支流池江、漾鼻江等水质污染严重。

1993 年，西藏工业废水排放量仅 180 万 t，而 1997 年增至 2 386 万 t，4 年间增长了 13 倍多，虽然处理达标量达 51.8%，仍有未处理好的污水量达 1 150 万 t。1993～1997 年，西藏污水量净增了 6.38 倍，这是今后值得注意的问题。

5.5.3 自然环境脆弱，对防治不良环境效应与地质灾害措施不力

无论是对地表水还是对地下水的开发，都应当认真地考虑防治不良的环境效应，以及诱发地质灾害的问题。在 20 世纪 50 年代末至 60 年代中，大规模兴建中小型水利工程时，由于没有认真进行地质勘测工作，诱发了许多不良效应，产生渗漏、塌陷、滑坡等地质灾害。目前，仍有一半工程存在病险问题，不能发挥效益。

虽然西南地区水资源相对丰富，但目前开发率低，而在一些地带由于不合理及过量开发地下水，已对城镇等产生危害。例如，贵州六盘水、贵阳市、安顺市及云南昆明市等，由于过量开发岩溶水，而诱发岩溶塌陷。近些年，云南、贵州、四川、重庆 4 省（市）发生了 362 处塌陷，多数是由人工抽水、蓄水、地表水渗入、施工震动、工程荷载、地下工程排水以及污水废液排放引起的。

西南地区山高水深，易于产生大体积的滑坡、崩塌等边坡灾害，大的滑坡规模可达几千万立方米至几亿立方米。滇西、川西受板块运动影响，强地震灾害频繁，20 世纪以来，6 级以上地震有 70 多次，7 级以上有 20 多次。大型水库诱发地震可达 2～5 级，甚至更高。更主要的是，地震又可诱发滑坡、塌陷、地裂等许多地质灾害。受到泥石流威胁的城镇，四川有 28 个县（市），贵州有 13 个县（市），云南有 20 多个县（市），重庆也有一半以上的县受到威胁。

因此，由于地壳构造运动，西南地区仍属于地质环境脆弱地区。对于这方面的问题，应当予以充分认识，以防患于未然。对滑坡等灾害的预报也有较多成功的例子，并且也有成功的处理经验，例如对黄腊石滑坡、乌江渡危岩体的处理等。2000 年 4 月 9 日，西藏林芝地区波密县易贡藏布河木弄沟大规模山体滑坡，滑程约 8 km，滑动高差 3 330 m，形成长 2 500 m、宽 2 500 m、平均厚 60 m、总面积 5 km^2、体积 2.8 亿～3.0 亿 m^3 的滑坡体，堵塞了易贡藏布河。由于迅速采取措施，汛期前在滑坡堵河部位，抢挖了排水渠道，但尚未完工，天然堵坝即溃决，冲毁了下游 1 座桥梁。以往由于忽视地质环境问题，不能及时防治地质灾害，造成的损失是不可忽视的。

5.5.4 人口增长与资源开发及环境保护不协调

西南地区山区多、平地少。目前在西南地区，人口增长率还是很高的，贵州高达 17‰，一年增加相当于 30 万～40 万人的一个县。其他省（市、自治区）也存在人口高增长率，造成人口－资源－环境关系链不平衡。例如，贵州省于 1950～1970 年 20 年间，人口增加 590.53 万人，人均农业产值只增加 2 元，人均耕地减少 1.28 亩。目前人口增长了，而人均耕地达 2.03 亩，这是加大山坡地开垦所致，结果破坏了生态环境。此种情况，说明了以往未能处理好人口－资源－环境关系链中的平衡问题，人口的快速增长，抵消了经济发展的效果，人均耕地数目也显著减少。

第6章　西部地区调水实例

6.1　调水工程的历史

水是一切生命之源，是人类生存和社会发展必不可少的物质基础。在人与自然长期共处的过程中，逐步摸索出治水、利水的天工开物——水利工程。水利工程是人类谋求生存和繁衍的重要技术工程手段，也是生产斗争的产物。

早在远古时代，人类祖先就知道循水而居、沿河而所，并在江河两岸发展农业、建设家园和村落，从而孕育了数千年灿烂的大河流域文明。但是，由于受自然地理及气候等方面因素的影响，全球降水量的时空分布极其不均。某些地方因水资源过剩或年内降水过于集中而洪灾频频，使人类的生命及财产安全受到严重威胁；同时，某些地方因降水稀少而干旱连连，人畜饮水困难，大量土地因缺少灌溉用水而无法耕种或产量极低，致使人类的生存出现较大危机。

随着社会生产力的不断发展和人类改造自然能力的渐趋增强，为解决干旱缺水、洪涝灾害及航运交通不便等一系列水利工程问题，人们在很早以前就开始开挖沟渠引水灌溉，并开凿运河运送货物发展贸易，这便是早期的调水工程。

据史料记载，我国早在公元前486年修建的引长江水入淮河的邗沟工程，是我国最早的跨流域调水工程；公元前214年修建的灵渠，连接了长江与珠江水系；公元前361年开挖的鸿沟，沟通了黄河与淮河的联系；始建于2 260多年前的都江堰引水工程引水灌溉成都平原，成就了四川“天府之国”的美誉；而1 400年前开凿的京杭大运河，更形成了联系海河、黄河、淮河、长江以及钱塘江等多条河流的跨流域调水工程。新中国成立后，特别是改革开放以来，为解决缺水城市和地区的水资源紧张状况，我国又修建了20余座大型跨流域调水工程，如江苏江水北调、天津引滦入津、广东东深供水、河北引黄入卫、山东引黄济青、甘肃引大入秦、山西引黄入晋、辽宁引碧入连、吉林引松入长等重要的调水工程。这些调水工程的建设均为受水区提供了稳定可靠的水源，在推动区域经济发展、促进社会安定和改善生态环境等方面更是发挥了非常重要的作用，有力地支撑了我国社会和经济的快速发展。

在国外，最早的跨流域调水工程可追溯到公元前2 400年前的古埃及。为了满足今埃塞俄比亚境内南部的灌溉和航运要求，当时的国王默内尔下令兴建了世界上第一个跨流域调水工程，从尼罗河引水至埃塞俄比亚高原南部进行灌溉，在一定程度上促进了埃及文明的发展与繁荣。随着18世纪后期工业革命的到来，人类改造自然的能力大为提高，而人口的快速增长，城市化建设的不断加快，对调水工程的建设也起到了极大的推动作用。至19世纪末，国外某些国家又先后兴建了一些小型的跨流域调水工程，如加拿大的韦兰运河工程和美国加利福尼亚州圣地亚哥市的科罗拉多河引水工程等。

自20世纪以来，尤其是经历了第一次世界大战和第二次世界大战之后，各国都致力于本国经济的恢复和发展。随着全球人口的不断增长、工农业快速发展以及城市化建设进程的不断加快，人类对淡水资源的需求持续、快速增加，在某些地区已经超过水资源可持续供给的能力。同时，由于日趋严重的水资源污染问题，许多国家可以利用的水资源进一步减少。此外，一些国家因能源短缺，需要大力开发水电资源。出于各方面的目的，许多国家纷纷开始兴建各种用途的调水工程，并且调水工程的规模越建越大，设计的系统结构越来越复杂，工程建设和运行管理中所采用的技术方法和手段也越来越先进。

据调水工程的资料统计，1940 ~ 1980 年为国外长距离、大型跨流域调水工程的建设高峰期，世界上许多大型的跨流域调水工程多在这一时期建设。需要指出的是，随着全球调水工程数量的不断增多和大型、特大型调水工程的不断出现，许多调水工程所存在的负面影响问题也相继突显，并逐渐引起人们的关注和重视。目前，由于调水工程前期研究和建设费用越来越高，加上人类环保意识和人权意识的不断增强，许多国家(尤其是欧美等发达国家)对新建调水工程越来越慎重。因此，20 世纪 80 年代后，全球新的调水工程数量明显减少。

6.2 世界调水工程

6.2.1 世界调水工程现状

据现有文献报道，目前世界上至少有 40 个国家建成了 350 余项规模不一的调水工程，其中不包括干渠长度在 20 km 之内、年调水量在 1 000 万 m^3 以下的工程。据初步统计，已建调水工程的年调水总量约 5 000 亿 m^3，约相当于长江多年平均情况下 50% 的径流量。地球上的大江大河，如亚洲的恒河、非洲的尼罗河、南美的亚马孙河、北美的密西西比河、大洋洲的墨累河、欧洲的多瑙河……都可找到调水工程的踪影。表 6-1 为世界已建和在建的部分调水工程统计情况。

从已有调水工程的分布情况来看，这些工程主要分布在加拿大、美国、俄罗斯、印度、巴基斯坦、南非、埃及、澳大利亚、智利、中国等国家。其中，加拿大共建有调水工程 61 项(除爱德华王子岛外，其余 9 个省都建有调水工程)，年调水总量达到 1 390 亿 m^3，位居世界之首；俄罗斯共建有近百项调水工程，年调水总量达 862 亿 m^3；巴基斯坦有 48 项大、中型调水干渠，年调水总量达 1 260 亿 m^3；印度有 46 项大、中型灌渠，年调水总量达 1 386 亿 m^3；澳大利亚已建调水工程 13 项；南非有 7 项调水工程。

目前，世界调水工程的建设目标包括发电、灌溉、城市生活及工业供水、防洪、航运、污水稀释、漂木、维持湖水位稳定、河口生态环境改良及娱乐等。其中，一部分工程为单目标工程，另一部分工程则具有多重目标，尤其是近期建设的工程。若按现有调水工程的调水量进行统计和分类，目前绝大部分的水量主要用于灌溉和发电，但各国兴建调水工程的主要目的也不尽相同。加拿大的调水工程主要用于发电，并进行电力出口；印度和巴基斯坦的调水工程主要是扩大农业灌溉面积；美国的调水工程大多以城市和工业供水为主，兼顾农业灌溉和发电；俄罗斯调水的目的以灌溉为主，以城市和工业供水为辅，同时兼顾发电和航运。

20 世纪 50 年代以来，国外一方面继续开展大量跨流域调水工程的建设，另一方面提出了一些大规模的跨流域调水计划。据不完全统计，目前 8 个国家提出 46 项跨流域调水计划，年调水量超过 100 亿 m^3 的大型跨流域调水工程就有 19 项，占计划的 41.3%。其中以“北美水电联合计划”最为宏伟，它是帕森提出的一项国际跨流域调水计划。计划设想把阿

表 6-1　世界已建和在建主要调水工程

国家	工程名称	水源地	受水区	调水量（亿 m^3/a）	首次送水年份	主要用途
北美洲						
美国	中央河谷工程	萨克拉门托河	加利福尼亚南部	84	1940	供水、灌溉
	加利福尼亚州水道工程	费瑟河、旧金山湾	加利福尼亚南部	52.2	1973	供水、灌溉
	全美灌溉系统	科罗拉多河	加利福尼亚南部	42	1940	供水、灌溉、发电等
	中亚利桑那工程	科罗拉多河	亚利桑那州中南部地区	18.5	1985	灌溉、供水
	科罗拉多水道	科罗拉多河	圣地亚哥、洛杉矶	15	1941	供水、灌溉
	洛杉矶水道	欧文斯河	洛杉矶市	18	1913	供水
加拿大	拉格朗德工程	伊斯特梅恩河、欧皮纳卡河	拉格朗德河	266.18	1980	发电
	拉格朗德工程	卡尼亚皮斯科河	拉格朗德河	248.85	1983	发电
	拉格朗德工程	弗雷格特湖	拉格朗德河	9.77	1982	发电
	丘吉尔－纳尔逊调水工程	丘吉尔河流域南印度湖	纳尔逊河流域	244.13	1976	发电
	丘吉尔福尔斯	朱利安－安诺昂河	丘吉尔河	61.74	1971	发电
	丘吉尔福尔斯	纳斯科皮河	丘吉尔河	63	1971	发电
	丘吉尔福尔斯	卡纳伊里克托克河	丘吉尔河	40.95	1971	发电
	基马诺工程	尼查科河流域塔萨湖	基马诺河	36.23	1952	发电
墨西哥	墨西哥西北统一水利系统	圣地亚哥河	埃莫西约	75	2000	灌溉
	墨西哥城调水工程	南马地区	墨西哥城	34.37	在建	供水

续表 6-1

国家	工程名称	水源地	受水区	调水量（亿 m^3/a）	首次送水年份	主要用途
南美洲						
巴西	圣保罗水资源利用总计划	上铁特河、库巴唐河等	圣保罗市	40	2000	城市供水
秘鲁	马赫斯调水程	科尔卡河	西瓜斯河	10.72	1986	灌溉
厄瓜多尔	基多瑟供水工程	拉米卡河	基多市	0.32	2001	供水、灌溉
欧洲						
智利	塔纳河 – 秦巴罗格河渠道	塔纳河	埃塞特罗秦巴罗格河	20.5	1993	灌溉、发电
德国	莱茵 – 美因 – 多瑙运河	多瑙河	美因河	15	1992	防洪、供水、航运
	巴伐利亚州调水工程	阿尔特米尔河 – 多瑙河	雷格尼茨河、美因河	3	1999	供水、灌溉等
俄罗斯	捷尔卡 – 库马灌溉	捷列克河	库马河	27	1960	灌溉
	莫斯科运河	伏尔加河	莫斯科河、莫斯科市	21	1937	供水、航运
乌克兰	北克里木工程	第捏伯河	克里木草原、刻赤河	82	1971	灌溉、供水
	第捏伯 – 顿巴斯工程	第捏伯河	北顿涅茨河、顿巴斯	36	1978	供水
西班牙	塔霍 – 塞古拉调水工程	塔霍河	塞古拉河	10	1979	供水、灌溉
英国	比尤尔 – 达维尔调水工程	肯特郡比尤湖	苏塞克斯郡黑斯廷斯等	0.12	2004	供水
芬兰	赫尔辛基调水工程	屈米河流域派延奈湖	赫尔辛基	1	1982	供水

续表 6-1

国家	工程名称	水源地	受水区	调水量（亿 m^3/a）	首次送水年份	主要用途
亚洲						
哈萨克斯坦	额尔齐斯－卡拉干达运河	额尔齐斯河	努拉河、卡拉干达市	20	1972	灌溉
马来西亚	槟城供水工程	玻璃市州、吉打州	槟榔屿	51	2000	供水
伊拉克	塞尔萨尔调水工程	底格里斯河	幼发拉底河	158	1976	防洪、灌溉
以色列	国家输水工程	太巴湖	以色列东南部	4.00	1964	供水、灌溉
印度	萨尔达萨罗瓦工程	纳尔默达河	古吉拉特邦	350	在建	灌溉、供水
	萨尔达－萨哈伊克工程	卡克拉河（恒河）	恒河平原	154	1982	灌溉
	甘地纳哈工程	比阿斯河、拉维河	拉贾斯坦邦	93.67	1986 年之前	灌溉、供水、发电
	纳尔默达高水头渠道	纳尔默达	古吉拉特、拉贾斯坦	130	在建	灌溉
	拉贾斯坦渠道工程	比阿斯河、巴拉特河、拉维河	拉贾斯坦、哈里亚纳	220	1957	灌溉
泰国	南水北调工程	湄公河	科克河	110.25	二期在建	灌溉
巴基斯坦	西水东调工程	印度河、杰赫勒姆河等	拉维河、萨特莱杰河等	148	1977	灌溉、发电
	家济巴洛塔电站引水渠	印度河	哈洛斯河	504.58	2001	发电
乌兹别克斯坦	安集延大灌渠	纳伦河	北巴格达	104.07	1970	灌溉
	吉扎克干渠	锡尔河	吉扎克	60.03	1976	灌溉
日本	利根川调水工程	利根川	荒川	39.4	1965	灌溉、发电
朝鲜	价川－台城湖引水工程	平安南道价川（大同江）	南浦市台城湖	5	2002	灌溉

续表 6-1

国家	工程名称	水源地	受水区	调水量（亿 m^3/a）	首次送水年份	主要用途
			非洲			
埃及	新河谷运河工程	纳赛尔湖的图什卡	巴哈里亚绿洲	55	1997 年开工	灌溉
	和平渠	尼罗河	西奈半岛	21.1	1998	灌溉
利比亚	大人工河工程	库夫拉、墨朱克	本哈齐、瑟尔特	25	1991	供水
南非	莱索托高原调水工程	森克河	瓦尔河系	9.46	1998	工业供水
	奥兰治河开发工程	奥兰治河	阿什河、桑迪斯河	8.5	1980	灌溉、供水
尼日利亚	古拉拉调水工程	卡杜纳州古拉拉河	阿布亚	15	2007	供水、发电
苏丹	琼莱调水工程	琼莱	索巴特河	47	1981	防洪、灌溉
	曼吉尔总干渠	尼罗河	曼吉尔灌区	58.66	1963	灌溉
	杰济拉总干渠	尼罗河	杰济拉灌区	52.98	1958	灌溉
			大洋洲			
澳大利亚	雪山调水工程	雪河	墨累河、马兰比吉河	111.4	1974	灌溉、发电
	金矿区管道工程	海伦纳河	卡尔古利	0.29	1903	灌溉、供水、采矿
	大湖工程	德温特河流域	塔玛河流域	6.98	1977	发电
	汤姆逊计划	汤姆逊河	亚拉河	1.48	1984	城市供水

拉斯加和加拿大西北地区的多余水调往加拿大其他地区及美国的33个州、五大湖地区和墨西哥北部诸州，灌溉美国和墨西哥260万 hm^2 耕地，并向美国西部城市供水。其年调水量1 375亿 m^3，其中隧洞长13 700 km，渠道长10 800 km，利用沿途的输水落差可以增加水电装机容量1.1亿kW。但这个计划需要花费1 000多亿美元，工期长达30年，并且完工后需50年方能收回投资。此外，由于加拿大国内一大批人持极力反对意见，最终，该项宏伟的计划被束之高阁。

6.2.2 世界主要调水工程简介

6.2.2.1 美国中央河谷工程

1）加利福尼亚州的水资源分布

加利福尼亚州位于美国西部太平洋沿岸，南北狭长，有1 000多km，东西最宽处500 km，面积40.9万 km^2。加利福尼亚州的气候是从亚热带型到高山型，有沙漠也有多雨丛林，但大部分都属于干旱或半干旱地区。加利福尼亚州的多年平均降水量为584 mm，年均径流量为876亿 m^3。降水量分布的特点是北多南少、冬多夏少。东部高山区降水量最丰沛，中央河谷北部的萨克拉门托年均降水量为450 mm，而加利福尼亚州南部年平均降水量约为250 mm，有些地区只有50 mm，闻名于世的死亡谷甚至终年无雨，但北方有些地区年平均降水量却高达2 500 mm。加利福尼亚州主要河流有萨克拉门托（Sacrameno）河（年径流量220亿 m^3）、克拉玛斯（Klamath）河（年径流量160亿 m^3）和圣华金（San Joaquin）河（年径流量70亿 m^3），均位于加利福尼亚州北部。全州水资源的70%分布在北方地区，但主要城镇人口和农业耕地却集中在南方干旱和半干旱地区。南方需水量占全州总需水量的80%。加利福尼亚州南部还有大面积荒地可供开发，过去认为是沙漠或只能供放牧的地区，实践证明，一经开垦、灌溉，产量都很高，问题在于缺水。

加利福尼亚州年降水量和水资源的分布在时空上极不均匀，大部分径流无法利用，使得加利福尼亚州南部地区成为水资源极度紧缺的地区。这就要求加利福尼亚州在水资源开发中要增加蓄水设施，以进行时间上的调节，进行远距离调水，以求在空间上合理分配。

2）工程背景

加利福尼亚州中央河谷盆地，包括北部的萨克拉门托河和南部的圣华金河两大流域，以及图革尔（Tulare）湖流域。中央河谷盆地沿西北—东南方向延伸，长约800 km，宽96～160 km。除西部卡基内斯海峡（Carquinez Straits）外，盆地四周均由山脉环绕。谷底约占盆地总面积的1/3，其余2/3为山脉。盆地北部和东部地区为卡斯卡达山脉（Cascade Range）和内华达（Nevada）山脉，西部为滨海山脉。

中央河谷地区北端的年降水量约760 mm，南端只有120多mm，且75%以上的降水集中在12月至次年4月。该区降水量在时间上的分配不均，导致冬、春两季径流丰沛、洪水频发，夏、秋两季最需灌溉用水的时节却干旱缺水。为满足夏、秋作物成熟期的用水，许多农场主不得不抽取地下水进行作物灌溉。随着灌溉农业面积的不断增加，地下水的开采量远远超过降水及河川入渗对地下水的补给量，导致地下水位的持续下降，同时，加上从河流引水灌溉量的快速增加，河川径流量不断减小。地下水位的下降和河川径流量的减小，最终导致旧金山湾海水大面积入侵萨克拉门托－圣华金三角洲地区。

防止萨克拉门托－圣华金三角洲地区海水入侵，是加利福尼亚州北部用水户关心的重要问题。三角洲地区频繁的海水入侵，给安提克（Antioch）和匹兹堡（Pittsburg）两地带来了严重的危害。研究结果表明，除非安提克地区河川径流量达到93 m^3/s，否则旧金山湾的海水在高潮时将入侵苏森湾和三角洲地区，使得该区的水资源不能用于灌溉及工业。1919～1924年间，苏森湾地区的咸水造成大量蛀船虫的繁殖，并导致该区价值约2 500万美元的小木艇和木桩被毁。1924年，河川径流量降至历史最低水平。匹兹堡地区用水的最高含盐量达到65%。安提克和匹兹堡地区自19世纪中期开始从苏森湾引水，进行灌溉和工业用水。1926年，两个地区停止从苏森湾引水。1930年的加利福尼亚州水资源计划提出一项解决措施：在肯尼特（Kennett）修建一座128 m的高坝，对安提克地区的河川径流进行调控，以将咸水控制在苏森湾外围地区。

3）工程概况

为解决中央河谷地区日趋严峻的用水、防洪及环境等问题，加利福尼亚州议会于1933年通过了《中央河谷法案》，批准兴建中央河谷工程。但是，由于当时正处于经济萧条时期，所发行的债券未能售出，因此不得不向联邦政府申请支持。1937年，联邦政府重新修订了《河流与港口法案》，并授权联邦垦务局正式接管中央河谷工程的建设和运营任务。根据联邦垦务局当时制定的法令，中央河谷工程共有3级不同层次的目标：首先是提高防洪和航运条件；其次为提供灌溉和生活用水；最后是发电。后经联邦政府重新授权和补充立法，中央河谷工程增加了预防三角洲海水入侵、娱乐、改善鱼类和野生生物生存环境等新的工程目标。

中央工程于1937年开工建设，1940年6月部分工程开始首次送水。目前，该工程仍在陆续修建一些蓄水、输水和提水设施。中央河谷目前的年供水能力约为84亿 m^3，估计所规划工程项目竣工后，每年的供水能力有望达到100亿 m^3。

中央河谷工程通过在萨克拉门托河上游修建沙斯塔（Shasta）水库，蓄存和调节三角洲地区的萨克拉门托河下泄径流量，再经三角洲南部的特雷西（Tracy）将水流分为两支：一支经三角洲－门多塔（Mendota）渠道注入弗里恩特（Friant）水库，再通过弗里恩特－克恩（Kern）渠和马德拉（Madera）渠，分别输送至圣华金河谷南部和北部地区；另一支通过康特拉科斯塔（Contra Costa）渠，输送至旧金山湾地区。

中央河谷工程的管理调度中心设在萨克拉门托市，通过通信控制系统网络，统一指挥所辖的5个分局进行具体操作调度。工程按每年分两个调度期进行调度，从11月到次年4月，为防洪调度期，水库调度以尽可能减小洪灾损失和充分拦蓄冬季雨水为目标；3～10月，为灌溉供水调度期，在这一调度期中，以满足灌溉、城市和工业供水、提供水质保护、改善航运、发展鱼类生产和娱乐活动为目标。在这两个调度期中，工程的具体调度运用都需要和其他有关机构，特别是与加利福尼亚州水资源部密切配合。

4）工程效益

中央河谷工程为联邦垦务局所承建项目中最大的工程，犹如联邦垦务局皇冠上镶嵌的宝石。工程计划为长805 km、宽97～161 km的区域内共35个县供水。该项多目标水资源开发工程促进了中央河谷地区的经济增长和社会繁荣，使得南部圣华金河谷的几个县跻身于全国农业高产县的行列。

（1）灌溉：平均每年提供灌溉水量37亿～50亿 m^3，灌溉面积约1 200万亩，这些土地每年生产约15亿美元的农产品。在1982年，灌溉面积达1 670万亩，毛产值达30亿美元。

(2)城市和工业供水:正常年份,每年提供城市生活及工业用水4亿m^3。

(3)水电:每年发电约55亿kWh,这些电力首先满足工程本身的需要,剩余部分作为商业电力出售,这部分收入是偿还工程投资的重要来源。

(4)防洪:沙斯塔、费林特和福尔松水库都发挥了防洪作用,自1950年以来,累计防洪效益约3.75亿美元。

(5)航运:为改善萨克拉门托河航运创造了条件。

(6)水资源保护:与加利福尼亚州水道工程联合运用,使三角洲地区216万亩土地免受咸水入侵之害。

此外,还有旅游、鱼类生产和野生动物保护等方面的效益。

6.2.2.2 美国加利福尼亚州水道工程

1)工程概况

第二次世界大战结束后,南加利福尼亚州地区人口急剧膨胀,经济发展速度加快,地方及联邦政府已建供水设施已经无法满足当前和未来用水的需求。为了有效解决水资源的供需矛盾,在经过多年的论证和研究后,加利福尼亚州立法机构于1951年正式授权兴建加利福尼亚州水道工程。1957年,奥洛维尔水库的破土动工,拉开了加利福尼亚州水道工程建设的序幕。为了筹集工程建设所需资金,加利福尼亚州议会于1959年颁布了《伯恩斯－波特法案》,同意发行17.5亿美元债券,以兴建加利福尼亚州水道工程。

加利福尼亚州水道工程不仅是美国当时已建规模最大的调水工程,也是全世界屈指可数的巨型水利及水电开发系统工程之一。加利福尼亚州水道工程的储水、提水、输水、配水及动力系统由29座坝及水库、17座泵站、10座电站(其中1座为地热电站)、长1 086 km水道及其他辅助设施组成。工程建设分两期完成:第一期工程为主体工程,于1973年完工,包括18座水库、15座泵站、5座电站和870 km水道;第二期工程主要包括北支渠二期工程、沿海支渠二期工程、东支渠扩建工程以及渠道电站的建设等工程。加利福尼亚州水道工程目前的年调水量约为40亿m^3。预计工程全部竣工后,调水规模有望达到52亿m^3/a(2021年),其中60%的水供给加利福尼亚州南部地区。至2001年,加利福尼亚州水道工程的前期建设投入费用已经达到52亿美元。

2)工程效益

随着加利福尼亚州水道工程受水区的不断扩大和调水量的增加,分支架道和设施仍在不断扩展。目前,年调水量达到49.3亿m^3,供2 000万人使用,占加利福尼亚州总人口的2/3,其中70%用于城市,30%用于农业。

水是南加利福尼亚州地区发展的重要保障因素,洛杉矶成为美国第二大城市及周围地区的迅速发展与调水工程有很大关系。20世纪60年代,洛杉矶县的人口只有600万人,主要集中在洛杉矶城,现在这里大小城市就有88个,人口达到950万人。当时洛杉矶周围地区人口很少,如橙县、里弗赛德等县多数为果园或荒山,如今这些地方的大小城市与洛杉矶连成一片,洛杉矶及周边4个县的人口已超过1 600万人。现在,加利福尼亚州水道工程采用"非营利的市场运作"模式。因建设资金是通过发行长期债券方式筹集的,州水资源部根据各地用水的需求,与当时的29个用水户联合会签署了长期用水订单合同,用用水户联合会上缴的水费偿还发行的债券。用水户联合会再把水卖给下一级用水单位。如果有新的地区要求用水,也采用同样的办法解决资金和水源分配问题。州水资源部是一个服务性机构,目的不在于盈利，收上来的钱除了偿还债券，余额还是用于调水工程的建设、维修及服务，即便是盈利也不上缴给政府。

3）工程对生态环境的影响

加利福尼亚州水道工程也因对环境造成不良影响而受到公众的严厉批评和指责。批评者指出，该工程的实施对北部沿岸地区产生了一些负面影响：

（1）破坏了加利福尼亚州大自然几个"救命岛"中的一个，毁灭了该地区大量的鱼类资源，造成河道上游淤积，并带来了与之相关的不良后果。

（2）由于固体径流的减少和泥沙平衡的破坏，下游河滩被破坏。对此，加利福尼亚州水道工程的设计者 Gill. Gray 和 Seckler 做了两个方面的解释：①洛杉矶市的发展超出能保证供水的范围，若不实施加利福尼亚州水道工程来提高用水保证率，加利福尼亚州进一步的发展是不可能的，因为已有的城市供水能力已无法承载城市人口数量的增长；②尽管加利福尼亚州水道工程对三角洲区域和旧金山湾的影响尚不完全清楚，但总体看来，工程所产生的不良影响比较大，该项工程的实施可能导致鱼类资源的减少和野生动物栖息地的破坏，进而大大影响水质，造成不良植物的生长。

（3）对于是否有必要为三角洲地区和萨克拉门托河谷地区提供补充供水，许多人一直持怀疑态度。对此，设计者的解释是，需要调节伊尔河、克拉马斯河和特里尼蒂河径流，以便将北部沿岸的部分径流调入南部各地区。

6.2.2.3 加拿大詹姆斯湾工程

1）加拿大水资源概况

加拿大位于西半球北美洲的北半部，北邻北冰洋，东邻大西洋，西接太平洋，南与美国接壤，国土辽阔，面积约 998 万 km^2，2006 年的人口约 3 230 万人。加拿大水资源极其丰富，多年平均年径流量约 29 010 亿 m^3，占全球总量的 9%；人均水资源占有量约 10 万 m^3，位居世界之首。

加拿大约 2/3 的地区 1 月份平均气温低于 -18 ℃，北部地区夏季短暂、凉爽；南部夏季较长，气候温和，适宜作物生长。全国多年平均年降水量约 730 mm，但降水量的时空分布极其不均。如不列颠哥伦比亚省沿海地区的年降水量在 2 500 mm 以上，大部分降水集中在秋冬季；西北部地区的年水量为 250 ~ 500 mm，主要集中在夏季；东南部气候潮湿。

加拿大河流、湖泊众多，其中水面面积为 75.5 万 km^2，约占国土总面积的 7.6%；湖泊总蓄水量约 18.8 万亿 m^3，占世界湖泊总蓄水量的 15%。加拿大的水系可划分为 4 大流域：①大西洋流域；②哈德孙湾和哈德孙海峡流域；③北极流域；④太平洋流域。

尽管加拿大的水资源量和人均占有量均位居世界前列，但降水分布却存在空间分配不均的问题。因此，某些地区仍存在水资源短缺、供需矛盾紧张的问题。加拿大北方人口密度低，南部地区居住着全国 90% 以上的人口。加拿大的水资源大多集中于北部地区，其 60% 以上的河流都是自南向北流动。因此，南部地区缺水严重，而北方地区的水资源相对存在盈余。加拿大主要粮食产区马尼托巴省、萨斯卡彻温省和阿尔伯塔省由于降水量较少，经常遭受干旱之灾。

为了克服水资源分布不均的问题，加拿大先后兴建了大量的跨流域调水工程，并广泛开展了跨流域调水的相关研究。根据现有的调水工程统计资料，加拿大 10 个省中除爱德华王子岛（北部地区）外，其余有 9 个省至少已建有 61 项调水工程，年调水量约 1 390 亿 m^3（不包括出于防洪目的而兴建的调水工程),调水总量位于世界第一位。这些水如果组成一条新的河流,其流量将仅次于马更些河和圣劳伦斯河,成为加拿大第三大河。加拿大的调水总量比美国与俄罗斯之和还要高出许多。

2)詹姆斯湾工程概况

詹姆斯湾工程是詹姆斯湾东岸一项雄伟的水电开发工程,又名拉格朗德(La Grande)工程。该工程始建于1971年,至今尚未竣工。工程前期投资额为137亿美元。詹姆斯湾工程计划从伊斯特曼河、欧皮纳卡河和坎尼亚皮斯科河向拉格朗德河上修建的水库大量调水,从而将拉格朗德河的平均径流量由1 700 m^3/s增加到3 300 m^3/s。拉格朗德Ⅱ级(LG-2)坝和电站于1982年完工,该电站的发电容量达5 328 MW,具有目前世界上最大的地下发电厂房。LG-2坝建有一条分层的溢洪道,溢洪道的高度相当于尼亚加拉瀑布的3倍。拉格朗德Ⅲ级(LG-3)电站和拉格朗德Ⅳ级(LG-4)电站分别于1984年2月和1984年5月竣工。LG-4电站的完工也标志着第一期工程的结束,并将魁北克水电工程的装机容量提高至10 300 MW。

第二期工程于1989年开工,至今尚未竣工。首先建设的是拉格朗德Ⅰ级(LG-1)电站工程,该电站位于詹姆斯湾地区的拉格朗德河口处。詹姆斯湾二期工程包括巨鲸(Great Whale,又称格朗德巴雷尼)综合工程及位于巨鲸河、诺丁威河和鲁玻特河上的大坝工程。詹姆斯湾一期和二期工程共计在9条未开发的河流上建坝,库区淹没面积相当于比利时国土面积。两期工程设计的总装机容量为27 000 MW,预计投资总额达630亿美元。

詹姆斯湾二期工程的电能计划向美国的纽约、新罕布什尔州、缅因州和佛蒙特州出售。1992年,当时的纽约政府官员马里奥科莫(Marlo Cuomo)命令纽约能源局,取消与魁北克水电公司签订的合同,以鼓励节约能源,并从其他地方购买电能。由于缺少了水电市场的需求,巨鲸综合工程的计划竣工时间被推迟。图6-1为詹姆斯湾调水工程示意图。

图6-1 詹姆斯湾调水工程示意图

6.2.2.4 德国巴伐利亚州调水工程

1)德国水资源概况

德国位于欧洲中部,东邻波兰,东南与捷克、斯洛伐克接壤,南接奥地利、瑞士,西界荷兰、比利时、卢森堡、法国,北与丹麦相连并临北海和波罗的海,是欧洲拥有邻国最多的国家。

德国的国土面积为 35.7 万 km^2,2001 年的人口为 8 327 万人。

从北至南,德国地势大致分为五大地形区,即北部低地、中部隆起地带、西南部中山梯形地带、南部阿尔卑斯山前沿地带和巴伐利亚阿尔卑斯山区。德国处于大西洋和东部大陆性气候之间的凉爽西风带,西北一带为温带海洋性气候,往东、南逐渐过渡为温带大陆性气候。

德国是一个水资源较丰富的国家,全国年平均降水量为 768 mm。德国境内降水量时空分布不均,南部、西南部降水量丰沛,大多在 800 ~ 1 000 mm 以上,其中南部阿尔卑斯山区在 1 500 mm 以上。东、北部部分地区降水量较小,为 500 ~ 700 mm。德国春季降水量约占全年的22%,夏季占36%,秋季占24%,冬季占18%,最大月降水量占年降水量的13%。总体而言,德国降水量的年际变化不大,一般为 500 ~ 1 000 mm。

德国可利用水资源总量为 1 820 亿 m^3。人均水资源占有量约 2 200 m^3。全国水资源利用量为 440 亿 m^3,水资源利用率为 24%。在德国的各项用水中,公共供水占全国可用水资源总量的 3%;工业用水占 5%;热电厂用水占 15%,为最大用水户;用于农田灌溉的水量仅占全国可用水资源总量的 1%。德国的公共供水中,约 73% 取自地下水,5% 为河流渗漏补给的地下水,22% 为地表水。

德国的主要河流有莱茵河、易北(Elbe)河、威悉(Weser)河、奥得(Oder)河、多瑙河等。较大湖泊有博登(Bolensee)湖、基姆(Chiemsee)湖、阿莫尔(Ammersee)湖、里次湖。

由于德国的降水量地区分布不均,加上工业分布及人口密度的区域性差异,一些地方存在严重的水资源短缺问题。为有效缓解供水不足问题,德国于 20 世纪兴建了哈尔茨山(Harzgebirge)、巴伐利亚(Bavaria)、康士坦茨(Konstanz)湖等调水工程。

2)调水工程背景

巴伐利亚州位于德国南部,地处阿尔卑斯山北麓及其前沿地带,是德国最大的一个州。巴伐利亚州总体上降水较为丰富,年降水量可达 939 mm。但是,该州南部和北部地区的降水量相差十分悬殊。南部山区的年降水量可达 2 000 mm,多瑙河流域地区的年降水量可达 940 mm,而北部的莱茵、美因河流域的年均降水量只有 715 mm,某些地区甚至不足 600 mm。该州降水量空间分布的差异,致使南、北地区水资源的丰富程度也存在较大差异。

巴伐利亚州河网密布,主要河流有多瑙河和莱茵河支流——美因(Main)河。多瑙河发源于西南部黑林山,自西向东流入奥地利;美因河发源于中部山地,自东向西注入莱茵河。巴伐利亚州多瑙河和美因河流域可获用水量的差异可用以下数据说明:南部平均枯水径流率为 7.6 $L/(s \cdot km^2)$,北部为 2.3 $L/(s \cdot km^2)$;南部地区的可用水量为北部地区的 3 倍。

巴伐利亚州的地下水资源分布同样存在南丰、北寡的特征。南部的阿尔卑斯山麓丘陵地带广泛分布有厚度较大的第四纪砾石含水层,存储有丰富的地下水资源;在北部的美因河流域,含水层多为基岩或黏土含水层,储水量非常有限。

与水资源的丰富程度形成较大的反差,北部雷德尼茨(Rednitz)河、雷格尼茨(Regnitz)河和美因河流域工业和人口密集,水资源的需求量高于多瑙河巴伐利亚州河段。在雷格尼茨河 - 美因河地区,夏季漫长而干旱,水资源短缺。因此,迫切需要从水资源较丰沛的地区调水。

为缓解北部地区的严重缺水问题,确保美因河和多瑙河附近地区的配水平衡,巴伐利亚州议会于 1970 年 7 月决定从阿尔特米尔(Altmuhl)河和多瑙河向雷格尼茨河和美因河地区实施调水。

3）工程概况

巴伐利亚州调水工程是一项从该州南部水资源相对丰沛的多瑙河流域向北部缺水的美因河流域调水的工程。该项工程包括美因－多瑙运河和阿尔特米尔（Altmuhl）渠道两条独立的输水系统。该项调水工程为一项多目标工程，除向巴伐利亚州北部缺水地区供水这一主要目标外，还兼具受水区河流水质改善、阿尔特米尔河防洪、发展新"库区"旅游、发电及提供部分灌溉用水等目标。

巴伐利亚州调水工程计划于1970年获得国会的批准，并随即开始工程建设。至1986年，主体工程已建设完工，并投入运行。该工程的所有建设工作于2000年完成。该项工程前期建设费用约达5亿马克，每年的运行维护费用为300万马克。

该调水工程的年调水量约为1.5亿m^3，其中通过美因－多瑙运河约调水1.25亿m^3，另外0.25亿m^3通过阿尔特米尔渠道输送。在干旱年份，有时需增加一定规模的调水量。

4）工程效益

巴伐利亚州调水工程是世界调水工程中一个非常成功的典范。该工程的建设不仅实现了工程预期的各项目标，创造了非常显著的经济、社会、环境效益，同时还有效地减小和避免了工程的负面影响问题。

巴伐利亚州调水工程的成功建设，有效地解决了该州北部枯水期严峻的缺水问题。在工业化程度非常高的纽伦堡（Nuremberg）周边地区，干旱年份的缺水形势非常严峻，火电厂冷却水的供应经常出现危机，水处理厂的安全生产也常常无法得到保障。随着巴伐利亚州调水工程的成功建设，上述问题得到了有效的解决。

在调水工程实施之前，雷格尼茨河的供水压力非常紧张，并造成一系列严重的水质及生态环境问题。根据德国埃朗根－纽伦堡大学1999年的研究成果，调水工程实施后，雷格尼茨河的流量由原来的12 m^3/s增加至27 m^3/s，原先处于严重污染或中度污染的雷格尼茨河水质已得到明显的改善，水中的营养物质含量已明显减少。

在防洪方面，阿尔特米尔河中游汛期十年一遇的洪灾已经根除，洪水泛滥现象所导致的耕地退化问题也从根本上得到解决。

调水工程的建设在很大程度上促进了弗兰科尼亚库区旅游业的发展，已成为一个重要产业，并提供了3 000人的就业机会。许多农户将农庄改成休闲地，并获得了第二项收益。

由于在生态方面采取了许多补救措施，减少了对库区周围乡村的不利影响，已形成了新的有价值的生物群落和新的生态环境。

弗兰科尼亚库区是地区规划中的一个深谋远虑的成功范例。整项工程都是巴伐利亚州和地方共同合作的结果。由于修建了这些水库，在库区已形成了一项新的天然文化遗产。

6.2.2.5 印度萨尔达萨罗瓦调水工程

1）印度水资源状况

印度位于亚洲南部，是南亚次大陆最大的国家，其北部为喜马拉雅山，西南是阿拉伯海，东南部濒临孟加拉湾，南接印度洋，与巴基斯坦、中国、尼泊尔、不丹、缅甸和孟加拉国为邻。印度的国土面积为297.47万km^2，为世界第七大国。2005年，印度的总人口数为10.9亿人，位居世界第二。

印度全国分为西北部边境高山区、恒河流域平原区和印度半岛区三个大区，平原西部为印度大沙漠。西北部属山地气候，恒河流域属季风型亚热带森林气候，半岛多属季风型热带草原气候;半岛西南部属热带雨林气候。

印度年平均降水量1 100 mm,年均降水总量为39 300亿 m^3,其中6~9月降水量约为30 000亿 m^3。印度的降水量分布不均匀,全国36%的地区年均降水量在1 500 mm以上,其中有8%的地区降水超过2 500 mm,喜马拉雅山东部和西海岸的山脉年降水量最大可达4 000 mm;东部阿萨姆地区为1 000 mm,33.5%的地区为750 mm以下,其中约有12%的地区年平均降水量小于610 mm。在中部和南部的高止山脉背风坡面不到600 mm,最干旱的是西北部的拉贾斯坦和塔尔沙漠以及孟买北部的古吉拉特,年降水量不足100 mm,蒸发量约占降水量的1/3。

印度主要有4大水系。①喜马拉雅山水系。主要由印度河和恒河－布拉马普特拉－孟加拉水系组成。印度河发源于西藏,流经印度,然后穿过巴基斯坦注入阿拉伯海。恒河－布拉马普特拉－孟加拉水系是印度最大的水系,它的汇流面积占本国总面积的1/3,其中布拉马普特拉流域的面积占全国面积的5.9%,人口占全国的3.2%,年可利用水资源量占全国的2.9%。②德干水系。其中,纳尔默达和达比河向西流入阿拉伯海,婆罗门、默哈纳迪、戈达瓦里、克里希纳、本内尔和高韦里等河向东流入孟加拉湾。③沿海河流。少数河流分布在东海岸,而西海岸则分布有大小600余条河流。西海岸河流的水资源量约占全国的14%,而汇流面积只占国土面积的3%。④内陆河流。在拉贾斯坦地区有几条内陆河,它们流入盐湖或消失在沙漠中。

印度6~9月的年径流量占全年径流总量的70%~90%,在此期间,喜马拉雅山坡融雪补给河流的水量最大;泰米尔纳德邦东南部边缘地区则正好相反,夏季河川径流量最小,而初冬时径流量最大;半岛河流90%以上的年径流出现在6~9月。因季风的不稳定性,全国许多地区长时间高温干旱。据统计,全国受降水不足影响的总面积略大于100万 km^2,其中耕地面积约5 600万 hm^2。

据印度中央水利委员会(CWC)估算,印度全国河系年均水资源蕴藏量(包括地表水与地下水)为18 690亿 m^3,人均水资源保有量为1 820 m^3,略大于世界人均值的1/4,按照人均水资源量来说,印度又是个缺水比较严重的国家。

印度拥有丰富的土地资源,总面积约1.43亿 hm^2,位居亚洲之首。由于近70%的耕地必须进行灌溉,因此灌溉用水是印度的最大用水户。印度的农业灌溉已有6 000多年的历史。1951年,印度的农业灌溉面积为2 260万 hm^2;至1997年末,灌溉面积增加到9 180万 hm^2;2000年,灌溉面积达到9 200万 hm^2,农业用水量达到4 500亿~5 000亿 m^3/a。在许多地区,农业用水量已经达到现有可用水资源量的极限。

由于降水量的时空分布严重不均,印度某些地区存在水资源相对过剩和夏季洪灾频发的现象,而某些地区却经常发生严重的旱灾,导致大面积的土地无水灌溉,人畜饮水困难。为有效地解决干旱地区日趋严峻的缺水问题,同时防止水资源过剩河流的洪涝灾害,实现水资源的合理配置和高效利用,印度政府先后实施了大量的调水工程,从水资源相对丰沛地区向缺水地区调水。据不完全统计,印度现有大、中型调水工程46项,年调水总量达到1 386亿 m^3,位居世界第二位(仅次于加拿大);印度调水工程输水干渠的总长度超过8 000 km,居世界第一位;印度目前的调水灌溉面积约为2 100万 hm^2,位居世界之首。在印度所建的调水工程中,萨尔达萨罗瓦工程(又名纳尔默达工程)是最为瞩目的工程之一。

2）工程背景

纳尔默达（Narmada）河亦称纳巴达（Narbada）河，发源于印度中央邦靠近贾巴尔普尔的迈格拉岭西北坡，河流向西流经萨特普拉山与温迪亚山之间的谷地，最后在布罗奇以西50 km处注入阿拉伯海的坎贝湾。纳尔默达河全长1 310 km，其中位于中央邦及其河谷地带的一段河长1 078 km，沿马哈拉施特拉邦与中央邦以及古吉拉特邦的分界线的流程约72 km，入海口河段长160 km。该河流的流域面积约9.88万km^2，河口多年平均流量1 332 m^3/s，年平均径流量420.05亿m^3。

纳尔默达河流域河网密布，狭长的流域内共有41条规模大小不等的支流，其中左岸有22条支流，右岸有19条支流。流域内的年均降水量超过1 200 mm，年径流量相当于拉维（Ravi）河、比亚斯（Beas）河和苏特莱杰（Sutlej）河的总和。纳尔默达河流域每年的人均可用水资源量为3 020 m^3，但目前的开发利用程度仅有10%左右。

与纳尔默达河流域相邻的古吉拉特邦和拉贾斯坦邦有大面积的半干旱和干旱地区。由于这两个邦内部分地区的雨季较短，且降水量分布极不均匀（中部地区年降水量为1 600～2 500 mm，北部和西部地区仅有100～400 mm），所有主要的常年性河系集中在中南部地区。

为了有效地解决古吉拉特邦和拉贾斯坦邦等缺水地区的农业灌溉用水问题，印度政府对纳尔默达河流域进行了规划，拟修建31座大型坝、135座中型坝和近3 000座小型坝（其中10座大型坝建于纳尔默达河干流上），并决定从纳尔默达河向两个邦的缺水地区实施调水。萨尔达萨罗瓦（Sardar Sarovar）调水工程是其中最著名的工程之一。

3）工程概况

萨尔达萨罗瓦工程是一项规模庞大的调水工程。该工程通过在纳尔默达河上修建一座高163 m的萨尔达萨罗瓦大坝，并在大坝右岸兴建一条灌溉总干渠，将纳尔默达河水源源不断地输送至古吉拉特邦和拉贾斯坦邦。图6-2为萨尔达萨罗瓦调水工程示意图。

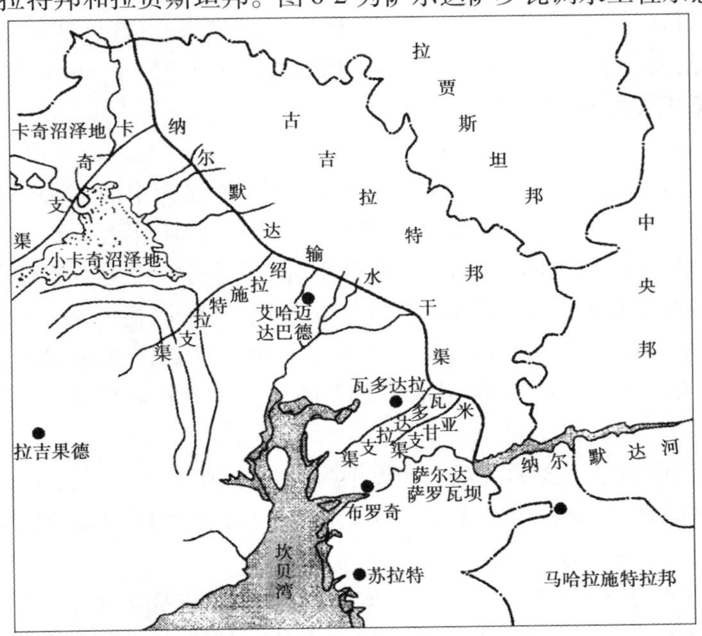

图6-2　萨尔达萨罗瓦调水工程示意图

萨尔达萨罗瓦调水工程的规划工作开始于1947年,后来因邦与邦之间的争议而对工程计划多次进行修订。1979年,在纳尔默达法庭做出最终裁决后,于1979～1980年间重新对该工程进行了规划。萨尔达萨罗瓦工程于1988年开工,由萨尔达萨罗瓦－纳尔默达坦加姆有限公司负责工程的实时管理,并在必要时追加投资。

萨尔达萨罗瓦工程是一项地跨4个邦(中央邦、马哈拉施特拉邦、古吉拉特邦和拉贾斯坦邦)的大型调水工程,年设计调水量为350亿 m^3。其主体工程包括(建于纳尔默达河上距阿拉伯海约180 km处)萨尔达萨罗瓦水电工程、1条长158 km的总干渠、5条大型支渠及数千千米长的配水系统。萨尔达萨罗瓦调水工程是一项多目标水利工程,肩负灌溉、供水、防洪3项主要任务。该工程的建设得到世界银行的资助。

萨尔达萨罗瓦工程涉及范围大、影响人口多,尤其是对少数民族部落的影响。调水工程所建水库将淹没古吉拉特邦、马哈拉施特拉邦和中央邦共计约37 000 hm^2 的土地。水库淹没区内有245个村庄,约有10万居民;输水渠道建设需要占地80 000 hm^2,超过水库淹没面积的两倍。受干渠和灌溉系统建设影响的村民约有14万户。此外,大坝下游数千人的生活同样受到很大的威胁。

4)预期工程效益

萨尔达萨罗瓦调水工程是一项至关重要的工程,具有巨大的供水和供电潜力,工程的建设使数百万人的梦想变成了现实。该工程淹没土地与灌溉土地之比非常适中,在灌溉、工业和经济方面的正面影响非常重大。其主要效益有:①可灌溉古吉拉特邦3 360个村庄的180万 hm^2 耕地,以及拉贾斯坦邦巴尔梅尔和乔罗完全干旱区的7.5万 hm^2 耕地;②可为古吉拉特邦西北部的绍拉施特拉和卡奇等干旱地区的8 215个村庄和135个城镇提供生活用水和工业用水;③在纳尔默达河可调入的350亿 m^3 水资源中,中央邦、古吉拉特邦、拉贾斯坦邦和马哈拉施特拉邦的分配水量分别为228亿 m^3、113亿 m^3、6亿 m^3 和3亿 m^3;④每年50亿kWh的发电量可供3个邦使用,中央邦、马哈拉施特拉邦、古吉拉特邦各占57%、27%和16%;⑤通过泵站系统可以灌溉马哈拉施特拉邦丘陵地区3.75万 hm^2 的耕地。

6.2.2.6 巴基斯坦西水东调工程

1)水资源概况

巴基斯坦位于南亚次大陆西北部,东与印度接壤,东北为中国,西北为阿富汗,西接伊朗,南为阿拉伯海。巴基斯坦的国土面积为79.6万 km^2,2004年人口约1.5亿人。

巴基斯坦全境约3/5的面积为山区和丘陵地,南部沿海一带为不毛荒漠,向北伸展则是连绵的高原牧场和肥田沃土。除南部属热带气候外,巴基斯坦绝大部分地区均为亚热带气候。全国的年均降水量不足300 mm,其中干旱半干旱地区占国土面积的60%以上。全国水资源总量为1 858亿 m^3,1990年用水1 557亿 m^3,其中农业用水占95%,人均年用水1 278 m^3。

印度河是巴基斯坦最主要的河流。印度河发源于中国,经克什米尔进入巴基斯坦,全长2 880 km,流域面积96万 km^2,年径流量2 072亿 m^3。在巴基斯坦境内的流域面积有56.1万 km^2,年径流量为1 660亿 m^3。

巴基斯坦是一个发展中国家,其经济以农业为主,耕地主要集中在印度河平原区。由于许多农业生产区气候干旱,农业生产在很大程度上依靠地下水井和农业灌渠进行灌溉。全国农业灌溉面积为1 693万 hm^2,仅次于中国、印度和美国,位居世界第四位。

2）工程背景

1947 年，实行印、巴分治，同年巴基斯坦宣布独立。印、巴国界划分时将印度河左岸主要支流，即杰赫勒姆（Jhelum）河、杰纳布（Chenab）河、拉维（Ravi）河、萨特莱杰（Sut1ej）河和比阿斯（Beas）河的上游部分划在印度和克什米尔境内，下游部分划在巴基斯坦境内。独立后，两国均致力于发展经济，大兴水利，扩大灌溉面积，发展农业生产，解决粮食问题，逐渐引发用水矛盾：1949～1950 年冬，印度截断东三河向下游的供水，巴基斯坦农业生产遭受巨大损失，引发印、巴两国用水纠纷。在国际机构和世界银行等协调下，经过 8 年谈判，1960 年印、巴两国签订《印度河条约》。条约规定，巴基斯坦从西三河，即印度河干流、杰赫勒姆河、杰纳布河分水，每年享有地表径流 1 665 亿 m^3，约占印度河径流量的 80%；印度从东三河，即拉维河、萨特莱杰河、比阿斯河分水，每年约分水 407 亿 m^3，并为巴基斯坦修建调水工程提供 6 206 万英镑补偿。据 1961～1981 年水文资料，印度河进入巴基斯坦年均径流量为 1 813亿 m^3，高于条约规定的分水标准。

为开发利用印度河水资源和水电资源，推动社会经济的发展，巴基斯坦政府于 1958 年成立水资源和电力开发管理局（WAPDA），具体负责开发规划的制定和计划的实施，包括地表水与地下水的开发、灌溉、排水、供水、电力等各项工程的建设。西水东调工程是印度河流域计划（IBP）的一个重要组成部分。

3）工程概况

巴基斯坦西水东调工程，是从印度河及其支流杰赫勒姆河和杰纳布河（西三河）向拉维河、萨特莱杰河和比阿斯河（东三河）实施跨流域调水，解决东三河流域下游地区 320 万 hm^2 土地灌溉用水的一项工程。该工程于 1960 年开始建设，到 1977 年基本建成，主要工程包括 2 座大型水库（曼格拉水库和塔贝拉水库）、19 座拦河闸、1 座倒虹吸，新建 8 条总长度为 589 km 的调水连接渠道，沟通东西 6 条大河。该工程的资金投入非常大，仅曼格拉和塔贝拉两座大坝就花费了 33 亿美元。图 6-3 为巴基斯坦西水东调工程示意图。

4）工程效益

西水东调工程自 1960 年实施以来，大部分工程于 1965～1970 年底完成，塔贝拉水库于 1975 年完工。西水东调工程通过水库、闸坝、连接渠的建设，把印度河谷平原中的五大河流互相连通起来，经塔贝拉、曼格拉两大水库调蓄的水，使原来极为干旱缺水的平原东南部 320 万 hm^2 的耕地得到了灌溉，缓解了该地区的严重缺水状况，并使该地区免除了荒漠化的威胁，进一步完善了印度河平原的灌溉体系，使得巴基斯坦近年来由原来的粮食进口国变成粮食出口国。除灌溉供水外，工程在发电、防洪等方面的效益也陆续得以发挥。

a. 灌溉供水和防洪

通过西水东调工程建设，进一步完善了巴基斯坦印度河平原的灌溉系统，逐步恢复并发展了东三河地区灌溉系统供水，年调水量 148 亿 m^3，灌溉农田 153.3 万 m^3，使东三河流域广大平原地区的农、牧、工业等获得持续不断的发展。虽然巴基斯坦的人口增长迅速，但粮食生产连年增长，粮食从不能自给需要进口，到粮食自给有余，年均出口大米、小麦 200 余万 t。西水东调工程大型水库的建设在汛期削减洪峰滞蓄洪水的作用显著，发挥了很大的防洪效益。

b. 水力发电

西水东调两大水源工程——塔贝拉水库和曼格拉水库的水电总装机容量达 450 万 kW，对发展中国家巴基斯坦来讲具有举足轻重的作用，可以说为巴基斯坦工农业生产，乃至整个

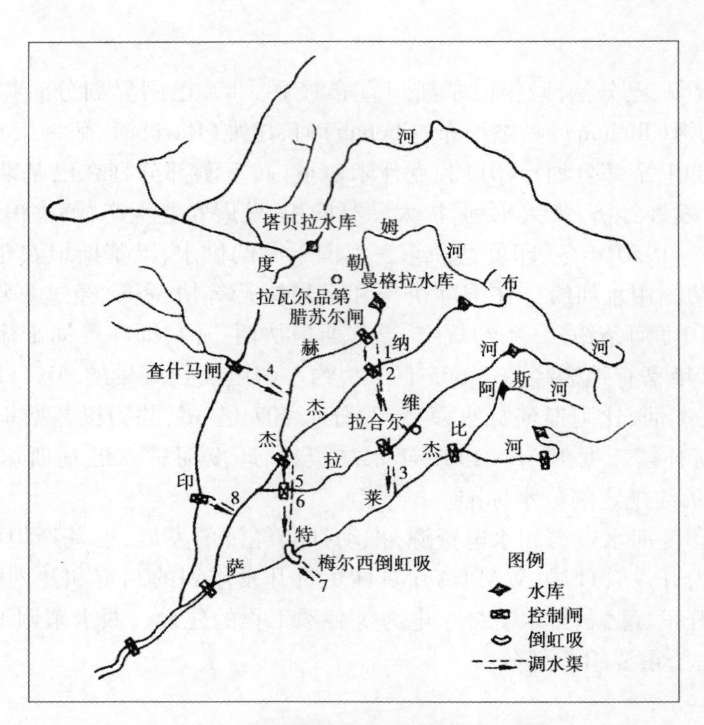

图 6-3　巴基斯坦西水东调工程示意图

经济社会的发展提供了强大的动力。至 20 世纪 80 年代末,曼格拉水库的发电和供水效益已超过投资的 10 倍,塔贝拉水库尽管竣工较晚,但产出与投入之间的比例达到了 2.6。从工程投入运行至 2001 年,塔贝拉电站累计发电 2 376.8 亿 kWh;曼格拉电站累计发电 1 437.4亿 kWh,查什马电站年均发电 10.81 亿 kWh。

c. 为水利电力自主开发奠定了坚实基础

西水东调工程宏伟,投资巨大,对刚刚独立的巴基斯坦来说是完全陌生的。尽管巴基斯坦水资源和电力开发管理局(WAPDA)负责全部工作,但工程设计和施工大部分由英、美等外国公司承担。如曼格拉水库由英国宾尼公司设计,主溢洪道由美国哈扎公司设计,美国阿丁生等公司施工。塔贝拉水库由美国哈扎公司提供咨询,泰姆斯公司设计,意大利、瑞士、德国等 13 个欧洲公司组成联合体承包施工。经过西水东调这一庞大系统工程建设,巴基斯坦培养和锻炼了自己的队伍,现在不仅能依靠自身力量进行大型工程设计施工,而且有能力承包国外工程。如在建的卡拉巴格水库,位于印度河干流上,在塔贝拉坝下 180 km 处,坝高 85 m,库容 116 亿 m^3,水电装机容量 360 万 kW,具有灌溉供水、发电、防洪等综合效益,由巴基斯坦自行设计施工。可以说西水东调工程完成后,后续水资源和水电开发工程均自主进行。

6.2.2.7　澳大利亚雪山调水工程

1)水资源概况

澳大利亚位于南半球的南太平洋和印度洋之间,东濒太平洋的珊瑚海和塔斯曼海,西、北、南三面临印度洋及其边缘海,由澳大利亚大陆、塔斯马尼亚等岛屿及海外领土组成。澳大利亚的国土面积约 769.2 万 km^2,2006 年的人口为 2 071 万人。澳大利亚的耕地面积为

4 633 万 hm^2，人均耕地约 2.2 hm^2。

按地形、地貌分，澳大利亚可明显地分为西部高原、中部低地和东部山地三个部分。西部高原地区平均海拔 300 m，大部分为沙漠和半沙漠，也有一些海拔在 1 000 m 左右的横断山脉；中部低地地区主要包括 3 个大盆地：北部的卡奔塔利亚盆地、中部的澳大利亚大自流盆地和南部的墨累盆地。中部的艾尔盐湖是澳大利亚的最低点，湖面海拔仅有 -16 m；东部山地地区由一系列高度不等的山脉组成，一般海拔 800 ~ 1 000 m，统称“大分水岭”。

澳大利亚大陆东南部为新南威尔士州及维多利亚州，两州西接南澳大利亚州。澳大利亚东部为山区，有很多河流的分水岭，东部沿海的大分水岭是太平洋水系与印度洋水系的分水岭。山地东坡较陡，沿海平原狭窄；西坡缓斜，向西逐渐展开为大平原。大分水岭南端，在新南威尔士州与维多利亚州之间称为澳大利亚山脉，是澳洲最高的山脉，主峰科西阿斯科山海拔 2 228 m，是全国最高点。澳大利亚山脉北端、主峰科西阿斯科山周围山区称为雪山，冬季长期有雪，雪水缓慢地注入各河流，形成较稳定的径流，也是全国降水量充沛、地表径流丰富的地区，多年平均降水量约为 1 600 mm。

雪山东坡阻截了来自南太平洋的暖湿气流，直接与含水气流接触，降水量十分丰富，约占雪山地区的 80%，但东坡紧邻海岸，工农业规模十分有限，用水量不大，致使大量宝贵的淡水资源白白注入大海。雪山东坡的径流主要汇集于斯诺伊（Snow）河，向南流经维多利亚州东南部人烟稀少而降水量较大的地区注入塔斯曼海；雪山西坡为墨累（Murray）河及其支流马兰比吉河（Murrumbidgee）的主要发源地，其降水量约占雪山地区的 20%。

墨累河发源于新南威尔士州东南部派勒特（Pilt）山西侧，在阿得雷德附近注入南印度洋的因康特（Encounter）湾。干流全长 2 589 km，流域面积 30 万 km^2，多年平均流量 190 m^3/s，径流量 59.5 亿 m^3。从长度与流域面积来看，墨累河是澳洲大陆最重要的河流，也是澳洲大陆流量最大的河流。达令（Darling）河为墨累河的第一大支流，马兰比吉河为第二大支流。

澳大利亚大陆四面环水，但因受亚热带高气压及东信风的影响，沙漠和半沙漠占国土面积的 35%，是世界上人类居住的最干燥的大陆。澳大利亚多年平均年降水量仅有 470 mm，降水量的区域性分布很不均匀，降水主要集中在东部，降水量为 500 ~ 1 200 mm，中部和西部年均降水量不足 250 mm，北部沿海地区年降水量为 750 ~ 2 000 mm。降水的年内分配也不均匀，降水主要集中在冬春之间，5 ~ 12 月降水占全年总量的 2/3。澳大利亚年蒸发量较大，西澳大利亚干旱区的年蒸发量超过 4 000 mm，澳大利亚 75% 的地方一年中任何一个月份的蒸发量均高于降水量，中部和西部地区年均蒸发量超过平均降水量的 10 倍。

澳大利亚全国水资源量约 3 430 亿 m^3，人均水资源量 18 053 m^3，水资源相对丰富，但由于国土辽阔，气候干旱，且蒸发量大，因此相对于其国土面积来说，又是一个水资源相对短缺的国家。为解决内陆地区的干旱缺水问题，澳大利亚兴建了著名的雪山调水工程。

2）工程背景

a. 工程建设的必要性

澳大利亚矿产资源和农畜产品特别丰富，是主要出口产品。农畜产品出口额约占出口总额的 70%，其中又以小麦、羊毛为最；其次是矿产品，约占出口总额的 24%。新南威尔士州是澳大利亚主要采矿工业区之一，新南威尔士州及维多利亚州两州拥有占全国 70% 的工厂。新南威尔士州南部、维多利亚州北部、南澳大利亚州东南部为墨累 - 达令河流域，是澳大利亚小麦、稻谷、羊毛的主要产地，下游有南澳大利亚州的钢铁工业中心。墨累－达令河流域面积为106万km^2，而多年平均年径流量仅为110亿m^3，单位面积径流量约为我国黄河流域的1/7，水资源十分贫乏。流域上、中游的农牧区是用水大户，而下游的城市、工业要求有很高的供水保证率，工农业用水矛盾十分尖锐；随着国民经济的发展，也需要大量的电力生产及水电调峰电能。这样，就提出了将雪山地区可利用的水资源如何更合理地用于灌溉、发电和供水的问题。1937～1946年，澳大利亚东南部出现了持续严重干旱，再加上第二次世界大战后的国民经济恢复和发展，急需增加电力生产和粮食供应，因此调水工程的建设十分必要、迫切。

b. 工程的前期工作

早在1835年，当欧洲移民第一次勘察雪山时，就发现了雪山地区的巨大灌溉用水潜力。19世纪80年代，大规模的干旱引起了牧民们对积雪覆顶山峰的强烈期望，并要求对从山区河流引水问题进行认真思考。

20世纪前半叶，人们提出了许多建议，并对一些重要问题进行了讨论，如雪山工程到底适合水力发电呢，还是建引水工程以满足灌溉目的？直到1944年，第二次世界大战临近结束时，一个具有灌溉和发电双重目的的方案才开始形成。

1947年，澳大利亚联邦政府、新南威尔士州政府和维多利亚州政府三方成立了专门委员会，在已有研究调水方案基础上，进一步研究雪山调水问题，并于1948年提出雪山调水工程方案。1949年，澳大利亚政府通过了《雪山水电法》，并随后组建了雪山水电管理局，负责该工程的建设。

3）工程概况

雪山调水工程是在斯诺伊河及其支流上修建水库，拦蓄径流，通过自流和抽水，经隧洞和明渠，使南流入海的斯诺伊河水西调至墨累河及北调至马兰比吉河支流蒂默特（Tumut）河，发展下游的灌溉及城市供水，并利用两河在雪山地区不足100 km范围内的800 m落差，建梯级电站，达到调水与开发水电相结合的目的。雪山调水工程共建大小水库16座，总库容85亿m^3，输水隧洞135 km，明渠80 km，水电站7座，泵站1座，规划年调水23.6亿m^3，其中调给马兰比吉河13.8亿m^3，调给墨累河9.8亿m^3，维多利亚州和新南威尔士州各得一半，并保证一定的下泄水量，干旱期为南澳洲供水，供水量由维多利亚州和新南威尔士州各负担一半。水电站装机容量375万kW，年发电51.3亿kWh，提供调峰用电，首先满足首都堪培拉用电需求，其次是新南威尔士州、维多利亚州和南澳洲。

工程主要设计方为美国内务部联邦垦务局，2/3的施工人员来自国外30多个国家，施工总人数达10万人，工程于1949年开工，1974年完成，历时25年，当时的投资额为8.2亿美元。据估计，如现在建设，该工程的投资将超过90亿美元。图6-4为澳大利亚雪山调水工程示意图。

雪山调水工程的主体工程位于澳大利亚东南部的新南威尔士州，是一项以发电、灌溉为主的跨流域调水工程。该工程所在地区有澳大利亚的雪山山脉，其最高峰海拔2 229 m，常年积雪，年降水量500～3 800 mm，约为澳洲大陆平均降水量的4倍。

雪山工程涉及6条大小不一的河流，即墨累河、马兰比吉河、斯诺伊河、蒂默特河、吉黑（Geehi）河和图马（Tooma）河。雪山调水工程分为南北两部分：斯诺伊河－墨累河跨流域引水工程和斯诺伊河－蒂默特河跨流域引水工程。上述两项工程分别与尤坎本（Eucumbene）

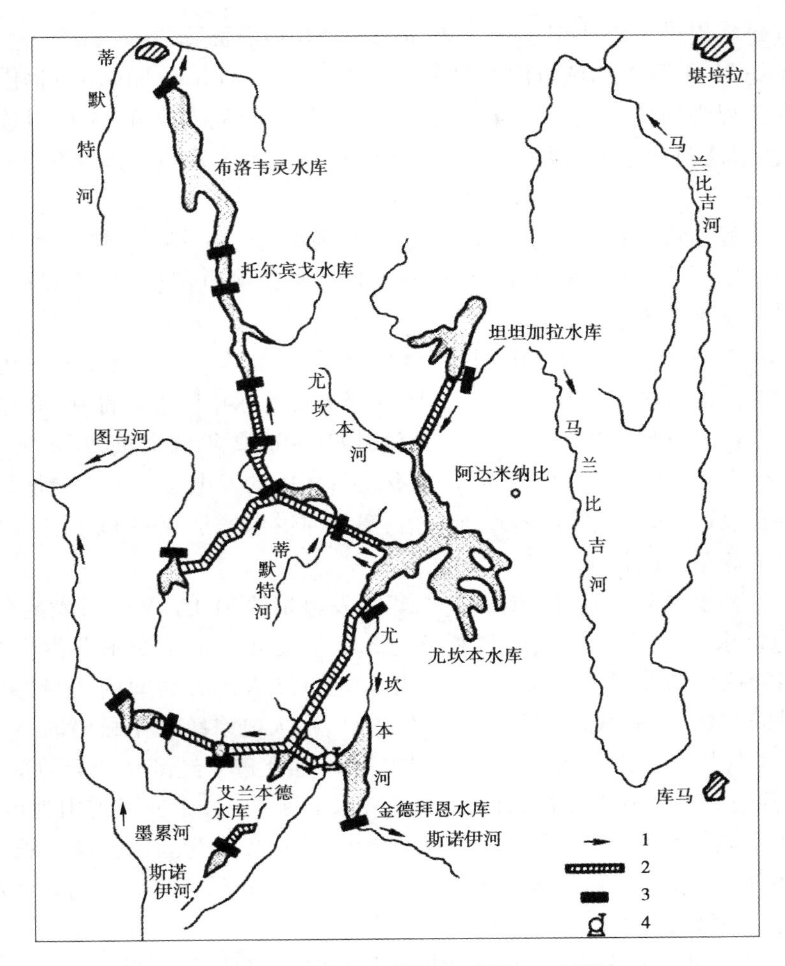

1—调水线路走向;2—隧洞;3—大坝;4—水泵站

图6-4　澳大利亚雪山调水工程示意图

湖(水库)相连接,并采用双向供水方式,充分利用流域内河流、湖泊的天然水量。斯诺伊河－墨累河工程是在斯诺伊河上建金德拜恩(Jindabyne)水库,通过金德拜恩泵站将水抽入艾兰本德(Islandbend)水库,并引水到吉黑水库,再将水引到吉黑河下游,归入墨累河。主要工程除引水隧洞和多座大坝外,还建有3座水电站:古塞加(Guthega)水电站装机容量60 MW,墨累一级水电站装机容量950 MW,墨累二级水电站装机容量550 MW。另建有泵站,扬程为231.6 m。

斯诺伊河－蒂默特河工程是在尤坎本河上建尤坎本水库,在马兰比吉河上游建坦坦加拉(Tantangara)水库,通过一条隧洞将水引入尤坎本水库后,再通过另一隧洞将水引入蒂默特水库。另外,在图马河上建图马水库,通过隧洞将水也引入蒂默特水库。汇集到该水库的水则可顺蒂默特河上所建梯级水电站而下,既用于发电又向供水区供水。主要工程除引水隧洞、多座大坝外,还建有4座水电站:蒂默特一级水电站装机容量320 MW,蒂默特二级水电站装机容量280 MW,蒂默特三级水电站装机容量1 500 MW,布洛韦灵(Blowering)水电站装机容量80 MW。

该项工程每年提供工农业用水23.6亿m^3,灌溉耕地总面积26万hm^2,并为南澳大利亚州首府阿德莱德88.5万人的城市用水及重要工业区铁三角(Iron Triangle)提供水源保证。

雪山调水工程为现代化管理,所有水电站均采用遥控,无人值守,不但可连续提供各水库蓄水、发电运行情况和各种需要的图像,而且还提高了水电站的运行效率。

4)工程效益

雪山调水工程独特的自然地形和水文条件,使调水与开发水电巧妙结合,工程取得很大成功。1999年,雪山调水工程度过了她50岁生日。半个多世纪以来,工程在经济、社会和环境方面获得了显著的效益。

(1)调水和发电效益。由于雪山调水工程规划设计留有较大余地,工程建成后的实际效益比预期效益高出许多。原计划年调水23.6亿m^3,实际年调水量都在30亿m^3以上,一般年调水超出计划的40%~80%以上。据统计,1991~1992年调水量为33.2亿m^3,1992~1993年为43.8亿m^3,1993~1994年为36.8亿m^3,相应的发电量也大为增加。按规划调水量,马兰比吉河流域灌溉和城镇供水增加一倍,墨累河供水增加60%以上,同时保证了南澳大利亚洲首府阿德莱德的供水。

雪山调水工程水电装机容量376万kW,年均发电量约51亿kWh,可满足东南澳电力市场16%的用电需求,目前每年的发电盈利额约3.5亿美元。由于受水源供应的限制,电站一般在用电高峰或电力互联网负荷较重时开始发电。在大部分时间内,它只提供东南澳电力市场供电量的5%。雪山调水工程除峰值供电外,在火电系统发生故障时,还具有短暂担负基荷的良好适应性。雪山调水工程供水、供电的增加促进了经济和社会的发展。

(2)旅游效益。雪山调水工程为国家公园增添了新景观,促进了雪山地区旅游业的发展。16座大小不同的水库,似水银撒播点缀于绿树雪山之间,为国家公园平添无限风光,加上引种外来植物,美化环境,每年吸引大量游客,从事水上娱乐、钓鱼、滑雪等活动,同时带动了附近一些城镇的繁荣和发展。

(3)环境效益。斯诺伊河优质洁净的水调入墨累河和马兰比吉河后,中下游河水矿化度降低,水质大为改善,卫生条件好转,土壤盐碱化程度逐渐降低,生态环境效益十分明显。

此外,由于雪山调水工程年平均发电量达55.26亿kWh,相当于燃烧410万t煤,因而避免了550万t二氧化碳进入大气层。雪山工程从开始发电到1995年避免了燃煤造成的1.2亿t二氧化碳进入大气层,在环境保护方面起到重要的作用。

6.2.3 世界调水工程的主要经验和启示

从世界调水工程的发展方向来看,随着科学技术水平和经济建设能力的提高,调水工程已逐渐由近距离、小流量、简单结构、单目标向远距离、大流量、复杂结构、多目标方向转变。综观世界调水工程的建设成效可以获悉,大规模调水工程的建设在城市生活及工业供水、灌溉、发电、防洪及航运等方面创造了巨大的社会效益和经济效益,对全球经济社会的发展起到了巨大的推动作用。但正如许多事物都存在两面性一样,调水工程在社会、生态及文化等方面所产生的负面影响也是不容忽视的。世界调水的实践已经证明,调水可能引发海水入侵、河流水质下降、输水系统泥沙淤积、受水河道冲刷、水生态系统破坏、大面积土地淹没、非自愿性移民以及第三方影响等一系列严重的问题。通常,调水工程的距离越长、规模越大,对生态与环境的影响就越加复杂。

调水工程之所以引发一系列的负面影响问题，其主要原因是前期论证和研究程度不够深入，国家和地方政府对某些问题没有给予足够的重视，同时还与各国的国情、国力以及政策体制等因素有关。如果前期论证和研究工作非常充分、深入，并能制定和确实采取合理的政策及措施，上述大部分负面影响就可能有效避免或减小到最低程度。

通过对国内外调水工程的分析和总结，可以发现许多成功经验，值得我国今后在其他工程的建设和管理中借鉴和参考。

6.2.3.1 建管结合、政府监管的管理模式

国外调水工程基本上采取了"谁投资，谁受益"和"谁建设，谁管理"的建设管理模式。对于具有供水、发电性质的调水工程，其受益者为广大的用水户和用电户，这部分工程设施的建设和运行管理费用都由用水户及用电户支付。但对于防洪、娱乐及生态环境保护等公益性设施，其建设和运行费用主要由政府拨款。国外调水工程的建设和管理任务基本上由相同的机构负责。在调水工程批准建设之前，往往要成立一个或多个专门的机构，主管工程的建设。工程竣工后，工程的运营管理事务一般由工程的建设主管机构负责。在美国，为了便于工程的运营管理，某些由联邦政府或州政府建设的工程，在项目竣工后其中部分设施通常交由地方机构进行运营管理。在加拿大，某些以发电、航运为目标的调水工程通常由私营企业出资建设，投资公司本身就是工程的建设和管理机构。国家或地方政府按事先与私营企业之间签订的协议，对工程的建设和运行工作进行监督，并在必要时加以干预。除上述情况外，其他国家调水工程的建设和管理都具有很强的政府行为。为了确保工程的建设质量和建设进度，提高工程的管理效率，更大程度上发挥工程的各项效益，国家或地方政府基本上都组建了主管工程建设和运营管理的专门机构，代表政府和工程投资者（受益者）负责工程的建设和管理具体事务。在整个工程的前期论证、设计、建设和管理过程中，一些重大事项都要经过政府讨论和批准，并接受政府监管。

6.2.3.2 国外非常重视与调水工程相关的法制建设

为确保调水工程的建设质量、工程的建设进程以及工程建成后的高效管理，维护广大民众的利益，在国外（尤其是欧美等发达国家），调水工程的建设都要经过国家政府、地方政府或相关立法机构的立法批准，并建立一套专门的、较为完善的法律保障体系，对工程的目标、规划、立项、筹资与还贷、建设、运行管理、水量分配、水价机制、生态环境保护、移民与补偿机制、水事纠纷调解及后期运营管理等多方面的内容进行了法律约束和规范，并在实践中严格依法执行。如果工程存在变更，通常也需颁布一部新的法案或对原有法案进行修订。例如，美国为规范中央河谷工程的建设和管理，先后颁布了十多部法律法规。可以说，严格的立法审批程序、规范的执法行为以及健全的法律体系，是国外许多著名调水工程得以成功建设和高效管理的重要保证。

6.2.3.3 多种融资渠道，政府实行优惠政策

调水工程通常是一项投资费用大、建设工期长、成本回收相对较慢的水利工程。由于某些调水工程建设需要巨额资金，往往需要采取多种筹资途经。从国外已有调水工程的建设资金筹集渠道来看，主要包括贷款（包括政府贷款或大型金融机构）、发行债券、政府拨款和启用专项建设基金等多种融资方式。在某些国家，对于公益性工程设施的建设，政府通过直接拨款和发行长期低息贷款等方式，给予了很大的优惠政策，在很大程度上解决了工程建设的资金压力，极大地加快了工程的建设进程。如美国调水工程中关于防洪、生态环境保护、

旅游等公益性工程设施的费用,一般实行政府专项拨款;对于灌溉性工程或工程中用于灌溉的设施,政府通常提供40~50年的无息贷款;而对于供水、发电等综合效益的工程设施,通常实行长达50年的政府低息贷款,且建设期内不用支付利息。

6.2.3.4 重视生态环境保护

任何一项调水工程或多或少都存在一些负面的生态环境影响问题,这也是难以避免的。在早期建设的调水工程中,由于前期研究不够充分或事先估计不足,生态环境保护工作做得不够到位,进而引发了一系列较为严重的问题,并逐渐引起了人们的关注。为了最大限度地降低调水工程对生态环境的影响,在近期规划和建设的调水工程中,人们越来越重视前期论证阶段的生态环境影响评价工作,并采取了许多生态环境保护措施。在欧美等发达国家,环境影响评价已成为前期可行性论证阶段必不可少的关键性工作。对于某些重大的问题,有时需要经过长期、反复的论证和深入研究。对于某些调水计划,尽管其经济效益相当可观,但因生态环境影响较大,最终被迫取消或束之高阁。此外,在生态环境保护的工程措施方面,往往不惜花费巨资修建野生生物保护设施、栖息地或保护区,以尽量减小工程对生态环境的影响。

6.2.3.5 重视工程的运行管理

调水工程通常是一项规模庞大、结构体系复杂的工程系统。为提高工程的管理效率,国外调水工程广泛实行了集中控制和自动化管理模式,建立了调水工程运行管理信息系统和决策支持系统。采用现代化的管理设备,配备高素质的管理人员,对工程采取优化统一调度,不仅有利于提高工程的管理效率,发挥工程的效益,更能节水、节能,还能避免或减少不良突发事件的发生。

6.2.3.6 国外调水工程十分重视节水

国外调水工程的管理机构对近期修建的输水渠道都采取了混凝土衬砌或其他防渗措施,对早期没有衬砌防渗的输水渠,后期专门补充了防渗工程。同时,工程管理机构非常重视节水教育、节水计划实施及节水改造方面的工作。为鼓励广大用水户进行节水,通常推行梯级水价制度和计量收费政策。

通过对国内外调水工程的实例分析和研究,我们应该清楚地认识到:调水工程主要是人类为实现水资源的高效利用而合理进行水资源配置的一种工程手段。该种工程技术手段,在给人类带来巨大社会经济效益的同时,由于事先研究不足、重视程度不够及管理不善等多方面原因,给我们带来了许多重大的负面影响。鉴于调水工程潜在的负面影响问题以及高额的投资,目前许多国家在进行调水工程建设决策时,都非常慎重。他们在考虑调水工程的同时,也在思考和尝试其他解决水资源危机的途经,如节水、产业结构调整、海水利用等。

希望我国今后在进行调水工程规划、建设和管理时,能够多借鉴和参考其他国家调水工程中的成功经验,总结教训和存在的问题,尽可能减小或避免工程潜在的负面影响,把我国的调水工程建好、管好。

6.3 我国南水北调工程

南水北调工程是缓解我国北方水资源严重短缺局面的重大战略性工程。我国南涝北旱,20世纪50年代提出了南水北调的工程设想,经过几十年研究,最终工程的总体布局确定为：分别从长江上、中、下游调水，通过三条调水线路将长江、黄河、淮河和海河四大江河联系起来，构成以“四横三纵”为主体的总体布局，以缓解北方水资源严重短缺问题，实现我国水资源南北调配、东西互济的合理配置格局。

6.3.1 南水北调东线工程

6.3.1.1 工程概况

南水北调东线工程是在江苏江水北调工程的基础上扩大规模和向北延伸，从长江下游扬州附近抽引长江水，利用京杭大运河及与其平行的河道为输水干线和分干线，逐级提水北送，并连通作为调蓄水库的洪泽湖、骆马湖、南四湖、东平湖，在山东省位山附近通过隧洞穿过黄河后自流到天津。输水主干线全长 1 150 km，其中黄河以南 651 km，穿黄段 9 km，黄河以北 490 km；山东半岛输水干线从东平湖至威海市米山水库，全长 701 km。

黄河以南需建 13 个梯级，扩建、新建 51 座泵站，总扬程 65 m。东线工程主要供水范围分为黄河以南、山东半岛和黄河以北二地区，主要供水目标是补充天津、河北、山东（含山东半岛）、江苏、安徽等输水沿线城市的生活、环境和工业供水，并适当兼顾农业和其他用水。

6.3.1.2 工程总体规划与规模

东线工程规划根据受水区的用水需求，先通后畅，分期实施，逐步扩大调水规模。东线工程拟在 2030 年之前分三期实施：

第一期工程首先调水到山东半岛和鲁北地区，有效缓解该地区最为紧迫的城市缺水问题，并为向天津市应急供水创造条件。第一期工程已于 2002 年底开工，计划总工期 5 年，2007 年建成输水。一期工程从长江引水流量为 500 m^3/s（多年平均抽江水量 89 亿 m^3），其中过黄河之后的流量为 50 m^3/s，送至山东半岛的流量为 50 m^3/s。

第二期工程增加向河北、天津供水，在第一期工程的基础上扩建输水线路至河北省东南部和天津市。二期工程引水流量为 600 m^3/s（多年平均抽江水量 106 亿 m^3），其中过黄河之后的流量为 100 m^3/s，到天津的流量为 50 m^3/s，送至山东半岛的流量为 50 m^3/s。在东线治污取得成效，满足出东平湖水质达Ⅲ类标准前提下，于 2010 年建成向河北、天津供水。

第三期工程继续扩大调水规模，引水流量为 800 m^3/s（多年平均抽江水量 148 亿 m^3），其中过黄河之后的流量为 200 m^3/s，到天津的流量为 100 m^3/s，送至山东半岛的流量为 90 m^3/s。计划于 2030 年以前建成，以满足供水范围内国民经济和社会发展对水的需求。

东线工程总投资 650 亿元，其中调水工程 390 亿元，治污工程 260 亿元。第一期主体工程总投资 320 亿元，其中调水工程 180 亿元，治污工程 140 亿元；第二期主体工程总投资 210 亿元，其中调水工程 90 亿元，治污工程 120 亿元；第三期主体工程总投资 120 亿元，均为调水工程投资。

6.3.1.3 主要工程

东线主体工程由输水工程、蓄水工程、供电工程三部分组成。其中，输水工程又包括输水河道工程、泵站枢纽工程、穿黄河工程。图 6-5 为南水北调东线输水干线纵断面示意图。

1）输水工程

a. 输水河道

东线工程供水区以黄河为分水岭，分别向南北两侧倾斜。从东平湖向鲁北、天津、胶东采用自流输水。引水口有淮河入长江水道口三江营和京杭运河入长江口六圩两处。输水河

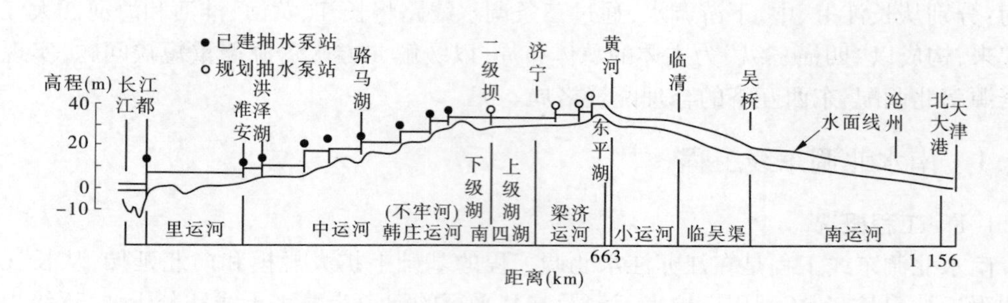

图 6-5　南水北调东线输水干线纵断面示意图

道 90% 利用现有河道。

b. 泵站枢纽

东线的地形以黄河为脊背向南北倾斜，引水口比黄河处地面低 40 余 m。从长江调水到黄河南岸需设 13 个梯级抽水泵站，总扬程 65 m，穿过黄河可自流到天津。

黄河以南除南四湖内上、下级湖之间设一个梯级外，其余各河段上设三个梯级。黄河以南输水干线上设泵站 30 处：主干线上 13 处，分干线上 17 处，装机容量 101.77 万 kW，其中可利用现有泵站 7 处，设计抽水能力 1 100 m^3/s，装机容量 11.05 万 kW。一期工程仍设 13 个梯级，泵站 23 处，装机容量 45.37 万 kW。

黄河以北各蓄水洼淀进出口设 5 处抽水泵站，设计抽水能力 326 m^3/s，装机容量 1.46 万 kW。

南水北调东线工程泵站的特点是扬程低（多在 2 ~ 6 m）、流量大（单机流量一般为 15 ~ 40 m^3/s）、运行时间长（黄河以南泵站约 5 000 h/a），部分泵站兼有排涝任务，要求泵站运转灵活、效率高。

c. 穿黄河工程

工程选定在山东省东平县与东阿县之间黄河底下打隧洞方案。通过多年地质勘探和穿黄勘探试验洞开挖，查明了河底基岩构造和岩溶发育情况，并成功解决了河底隧洞堵漏开挖的施工难题。

穿黄工程从东平湖出湖闸至位临运河进口全长 8.67 km，其中穿黄河工程的倒虹吸隧洞段长 634 m，平洞段在黄河河底下 70 m 深处，为两条洞径 9.3 m 的隧洞。第一期工程先开挖一条。

2）蓄水工程

东线工程沿线黄河以南洪泽湖、骆马湖、南四湖、东平湖等湖泊，略加整修加固，总计调节库容达 75.7 亿 m^3，不需新增蓄水工程。黄河以北现有天津市北大港水库可继续使用，天津市团泊洼水库和河北省的千顷洼水库需扩建，并新建河北省大浪淀和浪洼两座水库，黄河以北五处平原水库总调节库容 14.9 亿 m^3。

3）供电工程

黄河以南有泵站 30 处，新增装机容量 88.77 万 kW，多年平均用电量 38.2 亿 kWh，最大年用电量 57.5 亿 kWh。第一期工程有泵站 23 处，新增装机容量 34.32 万 kW，年平均用电量 19 亿 kWh。

6.3.1.4 工程效益

东线工程可为苏、皖、鲁、冀、津五省市净增供水量143.32亿m^3,其中生活、工业及航运用水66.56亿m^3,农业供水量为76.76亿m^3。

东线工程实施后可基本解决天津市,河北省黑龙港以东地区,山东北部、西南和胶东部分城市的水资源紧缺问题,并具备向北京供水的条件。可促进环渤海地带和黄淮海平原东部的经济发展,改善因缺水而恶化的环境。同时,为京杭运河济宁至徐州段的全年通航保证了水源,使鲁西和苏北两个商品粮基地得到巩固和发展。

6.3.2 南水北调中线工程

6.3.2.1 工程概况

南水北调中线工程是从加高扩容后的丹江口水库陶岔渠首闸引水,经唐白河流域西侧、伏牛山南麓过长江流域与淮河流域的分水岭方城垭口后,经黄淮海平原西部边缘,在郑州以西孤柏嘴处穿过黄河,继续沿京广铁路西侧、太行山东面北上,自流到天津,经管道压送至北京。南水北调中线工程的供水范围为北京、天津、河北、河南四省市,主干线长1 241 km。

规划分两期实施:一期(2010年)调水95亿m^3/a;后期(2030年)调水130亿~140亿m^3/a。中线远景从三峡水库坝址或库区大宁河引(提)水,或在荆沙市引长江水自流或提水入引汉总干渠。

中线工程可调水量按丹江口水库后期规模完工后,在正常蓄水位170 m条件下,考虑2020年发展水平,在汉江中下游适当做些补偿工程,保证调出区工农业发展、航运及环境用水后,多年平均可调出水量141.4亿m^3,一般枯水年(保证率75%),可调出水量约110亿m^3。因引汉水量有限,不能满足规划供水区内的需水要求,只能以供京、津、冀、豫、鄂五省市的城市生活和工业用水为主,兼顾部分地区农业及其他用水。

一期工程主要工程量:土石方9.5亿m^3、混凝土及钢筋混凝土1 947万m^3、钢筋及钢材73.3万t;永久占地42.2万亩(含库区淹没23.5万亩)、临时占地11万亩;工期8年。一期工程总投资917.4亿元,其中丹江口水库大坝加高及移民146.8亿元、汉江中下游工程68.6亿元、输水工程702亿元。

6.3.2.2 主要工程

南水北调中线主体工程由水源区工程和输水工程两大部分组成。水源区工程为丹江口水利枢纽后期续建和汉江中下游补偿工程;输水工程即引汉总干渠和天津干渠。

1)水源区工程

a.丹江口水利枢纽续建工程

丹江口水库控制汉江60%的流域面积,多年平均天然径流量408.5亿m^3,考虑上游发展,预测2020年入库水量为385.4亿m^3。

丹江口水利枢纽在已建成初期规模的基础上,按原规划续建完成,坝顶高程从现在的162 m加高至176.6 m,设计蓄水位由157 m提高到170 m,总库容达290.5亿m^3,比初期增加库容116亿m^3,增加有效调节库容88亿m^3,增加防洪库容33亿m^3。

丹江口大坝加高工程量:混凝土拆除2.9万m^3、混凝土浇筑129万m^3、钢筋7 963 t、金属结构安装9 380 t、土石方开挖66万m^3、土方填筑587万m^3。加高后增加淹没面积370 km^2,淹没线以下人口24.95万人。

b. 汉江中下游补偿工程

为免除近期调水对汉江中下游的工农业及航运等用水可能产生的不利影响,需兴建:干流渠化工程兴隆或碾盘山枢纽,东荆河引江补水工程,改建或扩建部分闸站和增建部分航道整治工程。

(1)兴隆水利枢纽。为低水头拦河闸坝。正常蓄水位 36.5 m,坝长 2 825 m,其中泄水闸段 900 m、船闸段 36 m。

(2)引江济汉工程。从荆江引水到汉江兴隆以下河段,引水量 360 ~ 405 m^3/s,以解决东荆河灌区的水源及兴隆以下河段的灌溉、航运及河道内生态用水。共有建筑物 133 座,开挖土石方 8 591 万 m^3、填筑土石方 1 213 万 m^3、衬砌混凝土 124 万 m^3,钢筋、钢材耗量 2.0 万 t。

(3)部分闸站改造和局部航道整治工程。

2)输水工程

a. 总干渠

黄河以南总干渠线路受已建渠首位置、江淮分水岭的方城垭口和穿过黄河的范围限制,走向明确。黄河以北干渠线路曾比较过利用现有河道输水和新开渠道两类方案,从保证水质和全线自流两方面考虑,最终选择新开渠道的高线方案。

总干渠自陶岔渠首引水,沿已建成的 8 km 渠道延伸,在伏牛山南麓山前岗垅与平原相间的地带,向东北行进,经南阳过白河后跨江淮分水岭方城垭口入淮河流域。经宝丰、禹州、新郑西,在郑州西北孤柏嘴处穿越黄河。然后沿太行山东麓山前平原,京广铁路西侧北上,至唐县进入低山丘陵区,过北拒马河进入北京市境,过永定河后进入北京市区,终点是玉渊潭。

黄河以南渠道纵坡 1/25 000,黄河以北渠道纵坡 1/30 000 ~ 1/15 000。渠道全线按不同土质,分别采用混凝土、水泥土、喷浆抹面等方式全断面衬砌,防渗减糙。

渠道设计水深随设计流量由南向北递减,由渠首 9.5 m 到北京 3.5 m,底宽由 56 m 降至 7 m。

总干渠设计流量:一期渠首为 350 m^3/s(加大流量为 420 m^3/s),过黄河 440 m^3/s(加大 500 m^3/s),进北京、天津均为 60 m^3/s(加大 70 m^3/s);二期渠首为 630 m^3/s,过黄河 500 m^3/s,进北京、天津均为 70 m^3/s。

渠首水位 147.38 m,明渠末端北拒马河总干渠水位 55.3 m,总水头 92.08 m,均为自流。输水工程以底宽 20 ~ 26 m 的明渠为主。经北拒马河泵站(扬程 34 m、3.78 万 kW)加压,通过两条长 27.79 km、内径 4.4 m、壁厚 0.5 m 的预应力钢筒混凝土管(PCCP 管)进入北京。

总干渠沟通长江、淮河、黄河、海河四大流域,需穿过黄河干流及其他集流面积 10 km^2 以上河流 219 条,跨越铁路 44 处,需建跨总干渠的公路桥 571 座,此外还有节制闸、分水闸、退水建筑物和隧洞、暗渠等,总干渠上各类建筑物共 936 座,其中最大的是穿黄河工程。天津干渠穿越大小河流 48 条,有建筑物 119 座。

明渠与交叉河流全部立交。从陶岔渠首到北京团城湖段共布置各类建筑物 1 660 座。其中,河渠交叉建筑物 155 座、渠渠交叉建筑物 194 座,干渠上建公路桥 735 座、铁路桥 31 座、分水口门 73 个。天津干渠共有各类建筑物 114 座。

总干渠的工程地质条件和主要地质问题已基本清楚。对所经膨胀土和黄土类渠段的渠坡稳定问题、饱和砂土段的震动液化问题和高地震烈度段的抗震问题、通过煤矿区的压煤及采空区塌陷问题等在设计中采取相应工程措施解决。

b. 穿黄河工程

总干渠在黄河流域规划的桃花峪水库库区穿过黄河，穿黄工程规模大，问题复杂，投资多，是总干渠上最关键的建筑物。经多方案综合研究比较认为，渡槽和隧洞倒虹吸两种形式技术上均可行。由于隧洞方案可避免与黄河河势、黄河规划的矛盾，盾构法施工技术国内外都有成功经验可借鉴，因此结合两岸渠线布置，推荐采用孤柏嘴隧洞方案。

穿黄河隧洞工程全长约 7.2 km，设计输水能力 500 m^3/s，采用两条内径 8.5 m 圆形断面隧洞。主干渠穿黄河段为典型的游荡性河道。河床覆盖层厚达 40～70 m，上部 10～30 m 为极松至稍松的粉细砂。河床中部以南的砂层下有厚 0～35 m 的粉质黏土和黏土。图 6-6 为南水北调中线工程穿黄隧洞示意图。

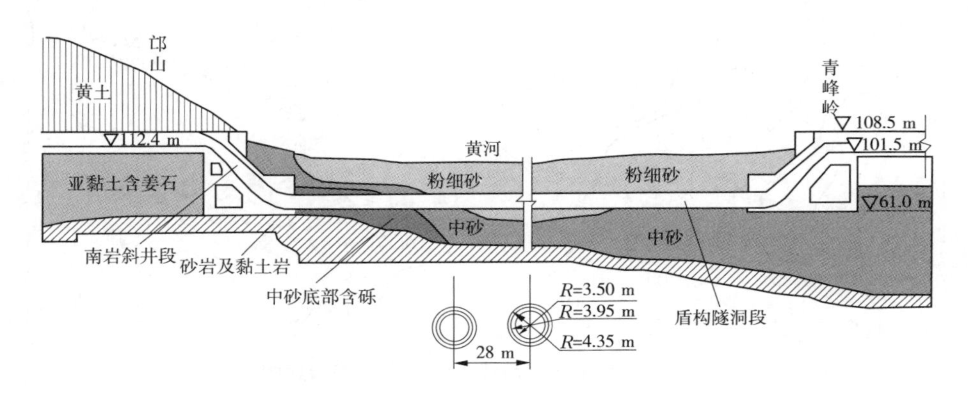

图 6-6　南水北调中线工程穿黄隧洞示意图

中线工程控制进度的主要因素是丹江口库区移民和总干渠工程中的穿黄河工程。穿黄河工程采用盾构机开挖，工期约需 6 年，并需考虑工程筹建期。

按 1993 年底价格水平估算，工程静态总投资约 400 亿元。

6.3.2.3　工程效益

中线工程可缓解京、津、华北地区水资源危机，为京、津及河南、河北沿线城市生活及工业增加供水 64 亿 m^3，增供农业用水 30 亿 m^3，大大改善供水区生态环境和投资环境，推动我国中部地区的经济发展。

丹江口水库大坝的加高提高了汉江中下游防洪标准，保障了汉北平原及武汉市的安全。

6.3.3　南水北调西线工程

6.3.3.1　工程概况

南水北调西线工程是从长江上游干支流调水入黄河上游的跨流域调水重大工程，是补充黄河水资源的不足，解决涉及青海、甘肃、夏宁、内蒙古、陕西、山西 6 省（自治区）黄河上中游地区和渭河关中平原干旱缺水的一项重大战略措施。

西线工程规划在长江上游通天河、支流雅砻江和大渡河上游筑坝建库，开凿穿过长江与黄河的分水岭巴颜喀拉山的输水隧洞，调长江水入黄河上游。据对通天河、雅砻江、大渡河三条河引水方案的规划研究，三条河的年最大可调水量约为 200 亿 m^3，其中从长江上游通天河调水 100 亿 m^3，从长江支流雅砻江调水约 50 亿 m^3，从大渡河调水 50 亿 m^3。初步规划三条河年平均可调水量为 170 亿 m^3，其中通天河为 80 亿 m^3，雅砻江为 50 亿 m^3，雅砻江和大渡河的 5 条支流为 40 亿 m^3。南水北调西线工程预计总投资 3 000 亿元左右。图 6-7 为南水北调西线工程输水线路示意图。

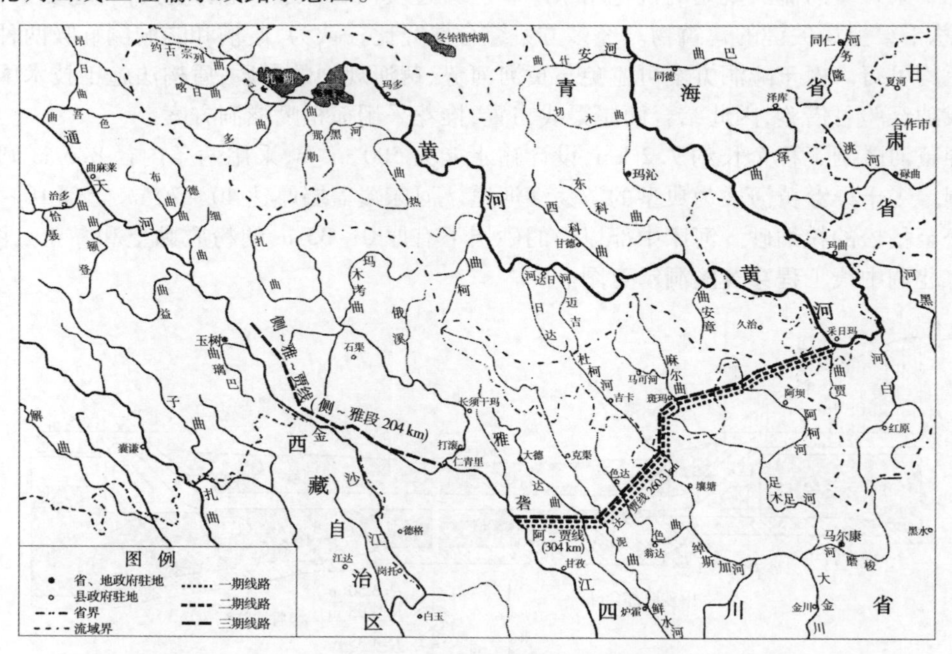

图 6-7　南水北调西线工程输水线路示意图

6.3.3.2　工程布置

黄河与长江之间有巴颜喀拉山阻隔，黄河河床高于长江相应河床 80～450 m。调水工程需筑高坝壅水或用泵站提水，并开挖长隧洞穿过巴颜喀拉山。引水方式考虑自流和提水两种。无论采用哪种引水方式，都要修建高 200 m 左右的高坝和开挖 100 km 以上的长隧洞。

引水线路初步研究如下：

（1）雅砻江引水线。从雅砻江长须附近修建枢纽，自流引水到黄河支流恰给弄。枢纽坝高 175 m，线路全为隧洞，全长 131 km。

（2）通天河引水线。此方案是与雅砻江引水联合开发，即在雅砻江引水先期开发条件下的二期工程。在通天河同加附近建枢纽自流引水到雅砻江，再由雅砻江引水到黄河支流恰给弄。枢纽坝高 302 m，线路全为隧洞，全长 289 km，其中同加到雅砻江 158 km，雅砻江到黄河 131 km。

（3）大渡河引水线。在大渡河上游足木足河斜尔尕附近修建枢纽抽水到黄河支流贾曲。枢纽坝高 296 m，线路全长 30 km，其中隧洞长 28.5 km。泵站抽水扬程 458 m，年用电量 71 亿 kWh。

6.3.3.3　工程效益

西线工程三条河调水约 200 亿 m^3，可为青海、甘肃、宁夏、内蒙古、陕西、山西 6 省（自治区）发展灌溉面积3 000万亩，提供城镇生活和工业用水90亿m^3，可促进西北内陆地区经济发展和改善西北黄土高原的生态环境。

6.3.3.4 技术可行性

西线工程地处青藏高原，海拔3 000～5 000 m，在此高寒地区建造200 m左右的高坝和开凿埋深数百米，长达100 km以上的长隧洞，同时这里又是我国地质构造最复杂的地区之一，地震烈度大都在6～7度，局部8～9度，工程技术复杂，施工环境困难，还须加强前期工作，积极开展科学研究和技术攻关，解决这些难点。

6.4 西部地区调水实例

自古以来我国西部地区就修建了许多调水工程，这些工程对古代中国社会、经济、文化的发展产生了巨大的推动作用。1949年以来，为解决水资源分布与城乡工农业生产需水的矛盾，我国西部地区又修建了许多跨流域长距离的调水工程，如甘肃引大入秦灌溉工程、新疆引额济克工程、昆明掌鸠河供水工程等。目前，西部地区在建的大型调水工程有陕西引汉济渭工程、青海引大济湟工程、甘肃引洮工程、新疆引额供水工程、贵州黔中水利枢纽工程等。与南水北调工程相比，这些调水工程虽然规模不是非常大，但对地方社会经济的发展都会起到巨大的促进作用。

6.4.1 秦代三大水利工程

在我国，水利自古以来就备受重视，且建树颇多。四川成都都江堰、陕西富平郑国渠、广西兴安灵渠并称为秦代的三大水利工程。就其历史之悠久、技术水平之高、社会影响之大，已作为民族的骄傲闻名于世。当谈及西部地区调水工程实例时，这三项古代工程是必不可少的。

6.4.1.1 都江堰

都江堰水利工程位于四川成都平原西部都江堰市西侧的岷江上，距成都56 km。建于公元前256年，是战国时期秦国蜀郡太守李冰率众修建的一座大型水利工程，是全世界迄今为止，年代最久、唯一留存、以无坝引水为特征的宏大水利工程，被誉为“世界水利文化的鼻祖”。

号称“天府之国”的成都平原，古代却是水旱灾害十分严重的地方。岷江对于整个成都平原来说是地地道道的地上悬江。成都平原的整个地势从岷江出山口玉垒山，向东南倾斜，坡度很大，都江堰距成都50 km，而落差竟达273 m。在古代，每当春夏山洪暴发之时，江水奔腾而下，洪水泛滥，成都平原就是一片汪洋；一遇旱灾，又是赤地千里，颗粒无收。岷江水患长期祸及西川，鲸吞良田，侵扰民生，成为古蜀国生存发展的一大障碍。

秦昭襄王五十一年（公元前256年），秦国蜀郡太守李冰和他的儿子，吸取前人的治水经验，率领当地人民，主持修建了著名的都江堰水利工程。都江堰的整体规划是将岷江水流分成两条，其中一条水流引入成都平原，这样既可以分洪减灾，又可以引水灌田、变害为利。主体工程包括宝瓶口进水口、鱼嘴分水堤和飞沙堰溢洪道，如图6-8所示。

1）宝瓶口

首先，李冰父子邀集了许多有治水经验的农民，对地形和水情作了实地勘察，决心凿穿玉垒山引水。由于当时还未发明火药，李冰便以火烧石，使岩石爆裂，终于在玉垒山凿出了

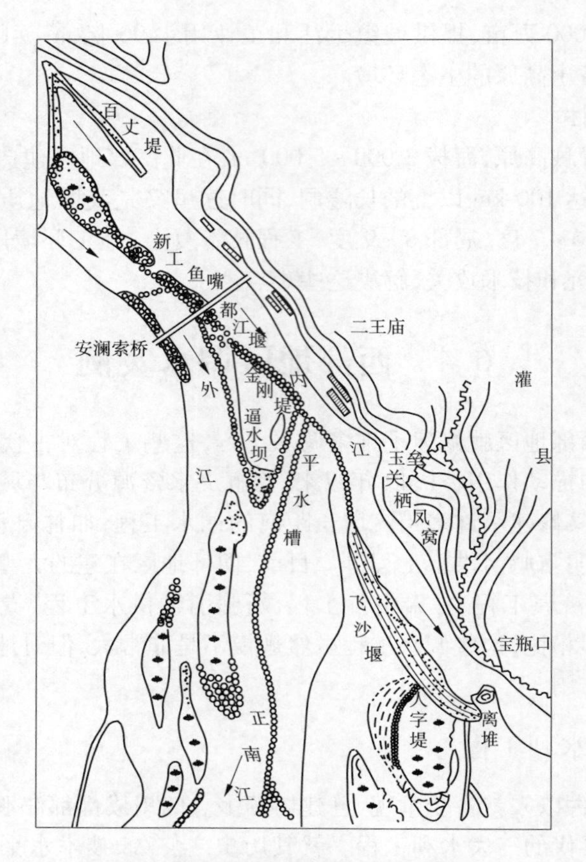

图6-8　都江堰渠首枢纽平面布置图

一个宽20 m、高40 m、长80 m的山口。因其形状酷似瓶口,故取名“宝瓶口”,把开凿玉垒山分离的石堆叫“离堆”。

之所以要修宝瓶口,是因为只有打通玉垒山,使岷江水能够畅通流向东边,才可以减少西边江水的流量,使西边的江水不再泛滥,同时也能解除东边地区的干旱,使滔滔江水流入旱区,灌溉那里的良田。这是治水患的关键环节,也是都江堰工程的第一步。

2)鱼嘴分水堤

宝瓶口引水工程完成后,虽然起到了分流和灌溉的作用,但因江东地势较高,江水难以流入宝瓶口,为了使岷江水能够顺利东流且保持一定的流量,并充分发挥宝瓶口的分洪和灌溉作用,李冰在开凿完宝瓶口以后,又决定在岷江中修筑分水堰,将江水分为两支:一支顺江而下,另一支被迫流入宝瓶口。由于分水堰前端的形状好像一条鱼的头部,所以被称为“鱼嘴”。

鱼嘴的建成将上游奔流的江水一分为二:西边称为外江,它沿岷江顺流而下;东边称为内江,它流入宝瓶口。由于内江窄而深,外江宽而浅,这样枯水季节水位较低,则60%的江水流入河床低的内江,保证了成都平原的生产生活用水;而当洪水来临时,由于水位较高,于是大部分江水从江面较宽的外江排走,这种自动分配内、外江水量的设计就是所谓的“四六分水”。

3)飞沙堰溢洪道

为了进一步控制流入宝瓶口的水量,起到分洪和减灾的作用,防止灌溉区的水量忽大忽小不能保持稳定的情况,李冰又在鱼嘴分水堤的尾部,靠着宝瓶口的地方,修建了分洪用的平水槽和飞沙堰溢洪道,以保证内江无灾害,溢洪道前修有弯道,江水形成环流,江水超过堰顶时洪水中挟带的泥石便流入外江,这样便不会淤塞内江和宝瓶口水道,故取名"飞沙堰"。

飞沙堰采用竹笼装卵石的办法堆筑,堰顶做到比较合适的高度,起调节水量的作用。当内江水位过高的时候,洪水就经由平水槽漫过飞沙堰流入外江,使得进入瓶口的水量不致太大,保障内江灌溉区免遭水灾。同时,漫过飞沙堰流入外江的水流产生了旋涡,由于离心作用,泥沙甚至是巨石都会被抛过飞沙堰,因此还可以有效地减少泥沙在宝瓶口周围的沉积。

今天的都江堰还在为四川省 8 个市 42 个县的 3 000 多万人提供着生活、生产和生态用水,灌溉面积达 1 010 万亩。四川省最重要的城市,如省会成都市、电子城绵阳市、重工业基地德阳市都位于其灌区之内。全省经济十强县中,亦有 8 个在其灌区。

世界水利学界公认,清除泥沙和防御洪水是水利工程的两大技术难题。因此,许多水利工程的寿命只有几十年。远在 2 000 多年前的蜀郡守李冰带领当地百姓,成功解决了这样的难题。今天的都江堰已经 2 260 多年了,是世界最古老的水利工程。更令人惊叹的是,它至今还在发挥着一个水利工程的作用。这不能不被称为世界水利史上的奇迹。

都江堰是世界水利工程的璀璨明珠。都江堰的修建,以不破坏自然资源,充分利用自然资源为人类服务为前提,变害为利,使人、地、水三者高度和谐统一,开创了中国古代水利史上的新纪元,在世界水利史上写下了光辉的一章。都江堰水利工程,是中国古代人民智慧的结晶,是中华文化的杰作。

6.4.1.2 郑国渠

郑国渠是一个规模宏大的灌溉工程。公元前 246 年,秦王政刚即位,韩桓惠王为了诱使秦国把人力、物力消耗在水利建设上,无力进行东伐,派水工郑国到秦国执行疲秦之计。郑国给秦国设计兴修引泾水入洛阳的灌溉工程。在施工过程中,韩王的计谋暴露,秦要杀郑国,郑国说:当初韩王是叫我来作间谍的,但是,水渠修成,不过为韩延数岁之命,为秦却建万世之功。秦王认为郑国的话有道理,让他继续主持这项工程。大约花了 10 年时间这项工程才告竣工。由于是郑国设计和主持施工的,因而人们称之为郑国渠。

郑国渠工程,西起仲山西麓谷口(今陕西泾阳西北王桥乡船头村西北),郑国在谷口做石堰坝,抬高水位,拦截泾水入渠。利用西北微高、东南略低的地形,渠的主干线沿北山南麓自西向东伸展,流经今泾阳、三原、富平、蒲城等县,最后在蒲城县晋城村南注入洛河。干渠总长近 150 km。沿途拦腰截断沿山河流,将冶水、清水、浊水、石川水等收入渠中,以加大水量。在关中平原北部,泾、洛、渭之间构成密如蛛网的灌溉系统,使干旱缺雨的关中平原得到灌溉。

郑国渠修成后,大大改变了关中的农业生产面貌,用"注填淤之水,溉泽卤之地",就是用含泥沙量较大的泾水进行灌溉,增加土质肥力,改造了盐碱地 4 万余顷(相当于现在 280 万亩)。一向落后的关中农业迅速发达起来,雨量稀少、土地贫瘠的关中,变得富庶甲天下。

郑国渠的修成,为充实秦的经济力量、统一全国创造了雄厚的物质条件。

郑国渠的建设也体现了比较高的河流水文学知识,郑国渠渠首工程布置在泾水凹岸稍偏下游的位置,这是十分科学的。在河流的弯道处,除通常的纵向水流外,还存在着横向环流,上层水流由凸岸流向凹岸,河流中最大流速接近凹岸稍偏下游的位置,正对渠口,所以渠道进水量就大得多。同时,水里大量的细泥也进入渠里,进行淤灌。横向环流的下层水流却和上层相反，由凹岸流向凸岸，同时把在河流底层移动的粗砂冲向凸岸，这样就避免了粗砂入渠堵塞渠道的问题。

郑国渠的作用不仅在于它发挥灌溉效益的100余年，而且在于它开启了引泾灌溉之先河，对后世引泾灌溉发生着深远的影响。秦以后，历代继续在这里完善其水利设施：先后历经汉代的白公渠、唐代的三白渠、宋代的丰利渠、元代的王御史渠、明代的广惠渠和通济渠、清代的龙洞渠等。1929年陕西关中发生大旱，三年六料不收，饿殍遍野。引泾灌溉，急若燃眉。中国近代著名水利专家李仪祉先生临危受命，毅然决然地挑起在郑国渠遗址上修泾惠渠的千秋重任。在他本人的亲自主持下，此渠于1930年12月破土动工，数千民工辛劳苦干，历时近两年，终于修成了如今的泾惠渠。1932年6月放水灌田，引水量16 m^3/s，可灌溉60万亩土地。至此开始继续造福百姓。

流经富平的郑国渠，全长约150 km，可灌溉18万余 hm^2 耕地。其引水口至干渠段，修有宽15～20 m、高3～5 m、长达6 km的引水渠堤。现存郑国渠口、郑国渠古道和郑国渠拦河坝，附近有秦以后历代重修、增修的渠首、干道遗址，并有大量的碑石遗存。郑国渠是我国古代最大的一条灌溉渠道，使秦国从经济上完成了统一中国的战争准备。郑国渠渠首遗址，目前发现有三个南北排列的暗洞，即郑国渠引泾进水口。每个暗洞宽3 m、深2 m，南边洞口外还有白灰砌石的明显痕迹。地面上开始出现由西北向东南斜行一字排列的七个大土坑，土坑之间原有地下干渠相通，故称“井渠”。郑国渠工程之浩大、设计之合理、技术之先进、实效之显著，在我国古代水利史上是少有的，也是世界水利史上所少有的。

6.4.1.3 灵渠

灵渠在广西壮族自治区兴安县境内，是世界上最古老的运河之一，有着“世界古代水利建筑明珠”的美誉。灵渠古称秦凿渠、陡河、兴安运河等，于公元前214年凿成通航，距今已2 200多年。

公元前221年，秦始皇统一六国以后，为了完成统一中国大业，接着向岭南地区发动了战争。而向广西进攻的一路秦军，遇到了部族首领的顽强抵抗，战争进展很不顺利。究其原因，这与秦军不适应山地作战，不服南方水土，病员较多，有一定关系。但更重要的一点是和岭南地区山路崎岖，运输线太长，粮食接济不上有关。因此，解决军粮的运输问题，成了决定这场战争胜败的关键。战争的暂时挫折，并没有动摇秦始皇统一岭南的坚强意志。他通过将领们对兴安地形的了解，果断地作出了“使监禄凿渠运粮”的决定。

在史禄的主持下，经过秦军与被征发的劳动人民的艰苦努力，几经寒暑，将灵渠开凿成功。至此，从湘江用船运来的粮饷，可以通过灵渠，进入漓江，源源不断地运至前线，保证了前方的需要。至秦始皇三十三年，秦军终于全部攻下了岭南，设置了桂林、南海、象郡，并派兵戍守。至此，秦始皇完成了统一全国的伟大事业，而灵渠则为完成这一伟大事业作出了重要的贡献。

我国长江流域与珠江流域之间，隔着巍峨的五岭山脉，陆路往来已很难，水运更是无路可通。但是，长江支流的湘江上源与珠江支流的上源，恰好同出于广西兴安县境内，而且近处相距只1.5 km许，中间低矮山梁也高不过30 m，宽不过500 m。灵渠的设计者就是利用这个地理条件，硬是凿出一条水道，引湘入漓，婉蜒行进于起伏的丘陵间，联结起分流南北的湘江、漓江，沟通了长江水系与珠江水系。

灵渠体系完整、设计巧妙、布局科学，在世界航运史上占有光辉的地位。其工程主要包括铧嘴、大小天平石堤、南渠、北渠、陡门和秦堤,如图6-9所示。大小天平石堤起自兴安城东南龙王庙山下,呈人字形,左为大天平石堤,伸向东岸与北渠口相接;右为小天平石堤,伸向西岸与南渠口相接。铧嘴位于人字形石堤前端,用石砌成,锐削如铧犁。铧嘴将湘江上游海洋河水分开,三分入漓,七分归湘。铧嘴还可起缓冲水势、保护大坝的作用。天平石堤顶部低于两侧河岸,枯水季节可以拦截全部江水入渠,泛期洪水又可越过堤顶,洩入湘江故道。

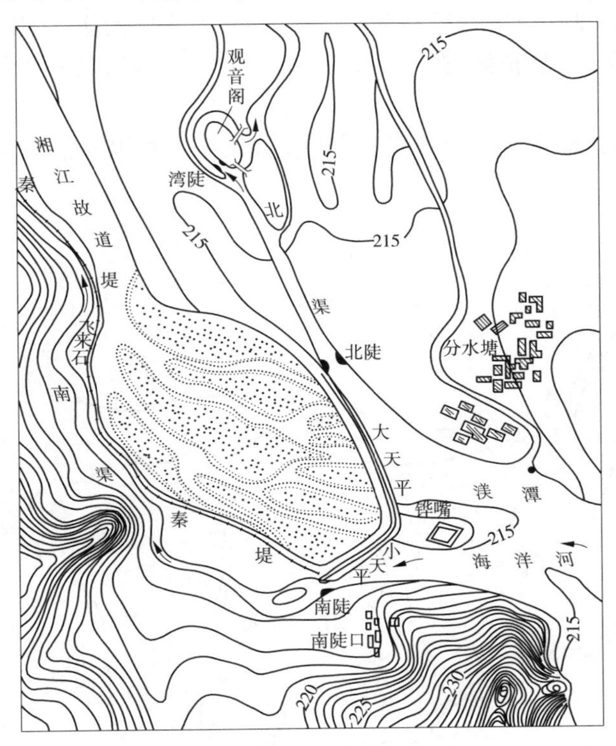

图6-9　灵渠渠首示意图

南渠即人工开凿的运河,在湘江故道南,引湘水穿兴安城中,始经安水、灵河注入大榕江入漓。因海洋河已筑坝断流,又在湘江故道北开凿北渠,使湘、漓通航。南北渠是沟通湘、漓二水的通道,全长36.4 km,平均宽10余m,平均深1.5 m左右。泄水天平建于渠道上,南渠二处,北渠一处,可补大小天平之不足,在渠道内二次泄洪,以保渠堤和兴安县城安全。

灵渠一些地段滩陡、流急、水浅,航行困难。为解决这个问题,古人在水流较急或渠水较浅的地方设立了陡门,把渠道划分成若干段,装上闸门,打开两段之间的闸门,两段的水位就能升降到同一水平,便于船只航行。灵渠最多时有陡门36座,因此又有"陡河"之称。1986年11月,世界大坝委员会的专家到灵渠考察,称赞"灵渠是世界古代水利建筑的明珠,陡门是世界船闸之父"。

6.4.2　引大入秦工程

秦王川是甘肃省中部干旱地区之一,总面积1 000多km^2。区域内土层厚度一般为1~2.5 m,地形平坦且土地连片集中,适宜发展灌溉农业、林业和牧业。但由于长年干旱少雨,土地得不到有效开发和利用,当地经济发展和人民生活处于落后状态。

大通河发源于祁连山脉的木里山，由青海流经甘肃境内汇入湟水，年径流量 25 亿～29 亿 m^3，年平均流量为 88.6 m^3/s，水量丰沛而稳定，水质良好。引大入秦工程是将大通河水跨流域调至兰州市以北约 60 km 处的秦王川地区的一项大型自流灌溉工程。工程地处祁连山的崇山峻岭之中，建筑物繁多，线长点多，以隧洞群为主要特点。

工程设计年自流引水 4.43 亿 m^3，灌溉面积 5.87 万 hm^2，年增产粮食约 1.5 亿 kg，用于安置甘肃省东部贫困地区 8 万移民和解决灌区内 40 万人民的生产、生活用水；改善秦王川地区的生态环境，逐步增加植被，在兰州市北部形成绿色屏障，具有明显的经济、社会、环境效益。

工程由引水渠首、输水渠系及其建筑物和田间配套工程组成。图 6-10 为引大入秦工程示意图。

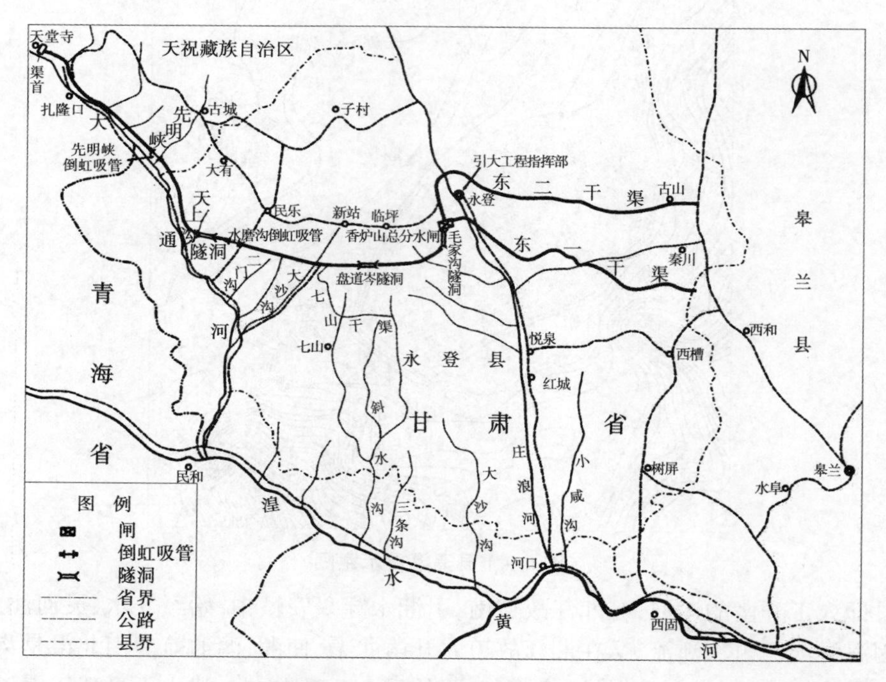

图 6-10　引大入秦工程示意图

总干渠从天堂寺引水渠首到甘肃省永登县香炉山总分水闸，全长 86.94 km，设计引水流量与渠首进水闸相同。在香炉山总分水闸将水分至东一干渠、东二干渠和 45 条支渠流入灌区，东一干渠全长 52.66 km，设计引水流量 14 m^3/s，灌溉面积 2.11 万 hm^2；东二干渠全长 53.62 km，设计引水流量 18 m^3/s，加大引水流量 21.5 m^3/s，灌溉面积 3.38 万 hm^2；45 条支渠总长度约 674.95 km。

工程设计的特点：引水及输水建筑物建筑在绵延山岭地带，穿越崇山峻岭，输水线路长，支渠以上渠道总长度约 880 km；渠系建筑物多，且以隧洞群为主，总干渠和干渠工程共有隧洞 71 座，总长度 110 km，其中盘道岭隧洞长度 15.7 km，为城门洞形断面（4.2 m×4.4 m）；30A 隧洞长度 11.64 km，为圆形断面，直径 4.8 m。隧洞所通过的地区，自然条件十分恶劣，隧洞埋深大，岩石为软岩类，工程地质条件极为复杂，施工难度大。渡槽 38 座，其中东二干渠庄浪河高排架渡槽全长 2 194.8 m；倒虹吸 3 座，其中先明峡倒虹吸设计水头 107 m，全长

524.8 m,采用直径为2.6 m的双排钢管,其规模在20世纪70年代中期居亚洲第一。

工程于1976年开工建设,由于受建设资金和施工技术条件限制,于1980年停工缓建。1985年工程复工时,在盘道岭长距离隧洞施工中采用了新奥法等先进施工工艺和掘进机械,在30A等长距离隧洞施工中采用了双护盾全断面掘进机、悬臂式掘进机、双臂掘岩台车、锤式掘进机等在20世纪80年代中期具有世界先进水平的机械、施工工艺技术,以及国际上先进的管理模式,在施工中取得了多项技术突破:解决了长距离、大断面、软岩隧洞新奥法施工及超长距离施工通风、光面爆破等技术难题;双护盾全断面掘进机在30A隧洞施工中创造了年掘进10 km的优秀成绩,开创了一头进、一头出、一举贯通和10 km以上隧洞施工采用1条通风管道通风的先例;双护盾全断面掘进机在38号隧洞施工中创造了日进尺75.2 m和月进尺1 400 m的80年代中期世界纪录。

工程土石方和混凝土总量为2 740万m^3,总投资为29.5亿元。

主体工程已于1995年建成通水,工程运行情况良好。截至2000年12月,灌区配套面积达到3.33万hm^2,移民安置人数为4.2万人,取得了较好的经济、社会、环境效益。

6.4.3 引汉济渭工程

渭河,是中国黄河的最大支流。渭河流域主要是资源性缺水,近年来,渭河流域关中地区的经济发展,是被迫以挤占农业水、牺牲生态水、超采地下水来勉强维持的。据陕西省水利厅测算,渭河流域2020年缺水量将达到28亿m^3,水供需矛盾日益突出,其水资源已经难以支撑关中经济社会发展对水的需求,已成为制约陕西省经济发展的最大"瓶颈"。

汉江,长1 570余km,流域面积1959年前为17.43万km^2,位居长江水系各流域之首;1959年后,减少至15.9万km^2,退居嘉陵江之后,居长江水系各支流第二,但仍是长江左岸最大的支流。汉江发源于陕西省汉中市,也是中国中部区域水质标准最好的大河,汉江流域降水丰富,水量充盈。

引汉济渭工程是一项由陕西省汉江流域向渭河流域调水的大型水资源配置工程。该工程规划有两处水源,一处为汉江干流黄金峡水库,另一处为汉江支流子午河三河口水库,调入点为渭河支流黑河金盆水库。设计年调水总量15.5亿m^3,其中黄金峡水库10.5亿m^3,三河口水库5.0亿m^3。主要供水对象为关中地区城市和工业。

引汉济渭工程由六大部分组成:黄金峡水库,坝高64.3 m,总库容2.36亿m^3,坝后电站装机容量75 MW;黄金峡泵站,总装机容量225 MW,设计抽水流量62.5 m^3/s,总扬程215 m,建成后这将成为国内第一的高扬程大流量泵站;黄金峡泵站至三河口水库输水隧洞,洞径5.8 m×7.3 m,设计流量62.5 m^3/s,总长度16.9 km;三河口调节水库,坝高136.3 m,总库容6.81亿m^3;三河口水库至金盆水库的秦岭隧洞工程,洞径7.0 m,设计流量57.64 m^3/s,总长度65 km;金盆水库增建工程,由一条洞径5 m、总长度1.9 km的放水洞和洞后装机容量35 MW的电站组成。

引汉济渭工程就其综合难度来说已经达世界第一,这是我国首次尝试从底部洞穿世界十大主要山脉之一的秦岭山脉;隧洞最大埋深2 012 m,为世界第二;隧洞长度居世界第二、亚洲第一。不仅埋深大、长度大,由于引汉济渭工程建在岩性异常复杂的扬子板块和中朝准地台板块的地质挤压带上,因此在施工过程中可能遇到多条断层破碎带、大变形千枚岩层等复杂情况。同时,由于地面水系复杂,洞线穿越多处地质构造带及透水岩层,较大量的涌水也成为施工面临的重大挑战。

引汉济渭调水工程建成后，可满足关中地区渭河沿线西安市等4个设区市、13个县城、8个工业园区2020年的城市生活、工业和生态环境用水需求，还可以归还渭河河道被挤占的生态用水量，使渭河河道低限生态用水量达到51.1亿 m^3，极大地改善渭河河道生态环境。

工程静态总投资120.0亿元，设计总工期8年，其中准备期2年，主体工程施工期6年。工程规划将于2015年建成。

引汉济渭工程建成后，每年可从汉江向渭河调水15.5亿 m^3，将有效缓解渭河流域水资源供需矛盾。其效益显著、意义重大，具体表现在以下三个方面：

(1)社会效益。引汉济渭工程将极大地缓解关中地区水的供需矛盾，优化水资源配置，保障供水安全，为今后一个时期经济和社会发展提供水资源支撑。引汉济渭工程建成后，在考虑人口增长的条件下，关中的人均水资源占有量将由370 m^3 提高到450 m^3，人均用水量将由203 m^3 提高到302 m^3，大大提高了水资源承载能力。年增加的14.7亿 m^3 供水量，在节水的条件下，可支撑7 000亿元国内生产总值，同时可满足增加500万人规模的城市用水。

(2)生态效益。引汉济渭工程建成后，渭河流域水环境容量将会扩大，水生态环境将得到改善。关中地区每年超采4亿~6亿 m^3 地下水的问题将得到解决。从而使地下水资源得到逐步恢复，地下水水质得到改善，因地下水下降造成的地质灾害得到减轻，同时也将使渭河基流量有所增加。引汉济渭工程调水能力中考虑了部分生态水量，辅以必要的工程措施，在渭河相关支流和城市周边将会形成相当面积的景观水面，从而为改善人居环境，提高城市品位，构建小康社会创造条件。

(3)经济效益。根据经济效益分析成果，引汉济渭工程国民经济收益率15%，经济效益费用比1.96，财务内部回收率9%，具有较好的经济效益，有条件实现长期良性运行。

6.4.4 引大济湟工程

湟水谷地在青海省东部地区，湟水河是黄河上游最大的一个支流，属于黄河的一级支流。由于湟水谷地地势较低，因此它成为了青海省重要的农业生产基地。早在20世纪50年代，青海人就梦想着将富余的大通河水引入湟水河。1958年，青海省省委决定兴建引大济湟综合利用工程，并成立工程总指挥部，8月大坂山总干渠工程正式动工，但终因投资规模庞大、设备落后、人员不能保证等于1959年8月被迫停建。历经半个世纪的风风雨雨，2008年5月，引大济湟调水总干渠项目获得国家发展和改革委员会批复立项，这标志着青海省的一号水利工程——引大济湟工程进入实质性阶段。

引大济湟工程是青海省内一项跨流域大型调水工程，由石头峡水利枢纽、调水总干渠、黑泉水库、湟水北干渠、湟水南岸提灌工程组成。从湟水河一级支流大通河上游石头峡建库引水，将7.5亿 m^3 大通河水，经29.6 km调水干渠调入湟水河一级支流北川河上游的宝库河，解决湟水两岸山区和干流资源性缺水问题。引大济湟工程水资源规划范围为湟水干流民和以上地区，面积为1.6万 km^2。工程供水范围为湟水流域的西宁市、湟源县、湟中县、大通县、平安县、互助县、乐都县及民和县。

调水总干渠作为引大济湟的骨干工程，由引水枢纽、引水隧洞组成，承担着从大通河流域向湟水河流域的输水任务。总调水量近期 $3.6\times10^8\ m^3$、远期 $7.5\times10^8\ m^3$，设计引水流量 35 m^3/s，引大济湟调水总干渠工程总投资 12.39 亿元，建设工期为 4.5 年，初拟引水线路全长 24.65 km。该工程从大通河引水穿越大坂山隧洞进入黑泉水库，经黑泉水库调节后供给西宁市和北川工业区的生活和工业用水，为湟水河河道基流补水。

引大济湟工程因工程量大、投资大，本着"先易后难、分期实施、尽快见效"的原则，分三期实施。一期为黑泉水库和湟水北干渠一期工程，二期为石头峡水利枢纽、调水总干渠和北干渠二期工程，三期为南岸提灌工程。引大济湟三期工程如期实现后，近期可调水 3.7 亿 m^3，缓解湟水流域缺水矛盾，2020 年总调水量将超过 6.2 亿 m^3，2030 年总调水量达到 7.5 亿 m^3。

引大济湟工程是一项具有综合效益的大型水利工程，工程建成后，可扩大农田灌溉面积 118.44 万亩，新增生态林草灌溉面积 89.38 万亩，向城市和工业用水增加供水量 2.78 亿 m^3，向河道生态用水增加 1.85 亿 m^3。能有效解决湟水流域经济社会发展对水的需求，消除缺水的瓶颈制约，支撑该地区经济和社会可持续发展的迫切需要。特别是引大济湟调水总干渠工程建成后，将会使西宁市和海东地区由于资源性缺水引起的"水荒"问题得到极大缓解，能够改善该流域浅山地区的农业生产条件和生存环境，有效地帮助贫困群众脱贫致富。

引大济湟工程建成后还能够有效解决湟水流域生态环境问题。干旱缺水使该流域的生态系统十分脆弱且呈现出日益恶化的趋势，尤其是浅山地区植被稀疏，水土流失严重，加之过度开垦、放牧，乱垦滥伐，加剧了荒漠化的发展。引大济湟工程为这一问题的解决提供了基础条件，使湟水流域的生态系统逐步得到恢复，通过有效改善浅山地区的干旱面貌，哺育林草，每年可减少 44.8 万 t 的泥沙输入黄河。

6.4.5 引洮工程

甘肃省中部的定西、会宁等地区地处黄土高原丘陵沟壑区，干旱少雨，植被稀疏，生态环境持续恶化，水资源极度匮乏成为限制当地经济社会发展的瓶颈。为了解决该地区人民群众的生存和发展问题，甘肃省在 20 世纪 50 年代就提出了引洮河水到中部地区的设想，曾于 1958 年开工建设，限于当时的技术水平和经济条件，终因工程规模过大，国力民力不支被迫于 1961 年 6 月停建。

洮河是黄河上游较大的一级支流，发源于甘肃、青海两省交界处的西倾山北麓，在永靖县境内汇入刘家峡水库，全长 673.1 km。洮河流域总面积 25 527 km^2，涉及碌曲、临潭、卓尼、夏河、永靖等 12 个县。河源高程 4 260 m，河口处高程 1 629 m，相对高差 2 631 m，多年径流量 49.2 亿 m^3。自 20 世纪 80 年代以来，甘肃省省委、省政府重新启动引洮工程的前期工作，并在 1992 年把引洮工程列为甘肃省中部地区扶贫开发的重点项目。根据不同时期全省及当地经济社会发展需求，经过十多年的设计论证，不断调整用水思路，确定引洮工程是以解决城乡生活供水及工业供水、生态环境用水为主，兼有农业灌溉、发电、防洪、养殖等综合利用的建设项目，从而实现水资源的优化调度，从根本上缓解该地区水资源匮乏的问题。

引洮工程供水范围西至洮河、东至葫芦河、南至渭河、北至黄河，受益区总面积为 1.97 万 km^2，涉及甘肃省兰州、定西、白银、平凉、天水 5 个市辖属的榆中、渭源、临洮、安定、陇西、通渭、会宁、静宁、武山、甘谷、秦安等 11 个国家扶贫重点县（区），155 个乡（镇），总人口 298.53 万人。规划区内年降雨量 370 mm，年蒸发量 1 400 ~ 2 000 mm。该地区自产水资源总量4.82 亿 m^3,其中地表水资源量 4.40 亿 m^3,地下水资源量 0.42 亿 m^3。可利用水资源总量 3.91 亿 m^3,其中地表水资源量 3.52 亿 m^3,地下水可开采量 0.39 亿 m^3。人均可利用水资源量仅 130 m^3,亩均占有水资源量仅 40 m^3。水资源的极度匮乏,不仅严重制约了当地经济和社会的发展,而且城乡供水也发生了严重危机。定西、通渭、会宁、静宁、秦安等市县目前的城镇及工业用水总量约 3 870 万 m^3,缺水量约 1 200 万 m^3,水土流失面积高达 85%。据分析测算,按照该地区实现可持续发展的要求,到 2030 年需水量将达 19 亿 m^3 左右,缺水达 16 亿 m^3 左右。水资源的严重不足,不仅使本已十分脆弱的生态环境更趋恶化,而且严重威胁着当地群众的生存。所以,从洮河九甸峡筑坝兴建引洮工程,是改善甘肃省中部地区贫困落后面貌,实现经济发展、社会稳定和生态改善的重大举措,也是中部人求生存、图发展的必然选择。建设该工程十分必要,而且相当迫切。

引洮工程由九甸峡水利枢纽及供水工程两部分组成,计划分两期建设,一期工程建设内容包括九甸峡水利枢纽及引洮供水一期工程。九甸峡水利枢纽是引洮供水工程自流引水的龙头工程,枢纽主要建筑物包括钢筋混凝土面板堆石坝,左岸 1#、2#溢流洞,右岸泄洪洞,右岸引水发电洞,供水工程总干渠进水口等。混凝土面板堆石坝设计坝顶高程 2 206.5 m,最大坝高 136.5 m,水库总库容 9.43 亿 m^3,电站装机容量 3 × 100 MW,年平均发电量 10 亿 kWh。引洮供水工程以洮河九甸峡水利枢纽工程为水源,总干渠设计引水流量 32 m^3/s,加大引水流量 36 m^3/s,年调水总量 5.5 亿 m^3。一期工程年调水量 2.19 亿 m^3,配置非农业用水 1.53 亿 m^3,约占总外调水量的 70%;农业用水 0.66 亿 m^3,约占总水量 30%。由 110.48 km的总干渠、3 条总长 146.18 km 的干渠、20 条总长 238.18 km 的灌溉支(分支)渠、两条总长 47.02 km 的县城以上城市供水专用管线、10 条总长 66.26 km 的乡镇专用供水管线等构成覆盖全供水区的输供水渠(管)网体系。

引洮供水工程属大型跨流域自流引水工程,工程线路长,跨地域范围大,穿越流域多,供水区分散,工程地质条件复杂。总干渠自九甸峡水利枢纽大坝上游洮河右岸取水,以隧洞、暗渠、渡槽形式进入主要灌区及供水区,之后以明渠、渡槽、短隧洞形式沿内官盆地南缘山脚向东行进至马河镇结束。一干渠渠线自总干渠阳阴峡分水,沿内官盆地南缘北侧偏西方向前行至宛川河流域高崖水库下游。二干渠自总干渠阳阴峡分水,与安定区已建成的西河渠、中河渠相接,沿关川河而下达会宁县境内的头寨子。三干渠自总干渠马河镇分水,在小金家门入渭丰渠。陇西专用供水管线自总干渠 7#隧洞出口分水至陇西双泉镇结束。定西市专用供水管线自总干渠阳阴峡分水,与定西现有水厂衔接,直接向水厂供水。引洮供水一期工程共布置各类建筑物 2 393 座,其中总干渠 138 座,干渠 536 座,支渠工程 1 719 座。

引洮工程建成后,可基本解决项目区城乡生活、工业发展、生态和高效农业灌溉用水,解决 353 万人的饮水困难。工程经过长期良性运行和辐射发展,必将使得项目区乃至甘肃省整个中部地区社会、经济和生态全面协调发展。

6.4.6 引额供水工程

随着缺水问题的日益严重,乌鲁木齐经济区的生态环境已严重恶化,许多地区地下水位大幅下降,造成经济区北缘抵御沙漠侵蚀的天然荒漠植被严重退化,沙漠南侵。由于经济区内工业的迅速发展,工业用水挤占农业用水和生态用水的现象越来越严重,水资源短缺已成为制约该地区经济和社会发展的瓶颈。因此,从外流域调水来解决经济区经济与环境发展对水的需求已迫在眉睫,势在必行。

额尔齐斯河是一条跨国河流,发源于中国新疆维吾尔自治区富蕴县阿尔泰山南坡,在汉特曼西斯克附近汇入鄂毕河,为鄂毕河的最大支流。额尔齐斯河是我国唯一流入北冰洋的河流,河流全长 4 248 km,流域面积 164 万 km^2;中国境内河长 633 km,流域面积 5.37 万 km^2。河口处年均径流量为950 亿 m^3,年均含沙量0.076 kg/m^3,年均输沙量18.5 万 t,为新疆仅次于伊犁河的第二大河。

引额供水工程规划的工程项目是,在额尔齐斯河干流上修建"635"水利枢纽和喀腊塑克水利枢纽工程,调控中游以上 33.8 亿 m^3 年径流,从"635"水利枢纽引水,向北疆油田(克拉玛依市),乌鲁木齐经济区和沿线阿勒泰、塔城和丰县及兵团的农牧业开发等三个供水对象供水。远期在额尔齐斯河下游支流布尔津河上修建布尔津山口水利枢纽工程,调控 42.8 亿 m^3 年径流量,通过西水东引大渠,将布尔津河 27 亿 m^3 的余水调往额尔齐斯河中游,实现向农牧业供水 25.3 亿 m^3 的目标。

引额供水工程规划分三期实施。第一期工程为引额济克工程,主要包括建设"635"水利枢纽工程、输水道工程和尾部工程。第二期工程又分两个步骤:第一步为引额济乌一期工程,第二步为建设喀腊塑克水利枢纽,增加供水能力。第三期工程为建设布尔津河山口水库枢纽,将额尔齐斯河西部布尔津河丰富的水量,通过 166 km 的西水东引干渠调往额尔齐斯河中游,满足额尔齐斯河中游向外流域调水进一步增加的需求。

第一期引额济克工程位于新疆北部,是一项跨流域、长距离的调水工程,是确保克拉玛依石油工业和城镇生活用水以及带动沿线农业开发的重要基础设施,其中"635"水利枢纽工程位于阿勒泰地区福海县北屯镇以东约 56 km 的额尔齐斯河干流中流段。引水总干渠及西干渠由福海县经和布克赛尔蒙古自治县至克拉玛依市。引额济克工程建设规模为总库容 4.31 亿 m^3,引水干渠总长 324 km,发电装机容量 3.2 万 kW。该工程年引水量可达 8.4 亿 m^3,可提供工业用水 1.9 亿 m^3,农业用水 6.5 亿 m^3,新增耕地 6.7 万 hm^2,年发电量 1.4 亿 kWh,经济效益和社会效益十分显著。

引额济乌一期工程利用引额济克已建的"635"水利枢纽和 134 km 总干渠引水,新建 420 km 的渠道,以明渠为主,并包括 15 km 长的顶山隧洞和 10.8 km 长、160 m 水头的三个泉倒虹吸,170 km 的沙漠渠道及尾部的调节水库等主要建筑。引额济乌一期工程的调水量为 5.6 亿 m^3。此水量除解决引额济乌一期工程的南干渠生态防护林用水及北疆彩南油田等用水外,还有 4.2 亿 m^3 水供乌鲁木齐经济区用。

引额供水工程被称为"沙漠引水奇迹",这主要是因为,工程沿线地形地质条件极其复杂,气候极端恶劣。170 km 长的沙漠明渠,15 km 长的软岩隧洞,10.8 km 长、160 m 水头的三个泉倒虹吸工程和工程的施工质量及信息化管理等问题都具有世界级的难度。

引额济克工程是国家和新疆维吾尔自治区重点工程,它对促进西部大开发,实现新疆经济可持续发展具有十分重要的意义。目前,引额供水工程已累计完成投资近百亿元,先期建成的部分工程已将额尔齐斯河水引至克拉玛依市,提高了工业、农业和生态用水保证率,让这座曾经考虑搬迁的石油城重新换发出勃勃的生机。工程通过近几年的运行,对改善沿线的生态环境,促进农业开发和经济发展发挥了重要作用,其经济效益、社会效益和生态效益已初步显现。

6.4.7 昆明掌鸠河供水工程

6.4.7.1 工程建设背景

昆明是全国14个水资源严重短缺的城市之一，而境内最大的湖泊滇池又严重受污染，随着昆明市城市规模、工农业生产的扩大和人民生活水平的不断提高，水资源供需矛盾日益突出，已成为昆明市经济社会可持续发展的瓶颈。自1993年4月起，为解决昆明供水不足问题，外流域引水济昆的战略决策正式列入政府议事日程，并组织力量开始了前期筹备。历时4年，对昆明周边200 km范围内的水资源进行了勘察，对14组水源方案作了反复比较论证，最终优选出从昆明市禄劝县引水济昆的方案。

6.4.7.2 工程概况

1）水源工程

云龙水库是昆明掌鸠河引水供水工程的水源工程，位于昆明市西北部禄劝县云龙乡撒营盘镇境内，距离昆明市区约137 km。坝型为均质土坝，主坝顶长度900 m，副坝1座，坝高77.33 m，总库容4.48亿 m^3，年自流引水量2.5亿 m^3。

2）输水工程

输水工程是掌鸠河引水供水工程的关键性、控制性工程，全长97.72 km，其中87 km是隧洞。属中长距离外流域调水，具有承压（0.18 MPa）输水、长距离、小洞径的特点。输水线大都在山地与沟谷相间的地形地貌中通过，高程为1 560～2 560 m，区内地质条件复杂，沿线通过61条宽度大于10 m的断层，小断层不计其数，经常发生突然塌方、涌水、涌泥、泥石流。恶劣的地质条件给施工带来极大的困难。工程难度大，地质条件复杂，在全国同类工程中是少有的。输水工程共有大小隧洞16座，3 km以上的长隧洞有10座，其中5 km以上的隧洞有8座。全线还有4座倒虹吸、11段沟埋管及8个结合井，其中岔河倒虹吸落差达416 m，为亚洲最大。

3）净水工程

新建自来水水厂1座，设计供水能力为60万 t/d，一期工程按40万 t/d实施。该水厂采用重力式配水，两座4万 m^3 清水池高程为1 951 m，可直接向昆明市区供水，不需水泵加压，降低了运行成本，同时该水厂可与毗邻的松华坝水库联合调水，有效提高了城市供水保障率。

6.4.7.3 移民搬迁安置

掌鸠河引水供水工程涉及搬迁农村移民11 756人。首批移民搬迁安置从2000年12月28日至2001年1月19日，共搬迁安置移民904户3 696人。第二批移民搬迁安置从2002年1月22日至3月30日，共搬迁安置移民1 665户6 172人。2002年12月20日完成第三批搬迁，安置移民1 243人。三批共搬迁安置移民1.1万人，圆满完成了整个移民搬迁任务。

6.4.7.4 工程建设意义

掌鸠河引水供水工程是我国最大的城市引水供水工程，每年将向昆明市提供2.45亿 m^3 优质水，日供水达60万 m^3，使昆明市日供水能力从82万 m^3 左右增至150万 m^3 以上，产生了巨大的经济、社会、生态效益，有效保证了昆明市的可持续发展，并对滇池治理，实现滇池生态平衡起到了重要作用。

6.4.8 黔中水利枢纽工程

黔中水利枢纽工程是贵州省首个大型跨地区、跨流域长距离水利调水工程,是贵州省西部大开发的标志性工程。黔中水利枢纽工程位于贵州中部,处于长江和珠江两大流域分水岭地带。工程涉及贵州3市(贵阳、安顺、六盘水)1州(黔南自治州)1地区(毕节)的10个县和贵阳、安顺市区。具体包括六盘水市的水城、六枝,毕节地区的织金、纳雍,安顺市的普定、西秀、镇宁、关岭、平坝,黔南自治州的长顺,贵阳市区,安顺市区等。

黔中水利枢纽工程分为水源工程、灌区工程和供水工程三大部分,涉及大中小型水库91处,其中大型1座、中型5座、小(1)型23座、小(2)型62座。其中,5座水库承担灌区反调节任务,4座水库承担向贵阳供水的调节任务。

水源工程位于长江流域的乌江干流三岔河中游六枝与织金交界的木底河平寨河段,大坝枢纽由混凝土面板堆石坝、右岸洞式溢洪道、右岸发电引水系统及地面厂房、右岸放空隧洞、左岸灌溉引水隧洞等建筑物组成。

混凝土面板堆石坝,坝顶长363 m,坝顶宽10.6 m,最大坝高162.7 m,总库容10.89亿 m^3,坝后装机容量13.6万kW,年调水量5.5亿 m^3。溢洪道采用开敞式进口,后接开敞式溢洪洞的方式布置在右岸山体内,洞长约为624 m,城门洞形,洞径10.0 m×8.58 m(宽×高),出口消能采用挑流消能。灌溉引水隧洞取水口采用岸塔式布置,分层取水,隧洞全长1.1 km,设计引用流量22.77 m^3/s,洞径为3.6 m,出口接地面式渠首电站,电站尾水接总干渠。总干渠由平寨水库自流引水进入桂家湖水库,总长63.4 km,桂松干渠又将水从桂家湖水库先提入革寨水库,再由革寨水库提入凯掌水库尾部上游马山,总长84.74 km。灌区总灌溉面积65.23万亩,可以解决39.5万人畜饮水困难。

工程拟分两期建设,一期工程,拟解决黔中主要灌区的农灌用水、县乡镇供水、人畜饮水和贵阳市区2020年缺水;2020年左右建成二期,拟解决二期灌区的农灌用水、县乡(镇)供水、人畜饮水和贵阳市区2030年缺水、安顺市区2030年缺水。

工程是以灌溉和城市供水为主、兼顾发电等综合利用的大型调水工程。工程建成后将有效地解决黔中地区饮水安全问题、保障粮食生产安全,从根本上改变贵州中部地区的自然、经济和社会现状,有效提高广大人民群众的生活水平和质量,促进全省区域经济社会的协调发展。

第 7 章　西部地区水电能资源开发利用

水力发电站是开发利用水电能资源的工程设施，是把江河、湖泊、海洋水体中蕴藏的因重力形成的位能和动能转变为电能的设施。它包括水电站的各种建筑物及设备。

这些设施使天然水流形成落差水头，汇集、调节水流流量输入水轮机，经水轮机与发电机的联合运行，使水能转换为电能，再经变压器、开关站和输电线路等设备，将电能输入电网用户。

7.1　水能计算基本方程及蕴藏量估算

水力发电就是利用天然水能生产电能。

在地球引力（重力）作用下，河水不断向下游流动。在流动过程中，河水因克服流动阻力、冲蚀河床、挟带泥沙等，使所含的水能分散消耗掉了。水力发电的任务，就是要利用这些被无益消耗掉的水能来产生电能。如图 7-1 所示，表示一任意河段，其首尾断面分别为段面 1—1 和断面 2—2，若取 0—0 为基准面，则按伯努利方程，流经首尾两断面的单位重量水体所消耗掉的水能应为

$$H = (Z_1 - Z_2) + \frac{p_1 - p_2}{\gamma} + \frac{\alpha_1 v_1^2 - \alpha_2 v_2^2}{2g} \quad (7\text{-}1)$$

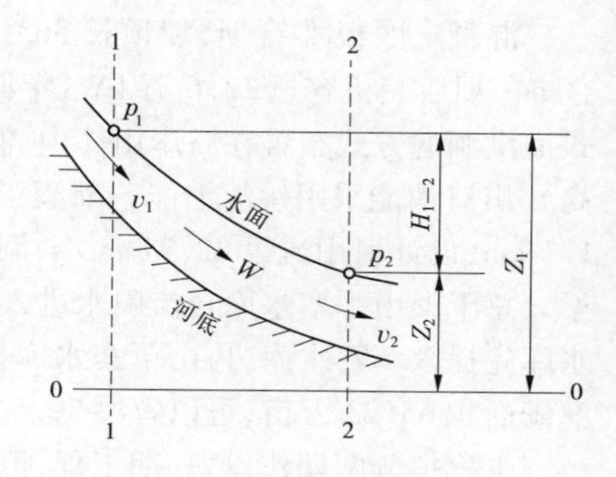

图 7-1　水能与落差

式中，p_1 与 p_2 近似相等，$\frac{\alpha_1 v_1^2 - \alpha_2 v_2^2}{2g}$值相对较小，可忽略。

单位重量水体的水能可近似为：$H_{1-2} = Z_1 - Z_2$，即首尾两断面的水位差。

若以 Q 表示在 t 秒内流经此河段的平均流量（m^3/s），γ 表示水的容重（通常取 $\gamma = 9.8 \times 10^3\ N/m^3$），则在 t 秒内流经此河段的水体重量应是 $\gamma W = \gamma Qt$。于是，在 t 秒内此河段上消耗掉的水能为 $E_{1-2} = \gamma Qt H_{1-2} = 9\,800 Qt H_{1-2}$

但是，在电力工业中，习惯于用 kWh 作为能量的单位，$1\ kWh = 3.6 \times 10^6\ J$，又令 $T(h) = t(s)/3\,600$，于是

$$E_{1-2} = \frac{1}{367.1} H_{1-2} Qt(kWh) = 9.81 H_{1-2} QT(kWh) \quad (7\text{-}2)$$

此即代表该河段所蕴藏的水能资源，它分散在河段的各微小长度上。要开发利用这微小长度上的水能资源，首先需将它们集中起来，并尽量减少其无益消耗。然后，引取集中了水能的水流去转动水轮发电机组，在机组转动的过程中，将水能转变为电能。这里，发生变化的只是水能，而水流本身并没有损耗，仍能为下游用水部门利用。上述这种河川水能因降水而陆续得到补给，使水能资源成为不会枯竭的再生性能源。

在电力工业中,电站发出的电力功率称为出力,因而也用河川水流出力来表示水能资源。水流出力是单位时间内的水能。所以,在图7-1中所表示的河段上,水流出力为

$$N_{1-2}=\frac{E_{1-2}}{T}=9.81QH_{1-2}(\mathrm{kW}) \tag{7-3}$$

由式(7-3)可见,落差和流量是决定水能资源蕴藏量的两项要素。

计算中,量取河段首尾断面流量的平均值,根据多年平均流量 Q_0 计算所得的水流出力 N_0,称为水能资源蕴藏量。

据1980年资料(见表7-1),我国河川水能资源蕴藏量达6.760 5亿kW,居世界首位。

表7-1 全国各地区水能资源蕴藏量及可能开发量统计表

地区	理论蕴藏量（万kW）	占全国比重（%）	可能开发量（万kW）	占全国比重（%）	说明
西南	47 331	70.0	23 234	61.4	按发电量值计算占全国比重;缺台湾省资料
西北	8 418	12.5	4 194	11.1	
中南	6 408	9.5	6 744	17.8	
东北	1 213	1.8	1 199	3.2	
华东	3 005	4.4	1 790	4.7	
华北	1 230	1.8	692	1.8	
全国总计	67 605	100.0	37 853	100.0	

注:此表数据摘自《水力发电》,1981年第2期。

表7-1显示:

(1)经济、技术上可行,能够开发利用的水能资源占理论值的一半左右,有些资源受条件所限无法利用。

(2)西南地区的水能资源占全国的70%,西北占全国的12.5%,中南占9.5%。

7.2 水电能资源开发基本方式

由于河流落差沿河分布,采用人工方法集中落差开发水电能资源,是必要的途径,一般有筑坝式开发、引水式开发、混合式开发、梯级开发等基本方式。

7.2.1 筑坝式开发

拦河筑坝,形成水库,坝上游水位壅高,坝上下游形成一定的水位差,使原河道的水头损失集中于坝址。用这种方式集中水头,在坝后建设水电站厂房,称为坝后式水电站。这是最常见的一种开发方式,如图7-2所示。引用河水流量越大,大坝修筑越高,集中的水头越大,水电站发电量也越大,但水库淹没损失也越大。

现在世界上坝后式水电站的发电最大引水流量:我国的三峡水电站为30 924.8 m^3/s、葛洲坝水电站为17 953 m^3/s,巴西的伊泰普水电站为17 395.2 m^3/s。坝后式水电站发电水

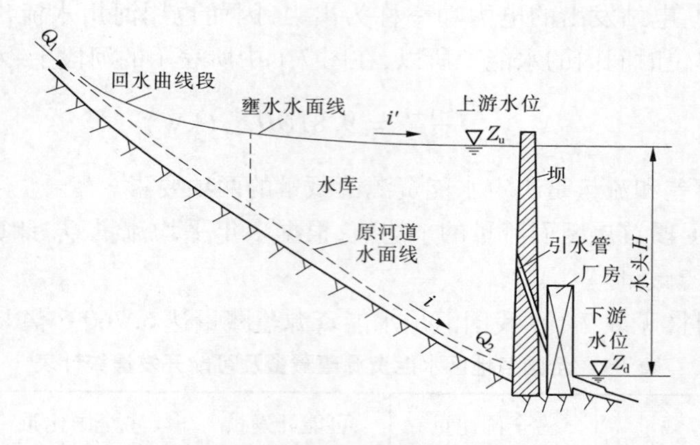

图 7-2　筑坝式水电开发示意图

头最大已达 300 多 m,最高的大坝是:俄罗斯罗贡斯克土石坝,坝高 323 m;瑞士大狄克逊重力坝,坝高 285 m;俄罗斯英古里拱坝,坝高 272 m。我国的三峡重力坝,坝高 185 m,台湾省德基拱坝,坝高 180 m。

筑坝式开发水电,优点是水库能调节径流,发电水量利用率稳定,并能结合防洪、供水、航运,综合开发利用程度高。但工程建设需统筹兼顾,综合考虑发电、防洪、航运、施工导流、供水、灌溉、漂木、水产养殖、旅游和地区经济发展等各方面的需要,工期长、造价高,水库的淹没损失和造成的生态环境影响大,应综合规划、科学决策。

伊泰普水电站,是世界上已建成的最大的筑坝式水电站。基本数据如下:

伊泰普坝址位于巴西与巴拉圭两国边界巴拉那河上,距巴拉圭首都亚松森市 300 km,距巴西用电中心圣保罗市 900 km,巴拉那河水量充沛、落差较大。总流域面积 280 万 km^2,全长 5 290 km,伊泰普坝址以上的流域面积 82 万 km^2,均在巴西境内,年平均径流量 2 860 亿 m^3,分别占全流域的 29.3% 和 39.4%。坝址基岩主要为厚层玄武岩,没有大地质构造,水库总库容 290 亿 m^3,有效库容 190 亿 m^3,调节性能好。

伊泰普电站装机容量 1 400 万 kW,年发电量 900 亿 kWh。保证出力 707 万 kW,所发电量由两国平分,近期巴拉圭剩余的电出售给巴西,以偿还巴西垫付的工程资金。

伊泰普电站安装了 20 台 70 万 kW 水轮发电机组,水轮机的转轮直径 8.647 m,转轮重 315 t,水轮机总重 3 300 t,设计水头 118.4 m,额定流量 645 m^3/s。机组额定最高水头 124 m 时,最大出力 74 万 kW,由西门子公司生产。电站厂房长 968 m、宽 99 m。

伊泰普工程建筑物前沿总长达 7 760 m,包括:电站主坝为混凝土双支墩空心重力坝,长 1 064 m,最大坝高 196 m;主坝段设 14 个进水口,底槛高程 175 m;右岸弧线形单支墩大头坝长 986 m;左岸导流控制重力坝长 170 m;左岸堆石坝长 1 984 m;左岸土坝长 2 294 m;左岸溢洪道等建筑。

主要工程量:土石方 9 245 万 m^3,混凝土浇筑 1 229 万 m^3。1974 年可行性研究报告工程总投资 31 亿美元。电站 1974 年 10 月动工,1984 年 2 台机组发电,1991 年建成。总工期 16 年,由于物价增长,1983 年核算,工程直接建设费 93 亿美元,施工期利息财务费 60 亿美元,远距离输电工程费 35 亿美元。总计投资 188 亿美元,单位(kW)投资 1 490 美元。

7.2.2 引水式开发

引水式开发是在河道上布置一个低坝，进行取水，并修筑引水隧洞或坡降小于原河道的引水渠道，在引水末端形成水头差，布置水电站厂房开发电能。其引水渠道为无压明渠时，称为无压引水式水电站，如图 7-3 所示。引水渠道为有压隧洞时，称为有压引水式水电站，如图 7-4所示。

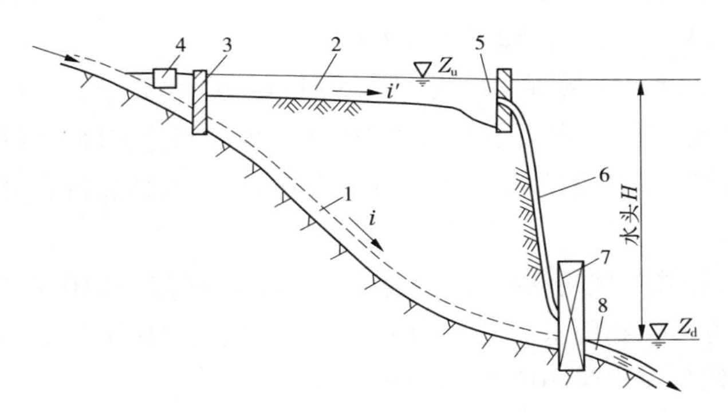

1—原河道；2—明渠；3—取水坝；4—进水口；5—前池；
6—压力水管；7—水电站厂房；8—尾水渠

图 7-3　无压引水式开发示意图

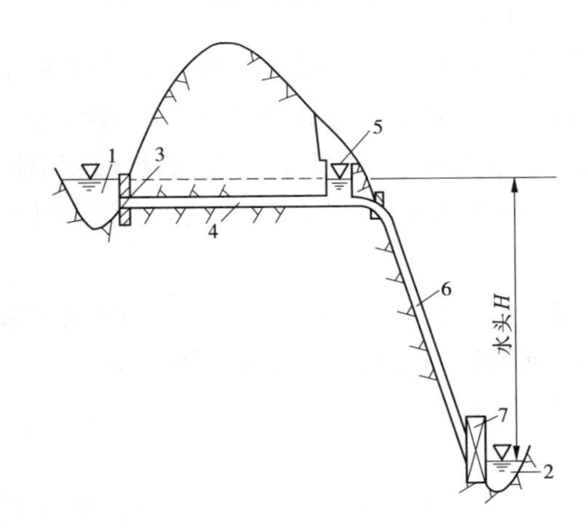

1—高河（或河弯上游）；2—低河（或河弯下游）；3—进水口；
4—有压隧洞；5—调压室（井）；6—压力钢管；7—水电站厂房

图 7-4　有压引水式开发示意图

引水式电站开发的位置、坡降、断面选择，需根据地形、地质和动能经济情况比较确定。引水道坡降越小，可获得的水头越大。但坡降小，流速慢，需要的引水道断面大，可能使工程量增大而不经济。

现在世界上已建的引水式电站，最高利用水头已达 2 000 多 m，我国水能资源蕴藏量居世界首位，具有许多开发条件十分优越的引水式电站地形和场址。例如：

金沙江中游支流以礼河 1972 年建成的以礼河引水式梯级电站，利用以礼河与金沙江并流段最短相距 12 km，但水面高差达 1 380 m 的有利地形，修筑两级跨流域引水电站：以礼河三级盐水沟水电站，引水隧洞长 2.24 km，利用水头落差 629 m，引用流量 29 m^3/s，电站装机容量 14.4 万 kW，年发电量 7.19 亿 kWh；以礼河四级小江水电站，引水隧洞长 2.35 km，利用水头落差 628.2 m，引用流量 29 m^3/s，电站装机容量 14.4 万 kW，年发电量 7.16 亿 kWh。

又如：红水河上游 2000 年建成的天生桥二级引水式水电站，利用红水河弯有利地形，修筑 3 条直径 9.0 m 的引水隧洞，各长 9.28 kW，引用流量 612 m^3/s，利用净水头 181 m，电站装机容量 132.0 万 kW，年发电量 82.0 亿 kWh。

在雅砻江中游，有著名的锦屏大河弯，长 150 km。位于雅砻江干流小金河口以下至巴折，弯道颈部最短距离 16 km，水面落差高达 310 m。规划修建锦屏二级引水式电站，引水隧洞长 17.4 km，利用水头落差 312 m，引用流量 1 240 m^3/s，电站装机容量 440.0 万 kW，年发电量 209.7 亿 kWh。

在金沙江上游，险峻的虎跳峡峡谷河弯长 117 km，水面落差 210 m。拟规划采用包含隧洞引水的两级开发方案。利用水头落差 210 m，引用流量 1 410 m^3/s，虎跳峡水电站装机容量将为 280.0 万 kW，年发电量 105.32 亿 kWh。

在世界顶级的雅鲁藏布江大拐弯大峡谷，河弯长 240 km，弯道颈部最短距离 40 km，如建设引水式水电站，高程从 2 880 m 降到 630 m，水面落差高达 2 250 m，电站装机容量可达 3 800.0 万 kW，年发电量达 2 000.0 亿 kWh。以上这些巨型引水式水电站的水头差和规模，是单一筑坝式电站开发无法达到的。

鉴于引水式水电开发的淹没和移民问题较小，而且现代隧洞开挖支护施工技术已发展得比较成熟，因此引水式水电开发具有工程简单、造价较低的突出优点。它的缺点是当上游没有水库调节径流时，引水发电用水利用率较低。在坡降大的河流上中游地区，如有可利用的有利地形，修建引水式水电站是比较经济的。因此，它是农村小水电最常采用的开发方式之一。

在大型江河上，若有瀑布、大河弯段或相邻河流距离近但水位高差大的地形，采用引水式水电站开发将十分有利，能获得非常优越的水电开发指标。

7.2.3 混合式开发

混合式开发是兼有前两种方法的特点，在河道上修筑水坝，形成水库集中落差和调节库容，并修筑引水渠或隧洞，形成高水头差，建设水电站厂房，如图 7-5 所示。

这种混合式水电开发方式，既可用水库调节径流，获得稳定的发电水量，又可利用引水获得较高的发电水头，在适合地质、地形条件下，它是水电站较有利的开发方式。在有瀑布、河道大弯曲段、相邻河流距离近但水位高差大的地段，采用引水式开发，更为有利。

7.2.4 梯级开发

水电开发受地形、地质、淹没损失、施工导流、施工技术、工程投资等因素的限制，往往不宜集中水头修建一级水库，开发水电。一般把河流分成几级，分段利用水头，建设梯级水电站，如图 7-6 所示。

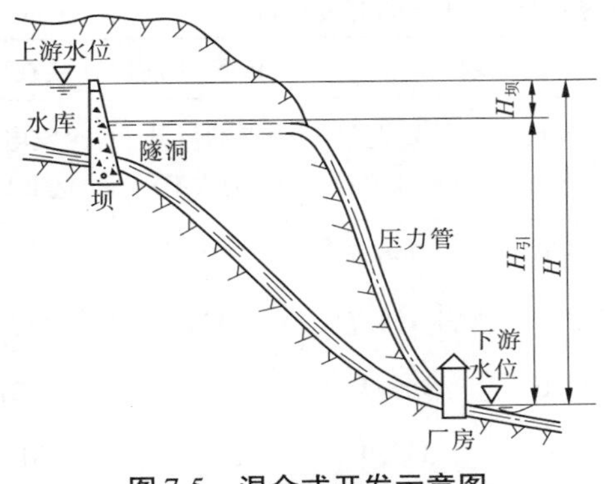

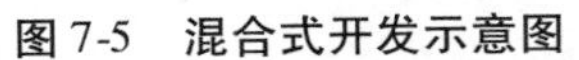
图 7-5　混合式开发示意图

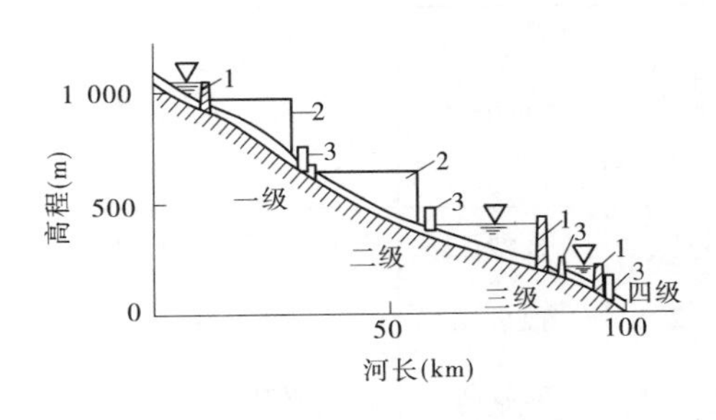

1—坝;2—引水道;3—水电站厂房

图 7-6　河流梯级开发示意图

我国的长江上中游、黄河上中游、大渡河、乌江、红水河、以礼河、龙溪河等所有大、中、小河流的水电开发规划,都采用或初步拟定了水电梯级开发方案,以便以后在可行性研究阶段,进一步考虑负荷、防洪、供水、航运等技术经济和生态环境的要求,确定水电梯级开发的初步设计方案。

水电梯级开发,需要确定开发次序、逐步投入大量的建设资金,获得取之不尽的水电能源和经济效益,但同时会因为局部改变了河流两岸的生态环境,形成水库淤积、库岸滑塌、诱发地震、影响鱼类种群等负面影响而付出代价。目前,水库设计的一般标准是抵御 100 ~ 10 000年一遇的洪水,寿命是 100 ~500 年,从长远和突发灾害考虑,还存在梯级溃坝灾害的安全对策问题。

水电梯级开发需要从可持续发展的原则出发,使用系统工程方法权衡利弊,选择最佳开发方案。一般还应注意以下几点:

(1)尽可能充分开发利用水能资源。尽量减少开发的级数。梯级水库上一级水电站的尾水位,与下一级水库的正常水位衔接,或有一定的重叠,以利用下一级水库消落时,所空出的一段水头。

(2)对于梯级的最上一级"龙头水库",最好采用筑坝式或混合式开发,并且最好选择为第一期工程开发,以便改善下游各级水库的施工导流条件和运行状况,利用水库调节径流,提高整个梯级的施工进度、发电能力和综合效益。

(3)对梯级开发的每一级和整个梯级从技术、经济、施工条件、淹没损失、生态环境等方面,进行单独和整体的综合评价,选择最佳开发运行方案,实现梯级开发水电能源的可持续利用。

7.3　我国十二大水电能源基地规划

1989 年水利水电规划设计总院,对 1979 年编制的"十大水电能源基地规划的设想"作了补充,增加了东北和闽浙赣两个水电能源基地,提出"十二大水电能源基地的设想方案",总装机容量达 2.1 亿 kW,年发电量达 1.0×10^4 亿 kWh。

至 1999 年,十二大水电能源基地中已建和在建的水电站总装机容量为 0.58 亿 kW,年发电量达到 0.24×10^4 亿 kWh,分别占十二大水电能源基地水能资源总规划值的 27.0% 和 24.5%。十二大水电能源基地水能资源及 1999 年的开发情况,如表 7-2 所示。

表 7-2　十二大水电能源基地水能资源及 1999 年的开发情况

序号	基地名称	范围	规划		1999 年前已建或在建	
			装机容量（万 kW）	年发电量（亿 kWh）	装机容量（万 kW）	年发电量（亿 kWh）
1	金沙江	石鼓—宜宾	5 033.0	2 746.7	0	0
2	雅砻江	两河口—河口	1 944.0	1 156.7	330	170
3	大渡河	双江口—铜街子	1 772.0	966.4	130	66.27
4	乌江	干流	747.5	337.9	121.5	61
5	长江上游	宜宾—宜昌，清江	2 889.7	1 363.1	2 236.7	1 036.79
6	红水河	鲁布革，天生桥—大藤峡	1 239.2	563.9	498.2	253.5
7	澜沧江	云南境内	2 225.0	1 108.3	260	121.3
8	黄河上游	龙羊峡—青铜峡	1 575.6	564	558.8	236.94
9	黄河中游	河口镇—禹门口	640.8	190.7	120.8	33.57
10	湘西	沅水，资水，澧水，清江水	773.5	315	337.1	147.7
11	闽浙赣	三省各河	1 487.1	418	698.8	212.3
12	东北	三省	1 198.3	321	512.8	115.9
合计			21 525.7	1 0051.7	5 804.7	2 455.27

注：数据摘自文献《20 世纪中国河流水电规划》。

进入 21 世纪，我国水利水电建设进入快速发展时期，收集资料至 2003 年，中国十二大水电能源基地已建、拟建、待建的主要水电站装机容量指标数据，汇总列于表 7-3，供读者参考。

在我国能源、水电建设快速发展的同时，全国电力系统联网建设，将按照"全国联网、西电东送、南北互供"的发展战略，形成以三峡电力系统为核心，向东、西、南、北四个方向辐射，2020 年前实现全国电力网互联的格局。

表 7-3　十二大水电能源基地已建、拟建、待建主要水电站装机容量指标汇总

序号	基地名称	规划规模		主要电站名称及装机容量	
		装机容量（万 kW）	发电量（亿 kWh）	2003 年已建或近期拟建（万 kWh）	规划待建（万 kW）
1	金沙江	5 858.0	2 585.12	溪洛渡 1 260，向家坝 600，白鹤滩 1 200	虎跳峡 280，两家人 400，梨园 228，阿海 210，金安桥 250，龙开口 180，鲁地拉 210，观音岩 300，乌东德 740
2	雅砻江	2 346.0	1 164.4	二滩 330，锦屏一级 360，锦屏二级 440	两河口 300，牙根 150，蒙古山 160，大空 170，杨房沟 150，卡拉乡 106，官地 140，桐子林 40

续表 7-3

序号	基地名称	规划规模		主要电站名称及装机容量	
		装机容量（万 kW）	发电量（亿 kWh）	2003 年已建或近期拟建（万 kWh）	规划待建（万 kW）
3	大渡河	1 805.5	964.18	龚嘴 70(205.5)，铜街子 60，瀑布沟 330	独松 136，马奈 30，季家河坝 180，猴子岩 140，长河坝 124，冷竹关 90，泸定 60，硬梁仓 110，大岗山 150，龙头石 50，老鹰岩 60，深溪沟 36，枕头坝 44
4	乌江	867.5	418.4	引子渡 36，洪家渡 60，东风 51，索风营 60，乌江渡 105，构皮滩 300，彭水 140	思林 84，沙沱 80，大溪口 120
5	长江上游	2 799.7	1 320.3	葛洲坝 271.5，三峡 1 820，隔河岩 120，高坝洲 25.2，水布垭 160	石硼 213，朱杨溪 190
6	红水河	1 178.7	559.3	鲁布革 60，天生桥 1 级 120，天生桥 2 级 132，平班 40.5，岩滩 121，大化 40，百龙滩 19.2，恶滩 56，龙滩 420	桥巩 50，大藤峡 120
7	澜沧江	2 137.0	1 093.9	小湾 420，漫湾 125(150)，大朝山 126	溜筒江 55，佳碧 43，乌弄龙 80，托巴 164，黄登 150(186)，铁门坎 150(178)，功果桥 75，糯扎渡 450，景洪 90(135)，橄榄坝 10(15)，南腊河口 40(60)
8	黄河上游	1 666.6	489.2	龙羊峡 128，李家峡 200，刘家峡 116，盐锅峡 35.2，八盘峡 18，大峡 30，青铜峡 27.2，小峡 20，公伯峡 150，拉西瓦 420	乌金峡 13.2，积石峡 100，寺沟峡 25，大柳树 244，黑山峡 140
9	黄河中游	611.2	190.7	天桥 12.8，万家寨 108	龙口 40，碛口 180，古贤 256，禹门口 14.4
10	湘西	821.6	316.9	柘溪 44.75，凤滩 40，五强溪 120，马迹塘 5.5，三江口 6.25，凌津滩 27	资水 57.6，沅水 183.53，澧水 203.67，清江水 133.3
11	闽浙赣	1 416.8	411.7	闽 235.5，浙 159.27，赣 81.3	闽 380.04，浙 271.72，赣 289.02
12	东北	1 131.6	308.7	三省 393.45	三省 738.1
	合计	22 639.7	9 822.8		

注：该表为主要水电站规划数据汇总表，括号中为最终规模值，它应根据规划变动情况随时调整。

三峡水电站 2003 年已开始供电，2009 年建成。其电力主送方向是华中、华东和广东。向中，通过 500 kV 交流输电工程向华中送电；向东，建设三峡龙泉—江苏政平和三峡右岸—上海两项各为 300 万 kW 的直流输电工程，加上已有的葛沪直流工程，向华东送电 720

万 kW；向西，通过三峡—万县—长寿交流输变电工程，实现川渝与华中联网，并将四川季节性电能通过华中电网转送华东和广东；向南，建设三峡—广东直流输电工程，向广东送电300 万 kW，并实现华中与南方直流联网；向北，建设新乡—邯东联网工程，实现华中与华北联网。

在我国十二大水电能源基地中，西部地区的 9 个大水电能源基地的开发，对于我国实施可持续发展和西部大开发战略，以及形成全国电力系统联网，具有十分重要的地位。它们的开发建设，将形成以南、中、北三条通道为主线的“西电东送”的总体格局。这三条通道规划的简略情况如下。

7.3.1 南通道

南通道是以红水河、澜沧江、乌江和金沙江中游等 4 个水电能源基地为主进行开发。加强其开发进度，配合必要的火电建设，南向广东送电，送电规模 2005 年前已增至 1 000 万 kW，规划 2020 年前再增加 2 000 万 kW，并实现向泰国送电 300 万 kW。

红水河水电能源基地，共 11 个梯级水电站，总装机容量 1 312 万 kW，年发电量 564 亿 kWh。已建成天生桥一级、天生桥二级、岩滩、大化、百龙滩、恶滩扩建、鲁布革 7 座水电站，共 498.2 万 kW。龙滩水电站已于 2001 年开工，2005 年前开工平班、恶滩和下游的长洲水电站，2010 年前开工桥巩和大藤峡水电站，争取在 2020 年前将红水河流域的水电站全部开发完毕，总规模达到 1 312 万 kW。

澜沧江水电能源基地，共 14 个梯级，总装机容量 2 137 万 kW，年发电量 1 094 亿 kWh。近期先开发功果桥以下 8 个梯级，共 1 520 万 kW。目前，已建成漫湾水电站 125 万 kW，在建大朝山和小湾水电站共 555 万 kW。小湾水电站已于 2001 年开工，糯扎渡水电站也已在 2010 年前开工。根据泰国电力市场情况，适时开工景洪水电站，争取 2020 年使澜沧江流域梯级规模达到 1 400 万 kW，并加快功果桥以上各梯级的河流规划工作，作为 2016 ~ 2020 年建设及储备开工项目。

乌江水电能源基地共有 10 个梯级，总装机容量为 1 093.5 万 kW，年发电量 337.94 亿 kWh，已建成乌江渡、东风、普定三座水电站共 121.5 万 kW。目前，在建的洪家渡、引子渡和乌江渡扩机工程共 152 万 kW。2005 年前已开工索风营、构皮滩和彭水水电站，2010 年前开工思林、沙沱水电站，规划 2020 年前将乌江流域水电项目约 1 100 万 kW 全部开发完毕。

金沙江中游水电能源基地，规划的一库八级方案，总装机容量 2 058 万 kW，年发电量 883 亿 kWh。2005 年左右已开工金安桥水电站，2010 年前已开工观音岩水电站，规划 2015 年前开工虎跳峡、两家人水电站，2020 年前开工鲁地拉和梨园水电站，至 2020 年金沙江中游水电站建成规模达到 1 500 万 kW。

7.3.2 中通道

中通道以长江上游、金沙江下游、大渡河、雅砻江等 4 个水电能源基地为主进行开发。2020 年前，中部通道实现向华中送电 1 100 万 kW 左右（川渝 150、金沙江 860、贵州三板溪 100），向华东送电 2 400 万 kW 左右（川渝 700、金沙江 1 000、三峡 720）。

长江上游水电能源基地干流 5 个梯级、支流清江 3 个梯级，共计装机容量 2 831 万 kW，年发电量 1 360 亿 kWh。目前,葛洲坝、隔河岩、三峡、高坝洲、水布垭等水电站已投产,总规模将达到 2 397 万 kW。

金沙江下游水电能源基地共 4 个梯级,装机容量共 3 626 万 kW,2005 年溪洛渡水电站开工,2010 年前向家坝水电站开工,规划 2020 年前白鹤滩水电站开工,至 2020 年争取使金沙江下游水电能源基地建成规模达到 1 860 万 kW。

大渡河干流水电能源基地开发方案,为两库 17 个梯级,总装机容量 1 772 万 kW,年发电量 966.42 亿 kWh。已建成龚嘴、铜街子 130 万 kW。2005 年前瀑布沟水电站开工,2010 年前独松、大岗山水电站开工,规划 2015 年前长河坝和猴子岩水电站开工,2020 年前季家河坝、老鹰岩、龙头石水电站开工。至 2020 年,大渡河干流水电能源基地建成规模达到 1 000万 kW,同时,做好上游河流规划工作,保持必要的项目储备。

雅砻江干流水电能源基地,两河口至江口段的梯级开发方案为 11 级,总装机容量 2 045 万 kW,年发电量 1 156.75 亿 kWh。目前,已建成二滩水电站 330 万 kW,在 2005 年开工锦屏一级水电站,2015 年前开工锦屏二级和桐子林水电站,2020 年前开工官地和两河口水电站。至 2020 年,争取雅砻江干流水电能源基地建成规模达到 1 200 万 kW 左右,同时,做好其他梯级的前期工作,为 2020 年以后储备开工项目。

7.3.3 北通道

北通道以黄河上游和中游北干流水电能源基地为主进行开发。建成规模达到 1 750 万 kW,配合一定的火电建设,2020 年前实现向华北和山东电网送电 300 万 kW 以上。

黄河上游水电能源基地 25 个梯级,总装机容量 1 700 万 kW,年发电量 597 亿 kWh,目前已建或规划在建的有龙羊峡、李家峡、刘家峡、盐锅峡、八盘峡、大峡、青铜峡、公伯峡、小峡、拉西瓦、苏只、乌金峡等,以后再开工积石峡、直岗拉卡等水电站。2020 年前,争取建成规模达到 1 400 万 kW 左右,并加快黑山峡河段的规划工作。

黄河中游北干流水电能源基地规划开发 6 个梯级,总装机容量 653 万 kW,年发电量 193 亿 kWh。已建天桥、万家寨水电站共 120.8 万 kW。规划 2020 年前建设龙口和碛口水电站。

除上述水电能源基地开发建设外,西部各省区的其他水能资源,例如各地区的中小型河流水电资源,也将随着地区经济发展逐步得到开发。预计至 2020 年西部地区水电建设的开发程度将达到 45% 左右。

7.4 黄河中、上游大型梯级水电站能源基地

7.4.1 基本情况

黄河上游的龙羊峡至青铜峡河段全长 1 023 km,天然落差 1 465 m。龙羊峡站以上流域面积 13.1 万 km^2,多年平均流量 640 m^3/s,青铜峡站以上流域面积 27.5 万 km^2,多年平均流量 1 050 m^3/s。河段峡谷山势陡峻,河道狭窄,水流湍急,落差集中,居民及耕地较少,具有修建水电站的良好条件。梯级开发的主要目标是发电,兼顾防洪、供水、灌溉、防凌和水产。这里水电能源资源开发的优点是:地质条件好,工程量小,淹没损失小,发电效益大。问题是:

水电站站址位于高山峡谷高海拔地区,交通不便,施工困难。

规划在黄河上游龙羊峡至青铜峡段,布置大中型水电站 25 座,总装机容量 1 605 万 kW,年发电量593 亿 kWh。其中,大型梯级水电站 15 座,装机容量共 1 666.6 万 kW,年发电量 489.2 亿 kWh,主要指标如表 7-4 所示。各大型梯级水电站位置示意图见图 7-7。梯级开发方案纵断面如图 7-8 所示。

表 7-4　黄河上游大型梯级水电站规划指标

序号	名称	装机容量(万 kW)	年发电量(亿 kWh)	正常水位(m)	总库容(亿 m^3)	最大水头(m)	保证出力(万 kW)	迁移人口(万人)	淹没耕地(万亩)
1	龙羊峡	128.0	59.42	2 600	247.0	148.5	58.98	2.97	8.67
2	拉西瓦	420.0	10.23	2 452	10.0	220.0	99.00	0.02	0.02
3	李家峡	200.0	59.2	2 180	16.5	135.6	58.10	0.32	0.5
4	公伯峡	150.0	47.0	2 005	2.9	103.0	47.00	0.3	0.53
5	积石峡	100.0	34.4	1 856	4.2	63.0	33.80	0.23	0.12
6	寺沟峡	25.0	10.0	1 760		24.0	9.20	0.76	0.9
7	刘家峡	116.0	55.8	1 735	57.0	114.0	55.70	3.26	7.72
8	盐锅峡	35.2	20.5	1 619	2.2	39.5	20.40	0.89	1.13
9	八盘峡	18.0	10.5	1 578	0.49	19.5	10.70	0.4	0.42
10	小峡	20.0	8.3	1 495		14.5	7.80		
11	大峡	30.0	14.65	1 480	0.9	31.4	14.30		0.15
12	乌金峡	13.2	5.7	1 435		10.7	5.40	0.73	0.7
13	黑山峡①	140.0	46.0	1 380	70.2	105.0	39.43	5.55	4.98
13	大柳树①	44.0	19.1	1 276	1.52	38.0	18.37		
14	大柳树	200.0	78.0	1 380	110.0	163.5	71.00	6.7	4.98
15	青铜峡	27.2	10.4	1 156	5.65	22.0	9.30	1.93	6.57
小计		1 666.6	489.2			1 252.2	558.48		

注:①为黑山峡、大柳树两级开发方案数据。

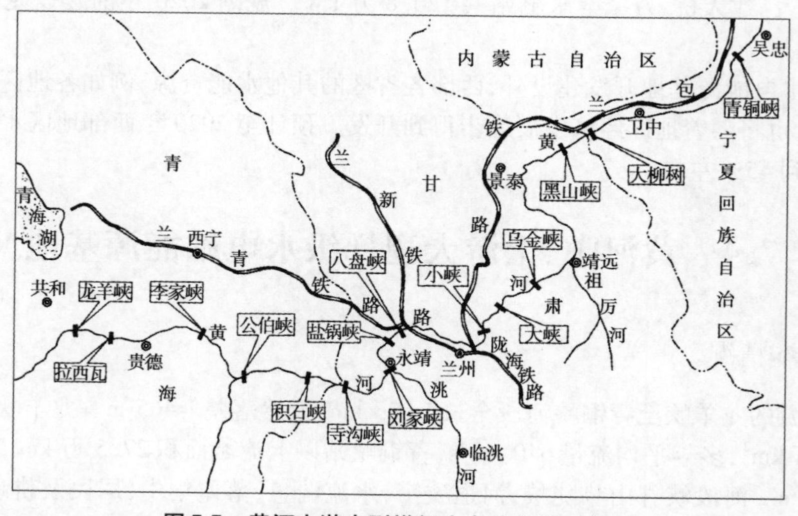

图 7-7　黄河上游大型梯级水电站位置示意图

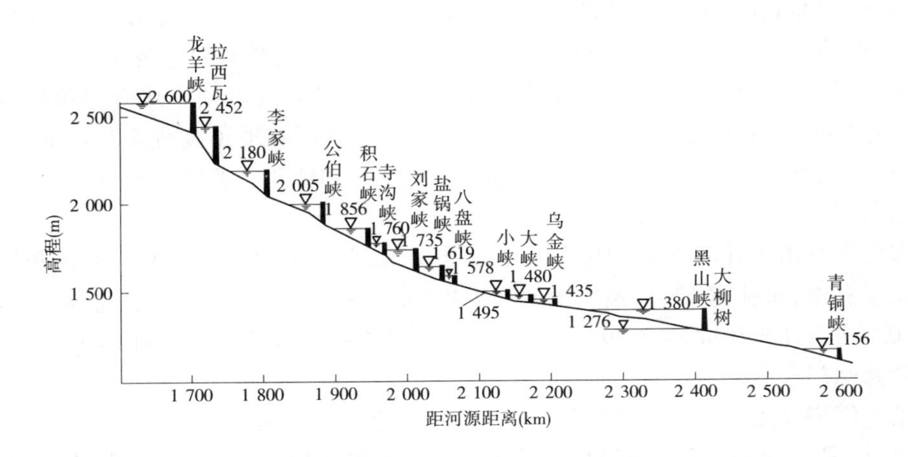

图 7-8　黄河上游梯级开发方案纵断面示意图

目前,已建成龙羊峡、李家峡、刘家峡、盐锅峡、八盘峡、大峡、青铜峡等 7 座大型水电站,装机容量共 554.4 万 kW;公伯峡、小峡等水电站于 2005 年投产;黑山峡(大柳树)水电站现正进行规划论证工作。拉西瓦、积石峡、寺沟峡、乌金峡、大柳树等大型水电站也已开工或相继建成。在建的中型水电站有:尼那 16 万 kW、山坪 16 万 kW、直岗拉卡 19 万 kW、康扬 28 万 kW、苏只 21 万 kW、黄丰 24 万 kW 和大河家 18.7 万 kW。2020 年前建成黄河上游大型水电能源基地。

在龙羊峡以上河段,还有 14 座水电站,总装机容量 542 万 kW 有待开发,其中海拔在 3 000 m以下开发条件较好的电站装机容量有 276 万 kW。

7.4.2　主要水电站

7.4.2.1　龙羊峡水电站

龙羊峡水电站位于青海省共和县、贵南县交界的黄河龙羊峡谷进口下游 1.5 km 处,距离西宁市 147 km,是黄河上游大型梯级水电能源基地的具有多年调节性能的龙头水电站。

坝址控制流域面积 13.14 万 km^2,约占黄河流域面积的 18%。多年平均流量 650 m^3/s,年径流量 205 亿 m^3。年平均输沙量 0.249 亿 t。

坝基为花岗闪长岩。两岸山坡陡峻,断裂构造发育,工程地质条件复杂,坝区地处海拔 2 600 ~ 3 000 m 的青藏高原,属高寒地区,地震基本烈度 8 度。水库正常蓄水位 2 600 m,总库容 247 亿 m^3,最大水头 148.5 m,调节库容 193.5 亿 m^3。

龙羊峡水电站以发电为主,兼有灌溉、工业用水、防洪、防凌、养殖、旅游等综合效益。总装机容量 128 万 kW,年发电量 59.42 亿 kWh,保证出力 58.98 万 kW。

经龙羊峡水库调蓄后,可将下泄洪峰流量控制在 4 000 ~ 6 000 m^3/s,可提高刘家峡、盐锅峡、八盘峡水电站及兰州市的防洪标准。使刘家峡水库防洪标准由原来 5 000 年一遇提高到 10 000 年一遇;使盐锅峡水电站防洪标准由原来 300 年一遇提高到 1 000 年一遇;确保兰州市达到 100 年一遇洪水流量 6 500 m^3/s 的防洪标准。

龙羊峡与刘家峡水库联合调度,可满足黄河河口镇以上 127 亿 m^3 及河口镇以下 250 亿 m^3 的工农业城镇用水需求;增加中等干旱年份 5、6 月份的供水量约 20 亿 m^3,提高宁夏、内蒙古灌区的灌溉保证率；提高刘家峡、盐锅峡、八盘峡、青铜峡4个水电站的保证出力25.48万kW，年发电量5.13亿kWh，为西北、华北、西南电站联网创造条件。

龙羊峡工程由大坝，左、右岸重力墩和副坝，泄水建筑物及电站厂房等建筑物组成。大坝坝型为定圆心等半径混凝土重力拱坝。最大坝高178 m，坝顶高程2 610 m，坝顶宽度18.5～23 m，底宽80 m。主坝前沿长390 m。大坝按1 000年一遇洪水设计，按可能发生的最大洪水校核。

泄水建筑物由表孔溢洪道，中孔、深孔、底孔泄水道组成，按不同高程分4层布置。两孔溢洪道位于右岸，每孔宽12 m，最大泄流量4 493 m^3/s；坝身中孔、深孔、底孔，最大泄流量分别为2 203 m^3/s、1 340 m^3/s、1 498 m^3/s。泄水孔的进口或坝后均设有弧形工作门、检修门和事故检修闸门。

电站主厂房采用坝后封闭式结构，位于坝址下游60～70 m，安装4台32万kW混流式水轮机组，厂房总长142.5 m，宽51 m，高61.42 m。以6回330 kV输电线路，联入西北电网。安装间为半窑洞式地下结构，位于主厂房左端。

主要工程量：土石方开挖327.3万m^3，混凝土浇筑316万m^3，水泥灌浆3 899万m^3，水库淹没耕地8.67万亩，迁移人口2.97万人，预算总投资19.044亿元。

工程于1976年2月开始筹建，1979年底截流，1987年9月第1台机组发电，1989年6月全部机组投产发电，1992年工程全部竣工。

7.4.2.2　李家峡水电站

李家峡水电站位于青海省尖扎县与化隆县交界的李家峡峡谷中段，距贵德水文站54.6 km。上距龙羊峡水电站108.6 km，是目前西北地区装机容量最大的日、周调节水电站。电站以发电为主，兼有灌溉等综合效益。

坝址控制流域面积13.67万km^2，多年平均流量866 m^3/s。坝址河谷呈V形断面，左岸坡约45°，右岸坡约50°，两岸基本对称，河谷宽高比2:1，坝址右岸山体雄厚，左岸为三面临空的单薄山梁。坝基岩石为震旦系黑云长质条带状混合岩及黑云绿泥石角闪斜长片岩。坝址工程地质条件复杂。水库正常蓄水位2 180 m，总库容16.50亿m^3，有效库容0.58亿m^3。

电站总装机容量为200万kW，年发电量59.2亿kWh，保证出力58.1万kW。枢纽工程由大坝、左岸重力墩、左岸副坝、泄水建筑物、电站引水系统、两岸农业灌溉引水口、坝后双排机厂房、330 kV出线站等建筑物组成。

大坝坝型为三心圆混凝土双曲拱坝，坝高155 m，坝顶宽8 m，最大坝底宽45 m。坝轴线长414.39 m，坝顶高程2 185 m，大坝按1 000年一遇洪水4 940 m^3/s设计，10 000年一遇洪水7 220 m^3/s校核，经水库调节后，下泄流量分别为4 100 m^3/s、6 340 m^3/s；坝体混凝土工程量为121万m^3。

泄水建筑物由右岸中孔、左岸底孔、中孔泄水道组成。三条泄水道均设坝前平板检修闸门，坝后弧形工作闸门、电站引水系统由5条8 m直径的坝后背管引水道构成。引水钢管进口底部高程2 130 m。坝后双排机厂房，安装5台40万kW混流式水轮发电机组，是世界上最大的采用双排机布置的水电站，4号机组采用蒸发冷却新技术。电站以330 kV一级电压联入西北电网，主供陕西、甘肃、宁夏、青海四省，在系统中担任调峰、调频任务，汛期担负基荷。

工程于1988年4月开始导流洞施工，1991年10月截流，1997年2月首台机组投产发电,1999 年 12 月一期工程 4 台机组投产发电。2001 年 12 月通过国家竣工验收。

7.4.2.3　**刘家峡水电站**

刘家峡水电站位于甘肃永靖县境内,刘家峡峡谷出口以上 1.2 km 的红柳沟处,距兰州市 100 km。下距盐锅峡水电站 33 km。电站以发电为主,兼有防洪、灌溉、防凌、供水和养殖等综合效益,是西北电网承担发电、调峰、调频任务的骨干水电站。

坝址控制流域面积 18.18 万 km^2,多年平均流量 866 m^3/s,年径流量 273 亿 m^3,多年平均输沙量 8 940 万 t。水库正常蓄水位 1 735 m,总库容 57 亿 m^3,有效库容 41.5 亿 m^3,为不完全年调节水库。

坝址河谷呈 U 形,两岸岩坡陡峻,水面宽仅 40 ~ 50 m,右岸水面 100 m 以上为平缓台地。坝基岩石为震旦系云母石英片岩,岩性坚硬,工程地质条件优越,坝址地区基本地震烈度为 8 度。

枢纽工程由混凝土重力坝、右岸黄土副坝、溢洪道、泄洪洞、泄水道、排沙洞及发电厂房等建筑物组成。

混凝土重力坝最大坝高 147 m,坝顶长度 840 m,坝顶高程 1 739 m。右岸黄土副坝长 200 m,最大高度 49 m,大坝按 1 000 年一遇洪水设计,10 000 年一遇洪水校核。

右岸溢洪道共 3 孔。右岸泄洪洞由导流洞改建。2 孔泄水道设在左侧坝内。排沙洞设在右岸。设计洪水流量 8 720 m^3/s。最大下泄流量 9 220 m^3/s。

电站厂房由右岸窑洞式地下厂房和坝后地面厂房相连组成。厂房安装 3 台 22.5 万 kW 混流式水轮机组、1 台 25 万 kW 机组和 1 台 30 万 kW 双水内冷机组。总装机容量为 122.5 万 kW,年发电量 55.8 亿 kWh。高压输电到兰州、西宁和陕西关中等地区。

刘家峡水电站调峰、调频效益显著。近几年来,西北电网的峰谷差超过 100 万 kW,刘家峡水电厂承担 90 万 kW,年调峰电量达 33 亿 kWh,占多年平均发电量的 68.75%。西北电网正常负荷波动约 12 万 kW,刘家峡水电厂日平均调频 12 万 kW,保证了电网电能的质量。刘家峡水电站备用容量占该电站总装机容量的 20%,为减少电网系统事故损失起了十分重要的作用。如 1980 年秦岭电厂 3 号机发生事故,甩负荷 20 万 kW,当时立即启动刘家峡电站 4 号机,维持了电网出力平衡,减少了事故损失。1990 年刘家峡水电站机组空转达 10 049 h,如按产值计算,事故备用效益达 78.23 亿元。

刘家峡水库投入运行后,提高了下游梯级电站及兰州市的防洪标准,使盐锅峡水电站 1 000年一遇防洪标准提高到 2 000 年一遇,使兰州市 100 年一遇的洪峰流量 8 080 m^3/s 削减为 6 500 m^3/s。每天为兰州、银川等城市工业供水量约 70 万 m^3。每年为甘肃、宁夏、内蒙古的春灌补充水量 8 亿 m^3,使灌溉保证率由原来的 65% 提高到 85%,灌溉面积由 1 000 万亩增加到1 600 万亩。刘家峡水库控制泄水流量还可解除下游宁夏、内蒙古约 700 km 地段黄河解冻期的冰凌危害。

主要工程量:土石方开挖 847 万 m^3,混凝土浇筑 182 万 m^3。水库淹没耕地 7.77 万亩,迁移人口 3.38 万人,总投资 6.38 亿元,平均每千瓦投资 520.8 元。

刘家峡水电站于 1958 年 9 月开工,1961 年停建,1964 年复工,1968 年 10 月蓄水,1969 年 4 月首台机组发电,1974 年 12 月 5 台机组全部投入运行。

7.4.2.4　**拉西瓦水电站**

拉西瓦水电站位于青海省贵德县与贵南县交界的黄河干流上,距西宁市 80 km,上距龙羊峡水电站32.8 km,下距李家峡水电站73 km,是西电东送北部通道的骨干电源点,是黄河上规模最大、经济效益优越的日调节水电站。

坝址控制流域面积13.36万km^2,多年平均流量659 m^3/s,年径流量208亿m^3。水库正常蓄水位2 452 m,总库容10.56亿m^3,调节库容1.5亿m^3。

工程主要任务是发电,电站总装机容量为420万kW(6×70万kW),多年平均发电量102.23亿kWh,保证出力99.0万kW。

工程由大坝、泄洪消能设施及右岸地下厂房、引水发电系统等组成。

大坝坝型为混凝土双曲拱坝,最大坝高250 m,混凝土浇筑量为400万m^3。

拉西瓦水电站可对电网发挥优越的补偿调节作用。单机最大过水流量380 m^3/s。机组最大过水流量2 280 m^3/s,大于龙羊峡水电站机组最大过水能力1 200 m^3/s,可有效调节龙羊峡水电站的日下泄水量。

拉西瓦水库淹没耕地255亩,迁移人口200人,指标优越,概算工程静态总投资121亿元,总投资146亿元,平均每千瓦投资为3 128元。

2002年拉西瓦水电站可行性研究报告通过审查,总工期108个月。

7.4.2.5 公伯峡水电站

公伯峡水电站位于青海省循化县与化隆县交界的黄河干流上,距西宁153 km,是黄河上游龙羊峡—青龙峡段梯级规划的第四个大型梯级电站。

坝址控制流域面积14.36万km^2,约占黄河流域面积的19.1%。多年平均流量717 m^3/s,年径流量226亿m^3。多年平均悬移质输沙量705万~744万t。水库正常蓄水位2 005 m,总库容6.2亿m^3,为日调节水库。

坝址区主要岩性为片岩、片麻岩、花岗岩及第三系砾砂岩。坝址枯水期水面宽40~60 m,河床覆盖层厚5~13 m,河谷不对称,右岸1 980 m高程以下为岩质边坡,以上为沙壤土和砂卵砾石层Ⅲ级阶地;左岸除1 930~1 950 m高程为坡积碎石覆盖的Ⅱ级阶地外,其余皆为岩质边坡。坝区基本地震烈度为7度。

电站主要任务是发电,兼顾灌溉及供水。总装机容量150万kW,年发电量51.4亿kWh,保证出力49.2万kW。

枢纽工程由大坝、引水发电系统和泄水系统等建筑物组成。

大坝坝型为混凝土面板堆石坝,最大坝高139 m,坝顶高程为2 010 m,坝顶宽10 m,坝顶长429 m,坝顶设高1.3 m的混凝土防浪墙。上游坝坡为钢筋混凝土面板,顶部厚0.3 m,底部最大厚0.7 m,面板设垂直缝,间距12 m,采用单层双向配筋,在周边缝及垂直缝侧面设置抗挤压钢筋,防止面板边缘局部挤压破坏。上游坝坡坡度为1:1.4,在1 940 m高程以下,设顶宽10 m、坡度1:2的土石压坡体。下游坝坡为干砌石护坡,综合坡度1:1.81,并设10 m宽的之字形上坝公路。在1 909.2 m高程以下,用开挖弃渣及卵漂石回填成平台。

引水发电系统位于右岸,进水口为混凝土重力坝段,后接5条外包1.5 m厚混凝土的发电引水钢管,钢管直径8 m,长278.4~2 304.29 m。电站厂房安装5台30万kW机组。

泄水建筑物:右岸深孔泄洪洞,最大泄水流量1 060 m^3/s;左岸表孔溢洪道,最大泄水流量4 495 m^3/s;左岸泄洪放空洞,最大泄水流量1 190 m^3/s。

堆石坝体分区填筑材料为:①垫层过渡料区,采用洞挖新鲜石渣料加工配置,垫层和过渡层厚度各3 m;②坝体主堆石区,采用强度高、压缩性低及透水性强的材料,坝体上游侧及靠近坝基处，采用微弱风化石渣料，坝体中部及下游侧下部采用砂砾石料，底部设3～5 m厚的水平过渡料层；③大坝下游的上部干燥区，使用风化石渣料；④大坝上游压坡体采用内层沙壤土、外层石渣料；⑤大坝下游弃渣平台，采用卵漂石料。

坝体的防渗系统，由基础灌浆帷幕、趾板、混凝土面板及坝顶防浪墙组成。

趾板连接混凝土面板与灌浆帷幕。趾板宽度4～8 m，厚度0.4～0.8 m，板下设锚筋并固结灌浆。大坝底部基础灌浆帷幕深度达到相对隔水层以下5.0 m，河床部位加设一道深10～17 m的副帷幕。混凝土面板本身的竖向缝、面板与趾板连接的周边缝、面板与防浪墙之间的伸缩缝、趾板与防浪墙本身的伸缩缝，均是防渗结构的薄弱环节，分别设置一道或两道止水设施，以保证缝的防渗性能。

主要工程量：土石方开挖1 245万m^3，混凝土浇筑143万m^3，坝体填筑480万m^3，坝体堆石材料有85.26%是利用开挖渣料。最高施工强度：土石方开挖82.5万m^3/月，土石方填筑38万m^3/月，混凝土浇筑5.86万m^3/月。

概算工程静态总投资47.3亿元，总投资73.7亿元，平均每千瓦投资为4 914.9元。

公伯峡水电站工程于2001年8月开工，2002年3月截流，2004年首台机组发电，总工期6.5年。

7.4.2.6 黑山峡（大柳树）水电站

大柳树水电站位于黄河干流黑山峡出口处，坝址距峡谷出口2 km，在宁夏中卫县境内，下距银川160 km，分为一级和二级开发方案。其中，二级开发方案：黑山峡水电站装机容量140万kW，大柳树水电站装机容量44万kW，年发电总量65.1亿kWh，1983年完成初步规划报告；一级开发方案：大柳树水电站装机容量200万kW，年发电量78亿kWh。

大坝采用混凝土面板堆石坝，最大坝高163.5 m。正常蓄水位1 380 m，水库总库容110亿m^3，有效库容50.2亿m^3。

大柳树水库的主要作用是调节上游径流，增加黄河可用水量。它是南水北调西线调水与西电东送北部通道进行季、月、日径流调蓄的主要反调节水库，以满足下游灌溉、防淤、排沙的需求。它对缓解黄河断流，维持输沙流量，减轻河道淤积，提供生态环境用水，修复生态环境，提高黄河中游梯级电站发电效益，具有重要的作用。

主要工程量：土石方2 956万m^3，混凝土153万m^3。水库淹没耕地4.98万亩，迁移人口6.67万人。1993年完成大柳树水电站可行性研究报告。

7.4.3 开发前景

黄河上游梯级水电站群，以发电为主，但因地处西北干旱地区，发电用水和解决黄河断流问题等其他用水的矛盾十分突出。

当遇到枯水年和特枯水年时，黄河上游梯级水库群，既要保证发电用水，又要保证黄河下游防凌和解决断流问题的生态需水，会使得水电站群长期在死水位边缘运行，水库群具有的近300亿m^3的发电调节库容会长期闲置，造成水电厂的不利工况和水电能资源的巨大损失。

例如，1990～1996年西北地区出现连续枯水年，电网缺电，地区严重缺水，龙羊峡水电站连续7年在死水位边缘运行发电，使得193.5亿m^3的调节库容长期闲置，即使在夏季汛期，也无法多蓄水，以致龙羊峡电厂长期在不利工况下运行，每年损失电量达10亿kWh。

如果黄河上游梯级水电站群与西南丰水地区的水电站群联合运行调度，在夏季汛期，西南水电站群由于调节库容不够，会大量地泄洪弃水，此时从西南电网调电到华北，另有巨大调节库容的黄河上游梯级水电站群少发电多蓄水，优势互补，将会产生巨大的社会、经济效益，并有利于解决华北缺水和黄河断流的问题。

黄河干流规划中有 7 座大型骨干水库工程，它们是：黄河上游的龙羊峡（247 亿 m^3）、刘家峡（57 亿 m^3）、大柳树（110 亿 m^3）；黄河中游的碛口（124.8 亿 m^3）、古贤（153 亿 m^3）、三门峡（设计 162 亿 m^3）、小浪底（126.5 亿 m^3）。它们的总库容 920 亿 m^3，有效库容 470 亿 m^3；水电站总装机容量 1 100 万 kW，年发电量 394 亿 kWh，占黄河干流梯级工程指标总和的绝大部分。它们对黄河的防洪、发电、供水、断流和减淤起着决定性的作用。

未来的南水北调西线工程，年调水 170 亿 m^3，将会大大增加黄河的径流量和各梯级电站的发电效益。结合南水北调西线工程，实施黄河与西南水电能源基地的联网运行，并与黄河的巨型骨干水库：龙羊峡、大柳树、碛口、古贤、小浪底等联合调度运行，将对黄河流域水资源的优化配置，水电能资源的合理开发利用，以及西南地区水电能资源的合理开发利用，产生巨大的效益，具有良好的开发利用前景。

7.5　西南地区河流的梯级水电站

7.5.1　金沙江大型梯级水电能源基地

7.5.1.1　基本情况

金沙江是长江上游玉树至宜宾的支流河段，在玉树以上称为通天河，宜宾以下称为长江干流。宜宾以上流域面积 47.3 万 km^2，多年平均流量 4 610m^3/s，年径流量 1 456 亿 m^3，接近黄河年水量的 3 倍。

从玉树至石鼓，河段长 958 km，天然落差 1 721 m，称为金沙江上游。从石鼓至渡口（攀枝花），河段长 564 km，天然落差 841 m，称为金沙江中游。从渡口至宜宾，河段长 768 km，天然落差 719 m，称为金沙江下游。

金沙江中下游石鼓至宜宾河段，总长 1 332 km，海拔从 2 000 m 下落到 300 m，天然落差 1 560 m，水能资源可开发装机容量 5 858.0 万 kW，多年平均年发电量 2 591.0 亿 kWh。

由于该河段两岸为高山深谷区，地形险峻，村落稀少，水量充沛，落差集中，动能指标优越，建库淹没损失小，根据它的地理位置及各梯级工程的特点，开发的主要任务为发电、防洪、减淤、航运和水土保持。

在我国十二大水电能源基地中，金沙江中下游水电能源基地是规模最大的一个，开发其丰富的水电能资源，向华中、华东地区送电，较为经济合理。它将成为我国西电东送的主要能源基地之一。多年来，我国有关部门对开发金沙江中下游水电资源进行了大量的规划研究。1990 年制定的长江流域综合利用规划报告，提出金沙江中游河段 5 级开发方案，各水电站名称及设计装机容量为：虎跳峡 600 万 kW，洪门口 375 万 kW，梓里（金安桥）208 万 kW，皮厂 270 万 kW，观音岩 280 万 kW，共计 1 733 万 kW；金沙江下游河段 4 级开发方案为：乌东德 560 万 kW，白鹤滩 996 万 kW，溪洛渡 1 000 万 kW，向家坝 500 万 kW，共计 3 056 万 kW。

金沙江中下游梯级，总计装机容量4 789 万 kW，年发电量2 610.8 亿 kWh。

金沙江中下游大型梯级水电站1990 年规划指标如表7-5 所示。水电能源基地各电站的位置示意如图7-9 所示，梯级开发方案纵剖面示意如图7-10 所示。

表7-5　金沙江中下游大型梯级水电站1990 年规划指标

序号	水电站名称	装机容量（万 kW）	年发电量（亿 kWh）	正常水位（m）	总库容（亿 m^3）	流域面积（万 km^2）	平均流量（m^3/s）	保证出力（万 kW）	迁移人口（万人）	淹没耕地（万亩）
1	虎跳峡	600	300.3	1 950	179.5	21.84	1 370	283.0	6.393	14.70
2	洪门口	375	207.2	1 600	85.8	23.59	1 620	184.0	0.607	1.40
3	梓里	208	120.9	1 400	12.2	23.93	1 680	108.0	0.079	0.14
4	皮厂	270	147.2	1 280	59.2	24.74	1 750	140.0	3.144	4.62
5	观音岩	280	160.3	1 150	33.7	25.79	1 800	156.0	2.097	2.60
6	乌东德	560	304.8	950	40.0	40.61	3 680	260.0	1.423	1.75
7	白鹤滩	996	548.1	820	195.0	43.03	4 060	498.0	6.312	7.39
8	溪洛渡	1 000	540.0	600	120.6	45.44	4 580	344.5	2.970	3.54
9	向家坝	500	282.0	380	47.7	45.88	4 580	140.0	5.700	3.10
小计		4 789	2 610.8		773.7	294.85		2 113.5	28.725	39.24

注：该表为1990 年长江流域规划金沙江中下游5 +4 级开发方案汇总值。

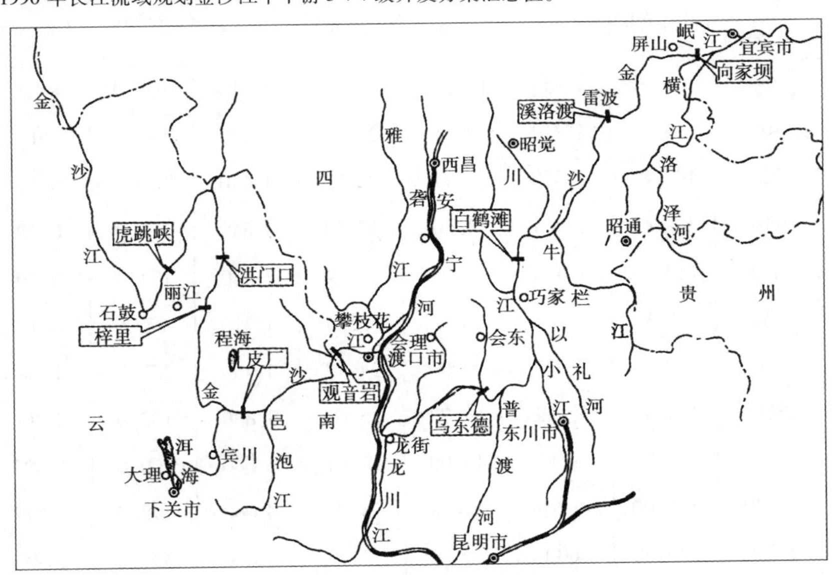

图7-9　金沙江水电能源基地各电站位置示意图

1999 年完成的金沙江中游河段水电规划报告中，把原金沙江中游河段5 级开发方案修改为8 级开发方案，其中：虎跳峡梯级改为堤坝加引水两级，增加两家人梯级；洪门口梯级由

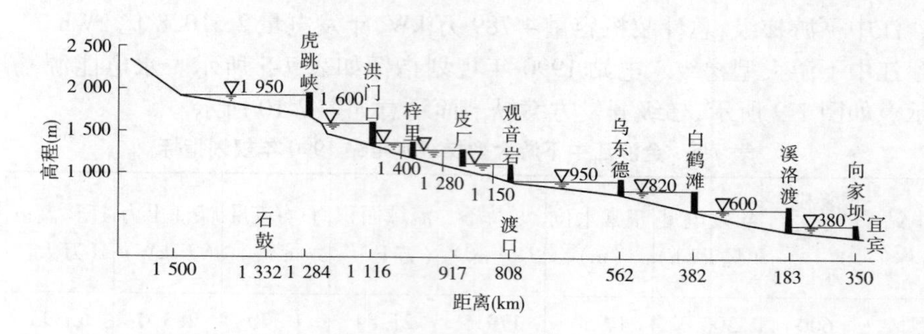

图 7-10　金沙江中下游梯级开发方案纵剖面示意图

梨园、阿海两梯级取代；增加龙开口梯级；为减少淹没，把梓里（金安桥）、皮厂、半边街（观音岩）梯级优化选择修改为金安桥、龙开口、鲁地拉、观音岩等坝址。修改后的各电站名称及其设计装机容量为：虎跳峡280万kW，两家人400万kW，梨园228万kW，阿海210万kW，金安桥250万kW，龙开口180万kW，鲁地拉210万kW，观音岩300万kW。共计2 058万kW。

2002年金沙江下游河段修订规划的4级开发方案，设计装机容量为：乌东德740万kW，白鹤滩1 200万kW，溪洛渡1 260万kW，向家坝600万kW。共计3 800万kW。

金沙江中下游梯级装机容量总计5 858万kW，年发电量2 585.12亿kWh。该方案各水电站1999～2002年主要规划指标汇总如表7-6所示。

表 7-6　金沙江中下游大型梯级水电站 1999～2002 年主要规划指标

序号	水电站名称	装机容量（万kW）	年发电量（亿kWh）	正常水位（m）	总库容（亿 m^3）	流域面积（万 km^2）	平均流量（m^3/s）	保证出力（万kW）	迁移人口（万人）	淹没耕地（万亩）
1	虎跳峡	280	105.32	1 950	183.45	21.84	1 410	109.9	8.05	15.62
2	两家人	400	163.12	1 810	0.04	21.84	1 410	181.2	0	0.002
3	梨园	228	102.85	1 620	8.91	22.01	1 430	116.1	0.12	0.28
4	阿海	210	93.78	1 504	8.40	23.54	1 640	100.4	0.22	0.47
5	金安桥	250	114.17	1 410	6.63	23.74	1 670	121.7	0.09	0.20
6	龙开口	180	78.90	1 297	6.57	23.97	1 710	83.2	0.19	0.43
7	鲁地拉	210	93.59	1 221	20.99	24.73	1 750	97.0	1.68	3.12
8	观音岩	300	131.49	1 132	19.73	25.65	1 830	132.9	1.86	1.41
9	乌东德	740	320.00	950	40.00	40.61	3 680	260.0	1.423	1.75
10	白鹤滩	1 200	515.00	820	188.00	43.03	4 060	498.0	6.312	7.39
11	溪洛渡	1 260	573.50	600	115.70	45.44	4 620	338.5	3.19	3.69
12	向家坝	600	293.40	380	51.85	45.88	4 620	144.0	7.90	3.58
小计		5 858	2 585.12		650.27	362.28		2 182.9	31.035	37.942

注：表列为1999～2002年金沙江中下游规划8+4级开发方案汇总值。

由于金沙江洪水占长江宜昌洪水组成的32%，长江宜昌以上洪水占荆江洪水的95%以上，开发金沙江梯级水库控制金沙江洪水，可减轻长江中下游的防洪压力。修建溪洛渡、白鹤滩两水库后，其防洪总库容约103亿m^3，接近三峡水库防洪库容的50%，它们可分担三峡水库的防洪任务，减轻长江中下游的防洪压力。

金沙江是一条多泥沙河流，悬移质年输沙量2.47亿t，年平均含沙量1.72 kg/m^3，推移质年输沙量182万t，据泥沙测验资料，长江通过寸滩水文站的输沙量有一半来自金沙江。金沙江屏山水文站多年平均年输沙量占宜昌水文站的45.8%，主要产沙区雅砻江口至屏山河段中，巧家水文站的年输沙量为1.62亿t，占屏山水文站的66.7%，占宜昌水文站的30.6%。

金沙江修建白鹤滩、溪洛渡两水库，总库容约300亿m^3，其拦沙作用显著。它们能控制金沙江下游河段的来沙量，有效减少输入三峡水库的泥沙淤积，延长下游水库使用寿命。同时，金沙江的白鹤滩、溪洛渡等水库联合运用，可使下游枯水期平均流量净增1 000 m^3/s左右，增大下游河道枯水期航道水深，改善航运条件。

1990年长江流域综合利用规划报告指出，金沙江下游河段（渡口至宜宾河段）的主要开发任务为发电、航运、防洪、漂木和水土保持。推荐乌东德、白鹤滩、溪洛渡和向家坝4级开发。

在三峡工程建成之后，由于金沙江中下游水电能源基地距离西南地区负荷中心较近，施工对外交通较易解决，并已进行了大量的前期工作，金沙江下游的溪洛渡、向家坝水电站被选择为近期开发工程。同时，乌东德、白鹤滩水电站的勘测设计工作也在加紧进行。金沙江中游的虎跳峡、金安桥、观音岩水电站，被规划推荐为重点工程，进行研究勘测设计。

2003年溪洛渡水电站施工进场，对外交通、场地平整、供电系统施工全面展开。溪洛渡、向家坝水电站工程于2005年同时开工，溪洛渡水电站2008年实现大江截流，2014年首批机组发电；向家坝水电站2007年实现大江截流，2012年首批机组发电。白鹤滩水电站在2008年开始筹建，2020年左右投产。

7.5.1.2 主要水电站

1）溪洛渡水电站

溪洛渡水电站位于四川省雷波县和云南省永善县交界的金沙江峡谷内，下距宜宾市184 km，距三峡、武汉和上海的直线距离分别为770 km、1 065 km和1 780 km，是以发电为主，兼有防洪、拦沙以及改善下游航运等综合效益的特大型水电工程。

电站装机容量1 260万kW，年发电量571.2亿kWh，是仅次于三峡工程与巴西的伊泰普水电站并列世界第二位的巨型水电站。

坝址控制流域面积45.44万km^2，占金沙江流域面积的96%。多年平均流量4 620 m^3/s，悬移质平均年输沙量2.47亿t。水库总库容115.7亿m^3，调节库容64.4亿m^3，正常蓄水位600 m，汛期限制水位570.0 m，防洪库容71.2亿m^3。死水位540 m，死库容51.1亿m^3。

溪洛渡坝址位于玄武岩峡谷中段，河谷呈对称的窄U形，岸坡陡峻，基岩裸露，坚硬完整，以4°~6°倾角向下游缓倾，未发育较大的断层，河床枯水位370 m时，坝址江面宽70~110 m。具备修建混凝土高拱坝和大型地下洞室的地形地质条件。

溪洛渡工程由大坝、泄洪隧洞、左右岸引水发电系统等组成。坝型为混凝土双曲拱坝，最大坝高278 m，坝顶高程610 m，拱冠顶厚14 m，拱冠底厚69 m，厚高比0.248，弧高比

2.512，拱顶中心角93.54°，最大中心角96.21°，坝顶弧长683.85 m。

泄水建筑物由坝身7表孔、8深孔和5条泄洪隧洞组成。左岸布置泄洪隧洞2条，右岸3条，洞长1 462～1 905 m，单洞最大泄量3 562～3 894 m^3/s。泄水建筑物标准，按1 000年一遇洪水流量43 700 m^3/s设计，10 000年一遇洪水流量52 300 m^3/s校核。左、右岸地下厂房各安装9台70万kW的水轮发电机，厂房最大埋深300～700 m，并布置进水口、引水隧洞、主副厂房、尾水隧洞、地面开关站等建筑物。

溪洛渡水电站地形地质条件优越，施工交通比较方便，发电效益显著，动能经济指标优越，水库控制水沙能力强，淹没损失小，它对分担三峡枢纽的防洪任务、拦截减少三峡库尾泥沙淤积和入库泥沙量、提高三峡工程效益等方面具有重要作用。分述如下：

(1)发电效益。溪洛渡水电站总装机容量18×70万kW，电站近期年发电量573.5亿kWh，保证出力338.5万kW；远景年发电量667亿kWh，保证出力703.4万kW。溪洛渡水库调节库容64.4亿m^3，可进行不完全年调节运行。对下游的梯级电站具有补偿调节作用，可增加下游向家坝水电站保证出力40.9万kW，枯水期电量13.54亿kWh；增加下游三峡和葛洲坝水电站的保证出力40.2万kW，枯水期电量16.41亿kWh。溪洛渡水电站主要为华中、华东地区供电，并兼顾川渝、云南的用电需要。电站提供的大量优质电能，据估算，每年可替代火电560亿kWh，相当于减少燃煤2 600万t，减少CO_2排放量13.8万t、SO_2排放量6.5万t。

(2)拦沙效益。溪洛渡水库有死库容51.1亿m^3，在溪洛渡水库投入运行后，使金沙江的入库泥沙淤积在死库容内，将使泥沙出库率小于37.3%，并长期保持其兴利库容。据计算，出库泥沙的中值粒径小于0.010 mm，会随水流下泄，进入下游水库不会造床。由于溪洛渡水库的拦沙作用，在50年内，可使三峡入库含沙量比天然状态减少34%以上。它对改善重庆河段、重庆港回水变动区以及三峡库区的泥沙淤积情况，具有重要作用。

(3)防洪效益。从溪洛渡坝址至三峡库尾河段，长499 km，沿江城镇包括重庆市、宜宾市、泸州市等重要城市。这些城市防洪标准较低，洪水灾害时有发生。利用溪洛渡水库拦蓄洪水，补偿调度，可提高下游沿江城市的防洪标准，减少洪灾损失。例如，位于下游184 km的宜宾市，现有城市人口25万人，是宜宾地区政治、经济、文化和商业中心，并有“酒都”的美誉，但宜宾市街道沿江分布，堤岸设防标准低于20年一遇，常受到岷江、金沙江的洪水威胁，洪水灾害频繁发生，损失严重。例如1991年发生30年一遇洪水，造成城市1.2万人受灾，直接经济损失达2.4亿元。计算表明，溪洛渡水库调洪后，可使宜宾市的防洪标准由20年一遇提高至50年一遇。

(4)航运效益。金沙江下游攀枝花至宜宾河段长782 km，落差大，险滩多。枯水期水面宽60～120 m，总落差729 m，共有滩险280个，平均比降0.093%，是长江宜宾至重庆河段0.026%的3.6倍。目前，金沙江下游只有新市镇至宜宾108 km为通航河段，新市镇以上为不通航河段。

由于溪洛渡水电站位于不通航河段内，溪洛渡工程不考虑通航过坝，考虑远景通航，设计预留通航过坝建筑物位置。其航运效益，主要是增加宜宾以下河道枯水流量400 m^3/s，改善下游长江的枯水期航运条件。

溪洛渡水电站主要工程量：土石方开挖526万m^3，坝体混凝土浇筑665.6万m^3。

工程静态总投资445亿元(按2001年9月价格水平)，总投资603亿元。平均每千瓦投资 3 600 元，单位电能投资 0.63 元/kWh。出厂电价 0.2 元/kWh。水库淹没耕地3.69 万亩，迁移人口 3.19 万人。

初步安排工程总工期 14 年，施工准备期 3 年，2005 年开工，2008 年 12 月截流，2014 年首批机组发电，2017 年竣工。

2）向家坝水电站

向家坝水电站位于四川省宜宾市与云南省水富县交界的金沙江向家坝峡谷出口处，下距宜宾市 33 km，是金沙江河段规划的最末梯级水电站，坝址控制流域面积 45.88 万 km^2，占金沙江流域面积的 97.0%。多年平均流量 4 620 m^3/s，年径流量 1 457 亿 m^3。水库正常蓄水位 380 m，总库容 51.85 亿 m^3。调节库容 9.05 亿 m^3，为不完全季调节水库。

坝址区主要岩性为三叠系上统须家河组砂岩、泥岩含煤地层，河床坝基主要为巨厚层中粗粒石英砂岩，岩石强度高，完整性好。坝址无大规模断层，适宜布置高混凝土坝和地下厂房，坝区无发生中强地震的地质背景，基本地震烈度为 7 度。

电站位于峡谷出口，地形较开阔，便于施工场地布置。工程对外交通十分便利。坝址下距水富县城 1 km，距宜宾市 33 km，均有三级混凝土路面公路。坝址距内昆铁路仅 2.5 km，水富县至宜宾市有 30 km 航程的 4 级航道。坝址距宜宾机场 46 km，有至北京、昆明、成都、重庆的往返航班。

电站以发电为主，兼有航运、灌溉、拦沙、防洪等综合效益。

电站总装机容量为 600 万 kW（875 万 kW），多年平均年发电量 293.38 亿 kWh，保证出力 144.0 万 kW。由于金沙江径流年际变化稳定，该电站年电量年际变化幅度很小，电站供电质量稳定可靠。特别是远景龙头水库虎跳峡水电站建成后，向家坝水电站保证出力可达 300 万 kW 以上。

枢纽工程由大坝、溢流坝、左岸坝后厂房、右岸地下厂房及左岸升船机等组成。

大坝坝型为混凝土重力坝，最大坝高 161 m，坝顶长度 897 m，坝顶高程 387 m。大坝按 500 年一遇洪水 41 200 m^3/s 设计，5 000 年一遇洪水 49 800 m^3/s 校核。溢流坝位于主河道，由 7 个中孔和 5 个表孔组成。最大下泄流量 48 680 m^3/s。中、表孔均采用底流消能。

电站厂房分两岸布置，各安装 4 台 75 万 kW 水轮发电机组。通航建筑物布置在左岸，近期采用 1 级垂直升船机，最大提升高度 114 m，4 级航道标准，可通过 1 000 t 级船队，单项过坝货运能力 254 万 t/a。

主要工程量：土石方明挖 2 428 万 m^3，石方洞挖 247 万 m^3，混凝土浇筑 1 142 万 m^3。水库淹没耕地 3.58 万亩，迁移人口 7.9 万人。工程概算静态投资 224.51 亿元，动态投资 517.43 亿元。

初步安排电站总工期 9.5 年，于 2005 年开工，2007 年截流，2012 年首台机组发电，2015 年全部建成。

3）虎跳峡水电站

虎跳峡水电站位于云南省中甸县与丽江县交界处，是金沙江中下游梯级电站的龙头水库，是以发电为主，兼有灌溉、供水、防洪等综合效益的多年调节水库。

电站坝址控制流域面积 21.84 万 km^2，多年平均流量 1 410 m^3/s，年径流量 444.1 亿 m^3。

坝址基岩为大理岩和石英片岩，河床冲积层厚 40 ~ 50 m，基本地震烈度为 8 度，坝址以上河谷开阔、地势平坦，具备修建高坝大库的有利地质地形条件。

虎跳峡水电站工程规划考虑两个方案,主要指标如下:

(1)正常蓄水位1 950 m方案。即原规划推荐方案,规划电站总装机容量280万kW,年发电量105.32亿kWh。保证出力109.9万kW。对金沙江和长江全梯级调节电能459亿kWh。最大坝高216 m,水库总库容183.4亿m^3,调节库容138.6亿m^3,防洪库容67.0亿m^3。

坝体混凝土浇筑量286万m^3,水库淹没耕地15.62万亩,迁移人口6.58万人。工程概算总投资约144.12亿元。

(2)正常蓄水位2 012 m方案。即高坝方案,电站总装机容量400万kW(加大了120万kW)。对金沙江和长江全梯级调节电能932亿kWh(加大了近1倍)。最大坝高278 m(加高了62 m),水库总库容374亿m^3(加大了190.6亿m^3),防洪库容140.0亿m^3(加大了73.0亿m^3)。

坝体混凝土浇筑量491万m^3(增加了205万m^3),水库淹没耕地19.64万亩(增加了4.02万亩),迁移人口7.92万人(增加了1.34万人)。

从这些指标比较分析,高坝方案效益明显优于低坝方案,而在淹没耕地、迁移人口等方面付出的代价相差不多。

鉴于虎跳峡坝址位于金沙江大河湾峡谷入口处,具有谷口修建高坝和在峡谷中打隧洞引水形成巨大落差的优越地形条件,工程布置可考虑两种方案,即在上峡谷口建高坝的一级开发方案和在上峡谷口的上游建坝形成有调节能力的水库,并在下峡谷口再建一坝进行隧洞引水的两级开发方案。

一级开发方案,会淹没金沙江流域宝贵的土地资源,在石鼓古镇造成较大的水库淹没移民问题,并带来相应的环境生态问题;两级开发方案,存在引水长隧洞需穿过强地震多发地区数千米埋深山体而引起的高地应力及岩爆、岩溶涌水等许多工程技术难题,需要进行大量的科研、勘测、规划、可行性研究和设计工作,妥善解决工程技术、淹没损失和促进地区经济发展等问题,确定开发方案。

由于虎跳峡水电站对金沙江中下游梯级电站,以及长江三峡、葛洲坝水电站具有重要的发电和径流补偿调节作用,它是迫切需要研究开发的龙头水电站,因此在虎跳峡水电站进一步规划设计中,应全面综合比较、研究论证,推荐最优方案,列入开发建设日程。

4)白鹤滩水电站

白鹤滩水电站位于金沙江下游四川省宁南县和云南省巧家县境内,距巧家县城35 km,上梯级为乌东德水电站,下距离溪洛渡水电站195 km,坝址至昆明市的直线距离为250 km,至重庆、成都、贵阳均在400 km左右,距上海市1 850 km。

坝址控制流域面积43.03万km^2,占金沙江流域面积的91.0%。多年平均流量4 080 m^3/s,坝址区具有修建大型拱坝和地下厂房的地形地质条件。

白鹤滩水库正常蓄水位为820 m,总库容188亿m^3,调节库容100亿m^3,汛期限制水位为790 m,防洪库容56亿m^3,死水位为760 m,死库容79亿m^3,可满足全梯级联合运行时对年调节库容的要求。

电站装机容量为1 200万kW,年平均发电量515亿kWh,保证出力355万kW。

工程概算静态总投资424.64亿元,动态总投资567.78亿元,(按2001年价格水平)平均每千瓦静态投资3 539元,每千瓦动态投资4 732元。

库区地处川、滇交界的高山峡谷及少数民族混居区。淹没涉及云南和四川6个县市的

39个沿江乡镇。水库淹没耕地9.01万亩,迁移人口6.90万人。电站兴建后,将为改变当地贫穷落后面貌,提供良好的机遇。

初步安排工程建设总工期15.5年,其中筹建期3.5年,建设工期12年。

7.5.2 雅砻江大型梯级水电能源基地

7.5.2.1 基本情况

雅砻江是金沙江的最大支流,发源于青海省玉树巴颜喀拉山南麓,在渡口(攀枝花市)注入金沙江。从河源至江口,干流全长1 571 km,流域面积约13.6万 km^2,天然落差3 830 m。江口多年平均流量1 890 m^3/s,年径流量596亿 m^3,约为黄河的1.1倍。

雅砻江流经四川西部高山峡谷地区,河道下切十分强烈,沿河岭谷相对高差一般在500~1 500 m。岸坡陡峭、水流湍急、落差巨大。沿河两岸森林茂密,人地稀少,水电开发淹没损失很小。流域不涉及各类自然保护区,无大的环保制约因素。

雅砻江水电开发目标主要为发电,雅砻江干流水能资源可开发装机容量2 856万kW,年发电量1 516亿kWh,约占全国的5%。规划电站21座,总利用落差2 813 m。

雅砻江水电资源丰富,水能指标优越,1992年编制完成的雅砻江卡拉至江口河段水电开发规划报告,提出雅砻江干流中下游两河口至江口段11个梯级水电站规划方案,各电站名称及设计装机容量为:两河口200万kW,牙根90万kW,蒙古山160万kW,大空100万kW,杨房沟200万kW,卡拉乡80万kW,锦屏一级300万kW,锦屏二级300万kW,官地140万kW,二滩330万kW,桐子林40万kW。共计1 940万kW。

雅砻江两河口至江口段大型水电站1992年规划的主要指标如表7-7所示。各电站的位置示意如图7-11所示,梯级开发方案纵剖面示意如图7-12所示。

表7-7 雅砻江两河口至江口段大型水电站1992年规划的主要指标

序号	水电站名称	装机容量(万kW)	年发电量(亿kWh)	正常水位(m)	总库容(亿 m^3)	调节库容(亿 m^3)	平均流量(m^3/s)	最大水头(m)	迁移人口(万人)	淹没耕地(万亩)
1	两河口	200	107.0	2 913	81	50.0	688	240		
2	牙根	90	53.5	2 673	7.3	5.0	765	135		
3	蒙古山	160	93.5	2 538	8.5	6.0	856	193		
4	大空	100	63.5	2 345			882	127		
5	杨房沟	200	113.0	2 218	20.0	13.5	912	205		
6	卡拉乡	80	54.0	2 013			929	98		
7	锦屏一级	300	182.0	1 900	100.0	145	1 240	265	0.2	0.25
8	锦屏二级	300	209.7	1 640		190	1 240	312		
9	官地	140	91.0	1 328	4.86	1.02	1 470	108	0.04	0.05
10	二滩	330	170.0	1 200	58.0	33.7	1 670	188.3	2.19	2.48
11	桐子林	40	25.0	1 015	0.72	0.32	1 900	28	0.02	0.006
小计		1 940	1 162.2							

注:表列为1992年规划数值。

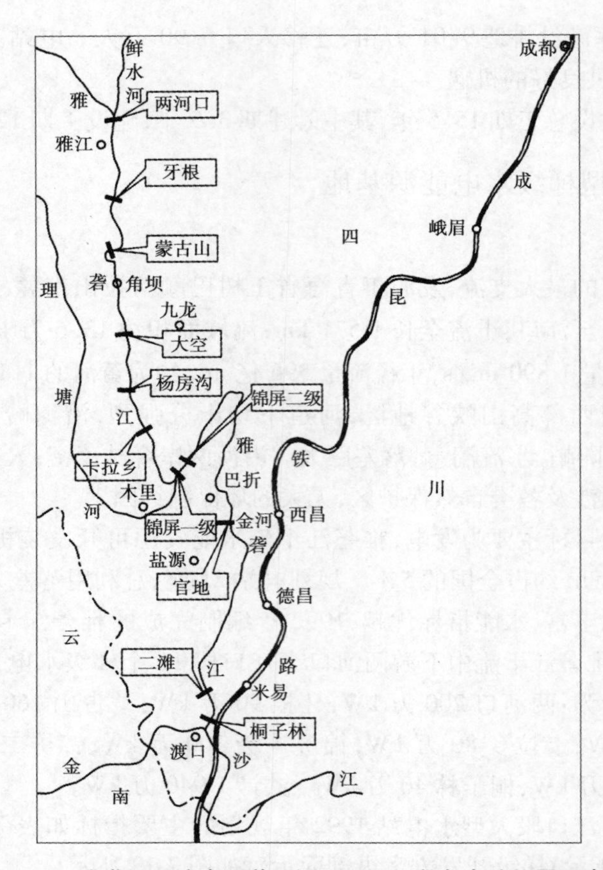

图 7-11　雅砻江干流中下游两河口至江口段各电站位置示意图

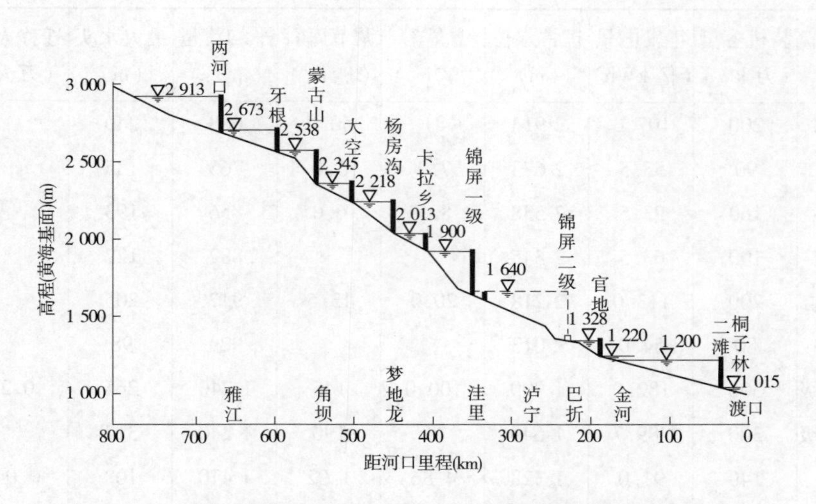

图 7-12　雅砻江干流中下游梯级开发方案纵剖面示意图

在雅砻江梯级水电站规划基础上,1991 年 9 月二滩水电站开工建设,1998 年 8 月建成发电。1992 ~2003 年完成两河口水电站开发方式研究、锦屏一级水电站可行性研究等报告。

汇总部分修订规划指标,雅砻江中下游各梯级电站装机容量为:两河口 300 万 kW,牙根

150 万 kW，蒙古山 160 万 kW，大空 170 万 kW，杨房沟 150 万 kW，卡拉乡 106 万 kW，锦屏一级 360 万 kW，锦屏二级 440 万 kW，官地 140 万 kW，二滩 330 万 kW，桐子林 40 万 kW。共计 2 346 万 kW。其主要规划指标如表 7-8 所示。

表 7-8　雅砻江中下游大型梯级水电站修订主要规划指标

序号	水电站名称	装机容量（万 kW）	年发电量（亿 kWh）	正常水位（m）	总库容（亿 m^3）	保证出力（万 kW）	平均流量（m^3/s）	最大水头（m）	迁移人口（万人）	淹没耕地（万亩）
1	两河口	300	116.9	2 880	120.3	98	688	240		
2	牙根	150	53.5	2 673	7.3	40	765	135		
3	蒙古山	160	93.5	2 538	8.5	70	856	193		
4	大空	170	63.5	2 345		48	882	127		
5	杨房沟	150	113.0	2 218	20.0	88	912	205		
6	卡拉乡	106	54.0	2 013		43	929	98		
7	锦屏一级	360	174.1	1 900	77.7	145	1 240	265	0.2	0.25
8	锦屏二级	440	209.7	1 640		190	1 240	312		
9	官地	140	90.7	1 328	4.86	68	1 470	108	0.04	0.03
10	二滩	330	170.0	1 200	58.0	100	1 670	188.3	2.19	2.48
11	桐子林	40	25.2	1 015	0.72	23	1 900	28.5	0.02	0.006
小计		2 346	1 164.1							

注：表列为 1992 ~ 2003 年规划资料汇总数值。

雅砻江水电能源基地中包括著名的锦屏大河弯，长 150 km，弯道颈部最短距离仅 16 km，落差高达 310 m，利用该河弯裁弯取直引水发电，即为规划的锦屏二级水电站，其装机容量达 440 万 kW，年发电量 209.7 亿 kWh。

雅砻江干流梯级中，有三座控制性电站工程，它们是两河口水电站（装机容量 300 万 kW，坝高 305 m，调节库容 75 亿 m^3）、锦屏一级水电站（装机容量 360 万 kW，坝高 305 m，调节库容 49.1 亿 m^3）和二滩水电站（装机容量 330 万 kW，坝高 240 m，调节库容 33.7 亿 m^3），总装机容量 990 万 kW，总调节库容 158 亿 m^3。它们具有的调节能力优势，参与调节水电站群联合调度发电，会大大改善下游梯级电站的能量指标，显示出雅砻江水电能源基地在全国西电东送电网中的重要地位。

7.5.2.2　主要水电站

1）二滩水电站

二滩水电站位于雅砻江下游河段二滩峡谷区内攀枝花市郊区，距成昆铁路桐子林车站 18 km，交通及施工条件方便，是雅砻江梯级已开发投产的第一座水电站。

坝址控制流域面积 11.64 万 km^2，占全流域面积的 90%，多年平均流量 1 670 m^3/s。水库总库容 58 亿 m^3，正常蓄水位 1 200 m，调节库容 33.7 亿 m^3，属季调节水库。

坝基为坚硬的正长岩，两岸临江坡高 300 ~ 400 m，河床枯水位为 1 011 m 时，河水面宽

80～100 m。河床覆盖层厚30余m，具有修建高坝的良好地形和地质条件。坝址区历史上无强震记载，地震烈度为7度。

二滩水电站以发电为主，电站总装机容量330万kW（6×55万kW），多年平均发电量170亿kWh，保证出力100万kW。

枢纽工程由大坝、左岸地下厂房系统、右岸泄洪隧洞及左岸过木机道等建筑物组成。

大坝坝型为混凝土双曲拱坝，坝高240 m，高度居亚洲第一位。拱冠梁顶部宽11 m，拱冠梁底部宽55.74 m，拱端最大宽度58.51 m，拱圈最大中心角91.5°，坝顶弧长774.69 m。上游面最大倒悬度0.18。顶拱中心线曲率半径349.19～981.15 m。拱坝坝内布置4层廊道，以满足大坝监测、灌浆、排水、交通等需要。坝体混凝土量424.2万m^3。

泄洪建筑物系统由坝体7个表孔、6个中孔和右岸两条泄洪洞组成。泄洪标准按1 000年一遇洪水流量20 600 m^3/s设计，5 000年一遇洪水流量23 900 m^3/s校核。其中：

坝体泄洪表孔，采用水流自由跌落下泄。孔底高程1 188.5 m，孔口尺寸为11 m ×11.5 m（宽×高），下游设水垫塘消能。在设计洪水和校核洪水时，7个表孔下泄流量分别为6 260 m^3/s和9 500 m^3/s。

坝体泄洪中孔，采用压力短管形式，出口采用10°、17°和30°三种不同底面挑角的挑流消能方式布置。大洪水时泄洪设施联合泄洪，表、中孔水舌上下交汇碰撞，分散水流，减小冲刷能量。其孔口尺寸为6 m×5 m（宽×高），出口底高程1 120～1 122 m。在设计洪水和校核洪水时，6个中孔下泄流量分别为6 930 m^3/s和6 950 m^3/s。

右岸布置的两条泄洪隧洞，出口采用挑流式消能布置。两泄洪隧洞断面采用圆拱直墙形式，尺寸为13 m×13.5 m（宽×高），隧洞进口底高程为1 163 m，出口高程为1 040 m。隧洞全长为922 m和1 269 m；纵坡为1.9%和7%；洞内最大流速约45 m/s。两条泄洪隧洞的总泄洪能力，在设计洪水和校核洪水时，分别为7 400 m^3/s和7 600 m^3/s。泄洪建筑物的总泄洪流量为22 480 m^3/s。拱坝坝体最大泄洪流量为16 300 m^3/s。

二滩枢纽工程的特点是：在自上游至下游2 km范围的狭窄河谷内，布置了复杂的大型水电建筑物系统。经过方案比较优化，确定在左岸布置地下厂房系统和过木机道系统，左岸地下厂房长280 m、宽25.5 m、高65 m，洞室开挖量370万m^3；在河床中部布置混凝土双曲薄拱坝及表、中孔泄洪系统，以及导流底孔系统，采用了泄洪消能新技术；在右岸布置最大泄量达23 900 m^3/s的泄洪隧洞系统；采用先进的施工方法，解决了由施工布置造成的施工干扰问题，保证工程按期建成发电。

二滩水电站于1987年9月开始筹建，1991年9月开工，1993年11月截流，1998年5月蓄水，1998年8月建成投产发电。

2）锦屏一级水电站

锦屏一级水电站位于四川省凉山州盐源县和木里县境内，是雅砻江干流中游梯级电站的控制性工程。

坝址控制流域面积9.67万km^2，多年平均流量1 240 m^3/s。水库总库容77.7亿m^3，正常蓄水位1 900 m，调节库容49.1亿m^3，属年调节水库。

电站设计装机容量360万kW，年发电量174.1亿kWh，保证出力145.0万kW。

坝址河谷狭窄，基岩裸露坚硬，谷坡陡峻，相对高差千余米，为典型的深切V形谷，宜建高坝。坝址存在高地应力、高边坡和左岸山体深部裂缝等工程地质问题。由于坝址地形条件限制，场内可利用的施工场地极为有限，施工布置难度大。工程规模大、效益大、施工交通条件差、技术复杂等条件将直接决定枢纽工程方案的选择。

坝型选择为双曲薄拱坝，坝高 305 m，排名位于世界同类坝型前列。工程总投资 232.7 亿元。

锦屏一级水电站 1998 年完成预可行性研究报告，2002 年完成选坝设计研究报告，2003 年 9 月完成可行性研究报告。

3）两河口水电站

两河口水电站位于四川省甘孜州雅江县境内，在雅砻江干流与支流鲜水河的汇口下游约 2 km 处，下距雅江县城约 25 km，国道 318 线从雅江县城经过，雅江县城至成都公路里程约 500 km，工程对外交通尚属方便。两河口水电站是雅砻江中下游梯级的龙头水库工程。

坝址控制流域面积 5.96 万 km^2，多年平均流量 688 m^3/s。水库总库容 120.3 亿 m^3，正常蓄水位 2 880 m，调节库容 74.9 亿 m^3，具有多年调节能力。

电站装机容量 300 万 kW，多年平均发电量 116.9 亿 kWh，保证出力 98.0 万 kW。

两河口水电站开发任务以发电为主，并具有蓄水蓄能、分担长江中下游防洪任务、改善长江枯水期航运条件的功能。对整个雅砻江梯级电站的开发影响巨大。

大坝坝型初拟为心墙堆石坝，最大坝高 305 m，位居世界同类坝型前列。工程的区域构造稳定性和库区、坝址区工程地质条件较好，不存在制约性工程地质问题。

两河口水库调节库容大，对雅砻江、金沙江下游和长江的梯级电站都具有积极作用，是西部水电开发的战略性工程。在筑坝技术和泄洪消能方面存在较大的技术难度。

水库淹没人口约 5 000 人，每万千瓦装机淹没人口仅为 17 人，与国内其他大型水电工程比较，淹没指标很低。两河口水电站初估工程静态总投资 179.70 亿元，平均每千瓦投资 5 990元，单位电能投资 1.54 元/kWh。

7.5.3 大渡河大型梯级水电能源基地

7.5.3.1 基本情况

大渡河是长江上游岷江的最大支流，发源于青海省果洛山东南麓，在四川省乐山市汇入岷江。大渡河在双江口以上为河源高原宽谷区，双江口至铜街子为高山峡谷区，铜街子至河口为丘陵宽谷区。干流河长 1 062 km，流域面积 7.74 万 km^2。多年平均流量 1 490 m^3/s，年径流量 470 亿 m^3，接近黄河的水量。水能资源蕴藏量 3 132.0 万 kW。

大渡河水量充沛，流量稳定，其水能资源主要集中在双江口至铜街子河段，这段河段长 593 km，天然落差约 1 773 m，梯级规划装机容量 1 805.5 万 kW，多年平均发电量 964.18 亿 kWh。

1989 年完成的大渡河干流规划报告，制定了大渡河中下游河段开发方案，各水电站名称及设计装机容量为：独松 136 万 kW，马奈 30 万 kW，季家河坝 180 万 kW，猴子岩 140 万 kW，长河坝 124 万 kW，冷竹关 90 万 kW，泸定 60 万 kW，硬梁仓 110 万 kW，大岗山 150 万 kW，龙头石 50 万 kW，老鹰岩 60 万 kW，瀑布沟 330 万 kW，深溪沟 36 万 kW，枕头坝 44 万 kW，龚嘴 205.5 万 kW，铜街子 60 万 kW，共计 1 805.5 万 kW。

大渡河大型梯级水电能源基地各水电站 1989 年主要规划指标如表 7-9 所示。水电能源基地各水电站的位置示意如图 7-13 所示，梯级开发方案纵剖面示意如图 7-14 所示。

表 7-9　大渡河大型梯级水电能源基地各水电站 1989 年规划指标

序号	水电站名称	装机容量（万 kW）	年发电量（亿 kWh）	正常水位（m）	总库容（亿 m^3）	保证出力（万 kW）	平均流量（m^3/s）	利用水头（m）	最大坝高（m）	迁移人口（万人）	淹没耕地（万亩）
1	独松	136	68.4	2 310	49.6	53.2	536	218	236	1.53	1.14
2	马奈	30	16.0	2 092	1.7	13.9	554	52	65	0.16	0.29
3	季家河坝	180	95.8	2 042		78.6	734	240	312	0.51	1.44
4	猴子岩	140	73.9	1 800		58.2	778	170	200	0.06	0.10
5	长河坝	124	68.0	1 630	6.0	53.2	814	155	100	0.01	0.01
6	冷竹关	90	49.1	1 475	6.2	39.3	887	105	122	0.54	0.26
7	泸定	60	32.8	1 370	2.8	26.1	887	70	86	0.02	0.08
8	硬梁仓	110	58.3	1 250		43.9	887	120	160	0.15	0.31
9	大岗山	150	81.2	1 100	4.5	59.4	1 000	145	175	0.05	0.10
10	龙头石	50	28.0	955	1.2	23.2	1 000	50	72	0.38	0.29
11	老鹰岩	60	31.9	905		23.3	1 070	50	72	0.42	0.25
12	瀑布沟	330	145.8	850	52.5	92.6	1 230	178.5	188	6.19	3.78
13	深溪沟	36	19.8	650		19.4	1 360	27			
14	枕头坝	44	24.1	623		23.7	1 360	33			
15	龚嘴	70	34.18	528	3.74	17.9	1 490		85.5	0.41	0.37
		205.5	104.8	590	18.8	83.4		116	146	2.76	1.10
16	铜街子	60	32.1	474	2.0	33.2	1 490	41	76	0.76	0.61
小计		1 805.5	964.18			742.5					

注：表列龚嘴两行数分别为前期和扩建后的指标。

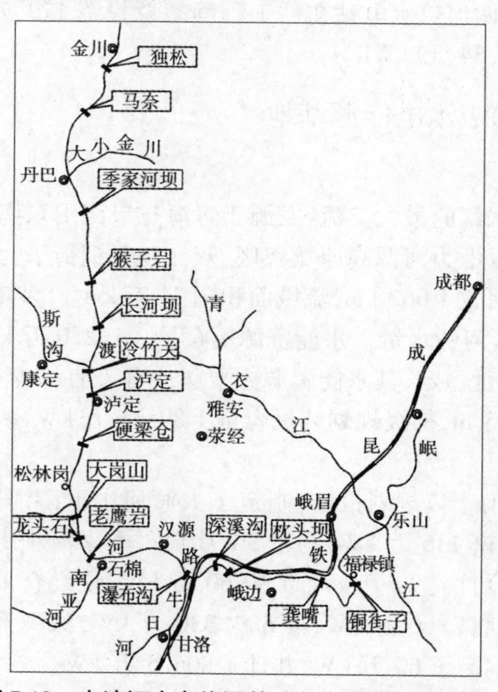

图 7-13　大渡河水电能源基地各水电站位置示意图

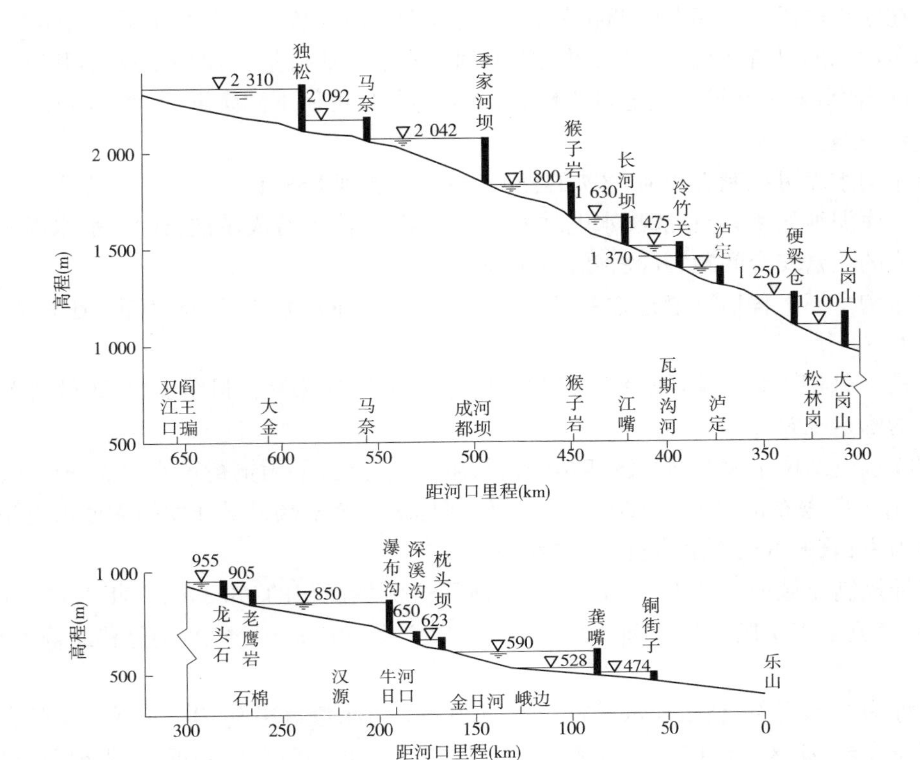

图 7-14 大渡河梯级开发方案纵剖面示意图

2003 年对梯级规划调整为三库 22 级开发方案,规划总装机容量为 2 340 万 kW,年发电量 1 123.6 亿 kWh。

调整后的开发方案,以具有多年调节性能的下尔呷水库为干流梯级的龙头水库,装机容量 54 万 kW;以具有年调节性能的双江口水电站为上游控制性水库,装机容量 180 万 kW;以具有季调节性能的瀑布沟水电站为中游控制性水库,装机容量 330 万 kW。

该方案全梯级可减少移民 8.5 万人,减少淹没耕地近 3 万亩,减少成昆铁路淹没约 40 km,避免了金川和峨边两座县城及金口河镇等重要集镇的淹没影响,大幅度降低了水库淹没程度和移民安置难度,较好地协调了水电开发与社会经济发展和生态环境保护的关系。有关调整后规划方案的指标,可查阅有关规划报告,在此不做详述。

7.5.3.2 主要水电站

1)瀑布沟水电站

瀑布沟水电站位于四川汉源和甘洛两县交界处,下距离成都 200 km,距重庆市 160 km,是四川腹地的重要电源点,是大渡河中下游控制性的以发电为主、兼有防洪等综合效益的大型水电站工程。

坝址控制流域面积 6.85 万 km^2,多年平均流量 1 230 m^3/s。大坝坝型为心墙土石坝,最大坝高 188.0 m。水库正常水位为 850 m,最大利用水头 178.5 m。总库容 51.77 亿 m^3,调节库容 38.8 亿 m^3。

电站装机容量 330 万 kW,年发电量 145.8 亿 kWh,保证出力 92.6 万 kW,具有季调节能力。它在四川电网中承担调峰调频负荷,对解决四川电力负荷需求的缺额具有重要作用。

瀑布沟水库可有效调节径流,提高大渡河枯水期下泄流量,增加下游龚嘴和铜街子两水电站保证出力21.5万kW、发电量7.8亿kWh。同时,可使下游防洪标准从100年一遇提高到500年一遇。

瀑布沟水库可控制大渡河78%的径流,拦截大渡河88%的输沙量,有效减少下游龚嘴水库的入库泥沙淤积,延长龚嘴水电站的使用年限,解决下游成昆铁路因龚嘴水库尾水位抬高而造成的运营安全问题,并改善航运条件。

瀑布沟水库工程估算静态总投资166.51亿元。淹没耕地3.78万亩,迁移人口6.19万人。

工程于2001年11月开始筹建,2004年截流,2008年第一台机组发电,2011年竣工。

2)龚嘴水电站

龚嘴水电站位于大渡河下游四川乐山与峨边交界处,下距铜街子水电站30 km,距乐山市90 km,上距瀑布沟水电站100 km,是大渡河梯级下游末端最早开发的大型水电站。工程以发电为主,兼顾解决漂运木材过坝的需求。

坝址控制流域面积7.61万km^2,占大渡河全流域面积的98.3%,多年平均流量1 490 m^3/s,年径流量470亿m^3。坝址处实测年平均含沙量797 g/m^3,年平均悬移质输沙量3 610万t。

坝址为U形河谷,枯水期水面宽100~120 m。河床覆盖层厚10~30 m。坝基岩石为前震旦纪花岗岩,库区库岸以白云岩和石灰岩为主,坝址距离负荷中心近,工程地质条件优良,坝区地震烈度为7度,具有优越的水电站建设经济指标。

龚嘴大坝坝型为混凝土重力坝。20世纪60年代为有利于成昆铁路早日建成,水电站按照高坝规模设计、低坝规模建设,以后条件成熟,按设计规模扩建的原则,分期实施开发。

现已建成的低重力坝方案指标为:最大坝高85.5 m,坝顶长度447 m,大坝按1 000年一遇洪水流量13 000 m^3/s设计,按10 000年一遇洪水流量16 400 m^3/s校核。最大泄洪流量18 000 m^3/s。漂木道利用施工导流明渠改建,纵坡为13%,全长400 m,高差53 m,最大漂木流量100 m^3/s。

水库正常蓄水位528.0 m,水库总库容3.74亿m^3,调节库容0.86亿m^3。大坝混凝土浇筑量74.5万m^3。

电站总装机容量70万kW(7台10万kW机组),左岸地下厂房安装3台10万kW机组,右岸坝后地面厂房安装4台10万kW机组,年发电量34.18亿kWh,保证出力17.9万kW。

主要工程量:土石方明挖277万m^3,石方洞挖35万m^3,混凝土浇筑155万m^3。水库淹没耕地0.37万亩,迁移人口0.41万人,工程总投资5.5亿元。

一期工程于1966年3月进场开工,1971年12月第一台机组发电,1978年12月一期工程竣工。

扩建的高坝方案设计指标为:水库正常蓄水位590.0 m,混凝土重力坝最大坝高146.0 m,水库总库容18.87亿m^3,调节库容8.2亿m^3。

电站工程扩建,进行梯级联合调度运行,电站总装机容量215.5万kW,年发电量104.8

亿 kWh,保证出力 83.4 万 kW。

由于大渡河上游林区木材总储积量达 2.1 亿 m^3,历年来都是利用大渡河散漂流送,最多时每年漂送达 136 万 m^3,因此龚嘴大坝应满足漂木过坝的要求,初设时,林业规划要求最高年到材量为 160 万~200 万 m^3。按平均三件木材折 1 m^3 计算,木材过坝强度需每分钟 700 件左右。龚嘴选定溢洪道为过木通道,最大过木能力 500~600 件/min。由于水库淤积,近坝水流主流偏向左岸,半沉漂木经常造成拦污栅破坏,甚至进入蜗壳,影响水轮机运行。

虽然大渡河平均含沙量较小,但因水量丰富,年输沙量较大。龚嘴水库建成蓄水位 528.0 m 运行后,水库泥沙淤积发展很快。至 1986 年悬移质淤积三角洲洲头已推至坝前,库区河床淤积已经平衡。至 1994 年水库总库容降低为 1.32 亿 m^3,调节库容降低为 0.86 亿 m^3,大大降低了水库电站的调节能力和发电效益。而且当库尾推移质推进时,造成库尾附近成昆铁路安全运营的严重威胁。

由于龚嘴水电站过机泥沙量大、泥沙粒径大,而加速了水轮机叶片的磨损,使得叶片漏水严重,造成快速门开启困难和机组停机困难。这些问题的根本解决,只能通过上游地区减少林木砍伐和加强水土保持工作,合理有效地冲沙排沙和进行漂木过坝流量调度,龚嘴大坝加高或上游瀑布沟水库工程建设等措施,进行大渡河流域梯级综合与合理的滚动开发。

7.5.4 乌江大型梯级水电能源基地

7.5.4.1 基本情况

乌江是长江南岸最大支流,发源于贵州省乌蒙山东麓,在四川涪陵市汇入长江,干流全长 1 050 km,总落差约 2 124 m,流域面积 8.82 万 km^2。多年平均流量 1 690 m^3/s,多年平均径流量 534 亿 m^3,年径流量与黄河相当,是我国十二大水电能源基地之一,水能资源蕴藏量 580.0 万 kW,多年平均发电量 508 亿 kWh。

乌江穿越我国西南的岩溶山区,岩溶防渗是乌江水电开发的难题之一。20 世纪 80 年代初,乌江渡水电站(第一期)装机容量 63 万 kW 建成投产,90 年代初,东风水电站装机容量 51 万 kW 建成投产,为我国在岩溶山区建设大型水电站积累了经验。

1988 年完成的《乌江干流规划报告》,制定了乌江干流 11 级开发方案,各水电站名称及设计装机容量为:普定 7.5 万 kW,引子渡 16 万 kW,洪家渡 54 万 kW,东风 51 万 kW,索风营 42 万 kW,乌江渡 105 万 kW,构皮滩 200 万 kW,思林 84 万 kW,沙沱 80 万 kW,彭水 108 万 kW,大溪口 120 万 kW,总装机容量为 867.5 万 kW,年发电量 418.38 亿 kWh。

以建成的乌江渡和东风水电站为母体,对乌江全流域水电资源进行滚动开发的工作正在进行,国家实施西电东送工程,大大加快了乌江梯级开发的步伐。2001 年经过专家论证,构皮滩水电站装机容量增加为 300 万 kW,到 2003 年,已有洪家渡、索风营、引子渡和构皮滩 4 个水电站和乌江渡扩机工程开工建设,思林、沙沱、彭水等 3 座水电站,在进行前期准备工作。预计乌江干流水电全部开发任务到 2012 年将全部完成。

乌江大型水电能源基地各水电站 1988 年主要规划指标如表 7-10 所示。水电能源基地各水电站的位置示意如图 7-15 所示,梯级开发方案纵剖面示意如图 7-17 所示。

表 7-10　乌江大型梯级水电站 1988 年主要规划指标

序号	水电站名称	装机容量（万 kW）	年发电量（亿 kWh）	正常水位（m）	总库容（亿 m^3）	流域面积（万 km^2）	平均流量（m^3/s）	保证出力（万 kW）	迁移人口（万人）	淹没耕地（万亩）
1	普定	7.5	3.80	1 180	3.62	0.59	129	1.7	0.31	0.61
2	引子渡	16	8.80	1 088	5.43	0.64	152	5.3	0.13	0.53
3	洪家渡	54	15.72	1 140	45.89	0.99	149	17.9	3.27	2.17
4	东风	51	30.50	970	8.63	1.82	355	24.8	0.8	0.84
5	索风营	42	20.40	835	1.57	2.19	427	16.3	0.005	0.025
6	乌江渡	105	44.20	760	21.40	2.78	511	38.7	1.06	2.49
7	构皮滩	200	91.92	630	56.90	4.33	742	75.74	1.97	2.69
8	思林	84	41.10	440	12.05	4.86	863	37.65	0.79	0.90
9	沙沱	80	41.70	360	6.24	5.45	953	37.0	1.03	0.598
10	彭水	108	57.74	293	11.68	6.90	1 320	24.85	1.43	1.34
11	大溪口	120	62.50	210	8.64	8.54	1 640	2.27	2.27	1.503
小计		867.5	418.38							

注：表列为 1988 年乌江干流规划报告数值。

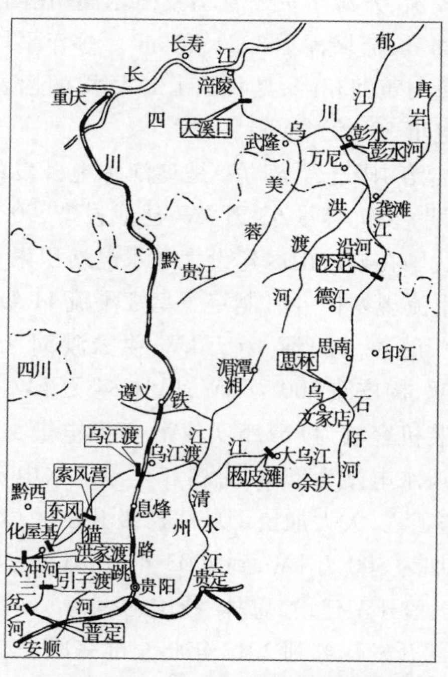

图 7-15　乌江水电能源基地各水电站位置示意图

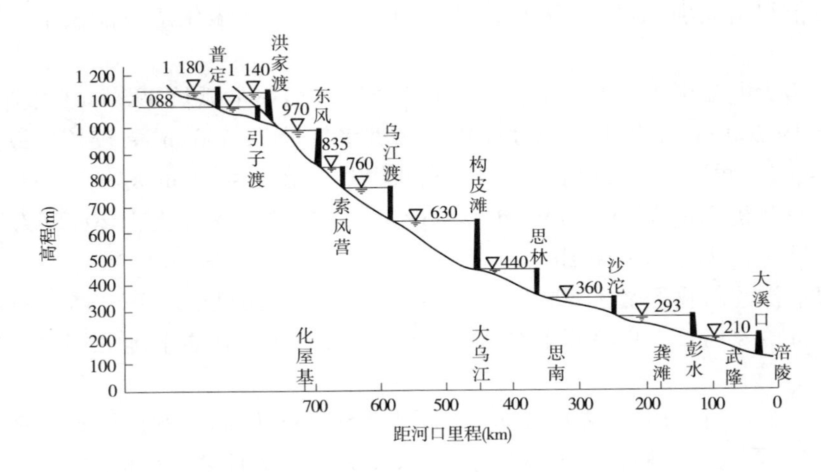

图 7-16 乌江梯级开发方案纵剖面示意图

7.5.4.2 主要水电站

1)洪家渡水电站

洪家渡水电站位于贵州省黔西县与织金县交界处，乌江北源六冲河下游，距贵阳市 154 km，是乌江梯级中具有多年调节性能的龙头电站。

六冲河为乌江上游左岸最大支流，发源于贵州省赫章县可乐乡水营村，六冲河全长 273.4 km，落差 1 293.5 m，平均比降 0.473%。洪家渡坝址控制流域面积 0.99 万 km^2，占六冲河流域面积的 91%，多年平均流量 149 m^3/s。水库正常水位 1 140 m，总库容 49.5 亿 m^3，调节库容 33.6 亿 m^3。

洪家渡工程以发电为主，兼有供水、灌溉、防洪、拦沙、渔业、旅游等综合效益。电站装机容量 60 万 kW，多年平均发电量 15.94 亿 kWh，保证出力 17.15 万 kW。

洪家渡枢纽主要建筑物由大坝、左岸洞式泄洪道、泄洪洞及引水发电系统等组成。

大坝坝型为混凝土面板堆石坝，坝顶高程 1 147.5 m，最大坝高为 179.5 m，坝顶长 427.8 m，坝顶宽 11 m，水库水面面积 80.5 km^2。坝体堆石填筑量 897.44 万 m^3。

由于洪家渡水库的调节作用，汛期可减少下游梯级弃水，枯水期增加调节流量，可大幅度提高乌江干流的发电效益。近期可增加下游乌江渡和东风两水电站保证出力 25 万 kW、发电量 7.05 亿 kWh，远景可提高下游全梯级的能量指标，是一个效益显著的工程。

由于电站对下游的补偿效益大于本身效益，该电站的兴建对乌江梯级的滚动综合开发、贵州电力结构优化和经济振兴，都有重要的作用。

洪家渡工程于 2000 年 11 月开工，2004 年 9 月第 1 台机组发电，2005 年底工程完建。

2)乌江渡水电站

乌江渡水电站位于贵州遵义和息烽县的交界处，乌江中游干流上，是以发电为主、兼有航运效益的大型水电站。

坝址控制流域面积 2.78 万 km^2，多年平均流量 511 m^3/s，年径流量 158 亿 m^3。水库正常蓄水位 760 m，总库容 21.4 亿 m^3，有效库容 13.6 亿 m^3。

坝址地处三叠系石灰岩地层的岩溶山区，岸坡陡峻，河谷狭窄，地质条件复杂，岩溶、断裂发育，使得大坝稳定、泄洪安全成为该工程的关键技术问题。

乌江渡枢纽由大坝、电站厂房、两岸泄洪洞、坝身开敞式溢洪道及泄洪中孔等建筑物组成。

大坝坝型为混凝土拱形重力坝，最大坝高 165 m，坝顶全弧长 395 m。大坝按 500 年一遇洪水流量 19 200 m^3/s 设计，按 5 000 年一遇洪水流量 24 400 m^3/s 校核。最大泄洪流量 20 950 m^3/s，最大单宽流量 240 $m^3/(s \cdot m)$，泄洪最高流速 43.1 m/s。

水电站总装机容量为 63 万 kW，年发电量 33.4 亿 kWh，保证出力 20.20 万 kW，坝后全封闭厂房安装 3 台 21 万 kW 机组。

乌江渡泄洪建筑物经受了 500 年一遇洪水的考验，最大泄量达 7 928 m^3/s，最大单宽流量达 236.4 $m^3/(s \cdot m)$。乌江渡水电站的成功建设，为我国在岩溶地区兴建高坝电站提供了经验。

主要工程量：土石方开挖 286 万 m^3，混凝土浇筑 256 万 m^3。水库淹没耕地 2.49 万亩，迁移人口 1.06 万人。工程自 1970 年开始准备，1979 年 12 月第一台机组发电，1983 年底完建。工程总投资 5.989 亿元。

2003 年乌江渡水电站扩机工程开工，扩机容量为 50 万 kW。扩机工程采用地下厂房方案，布置于河谷的左岸，包括进水口、引水隧洞、地下厂房、主变洞、开关站、进厂交通洞、防渗排水设施等项目。扩机后，乌江渡水电站总装机容量达 105 万 kW，年发电量 44.2 亿 kWh，保证出力 38.70 万 kW。扩机工程预计 2012 年完建。

3）*构皮滩水电站*

构皮滩水电站位于乌江中游，贵州省余庆县境内，距上游已建乌江渡水电站 137 km，下距乌江河口涪陵市 455 km。构皮滩枢纽是乌江梯级最大的水电站和控制性工程。坝址控制流域面积 4.33 万 km^2，占乌江总流域面积的 49.3%。坝址两岸山体陡峭，河谷狭窄，为 V 形峡谷，坝基为坚硬的灰岩。枯水期水位为 430 m 时，河水面宽仅为 50 ~ 60 m，水深 6 ~ 10 m。多年平均流量 724 m^3/s，年径流量 226 亿 m^3。水库正常蓄水位为 630 m，总库容 64.51 亿 m^3，调节库容 31.54 亿 m^3。具有年调节性能。

构皮滩枢纽工程由大坝、泄洪建筑物、右岸电站厂房、左岸三级垂直升船设施等建筑物组成。

大坝坝型为混凝土双曲拱坝，坝顶高程 640.5 m，最大坝高 232.5 m。坝顶弧长 557.1 m，拱冠顶部宽 10.25 m，底部宽 50.28 m，厚高比 0.216。

电站主要任务是发电，兼顾航运、防洪及其他效益。总装机容量 300 万 kW，年发电量 96.67 亿 kWh，保证出力 75.18 万 kW，它是国家西电东送骨干电源工程之一，对改善我国南方电网电源结构，提高乌江中下游及长江中下游地区的防洪能力，具有重要作用。

主要工程量：土石方开挖 938 万 m^3，混凝土浇筑 470 万 m^3。水库淹没耕地 2.69 万亩，迁移人口 1.97 万人。工程总投资约 138 亿元。

构皮滩水电站于 2003 年 11 月开工，2004 年截流，2009 年首台机组发电，2011 年竣工。

7.5.5 红水河大型梯级水电能源基地

7.5.5.1 基本情况

红水河是珠江流域西江水系的干流，其上游为南盘江，在蔗香与北盘江汇合后，称为红水河。因上游流经风化地砂页岩地层，使水色微红而得名。

红水河流域地势西北高东南低，海拔从1 000 m以上下降到200 m以下，沿途多峡谷险滩，落差集中，如天生桥至纳贡河段长14.5 km，落差181 m，平均每千米落差12.5 m，天峨河段每千米落差达50 m。从南盘江的天生桥到黔江的大藤峡河段，全长1 050 km，总落差756.5 m，为红水河水能资源富集河段，可开发利用水能资源装机容量达1 200万kW，年发电量600亿kWh。

红水河流域年降水量在1 200～1 500 mm以上，形成红水河丰富的径流量。河流下游的大藤峡控制流域面积19.0万km^2。多年平均流量4 210 m^3/s，平均年径流量1 300亿m^3，与黄河相比，超过黄河多年平均径流量的2.5倍。

红水河上游河段两岸为高山峡谷，出露岩层为坚硬的三叠纪砂页岩，耕地很少，人烟稀疏，具有建设高坝大库的坝址，且淹没损失较小，如天生桥、龙滩坝址等。中下游地区广泛出露石灰岩，岩溶较发育，规划建设低水头的河床式电站，可满足坝址地质和淹没损失的要求。红水河水电能源基地，位置靠近我国东南沿海经济区，天生桥电站距广州不足1 000 km，距广西的平果大型铝矿冶金用电负荷中心也较近，输电距离均在500 kV或直流输电的经济运行范围之内。

红水河梯级电站群具有显著的发电、防洪、航运以及灌溉、养殖、旅游等综合效益，对广西、云南、贵州、广东等省区的社会经济发展具有巨大的积极作用。例如，规划的龙滩水库和大藤峡水库防洪库容分别为170亿m^3和10亿m^3，两库联合防洪调度，可使下游西江及珠江三角洲地区的防洪标准由现在的20年一遇提高到50～100年一遇。

红水河梯级水库全部建成蓄水后，可渠化航道786～864 km，淹没大小险滩335～380处，全线通航能力提高到250～500 t级以上，龙滩库区254 km河段可以通航2 000 t级拖驳船队。

1980年完成的《红水河综合利用规划报告》，提出了干流10级开发方案，各水电站名称及设计装机容量为：天生桥一级108万kW，天生桥二级124万kW，平班36万kW，龙滩400万kW，岩滩140万kW，大化60万kW，百龙滩18万kW，恶滩56万kW，桥巩50万kW，大藤峡120万kW，总装机容量为1 112万kW，年发电量603.0亿kWh。红水河大型梯级水电站1980年规划指标如表7-11所示。水电能源基地各水电站位置示意如图7-17所示，梯级开发方案纵剖面示意如图7-18所示。

表7-11　红水河大型梯级水电站1980年规划指标

序号	水电站名称	装机容量（万kW）	年发电量（亿kWh）	正常蓄水位（m）	总库容（亿m^3）	流域面积（万km^2）	平均流量（m^3/s）	保证出力（万kW）	利用水头（m）	迁移人口（万人）	淹没耕地（万亩）
1	天生桥一级	108	53.0	785	90.0	4.99	612	42.0	135	2.51	2.71
2	天生桥二级	124	82.0	645	0.26	5.02	615	73.0	205	0.019	0.014
3	平班	36	18.6	440	3.2	5.16	633	15.1	40	0.13	0.16
4	龙滩	400	186.0	400	274.0	9.85	1 590	165.4	177	6.4	5.5
5	岩滩	140	80.0	223	24.3	10.66	1 750	76.8	68	3.76	2.92
6	大化	60	36.0	155	3.54	11.22	1 900	39.5	30	0.057	0.43

续表 7-11

序号	水电站名称	装机容量（万 kW）	年发电量（亿 kWh）	正常蓄水位（m）	总库容（亿 m^3）	流域面积（万 km^2）	平均流量（m^3/s）	保证出力（万 kW）	利用水头（m）	迁移人口（万人）	淹没耕地（万亩）
7	百龙滩	18	9.1	125	0.69	11.25	1 910	16.1	13	0	0.11
8	恶滩	56	36.2	112	5.96	11.80	2 050	36.1	29	0.11	0.59
9	桥巩	50	31.5	83		12.35	2 160	31.0	26	0.27	1.41
10	大藤峡	120	70.6	57.6	17.6	19.04	4 210	57.6	31.4	4.78	2.59
小计		1 112	603.0					552.6			

注：表列为 1980 年红水河梯级规划报告的数值。

至 2003 年，红水河规划河段所布置的 10 个梯级水电站中，已有大化、恶滩（一期）、天生桥二级、岩滩、天生桥一级、百龙滩等 6 个电站建成发电，有效改善了华南、西南电网的供电质量和效益。平班水电站和全流域控制性骨干枢纽——龙滩水电站，于 2001 年 7 月开工在建。连同在上游支流黄泥河上 1991 年建成的鲁布革水电站，各梯级水电站 2003 年开发现状的特征指标如表 7-12 所示。

表 7-12　红水河各大型梯级水电站 2003 年开发现状的特征指标

序号	水电站名称	装机容量（万 kW）	年发电量（亿 kWh）	正常水位（m）	流域面积（万 km^2）	坝高（m）	库容（亿 m^3）	坝型	开发现状
0	鲁布革	60	27.5	1 130	0.73	103.5	1.2	土石坝	1991 年建成
1	天生桥一级	120	53.0	785	4.99	178.0	102.0	面板堆石坝	2000 年建成
2	天生桥二级	132	82.0	645	5.02	58.7	0.26	重力坝	2000 年建成
3	平班	40.5	16.0	440	5.16	62.2	2.78	重力坝	2001 年开工
4	龙滩	420 540	156.7 187.1	375 400	9.85	182 216.5	162.1 272.7	重力坝	2001 年开工
5	岩滩	121	56.6	223	10.66	110.0	33.5	重力坝	1995 年建成
6	大化	40	20.6	155	11.22	78.5	3.54	重力坝	1986 年建成
7	百龙滩	19.2	9.5	125	11.25	35	0.69	重力坝	1999 年建成
8	恶滩	6	3.3	112	11.80	32.9	5.96	重力坝	1981 年建成扩建为 60 万 kW
9	桥巩	50	30.6	83	12.35			重力坝	待建
10	大藤峡	120	70.6	57.6	19.04		17.6	泄水闸	待建
小计		1 128.7 1 248.7	526.4 556.8						

注：表列两行分别为前期和后期指标汇总值。

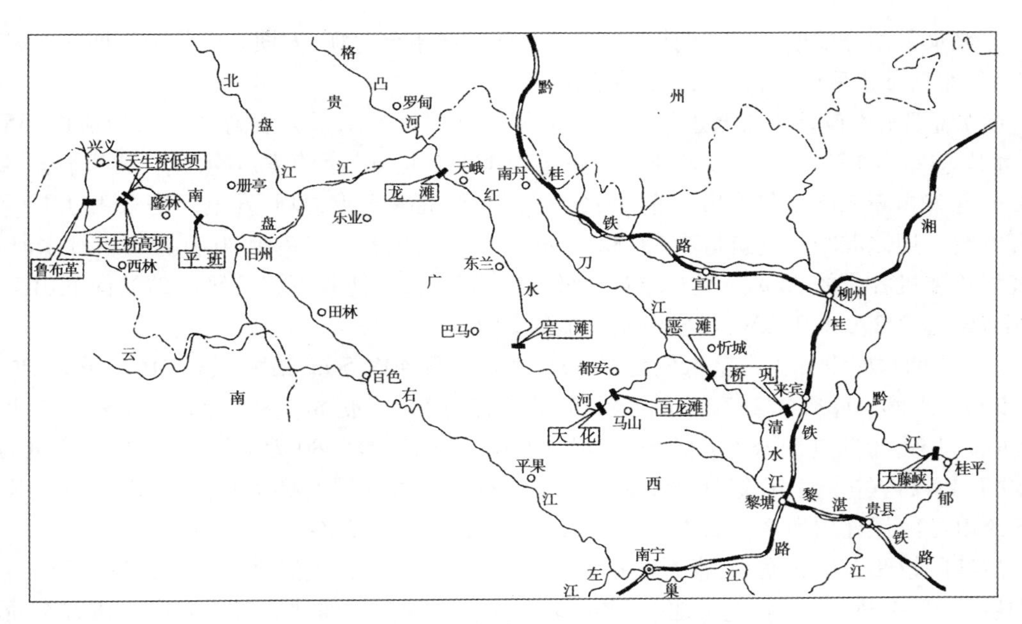

图 7-17　红水河水电能源基地各水电站位置示意图

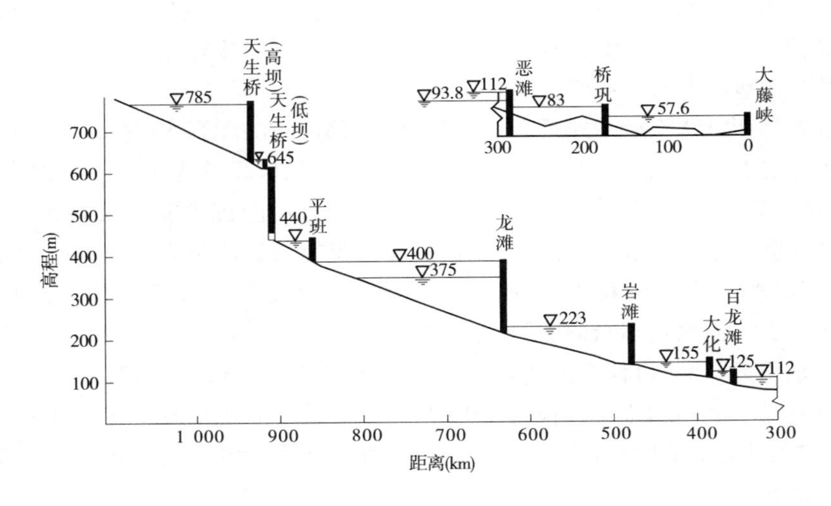

图 7-18　红水河梯级开发方案纵剖面示意图

7.5.5.2　主要水电站

1）龙滩水电站

龙滩水电站位于红水河上游，广西天峨县境内，坝址控制流域面积 9.85 万 km^2，多年平均流量 1 590 m^3/s，年径流量 517 亿 m^3。龙滩坝址是较宽阔的 V 形河谷，坝基岩石为三叠系砂岩夹泥板岩，以砂岩为主。河谷宽高比约为 3.5，枯水期河水面宽约 100 m，水深 13 ~ 19.5 m。

龙滩水电站具有发电、防洪、航运等综合利用效益，经济技术指标优越。

由于龙滩水电站是华南地区最大的电站，对系统的作用较大，龙滩水电站设计装机容量，根据龙滩供电的地区和组合不同情况，分析论证选定。

龙滩水电站分前期与后期两期实施开发，坝型选用重力坝，大坝断面分为初期断面和最终断面，加高方式采用平行后帮式（贴坡式）。

（1）前期水库设计正常蓄水位为 375 m，坝顶高程 382 m，最大坝高 192 m，坝顶长 735.5 m。水库总库容 162.1 亿 m^3，兴利调节库容为 111.5 亿 m^3，为年调节水库。装机容量 420 万 kW，年发电量 156.7 亿 kWh。前期大坝采用碾压混凝土重力坝，发电厂房采用地下厂房布置方案。坝体混凝土浇筑量为 532.2 万 m^3。设计装机容量为 7 台 60 万 kW，占红水河 10 级规划总装机容量的 35%。经龙滩对梯级补偿调节后，可使其下游 6 级电站的保证出力由 77 万 kW 增至 220.6 万 kW，年发电量增加约 28%。

（2）后期水库设计正常蓄水位为 400 m，坝顶高程 406.5 m，最大坝高 216.5 m，坝顶长 830.5 m。水库总库容 272.7 亿 m^3，兴利调节库容为 205.3 亿 m^3，为多年调节水库。装机容量 540 万 kW，年发电量 187.1 亿 kWh，坝体混凝土浇筑量为 680 万 m^3。设计装机容量为 9 台 60 万 kW，占红水河 10 级规划总装机容量的 40%。经龙滩对梯级补偿调节后，可使其下游 6 级电站的保证出力增至 254.9 万 kW，年发电量增加约 38%。

后期的枢纽布置方案为：常态混凝土重力坝、河床坝段布置泄水建筑物；发电厂房为河床坝后厂房（装机 5 台）和左岸地下厂房（装机 4 台）；通航建筑物布置于右岸。该方案简称为“5 +4”方案，并进一步研究采用碾压混凝土筑坝新技术方案等。

由于龙滩水电站前后期最大水头相差 25 m 的特点，对水轮发电机组经反复比较论证后，认为需研制一种前后期通用、性能良好的新机型。决定按转轮直径 7.5 m 及单机容量 60 万 kW提出新型机组的招标要求实施。

龙滩水库是西江水系的战略性防洪工程，前期预留防洪库容 50 亿 m^3（后期 70 亿 m^3），担负重要的下游防洪任务，防护范围涉及广西与广东共 27 个县市，总防护人口约 1 050 万人，防护耕地约 44.7 万 hm^2。目前，下游防护区现有堤防抗洪能力只有 5 ~20 年一遇不等。根据洪水演算结果，龙滩水库将使下游堤防防洪能力提高至 20 年一遇。下游梧州控制站 20 年一遇洪水流量为 44 600 m^3/s。龙滩拦洪时，可使梧州市流量不超过 44 600 m^3/s。当龙滩水库按 375 m 水位运行时，可使下游防护区的防洪标准提高至 40 年一遇；当龙滩水库按 400 m 水位运行时，可使下游防护区的防洪标准提高至 50 年一遇。

红水河龙滩水电站初步设计报告于 1990 年 8 月通过审查。2001 年 7 月工程正式开工，预计准备工期 2 年，总工期 9 年。第一台机组于第 6.5 年发电。按 1998 年价格水平，工程总投资 282 亿元。

2）天生桥一级水电站

天生桥一级水电站位于贵州安龙及广西隆林两县交界的南盘江干流上，是红水河梯级的第一级水电站。

坝址控制流域面积 5.01 万 km^2，多年平均流量 612 m^3/s，年径流量 193 亿 m^3。多年平均年输沙量 1 574 万 t，平均含沙量 0.81 kg/m^3。坝址处河谷开阔，坝基岩层较软弱，水文地质条件较简单。水库正常蓄水位为 785 m，总库容 102.6 亿 m^3，调节库容 57.96 亿 m^3，为不完全多年调节水库。

天生桥一级水电站以发电为主，电站装机容量 120 万 kW（4 × 30 万 kW），年发电量 52.26亿 kWh，保证出力 40.52 万 kW。

电站建成后，送电至贵州、广西和广东，并将增加下游已建的天生桥二级、岩滩和大化 3

个水电站的保证出力88.39万kW,年发电量40.77亿kWh。

电站枢纽工程由混凝土面板堆石坝、右岸开敞式溢洪道、左岸引水发电系统、放空隧洞和地面厂房组成。导流建筑物由左岸2条导流隧洞和上下游围堰组成,放空隧洞参与后期导流。主要建筑物均按一级建筑物设计,地震设防烈度为7度。

(1)混凝土面板堆石坝。按1 000年一遇洪水流量20 900 m^3/s设计,按可能最大洪峰流量28 500 m^3/s校核。坝顶高程793.5 m,坝顶长1 104 m,最大坝高178 m,坝顶宽12 m。上游坝坡1:1.4,下游坝坡上设有10 m宽的上坝公路,公路间坝坡1:1.25。堆石坝体分为:垫层区,水平宽度3 m;过渡区,水平宽度5 m;主堆石区和次堆石区(含软岩料区)。坝体填筑总方量约为1 800万m^3。混凝土面板厚度顶部0.3 m、底部0.9 m。设置垂直缝,间距16 m,共分69块。面板总面积17.27万m^2,共计方量8.87万m^3。

(2)开敞式溢洪道。布置于右岸垭口处,溢流堰顶高程760 m,设5孔宽13 m、高20 m的弧形闸门,按1 000年一遇洪水流量20 900 m^3/s设计、可能最大洪峰流量28 500 m^3/s校核。经水库调洪后,相应的下泄流量分别为14 782 m^3/s和21 750 m^3/s。

溢洪道全长1 665 m,由引渠、溢流堰、泄槽、挑流鼻坎和护岸工程组成。引渠长1 122 m,底宽120 m,渠底高程745 m,底坡坡度为0。渠道两侧为垂直边坡,每隔22 m高设1条12 m宽的马道,引渠基本不衬砌。堰后泄槽,平面采用不对称收缩体型,横断面为矩形,纵坡坡度13%。泄槽轴线与下游河道的交角为50°~60°,在工程建设过程中,选取了两侧扩散的舌形鼻坎方案,在出口河岸相应地做了保护,较好地解决了泄流消能问题。

(3)引水发电系统。位于左岸,包括引渠、进水口、引水隧洞和压力钢管道。引渠长度为284 m,其底板高程为710 m,宽98 m,梯形复式断面。进水口采用岸边塔式,进水塔长98 m,宽27.5 m,高84 m。设置2道直栅槽,内设16扇拦污栅、1扇检修门及4扇事故门。对外通过塔顶交通桥与左岸公路相连。引水隧洞4条,中心距24 m,内径9.6 m,纵坡7.5%~10%,水平投影长380.39~494.09 m。结构设计采用一次支护和二次衬砌形式,局部过沟地段改用后张法预应力混凝土衬砌。压力钢管道4条,中心距23.1 m,采用斜井布置,坡度50°,由上弯管、斜井管、下弯管和水平管组成。钢管内径7~8.2 m,水平投影长158.78~172.19 m,管壁厚22~30 mm。

(4)电站厂房。位于左岸,顺河向布置。主厂房长154.4 m,宽26 m,高67 m。厂房内安装4台30万kW的水轮发电机组,安装高程为633.5 m。主变压器布置在副厂房的上游,出线架位于上游副厂房屋顶上,4回220 kV出线至换流站。

(5)放空隧洞。位于右岸,全长1 062.17 m,进口高程为660 m,有施工期参与后期导流、蓄水期向下游电站供水和运行期放空水库检修大坝面板等功能。隧洞进口处设事故闸门井,井高131 m,内径11.4 m,内设6.8 m×9 m的事故平板链轮闸门。隧洞进口工作闸门室内设6.4 m×7.5 m的工作弧形闸门。工作闸门室之前为圆形有压隧洞,长557.67 m,内径9.6 m;其后为方圆形无压隧洞,长489.5 m,宽8 m,高11 m。洞后接长约162 m的出口明渠及挑流鼻坎。事故闸门井以交通便桥与右坝头相接。工作闸门室以交通通风洞与场内公路相连。交通通风洞布置在放空洞的左侧,为双层结构,上层交通,下层通风。

主体工程量:土石方开挖2 250万m^3,石方洞挖81万m^3,土石方填筑1 980万m^3,混凝土浇筑112万m^3。水库淹没耕地3.9万亩,迁移人口4.18万人,总投资估算为14.85亿元。

天生桥一级水电站于1986年9月完成初步设计报告,1991年6月导流工程开工,1994

年底截流,1997 年底蓄水,1998 年底首台机组投产发电,2000 年建成。

3)天生桥二级水电站

天生桥二级水电站位于贵州安龙及广西隆林两县的界河南盘江(红水河支流)上,距贵阳市 385 km,距南宁市 537 km。

根据红水河梯级规划,由黄泥河口至北盘江汇合处的河段分三级开发,即天生桥一级(大湾)水电站、天生桥二级(坝索)水电站和三级平班水电站。其中,天生桥二级(坝索)水电站落差最大,在 14.5 km 的河段上集中落差 181 m,为优良的水电开发点。

坝址以上流域面积为 50 194 km^2,多年平均年输沙量为 1 490 万 t,多年平均含沙量为 0.76 kg/m^3,是中国南方含沙量较大的河流之一。

天生桥二级水电站采用引水式开发方式,设计蓄水位 645 m,相应库容 2 600 万 m^3。厂房初期安装 4 台 22 万 kW 的机组,总装机容量 88 万 kW,保证出力 19.9 万 kW,年发电量 49.2 亿 kWh。

后期再扩建两台 22 万 kW 的机组,保证出力提高到 73 万 kW,年发电量增加到 82 亿 kWh,电流通过 500 kV 高压输电线送至广西、广东及贵州地区,改善华南、西南地区的用电紧张状况。

电站工程由左、右岸非溢流重力坝,溢流坝,冲沙闸,进水口,引水系统,电站厂房等组成。大坝全长 470 m,最大坝高 58.7 m,大坝按 100 年一遇洪水设计、1 000 年一遇洪水校核。最大下泄流量 19 400 m^3/s。引水系统由进水口、引水隧洞、调压井及高压管道等组成。3 条引水隧洞,每条长 9.78 km,内径 8.7 ~9.8 m。调压井内径 21 m。压力管道为直径 5.7 m 的高压钢管。电站厂房尺寸 166.6 m×21.5 m×58.6 m(长×宽×高)。最终安装 6 台 22 万 kW 的机组,总装机容量达 132 万 kW。

主体工程量:土石方开挖 547 万 m^3,石方洞挖 310 万 m^3,混凝土浇筑 158 万 m^3。水库淹没耕地 889 亩,迁移人口 1 209 人,总投资估算为 16 亿元。

天生桥二级水电站于 1989 年开工,1992 年底第 1 台机组投产发电,2000 年建成。

4)鲁布革水电站

鲁布革水电站位于云南省罗平县、贵州省兴义县交界处,珠江水系南盘江的支流黄泥河上,是以发电为单一目标的云南省电力系统骨干电站。

坝址控制流域面积 0.73 万 km^2,多年平均流量 164 m^3/s,年径流量 51.7 亿 m^3,年输沙量 344 万 t。水库总库容 1.11 亿 m^3,正常蓄水位为 1 130 m,具有季调节功能。

电站装机容量 60 万 kW(4×15 万 kW),多年平均发电量 27.5 亿 kWh,保证出力 8.6 万 kW。

电站枢纽工程由拦河大坝、泄洪建筑物、排沙洞、引水发电系统等组成。

拦河大坝为心墙堆石坝,坝顶高程 1 138 m,最大坝高 101 m,坝顶长 216 m。

泄洪建筑物有:左岸两孔开敞式溢洪道,每孔宽 11 m,最大泄量 6 460 m^3/s;左岸泄洪隧洞,直径 11.5 m,最大泄量 1 995 m^3/s;右岸泄洪隧洞,直径 10 m,最大泄量 1 638 m^3/s。

引水发电系统有:左岸引水隧洞,直径 8 m,洞长 9 382 m,最大引水量 1 995 m^3/s,利用水头 372 m;水电站地下厂房,位于峡谷出口,装有 4 台 15 万 kW 机组。

鲁布革水电站工程是我国改革开放后第一个引进外资的国家重点工程。工程利用世界银行贷款 1.454 亿美元。引水隧洞的施工及主要机电设备实行国际招标,建设中引进了国际通行的工程监理制和项目法人负责制等管理办法，取得巨大的成功。首部枢纽由水电部第十四工程局施工，引水系统由日本大成公司施工完成。从 1998 年 7 月 1 日开始，鲁布革电厂在电网中率先实施无人值班(少人值守)管理模式运行。

主要工程量：土石方开挖 180 万 m^3，石方洞挖 140 万 m^3，土石方填筑 220 万 m^3，混凝土浇筑 60 万 m^3。水库淹没耕地 2 715 亩，迁移人口 1 230 人，概算总投资为 6.9 亿元。

工程于 1988 年 12 月开工，至 1991 年 6 月建成投产发电，1992 年 12 月通过国家竣工验收。

7.5.6 澜沧江大型梯级水电能源基地

7.5.6.1 基本情况

澜沧江发源于青海省南部的唐古拉山脉，流经青海、西藏、云南三省区，于云南省西双版纳州南腊河口流出中国国境后称为湄公河，经老挝、缅甸、泰国、柬埔寨、越南，汇入南海，是东南亚一条著名的国际河流。澜沧江干流全长约 4 500 km，总落差 5 500 m，在中国境内长约 1 612 km，落差 5 000 m。流域面积 17.4 万 km^2。南腊河口多年平均流量 2 020 m^3/s。平均年径流量约 640 亿 m^3，为黄河年径流量的 1.1 倍。

澜沧江中下游河段大部分处于深山峡谷，具有良好的建坝地质地形条件，沿河两岸森林茂密，无重要城镇工矿，淹没人口、耕地损失均较少。水库调节性能好，地理位置适中，是我国实施西电东送重点开发的水电能源基地之一。

澜沧江干流从溜筒江到南腊河口，河长约 1 240 km，落差 1 780 m。初步规划建设 14 座电站，1986 年完成的澜沧江中下游河段规划报告，提出功果桥至南腊河口河段规划的 7 级电站，连同溜筒江到功果桥河段在水力资源普查规划时提出的 7 级电站，各电站名称及设计装机容量(后期装机容量)为：溜筒江 55 万 kW，佳碧 43 万 kW，乌弄龙 80 万 kW，托巴 164 万 kW，黄登 150(186)万 kW，铁门坎 150(178)万 kW，功果桥 75 万 kW，小湾 420 万 kW，漫湾 125(150)万 kW，大朝山 126 万 kW，糯扎渡 450 万 kW，景洪 90(135)万 kW，橄榄坝 10(15)万 kW，南腊河口 40(60)万 kW，装机容量总计 1 978(2 137)万 kW，年发电量 1 010.3(1 093.86)亿 kWh。

澜沧江干流大型梯级水电站 1986 年规划指标如表 7-13 所示。各电站的位置示意如图 7-19所示，梯级开发方案纵剖面示意如图 7-20 所示。

表 7-13 澜沧江干流大型梯级水电站 1986 年规划指标

序号	水电站名称	装机容量(万 kW)	年发电量(亿 kWh)	正常水位(m)	总库容(亿 m^3)	流域面积(万 km^2)	平均流量(m^3/s)	保证出力(万 kW)	迁移人口(万人)	淹没耕地(万亩)
1	溜筒江	55	32.90	2 174	5.0	8.30	650	16.2		
2	佳碧	43	25.90	2 054	3.2	8.40	675	12.1 13.1		
3	乌弄龙	80	47.90	1 964	9.8	8.85	714	24.1 27.0		
4	托巴	164	82.90	1 820	51.5	8.80	791	60.7 62.6		
5	黄登	150 186	75.50 93.50	1 640	22.9	9.20	880	44.9 79.8		

续表 7-13

序号	水电站名称	装机容量（万 kW）	年发电量（亿 kWh）	正常水位（m）	总库容（亿 m^3）	流域面积（万 km^2）	平均流量（m^3/s）	保证出力（万 kW）	迁移人口（万人）	淹没耕地（万亩）
6	铁门坎	150 178	77.70 89.10	1 472	21.5	9.34	916	40.7 76.5		
7	功果桥	75	40.63	1 319	5.1	9.72	985	17.0 38.95	0.459 6	0.51
8	小湾	420	187.76	1 242	152.6	11.33	1 210	184.6	2.87	3.49
9	漫湾	125 150	67.10 78.74	994	9.2	11.45	1 230	31.4 79.61	0.304	0.47
10	大朝山	126	55.20 65.00	892	7.2	12.10	1 340	24.8 68.0	0.597	9.84
11	糯扎渡	450	231.07	807	227.0	14.47	1 750	232.2	1.480	3.6
12	景洪	90 135	55.70 76.86	602	10.0	14.91	1 840	30.0 76.49	0.170	0.6
13	橄榄坝	10 15	5.87 7.77	533		15.18	1 880	2.7 7.84	0.006	0.02
14	南腊河口	40 60	24.17 33.83	519		16.00	2 020	11.2 33.66	0.023	0.09
共计		1 978 2 137	1 010.3 1 093.86					732.6 996.55		

注：①表列为 1986 年澜沧江中下游河段规划报告的数值；

②表中有两行指标时，下行为梯级电站联合运行值。

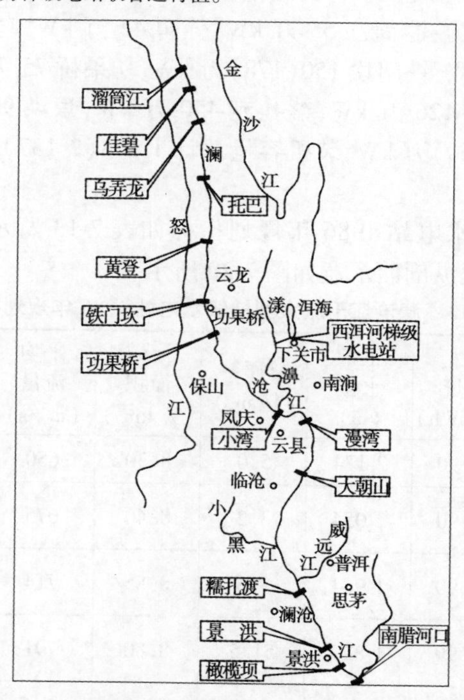

图 7-19　澜沧江干流中下游水电能源基地各电站位置示意图

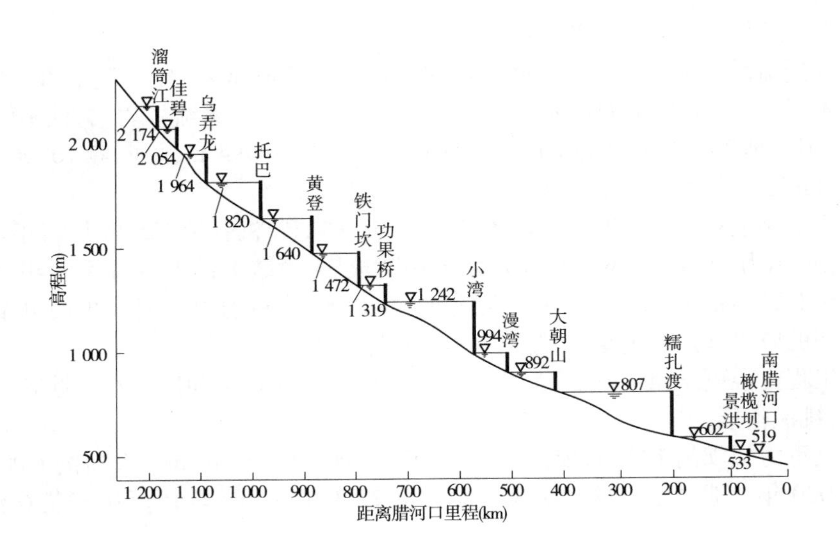

图 7-20　澜沧江干流中下游梯级开发方案纵剖面示意图

至2003年,澜沧江干流中下游梯级电站的开发现状如表7-14所示。其中:漫湾水电站、大朝山水电站已建成发电。漫湾水电站一期装机容量125万kW,于1995年建成投产,二期装机容量25万kW,于2004年开工建设;大朝山水电站装机容量135万kW,于2003年全部建成投产;小湾水电站,装机容量420万kW,于2002年正式开工建设,2004年截流,2010年首台机组投产发电,2012年全部建成;景洪水电站,装机容量150万kW,于2003年开工建设;糯扎渡水电站,装机容量585万kW,是澜沧江中下游开发最大的电站,于2005年开工建设,这一电站的供电目标市场除云南、广东外,还有泰国。

表 7-14　澜沧江干流中下游梯级电站 2003 年开发现状

序号	水电站名称	装机容量(万kW)	年发电量(亿kWh)	正常水位(m)	库容(亿m^3)	流域面积(万km^2)	最大坝高(m)	坝型	开发规划现状
1	小湾	420	190.6	1 242	151.32	11.33	292.0	双曲拱坝	2002年开工
2	漫湾	150	78.84	994	10.06	11.45	132.0	重力坝	1995年建成,二期开工
3	大朝山	135	59.31	895	9.6	12.10	111.0	重力坝	2003年建成
4	糯扎渡	585	239.1	807	237.0	14.47	261.5	心墙堆石坝	2005年开工
5	景洪	150	76.86	602	110.3	14.91	118.0	重力坝	2003年开工
6	橄榄坝	15	7.77	533		15.18		闸	待建
7	南腊河口	60	33.83	519		16.00		重力坝	待建
小计		1 515	686.31						

注:表列为参考资料指标汇总值。

7.5.6.2　主要水电站

1)漫湾水电站

漫湾水电站位于云南省云县和景东县交界的漫湾镇,澜沧江中游河段上,距昆明市237

km,是澜沧江首期开发建成的水电站工程。

坝址控制流域面积 11.45 万 km^2,多年平均流量 1 230 m^3/s,年径流量 387.9 亿 m^3。坝址峡谷为不对称 V 形,枯水期水面宽 40 ~ 60 m。坝基为三叠系流纹岩,岩性坚硬均一,构造裂隙发育,坝区地震基本烈度为 7 度。水库正常蓄水位为 994 m,总库容 10.06 亿 m^3,水库面积 23.6 km^2,干流回水 70 km,为不完全季调节水库。

漫湾水电站装机容量 150 万 kW,分两期建设,初期装机容量 125 万 kW,年发电量 67.1 亿 kWh,保证出力 31.4 万 kW。待小湾水电站建成后,再装 1 台 25 万 kW 机组,年发电量增至 78.86 亿 kWh,保证出力增至 79.6 万 kW。漫湾水电站的建成,对实现西电东送的目标,对云南经济的腾飞和边疆的繁荣稳定均具有重要意义。

枢纽工程由混凝土重力坝、坝后厂房、变电站、泄洪建筑物和厂后水垫塘等组成,以表孔溢流泄洪,挑流消能。

混凝土重力坝坝高 132 m,坝顶高程 1 002 m,坝顶全长 418 m。大坝按 1 000 年一遇洪水设计、5 000 年一遇洪水校核。最大下泄流量 22 300 m^3/s。坝后厂房安装 6 台 25 万 kW 机组。

主体工程量:土石方开挖 223 万 m^3,石方洞挖 44.5 万 m^3,混凝土浇筑 210 万 m^3。淹没耕地 0.62 万亩,迁移人口 3 513 人,工程静态总投资约 26.6 亿元。平均每千瓦投资为 2 710 元,远低于全国水电和火电平均投资的水平。

漫湾水电站一期工程于 1985 年 9 月准备,1986 年动工,1993 年 3 月蓄水,1993 年 6 月第一台机组并网发电,1995 年 5 台机组全部投产发电。漫湾水电站二期工程于 2004 年开工,装机容量 25 万 kW。

2)小湾水电站

小湾水电站位于澜沧江中游河段、与左岸支流漾濞江交汇口的下游、云南省南涧县与凤庆县交界处。电站至昆明公路里程 455 km,至广大铁路祥云站 144 km。

坝址控制流域面积 11.33 万 km^2,多年平均流量 1 210 m^3/s,年径流量 384.7 亿 m^3。小湾水电站为澜沧江中下游河段的龙头水库,水库正常蓄水位 11 242.0 m,总库容 151.32 亿 m^3,有效库容 98.95 亿 m^3,为多年调节水库。

小湾水电站以发电为主,兼有防洪、灌溉、拦沙及航运等综合利用效益。

电站总装机容量为 420 万 kW,安装 6 台 70 万 kW 机组,多年平均发电量 190.6 亿 kWh,保证出力 185.4 万 kW,以 500 kV 电压接入电网系统。

工程由大坝、坝后水垫塘及二道坝、左岸两条泄洪洞及右岸地下发电站组成。

坝型为混凝土双曲拱坝,坝高 292 m,坝顶高程 1 245 m,坝顶长 922.74 m,拱冠梁顶宽 13 m、底宽 69.49 m。

泄水建筑物由坝顶 5 个开敞式溢流表孔、6 个有压深式泄水中孔和左岸两条泄洪洞及坝后水垫塘和二道坝等部分组成。

引水发电系统布置在右岸,为地下厂房。由竖井式进水口、埋藏式压力管道、地下厂房(长 326 m,宽 29.5 m,高 65.6 m)、主变开关室(长 257 m,宽 22 m,高 32 m)、尾水调压室(长 251 m,宽 19 m,高 69.17 m)和两条尾水隧洞等建筑物组成。

主要工程量:土石方明挖 1 370 万 m^3,石方洞挖 439.9 万 m^3,土石方填筑 139.1 万 m^3,混凝土浇筑 1 056.1 万 m^3,喷混凝土 13.3 万 m^3,帷幕灌浆 14.4 万 m,固结灌浆 86.8 万 m,回填灌浆 3.1 万 m^2,接缝灌浆 48.8 万 m,钢筋(锚杆)21.96 万 t,预应力锚索 10 609 根,施工临建房屋 22.8 万 m^2。水库淹没耕地 3.49 万亩,迁移人口 2.87 万人,总投资估算为

54.31 亿元。

小湾水电站于 2002 年正式开工，2004 年截流，2010 年首台机组投产发电，2012 年全部建成。

3）糯扎渡水电站

糯扎渡水电站位于澜沧江中下游河段上、云南省思茅县与澜沧县交界处，在左岸支流威远江下游，是澜沧江中下游河段规划最大的水电站。

坝址控制流域面积 14.47 万 km^2，多年平均流量 1 840 m^3/s。年径流量 580.3 亿 m^3。坝址基岩裸露，风化层浅，是完整坚硬的花岗岩。两岸上部 720 m 以上为角砾岩，强度较高，坝段远离澜沧江断裂带 17 km，区域构造和地质条件较好，左岸 820 m 以上有平缓地形，便于布置岸边溢洪道。

水库正常蓄水位 807 m，总库容 237.03 亿 m^3。调节库容 113.35 亿 m^3，为多年调节水库。

电站以发电为主，兼顾防洪、航运、旅游等综合效益。总装机容量 585 万 kW（9 ×65 万 kW），多年平均发电量 239.12 亿 kWh，保证出力 232.2 万 kW。装机容量大，电能质量高。

枢纽工程规划研究比较了碾压混凝土重力坝和心墙堆石坝两种方案。心墙堆石坝方案，最大坝高 261.5 m，溢洪道最大下泄流量 31 318 m^3/s，居世界岸边溢洪道之首。

主体工程量：土石方开挖 2 910.6 万 m^3，土石方填筑 3 096.9 万 m^3，混凝土浇筑 209.7 万 m^3。

糯扎渡水电站虽然工程投资较大（静态 242.07 亿元，2001 年价格水平），建设工期较长（14 年左右），但地质地形条件有利，技术经济指标优越，效益显著，是澜沧江中下游开发的关键工程。

4）大朝山水电站

大朝山水电站位于澜沧江中下游河段、与右岸支流那果河交汇口的下游 1.5 km、云南省云县与景东县交界处，上距漫湾水电站 95 km，是澜沧江中下游河段继漫湾水电站之后建成的大型水电站。

坝址控制流域面积 12.1 万 km^2，多年平均流量 1 340 m^3/s，年径流量 422.6 亿 m^3。水库正常蓄水位 895 m，总库容 9.6 亿 m^3，调节库容 2.4 亿 m^3，为季调节水库。坝址基岩为岩浆岩，较完整坚硬。

大朝山水电站以发电为主。总装机容量 135.0 万 kW，多年平均发电量 59.31 亿 kWh，保证出力 36.31 万 kW，年利用小时数 4 393 h。

大朝山水电站枢纽由碾压混凝土重力坝，地下厂房系统，尾水隧洞，大坝 5 个溢流表孔、1 个排沙底孔和 3 个泄洪底孔等组成。碾压混凝土重力坝，最大坝高 111 m，坝顶全长 480 m，共分 23 个坝段。地下厂房系统共设主厂房、主变室及尾水调压室三大洞室。地下厂房共布置 6 台 22.5 万 kW机组。

主要工程量：土石方开挖 244.73 万 m^3，土石方填筑 64.58 万 m^3，混凝土浇筑 198.93 万 m^3。水库淹没耕地 0.98 万亩，迁移人口 0.61 万人。

大朝山水电站工程量小，水库淹没损失少，技术经济指标优越，开发条件好。电站的建设对于缓解云南省电力供需矛盾，实现西电东送、云电外送的目标，具有重要作用。

大朝山水电站工程 1992 年筹建准备，于 1996 年 11 月截流，2000 年 12 月第一台机组发电，2003 年全部建成投产，总工期 7 年，初设概算总投资为 80.74 亿元。

7.5.7 长江上游大型梯级水电能源基地

7.5.7.1 基本情况

长江上游是指长江的宜宾至宜昌干流河段，也称为川江，河段长1 045 km。长江在宜昌以上流域面积100.0万km^2。川江区间流域面积52.7万km^2，占长江宜昌以上流域面积的52.7%，多年平均流量14 300 m^3/s，多年平均年径流量4 510亿m^3，天然落差220 m。

川江地处我国中心地带，包含世界水电开发规模最大的三峡工程河段，是我国水能资源开发条件优越的巨大能源宝库之一。川江开发的主要任务为防洪、发电、航运及其他，其经济效益、社会效益非常巨大，对我国经济社会可持续发展具有十分重要的影响。1958年编制的长江流域规划报告中，初步规划川江水能资源可开发量2 546万kW，多年平均发电量1 239.0亿kWh。确定石硼、朱杨溪、三峡、葛洲坝等4级水电开发方案。葛洲坝水电站于1970年开工，1989年工程竣工。三峡工程于1994年开工，2003年首台机组发电，2009年建成。

清江是长江中游的一条重要支流，发源于湖北利川，在宜昌下游约40 km的宜都汇入长江，全长423 km，总落差1 430 m，流域面积1.67万km^2。

清江干流自恩施至河口的250 km河道，天然落差355 m，沿岸地质条件好，地震烈度不高，覆盖层不厚，开发条件优越，具有修建高坝的条件。河道含沙量不大，水库可以长期使用。开发的主要任务为发电、防洪、航运及其他。规划装机容量289.1万kW，多年平均发电量84.9亿kWh。规划开发水布垭、隔河岩、高坝洲等3个梯级电站。隔河岩水电站于1994年建成；高坝洲水电站于2000年建成；水布垭水电站2002年实现截流，2006年首台机组发电，2008年建成。清江梯级电站可解决汉江平原用电，并可减轻荆江地区洪水威胁，减轻长江中下游洪水负担，改善清江航运条件。

长江上游各规划电站名称及其设计装机容量为：石硼213万kW，朱杨溪190万kW，三峡1 820万kW，葛洲坝271.5万kW，共计2 494.5万kW。清江各电站名称及其设计装机容量为：水布垭160万kW，隔河岩120万kW，高坝洲25.2万kW，共计305.2万kW。总计装机容量为2 799.7万kW，年发电量为1 320.26亿kWh。

长江上游、清江梯级水电能源基地各水电站主要规划指标如表7-15所示。水电能源基地各电站的位置示意如图7-21所示，梯级开发方案纵剖面示意如图7-22所示。

表7-15 长江上游、清江梯级水电能源基地各水电站主要规划指标

序号	水电站名称	装机容量（万kW）	年发电量（亿kWh）	正常水位（m）	总库容（亿m^3）	流域面积（万km^2）	平均流量（m^3/s）	保证出力（万kW）	迁移人口（万人）	淹没耕地（万亩）
1	石硼	213	126.0	265	30.8	64.4	8 100	65.0	20.1	9.64
2	朱杨溪	190	112.0	230	28.0	69.47	8 640	68.0	13.5	4.97
3	三峡	1 820	846.8	175	393.0	100.0	14 300	499.0	84.41	41.73
4	葛洲坝	271.5	157.0	66	15.8	100.0	14 300	76.8	2.34	1.39
5	水布垭	160	39.2	400	45.8	1.086	291	31.0	0.226	
6	隔河岩	120	30.4	200	31.2	1.44	390	18.0		
7	高坝洲	25.2	8.86	80	4.86	1.565	416			
小计		2 799.7	1 320.26							

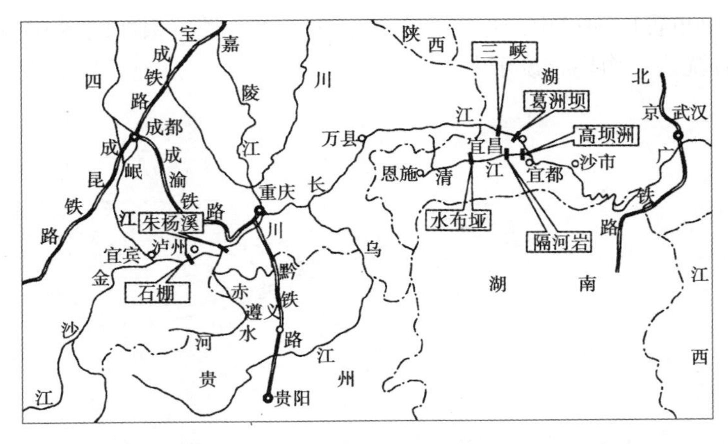

图 7-21　长江上游、清江水电能源基地各电站位置示意图

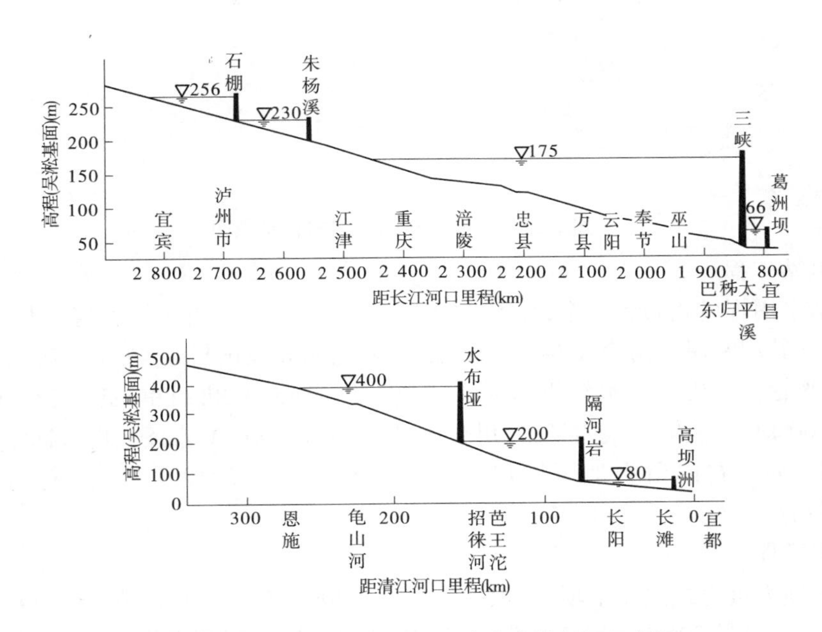

图 7-22　长江上游、清江梯级开发方案纵剖面示意图

7.5.7.2　主要水电站

1）三峡水电站

a. 枢纽工程布置

三峡水电站枢纽工程由大坝、水电站厂房、通航船闸建筑物等三部分组成。三峡工程的三斗坪坝址地质为坚硬完整的花岗岩，没有大的地质断层构造，具有修建高坝的优越地形地质条件。坝址处河谷开阔，便于布置枢纽建筑物的 26 台大型水轮发电机组电站厂房、大流量泄洪坝和大型通航船闸，有利于工程施工场地的平面布置和施工导流分期安排。建筑物的型式及布置，经过研究设计论证，并通过水力学、泥沙、结构等模型试验验证，枢纽布置示意如图 7-23 所示。大坝分为三段：非溢流坝段、左右岸厂房坝段和泄洪坝段。泄洪坝段位于中部河床的原主河槽部位，两侧为厂房坝段和非溢流坝段。水电站厂房位于两侧厂房坝

段的坝后，在右岸布置后期扩机的地下水电站厂房。永久性五级船闸、临时船闸、升船机、上下游引航道等通航建筑物均布设于左岸。

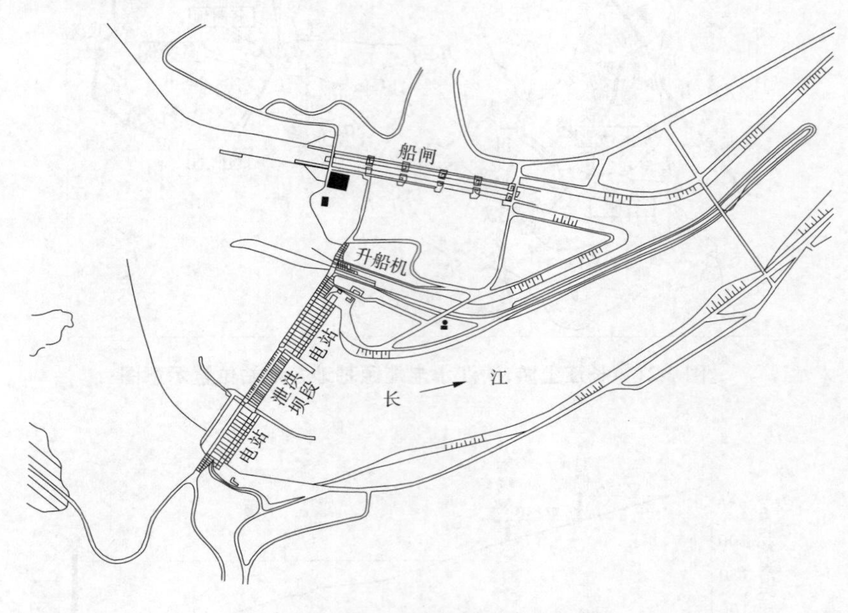

图 7-23　三峡水电站枢纽布置示意图

b. 水电站工程

水电站采用坝后式布置方案，如图 7-24 所示。共设有左、右两组厂房。共安装 26 台水轮发电机组，其中左岸厂房全长 643.6 m，安装 14 台水轮发电机组；右岸厂房全长 584.2 m，安装 12 台水轮发电机组。水轮机为混流式（法兰西斯式），机组单机额定容量 70 万 kW。水电站以 500 kV 交流输电线向华中、川东送电，以正负 600 kV 直流输电线向华东送电。电站出线共 15 回。右岸留有地下厂房为后期扩机 6 台水轮发电机组（总装机容量 420 万 kW）的位置。

c. 大坝工程

三峡大坝为重力式混凝土坝，大坝轴线全长 2 309.47 m，坝顶高程 185.00 m，最大坝高 175.00 m，总库容量 393 亿 m^3，正常蓄水位 175.00 m，防洪限制水位 145.00 m，初期正常蓄水位 156.00 m，初期防洪限制水位 135.00 m。溢流坝剖面示意如图 7-25 所示。

沿坝轴线从左向右依次布设如下：

左岸非溢流坝（简称左非）段前缘总长 361.97 m，共分 18 个坝段，$1^{\#}\sim7^{\#}$坝段前缘长 140 m，每坝段前缘长 20 m；升船机坝段，前缘长 62 m；左岸非溢流坝 $8^{\#}$坝段，前缘长 26.06 m；临时船闸坝段，前缘长 56 m，分设 3 个坝块，两边坝块长 16 m，中间坝块长 24 m，施工期为闸前航道，完建后设 2 孔冲沙闸，孔口尺寸为 6.0 m×10.0 m（宽×高），孔底高程为 105 m；$9^{\#}\sim18^{\#}$坝段，前缘总长 195.91 m，其中 $9^{\#}$坝段前缘长 15.91 m，其余坝段前缘长 20 m，左岸非溢流坝 $18^{\#}$坝段下设一排沙孔，进口尺寸为 5.5 m×7.5 m，底高程 90.0 m。

左厂房（简称左厂）坝段，前缘总长 581.5 m，进水口底高程 108 m，每坝段长 38.3 m，依次为：左厂 $1^{\#}\sim6^{\#}$坝段，左安装厂 3 坝段，左厂 $7^{\#}\sim14^{\#}$坝段。左安装厂 3 坝段下设 2 个排沙孔，进口尺寸为 5.5 m×7.5 m，底高程 75.0 m。

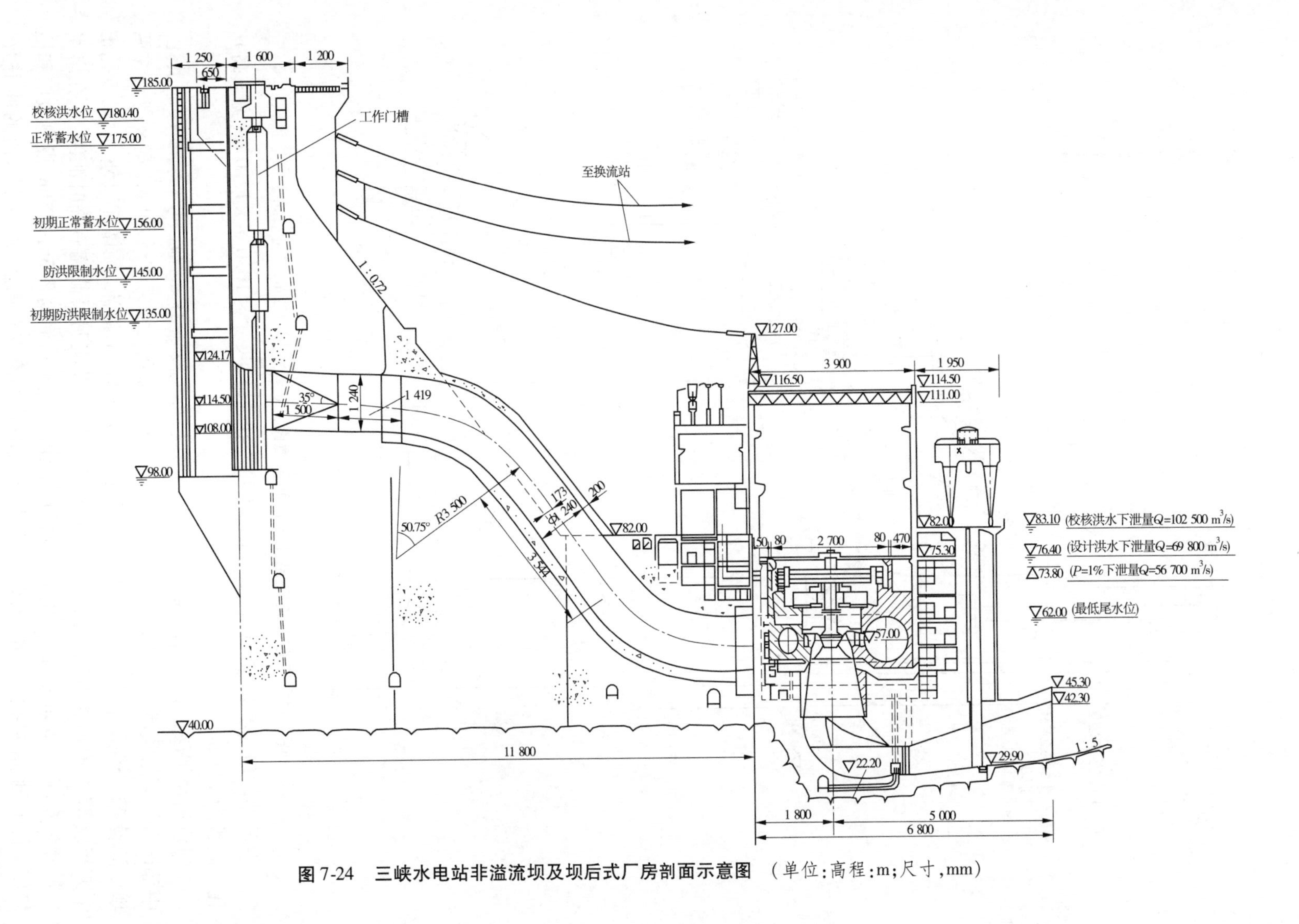

图 7-24 三峡水电站非溢流坝及坝后式厂房剖面示意图 （单位:高程:m;尺寸,mm）

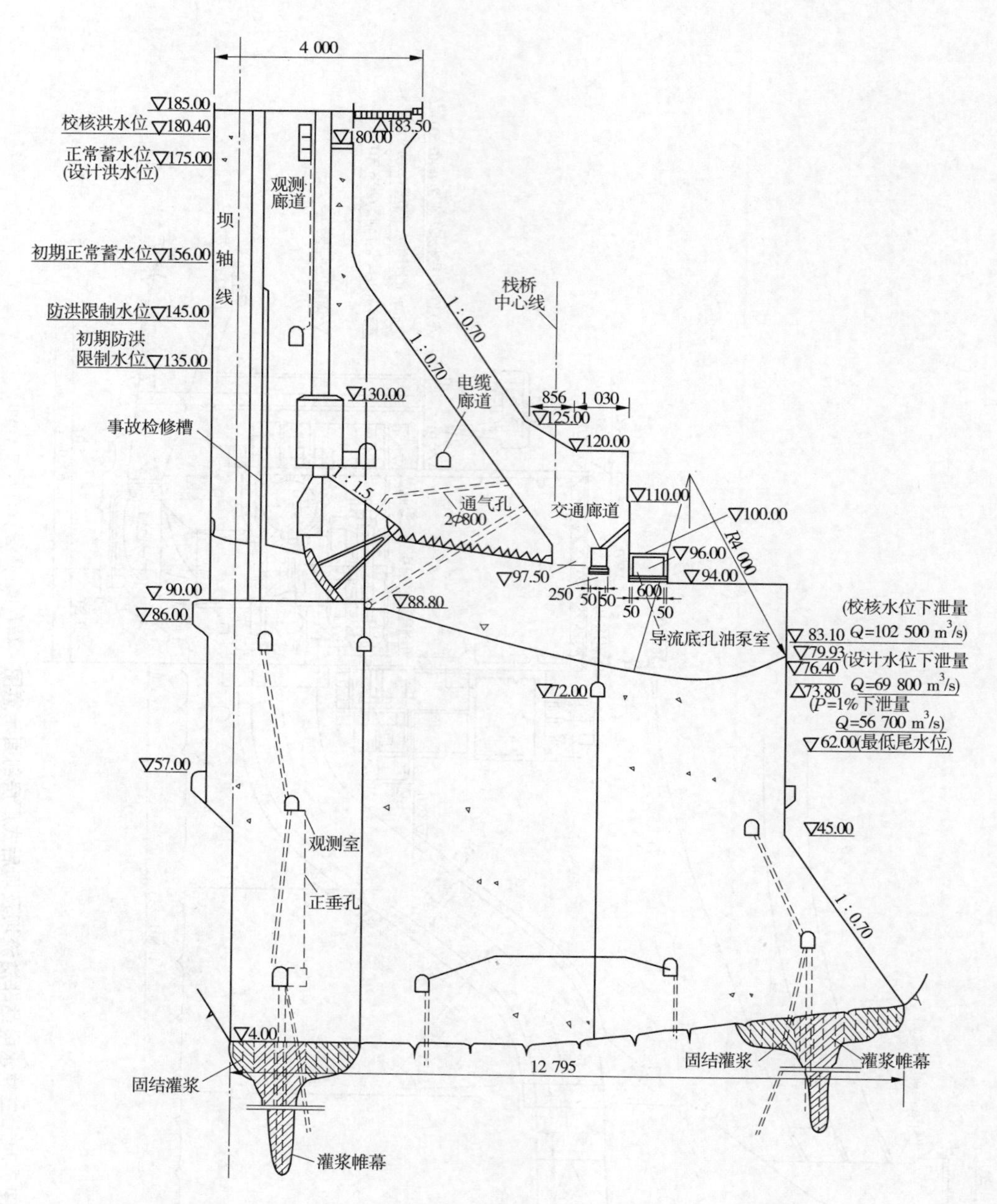

图7-25　三峡水电站溢流坝剖面示意图　（单位:高程,m;尺寸:mm）

左导墙坝段前缘长32.0 m,设1个泄洪排漂孔,孔口尺寸为10.0 m×12.0 m(宽×高),孔底高程为133 m。

泄洪溢流坝段,前缘总长483 m,分23个坝段,每坝段长21 m,泄洪坝布置3层泄洪孔。中部设有压短管式泄洪深孔23个,进口底高程90 m,深孔尺寸为7 m×9 m(宽×高);在两坝段间设22个泄洪表孔,表孔净宽8 m,尺寸为8 m×17 m,溢流堰顶高程158 m;在表孔正下方布设22个有压长管式底孔,用于三期施工导流和导流明渠截流后临时泄洪,底孔出水口尺寸为6 m×8.5 m,在底孔出口处设弧形工作门,进水口底高程56~57 m,设事故门和检修门,并用于底孔封孔。泄洪导流孔下游均采用鼻坎挑流方式消能,以减小水流的冲击力。

枢纽最大泄洪能力为10.25万m^3/s。

右导墙(纵向围堰)坝段,前缘长68 m,分2个坝块,右坝块长36 m,左坝块长32 m,设1个泄洪排漂孔,孔口尺寸为10.0 m×12.0 m,孔底高程为133 m。

右厂房(简称右厂)坝段,前缘总长525.0 m,进水口底高程108 m。依次为:右厂排沙孔坝段,前缘长16.0 m;右厂15#~20#坝段;右安装厂3坝段;右厂21#~26#坝段,每坝段长38.3 m。右厂排沙孔坝段下设1个排沙孔,右安装厂3坝段下设2个排沙孔,进口尺寸为5.5 m×7.5 m,底高程为75.0 m;右厂26#坝段下设1个排沙孔,进口尺寸为5.5 m×7.5 m,底高程为90.0 m。

右岸非溢流坝(简称右非)段前缘总长140 m,共分7个坝段,每坝段前缘长20 m;右非1#坝段设1个排漂孔,孔口尺寸为7.5 m×20.6 m(宽×高),孔底高程为130 m。

总计:非溢流坝前缘总长494.97 m,厂房坝段前缘总长1 106.5 m。

d.通航工程

通航建筑物包括永久航闸和升船机,均位于左岸。永久船闸为双线五级连续梯级船闸,单级闸室有效尺寸为280 m×34 m×5 m(长×宽×坎上最小水深),可通过万吨级船队。

升船机布置为单线一级垂直提升式,承船厢有效尺寸为120 m×18 m×3.5 m,一次可通过一条3 000 t级客货轮。三峡工程施工期间,在左岸另设一条单线一级临时船闸,以满足施工期通航的需要。其闸室有效尺寸为240 m×24 m×4 m。

e.三峡水电站工程效益

三峡水电站工程具有位居世界首位的水电装机容量和相应的发电效益,同时具有防洪、发电、航运、旅游、环境等一系列巨大的综合效益。

(1)防洪效益。

三峡水库总库容393亿m^3,防洪库容221.5亿m^3。可控制长江上游100万km^2流域面积产生的洪水,其防洪作用是可削减洪峰,拦蓄部分洪量,发挥一定的防洪效益。

长江在中下游段是地上河,两岸的城市、农田和工厂的安全,全靠总长33 000多km的堤防保护。在荆江至武汉段,河床行洪能力仅60 000~70 000 m^3/s,每年汛期,如果洪峰流量超过行洪能力,极易漫堤决口,严重威胁人民生命财产及京广、京九铁路的安全。

如发生100年一遇洪水,宜昌水文站洪峰流量83 700 m^3/s,30 d洪量达1 390亿m^3,经三峡水库调度拦蓄100亿~170亿m^3后下泄,可将荆江河段的洪峰流量由87 100 m^3/s削减到56 700 m^3/s,可不动用荆江分洪而安全宣泄,使荆江河段的防洪标准由目前的10年一遇提高到100年一遇。

若发生类似1870年的特大洪水,宜昌水文站洪峰流量105 000 m^3/s,枝江水文站洪峰流量达110 000 m^3/s。30 d洪量1 650亿m^3,三峡水库拦蓄洪水220亿m^3,可把枝江水文站的洪峰流量削减至71 700~77 000 m^3/s,启用沿江各蓄洪区,可保住荆江大堤不溃决,避免荆江河段发生毁灭性灾害。减轻对武汉市的洪水威胁;增加长江中下游水库、河湖、分洪区防洪调度的可靠性和灵活性。

(2)发电效益。

三峡水电站地处我国内陆腹地,为我国华中、华东等经济发达地区供电,输电距离在500 km以内,对华北、华南负荷中心供电距离在1 000 km左右,成为西电东送的核心供电点,它调峰能力巨大,运行稳定,有利于全国各大电网的联网,并可与全国的火、水、核电互补，大范围提高电网运行质量，产生巨大的经济效益和社会效益。三峡水电站年平均发电量846.8 亿 kWh，加上葛洲坝电厂，年总发电量达1 050 亿 kWh，占1998 年全国水电总发电量2 043 亿 kWh 的51.4%，若按电价0.1 元/kWh 计，则每年可创现值105 亿元，若每千瓦时电可创产值5 元，则每年可为国家增创产值5 250 亿元。

(3)航运效益。

现今，长江水系的年货运量和货物周转量分别占全国内河航运量的80%和90%。长江宜昌至重庆江段，长660 km，落差120 m，沿程有滩险139 处，单航段46 处，重载货轮需牵引段25 处，年单向航运能力不足1 000 万 t。

三峡建坝后，将淹没所有滩险、单航段和牵引段，航道平均扩宽至1 100 m，年单向航运能力可由现在的1 000 万 t 提高到5 000 万 t。大型客货船舶可昼夜双向航行，万吨级船队可直达重庆港，或直接入海，航运运输成本可降低35% ~37%。

经三峡水库调节，宜昌下游枯水季最小流量可从现在的3 000 m^3/s 提高到5 000 m^3/s 以上，使长江中下游枯水季航运条件得到较大的改善。

横贯中华东西黄金水道的形成，将根本上结束“蜀道难”的历史，对发展和繁荣长江两岸至沿海地区的航运经济，具有重大作用。

(4)旅游效益。

三峡建坝后，坝前水位抬高110 m。在海拔高达1 000 余 m 山脉之间的瞿塘峡和巫峡江段，水位分别抬高38 ~46 m。三峡风光依旧。

由于航运和陆地交通条件的改善，小三峡、神农架、溶洞群、神农溪、大足石刻、高岚、格子河石林、屈原祠、张飞庙等自然历史景观，和两座现代化的世界一流水利工程——葛洲坝和三峡大坝的人文景观，必将引起国内外五湖四海的大量旅游宾客的关注，获得可观的旅游效益。

(5)环境效益。

三峡水电站年均发电约847 亿 kWh，相当于每年节约5 000 万 t 原煤。若以火电代替，需建15 座120 万 kW 的大型火电站和3 座年产1 500 万 t 的煤矿，以及修建800 km(相当于秦皇岛到大同)的供煤铁路复线。三峡水电站比同等电量的火电站，每年将少排放二氧化碳1.2 亿 t、二氧化硫200 万 t、氮氧化合物37 万 t、一氧化碳1 万 t 以及大量的废水和废渣，可大大减轻对大气环境的污染，并且节省开采运输煤炭和火电站运行的大量费用。

三峡建坝后，水库水面的热容量影响小气候，使库区的气温夏季降低、冬季升高各约2 ℃，更有利于桐、药、橘、栗、桑、茶等喜温作物生长，修复库区的生态环境。

(6)其他效益。

三峡水电站还将促进水库渔业和休闲娱乐旅游业的发展，改善长江中下游河段枯季水质和生态用水，提供为南水北调工程供水的条件。还在灌溉、供水、养殖、修复生态环境、南水北调、开发性移民、发展库区经济等方面发挥巨大的综合经济效益和社会效益。

三峡水电站建设对中华鲟鱼、崩岸滑坡、泥沙淤积和文物保护等方面的不利影响，在工程规划建设前，进行过长期反复认真的调查研究、规划试验和监测论证，采取了尽可能有效的措施，力求使其负面影响减低到最小程度，有兴趣的读者，可参阅有关三峡工程的论著。

2)葛洲坝水电站

葛洲坝水电站位于长江西陵峡出口、南津关以下3 km 处的湖北宜昌市境内，距上游三峡水电站 40 km，是长江干流上修建的第一座大型水电工程，是三峡工程的反调节和航运梯级，具有发电、改善航道等综合效益。

坝址以上控制流域面积 100 万 km^2，为长江总流域面积的 55.5%。坝基岩石为砂岩、粉砂岩、砾岩。坝址处多年平均流量 14 300 m^3/s，年径流量 4 510 亿 m^3。多年平均输沙量 5.3 亿 t，平均含沙量 12 kg/m^3，90% 的泥沙集中在汛期。水库总库容 15.8 亿 m^3，正常蓄水位为 66.0 m，枢纽总泄洪能力为 11.4 万 m^3/s。

葛洲坝拦河坝坝型为混凝土闸坝，最大坝高 53.8 m，大坝全长 2 606.5 m。电站枢纽在河道中部布置泄水闸；左侧布置二江电厂，三江 2#、3#船闸，冲沙闸，左岸土石坝；右侧布置大江电厂、大江 1#船闸、冲沙闸、右岸混凝土重力坝等建筑物。工程曾于 1981 年 7 月 19 日经受了长江百年罕见的特大洪水（洪峰流量 72 000 m^3/s）考验，工程运行正常。

葛洲坝水电站总装机容量 271.5 万 kW。其中：大江水电站安装 14 台 12.5 万 kW 水轮发电机组，共 175 万 kW；二江水电站安装 7 台低水头转桨式水轮发电机组，共装机 96.5 万 kW。

葛洲坝单独运行时保证出力 76.8 万 kW，年发电量 157 亿 kWh。三峡工程建成后，保证出力可提高到 158 万～194 万 kW，年发电量可提高到 161 亿 kWh。电站以 500 kV 和 220 kV 输电线路并入华中电网，并通过 500 kV 直流输电线路向距离 1 000 km 的上海输电 120 万 kW。

葛洲坝水库库区回水淹没了川江河道的险滩，水库水深，使坝上游航运条件得到改善。三峡工程建成后，葛洲坝水库有反调节库容 8 500 万 m^3，可对三峡工程不均匀调洪下泄流量起反调节作用，改善下游航道航运水深。该工程成功地解决了大江截流、泥沙问题和大流量泄洪问题。

葛洲坝工程分两期施工。一期工程于 1970 年 12 月开工，1972 年 11 月至 1974 年 10 月停工。1981 年 1 月大江截流，1981 年 6 月三江船闸通航；1981 年 7 月二江电厂第一台 17 万 kW 机组发电。

1983 年二江电厂全部机组发电。一期工程于 1985 年 4 月通过国家竣工验收。

二期工程于 1982 年开工，1986 年 5 月大江电厂第一台机组发电，1988 年 8 月大江航道及 1#船闸通航，1988 年 12 月全部机组并网发电，1989 年全部工程竣工。

葛洲坝主体工程量：土石方开挖 5 800 万 m^3，土石方填筑 3 090 万 m^3，混凝土浇筑 1 042 万 m^3，一期工程总投资为 23 亿元，二期工程总投资为 20.8 亿元。

3）隔河岩水电站

隔河岩水电站位于清江下游长阳土家族自治县境内，是清江梯级首先开发的第二梯级工程。

坝址控制流域面积 1.44 万 km^2，多年平均流量 390 m^3/s。水库正常蓄水位 200 m。总库容 31.2 亿 m^3。

枢纽工程由大坝、发电厂房和升船机三大建筑物组成。大坝为混凝土重力拱坝，坝顶高程 206 m，最大坝高 151 m，坝顶长 653.5 m。

电站为引水式发电厂房，装机容量共 120 万 kW，多年平均发电量 30.4 亿 kWh，安装 4 台 30 万 kW 水轮发电机组。

通航建筑物为两级垂直升船机，最大提升高度 122 m，可通过 300 t 级轮船，年单向通过能力为 170 万 t。

1987 年 1 月工程开始准备,1987 年 12 月截流,1993 年 6 月首台机组发电,1994 年 11 月 4 台机组全部投产,1998 年 4 月工程除升船机外通过国家竣工验收。

4) 高坝洲水电站

高坝洲水电站位于湖北省宜都市境内,下距清江与长江交汇口 12 km,是清江梯级的第三梯级工程,上距隔河岩大坝 50 km,是隔河岩水电站的反调节工程。

坝址控制流域面积 1.565 万 km^2,多年平均流量 416 m^3/s,年径流量 138 亿 m^3。坝基为寒武系中统的白云岩夹灰岩、砂岩互层,库岸稳定性较好。水库正常水位 80.0 m,总库容 4.86 亿 m^3。

电站总装机容量 25.2 万 kW,年发电量 98 亿 kWh。高坝洲大坝为混凝土重力坝,坝顶高程 83 m,最大坝高 57 m,坝顶长 439.5 m,其中 7 孔溢流坝段长 116.5 m,升船机坝段长 25 m,右岸非溢流坝段长 47 m。坝后电站厂房安装 3 台 8.4 万 kW 水轮发电机组。

工程于 1997 年 5 月正式开工,1998 年 10 月截流,1999 年 12 月首台机组发电,2000 年 7 月全部机组投产发电。

5) 水布垭水电站

水布垭水电站位于湖北省恩施土家族苗族自治州巴东县境内,是清江流域梯级开发的最上一级工程,坝址上距恩施市 117 km,下距已建成的隔河岩水电站 92 km。

坝址控制流域面积 1.086 万 km^2,多年平均流量 299 m^3/s,年径流量 94.4 亿 m^3,多年平均年输沙量 670 万 t。水库正常蓄水位 400.0 m,总库容 45.8 亿 m^3,有效库容 24.8 亿 m^3。

电站装机容量 160 万 kW,年发电量 39.2 亿 kWh,保证出力 31.0 万 kW。

大坝为混凝土面板堆石坝,最大坝高 233 m,坝长 584 m,坝顶宽 12 m,坝顶高程 409 m,为目前世界最高的混凝土面板堆石坝,上游坝坡 1:1.4,下游综合坝坡 1:1.4,设之字形马道,马道宽 4.5 m;电站采用引水式地下厂房,安装 4 台 40 万 kW 水轮发电机组。工程静态总投资为 90 亿元(按 2001 年价格水平),动态总投资为 106 亿元。

水布垭水电站于 2000 年开始施工准备,2002 年 10 月截流, 2006 年首台机组发电,2008 年 4 台机组全部投产。

7.5.8 怒江和雅鲁藏布江水电能资源开发基本情况

7.5.8.1 怒江水电能资源开发

怒江发源于青藏高原唐古拉山南麓,经西藏流入云南,与澜沧江平行南下,穿过云南西部在云南潞西县流入缅甸后,称为萨尔温江,在缅甸毛淡棉附近流入印度洋安达曼湾,河流全长 3 200 km,流域面积约 32.5 万 km^2。

怒江在我国境内干流长 2 020 km,流域面积为 12.55 万 km^2。其中:在西藏境内干流长 1 401 km,流域面积为 10.36 万 km^2;在云南境内干流长 619 km,流域面积为 2.19 万 km^2。多年平均流量 1 840 m^3/s,天然落差 4 848 m。多年平均出境径流量 687.4 亿 m^3。怒江干流水能资源理论蕴藏量 3 640.7 万 kW,其中西藏地区为 1 930.7 万 kW,云南地区为 1 710.0 万 kW。怒江水能资源十分丰富。由于交通不便,是一条尚待开发的河流。

我国 1980 年水力资源普查时,曾初步制定怒江干流中下游云南境内河段的水电规划方案,安排开发布西、鹿马登、亚碧罗、跃进桥、双虹桥、蚌东等 6 级水电站,总库容 165.7

亿 m^3,调节库容 81.3 亿 m^3,年平均流量 1 690 m^3/s,利用落差 949 m,总装机容量 1 390 万 kW,年发电量 775 亿 kWh。怒江中下游河段梯级水电站初步规划主要指标如表 7-16 所示。

表 7-16 怒江中下游河段梯级水电站初步规划主要指标

序号	水电站名称	装机容量(万 kW)	年发电量(亿 kWh)	正常水位(m)	总库容(亿 m^3)	调节库容(亿 m^3)	平均流量(m^3/s)	最大水头(m)	保证出力(万 kW)	流域面积(万 km^2)
1	布西	400	224	1 600	76.4	47.6	1 502	301	163.9	10.54
2	鹿马登	180	99	1 299	9.6	3.9	1 514	124	74.4	10.60
3	亚碧罗	380	210	1 175	33.2	16.1	1 563	246	163.9	10.84
4	跃进桥	180	102	929	8.1	2.8	1 589	120	82.1	10.97
5	双虹桥	160	90	791	29.0	8.9	1 632	100	71.5	11.10
6	蚌东	90	50	641	9.4	2.0	1 690	58	39.2	11.56
小计		1 390	775		165.7	81.3		949	595.0	

怒江中下游河段的水电资源开发条件优越,发电效益好,具有发电、灌溉、供水、旅游等综合效益,可极大地促进当地少数民族贫困地区的经济发展。在我国水电能源可持续发展和优化配置中将占有重要地位。一些生态环境专家提出,我国应保留一个原始自然生态环境的流域,不开发怒江水电资源。为此,有关部门正组织专家反复研究论证怒江水电资源开发问题,力求得到科学的结论。

水电规划设计部门 2003 年编制完成的怒江中下游水电规划报告,提出一个新的 13 个梯级的怒江干流中下游河段梯级水电站开发布置方案,规划建设松塔、丙中洛、马吉、鹿马登、福贡、碧江、亚碧罗、泸水、六库、石头寨、赛格、岩桑树和光坡等水电站,总装机容量达 2 132万 kW,年发电量 1 029.4 亿 kWh。初步计划,以松塔和马吉为龙头水库,2003 年首先开工建设六库水电站,装机容量 18 万 kW。同时启动马吉、碧江、亚碧罗、泸水、赛格和岩桑树等水电站的设计工作和前期工作,逐步开发怒江水电资源。该方案的发电效益和淹没损失指标优于前述 6 级开发方案,各水电站的主要规划指标如表 7-17 所示。

表 7-17 怒江中下游各大型梯级水电站 2003 年规划方案指标

序号	水电站名称	装机容量(万 kW)	年发电量(亿 kWh)	正常水位(m)	总库容(亿 m^3)	流域面积(万 km^2)	平均流量(m^3/s)	保证出力(万 kW)	迁移人口(万人)	淹没耕地(万亩)
1	松塔	420	178.7	1 950	63.12	10.35	1 200	119.7	0.363	0.467
2	丙中洛	160	83.4	1 690	0.14	10.37	1 200	61.7	0	0
3	马吉	420	189.7	1 570	46.96	10.61	1 270	154.7	1.980	2.481
4	鹿马登	200	100.8	1 325	6.64	10.72	1 330	80.1	0.509	0.662
5	福贡	40	19.8	1 200	0.18	10.75	1 340	16.5	0.068	0.088
6	碧江	150	71.4	1 155	2.80	10.84	1 390	51.2	0.518	0.483
7	亚碧罗	180	90.6	1 060	3.44	10.93	1 430	67.9	0.398	0.265

续表 7-17

序号	水电站名称	装机容量(万 kW)	年发电量(亿 kWh)	正常水位(m)	总库容(亿 m^3)	流域面积(万 km^2)	平均流量(m^3/s)	保证出力(万 kW)	迁移人口(万人)	淹没耕地(万亩)
8	泸水	240	127.4	955	12.88	11.04	1 500	95.3	0.519	0.592
9	六库	18	7.6	818	0.08	11.06	1 510	7.6	0.041	0.016
10	石头寨	44	22.9	780	0.70	11.20	1 580	17.8	0.058	0.098
11	赛格	100	53.6	730	2.70	11.40	1 700	41.0	0.188	0.310
12	岩桑树	100	52.0	660	3.19	11.65	1 770	40.9	0.247	0.428
13	光坡	60	31.5	600	1.24	12.44	1 890	24.3	0.003	0.006
	小计	2 132	1 029.4		144.07			778.7	4.892	5.896

7.5.8.2 雅鲁藏布江水电能资源开发

1)基本资料

雅鲁藏布江发源于西藏西南部,喜马拉雅山北麓的杰马央宗冰川,海拔 5 590 m,由西向东流。干流在萨嘎以上称马泉河,过萨嘎后称为雅鲁藏布江。经墨脱县境内的巴昔卡,海拔 155 m,流出国境,进入印度后称为布拉马普特拉河。经孟加拉国,与恒河汇合,注入印度洋的孟加拉湾。河流全长 2 900 km,流域面积约 93.0 万 km^2。

雅鲁藏布江在中国境内全长 2 057 km,流域面积约 24.0 万 km^2。多年平均流量约 4 425 m^3/s,天然落差 5 435 m,水能资源蕴藏量 7 911.6 万 kW,多年平均出境径流量 1 654 亿 m^3。水能资源十分丰富。

雅鲁藏布江干流在拉孜以上,称为上游,河段长 268 km,水面落差 1 190 m,平均坡降 0.44%,集水面积约 2.66 万 km^2。河床海拔高于 3 950 m,属高寒宽河谷地带。

从拉孜到米林县派镇,称为中游,河段长 1 293 km,水面落差 1 526 m,平均坡降0.12%,区间集水面积约 16.395 万 km^2。该河段河谷宽阔,气候温和,水利条件较好,是西藏农业发达地区,政治、经济、文化的中心地带。拉萨、日喀则、山南等均在此地区,并有多雄藏布、年楚河、拉萨河、尼洋曲、易贡藏布等支流汇入。

从派镇到墨脱县巴昔卡边界,称为下游,河段长 496 km,水面落差 2 725 m,平均坡降 0.55%,区间集水面积约 4.99 万 km^2。该段河流在峡谷中由西向东流,绕过喜马拉雅山东端的南迦巴瓦峰(海拔 7 782 m)和加拉白垒峰(海拔 7 234 m)之间,转向西流,再向南流,形成罕见的马蹄形大拐弯大峡谷。雅鲁藏布江水系平面位置示意图如图 7-26 所示。

2)雅鲁藏布江大峡谷和大拐弯水电站

雅鲁藏布江下游的大拐弯大峡谷,是世界上最大的大峡谷。大峡谷断面呈不对称的 V 形,水面以上两岸陡崖悬壁高达 300 m 以上,河床切入石英云母片岩的基岩之中,峡谷水面宽 80 ~ 200 m,最窄处宽 74 m,峡谷平均深度在 5 000 m 以上,最深达 5 382 m 。

大峡谷的核心地段,是从派镇(海拔 2 880 m)到墨脱县背崩(海拔 1 630 m)河段,河弯段长 240 km,穿过山脊的直线距离 40 km,水面落差 12 250 m,平均坡降 0.94%,河水流速达 16 m/s 以上。派镇附近的多年平均流量约 1 900 m^3/s,估算水能资源蕴藏量达 4 500

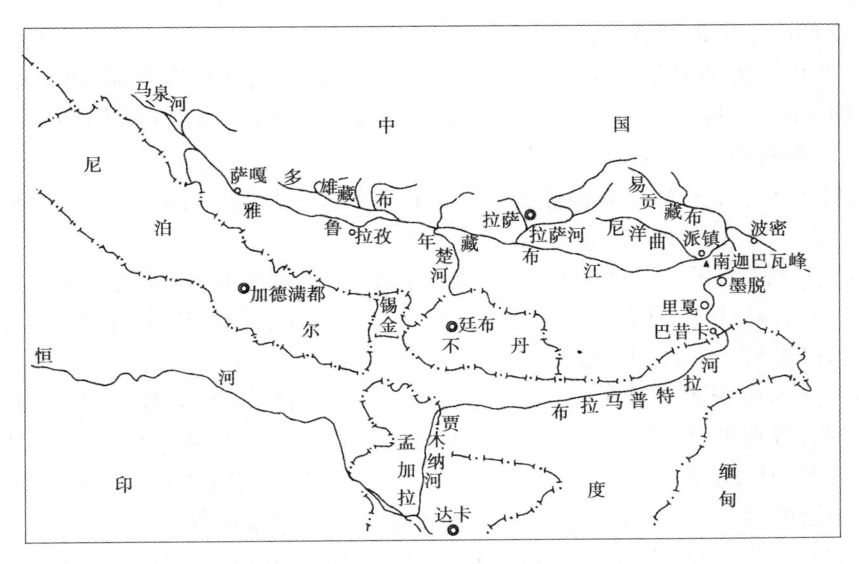

图 7-26　雅鲁藏布江水系平面位置示意图

万 kW。

如果在派镇沿东南方向，开凿 40 km 长的引水隧洞，穿过海拔 4 500 m 的多雄拉山垭口分水岭，到大拐弯后雅鲁藏布江的支流多雄河上游的尔东，可获得约 2 000 m 的高差，多雄河向南流，在背崩汇入雅鲁藏布江。

在此建设大拐弯水电站，装机容量可达 3 800 万 kW，是三峡水电站装机容量 1 820 万 kW 的两倍，它将是世界上最大的水电站。如按年发电 5 000 h 计算，其年发电量可达 2 000 亿 kWh，与 1998 年全国水电站年发电量 2 043 亿 kWh 相当。这一水电能源大约相当于 8 000 万t 标准煤发出的电能，是特别具有研究和开发价值的水能资源。

在 20 世纪 70 年代以后，中国科学家曾多次进入大峡谷地区进行考察，并提出建设大拐弯水电站和藏水北调的建议。但由于大峡谷大拐弯水电站位置偏远，人烟稀少，交通不便，地质情况复杂，水文、地质等规划基本资料不足，前期工作量很大，目前尚未提出较系统的勘测资料和流域开发可行性规划。随着我国西部开发战略的进程，雅鲁藏布江丰富水电资源的研究开发工作将提上日程。

7.6　小水电开发

7.6.1　概述

7.6.1.1　农村小水电的概念

人类开发利用水电资源是从小水电开始的，在开发利用江河干支流的大中型水电站的同时，人们注意到小水电的开发利用是一个不可忽视的部分。

现阶段我国所谓的“农村小水电”，是指分布在广大农村地区，江河上游中小支流上，由地方、集体或个人集资兴办与经营管理的 5 万 kW 及以下的中小型水电站和配套地方供电电网系统。

7.6.1.2 农村小水电的特点

农村小水电资源多分布在人烟稀少,用电负荷分散,大电网难以覆盖,也不适宜大电网长距离输送供电的山区,所以它既是农村能源的重要组成部分,也是大电网的有力补充。农村小水电资源的特点如下:

(1)农村小水电工程建设规模适中、投资省、工期短、见效快,不需要大量水库移民和淹没损失。

(2)由于农村小水电系统服务于本地区,分散开发、就地成网、就近供电、发供电成本低,是大电网的有益补充,具有不可替代的优势。适合国家、地方、集体、企业、个人以至外资等各种投资开发,符合先进的分散分布式供电战略方向。

(3)农村小水电资源分散在广大的农村地区,适合于农村和农民组织开发,吸收农村剩余劳动力就业,有利于促进较落后地区的经济发展。这些地区大多是天然林保护区、退耕还林还草区、重要的生态保护区和主要的水土流失区。结合农村电气化和小水电代柴工程的实施,开发小水电,有利于控制水土流失、美化环境和生态环境的保护。

(4)小水电资源总量大,占全国水电资源总量的23%,在电力结构调整中具有不可忽视的重要地位。

(5)小水电资源是清洁可再生能源,不排放温室气体和有害气体,符合水资源可持续利用的原则,有利于人口、资源、环境的协调发展。

因此,世界各国,特别是发展中国家,对农村小水电资源的利用给予了特别的重视,并获得迅速发展。

7.6.2 小水电站工程选型的特点

由于小水电站规模较小,位置分散,工程比较简单,因此具有因地制宜、就地取材、经济实用的特点。小型调节水库的引水渠道、电站前池、压力水管、电站厂房水轮发电机等建筑物,多选择当地材料修建,以降低工程造价。例如,小型拦河坝多采用土坝、堆石坝、浆砌石坝、砌石拱坝、双曲拱坝、碾压混凝土坝等当地建坝材料易于获得的坝型。压力水管常采用木制水管、钢筋混凝土管、预应力钢筋混凝土管、钢管等。

7.6.3 小水电站的机电设备的类型

中国小水电站设备中,小型水轮机分500 kW以下和500～10 000 kW两类,主要机型有反击式和冲击式两大类。反击式小型水轮机又分为轴流式、混流式和贯流式等三种。贯流式水轮机又分为全贯流式和半贯流式两种。半贯流式水轮机常用灯泡贯流式机组与轴伸贯流式机组。共有转轮系列21个,机组品种85个。冲击式小型水轮机又分为水斗式、斜击式和双击式等三种。

中国小型水轮发电机多数为同步发电机,异步发电机使用较少。额定频率为50 Hz、功率因数为0.8、320 kW以下小型水轮发电机的额定电压为400/230 V;500 kW以上水轮发电机,额定电压一般为3.15 kV或6.3 kV。

小水电站调速器已有定型产品,其中液压电动操作通流式特小型系列包括TT－35、TT－75、TT－150及TT－300等产品,压力油箱式小型系列包括XT－300、XT－600、XT－1000等产品。

小水电站电子液压式调速器已开始制造使用。励磁系统早期多使用直流励磁机,现已广泛使用半导体励磁装置、无刷励磁装置。

7.6.4 小水电代燃料工程

2001 年朱镕基在考察湖南等地时指出:要通过发展小水电、沼气等解决农民的燃料和农村能源问题,防止滥伐山林,保护退耕还林成果。2003 年中共中央、国务院在“关于做好农业和农村工作的意见”中要求,启动小水电代燃料工程试点,巩固退耕还林成果。水利部经过调查研究,完成了《全国小水电代燃料生态保护工程规划》后,农村小水电代燃料工程进入试点和实施阶段。

7.6.4.1 小水电代燃料生态保护工程的意义

目前,我国约有 2 亿多农村居民,主要用柴草做饭、取暖,严重影响退耕还林和天然林保护建设成果的巩固。最近联合国环境规划署报告指出,位于亚洲上空 14 km 处 3 km 厚的棕色云层导致东南亚地区严重自然灾害和疾病,给全球环境造成严重威胁。农民做饭、取暖烧柴是造成亚洲棕云的主要原因。我国的温室气体排放量仅次于美国。我国政府十分重视减少温室气体排放问题。实施以退耕还林为重点的大规模生态建设以后,如何解决农民的燃料,让几亿农民用上清洁的能源,减少温室气体排放,修复生态环境,成为保障我国经济社会可持续发展的重大问题。

小水电是清洁可再生能源,不产生温室气体和其他有毒有害气体,有利于保护生态环境。小水电分布在全国 1 600 多个县,资源地域分布与主要靠烧柴做饭、取暖的农村基本一致;小水电站基本上没有移民和淹没问题,工程成本低,其电价可与农民承受能力相适应。因此,小水电代燃料生态保护工程具有十分的优越性、必要性和可行性。它是巩固退耕还林、天然林保护建设成果的重要举措。

根据规划,实施小水电代燃料的农户有 2 830 万户 1.04 亿人。按每年每户需代燃料用电量 1 200 kWh、装机容量 0.85 kW 计算,全国小水电代燃料共需年用电量 340 亿 kWh、装机容量2 406 万 kW。而在规划区内,可开发的小水电资源有 1.0 亿 kW,年发电量 3 400 亿 kWh,资源总量能够充分满足代燃料发电的需要,为实施小水电代燃料工程提供了坚实的基础。

据调查,全国西、东、中部地区,农民年人均纯收入为 1 300 ~ 3 000 元,可接受的代燃料电价为 0.17 ~ 0.30 元/kWh。测算西部、中部和东部的自发自供自管县的小水电代燃料电站到户电价为 0.25 ~ 0.30 元/kWh,可与农民消费能力相适应。由于代燃料电站还有一定的富余电量,可按市场价格销售,收入还可用于代燃料户的电费补贴。

例如安徽新桥村,大力开发小水电,不仅实现小水电代燃料不花钱,还每年户均分红 1 200多元。这些地方小水电代燃料不仅保护了森林和草原,还改变了农民传统生活方式,增加了农民收入,受到农民群众的一致欢迎。

7.6.4.2 小水电代燃料生态保护工程的布局

根据规划,从 2003 年开始到 2020 年,用 18 年时间,基本完成小水电代燃料生态保护工程,总投资为 1 273 亿元。

全国具备小水电代燃料条件的区域,涉及 25 个省、市、自治区和新疆生产建设兵团,相对集中的地区有 886 个县,350 万 km^2,农村居民有 7 080 万户 2.73 亿人,除可利用天然气、煤炭、秸秆、太阳能、风能、沼气等解决部分地区农村居民的生活燃料外,实施小水电代燃料的规划面积有148.4万km^2,农村居民有2 830万户1.04亿人。长期稳定地解决这些农村居民的生活燃料能源,需新建代燃料电站装机容量2 404万kW,新增年发电量781亿kWh。

2003~2005年,在进行试点的基础上,在当前急需解决农民燃料的地区,解决农村居民286万户1 100万人的生活燃料,需新建小水电装机容量243万kW,总投资128.5亿元。

2006~2010年,在农民生活燃料直接威胁退耕还林、天然林保护的地区,进一步扩大小水电代燃料生态保护工程建设,解决农村居民684万户2 630万人的生活燃料,要新建小水电装机容量582万kW,总投资307.5亿元。

2010年以后,随着国力的增强,加大了投入力度,在西南区、西北区、东北区、长江中下游区、黄淮海区和东南沿海区全面实施小水电代燃料生态保护工程,长期稳定地解决农村居民1 860万户6 770万人的生活燃料,保护和修复生态环境,促进农民增收和长远致富,加快地方经济社会发展步伐。

水利部组织10个调研组深入湖南、四川等10多个省,走访2万多家农户,进行调查研究和典型分析。对全国886个县编制了县级《小水电代燃料生态保护工程规划》,对25个省和新疆生产建设兵团编制了省级《小水电代燃料生态保护工程规划》,经审查后报国务院。有关部门和专家一致认为,规划基础扎实,规模适当,措施明确,切实可行,建议国家尽快组织实施。

7.6.4.3 实施小水电代燃料工程的重点和难点

小水电代燃料工程和常规小水电开发工程不同,常规小水电开发主要目标是获得经济效益,而小水电代燃料工程的主要任务是解决农民的烧柴问题,保护退耕还林和其他森林植被,获得生态效益和社会效益。这是小水电代燃料工程自始至终必须坚持的重点。

小水电代燃料的电能,要使农民用得起,愿意用,必须使其电价与农民的承受能力一致。需要努力降低代燃料电站的电价:选择资源条件和经济指标好的电源点;实行好的体制和机制,运用先进科学技术,实现无人值班,降低发电与运行成本;签订合法有效的供电协议,保本微利,保持低廉的供电价格,保证可靠供电用电。因此,实施小水电代燃料工程的关键是低廉的电价。

实施小水电代燃料工程的难点在于合理的体制。为使代燃料电站持续稳定地提供廉价电力,为农民的做饭、取暖服务,有效保护退耕还林成果,需要实行所有权、使用权和经营权分离,相互制约的体制。

(1)所有权属于国家,获得生态目标和社会效益。国家授权给省级水行政主管部门作为国家出资人代表,行使保值责任和义务,不能获取利润,也不能变卖资产。

(2)使用权属于使用代燃料电能的农民,国家以装机或电量的形式量化给农户,农民有按代燃料电价和电量使用生态电的权利,但没有所有权,无权处置电站资产。

(3)经营权通过市场招聘经营者行使,负责电站的经营管理,只能有劳务收入。同时组建由地方政府、水行政主管部门、代燃料用户代表等组成代燃料协会负责协调和监督。要实行合理的体制和运行机制,需要摸索总结出一套行之有效的做法。建立三权分立、各司其职、相互制约的体制和机制,保持代燃料电站的生态目标性质不变。

由于代燃料供电可靠性与农民的吃饭问题直接相关,它不同于照明和家用电器,一天没电不能烧饭，问题就很严重。因此，电站、电网各种可能造成停电的环节，都需研究和解决，对电厂、电网发生事故等非常情况要有应急措施，最大可能地保证农民代燃料用电的可靠性，切实解决农民的后顾之忧，让农民满意。

7.6.4.4 实施小水电代燃料工程的效果估计

（1）有效巩固退耕还林和天然林保护建设的成果。小水电代燃料工程解决1.04亿人的烧柴问题，每年可减少砍伐薪柴1.49亿m^3，相当于2001年全国农民薪柴消耗总量减少了2/3，有效保护森林3.405亿亩，使农民生活烧柴总量控制在国家批准的限额之内，提高森林覆盖率，减少水土流失，有效地巩固退耕还林和天然林保护建设的成果。小水电代燃料工程可带动中小河流治理开发和山区水利建设，形成“以林涵水，以水发电，以电养水，以电兴工，以电护林”的良性循环，促进水资源的可持续利用。

（2）使千家万户农民直接受益，促进地区经济增长。小水电代燃料生态保护工程可使1亿多山区农民不再为砍柴付出大量艰苦的劳动，明显改善生产生活条件，从根本上改变农民的生产生活方式；可以带动钢铁、材料、建筑、运输、商业、机械、电子、电器等行业的发展，农民可重新就业，增加收入，带动农村消费市场，拉动内需，促进地区经济的发展。

（3）成为西部大开发战略的重要组成部分。西部地区小水电资源丰富，也是小水电代燃料的重点地区，但目前开发程度较低，农民人均用电量不到全国的30%。小水电代燃料工程可使西部地区的资源优势转变为经济优势，加快脱贫致富的步伐，缩小与中东部地区的差距，成为我国实现西部大开发战略的重要组成部分。

（4）大量减少温室气体排放，修复生态环境，树立我国在国际上的良好形象。小水电代燃料工程每年可减少排放二氧化碳2亿多t、二氧化硫92万t，有效地保护和修复生态环境，实现中国政府向全世界作出的减少温室气体排放的承诺。按世界银行的保守算法，仅减排这一项，估算年经济效益达360亿元。我国是世界第二大能源消费国，温室气体排放量占全球总量的13.6%，居世界第二。小水电代燃料生态保护工程的实施效果，必然会树立我国在国际上的良好形象。

小水电代燃料生态保护工程是一项复杂的系统工程，涉及面广，政策性强，需要探索和解决的问题较多。我国需要在试点基础上，不断总结经验，推广典型，积极稳妥地加快小水电代燃料生态保护工程建设步伐。

7.6.5 西部小水电的布局及发展

西部小水电应坚持“科学规划，持续开发，充分利用，协调配套”的原则，即要从各流域的实际情况出发，科学规划水电开发的规模、速度、先后顺序以及相关的配套设施，同时要与全国联网、水能资源综合利用、生态环境保护有机结合起来。

首先，针对当前出现的小水电无序开发热的问题，有关部门应尽快制定政策，将小水电开发纳入能源开发的统一规划，做到有序、合理开发。

其次，从保护生态和维系河流健康生命角度，除电网无法延伸的地区需要建设小水电以满足当地用电需要外，对于一些支流上增加能源供给作用不大的中小水电开发要严格控制。

最后，对于大江大河干流除现有已规划的项目外，原则上不再调整规划新增水电和水电站，也不应调整各类保护区以实现个别梯级电站开发。

7.7 我国水电建设出现的问题及发展动向

7.7.1 电力市场由供需平衡转为紧缺问题

我国电力工业的发展，自新中国成立以来一直是制约国民经济发展的“瓶颈”，严重缺电的情况促使中央、地方、内资、外资，多渠道集资办电，电力工业建设经过多年努力，取得了令人瞩目的成绩。自1988年开始，连续十年投产大中型电力项目每年在1 000万kW以上，至1996年底，全国电力总装机容量达2.36亿kW，超过俄罗斯、日本，位居世界第二。

1999年底，我国电力总装机容量达2.94亿kW，人均装机容量达235 W。从1996年下半年以后，电力生产开始从“卖方市场”转向“买方市场”，实现了用电供需平衡，全国电力供需紧张关系趋缓，大部分地区开始从缺电的困境中解脱出来。但是经过5年，到2002年电力的供需形势发生变化，局部地区又出现电力供应紧张的情况。到2003年，出现电力总体供应不足，局部地区尖峰期严重缺电的局面。据统计，2003年夏季电力紧缺的省份达18个，全国累计限电量19亿kWh，各电网最大日限电负荷之和超过4 000万kW。

分析这次电力供应紧张的原因是：由于对于电力供需预测存在偏差，使得近几年新增装机容量低于同期的电力需求增长，国民经济连续几年快速增长，人民生活水平提高，空调制冷负荷叠加快速增长，高耗能产业用电负荷增加，使得电力需求快速增加，以及2003年入夏以来持续干旱，东南沿海部分地区水电出力不足，局部电网结构薄弱，输配电“卡脖子”问题严重等方面的因素，造成电力供需矛盾加剧，电力供应紧缺。

国家主管部门已经加大电力建设投资力度，立即安排建设一批电力项目，来满足快速增长的电力需求，避免在尖峰时段产生电力供需矛盾。对于我国严重缺电局面再次出现和以后继续发展的情况，我国的水电建设者应认真研究对策，予以应对。

7.7.2 水电开发的定位及增长速度问题

中国的水电事业自新中国成立60多年来，特别是改革开放20多年来的努力建设，有了巨大的发展，1978年水电装机容量不足1 000万kW，到2001年已达8 300万kW，大于同期电力装机容量从5 000万kW到3亿kW的增长率。2003年，水能资源的开发比例达到23%；全国十二大水电能源基地建设都已启动，有的已形成梯级滚动开发的态势。在开发技术方面，大坝高度、坝型种类、装机大小、综合利用程度等指标都已跃居世界前列。在开发管理机制方面，以滚动开发为目标的梯级开发公司机制和市场经济的运行管理方式已广泛运作。近几年来，随着国家西部大开发战略的实施，西电东送三条通道建设已逐步展开，水电开发进入黄金发展阶段。可以说，水电事业在整个国民经济中的地位已十分显著。今后，水电应如何继续发展和定位，成为各方面十分关注的问题。

水电开发是具有巨大经济效益的能源建设，也是兼有航运、灌溉、供水、养殖、环境保护、旅游开发等综合效益的社会基础设施，同时又是具有防洪、以电代柴等巨大社会功能的公益事业。水电能源的这些功能特性，其他能源不可替代。因此，对于一个地区，一项水电能源开发的定位，不能一概而论，不能全部单纯按能源建设处理，应根据具体情况，规定上述三种功能效益的主次权重和投资建设方式,确定发展速度,制定发展战略。对于以防洪等公益性事业为主的水电站,应由国家投资来办,并确保防洪等公益性事业目标的实现。对于水电能源开发和其他基础设施建设,应区别情况走市场运作之路,进行融资建设和管理。

针对水电开发的特性,应当研究合理的对策,改变长期以来由于功能投资不清而造成的电价、电力造价测算、资金管理方面出现的混乱情况。

水电的优点是清洁能源、可再生、无污染、运行费用低、供电启动快,能在电网运行中担任调峰任务,调节性能好。存在的问题是工程投资大、建设工期长、长期效益好、近期效益差、投资回收较慢。单位(千瓦)投资与火电比较,水电为7 000~10 000元/kW,火电30万~60万kW国产机组为5 400~6 300元/kW,水电比火电高约40%,加上电量受季节影响和输电距离较远等因素,水电单位(千瓦)投资约为火电的2倍;投产日期,一般大型水电站是第2年截流,第5年第一台机组发电,以后每半年投产一台;火电站30万kW机组,准备工期为半年至1年,第3年第一台机组发电,10个月后投产第二台。大型水电站的投资者一般在7~10年后才能获得资本的收益,因此水电投资的风险是显而易见的。

由于水电站建设还具有防洪、航运、供水、灌溉、旅游等综合效益,它不需消耗宝贵的煤、石油等不可再生的资源,不会造成环境与空气污染,还可以修复局部生态环境、改善小气候、形成新的水域旅游资源等正面影响,虽有淹没、移民、岸边崩塌、诱发地震、淹没古迹、影响鱼类洄游、造成生态变化等负面影响,但综合权衡,一些负面影响是可以进行克服或减轻到最低程度的,其利大于弊,因此世界各国都把水电放到优先发展的地位,许多发达国家的水电资源都基本开发完毕。我国是水电大国,开发潜力巨大,因此今后应坚定把水电开发放到优先发展的地位。

要适应我国国民经济7%~9%的发展速度,电力工业必须保持5%~6%的年增长率,每年需新增装机容量,包括火电、水电应在1 000万kW以上。如果在2010年水电装机容量达到电力总装机容量的30%,水电装机容量应达到1.5×10^4亿kW,则需在2000~2010年期间,开工建成水电站5 300万kW,其中1 000万kW为地方中小型水电站,1 000万kW为抽水蓄能电站,3 300万kW为大型水电站。一般水电站开工后5年才能发电,4 300万kW大型水电站需在前7年内开工,平均年开工规模应达到615万kW,如果近年大中型水电站实际年开工规模没有达到应有的开工规模,就应引起警惕,避免今后发生电力紧缺的局面。

7.7.3 农村小水电与小水电代燃料工程迅猛进展问题

我国小水电资源丰富,全国2 400多个县中有1 600个山区县具有小水电资源,到2000年底,全国建成小水电站4万多座,装机容量达2 485万kW,年发电800亿kWh,占全国水电装机容量的32.2%,约占世界小水电已开发量的1/3,居世界第一位。1998年国家决定:大力发展农村小水电,用3年时间改造农村电网,改革农电管理体制,实现城乡同网同价(两改一同价),改变农村以使用当地自然能源为主,而向使用商品能源方向发展,逐步实现以电代煤、以电代柴、以电代油,防止城市环境污染向农村转移。

至2000年底,全国已建成3批653个农村电气化县。农村小水电农网改革取得成效:新建、改造110 kV及35 kV线路7 733.3 km,低压线路170 341 km,有2 833个乡镇电管站完成改革任务;小水电资产达1 500亿元,年发电营业收入400多亿元;已成立了11个省级和70多个地区性小水电集团公司,累计吸纳2 000多万农村劳动力。2000年全国小水电的发电量相当于3 000多万t标准煤,可减少二氧化碳排放7 200万t,相当于每年获得480亿元人民币的环境效益。

2003年制定的小水电代燃料规划,2003~2010年,解决生态环境特别脆弱、急需的970万户3 730万人的生活燃料问题,最终解决2 830万户1.04亿人的生活燃料和农村能源问题。实现退耕还林,退得下、稳得住、能致富、不反弹的目标,使退耕还林区内的人居环境、生活生产条件都得到显著改善。

近几年来,在实施退耕还林以后,随着第4、5批农村电气化县建设和小水电代燃料生态建设的实施,全国出现农村小水电事业迅猛发展的态势。同时出现一些地区农村水电开发不按流域和水能规划进行,一些工程违反基建程序,无审查、无设计、无验收、无管理的"四无"水电站问题,以及设计市场、设备市场、建设市场不规范,造成工程、设备和生产安全的严重隐患问题。有关部门正抓紧研究解决这些问题,使得农村小水电代燃料生态工程能健康地发展,保障退耕还林、生态环境可持续发展战略的实施。农村小水电建设对我国的发展具有深远、伟大的战略意义,需要在不断探索研究与改革实践中,逐渐发展完善,直至达到目标。

第8章　西部地区水资源管理及可持续利用

8.1　水资源管理

所谓水资源管理,就是为了满足人类水资源需求及维护良好的生态环境所采取的一系列措施的总和。目前,人类同时面临着干旱及洪涝灾害、水资源短缺、生态环境恶化等多重危害,水资源管理必须解决这些问题。如果仅仅以水论水,解决我们面临的困境几乎是不可能的。所以,水资源管理中的“水资源”,不仅包括我们通常所说的可供人类利用的淡水资源,而且包括能够被人类利用的一切水,如海水、污水、微咸水、洪水等,只有将水资源管理放在与水有关的复合系统之中,从综合的角度出发,采取协调的手段,才能解决人类对水资源的需求问题。

8.1.1　水资源规划管理

规划管理在水资源管理体系中占有重要位置。一个好的水资源规划,能够在系统考虑未来变化的基础上科学指导未来的水资源管理工作,并作为一条主线将各方面的工作联系成一个有机的整体。

8.1.1.1　水资源规划管理概述

1)水资源规划管理的概念和特点

“水资源规划”是对以水资源为核心的系统,未来的发展目标、实现目标的行动方案和保障措施预先进行的统筹安排和总体设计。通过水资源规划的编制和组织实施,对各项水事活动进行控制,对不同的水资源功能进行协调,实现政府的水资源管理目标,是为“水资源规划管理”。水资源规划管理的主体通常是各级水行政主管部门,编制水资源规划并组织实施是水行政主管部门的主要职责之一。水资源规划管理的对象是“以水资源为核心的系统”,这个系统的内涵随着社会经济的发展、人们认识水平的提高在不断拓展和充实:在地理范围上从单独一条河流或一个湖泊扩大到了整个河系流域、经济区域乃至更大的范围;在系统构成要素上从水资源本身扩大到了流域或区域内紧密联系的其他自然资源和经济资源;系统发展目标从传统的实现水量水能高效利用扩大到通过对水资源多功能的合理开发、利用、治理和保护,实现水资源、生态环境、社会经济和社会福利多方面的协调、持续发展;实现目标的措施也从单纯的工程措施扩大到了工程措施和非工程措施的综合运用。如今,水资源规划管理的对象已是一个涉及多发展目标、多构成和影响因素、多约束条件的复杂系统,有时还要将这个系统纳入地区经济发展规划或国家社会经济发展总体规划等更大的系统范围中。

水资源规划管理是一种克服水事活动盲目性和主观随意性的科学管理活动,具有3个基本特性。

(1)导向性。这是水资源规划管理区别于其他水资源管理活动的最重要的特性。水资源规划管理的时间取向总是未来的某个时段,描述以水资源为中心的系统在未来时段的状态(制定发展目标),提供达到该状态(实现目标)所需的方案和保障措施,从而为未来的行动指明方向。

(2)权威性。水资源规划是指导各项水资源管理工作的基础,其编制、审批、执行、修改都有一定的程序,而且规划一经批准就具有了法律效力,必须严格执行。但目前规划管理的权威性在我国还没有得到普遍认知,随意修改规划内容、规划执行不力等情况时有发生,大大削弱了规划的权威性,甚至使规划沦为一纸空文,难以发挥应有的指导作用。

(3)综合性。水资源规划管理需要处理和协调水资源系统、社会经济系统和自然生态系统三个系统的关系,涉及众多与水有关的利益方和管理部门,需要经济学、管理学、环境学、水利工程学、水文学乃至信息科学与系统科学、计算机科学等多学科的支持,具有很强的综合性。

2)水资源规划的类型

按照不同的分类标准,可以将水资源规划划分为不同的类型。

按规划内容可以划分为综合规划和专项规划。综合规划是站在水资源 - 生态环境 - 社会经济整体系统的高度,统筹考虑规划区域内与水资源有关的各种问题而进行的多目标规划。专项规划则是针对某一专门水资源问题进行的水资源规划。综合规划是专项规划的基础,专项规划是综合规划的深入和细化,二者相辅相成,不可或缺。

按规划范围可以划分为全国水资源规划、流域水资源规划和地区水资源规划。全国水资源规划范围最大,对其他各级水资源规划具有重要的指导意义。流域水资源规划按照流域大小又可分为大型江河流域规划和中小型江河流域规划,不同的流域水资源规划,其复杂性和规划重点也各不相同。地区水资源规划通常是在行政区或经济区范围内进行的水资源规划,在做地区水资源规划时,既要把重点放在本地区,又要兼顾流域或更大范围的水资源规划要求。

按规划期可以划分为长期规划和近期规划。对全国水资源规划、大型江河流域水资源规划等范围较大的水资源规划而言,长期规划的规划期通常为 20 ~ 30 年或更远一些,即与国家战略规划、国土规划等的规划期一致,以利于水资源长期规划的实施;近期规划则为 10 ~ 15 年。对于小范围的水资源规划,规划期则根据不同情况略短一些。

3)水资源规划管理的作用

水资源规划管理是一个预先筹划的过程,是一切管理活动的起点和基础,其作用突出体现在以下 3 个方面:

(1)减少不确定性带来的损失。气候变化等自然因素和社会经济发展、用水量增加、用水方式变化等人为因素都会导致人类所面临的水资源条件发生变化,并使其变化过程和方向充满不确定性,增加了各种水事活动的风险和成本。但这些不确定性并非是完全不可控的。水资源规划管理通过科学地、系统地、审慎地预测未来变化,发现潜在冲突与问题并掌握有利的机会,从而有目的地对各种与水资源有关的人类活动进行控制、预定行动方案,能够有效地降低不确定性带来的损失,做到趋利避害。

(2)使政府宏观调控意图更明确、更规范。尽管市场已经成为资源配置的主要手段,但对水资源等基础性、公益性资源而言,单凭市场的作用难以实现可持续利用,适当的政府调控仍然必不可少。规划是除法律外最重要的规范政府宏观调控工作的文本,而且与法律相比，规划更为具体和明确，针对性更强。水资源规划中设定的目标是衡量和评价政府管理水资源工作的标准；规划中给出的实现目标的措施、方案又为政府管理水资源的工作提供了可操作的、更实际的规定和安排，使政府能够直接地对各种水事活动和各利益相关方的矛盾进行调节；规划目标和规划方案还会进一步影响到政府的组织结构和领导方式。

(3)促进各方的理解和合作。在编制水资源规划的过程中，需要收集各方面的信息，了解政府、企业、居民和社会团体等各利益相关方的要求和意向，协调其矛盾和冲突。这个过程为各方创造了相互沟通、交流的机会，能够促进彼此的理解。完成后经过审批的水资源规划，则为各方提供了共同的行动目标和实现目标的合作方案，使其能够明确在以水资源为核心的系统整体中各自的角色、作用和任务，从而有效地避免分散决策和行动带来的冲突、重复和低效率。

8.1.1.2 我国水资源规划管理面临的问题和发展趋势

1)存在的主要问题

新中国成立以来，我国一直十分重视水资源规划管理工作，各大流域都先后进行了多次综合规划和专项规划的编制，为其他管理活动的展开奠定了良好的规划基础。但我国的水资源规划管理工作也存在一些问题。

(1)规划数量繁多但体系不完善。新中国成立以来，在流域层次、地方层次已编制了相当多的水资源规划。问题主要在于不同层次、不同内容的规划之间关系较为零乱，既有相互重复的地方，也有尚未覆盖到的领域，没能形成一个层次清晰、分工明确的体系。就现有规划而言，工程规划多，资源规划少；专项规划多，综合规划少；指导性规划多，强制性规划少；地方性规划多，全国性规划少，尤其是缺乏一个对各类规划具有指导意义的全国性基础规划。

(2)规划执行不力。尽管新水法用单独一章对水资源规划的各个方面做了详细的规定，大大提高了水资源规划的法律地位，但在实际工作中，规划执行不力的现象仍普遍存在，使规划难以发挥应有的作用。其原因：一是存在认识上的偏差，在各级领导和群众中未能树立规划管理的权威性，甚至只是将已编制的规划作为研究报告而束之高阁；二是管理机制不完善，规划责任分配不明确，缺乏必要的监督保障体系，从而影响了规划的执行。

(3)规划前瞻性差。规划管理之所以在水资源管理体系中占有重要地位，主要原因就在于其对未来工作的前瞻性安排。但目前我国水资源规划的前瞻性较差，对未来水资源条件、社会经济发展趋势、政治环境等内部及外部因素的变化估计不足，导致制定的规划经常需要变动修改，影响了政策的延续性。影响规划前瞻性的因素也是多方面的，包括对现状信息掌握得不够细致全面、规划手段和方法落后、规划和决策人员本身认识的不足等。

2)我国水资源规划管理发展趋势

用水部门的不断增加，水质、水量问题的日趋严峻，水资源系统在外延和内涵上的拓展，尤其是可持续发展思想在理论和实践中的日益深入，都对水资源规划管理提出了新的挑战。针对这些新的变化和目前存在的问题，我国水资源规划管理的发展趋势表现在以下几个方面：

(1)规划立足点从短期经济利益向可持续战略转变。过去以大量消耗水资源来追求经济效益最大的水资源规划，带来了水资源紧缺、水生态环境恶化等问题。可持续发展思想的提出和深入发展极大地促进了水资源规划立足点的改变，进而使规划目标、原则、评价标准等各方面都发生了变化。

(2)整合现有规划,加强综合规划的编制。应对现有层次、数量众多的规划进行系统整合,建立以全国水资源综合规划 - 大江、大河流域规划 - 地区规划 - 专项规划为基础的规划体系,尽量避免规划的重复性和不同规划之间的矛盾。尤其要加强综合规划的编制,在规划中考虑水质和水量、地表水和地下水、城市用水和农村用水、流域上下游和左右岸用水、水资源和其他自然资源的协调统一,以及工程措施和非工程措施的共同使用,将与水资源有关的各方面视为整体来研究,为各种专项规划的编制奠定基础。

(3)重视公众参与规划管理工作。改变过去只由领导、专家做规划的局面,促进公众参与水资源规划管理工作,尤其应给予社会弱势群体发言的机会。公众参与不仅有助于提高全社会普遍的水资源保护意识,有助于在一定程度上避免规划决策中的片面和不公平现象,而且有助于规划的顺利实施。

(4)加强基础学科的研究和新技术的应用。对流域或区域水文条件和自然环境等的分析、预测是水资源规划管理的基础,因此应加强水文学、生态学等基础学科的研究。"3S"技术、决策支持系统等新技术的发展,为提高水资源规划管理的科学性和管理效率提供了更好的技术支撑,应加快其在水资源领域的推广应用。

8.1.1.3 水资源规划管理的工作流程和内容

尽管按照不同的标准可以将水资源规划划分为不同的类型,但各种水资源规划管理的工作流程是基本一致的。水资源规划管理的工作过程通常可以分为4个阶段,即制定规划目标、分析现实与目标之间的差距、制定和选择规划方案、成果审查与实施。下文将以流域综合规划为例对水资源规划的内容做详细的探讨。之所以选择以流域综合规划为例,一是因为流域是水资源自然形成的基本单元,在流域范围内对水资源实行统一规划和管理已成为目前国际公认的科学原则;二是多目标的综合规划几乎涉及水资源开发、利用、治理、配置、节约、保护等各个方面,能够比较全面、系统地反映水资源规划管理所面对的问题和所包含的内容,具有较强的代表性。

1)制定规划目标阶段

制定规划目标是水资源规划管理的两大核心任务之一,是展开后续工作的基础和依据。这一阶段还包括收集整理资料和水资源区划等前期工作。

a. 收集整理资料

收集整理资料是进行水资源规划管理必不可少的、重要的前期工作,基本资料的质量对规划成果的可靠程度影响很大。

i. 流域水资源综合规划所需基础资料

流域水资源综合规划需要收集三大类基础资料,即流域自然环境资料、社会经济资料及水资源和水环境资料。基础资料可以通过实地勘察和查阅文献两种途径获得。

流域自然环境资料:主要包括流域地理位置、地形地貌、气候与气象、土壤特征与水土流失状况、植被情况、野生动植物、水生生物、自然保护区、流域水系状况等。

社会经济资料:主要包括流域行政区划、人口、经济总体发展情况、产业结构及各产业发展状况、城镇发展规模和速度、各部门用水定额和用水量、农药化肥施用情况、工业生活污水排放情况、流域景观和文物、人体健康等方面的基础资料。

水资源和水环境资料:主要包括水文资料、水资源量及其分布、重要水利水电工程及其运行方式、取水口、城市饮用水水源地、污染源、入河排污口、流域水质、河流底质状况、水污染事故和纠纷等。

ii. 整理资料

流域综合规划涉及面广,所需资料多样且来源不一,因此需要对收集到的资料进行系统整理。整理资料的过程实际上就是一个资料辨析的过程,主要是对资料进行分类归并,了解资料的数量和质量情况,即对资料的适用性、全面性和真实性进行辨析。

b. 水资源区划

流域规划往往涉及较大范围,各局部地区的水资源条件、社会经济发展水平、主要问题和矛盾等不尽相同,需要在流域范围内再做进一步的区域划分,以避免规划区域过大而掩盖一些重要细节。因此,区划工作在流域水资源综合规划中也是一项很重要的前期工作,便于制定规划目标和方案时更具体、更有针对性。

在进行水资源区划时,一般考虑以下因素:

(1)地形地貌。地形地貌的差异会带来水资源条件的差异,也会影响经济结构和发展模式。如山区和平原之间就有明显差别,山区的特点是产流多,而平原的特点是利用多。

(2)现有行政区划框架。水资源区划应具有实用性,并能够得到普遍接受,因此在分区中应适当兼顾现有行政区的完整性。

(3)河流水系。不同的河流水系应该分开,同时要参照供水系统,尽可能不要把完整的供水系统一分为二。

(4)水体功能。水资源具有多功能性,在进行水资源区划时应尽量保证同一区域内水资源主导功能的一致,使区划工作能够对水资源不同功能的发挥、不同地区间的用水关系的协调起到指导作用。

c. 制定规划目标

流域水资源综合规划的最终目标是以水资源的可持续利用支撑社会经济的可持续发展。但这种目标描述方式太过笼统,不利于操作,需要进一步细化和分解,形成一个多层次、多指标的目标体系。通常,流域水资源综合规划的目标体系应从三个方面构建:一是经济目标,通过水资源的开发利用促进和支持流域经济的发展与物质财富的增加;二是社会目标,水资源的分配和使用不能仅追求经济效益的最大化,还应考虑到社会公平与稳定,包括保障基本生活用水需要、帮助落后地区发展、减少和防止自然灾害等;三是生态环境目标,即在开发利用水资源的同时还要注意节约和保护,包括水污染的防治、流域生态环境的改善、景观的维护等。三大目标还应进一步细化为具体的能够进行评价的指标,并根据规划期制定长远目标、近期目标乃至年度目标,根据水资源区划的结果制定流域整体目标和分区域的目标。所制定的目标应具备若干条件,即目标应能根据一定的价值准则进行定性或定量的评价、目标在相应约束条件下是合理的且在规划期内可以实现、能够确定实现各目标的责任范围等。

不同流域面对的问题和矛盾各不相同,规划环境也有差异。因此,在进行具体的流域综合规划时,需要对各种目标进行辨析和筛选,分清主次。

2)分析差距、找出问题阶段

本阶段的主要任务和内容是评价规划流域的水资源条件、水资源开发利用现状,预测流域未来的水资源供需状况,对无规划状态下系统发展变化的趋势与规划希望达到的目标进行比较，找出差距和需要解决的主要问题，进而分析目标的可行性，看是否需要进行修改，并为下一步制定规划方案奠定基础。

a. 水资源评价

进行水资源评价是为了较详细地掌握规划流域水资源基础条件，评价工作要求客观、科学、系统、实用，并遵循四项技术原则：地表水与地下水统一评价，水量水质并重，水资源可持续利用与社会经济发展和生态环境保护相协调，全面评价与重点区域评价相结合。

水资源评价分为水资源数量评价和质量评价两方面。水资源数量评价的内容主要是水汽输送量、降水量、蒸发量、地表水资源量、地下水资源量和总水资源量的计算、分析和评价。水资源质量评价内容则包括河流泥沙分析、天然水化学特征分析和水资源污染状况评价等。

b. 水资源开发利用现状分析

分析水资源开发利用现状，是为了掌握规划流域人类活动对水资源系统的影响方式和影响程度。

水资源开发利用现状分析主要包括：①供水基础设施及供水能力调查统计分析；②供用水现状调查统计分析；③现状供用水效率分析；④现状供用水存在的问题分析；⑤水资源开发利用现状对环境造成的不利影响分析。

c. 水资源供求预测和评价

在掌握了水资源数量、质量和开发利用现状后，还需要结合流域社会经济发展规划，预测未来水资源供求状况。

(1)供水预测。预计不同规划水平年地表、地下和其他水源工程状况的变化，既包括现有工程更新改造、续建配套和规划工程实施后新增的供水量，又要估计工程老化、水库淤积等对工程供水能力的影响。

(2)需水预测。分生活、生产和生态环境三大类。生活和生产需水统称为经济社会需水，其中生活需水按城镇居民和农村居民生活需水分别进行预测，生产需水按第一产业、第二产业和第三产业需水分别预测。生态环境需水是指为生态环境美化、修复与建设或维持现状生态环境质量不至于下降所需要的最小需水量。

d. 水资源承载力研究

水资源承载力是指在一定区域或流域范围内，在一定的发展模式和生产条件下，当地水资源在满足既定生态环境目标的前提下，能够持续供养的具有一定生活质量的人口数量，或能够支持的社会经济发展规模。水资源承载力的主体是水资源，客体是人口数量和社会经济发展规模，同时维持生态系统良性循环是基本前提。因此，水资源承载力是联系水资源系统、生态环境系统和社会经济系统的一个重要概念，对流域水资源承载力进行计算和评估是流域水资源综合规划中必要的基础性工作。通过计算和评估流域水资源承载力，可以对无规划状态下流域社会经济系统与生态环境系统、水资源系统的协调程度进行判别，进一步明确流域可持续发展面临的主要问题和障碍，从而为调整规划目标、制定规划方案和措施提供理论支持。

3)制定和选择规划方案阶段

制定和选择规划方案是水资源规划的又一核心任务，是寻找解决问题的具体措施以实现目标的关键环节，具体包括方案制定、方案综合评价和确定最终方案等工作。

a. 方案制定

所谓规划方案，就是在既定条件下能够解决问题、实现规划目标的一系列措施的组合。流域水资源综合规划中可选择的措施多种多样，如修建水利工程、控制人口增长和经济发展规模、制定水质标准、更新改造工艺设备、制度创新等。同时，流域水资源综合规划的目标也不是单一的，涉及经济、社会和生态环境三个方面，并能进一步细分为多个具体目标，这些目标常常不一定能共存，或彼此存在一定的矛盾，甚至有的目标不能量化。同一目标可以对应不同的实现措施，但各措施的实施成本、作用效果有所不同；同一措施也会对不同目标的实现均有所贡献，但贡献率各不相同，这就使得措施组合与目标组合之间作用关系十分复杂。因此，在流域水资源规划中常常需要制定多个可能的规划方案，通过综合分析和比较来确定最终方案。但规划方案并不是越多越好，方案数量取决于规划性质、要求和掌握的资料等因素。通常，流域综合规划中应包括水资源合理配置方案、重要工程布局与实施方案、水质保护方案、节水方案等内容。

b. 方案综合评价

对已制定的不同方案，要采用一定的技术方法进行计算和综合评价，全面衡量各方案的利弊，为选择最终方案提供参考。评价内容主要包括以下各项：

(1)目标满足程度。根据规划开始时制定的规划目标，对每一非劣方案进行目标改善性判断。由于流域综合规划的多目标性，期望某一方案在实现所有目标方面都达到最优是不现实的。因此，首先要对各方案产生的各种单项效益标准化，并对有利的和不利的程度做出估量，然后加以综合判断。各规划方案的净效益由该方案对所有规划目标的满足情况综合确定。

(2)效益指标评价。对各规划方案的所有重要影响都应进行评价，以便确定各方案在促进国家经济发展、改善环境质量、加速地区发展与提高社会福利方面所起的作用。比较分析应包括对各规划方案的货币指标、其他定量指标和定性资料的分析对比。

(3)合理性检验。规划作为宏观决策的一种，必须接受决策合理性检验。虽然实践才是检验真理的唯一标准，但对宏观决策而言，必须有一定标准可对决策方案的正确性进行预评估，这个标准一般包括方案的可接受性、可靠性、完备性、有效性、经济性、适应性、可调性、可逆程度和应变能力等。

c. 确定最终方案

经过综合分析和评价，在充分比较各待选方案利弊的基础上确定最终规划方案。由于流域综合规划的多目标性，各方案之间的优劣不能简单判别，这就使得方案的取舍十分困难。因此，确定最终方案的过程是一个带有一定主观性的综合决策过程，定量化计算评价的结果只能作为筛选方案的依据之一，决策者的价值取向、对问题的特定看法、政治上的权衡等都会对结果产生很大的影响。值得一提的是，在水资源日益紧缺、生态环境受到的干扰日益加大的形势下，选择一个对生态环境不利影响最小的方案是明智的。

4)成果审查与实施阶段

这是水资源规划管理的最后一个阶段，直接关系到整个规划管理工作的实际成效，包括规划成果审查、安排详细的实施计划、提供保障条件以及跟踪检验等工作。

编制完成的规划，应按照一定的程序递交管理部门进行审查。经过审查批准的规划才具备法律效力，能够真正指导实际工作；如果审查中发现了问题，提出了意见，就要做进一步的修改。规划的顺利实施需要一定的外部保障条件,包括健全相关的法律、法规和配套规章制度,加强政府的组织指导和协调工作,明晰各部门的责任,保证资金投入,加强宣传教育,鼓励公众参与等。在实施过程中,还应进行跟踪检验,其目的:一是检验原规划目标的实现情况,识别障碍因素;二是评估规划实施对各方面产生的影响,掌握系统和环境的变化情况,发现新的问题,及时对原规划进行修改和完善。

8.1.1.4 水资源规划的技术方法

水资源本质上具有多种功能和多种用途。随着社会经济的发展和人们认识的深入,水资源规划管理的目标、任务逐渐由单一性向多样化和系统性转变。相应地,对规划技术方法也提出了更高的要求,客观上促进了系统科学在水资源研究领域的应用;而水资源系统分析的发展和完善,又反过来推动了水资源多目标规划的发展,为其提供了良好的技术支持。

所谓水资源系统分析,就是用系统的概念和系统分析的方法来解决水资源系统中的各种问题。系统分析的特点、研究思路、方法非常适应现代水资源规划管理对技术工具的要求。这种分析方法可以视为水资源研究领域近 50 年来最重要的进展。

水资源系统是一个涉及多发展目标、多构成和影响因素、多约束条件的复杂巨系统。从系统结构上看,水资源系统是由多种要素、多层次子系统构成的。组成水资源系统的子系统既有自然系统又有人工系统,因此水资源系统同时具有自然和社会的双重属性。流域(或区域)水资源系统通常都包含了许多更小的流域(或区域)水资源子系统,在更大的范围内又是国民经济大系统中资源系统的一个分系统。水资源是这个系统中最主要的组成要素,水资源内部可以分为地表水、地下水、大气水等不同形式,存在水量与水质两大问题。此外,水资源系统还包括与水资源紧密相关的土地资源和其他自然资源、各种人工设施、众多的用水户和管理部门等。各层次、各要素之间的联系方式十分复杂,具有非线性、不确定性、模糊性、动态性等特点。水资源本质上的多用途特性和复杂的系统结构使得水资源系统的功能也呈现出多样性,可以概括为兴利和除害两大功能。其中,兴利功能包括供水、灌溉、发电、旅游、航运、养殖等多种形式;除害功能也包括防洪、除涝、改良盐碱地、改善环境、保护生态等多种形式。水资源规划管理正是通过调整、改变水资源系统的结构,使系统整体功能得以优化的。

数学模型的建立和求解是水资源系统分析中最重要的技术环节,属于系统科学体系中技术科学层次的运筹学范畴,是采用数学语言来抽象描述真实的水资源系统,以便对系统的目标、结构、功能等特征量进行定量分析。按照不同的分类标准,数学模型可以分为多种类型:按所用的方法可分为模拟模型和最优化模型,按时间因素是否作为变量考虑可分为静态模型和动态模型,按未来水文情况是已知或作为未知随机因素可分为确定性模型和随机模型等。最常用的还是分为模拟模型和最优化模型两大类。

模拟模型就是模仿系统的真实情况而建立的模型,在水资源系统分析研究中可以仿造水资源系统的实际情况,利用计算机模型(或称模拟程序)模仿水资源系统的各种活动,如水文循环过程、洪水过程、水资源分配、利用途径等,为决策提供依据。

水资源规划中常用的最优化模型有线性规划模型、非线性规划模型、动态规划模型、多目标规划模型等。

(1)线性规划模型。包括目标函数和约束条件两大部分,作用是在满足给定的约束条件下使决策目标达到最优。线性规划的理论已十分成熟,具有统一且简单的求解方法,即单纯形法,使线性规划模型易于推广和使用。但线性规划模型的目标函数是单一的,只能解决简单的单目标问题,如果实际问题过于复杂,存在多目标甚至目标间相互矛盾,则运用线性规划模型存在一定的局限。

(2)非线性规划模型。也是由目标函数和约束条件两大部分组成的,但其目标函数和(或)约束条件的方程中含有非线性函数。与线性规划模型相比,非线性规划模型的优势在于能够更准确地反映真实系统的性质和特点。如前所述,水资源系统是多要素、多层次的复杂巨系统,要素间、层次间的关系通常都不是简单的线性关系,而是非线性的,甚至是模糊的、不确定的。因此,非线性规划模型在水资源系统分析中得到了越来越广泛的应用。但非线性规划模型比线性规划模型要复杂得多,既没有统一的数学形式,也没有通用的求解方法。

(3)动态规划模型。是解决多阶段决策过程中最优化问题的一种方法。其基本思路是将一个复杂的系统分析问题分解为一个多阶段的决策过程,并按一定顺序或时序从第一阶段开始,逐次求出每阶段的最优决策,经历各阶段而求得整个系统的最优策略。动态规划模型对目标函数和约束条件的函数形式限制较宽,并且能够通过分级处理使一个多变量复杂的高维问题简化为求解多个单变量问题或较简单的低维问题,因而在水资源系统分析中应用十分广泛。但动态规划模型也存在一定的局限性,它只是解决问题的一种方法,没有一套标准的算法,对于不同的问题,需要建立不同的递推方程和算法,在使用中带来了很多不便。

(4)多目标规划模型。前面介绍的几种模型基本上都是针对单目标问题的。随着水资源规划尤其是流域综合规划内容的不断丰富,规划目标逐渐多样化,形成了一个涉及经济目标、社会目标和生态环境目标三方面、多层次、多指标的目标体系。在技术方法上,多目标规划模型应运而生。多目标规划模型也由决策变量、目标函数和约束条件构成,最大的特点是其目标函数包含两个或两个以上相互独立的目标。在水资源规划中,不同的规划目标可能不可共存,或有的目标难以量化,甚至目标间可能存在矛盾。因此,多目标规划模型不能得到传统模型中的明确的最优解,而只能求得若干"非劣解",组成非劣解集。尽管多目标规划模型还处于发展阶段,远未成熟,但由于其能将众多独立目标纳入规划决策中,具有不确定的最优解以及广泛的可能求解途径,与水资源规划实际问题的复杂多样性十分吻合,因而在水资源规划领域取得了飞速的发展和广泛的应用。

以上为几种常用的最优化模型的简单介绍,至于详细的建模方法和计算方法可查阅有关运筹学书籍。

8.1.2 水资源立法

8.1.2.1 水资源法律管理的作用

一方面,尽管地球上的总水量十分丰富,但目前可被人类利用的却极其有限,仅占地球总储存水量的0.77%左右,而不合理的人类活动,如污染,又在进一步减少有限的可利用水量;另一方面,随着人口的增长和社会经济的发展,需水量和需水部门却在不断增加。水资源供需矛盾的加剧必然带来水资源开发利用中人与人之间、人与自然之间的冲突不断。这就是水资源法律管理的必要性所在。概括地说,水资源法律管理的作用是借助国家强制力,对水资源开发、利用、保护、管理等各种行为进行规范,解决与水资源有关的各种矛盾和问题,实现国家的管理目标。具体表现在以下几个方面。

1)规范、引导用水部门的行为,促进水资源可持续利用

各种水资源法律、法规规定了不同主体在水资源开发利用中的权利和义务,以及违反这些规定应承担的法律责任,使人们明确什么样的行为是允许的,什么样的行为是被禁止的,从而对人们的水事活动产生规范和引导作用,使其符合国家的管理目标。而且,法律的明确规定,使人们能够对相互之间的行为方式、管理部门的相应反应有一个事先的预测,也就是事先可以预测到各种可能的行为及其相应的法律后果,有助于不同用水部门和主体间在水资源开发利用上进行合作博弈,促进水资源可持续利用。

2)加强政府对水资源的管理和控制,同时对行政管理行为产生约束

水资源是人类生存和社会经济发展必不可少的基础性资源,具有公利、公害双重特性,而且是国家领土主权和资源主权的客体,因此需要政府对水资源进行公共管理。几乎各国水法都规定了水资源管理的行政机构,不同机构的权力、职责等,为政府进行统一的水资源规划、调度、分配,投资修建公共水利工程,保护水质,防洪抗旱等奠定了法律基础,保障了政府水资源管理的权威性,使政府的管理思路、政策得以顺利推行。同时,依法行政的要求又体现了法律对政府管理行为的限制和约束,政府的管理范围不能超出法律的规定,管理方式、程序都必须合法,从而避免了行政权力的随意扩张。

3)明确的水事法律责任规定,为解决各种水事冲突提供了依据

各国水资源法律法规中也都明确规定了水事法律责任,并可以利用国家强制力保证其执行,对各种违法行为进行制裁和处罚,从而为解决各种水事冲突提供依据。而且,明确的水事法律责任规定,使各行为主体能够预期自己行为的法律后果,从而在一定程度上避免了某些事故、争端的发生,或能够减少其不利影响。

4)有助于提高人们保护水资源和生态环境的意识

通过对各种水资源法律法规的宣传、对违法水事活动的惩处等,能够有效地推动节约用水、保护水资源和生态环境等理念在不同群体、不同个人心中的确立,这也是提高水资源管理效率,实现水资源可持续利用的根本。

8.1.2.2 水资源法的特点

除规范性、强制性、普遍性等共同的特点外,水资源法还有其独有的一些特点:

(1)调整对象的特殊性。与所有法律一样,人与人的关系是水资源法直接的调整对象。通过各种相关的制度安排,规范人们的水事活动,明确人们在水资源开发利用中的权利和义务,从而调整人与人之间的关系。不同的是,水资源法的最终目的是通过调整人与人的关系来调整人与自然的关系,促进人类社会与水资源、生态环境之间关系的协调。人与自然的关系是水资源法调整的最终对象,但它依赖于法律对人与人关系的调整,依赖于人们对自然规律、对社会经济-资源环境系统关系的认识的深入。

(2)科学技术性。水资源法调整的对象包括了人与水资源、生态环境之间的关系,而水文循环、水资源系统的演变具有其自身固有的客观规律,只有遵循这些自然规律才能顺利实现水资源法律管理的目标。这就使得水资源法具有了很强的科学技术性。众多的技术性规范,如水质标准、排放标准等构成了水资源法律管理的基础。

(3)公益性水资源具有公利、公害双重特性。不管是规范水资源开发利用行为、促进水资源高效利用的法律制度安排,还是防治水污染、防洪抗旱的法律制度安排,都是为了人类社会的持续发展,具有公益性。

8.1.2.3 水资源立法的内容

水资源立法的内容是指与水资源有关的各种法律制度安排。现代水资源法律管理的宗旨就是从可持续发展的要求出发,为实现水资源可持续利用而提供合理的法律制度安排。

1) 水资源法律管理的一般制度安排

国际水法协会 1976 年在加拉加斯会议上提出,水资源立法的内容应包括所有有助于合理保护、开发和利用水资源的活动,按照水量、水质以及水和其他自然资源或环境因素的关系拟定。综观世界各国现有的水资源法律法规,我们将水资源法律管理的一般制度概括为 5 个方面,即水权制度安排、水行政管理制度安排、与用水有关的制度安排、防洪抗旱制度和水事法律责任。

a. 水权制度安排

水权即水资源产权,是以水资源为载体的各种权利的总和,可以分解为所有权、使用权、收益权、转让权等不同的形式。水权制度安排明晰了各行为主体在水事活动中的地位、权利和义务,界定了其活动空间,是各种水事法律制度中最基础、最重要的一项。只有水权明晰才能保证收益的稳定预期,从而对行为主体产生激励;同时,水权制度又给出了行为主体不能作为的范畴,从而对行为主体产生约束,最终实现水资源的合理高效配置。水权制度安排应包括水权形式的选择,不同权利的配置方式,水权行使的时间、空间、数量等条件限制,水权丧失、终止的条件和程序,水权转让的条件、程度与手段,以及对侵权的处罚原则、办法等。

b. 水行政管理制度安排

行政活动与立法活动、司法活动共同构成了国家管理社会公共事务的主要方式。水资源立法的一个重要任务就是建立高效的水行政管理体制,保障行政管理的权威性。科学高效的水行政管理制度又能反过来促进水资源法律法规的顺利实施,保护水权和水资源利用者的合法权益,保证水资源开发利用的持续高效。水行政管理制度安排具体包括水行政管理机构的组织设置,不同机构的管理范围、权限职责、利益及相互关系等。

c. 与用水有关的制度安排

与用水有关的制度安排是水资源立法内容中最丰富的部分,也是最直接的对公众、企业等用水户行为进行规范的制度安排。尽管各国的水资源条件、政治体制、经济制度等有所不同,急需解决的水资源问题各异,但法律制度作为一种比较稳定的、长期的制度安排,其终极目的都是实现水资源的可持续利用和社会经济的可持续发展,因而存在一些共同的、基本的内容。概括而言,各国水资源立法中与用水有关的制度安排主要有以下几种:

(1) 用水许可制度。这是大部分国家都采用的一种制度安排。从各国的法律规定来看,用水实行较为严格的登记许可制度,除法律规定外的各种用水活动都必须登记,并按许可证规定的方式用水。用水许可制度除规定用水范围、方式、条件外,还规定了许可证申请、审批、发放的法定程序。

(2) 水资源开发利用规划和计划制度。为克服水事活动的盲目性和主观随意性,保证水资源开发利用的有序、系统进行,各国都很重视水资源开发利用规划计划制度的安排。有的国家还制定了规划方面的专门法律,如早在 1965 年美国国会就通过了《水资源规划法》,我国在 2002 年修订水法时也加大了水资源规划方面的内容。

(3) 水工程管理制度。水工程包括河流、渠道、堤坝、水库、排灌工程、供排水道等,是进行水资源开发利用、兴利除害的物质基础。许多国家在水资源立法时都对水工程的建设、施工、管理、使用等做出了明确的规定。

(4)水质保护制度。水质和水量是水资源的两个基本属性,只有达到一定水质标准的水才能为人类所利用。而人类不合理的用水活动极易导致水质恶化,进而减少可利用水量。保持水源清洁与卫生,防治水污染是水资源法律管理的重要内容。为此,各国水资源立法中都安排了相应的水质保护制度,包括对排污口位置的限制,制定水环境质量标准和排放污染物种类、数量、浓度的标准,开展排污收费或排污权交易,对生产工艺、污染治理设备的配备、使用状况的规定,设立水资源保护区,以及建设项目环境影响评价等。

(5)用水管理制度。主要包括通过征收水资源费(税)、鼓励使用节水设备等制度促进水资源的节约高效利用,通过水资源分配制度、水功能区划等协调不同地区、不同用水部门的用水竞争等。

d. 防洪抗旱制度

防洪抗旱是各国水法中防治水害的重要制度安排。主要内容有河堤、大坝管理规则,蓄水调节措施,防洪投入的合理负担等。

e. 水事法律责任

为保证水资源法律管理的顺利进行,确保各项水事法律制度的实施,各国水资源立法内容都包括了水事法律责任制度。主要是对各种违法行为应承担的责任形式、诉讼程序等方面的详细规定。

2)我国水法中的制度安排

我国的水事法律制度体现在以《中华人民共和国水法》(简称《水法》)为核心的一系列法律、法规和规范性文件中,下文将对我国水法规体系做详细介绍。其中《水法》是我国水的基本法,是制定有关水的法律法规的依据之一。

1988 年《中华人民共和国水法》的颁布实施,标志着我国进入了依法治水的轨道。2002 年 10 月 1 日,我国又颁布了新的《水法》,修改了原《水法》中与变化了的社会关系、经济环境、水资源条件等不适应的内容。新《水法》包括总则,水资源规划,水资源开发利用,水资源、水域和水工程的保护,水资源配置和节约使用,水事纠纷处理与执法监督检查,法律责任,附则共八章内容。主要制度如下。

a. 水权制度

新《水法》规定,水资源属于国家所有,由国务院代表国家行使;农村集体经济组织的水塘和由农村集体经济组织修建管理的水库中的水归各农村集体经济组织使用,并通过取水许可制度规定了取水权的获得。但目前我国《水法》对水资源使用权、收益权等更细的权项划分、配置方式等没有做具体的规定。

b. 水行政管理制度

我国对水资源实行流域管理与行政区域管理相结合的管理体制。国务院水行政主管部门负责全国水资源的统一管理和监督工作。国务院水行政主管部门在国家确定的重要江河、湖泊设立的流域管理机构,在所管辖的范围内行使法律、行政法规规定的和国务院水行政主管部门授予的水资源管理及监督职责。县级以上地方人民政府水行政主管部门按照规定的权限,负责本行政区域内水资源的统一管理和监督工作。国务院、县级以上地方人民政府的有关部门按照职责分工,负责水资源开发、利用、节约和保护的有关工作。

新《水法》关于水行政管理制度的安排,在原《水法》的基础上明确了流域管理机构的职责和作用,加强了流域统一管理的法律地位。

c. 与用水有关的制度

(1)取水许可制度和有偿使用制度。除家庭生活和零星散养、圈养畜禽饮用等少量取水外,直接从江河、湖泊或地下取用水资源的单位和个人,应当按照国家取水许可制度和水资源有偿使用制度的规定,向水行政主管部门或者流域管理机构申请领取取水许可证,并缴纳水资源费,取得取水权。实施取水许可制度和征收管理水资源费的具体办法,由国务院规定,国务院水行政主管部门负责全国取水许可制度和水资源有偿使用制度的具体实施,并且通过核定行业用水定额,对取水实行总量控制。

(2)水资源规划的相关制度。在原《水法》的基础上,新《水法》大大扩充了水资源规划的内容,按照不同的范围、内容对水资源规划进行了分类,规定了各类水资源规划之间的从属关系;明确了编制水资源规划的基础条件;规定了各级水资源规划编制主体、审批程序、执行和修改要求,以及建设水工程必须符合水资源规划的要求。

(3)水工程管理制度。新《水法》规定了国务院水行政主管部门、流域管理机构、地方人民政府管理和保护水工程的职责、范围;规定了单位和个人保护水工程的义务,不得侵占、毁坏堤防,护岸,防汛、水文监测、水文地质监测等工程设施;在水工程保护范围内,禁止从事影响水工程运行和危害水工程安全的爆破、打井、采石、取土等活动。

(4)水质和水生态保护制度。国家保护水资源,采取有效措施,保护植被,植树种草,涵养水源,防治水土流失和水体污染,改善生态环境。包括对各级管理机构在保护水质和水生态环境中的职责、对用水主体排污行为的禁止和要求、水功能区划、排污总量控制、建立饮用水水源保护区制度等方面的规定。

(5)用水管理制度。制定了水资源在不同用水部门间进行分配的原则,即生活用水优先,兼顾农业、工业、生态环境用水及航运等的需要,但在干旱和半干旱地区应充分考虑生态环境用水需要;对跨流域调水,提出了全面规划、科学论证、统筹兼顾调出和调入流域的用水需要,防止对生态环境造成破坏的要求;对水资源开发提出了地表水与地下水统一调度开发、开源与节流相结合、节流优先和污水处理再利用的原则;对水能、水运资源开发做出相关规定;水资源合理配置和节约用水的相关规定等。

d. 防洪制度

防洪制度包括对各种妨碍行洪行为的禁止,河道建筑物必须符合防洪标准和其他有关的技术要求等。

e. 水事法律责任

水事法律责任包括对水事纠纷处理和执法监督检查的详细规定;对各种违法行为应承担法律责任的详细规定等。我国《水法》中规定的水事法律责任包括民事责任、行政责任和刑事责任。

8.1.2.4 水法规体系

水法规体系就是一国现行的有关调整各种水事关系的所有法律、法规和规范性文件组成的有机整体,不包括与水资源有关的国际公约和协定。水法规体系的建立和完善是水资源法律管理有效实施的关键环节。

1)我国水法规体系现状

自20世纪80年代以来,我国先后制定、颁布了一系列与水有关的法律、法规,如《中华人民共和国水污染防治法》(1984,1996 年修订)、《中华人民共和国水法》(1988, 2002 年修订)、《中华人民共和国水土保持法》(1991)、《中华人民共和国防洪法》(1997)等。尽管我国水资源立法的时间比较短,但立法数量却大大超过了一般的部门法,一个多层次的水法规体系已初步形成。

a. 宪法中有关水的规定

《中华人民共和国宪法》是国家的根本大法、总章程,具有最高的法律效力,是制定其他法律、法规的法律根据。宪法中有关水的规定也是制定水资源法律、法规的基础。宪法第九条第1、2 款分别规定,"水流属于国家所有,即全民所有","国家保障自然资源的合理利用"。这是关于水权的基本规定以及合理开发利用、有效保护水资源的基本准则。对于国家在环境保护方面的基本职责和总政策,宪法第二十六条做了原则性的规定,"国家保护和改善生活环境和生态环境,防治污染和其他公害"。

b. 由全国人大或人大常委会制定的法律

i. 与(水)资源环境有关的综合性法律

水资源与土地、森林、矿产等其他自然资源共同构成了人类社会生存发展的自然基础,水资源开发、利用、保护与其他自然资源是密切相关的。但目前我国尚没有综合性资源环境法律。1989 年颁布的《中华人民共和国环境保护法》(简称《环境保护法》)可以认为是环境保护方面的综合性法律。《环境保护法》中没有单独的关于水资源管理的部分,但它从环境法的任务、环境保护的对象、环境监督管理、保护和改善环境以及损害赔偿、法律责任等多方面对各种资源的保护与管理做了全面的规定,而且,它规定了中国环境保护的一些基本原则和制度,如"三同时"制度、排污收费制度等。

1988 年颁布实施的《中华人民共和国水法》是我国第一部有关水的综合性法律。但由于当时认识上的局限以及资源法与环境法分别立法的传统,原《水法》偏重于水资源的开发、利用,而关于水污染防治、水生态环境保护方面的内容较少。2002 年,在原《水法》的基础上经过修订,颁布了新的《中华人民共和国水法》,拓宽了所调整的水事法律关系的范畴,内容也更为丰富,是制定其他有关水的法律、法规的依据之一。

ii. 有关水的单项法律

针对我国水脏、水浑等主要问题,专门制定了有关的单项法律,即《中华人民共和国水土保持法》(1991)、《中华人民共和国水污染防治法》(1996)和《中华人民共和国防洪法》(1997)。

c. 由国务院制定的行政法规和法规性文件

从 1985 年《水利工程水费核定、计收和管理办法》到 2001 年《长江三峡工程建设移民条例》,期间由国务院制定的与水有关的行政法规和法规性文件达 20 多件,内容涉及水利工程的建设和管理、水污染防治、水量调度分配、防汛、水利经济、流域规划等众多方面。如《中华人民共和国河道管理条例》(1988)、《中华人民共和国防汛条例》(1991)、《国务院关于加强水土保持工作的通知》(1993)和《中华人民共和国水土保持法实施条例》(1993)、《取水许可制度实施办法》(1993)、《淮河流域水污染防治暂行条例》(1995)等,与各种综合、单项法律相比,这些行政法规和法规性文件的规定更为具体、详细。

d. 由国务院及所属部委制定的相关部门行政规章

由于我国水资源管理在很长一段时间实行的是分散管理的模式,因此不同部门从各自管理范围、职责出发，制定了许多与水有关的行政规章，以环境保护部门和水利部门分别形成的两套规章系统为代表。

环境保护部门侧重于水质、水污染防治，主要是对排放系统的管理，出台的相关行政规章主要有：管理环境标准、环境监测等的《环境标准管理办法》(1983)、《全国环境监测管理条例》(1983)；管理各类建设项目的《建设项目环境管理办法》(1986)及《建设项目环境管理程序》(1990)；行政处罚类的《环境保护行政处罚办法》(1992)及《报告环境污染与破坏事故的暂行办法》；涉及资金的《关于环境保护资金渠道的规定的通知》、《污染源治理专项基金有偿使用暂行办法》和《关于加强环境保护补助资金管理的若干规定》(1989 年 5 月)等；排污管理方面的《水污染物排放许可证管理暂行办法》、《排放污染物申报登记管理规定》、《征收排污费暂行办法》、《关于增设"排污费"收支预算科目的通知》、《征收超标准排污费财务管理和会计核算办法》等。水利部门则侧重于水资源的开发、利用，出台的相关行政规章主要有：涉及水资源管理方面的如《取水许可申请审批程序规定》(1994)、《取水许可水质管理办法》(1995)、《取水许可监督管理办法》(1996)等；涉及水利工程建设方面的如《水利工程建设项目管理规定》(1995)、《水利工程质量监督管理规定》(1997)、《水利工程质量管理规定》(1997)等；有关水利工程管理、河道管理的如《水库大坝安全鉴定办法》(1995)、《关于海河流域河道管理范围内建设项目审查权限的通知》(1997)等；关于水文、移民方面的如《水利部水文设备管理规定》(1993)、《水文水资源调查评价资质和建设项目水资源论证资质管理办法(试行)》(2003)；关于水利经济方面的如《关于进一步加强水利国有资产产权管理的通知》(1996)、《水利旅游区管理办法(试行)》(1999)等。

e. 地方性法规和行政规章

水资源时空分布往往存在很大差异，不同地区的水资源条件、面临的主要水资源问题以及地区经济实力等都各不相同，因此水资源法律管理需要因地制宜地展开。目前，我国已颁布的与水有关的地方性法规、省级政府规章及规范性文件有近 700 件。

f. 其他部门法中相关的法律规范

由于水资源问题涉及社会关系的复杂性、综合性，除以上直接与水有关的综合性法律、单项法律、行政法规和部门规章外，其他部门法如《中华人民共和国民法通则》、《中华人民共和国刑法》、《中华人民共和国农业法》中的有关规定也适用于水资源法律管理。

g. 立法机关、司法机关的相关法律解释

这是指由立法机关、司法机关对以上各种法律、法规、规章、规范性文件做出的说明性文字，或是对实际执行过程中出现问题的解释、答复，大多与程序、权限、数量等问题相关。如《全国人大常委会法制委员会关于排污费的种类及其适用条件的答复》、《关于 <特大防汛抗旱补助费使用管理办法> 修订的说明》(1999)等。

h. 依法制定并具有法律效力的各种相关标准

如《地面水环境质量标准》(1983)、《渔业水质标准》(1979)、《农田灌溉水质标准》(1985)、《生活饮用水卫生标准》(1985)、《景观娱乐用水水质标准》(1991 年 3 月)、《污水综合排放标准》(GB 8978—1996)和其他各行业分别执行的标准等。

2)我国水法规体系存在的主要问题

目前，我国已初步形成了一个多层次的水法规体系，水法制建设取得了很大的成效，全民水法律意识也得到了提高，但现行水法规体系仍存在一些不容忽视的问题。

a. 法律覆盖范围不全面

尽管我国与水有关的法律、法规和规范性文件在数量上已大大超过了其他自然资源立法，但现有法律覆盖范围仍不全面，尚不能调整所有水事关系。这有两层含义：一是指相关法律法规的缺乏，如目前我国还没有一部综合性的资源环境基本法，以协调、解决包括水资源在内的所有资源环境问题；又如对公众参与水资源管理问题也缺乏法律规定。二是指对有的问题目前已有法律规定，但规定过于简单，或法律效力等级不高，不能反映出问题的严重性，如现行水资源法律制度侧重于国家权力对水资源的配置和管理作用，带有浓厚的行政管理色彩，对水权只做了原则性的、抽象的规定，缺乏水权具体权项划分、配置、转移等的民事法律制度规定；又如对水资源规划问题，新《水法》加大了立法内容，但也不够详尽，规划法定效力仍不明确，使规划方案常常只能停留在纸面，难以真正贯彻执行；再如农业面源污染目前已成为我国水污染的主要原因，但现行水法规体系对此问题的重视程度远比不上工业污染和生活污染。

b. 不同部门、不同时期颁布的法律法规之间存在冲突和矛盾

由于我国长期以来在水资源管理方面处于多龙管水、政出多门的状况，不同部门和地区之间从自身利益出发，在制定相关水法律法规时不可避免地会出现冲突和矛盾。按照法学理论，与上一级法律规定或政令相悖的规定是无效的，但在实际水资源管理工作中，这些相互矛盾的法律法规仍在发挥作用，并反过来进一步加剧了管理权限和管理体制的混乱。最典型的如在水污染防治方面，按照《中华人民共和国水污染防治法》(1996)的规定，各级人民政府的环境保护部门是对水污染防治实施统一监督管理的机关，有权对管辖范围内的水体进行水质监测和排污控制，而按照《中华人民共和国水法》(2002)的规定，各级水行政主管部门负责管辖区内水资源的统一监督和管理工作，同样有权进行水体水质监测，这使得在水污染防治中常常存在两套不同的监测数据，严重影响了水资源管理的效率和权威。

c. 法律规定过于原则，不便于操作

目前，我国水事法律法规中的原则性规定较多，适应性和稳定性较强，但具体操作性条款的缺乏会给法律法规的实施带来障碍，影响了法律的实效。而且，过于原则的法律规定会导致执法过程中管理部门处理水资源问题的任意性过大，在公务员素质不是很高的环境中，容易滋生腐败。

3）我国水法规体系的完善

针对我国水法规体系目前存在的问题，我们认为应从两个方面加以完善：一是整合现有法律、法规和规章，使之成为一个相互联系、相互补充的有机整体；二是加强立法工作，尽快填补现有法律法规中的空白。

a. 整合现有法律、法规和规章

整理、研究现有水法规体系中各法律、法规和规章的内容，对相互矛盾、相互冲突的应进行修订，对过时的或错误的规定应当修订或废止，对过于原则和抽象的规定应进行细化，理顺现有水法规体系的内部关系。第一，应从系统整体出发，打破原来条块分割立法带来的问题，协调好各种开发利用法律之间的关系、协调好水资源开发利用法律与水资源保护法律的关系、协调好兴利法律与除害法律之间的关系。第二，水权制度是水事法律制度中最重要的一项，水权不明晰是导致我国用水效率低的重要原因之一，新《水法》对水权的规定远不能满足实际的需要，应加强对水权配置、转移的规定。第三，强化水资源规划的法律地位，进一

步明确水资源规划的具体内容,提高规划的权威性,保证规划真正得到实施。第四,对不同管理部门的职责权限应在法律中予以更清晰、明确的划分,重视市场配置水资源的重要作用,促进政府行政管理职能与经济职能、服务职能的分离,理顺管理部门间的利益关系。第五,修订相关法律法规的内容,使之符合可持续发展的需要,如对水资源保护问题,目前只有一部《中华人民共和国水污染防治法》及其实施细则,并不能概括所有水资源保护问题,应从水质、水量、生态环境各方面加以综合考虑。

b. 加强立法工作,填补空白

在整合现有法律法规的基础上,还应加强立法工作,填补现有法律法规的空白。

首先,应制定一部综合性的资源环境基本法。水资源与土地、森林、草原、矿产、物种、气候等其他自然资源共同构成了人类社会生存、发展的物质基础,这些自然资源之间有着天然的联系,在对人类社会发生作用时相互之间也存在影响和制约。目前,我国对不同自然资源基本都制定了单行法律法规,便于根据各自特点进行有针对性的调整和管理。但缺乏一部综合性的资源环境基本法,从整体上对包括水资源在内的所有资源环境问题进行原则性规定,协调资源环境工作中的各种关系。一部综合性的资源环境基本法是必要的,而且由于其涉及面广,所调整法律关系复杂,立法难度大,应充分做好研究准备工作。

其次,加快新《水法》的配套立法。新《水法》作为我国水资源方面的基本法,在立法内容上较为原则,需尽快进行配套的、更细化的立法,对新《水法》增删、修订的内容也需进行相关配套立法。具体包括:《水法》明示授权制定的配套行政法规、规章或规范性文件,如河道采砂许可制度实施办法、管理水资源费的具体办法等;对新《水法》中规定的一些新制度,如区域管理与流域管理相结合的行政管理制度、饮用水水源保护区制度、用水总量控制和定额管理相结合的制度、划分水功能区制度、节约用水的各项管理制度等,需要制定相应的程序和具体操作办法才能使之落到实处;各级地方政府根据新《水法》规定和实际需要,出台新的地方法规和规章。

再次,针对我国水资源开发、利用、保护和管理中的突出问题,有针对性地填补立法空白。有的专家在认真调查研究的基础上,指出了中国水事业发展的突出问题集中表现为六大矛盾:一是洪涝灾害日益频繁与江河防洪标准普遍偏低的矛盾;二是水资源短缺与需求增长较快的矛盾;三是水环境恶化与治理力度不够大的矛盾;四是水价偏低与水利建立良性运行机制的矛盾;五是水利建设滞后与水利投入不足的矛盾;六是水资源分割管理与合理利用的矛盾。有的专家就中国的七大流域实行水资源分流域管理和就特定江河(黄河、淮河)的治理提出了有远见卓识的法律建议。所有这些,都为我们尽快出台有关立法,有针对性地解决现存紧迫问题提供了理论支撑、事实依据和制度设计基础。

8.1.3 水价格体系

8.1.3.1 水资源价值内涵

传统的资源价值观认为,水资源等自然资源"资源无价,可以任意使用"。这种资源价值观的产生来源于以往人类对资源的错误认识,认为水资源等自然资源取之不尽、用之不竭。因此,尽管自然资源在人类经济生产活动中具有重要地位,人类在从事生产活动过程中却很少将自然资源本身的价值考虑其中,在计算生产效益时也往往忽略使用自然资源价值的成本。通常的资源价格仅考虑资源摄取过程中投入的劳动力成本以及各种相关设备成本,并将其简单地等同于资源价值。错误资源价值观的引导导致人类对自然资源的错误使用,其后果就是今天呈现在人类面前的环境退化、资源短缺以及由此造成的威胁人类生存的各种危机,比如环境危机、粮食危机等。

现实的残酷以及人类对可持续发展的追求迫使人类对传统的水资源观点进行批判和反思,并开始认识到水资源本身也具有价值,在使用水资源进行生产活动的过程中必须考虑水资源自身的成本——水资源价值。

水资源价值来源于水资源自身所具备的两个基本属性,即水资源的有用性和稀缺性。水资源的有用性属于水资源的自然属性,是指对于人类和人类生活的环境来讲,水资源所具有的生产功能、生活功能、环境功能以及景观功能等,这些功能是由水资源的本身特征及其在自然界中所处的地位和作用所决定的,不会因为社会外部条件的改变而发生变化或消失。水资源的稀缺性也可以理解为水资源的经济属性,它是在水资源成为稀缺性资源以后才出现的,即当人类认识到水资源不再是取之不尽的资源后,由于水资源的稀缺性而迫使人类必须从更经济的角度来考虑水资源的开发利用,在经济活动中考虑到水资源的成本问题。水资源价值正是其自然属性和经济属性共同作用的结果。对于一种资源而言,如果其自然属性决定其各种功能效果极小,甚至有可能会对自然或社会造成负面影响,则无论该种资源稀缺程度多大,其价值也必然很小;同样,对于某一具有正面功能的资源,如水资源等,其稀缺程度越大,则价值越大。

8.1.3.2 水资源价值计量

水资源价值的准确计量方法,目前学术界还在争论之中,理论和方法都不成熟。到目前为止,经常提到的水资源价值计量的方法主要包括影子价格法、边际机会成本模型法、成本分析法、CGE 模型法、模糊数学模型方法等。

1)影子价格法

影子价格是以资源有限性为出发点,将资源充分合理分配并有效利用作为核心,以最大经济效益为目标的一种测算价格,是对资源使用价值的定量分析。影子价格可以用文字表述为在其他资源投入不变的情况下,一种稀缺性资源的边际收益。总之,影子价格是反映某种均衡状态下,社会劳动消耗、资源稀缺程度和对最终产品需求的产品及资源的价格。通常而言,影子价格的数值越大,表明资源的稀缺程度越大;影子价格为零,表明此种资源不存在稀缺问题。目前,我国在水资源价格或价值测算中对影子价格的计算和应用主要有以下几种:构建水权价值数学模型,求解线性规划;利用机会成本法确定水权值的影子价格;参照国家发展和改革委员会测定的影子价格或用《水利建设项目经济评价规范》中测定影子价格的方法;借鉴国际市场水价情况,类比测定我国的水影子价格;以国内市场价格为基础,结合水资源稀缺程度确定影子价格等。

与水资源的实际市场价格相比,影子价格更接近于水资源的真实价值,因此也更能反映水资源的稀缺程度。一般而言,影子价格能够提供比市场价格更为合理和准确的价格信号和计量尺度,利于促进水资源的有效配置并最终促进水资源持续利用。但由于涉及众多因素,用影子价格法求算水资源价值还有一定的局限性。

2)边际机会成本模型法

边际机会成本(*MOC*)是从经济角度对资源利用的客观影响进行抽象和度量的一个工具。边际机会成本理论认为,资源的消耗应包括 3 种成本:①边际生产成本(*MPC*),指为了在资源获取过程中,每获得1单位的资源而必须投入的直接费用;②边际使用成本(MUC),即对于使用1单位该资源的个人或组织而言,所放弃的机会成本;③边际外部成本(MEC),主要指各种外部损失,这种外部损失是由于使用该种资源的各种外部负效应所造成的损失,包括目前或将来的损失,也包括各种环境损失。水资源的边际机会成本可以由上述3个指标的加总来衡量,其公式为

$$MOC = MPC + MUC + MEC$$

该理论认为,MOC 表示由社会所承担的消耗一种资源的费用,在理论上应是资源使用者为资源消耗所付出的价格 P,当 $P < MOC$ 时,会刺激资源的过度使用;当 $P > MOC$ 时,会抑制资源的合理使用。因此,边际机会成本理论认为,合理的资源价格 P 应等于 MOC。

MOC 将资源的使用及其外部性联系起来,从经济学的角度来度量使用资源的社会成本,弥补了传统资源经济学中忽视的资源消耗的环境损失等社会代价,以及对后代或受害者的利益缺陷。此外,MOC 可以作为决策的有效依据,用以判断有关资源环境保护政策是否合理。

3)成本分析法

水资源作为资源资产投入生产和生活领域当中,相应地会有效益产出。从产出角度分析,水资源资产的价格应该涵盖水资源投入成本——水权价值。成本分析法的定价原则是供水价格包含水权价值。通常的成本分析法包括平均成本定价法、边际成本定价法两种。

a. 平均成本定价法

平均成本定价法又称为成本核算法或成本加利润法,是一种常见的垄断部门的定价方法,其定价的基础是平均成本的估计数,目的是弥补运行费用而提供足够的收入,价格计算中所包含的利润率一般取社会平均利润率。此方法中平均利润和水资源生产成本的确定基于历史数据,资源税则依据相关法规规定,其公式为

$$P = \text{平均利润} + \text{水资源生产成本} + \text{资源税}$$

对于水价中的平均利润,要根据地区实际情况确定。由于地区社会经济发展的差异以及生活用水差异,必然导致资本盈利能力及人均可支配收入的差距。因此,用平均成本定价法确定的水价,不仅要随着地区差异而不同,还应该按生产用水和生活用水的分类而有所不同。

b. 边际成本定价法

边际本身是一个动态的概念,是增加、追加、额外的意思,指数学中的增量比。用边际成本定价法确定水价是指用一组变化的价格反映水资源使用的效率变化。边际成本一般分为短期边际成本和长期边际成本两类。在短期边际成本中,由于固定资本不变,供水成本的变化主要表现为劳动力、流动资金等可变成本的投入和变动。长期边际成本由于关注固定成本的变化,能够考虑到未来可能的供水成本的扩张,从而促使用户根据水价的变化自动调整水资源消费量,使得边际成本接近边际效用点,使得水资源得到更加合理的使用和保护。

4)CGE 模型法

CGE(Computable General Equilibrium)模型是20世纪60年代末出现的、基于瓦尔拉斯一般均衡理论而构建的模型,主要应用于宏观政策分析和数量经济领域。CGE 模型由于不需要完全竞争市场的假设条件,从而使其更接近经济现实,因此使其成为研究市场行为、政策干预和经济发展的有效工具。CGE 模型在市场条件下能有效地模拟宏观经济的运行情

况,可以研究和计算部门的商品生产及能源使用情况,并计算其价格。在利用 CGE 模型计算水价时,一个重要的方法是建立宏观的水资源投入产出模型,通过可供水量的变化,推算 GDP 的变化值,然后根据 GDP 变化值中水资源变化量的贡献率推求水的边际价格。CGE 模型要求数据资料相当庞大,一般要求区域部门投入产出系统、劳动力分配、投资情况、消费情况、分配情况及相应的弹性系数。因此,如果采用 CGE 模型计算水价,其数据的收集和处理将是关键。

5)模糊数学模型法

该理论认为,水资源价值系统是复杂且模糊的系统,适合于用模糊数学方法进行处理。该模型将水资源价值的影响因素划分为三类:自然因素(包括环境因素)、经济因素、社会因素。水资源价值是这些因素共同作用的结果,它们之间存在着一定的函数关系。通过构造各个影响因子对水资源价值影响程度的判别矩阵对其做综合评价,得出水资源价值综合评价。该结果是一个无量纲的向量。为了将无量纲的评价结果转化为水资源价格,该模型采用社会承受能力的方法确定了水资源价值综合评价结果的价格向量,利用价格向量与价值综合评价结果的矩阵运算,得出水资源价格。

水资源模糊数学模型由两部分组成,即价值评价模型和价值转化计量模型(水资源价格确定模型)。在水资源价格确定模型中,提出了水费承受指数的概念和计算公式,水费承受指数将人的物质承受能力和心理承受能力综合起来,考察人们对于水价变化的承受能力,依此来制定水价。此外,水费承受指数的提出,还解决了衡量不同功能水资源价格差异的问题。在水资源价值评价模型中,其评价结果存在着不连续性,并且不同地区的价值评价结果不能比较。为了解决这一缺陷,该模型根据水质 5 级划分原理构造了水资源类别向量,与水资源价值综合评价向量相乘,得出水资源价值模糊综合指数。水资源价值模糊综合指数是一个介于 1 ~5 的无量纲的连续的数,综合了与水资源有关的诸要素,隐含着水资源价格,能够对不同地区、不同时间的水资源进行比较。

水资源价值与水资源价值模糊综合指数具有如下关系:水资源模糊综合指数越大,水资源越丰富,水资源价值越低;反之,水资源价值模糊综合指数越小,水资源价值越高。

8.1.3.3 水资源费与水价改革

1)水资源费

水资源的性质目前还有争论,《中华人民共和国水法》规定,使用水资源必须缴纳水资源费。从水资源费实践效果来看,水资源费的性质就是水资源本身的价值(也就是水资源价值),或者说水权的价值。

水权价值与通常所说的水价是两个不同的概念。水价是指水资源使用者使用单位水资源所付出的价格。合理的水价与单位水权价值的关系为

$$\text{水价} = \text{水权价值} + \text{成本} + \text{利润} + \text{排污费}$$

既然水资源具有价值,我们在实际生产、生活中就必须考虑水资源成本问题,应该将水资源纳入生产、生活成本效益核算体系,在经济上实现水资源价值。然而,由于模型设定的误差及数据获取和计算的复杂情况等的存在,在现实情况中很少通过利用价值模型来估算水资源价值。更可行的做法是通过水价中的水资源费来确保水资源价值的实现。水资源费不同于水价,它是包含在水价内,体现水资源在参与生产和生活过程中的水资源成本。

近年来,随着水价多次调整,长期以来备受关注的水价过低问题逐步得到解决,甚至个

别地区的水价已经高到一定水平，引起用水户的特别关注。在现行的水价体系中，水资源费是水价的一个重要组成部分，正确地分析水价中的水资源费问题是改革水资源费的基础和依据。目前，自来水水价体系中关于水资源费方面主要存在以下几个方面的问题。

a. 各用水户的水资源费缺乏差异性

目前，在供水企业中供给各用水户的水价虽然存在差异，但其中的水资源费部分是一样的，没有差异性。以北京市为例，北京市居民生活用水、旅游饭店娱乐用水、特殊行业（洗车、洗浴）用水、工商业以及其他用水，水资源费都是0.60元/m^3（城镇地下水资源费除外）。水资源费的一致性所表达的含义就是政府将水资源无差异地配置给各用水户。实际上，各用水户对水资源利用存在差距，从整体上来看，水资源为生产资料和生活资料，其效益是不一样的，采取同样的水资源费体现了政府没有对其进行有效的调控。另外，对于一些耗水大户，是缺水地区应该限制的产业，政府也像生活用水那样收取相同的水资源费，不利于这些企业的调整，对于整个产业结构的调整也没有体现出来。

b. 恒定的水资源费导致部分国家利益受损

水资源费是政府行政事业性收费，其最终归政府（代表国家）所有，维护政府的利益不受侵害，是市场经济条件下面临的一项重要任务。目前，在自来水水价体系中，各用水户水资源费相同，但自来水水价却存在很大差异，如北京市旅游饭店娱乐用水、特殊行业中的洗浴用水价格达到4.2元/m^3和10～60元/m^3，远高于自来水成本实际水价，自来水公司在某些行业获得了额外的收益。这种额外的收益应该属于国家所有，但实际上这部分收益没有划入政府的账户，使得国家在这个领域的利益受到损害。

c. 捆绑的水价方式难以体现政府的宏观调控职能，不利于政企分离

目前，自来水水价是捆绑式的综合体，包括行政事业性收费（水资源费）和企业收费两部分，其中的企业收费又分为自来水公司和污水治理企业两部分。由于收费都是供水企业进行统一征收，所以用水户面对的只是供水企业，许多人认为供水企业代表政府，或者供水企业代表政府行使政府职能，实际上这是一个很大的误区。随着市场经济的逐步完善，政企分离是一种必然，政府与企业各司其职，成为市场经济发展成熟的一个标志。从实践上来考察，水资源费和企业性收费的分离会造成用水户缴费的麻烦，用水户难以接受。因此，为了摆脱这种尴尬的境地，政府应该加大水资源费宣传力度，让用户清楚地知道水资源费和企业收费所代表的不同的性质，强调政府的宏观调控职能和企业的职能，在理念上实现两者的分离。

2）阶梯式水资源费

尽管目前水资源费的性质在学术界还存在争议，实际上我国的水资源费承担了水资源所有权实现的功能，是水资源所有者因水资源付出而得到的收益，是水资源所有权在经济上得以实现的具体体现。影响水资源费的因素很多，主要包括以下几种。

a. 水资源供求关系

水资源供求关系对水资源费具有重要影响。在水资源供需不存在矛盾的时候，是不收取水资源费的。水资源费的出现与水资源不能满足社会经济发展需求，出现短缺紧密相关。水资源供需缺口越大，水资源越紧张，水资源费就越高，反之则低，符合市场规律。当然，影响水资源供求关系的因素很多，如水资源数量、人口的增长变化、收入的变化、国民经济发展速度、产业结构等。目前，从整体来看，我国的水资源供需矛盾很尖锐，为水资源费上涨提供了空间。

b. 政策影响

水资源费是政府行为下的行政性收费，其受政策性影响较大，国家可以根据其需要提高或者减免水资源费，或者通过水资源费的差额调配水资源在各行业间的分配。水资源费是国家水资源政策的一个重要组成部分，国家根据水资源供需状况通过水资源费的经济调节作用进行水资源调配，是国家行使水资源所有权的一种形式。

c. 水资源商品的特殊性

水资源商品不同于一般商品，是一种准商品，同时具有作为不可缺少的生活资料和生产资料的双重性质，其价格与其使用者的承受能力密切相关，因此既要保证使用者基本权益，又要有利于节约用水，提高水资源利用效率。所以，水资源费的制定一定要充分考虑水资源商品的特殊性。

上述因素的相互作用影响了水资源费。对于供水企业而言，其成本和效益虽然也受上述因素的影响，但对于特定的时段、特定的供水水源和水厂而言，其成本受水的供求关系的影响不大，其供水用户所用的成本一致，因此供水企业不能享受阶梯水价所带来的额外收益，享受者只能是政府，为政府实施阶梯式水资源费提供了理论依据。

作为水价，主要由以下几个部分组成：一是水厂进水时的费用，该部分包括水资源费；二是自来水公司成本（含税金）和利润等；三是污水处理费。构成自来水水价的基本公式为

$$水价 = 水资源费 + 成本 + 正常利润 + 污水处理费$$

污水处理费是污水处理企业的收费，是一种企业行为，现在有关法规规定是在成本的基础上加上适当的微利。成本 + 正常利润是供水企业为了维护正常生产而收取的费用，也是一种企业行为。对于供水企业来说，无论是生活用水还是工业用水，或者特殊行业的用水，其供水成本是一样的。实际上，由于不同用水户之间的水价存在很大的差异，甚至在一些特殊行业可以用悬殊来描述，多出的那一部分应该是水资源费部分。因此，在实行阶梯式水价后，多出来的收益应该是水资源费部分。所以，实际上阶梯式水价就是水资源费的阶梯。当然，阶梯式水价实施后额外收益应该归国家所有，而不是供水企业的收入。

3）阶梯式水资源费条件下水价调整

a. 水价政策改革目标

水价政策改革目标是：水价体系有利于政企分开，充分发挥政府调控水资源的经济杠杆功能，引导产业结构的调整；维护国家的权益不受损失，确保水资源费上缴国库；建立节水型水价体系，为节水型社会的建立奠定基础，促进社会经济环境的协调发展。

b. 水价调整的基本原则

水价的调整，除遵循一般商品调价原则外，还必须遵守以下几个原则：

（1）政企分开的原则。通过水价调整，划清政府与企业的职能，有利于政企分开，减轻供水企业的包袱，轻装上阵；政府在其职权范围内行使权力，到位而不越位，不干预供水企业的具体经济行为，各司其职。

（2）阶梯式原则。阶梯式水价，并不是全部水价，而是供水企业的成本、利润部分是统一的，无论是什么样的用水户，他们的成本和利润是一样的，即在不同的行业中，拉开水资源费差距，体现政府对水资源调节的行为和意图，在同一用户中，采用阶梯式水资源费，就是在一定的水资源量范围内采用基本价，超过定额采取更高的价格，既保证其基本的用水量，又有利于促进用水户节约用水。

(3)承受力原则。水资源商品是准商品,其价格应该受使用者承受能力的制约,超过其承受能力则会引发各种社会问题。因此,水价的调整一定要限制在使用者可承受能力范围之内。

(4)水资源费差异性原则。根据用户的承受能力,结合水资源短缺的现实,对不同的用水户收取不同的水资源费,对于生活用水,根据其公益性,可以进行重点倾斜;对于其他用水户,水资源作为生产资料,其水资源费依照市场进行调整,拉开档次,有利于产业结构的调整,有利于节水型社会的建立。

c. 水资源费征收

自来水水资源费的征收,可以委托自来水公司代收,划入专用账号,及时入库,同时委托单位支付自来水公司一定的代收费用。水资源费按照实际取水量计征。由于自来水企业在加工销售过程中存在水资源量的损失,因而从用水户中收取的水资源费总量低于实际取水的水资源费量,其中的差值由自来水公司承担。原因是自来水公司是将水作为生产资料,应该为水资源的使用付出一定的代价,不能无偿使用而做转手生意。

8.1.3.4 水资源经济管理体系

1)水资源经济管理

管理就是通过计划、组织和控制等一系列活动,合理配置和协调系统内部的各种资源,达到既定目标的过程。水资源经济管理是指,在涉及水资源的各类经济活动中,通过经济杠杆来调控水资源的各种管理行为,这些管理行为包括水资源价值的评估、水资源效益分析、水资源价值补偿、各方面利益调节及水资源污染控制等活动。水资源经济管理强调通过对水资源的合理配置达到水资源使用的最经济。需要指出的是,这里指的最经济并不是单纯地从狭义的经济效益角度来衡量水资源使用的效果,而是结合水资源所具有的生态功能以及社会功能衡量水资源使用的经济效益、生态效益和社会效益相结合的综合效益。水资源使用的形态转变伴随着水资源价值的转变。因此,要达到水资源经济管理的目标,必须以水资源价值为核心,通过水资源价值的改变调整水资源分配。

水资源价值流既可以通过水资源使用形态的变化来反映,也可以根据水资源稀缺程度的变化来反映。从经济学角度来看,水资源价值流的这两种状态分别从微观和宏观两个方面描述水资源的经济运行。水资源经济管理的出发点正是水资源经济运行的微观和宏观两个方面。

从宏观角度来看,水资源价值流的变化趋势与水资源稀缺程度的变化趋势刚好相反,即水资源越稀缺的地区,其水资源价值越大,反之则越小。因此,在区域间配置水资源的过程中,水资源经济管理的目的就是根据水资源价值流的变化趋势确保水资源价值实现。而在水资源价值实现的讨论中,我们已经知道,在所有权明确的前提下,水资源价值实现可以转化为通过水权价值(水资源资产的产权价值)实现。因此,水资源区域配置过程中的水资源价值实现的基本手段就是确保水权价值的实现。围绕水资源价值的水资源经济管理的一个主要任务就是规范用水单位的水资源使用,确保水资源所有权的拥有者在向水资源使用者提供水资源时,水资源所有权拥有者能够获得与水资源付出相匹配的水权价值。水权价值的实现途径是水权市场。

从微观角度来看,一个水资源量(包括自身拥有量和调入量)确定的特定区域内,该地区通过水权市场从水资源所有权拥有者手中通过经济手段购买或者通过行政手段调入所需水资源量后，必然要求其水资源的使用和配置效用最大化，即水资源在各种使用形态之间的不同配置应以能够带来最大的效益为目的。对于该地区而言，水资源效益最大化并不意味着仅仅考虑经济效益最大化，而是经济效益、生态效益和社会效益统筹考虑，实现综合效益最大化。

2）水资源经济管理体系

一般的经济管理体系从垂直构架来看分为4个层次，即管理基础、管理主体（管理部门和监督机构）、管理方法和管理对象，其中管理基础属于管理体系的理论部分，管理主体、管理方法和管理对象则属于经济管理体系的实践部分。管理基础包括经济管理理论基础、管理体系的目标、管理的法规依据、管理方法的设计及对管理活动如何进行评估等内容。管理基础的设计是否正确关系到实际管理活动能否达到所谓的预定目的。

水资源经济管理体系包括管理主体、行业服务组织、微观基础和市场体系，几个方面形成有机统一体，互为条件，共同作用，才能形成有效的水资源经济管理体系。水资源经济管理的根本目的是水资源综合效益最大化，则水资源经济管理体系的设计应以服务于该目标为基本原则。

8.1.4 水资源水权管理

8.1.4.1 水权的内涵

水权即水资源产权，是产权经济理论在水资源配置领域的具体体现。目前，水权还没有一个一般性的、权威的定义，从产权的基本定义来讲，水权是以水资源为载体的各种权利的总和，它反映了由于水资源的存在和对水资源的使用而形成的人们之间的权利和责任关系。

水权概念有以下几点含义：

（1）水权的客体是水资源，水资源是流动性资源，它赋存于自然水体之中，在质、量、物理形态上都存在很大的不确定性。

（2）水权是以水资源为载体的一种行为权利，它规定人们面对稀缺的水资源可以做什么、不可以做什么，并通过这种行为界定了人们之间的损益关系，以及如何向受损者进行补偿和向受益者进行索取。

（3）水权的行使需要通过社会强制实施，这里的社会强制同样既可以是法律、法规等正式制度安排，也可以是社会习俗、道德等非正式安排。随着水资源的日益稀缺和用水矛盾的加剧，正式制度安排成为水权行使的主要保障，由非正式安排形成的习惯水权也正逐渐通过法律认可而变成正式制度安排。因为法律等正式制度安排更具权威性和强制性，能够有效地降低不确定性，提供稳定的预期，从而提高水权在水资源配置上的效率。

（4）水权也是一组权利的集合，而不仅仅是一种权利，目前存在争论的是应该怎样对水权的权利束进行细致划分。

8.1.4.2 水权的界定

水权界定是指将水权所包含的各项权利赋予不同主体的制度安排，这种制度安排可以是非正式的，如按用水习惯沿袭下来的习惯水权界定，但更多的是通过法律法规进行的正式制度安排。水权界定最主要的目的和功效就是明晰水权，因此在水权界定中对享有权利的主体是谁、权利客体的数量如何确定、应该保证怎样的质量以及行使权力的有效期限等都应明确规定。水权的界定是水权制度的核心内容之一，是水权转让的前提条件。

1) 水权形式的选择——私有水权还是共有水权

水权可以根据权利主体的不同而分为私有水权和共有水权。私有水权就是将对水资源的权利界定给一个特定的人；共有水权则是将权利界定给共同体内的所有成员，若共同体的范围是国家和全民，则为国有水权。在界定水权时，如何在这两种水权形式中进行选择，取决于各自界定成本和收益的比较。

从水权界定的历史演变和发展趋势来看，正经历着从私有水权向共有水权的转变。传统的水权是依附于土地所有权的，在土地私有的情况下，水资源也就归私人所有。发展到20世纪中期，随着水资源多元价值的日益显现，尤其是水资源在生态、环境方面的价值越来越受到重视，各国政府开始对私有水权加以限制，将水资源权属与土地权属分离开来，确立独立的水权，水权形式安排也由私有转向共有。1976年国际水法协会在委内瑞拉召开的"关于水法和水行政第二次国际会议"上就提倡，一切水资源都要共有或直接归国家管理。

总的来看，由于水资源的流动性、难以分割性和公益性，采取共有水权形式能够极大地降低权利界定的成本，并获得生态、环境方面的巨大收益，因此共有水权安排已成为水权界定形式的主流。但完全共有的水权权利边界不明晰，排他性、激励性很弱，水权高效配置资源的作用被大大削弱了。解决这一矛盾比较现实的选择是采取私有和共有混合的水权形式，亦即在共有水权框架下，根据不同区域条件、不同用水目的和不同政策目标，将水权所包含的各种权项进行分离，并有选择地界定给私人。这样既有公共水权的存在以保证水资源生态功能、社会功能的实现，又有私有水权的存在以使水资源的经济功能得以更有效地发挥。实际上，水权形式在大多数国家都是复杂多元的，很少有国家建立起了完全单一的共有水权或私有水权。

2) 水权界定的基本原则

水资源的特性和水权的特性，决定了水权界定不同于一般资源产权的界定，它必须遵循如下基本原则。

a. 可持续利用原则

水资源是社会经济可持续发展的物质基础和基本条件，发挥着不可替代的重要作用。尽管水资源可以不断更新和补充，是一种可再生资源，但其再生能力受到自然条件的限制，过度开发和水环境的破坏必然导致其再生能力的下降，进而削弱社会经济发展的能力，并威胁后代人的生存和发展。因此，水权的界定应以有利于实现水资源可持续利用为首要原则，其权利主体不仅是当代人，还包括后代人。具体体现为水量上要计划用水、节约用水，并保障一定量的生态用水，水质上要便于进行污染控制。

b. 效率和公平兼顾原则

水资源是社会经济发展的基础性资源，日常经济活动中的竞争性用水在某种程度上可以看做是一种经济物品。经济物品的配置应以效率为先，因此对竞争性用水的水权界定应能够有利于促进水资源向效益高的产业配置，使水资源的经济作用发挥到最大。但水资源毕竟不是一种单纯的经济物品，它在维持人类和其他生物生存中具有不可替代的作用，因而公平原则在水权界定中也十分重要，公平原则与高效原则是水权界定中对等的两个基本原则。公平原则的一个首要方面就是生活用水优先，保障人类最基本的生存需要。另外，公平原则还体现在合理补偿方面。如果水权的界定导致不同区域、不同行业之间收益的变化，应通过经济手段进行适度补偿。

c. 遵从习惯,因地制宜原则

不同国家和地区的水资源条件存在差异,经济发展水平、政策取向等也有所不同,在一个国家或地区取得良好效果的水权界定方式在另一个国家或地区可能就不适用。此外,由于水资源与人类生活息息相关,几乎伴随着人类发展的全过程,在水权体制建立之前就已存在一些根深蒂固的习惯用水方式,其改变可能要付出很高的成本。因此,水权界定应尊重已有的习惯,遵从因地制宜原则。

8.1.4.3 水权的转让

水权转让是指水权中的部分或全部权项在不同主体之间的流动,是在水资源总量一定而用水主体不断增加的条件下,对水资源进行的再分配,是水权制度的另一核心内容。水权转让可以通过政府的行政行为进行,如水权的征购、征用和行政调配等,但通常意义下的水权转让指的是通过市场机制进行的水权交易等市场行为。

1) 水权转让的作用

水权转让最突出、最主要的作用就是大大提高了水权的灵活性和高效配置水资源的能力,这也是可转让的水权制度在水资源供需矛盾日益加剧的条件下在各国得以迅速发展的原因。具体表现在以下几个方面:

(1) 提高用水效率。可转让的水权赋予了水资源隐含的价值,即"机会成本",从而使水权所有者在行使权力时会综合考虑各种成本和收益对比,激励用水者综合利用各种手段提高水资源的利用效率,将节约出来的水资源通过转让而获利。

(2) 提供投资建设水利基础设施的激励。水权转让对投资建设水利设施的作用有两个方面:一是用水者为提高用水效率而主动投资于节水设施的建设,如高效的农田灌溉设施、先进的供水和污水处理设施等;二是当水权转让能够为双方带来很大收益时,会促进实现转让所必需的一些量水、分水、输水等水利设施的建设。

(3) 改进供水管理水平。实行水权交易后,新水权的获得需要付出成本。对供水部门(特别是城市和工业的供水部门)而言,他们再也不可能通过国家无偿占有农民的水权来得到水资源,因而他们会积极通过改进管理和服务水平来增进效益。

2) 水权转让的内容

a. 影响水权转让的主要因素

影响水权转让的因素很多,各因素之间还存在相互作用,共同对水权转让产生影响,归纳起来主要有以下几方面:

(1) 水权界定。是水权转让的前提。水权转让是与水资源有关的权利的流转,只有权利边界明晰才能顺利进行转让。这里的权利明晰包括对水权客体即一定水资源的质和量的规定、权利使用期限和权利可靠性等,需要借助于合理的水权界定来实现。

(2) 水权转让的成本。在水权明确界定后,水权转让能否进行还取决于转让成本的高低。就水权转让双方而言,进行水权转让的目的是获利,如果转让成本过高,以至于使一方或双方均没有获利空间时,水权转让就不可能发生。水权转让的成本包括信息收集成本、合同执行成本,以及提供量水、分水及输水等水权转让的基础设施的成本等。

(3) 对第三方的影响。水资源是与日常生活和经济社会发展密切相关的基础性资源,其开发利用活动会产生广泛的影响,因而水权的转让不仅是买卖双方的利益转换,还会涉及第三方的利益。例如,在出售水权的地区,可能因为支撑区域经济发展的水资源量减少而导致经济活动水平下降,永久性的水权转让甚至会限制该地区未来经济的发展。因此,水权转让常常需要进行公示,以便于公众参与。如果水权转让对第三方造成的负面影响过大,必然会受到公众和政府的阻碍。

(4)水管理体制和法律法规。水权的行使是需要通过法律等强制进行的,水权的特性也使得水权的行使必然在很大程度上受到政府管制,因此水管理体制和相关法律法规是影响水权转让的又一重要因素。各国政策目标、管理方式、法律规定不同,水权转让的范围、程序都有不同。而在水权制度建立初期,甚至有的国家明确禁止了水权的转让。

b. 水权转让的范围

一般意义上的产权转让应该是所有与财产有关的权项的转让,但水资源和水权的特殊性决定了水权转让受到很多因素的影响,不是任何水权都可以自由转让,其转让范围是有限制的。禁止转让的水权主要包括:①为保障日常生活、公共事业和生态环境用水需要而界定的基本用水权;②在共有水权形式尤其是国有水权形式下,水资源所有权通常不允许转让,只能进行水资源使用权、收益权等他项权利的转让;③超出有效期限,或未取得合法有效性的水权;④其他为法律所禁止的水权转让。

c. 水权转让的形式

按照不同的分类标准,可以将水权转让分为不同的形式:①按照转让区域是否变化可以分为流域(区域)内水权转让和跨流域(区域)水权转让,流域(区域)内水权转让影响面小,便于组织,但由于水资源地区分布极不平衡,随着社会经济的发展,跨流域(区域)水权的转让将逐渐成为焦点;②按照转让权项是否完整可以分为部分水权转让和全部水权转让,最常见的部分水权转让就是保留所有权而只转让使用权和他项权利,或者把权利项下的水资源客体分离出一部分来进行转让;③按照转让行业是否变化可以分为行业内水权转让和行业间水权转让,行业间水权转让通常是从低效益行业转向高效益行业,如农业灌溉用水权向城市和工业用水权转让;④按照转让期限长短可以分为临时性水权转让和永久性水权转让,临时性水权转让指发生在1年内的权利流转,便于用来调节短期内的水资源供需平衡,且涉及利益面小,转让成本低,组织方便,因而是目前水权交易的主要形式,永久性水权转让则指部分或全部权项一次性完全转让,由于永久性水权转让的预期收益不稳定、转让成本高、牵涉利益方多,因而转让程序复杂,受到很强的政府管制,目前发展比较缓慢。在实际水权转让中,以上这些转让形式常常是混合、交织运用的。

d. 水权市场的运行机制和局限性

水权市场即进行水权转让的场所,水权市场的主体是水权的供给者和需求者,客体则是以水资源为载体的各种允许进行转让的权利,通过权利的转让实现资源的再分配。在水权市场中,最重要的运行机制就是价格机制,即水权的获取必须是有偿的。水权价格反映了市场中供求双方的关系,进而反映了水资源的稀缺程度。水权转让的价格应由市场交易双方协商确定,其决定因素是多方面的,包括水权获取的成本、水权的可靠性、可转让的权项结构和用途、转让期限以及整个水权市场的供求状况等。以价格为中心,通过水权市场配置水资源,能够提高水资源利用效率,克服一次性行政分配带来的弊端,但也存在一些局限,需要政府进行管理和调控。一方面,市场带有强烈的短期倾向,在防止水资源过度开发利用和水环境保护方面的作用是有限的;另一方面,出于公平考虑和一些技术上的原因,并非所有的水权都可以进入市场进行转让,运用市场配置的仅是竞争性经济用水,其他方面的用水配置仍离不开政府的作用。

8.1.4.4 水权的管理和监督

水资源的开发利用具有很强的公益性,会产生广泛的影响,因此水权制度的顺利运行离不开有效的管理和监督。但政府的管理和监督应主要体现为宏观调控而不是直接干预,即通过法律、法规的制定以保证水权分配和转让的公平性、可持续性,避免水资源过度开发利用造成对生态环境的不利影响,以及防止水权市场中不正当的竞争行为对他人的损害等。

1)建立健全水资源法律体系

法律具有权威性和强制性,是国家和政府调控经济活动的最有效手段。健全的水资源法律体系是促进水权制度健康发展的重要保障。首先,通过立法手段对水权的界定、分配、转让做出明确的规定,可以降低各种不确定因素,使水权具有可靠性,并为水权人行使权利提供稳定的预期。其次,完善的水资源法律体系可以规范水权人的行为,有效地解决水权行使带来的各种冲突和矛盾,尤其是有利于保障公众权益。最后,以可持续发展思想为中心的自然资源法律体系的建立可以减少水权行使中的短期行为,避免水资源过度开发和水环境遭到破坏。

2)建立统一的行政管理机构

行政管理机构是水资源法律、国家政策的具体执行者,也是进行水权监督和管理的主体。其管理内容包括水权的审查、登记、证书发放,维护和监督水权转让市场的秩序等,从而实现国家水资源开发利用规划计划和用水总量控制,保护生态环境。水权制度的实施,使不同地区、不同流域和不同行业的用水联系在一起,相应地,其管理机构也应是统一的。

3)规范水权转让市场

尽管以价格为核心的市场机制是水权转让和水资源配置的主导机制,但为保证水权转让的公平性,减少水权转让给第三方和生态环境带来的负面影响,政府应对水权市场的运行进行必要的管理和监督,主要是建立市场秩序和规范转让程序。首先,制定市场准入规则,规定能够进入市场进行转让的水权类型、供需双方应具备的资格和条件等。其次,制定市场竞争和交易规则,如公开交易、等价交易等,以防止出现市场垄断和不正当竞争,使水权转让规范化、法制化。再次,制定水权转让的程序,包括:①由转让者向水行政管理机构提出申请;②水行政管理机构按国家规定,对转让合同的主体、内容,水资源用途及其对水体的影响等进行审查;③对审查合格的申请者,准予转让,并进行水权变更登记。贯穿整个水权转让过程的重要环节是进行水权转让的公示,即政府应定期将近期水权转让和变动的各种信息公之于众,以便于社会公众进行监督。

8.1.4.5 我国现行水权制度

1)水权的界定

我国水权界定的法律框架包括宪法、国家权力机关制定的法律、各级行政机关制定的行政法规和其他规范性文件,其中以《水法》(2002 年修订)为核心。《水法》规定:"水资源属国家所有。水资源的所有权由国务院代表国家行使。"因此,我国目前选择实施的是共有水权形式,其中又以国有水权为主,中央政府是法定的国有水权代表。共有水权的建立,便于国家对水资源实行统一管理、协调和调配,有效地遏制了水资源无序开采,促进了节约用水。

由于我国地域广阔,水资源条件的地区差别很大,中央政府集中行使水权的成本非常高,因此《水法》中做出了"国家对水资源实行流域管理与行政区域管理相结合的管理体制"

的规定。这样,地方政府和流域组织也成了一级水权所有人代表。同一流域的水资源通常以直接的行政调配方式分到各个地区,再通过取水许可制度分配给不同用水者。取水许可制度是我国实施水资源权属管理的重要手段,自1993年国务院颁布《取水许可制度实施办法》以来,我国已初步形成了一套比较完整的取水许可管理机制。《取水许可制度实施办法》规定,利用水工程或者机械提水设施直接从江河、湖泊或者地下取水的一切取水单位和个人,都应当向水行政主管部门或者流域管理机构申请取水许可证,并缴纳水资源费,取得用水权。尽管取水权从表面上看是行政批准的权利,目前我国法律对水资源使用权等概念还没有明确的规定,但由于长期以来我国政府行政主管部门具有水资源所有权人代表和管理者的双重身份,取水许可证实际上意味着国有水资源所有权人已经向许可证持有人转让了国有水资源使用权,因此由取水许可证确定的取水权实际上是最重要的水资源使用权。

2)水权的转让

国有水权形式下的水权转让可以分为两个层次:第一层次是中央或地方政府、流域组织以行政分配手段或取水许可形式将水资源使用权转让给用水单位或个人,实现水资源所有权和使用权的分离;第二层次则是取水许可证在不同用水单位和个人之间的转让,这一层次的转让应该最为活跃,对高效配置水资源的作用也最大。但实际上,在《取水许可制度实施办法》中明确规定:“取水许可证不得转让。取水期满,取水许可证自行失效”;“转让许可证的,由水行政主管部门或者其授权发放取水许可证的部门吊销取水许可证、没收非法所得”。因此,我国的水权转让市场并未真正建立起来。2000年浙江省东阳、义乌两市的水权转让开辟了我国水权转让的先河,但其合法性问题也引来了众多的争议。

8.1.4.6 我国现行水权制度存在的问题

1)水权不明晰

水权不明晰是我国现行水权制度存在的最大问题,直接影响着水权的转让,制约了水资源配置效率的提高,具体表现在以下两个方面。

(1)所有权主体及其权利界限不明晰。首先,按照法律规定,我国水资源所有权的主体是国家,并由国务院作为国家所有权的代表。但在我国由中央政府集中行使水权并不现实,因而在实际水资源开发利用中,地方政府和流域组织成了事实上的水权所有者,这是法定所有权主体与事实所有权主体存在的不一致。其次,水法虽然明确了国家是水资源所有权的主体,但没有具体规定国家如何去行使其所有权。尤其是通过取水许可制度使水资源所有权和使用权相分离的情况下,如何保障国家作为所有权人的利益不被侵犯?通常可以通过水资源有偿使用,征收水资源费来保障国家的收益权,但目前我国水资源费是由地方政府收取,并不纳入中央收入,且从现行征收标准上也难以体现水权的真正价值。再次,在目前的水权制度下,还存在水资源所有权与政府行政管理权的混淆,无论是中央政府还是地方政府,目前都承担着水权所有人和水资源管理者的双重身份。

(2)使用权等他项水权不明晰。在我国目前的法律中,水权的概念和内涵是不完整的,除水资源所有权外的他项水权概念,如水资源使用权、收益权等,都没有具体的体现和界定。也就是说,在水资源使用权、收益权等的权利主体、权限范围、获取条件等方面缺乏可操作性的法律条文。共有水权形式下,水资源使用权的模糊使得水权排他性和行使效率降低,造成各地区、各部门在水资源开发利用方面的冲突,也不利于水资源保护和可持续利用。

2）取水许可制度存在许多不确定性

首先，没有确定取水的优先次序。在实际中近似于上游优先、生活用水优先，但没有明确的法律规定，在水资源短缺时缺乏可预见的、灵活的调节机制，临时性的应急方案使得水资源使用权在水量、水质上都存在很大的不确定性，用水者难以把握，且极易引起不同用水者之间的矛盾。其次，取水许可的实施过多依赖行政手段，水行政主管部门承担着水资源分配、调度以及论证取水许可证合理性等诸多责任，常常会因技术、资金等客观条件的限制而难以保证用水权利在不同行业、不同申请者之间的高效配置。何况目前流域机构和省（区）之间、省与省内地区之间在取水许可管理中的关系也尚未理顺，从而使得取水许可总量控制十分困难。再次，取水许可缺乏监督管理的必要手段，特别是缺乏水权获取、变更的登记公示，不利于公众的参与和监督。

3）没有建立起正式的水权市场

长期以来，我国是通过行政手段配置和管理水资源的，强调水资源的公共性，并以法律形式明确禁止了水权转让，极大地限制了我国水市场的发育。随着社会经济的发展和市场化改革的进行，水资源供需矛盾日益加剧，借助水权转让、以市场方式配置水资源的客观需求日趋强烈，但相应的调节手段都尚未建立起来，从而给一些隐蔽的、变相的、非正式的水买卖、水权交易或水市场的发育提供了空间，极大地削弱了国家对水资源的所有权，也不利于政府对水资源开发利用进行宏观调控。

8.1.4.7 以取水许可制度为中心，进一步完善我国的水权制度

从国外水资源权属管理的实践来看，利用许可证进行水权界定和分配，并通过许可证转让来提高水资源配置效率是比较常见的做法。我国自1993年国务院颁布《取水许可制度实施办法》以来，在取水许可管理上已经积累了一些经验，但也存在不少问题，需要从以下方面加以改进和完善。

1）明晰水权

明晰水权是完善我国水权制度最迫切的需要。明晰水权的过程实际上就是一个不断提高水权排他性、提高水资源利用效率的过程。首先，要在法律中确立完整的水权概念，即包括水资源所有权、使用权、收益权和转让权等多项权利的一组权利束，而不仅仅是水资源所有权。实际上，在我国现行取水许可管理体制中，用水人基于取水许可而使用水资源并获取收益的权利已具有了水资源使用权、收益权的意义，因此只需在法律中对此进行明确规定，以确定其法律地位。其次，要明晰水权主体。我国实行的是国有水权制度，因此水资源所有权主体只能是国家，由中央政府代为行使权力，而水资源使用权主体则可以是企业法人、事业单位，也可以是自然人，这样就建立起了水资源所有权与使用权相分离的制度，便于水权的流转和水资源市场化配置。再次，要明确流域组织、地方政府和水行政主管部门的权利，他们只能作为管理者，拥有行政管理权利，即参与水权的界定、统一协调管理等，而不能成为水权主体，否则，政府既是运动员（水权拥有者）又是裁判员（水权管理者）的双重身份不利于保障水权制度的公平性，也容易造成地方政府削弱国家的权力。

2）建立可转让的水权体系，培育水市场

水资源转让权是完整的水权概念的重要组成部分。允许水权转让是提高水资源配置效率、解决水资源供需矛盾的有效手段。完善我国的水权制度，应在明晰水权的基础上建立起可转让的水权体系，培育水市场。

a. 我国的水市场是一个“准市场”

所谓“准市场”，是指水权和水资源的转让不能完全通过市场机制来进行，还离不开政府行政分配和宏观调控。首先，水资源是人类生存、社会经济发展中不可替代的基础性资源，具有一定的公共物品性质，基本生活用水、防洪等公益性用水必须通过政府强制手段予以保障。其次，水资源具有多功能性，且地区差别相当大，要协调不同行业、不同地区之间的用水矛盾，只能依靠政府进行。再次，我国目前尚处于经济体制转型时期，市场发育不健全，完全由市场配置水资源还存在一些体制上的障碍。因此，我国的水市场很难成为一种完全的市场，而只能是一种政府行政调控与市场调控相结合的“准市场”。

b. 我国可转让水权体系的基本模式

在“准市场”条件下，我国可转让水权体系可以分为三个层次。

首先，按照国家和流域水资源综合规划，通过流域内各级地方政府间的协商，制定流域水资源分配方案，也就是在国有水权形式下对水资源使用权在地区间做进一步的界定。这样能够在一定程度上提高国有水权的排他性，也符合目前我国行政管理体制。使用权按区域进行界定后，其权利主体是区域内全体人口而不是地方政府。就地方政府而言，只是进行了流域水资源管理权限的划分，属于公共事务管理行为。流域分水应符合流域水资源总体规划和用水总量控制的要求，根据地区发展现状和发展潜力制定方案，兼顾效率与公平，协调上下游、左右岸和生态环境需要。分水方案的制定应有一定的灵活性，能够根据流域水量状况进行调节，其调节方式应是确定的，有一定的可预见性。分水方案确立后，应通过立法手段确立其权威性，并有技术手段保证其顺利实施。

其次，通过发放取水许可证的形式进行水资源初始分配，这实际上是在区域内对水资源使用权的进一步排他性界定，其权利主体细化为企业法人、事业单位、自然人等。初始水权分配应以生活用水和生态用水优先。其具体程序为：①用水人提出取水申请；②水行政主管部门对申请人资格、取水用途、对各方的影响等进行审核；③进行水权公示，即将申请人基本情况、用水目的、用水地点、引水量、结构设施以及审核结果等信息通知与此相关的各方，以促进公众参与，增加水权管理的透明度；④水权授予和许可证发放。

再次，通过有条件的许可证转让，实现水资源高效配置。对目前取水许可制度中不允许许可证转让的规定进行修订，允许许可证持有人在不损害第三方合法权益和危害水环境状况的基础上，依法转让取水权。当然，由于水资源独特的自然属性和经济属性，并不是所有的用水权都可以进入市场进行转让。政府应在法律法规中明确规定转让范围。一般而言，竞争性经济用水是水权转让的主要内容，而基本生活用水、生态用水和其他公益性用水目前还不能进行转让。水权转让必须是有偿的，转让价格由市场决定。尤其是随着我国经济的发展和城市化进程的加快，农业用水向工业用水、城市用水转让的趋势不可避免，应尽快通过水权合法界定和有偿转让来为农户提供节水激励，也避免农业用水被无偿侵占。

c. 加强政府对水权市场的管理和监督

由于水资源的公共性和不可替代性，水权转让受到许多客观条件的限制，涉及多方利益，需要政府加强管理和监督。主要是通过建立水权转让的登记、审批、公示制度来限定水权转让双方的资格、确定水权转让范围、约束水权购买者的用水行为，以及保证市场公平交易秩序，最大限度地减少或消除水权交易对国家和地区发展目标、环境目标的影响，防止水污染和他人利益受到损害，促进水资源的优化配置和可持续利用。

3)完善其他相关的管理措施

水权制度的建立和完善是我国水资源管理体制改革的一个重要部分,需要各方面的协调配合,包括完善相关法律法规、理顺现有管理体制、摸清水资源家底、建立各种用水指标、制定水资源规划等。总之,我国水权制度的完善是一个长期的过程,需要因地制宜,分流域、分地区逐步进行。

8.2 水资源保护

水为人类社会进步、经济发展提供必要的基本物质保证的同时,施加于人类诸如洪涝、疾病等各种无情的自然灾害,对人类的生存构成极大威胁,人的生命财产遭受到难以估量的损失。长期以来,由于人类对水存在认识上的误区,认为水是取之不尽、用之不竭的最廉价资源,无序的掠夺性开采与不合理利用现象十分普遍,由此产生了一系列水及与水资源有关的环境、生态和地质灾害问题,严重制约了工业生产发展和城市化进程,威胁着人类的健康和安全。目前,在水资源开发利用中表现出水资源短缺、生态环境恶化、地质环境不良、水资源污染严重、"水质型"缺水显著、水资源浪费巨大。显然,水资源的有效保护已成为人类社会持续发展的一项重要课题。

8.2.1 水资源保护的概念、任务和内容

8.2.1.1 水资源保护概念

水资源保护是通过行政的、法律的、经济的手段,合理开发、管理和利用水资源,防止水污染、水源枯竭,以满足社会实现经济可持续发展对淡水资源的需求。在水量方面,对水资源全面规划、统筹兼顾、科学与节约用水、综合利用、讲求效益、发挥水资源的多种功能。同时,也要顾及环境保护要求和改善生态环境的需要。在水质方面,制定相关的法律法规和技术标准规范,全面系统地对水环境质量实施有效监控,减少和消除有害物质进入水环境,防治污染和其他公害,加强对水污染防治的监督和管理,维持水质良好状态,实现水资源的合理利用与科学管理。

8.2.1.2 水资源保护的任务和内容

水资源保护的目的是保证水资源的可持续利用。通过积极开发水资源,实行全面节水,合理与科学地利用水资源,实现水资源的有效保护。城市人口的增长和工业生产的发展,给许多城市水资源和水环境保护带来很大压力。农业生产的发展要求灌溉水量增加,对农业节水和农业污染控制与治理提出更高的要求。实现水资源的有序开发利用、保持水环境的良好状态是水资源保护管理的重要内容和首要任务。具体为:

(1)改革水资源管理体制并加强其能力建设,切实落实与实施水资源的统一管理,有效合理分配。

(2)提高水污染控制和污水资源化的水平,保护与水资源有关的生态系统。实现水资源的可持续利用,消除次生的环境问题,保障生活、工业和农业生产的安全供水,建立安全供水的保障体系。

(3)强化气候变化对水资源的影响及其相关的战略性研究。

(4)研究和开发与水资源污染控制及修复有关的现代理论、技术体系。

(5)强化水环境监测,完善水资源管理体制与法律法规,加大执法力度,实现依法治水和管水。

8.2.2 水环境质量监测与评价

由于水体污染,水质恶化,部分供水水源废弃,城市与农村供水质量受到严重影响,造成难以估量的有形的或无形的、直接的或间接的巨大经济损失。显然,及时掌握水环境质量的现状和时空变化规律,必将为水资源的合理开发利用和有效保护奠定基础。

8.2.2.1 污染调查

污染调查的目的是判明水体污染现状、污染危害程度、污染发生的过程、污染物进入水体的途径及污染环境条件,并揭示水污染发展的趋势,确定影响污染过程的可能的环境条件和影响因素。污染调查为控制和消除水污染、保护水资源提供治理依据。水污染调查的内容主要包括污染现状、污染源、污染途径以及污染环境条件等。

8.2.2.2 水环境质量监测

水环境质量监测的目的是及时全面掌握水环境质量的动态变化特征,为水体质量的准确评价和水资源的合理开发利用提供准确可靠的资料。具体体现为:①提供代表水质量现状的数据,供评价水体环境质量使用;②确定水体中污染物的时空分布、状况,追溯污染物的来源、污染途径、迁移转化和消长规律,预测水体污染的变化趋势;③判断水污染对环境生物和人体健康造成的影响,评价污染防治措施的实际效果,为制定有关法规、水环境质量标准、污染物排放标准等提供科学依据;④探明各种污染物的污染原因及污染机理。

监测项目的选择,应根据下列一般原因确定:①选择对水体环境影响大的项目;②选择已有可靠的监测技术,并能获得准确数据的项目;③已有水质标准或其他规定的项目;④在水中含量已接近或超过规定的标准浓度和总量指标,并且污染趋势还在上升的项目;⑤被分析样品具有广泛代表性。

具体监测项目可针对不同水体环境、按水体(地表水、地下水)环境质量标准加以确定。

1)地面水水质监测

a. 水质监测站网

水质监测站网是在一定地区、按一定原则、以适当数量的水质监测站构成的水质资料收集系统。根据需要与可能,以最小的代价和最高的效率,使站网具有最佳的整体功能,是水质监测站网规划与建设的目标。

水质监测站网的建立与设置根据其目的及所要完成的任务,可分为基本站、辅助站、背景站。其设置原则及功能划分可参阅有关文献资料,在此不再详述。

b. 监测断面的设置

监测断面设置原则为:①设在大量污水排入河流的主要居民区、工业区的上游和下游;②设在湖泊、水库、河口的主要出口和入口;③设在河流主流、河口、湖泊和水库的代表性位置;④设在主要用水地区,如公用给水的取水口、商业性捕鱼水域或娱乐水域等;⑤设在主要支流汇入干流、河口或入海水域的汇合口。

对河流采样断面,通常设置背景断面和监测断面。

背景断面:所谓水环境背景值是指未受或少受人类活动影响的区域内的天然水体的物质组成与基本含量。在清洁河段中设置水环境背景采样断面或采样点,可得到整个水系或河流的水环境背景值。

监测断面:为了弄清排污对水体的影响,评价水质污染状况所设的采样断面(也称控制断面)。监测断面的数目应根据城市的工业布局和排污口分布情况而定。重要排污口下游的监测断面一般设在距排污口 500 ~ 1 000 m 处,因为排污口的污染带下游 500 m 横断面上的 1/2 宽度处重金属浓度一般出现高峰。

流经城市或工业区的河段,除要设置监测断面外,一般还应设置对照断面和消减断面。

对照断面:为了弄清河流入境前的水质而设置的。应在流入城市或工业区以前,避开各类污水流入或回流设置,一般对照断面只设一个。

消减断面:指污水汇入河流,经一段距离与河水充分混合后,水中污染物经稀释和自净而逐渐降低,其左、中、右三点浓度差异较小的断面。通常设在城市或工业区最后一个排污口下游 1 500 m 以外的河段上。

河流采样断面上采样点的设置,应根据河流的宽度和深度而定。一般水面宽 50 m 以下,只设 1 条中泓垂线;水面宽在 50 ~ 100 m 时,设左、右两条垂线;水面宽在 100 ~ 1 000 m 时,应设左、中、右 3 条垂线;水面宽大于 1 500 m 时至少应设 5 条等距离的垂线。

在一条垂线上,水深小于 5 m 时,只在水面下 0. 3 ~ 0. 5 m 处设 1 个监测点;水深 5 ~ 10 m 时设 2 个监测点,即水面下 0. 3 ~ 0. 5 m 和河底上约 1 m 处设监测点;水深 10 ~ 50 m 时,设 3 个监测点,即水面下 0. 3 ~ 0. 5 m、河底上约 1 m 处和 1/2 水深处各设 1 个监测点;水深超过 50 m 时,应酌情增加监测点。

对湖泊和水库的采样断面,除出入湖、库的河流汇合处及湖岸功能区的分布等因素外,还要考虑面积、水源、鱼类洄游和产卵区等。断面上采样点设置的确定方法与河流相同,如果存在温跃层,则要考虑设置温跃层采样点。

c. 采样时间和频率

采集的水样必须有代表性,要能反映出水质在时间和空间上的变化。

常规水质监测采样时间及频率的要求为:①饮用水源及重要水源保护区,全年采样 8 ~ 12 次;②重要水系干流及一级支流,全年采样 12 次;③一般中小河流,全年采样 6 次,丰、平、枯水期各 2 次;④面积大于 1 000 km^2 的湖泊和库容大于 1×10^8 m^3 的水库,每月应采样分析 1 次,全年不少于 12 次;⑤其他湖库,全年采样 2 次,丰、枯水期各 1 次。

有关水样的采集方法及其保存可参阅有关规范和文献。

2)地下水质监测

地下水质监测是进行地下水环境质量评价的基础工作,也是研究和预测地下水质量变化的重要手段。由于地下水参与了整个水文循环过程,大气降水、河流湖泊以及人为活动所产生的污水对地下水质的改变起着重要作用。由此,对大气降水、河水、污水的监测,原则上在有监测站的地区,可直接利用监测部门的资料,不必另行监测;在没有监测站的地区,应在地下水的主要补给区和排汇区适当设置少量的监测点,以取得进行评价所必需的监测资料。

布置地下水质监测网,应当充分考虑监测区(段)的环境水文地质条件、地下水资源的开发利用状况、污染源的分布和扩散形式及区域地下水的化学特征。监测的主要对象应是污染物危害性大和排放量大的污染源、重点污染区和重要的供水水源地。污染区监测点的布置方法应根据污染物在地下水中的存在形式来确定。污染物的扩散形式可按污染途径及动力条件分为以下几类:

(1)渗坑、渗井的污染物随地下水流动而在其下游形成条带状污染,表明有害物质在含水层中具有较强的渗透性能、较高的渗透速度。监测点的布置,应沿地下水流向,用平行和垂直监测断面控制,其范围包括重污染区、轻污染区及污染物扩散边界。

(2)点状污染扩散,是渗坑、渗井在含水层渗透性能很弱的地区污染扩散特点。由于地下水径流条件差,污染物迁移以离子扩散为主,运动缓慢,污染范围小,监测点应在渗坑、渗井附近布置。

(3)带状污染扩散,是污染物沿河渠渗漏污染扩散的形式。监测点应根据河渠状况、地质结构,设在不同的水文地质单元的河渠段上,并垂直于河渠设监测断面。

(4)块状污染扩散区,是缺乏卫生设施的居民区地下水污染的主要特征,是大面积垂直污染的一种扩散形式,污染的范围和程度随有害物质的迁移能力、包气带土壤的性质和厚度而定。污染物多为易溶的无机盐类和有机洗涤剂等,应当采用平行和垂直地下水流向布置监测断面。

(5)侧向污染扩散,是地下水开采漏斗附近污染源的一种扩散形式(包括海水入侵),污染物在地下水中扩散受开采漏斗的水动力条件和污染源的分布位置的控制。监测点应在环境水文地质条件变化最大的方向和平行地下水流向上布置。在接近污染源分布的一侧和开采漏斗的上游,应重点监测,在整个漏斗区可以适当布置控制点。

对于监测井的选择,要选用正在开采使用的生产井,以保证水样能代表含水层的真实成分。在无生产井的地区,应布设少量的水质监测孔,进行分层采样监测。

3)监测项目的确定

水污染监测项目的确定应按水污染的实际情况而定。根据我国城市水污染的一般特征和当前的监测水平,按一般环境质量评价的要求,监测项目大体上可分为以下几项。

a. 常规组分监测

常规组分监测包括钾、钠、钙、镁、硫酸盐、氯化物、重碳酸盐、pH 值、总溶解性固体、总硬度、耗氧量、氨氮、硝酸盐氮、亚硝酸盐氮等。

b. 有害物质监测

有害物质监测应根据工业区和城市中厂矿、企业类型及主要污染物确定监测项目,一般常见的有汞、铬、镉、铜、锌、砷、有机有毒物质、酚、氰以及工业排放的其他有害物质。

c. 细菌监测

细菌监测可取部分控制点或主要水源地进行。对于一些特定污染组分,要根据水质基本状况进行专项监测。

8.2.2.3 水环境质量评价

水环境质量评价的目的是全面准确地确认水体环境状况,量化水体环境质量级别,为水资源的合理开发利用提供必要的水体质量依据,以确保供水的安全性。水环境质量评价的基础是国家及其有关行政部门颁布的不同水体特性、不同使用目的的水环境质量标准。以此为基础,利用可行的评价方法与评价参数,评价水体的质量状况及其适用范围。

1)水环境质量标准

为了保障人体健康、维护生态平衡、保护水资源、控制水污染、切实改善水体环境质量、保障安全供水、促进国民经济的可持续发展,我国根据国内水体的分布与水质特性,制定了适用于江河、湖泊、水库等地面水体的《地表水环境质量标准》(GB 3838—2002)和适合于地下水环境质量的《地下水质量分类指标》(GB/T 14848—93)。标准的颁布与实施为水体环境质量的正确评价奠定了基础。

2)水环境质量评价方法

水环境质量评价的关键是选择或构建正确的评价方法,以及评价模型中所涉及的关键参数序列。利用评价模型与参数对水体的环境质量做出有效评判,确定其水环境质量状况和应用价值,从而为防治水体污染及合理开发利用、保护水资源提供科学依据。

用于水质评价的方法种类繁多,大体上可分为一般统计法、综合指数法、数理统计法、模糊数学综合评判法、浓度级数模式法、Hamming 贴近度法。各种方法的适用范围及其主要优缺点简要列在表 8-1 中。

表 8-1　水质评价方法汇总

名称	基本原理	适用范围	优缺点
一般统计法	以监测点的检出值与背景值或饮用水标准比较,统计其检出数、检出率、超标率及其分布规律	适用于水环境条件简单、污染物质单一的地区,以及水质初步评价	简单明了,但应用有局限性,不能反映总体水质状况
综合指数法	将有量纲的实测值变为无量纲的污染指数进行水质评价	适用于对某一水井、某一地段的时段水体质量进行评价	便于纵向、横向对比但不能真实反映各污染物对环境影响的大小,分级存在绝对化,不尽合理
数理统计法	在大量水质资料分析的基础上,建立各种数学模型,经数理统计的定量运算,评价水质	适用于具有长期较为准确观测资料的情况	直观明了,便于研究水化学类型成因,有可比性,但数据的收集整理困难
模糊数学综合评判法	应用模糊数学理论,运用隶属度刻画水质的分级界限,用隶属度函数对各单项指标分别进行评价,再用模糊矩阵复合运算法进行水质评价	适用于区域现状评价和趋势评价	考虑了界限的模糊性,各指标在总体中污染程度清晰化、定量化,但可比性较差
浓度级数模式法	基于矩阵指数模式原理	适用于连续性区域水质评价	克服了水质分级和边界数值衔接的不合理问题
Hamming 贴近度法	应用泛函分析中 Hamming 距离概念,定量分析任意两模糊子集间的靠近程度	适用于需自定水质级别的情况。评价具有连续性,适用于区域性评价	便于根据实际情况定出水质分析标准,评价结果表达信息丰富

目前,所应用的水质评价方法比表 8-1 中所提到的还要多,对方法的适用范围、优缺点的理解可能更为丰富,这里也只能概略总结。需要注意的是,水环境评价具有如下特征:

(1)系统中污染物质之间存在复杂关系,各种污染物质对环境质量的影响程度不一;

(2)水质分级标准难以统一;

(3)对水体质量的综合评判存在模糊性。

因此,从不同角度和目的出发提出的水环境质量评价方法各异,但水质评价方法本身应具有科学性、正确性和可比性,满足实际使用要求,以利于查清影响水质的因素,实现水环境的保护与水污染的治理。

8.2.3 水资源保护措施

为了实现上述水资源保护管理的任务和内容,确保水资源的合理开发利用、国民经济的可持续发展及人民生活水平的不断提高,必要的法律法规措施和技术措施是非常重要的,也是非常关键的。

8.2.3.1 加强水资源保护立法,实现水资源的统一管理

1)设立行政管理机构

很多国家建立了国家(联邦)级和区域(或流域)级的二级机构。国家级机构负责全国范围内水污染控制和管理的协调工作,确定总的管理目标和准则。在一些国家,如加拿大、美国和德国等,为了进行较好的协作和规划,都建立了统一的机构。加拿大在20世纪60年代以前,主要由地方一级进行水质管理。在1971年,政府成立了环境部,开始进行统一管理。区域级的管理机构包括地方、地区及流域的管理机构,这些机构主要负责国家政策总体系中指定目标和行动的落实。

实行水资源保护的流域管理是许多国家经过长期的摸索而最终采取的方式,有关流域水资源保护机构的设置,国外有几种方式,如法国在全国设立了6个流域管理局,并以此为基础建立了全国水质委员会。流域管理局既是法国水质管理的中心,又是财政独立的公共行政机构,负责流域内水污染控制,从经济上和技术上协助实行防止水污染和保护水资源的规划。英国则成立了10个流域水务局来统一管理水资源。英国把一个流域作为一个整体,从水资源的开发、城镇和工农业供水到污水的回收利用,进行水资源的综合平衡;从污染源治理、城镇污水处理厂到河道净化工程,进行系统分析,统筹安排。英国这种管理体制是流域管理的典型。东欧一些国家也通过设立流域管理局来进行有效的水资源保护。

2)水资源立法

我国在水资源和水环境保护立法方面取得了巨大的进展。1973年,国务院召开了第一次全国环境保护会议,研究、讨论了我国的环境问题,制定了《关于保护和改善环境的若干规定》。这是我国第一部关于环境保护的法规性文件。其中明文规定:"保护江、河、湖、海、水库等水域,维持水质的良好状态;严格管理和节约工业用水、农业用水和生活用水,合理开采地下水,防止水源枯竭和地面沉降;禁止向一切水域倾倒垃圾、废渣;排放污水必须符合国家规定的标准;严禁使用渗坑、裂隙、溶洞或稀释办法排放有毒有害废水,防止工业污水渗漏,确保地下水不受污染;严格保护饮用水源,逐步完善城镇排污管网和污水净化设施"。这些具体规定为我国后来的水资源保护与管理措施及方法的实施奠定了基础。1984年颁布的《中华人民共和国水污染防治法》(1996,2008年修订)、1988年1月颁布的《中华人民共和国水法》(2002年修订)、1989年12月颁布的《中华人民共和国环境保护法》等一系列与水资源保护有关的法律文件。但目前我国水法规体系仍存在一些问题,主要表现为:法律覆盖范围不全面;规定过于原则,不便于操作;不同部门、不同时期颁布的法律法规之间存在冲突和矛盾。针对这些问题,我们应从两个方面加以完善:一是整合现有法律法规和规章,使之成为一个相互联系、相互补充的有机整体;二是加强立法工作,尽快填补现有法律法规

中的空白,使我国的水资源保护与管理更加法制化。

8.2.3.2 水资源优化配置

1)水资源优化配置的内涵

水资源的优化配置是实现水资源可持续利用的有效调控措施,是实现水资源在整体上发挥最大的经济效益、社会效益和环境效益的关键,目前水资源优化配置已被写入水法。

水资源优化配置是指在流域或特定区域内,遵循有效性、公平性和可持续利用原则,利用各种工程与非工程措施,按照市场经济规律和资源配置准则,通过合理抑制需求、保障有效供给、维护与改善生态环境质量等手段和措施,对多种可利用的水源在区域间和各用水部门进行的配置。由此,水资源优化配置是一个多水源、多用户、多目标的系统化工程。

水资源优化配置的目标是协调资源、经济和生态环境的动态关系。遵循人口、资源、环境和经济协调发展的战略原则,对水资源开发利用的可持续性进行判别,努力使水资源发挥最大的社会效益和经济效益,促进流域或区域社会经济的可持续发展和生态环境的稳定与健康。

2)水资源优化配置原则

(1)可持续发展原则:注重人口、资源、生态环境以及社会经济的协调发展,以实现水资源的充分、合理利用,保证生态环境的良性循环,促进社会的持续发展。

(2)公益性用水优先的原则:指在水资源配置中要优先考虑满足人民基本生活、维系生态系统、保障社会稳定等公益性领域的基本用水需求。

(3)公平原则:水资源优化配置是建立初始水权的基础性配置,因此要转变以往采用的需求预测加供给能力的水量分配模式,坚持在区域间公平配置水资源。

(4)高效性原则:提高水资源利用效率和效益,增加单位供水量的总产出;减少无效消耗和水污染,不同功能用水配置相应水质等级的供水;遵循市场规律,按边际成本最小原则安排各种开发利用模式和节水措施。

(5)效益优先原则:作为一种经济资源的配置,必须考虑最大限度地获取社会、经济效益和环境效益。

3)水资源优化配置要求

水资源配置应使流域天然水循环与供、用、耗、排过程相适应,并联系为一个整体,实现水量和水质的平衡。在保障经济社会可持续发展、维护生态系统并逐步改善的前提下,运用市场机制实现区域之间、用水目标之间、用水部门之间对水量和水质的优化分配,维护水资源良性循环及其再生能力。

总体上,水资源优化配置是一个全局性问题,对于缺水地区,必须统筹规划调度水资源,保障区域发展的水量需求及水资源的合理利用。对于水资源丰富的地区,必须努力提高水资源的利用效率。我国目前的情况却不尽然,在水资源短缺的北方地区和西北地区,水资源的优化配置受到了高度重视,并取得了较多的研究成果,但在水资源充足的南方地区,水资源优化配置的研究成果相对较少,并存在因水资源的不合理利用而造成的水环境污染破坏和水资源严重浪费的现象,这点必须予以高度重视。

8.2.3.3 节约用水,提高水的重复利用率

节约用水,提高水的重复利用率是克服水资源短缺的重要措施,也是我国为解决水资源问题的基本国策。通过建立节水型的社会经济体系、产业与技术工程体系,工业、农业和城

镇生活用水具有巨大的节水潜力。

农业是水的最大用户，占总用水量的80%左右。世界各国的灌溉效率如能提高10%，就能节省出足以供应全球居民的生活用水量。据国际灌溉排水委员会的统计，灌溉水量的渗漏损失在通过未加衬砌的渠道时可达60%，一般也在30%左右。采用传统的漫灌和浸灌方式，水的渗漏损失率高达50%左右，而现代化的滴灌和喷灌系统，水的利用效率可分别达到90%和70%以上。

据1997年统计，我国工业年用水量为1 121 $\times 10^8$ m^3，仅将重复利用率由50%提高到70%，一年可节水220 $\times 10^8$ m^3；农业年用水量约为4 000 $\times 10^8$ m^3，若改变目前的灌溉方式，由大水漫灌变为喷灌或滴灌，平均节水1/20，一年仅农业节水可达200 $\times 10^8$ m^3。两项合计可节水420 $\times 10^8$ m^3，等于工业用水总量的38%。另外，全国污水年直接排放量按340 $\times 10^8$ m^3 计，相当于我国黄河年径流量的50%，如对全国污水加以处理，只要重复利用一次，就等于在中国大地上又多了半条黄河。其他城镇生活、工矿用水的跑、冒、滴、漏现象如能杜绝一半，一年也可节水1.5 $\times 10^8$ m^3。几项之和可达761.5 $\times 10^8$ m^3，等于现有工业用水量的70%，可见节约潜力之巨大。只要投入必要的资金和科技，就有可能将其转化为可以利用的水资源。

8.2.3.4 综合开发地下水和地表水资源

地下水和地表水都参加水文循环，在自然条件下，相互转化。但是，过去在评价一个地区的水资源时，往往分别计算地表径流量和地下径流量，以二者之和作为该地区水资源的总量，造成了水量计算上的重复。据苏联H·H·宾杰曼的资料，由于这种转化关系，在一个地区开采地下水，可以使该地区的河流径流量减少20%～30%。所以，只有综合开发地下水和地表水，实现联合调度，才能合理而充分地利用水资源。

我国是一个降水量年内变化较大的国家，7～8月的丰水期降水量占全年总降水量的80%左右，如何有效、合理地利用集中降水季节巨大的地表径流量，成为解决水资源短缺问题的重要研究内容。某地下水源地年允许开采量1.42 $\times 10^8$ m^3，而近几年实际年开采量平均高达1.9 $\times 10^8$ m^3，属于严重超采水源地。枯水期地下水位降至零，甚至达 -10 m左右。丰水季节，其上游水库在汛期放水，成为对地下水源地的主要补源。仅1990～1996年的平均年放水补源量近1.3 $\times 10^8$ m^3，充分利用了集中降水季节的地表径流量，使得地下水位大幅度抬升，最高达40 m，枯水期和丰水期地下水位差约50 m，满足了当地工农业生产发展所要求的供水量，取得了巨大的经济效益和社会效益。

到目前为止，我国地表水与地下水的联合调度，大多停留在零星的、不自觉的基础上。如果能结合每一个地区的特点，按照科学的、统一的规划，实行全面的综合调度，就有可能更合理地利用现有的水资源和水利工程，进一步向弃水、蒸发夺取可观的水量，使之转化成可供利用的水资源，缓解水资源紧张的状况，提高水资源的利用率，防止水资源枯竭。

图8-1表示地表水和地下水在一年中峰值出现的时间差异，为联合调度提供条件。由图可见，弃水体积A利用之后，使水资源总量得到E的体积，进而弥补枯水期超采部分（图中D的体积）。如果含水层的调蓄能力足够大，可起到多年的调蓄作用。

8.2.3.5 强化地下水资源的人工补给

地下水人工补给，又称为地下水人工回灌、人工引渗或地下水回注，是借助某些工程设施将地表水自流或用压力注入地下含水层，以便增加地下水的补给量，调节和改造地下水

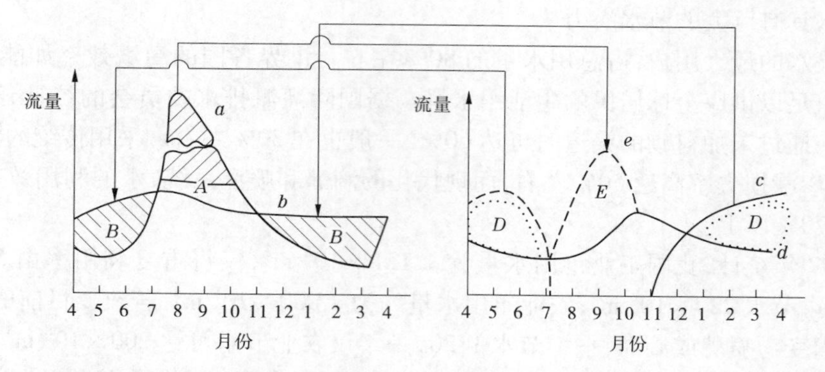

a—河川径流过程曲线；*b*—总需水量过程曲线；*c*—地下水开采量过程曲线；*d*—无回灌条件时地下水补给量过程线（其中已扣除了开采量的排泄量）；*e*—有回灌条件时地下水补给量过程线；*B*—仅有地表水供水的缺水量；*D*—枯水期地下水开采量超过补给量的部分

图 8-1　典型水文年地下水与地表水联合调度示意图

体。人工补给地下水的目的主要有以下几点：

（1）补充地下水量，增大含水层的储存量，进行季节性和多年性调整。人工补给地下水是进行季节性和多年性的地下水资源调节，防止地下水含水层枯竭的行之有效的方法。与地表水库蓄水相比，人工回灌对增加地下水淡水资源具有更大的优越性：地下含水层分布广泛，厚度大，储水的容量也相当大；储存在地下水的淡水温度恒定，蒸发损耗很小，具有天然自净能力，取用方便，能防止污染；地下储水不占地表耕地，不需要地面引水工程设施，投资少，经济合理。

（2）抬高地下水位，增加孔隙水压力，控制地面沉降。人工回灌可以促进地下水位大幅度上升，增加土层回弹量。国内外许多研究结果表明，采取人工补给是防止地面沉降的有效措施。

（3）防止或减少海水入侵含水层。在河口滨海地区大量抽取地下水，破坏淡水和咸水的平衡，引起咸水楔形上升，随着淡水被大量抽出，咸水向内陆入侵的范围会逐渐扩大。近年来，因海水入侵严重影响地下水水质的一些地区，陆续采用人工回灌的方法来改变污染状况。如美国加利福尼亚州沿海地区和纽约的长岛等地，平行于海岸布设一条回灌井线，把淡水灌入承压含水层里，形成淡水压力墙，起到阻挡海水继续入侵含水层的作用，这种方法已取得良好效果。此外，采用人工补给也可控制咸水的越流补给。

（4）改善地下水的水质。人工回灌方法，向地下输入了淡水，与原来的咸水或被污染的地下水混合，并发生离子交换等物理、化学反应，可以使地下水逐渐淡化，水质得到明显改善。

（5）改变地下水温度。工业用地下水的目的之一，是利用地下水作为冷、热源。许多工厂利用含水层中地下水流速缓慢和水温变化幅度小的特点，用回灌方法改变地下水的温度，提高地下水的冷热源储存效率。具体方法是冬季向地下水灌入温度很低的冷水，到夏天时再开采用于降温，夏季则向地下灌入温度较高的水，到冬季再抽出用于生产或取暖。

（6）保持地热水、天然气和石油地层的压力。在开采石油或水溶性天然气时，由于地层中的油、气、水被大量抽出，而使石油或天然气压力下降，产量降低。向含油层或含气层中高压回灌，以水挤油或气，能保持和增加石油或天然气的有效开采量。此外，在地热区采用人工回灌,可以明显增大地下热水的开采量,甚至实现地下热水的人工自流。

8.2.3.6 建立有效的水资源保护带

为了从根本上解决水资源质量的保护问题,应当建立有效的不同规模、不同类型的水资源质量保护区(或带),采取切实可行的法律与技术的保护措施,防止水资源质量的恶化和水源的污染,实现水资源的合理开发与利用。

1)建立流域水资源质量保护法律法规系统

流域的水资源质量保护应建立在水资源保护的法律法规基础上,通过水资源分配、节水与污水处理、污水资源化、水资源费用征收与使用的统一,系统全面地合理调配与保护流域水资源,实现流域水资源的良性循环。

2)水源地保护区

对于水源保护关键在于合理有效地划分保护区,除明确各级保护区的功能外,分析和认识不同水源地可能的污染来源、污染途径,以及水源地自身的地质、水文、水动力特征及性质,对于保护区的划分具有重要的意义。

从水源污染的敏感性来看,地面水源和地下水源由于赋存和环境条件的差异性,在污染的反映程度上具有明显的差异。

地面水源由于属于开放系统,易遭受污染。水源补给区受到污染后,由于地面水体的快速流动,在较短的时间内波及整个水源地,造成水质的大面积污染与恶化。显然,地面水源在抗污染方面属于脆弱性水源。另外,地面水源的污染状况与污染程度易于监测。由于可视性较强,点状污染源比较容易确定,能及时采取有效措施和对策控制污染。非点源由于分布较为分散,构成极为复杂,成为地面水的重要污染物质来源。因此,在地面水源保护区建立的过程中,应考虑非点源污染,以便有效地控制与治理污染。

地下水源与地面水源相比,由于其独特的埋藏与赋存条件,在抗污染方面大多由于受到上覆地层的有效保护而保持良好的水质状态。尤其是承压含水层,污染物质由于受到上覆弱透水层的阻滞而延缓了地下水的污染。对于承压含水层中的地下水而言,大部分具有不良的补给条件和较长的补给滞后影响,水源的保护更注重于合理开采,实现水量均衡。应该注意到,潜水与承压水相比,由于不具弱透水层的阻隔,更易受到外部的影响。污染潜水由于承压水的大量开采(超采),水位大幅度下降而对承压水增大越流补给,扩大了承压水的污染程度。毫无疑问,地下水污染防护区的建立对于防止地下水污染和水质恶化是至关重要的。

3)保护区功能与划分的原则

根据《饮用水水源保护区划分技术规范》(HJ/T 338—2007)对水源保护区划分的规定,将集中式饮用水水源保护区划分为两个区,即一级保护区和二级保护区,必要时可增设准保护区。

(1)饮用水水源保护区划分的技术指标,应考虑以下因素:水源地的地理位置、水文、气象、地质特征、水动力特性、水域污染类型、污染特征、污染源分布、排水区分布、水源地规模、水量需求、社会经济发展规模和环境管理水平等。

地表水饮用水水源保护区范围,应按照不同水域特点进行水质定量预测,并考虑当地具体条件,保证在规划设计的水文条件、污染负荷及供水量时,保护区的水质能满足相应的标准。

地下水饮用水水源保护区范围,应根据当地的水文地质条件、供水量、开采方式和污染源分布确定,并保证开采规划水量时能达到所要求的水质标准。

划定的水源保护区范围,应防止水源地附近人类活动对水源的直接污染;应足以使所选定的主要污染物在向取水点(或开采井、井群)输移(或运移)过程中,衰减到所期望的浓度水平;在正常情况下保证取水水质达到规定要求;一旦出现污染水源的突发事件,有采取紧急补救措施的时间和缓冲地带。

在确保饮用水水源水质不受污染的前提下,划定的水源保护区范围应尽可能小。

(2)水质要求。地表水饮用水源一级保护区的水质基本项目限值不得低于《地表水环境质量标准》(GB 3838—2002)中的Ⅱ类标准,且补充项目和特定项目应满足该标准规定的限值要求。

地表水饮用水水源二级保护区的水质基本项目限值不得低于《地表水环境质量标准》(GB 3838—2002)中的Ⅲ类标准,并保证流入一级保护区的水质满足一级保护区水质标准的要求。

地表水饮用水水源准保护区的水质标准应保证流入二级保护区的水质满足二级保护区水质标准的要求。

地下水饮用水水源保护区(包括一级保护区、二级保护区和准保护区)水质各项指标不得低于《地下水环境质量标准》(GB/T 14848—1993)中的Ⅲ类标准。

4)建立有效的地下水源卫生防护带

国际上为了有效防止水源地污染,往往设定水源卫生防护带。生活饮用水水源设置的卫生防护带通常为三带:

第一带为戒严带,此带仅包括取水构筑物附近的范围,要求水井周围30 m范围内,不得设置厕所、渗水坑、粪坑、垃圾堆和废渣堆等污染源,并建立卫生检查制度。

第二带为限制带,紧接第一带,包括较大的范围,要求单井或井群影响半径范围内,不得使用工业废水或生活污水灌溉,不得施用持久性或剧毒性农药,不得修建渗水厕所、渗水坑,不得堆放废渣或铺设污水管道,并不得从事破坏深层土层的活动。若含水层上有不透水的覆盖层,并与地表水无直接联系,其防护范围可适当缩小。

第三带为监视带,应经常进行流行病学的观察,以便及时采取防治措施。

世界上大多数国家均根据水源分布特征、水源保护的法律法规,建立具有不同要求、不同目的的水源卫生防护区(带),以确保水源水质量的有效保护。

8.2.3.7 强化水体污染的控制与治理

1)地面水体污染控制与治理

工业和生活污水大量、持久地排放,以及农业面源和水土流失的影响,造成地面水体的高富营养化,地下水体有毒有害污染物的污染,严重影响和危害生态环境和人类的身体健康。对于污染水体的控制与治理,主要是减少污水排放。大多数国家和地区根据水源污染控制与治理的法律法规,通过制定减少营养物和工厂有毒物排放标准和目标,设立实现减排的污水处理厂,改造给水、排水系统等基础设施建设,利用物理、化学和生物技术加强水质的净化处理,加大污水排放和水源水质监测的力度。对于量大面广的农业面源,通过制定合理的农业发展规划,有效的农业结构调整,有机农业和绿色农业的推广,无污染小城镇建设,实现面源的源头控制。

对污染地面水体的治理另一重要方面就是内源的治理。由于长期受到污染，在水体的底泥中存留大量营养物或有毒有害污染物，在有利的环境和水文条件下，不断缓慢地释放，在浓度梯度或水流的作用下，在水体中扩散、对流迁移，造成水源水质污染与恶化。内源污染是地面水源污染治理的重要内容之一。目前，底泥疏浚、水生生态系统恢复、现代物化与生物技术的应用成为内源治理的重要措施。

2）地下水污染的控制与治理

地下水污染与地面水污染相比，由于运动通道、介质结构、水岩作用、动力学性质的复杂性而增大了控制与治理的难度。同时，由于水流动相当缓慢，水循环周期较长，地下水一旦受到污染，水质恢复将经历十分漫长的时间。自20世纪80年代以来，世界各国有关的环保科学工作者作了大量的研究，开展了艰难的探索，在地下水污染控制与治理的理论上、技术上取得了重要的阶段性研究成果，部分成果已在实际中得到一定的应用，具有一定效果。应该注意到，治理污染的地下水仍有很长的路要走，许多净化技术与理论尚处在探索阶段，有待进一步研究与完善。

a. 污染包气带土层治理

包气带土层可作为地下水的重要保护层，截留大量上部来的污染物质，经过自身的净化功能将大部分污染去除。但由于在一定条件下所截留的未被降解的污染物在淋滤、解吸、溶解等一系列作用下释放，而成为地下水的重要污染源。因此，从地下水环境保护的角度，如何发挥土层的净化功能，治理失去功能的污染土层显得尤为重要。

研究表明，在受污染的土层，即使停止污染物的渗入，许多污染物质也很难降解，尤其是不易分解的有机污染物和重金属将在土层中长期存留。如果各种污染物大量富集于土层中，超过了土层的天然净化能力，造成对地下水的污染，则人工治理成为重要途径之一。治理方法主要分为物化修复技术和生物修复技术两类，目前大多采用换土法、微生物治理技术、焚烧法、表活剂清洗、吹脱法、植物修复等。

物化修复技术主要是通过开挖、淋洗、化学作用等方式去除污染物。相对其他技术而言，物化修复技术快速、高效，尤其适用于污染场地的应急处理。部分物化技术成本高，产生二次污染。因此，污染场地修复时，应通过技术经济分析，选择适宜的物化技术。

物化修复技术主要包括土壤气提技术、固化/稳定化技术、土壤淋洗技术、化学改良技术等。土壤气提技术是指降低土壤孔隙蒸汽压，将土壤中的有机污染物由液态转化成气态加以去除的一种修复技术。固化/稳定化技术主要包括化学吸附/老化过程、沉降/沉淀过程、结晶作用等。土壤淋洗技术是借助具有增溶作用的溶剂淋洗污染土层，促进土层中污染物的溶解或迁移，然后收集和处理含污染物的淋洗液，达到污染土层治理的技术方法。化学改良技术是指施用改良剂、抑制剂降低土壤中重金属的水溶性、扩散性和生物有效性，从而降低它们进入植物体、微生物和水体的能力，减轻它们对生态环境的危害的技术方法，常用的改良剂包括石灰、磷酸盐、黏土矿物、炉渣等。

生物修复是指在适宜的环境条件下，通过生物降解将复杂有机污染组分转化成简单组分，微生物从降解组分中得到生长所需的能量。天然有机物降解过程中所形成的生物酶在污染土层有机污染物净化方面起到重要作用，达到控制污染源、降低风险，防止污染、降低有机组分的毒性和迁移能力的目的。

生物修复法中的植物修复是指利用植物对污染物的吸收、积累，植物及其根际微生物区将污染物降解矿化、固定,达到净化土层中的污染物的目的。植物修复的主要技术包括:植物萃取技术、植物降解技术、植物固定化技术。植物修复技术应用广泛,对环境扰动小,增加土壤肥力,利于农作物生长,控制风蚀、水蚀,减少水土流失,成本低,但植物具有选择性,修复周期长,对环境条件要求较高,一定程度上污染物可重新回归土壤。

b. 污染地下水治理

在污染地下水的治理中,污染源的控制与根除对于治理效果是十分重要的。在此基础上,通过有效的异位或原位的物理、化学、生物方法去除地下水中的污染物质,达到地下水质净化与恢复的目的。污染地下水的异位治理技术与地面给水处理类似,在此不作详细的阐述,原位的治理技术主要包括物化技术、生物技术、反应墙技术、抽出－处理技术等。

物化技术包括活性炭吸附法、臭氧分离法、泡沫分离法、电解法、沉淀法、中和法、氧化还原法等。这些方法不仅可以用于处理抽到地面来的被污染的地下水,也可用在含水层中对污染的地下水体进行净化,以降低地下水的污染程度。

生物技术的实质是在适宜的环境条件下,微生物通过降解有机污染物获得自身生长繁殖所必需的碳源和能源的同时,将有毒大分子有机物分解成为无毒的小分子物质,最终矿化成为 CO_2 和 H_2O。微生物治理技术因效果好、投资省、不产生二次污染、污染物净化彻底而受到人们的广泛关注。生物技术是治理大面积污染的一种有价值的技术方法。

反应墙技术是人工构筑的一座具有还原性的地下填充墙。在地下水治理中,垂直地下水流向设置反应墙。当地下水流通过反应墙时,反应墙与污染水流中的有机污染物发生化学与生物反应,达到降解有机物的目的。在现场应用时,可采用墙体下游抽水或注入来控制地下水通过墙体的流速,使地下水中有机污染物通过墙体时反应充分,达到治理地下水的目的。另外,在原位反应墙法中,为了使地下水能优先通过反应墙,墙体的渗透性应大于周围地质体。目前,反应墙的充填介质多为铁屑。考虑到施工的难度,多以治理埋深较浅、渗透性较好的受卤代烃污染的含水层中地下水为主。由于工程费用较高,世界上已建成的46座地下水污染治理的反应墙主要分布在美国、加拿大和欧洲等发达国家。

抽出－处理技术是指从含水层中直接抽出被污染的地下水,经过处理后排向地面水体或再补给地下水。这样长期的抽水过程可以促使被污染含水层水体的净化。该方法适用于大面积污染的含水层,投资相对较小,是目前世界各国广泛采用的行之有效的方法。

8.2.3.8 实施流域水资源的统一管理

流域水资源管理与污染控制是一项庞大的系统工程,必须对流域、区域和局部的水质、水量综合控制、综合协调和整治才能取得较为满意的效果。

英、德、美等国的流域管理体制不尽相同,但其共同特点是建立全流域的统一管理模式。在流域范围实施供水、排水、污水处理的统一规划、统一管理,确定合理功能区和水质目标,实施污染物总量控制和颁发排污许可证,协调供水与排水、水资源和水环境、上游和下游之间的矛盾和冲突,同时通过现代化的信息系统进行水质变化过程的监测和预测,预防污染事故的发生。这种流域管理模式促进了水资源的利用和开发,保护了水环境,同时取得了巨大的经济效益。我们应从中借鉴一些宝贵的管理方法、手段,提高我国流域的水资源管理水平。

我国在流域水资源保护与管理方面开展了一定的工作。在以《水法》、《环境保护法》、《水污染防治法》等法律为基础的水资源法制管理的基础上,又制定了其他和流域水资源管理与保护有关的政策性法规，为我国的流域水资源管理起到了积极的推动作用。流域水资源保护的主要内容包括：

(1)水污染综合防治是流域、区域总体开发规划的组成部分。水资源的开发利用，要按照“合理开发、综合利用、积极保护、科学管理”的原则，对地表水、地下水和污水再生回用统筹考虑，合理分配和长期有效地利用水资源。

(2)制定可操作性强的流域、区域水质管理规划，并将其纳入社会经济发展规划。制定水质管理规划时，对水量和水质必须统筹考虑，应根据流域、区域内的经济发展、工业布局、人口增长、水体级别、污染物排放量、污染源治理、城市污水处理厂建设、水体自净能力等因素，并充分考虑自然生态条件，采用系统分析方法，确定出优化方案。

(3)重点保护饮用水水源，严防污染。对作为城市饮用水水源的地下水及输水河道，应分级划定水源保护区。在一级保护区内，不得建设污染环境的工矿企业、设置污水排放口、开辟旅游点以及进行任何有污染的活动。在二级保护区内，所有污水排放都要严格执行国家和地方规定的污染物排放标准和水体环境质量标准，以保证保护区内的水体不受污染。

(4)履行计划用水、节约用水的方针。加强农业灌溉用水的管理，完善工程配套，采用渠道防渗或管道输水等科学的灌溉制度与灌溉技术，提高农业用水的利用率。重视发展不用水或少用水的工业生产工艺，发展循环用水、一水多用和污水再生回用等技术，提高工业用水的重复利用率。在缺水地区，应限制发展耗水量大的工业和农作物种植面积，积极发展节水型的工、农业。

(5)流域、区域水污染的综合防治，应逐步实行污染物总量控制制度。对流域内的城市或地区，应根据污染源构成特点，结合水体功能和水质等级，确定污染物的允许负荷和主要污染物的总量控制目标，并将需要削减的污染物总量分配到各个城市和地区进行控制。

(6)根据流域、区域和水质管理规划，允许排入污水的江段(河段)应按受纳水体的功能、水质等级和污染物的允许负荷确定污水排放量和污水排放区。污水排放区应选择水文、水力和地质条件以及稀释扩散好的水域，对其污水排放口排放方式的设计，应进行必要的水力试验。特别是对重要水体，应以水力扩散模型为依据进行设计，防止形成岸边污染带和对水生生态造成不良影响。

(7)对较大的江河，应根据水体的功能要求，划定岸边水域保护区，规定相应的水质标准，在保护区内必须限制污水排放量。对已经形成岸边污染带的江段，应对排放口的位置及排放方式进行调整和改善，或采取其他治理措施，使岸边水域达到规定的水质标准。位于城市或工业区附近已被污染的河道，应通过污染源控制、污水截流与处理、环境水利工程等措施，使河流水质得到改善。对已变成污水沟的河段，要通过污染源调查及制定综合治理规划，分期分批进行治理。对湖泊、水库等，应根据其不同的功能要求和水质标准，采取措施防止富营养化的发生和发展。

(8)以地下水为生活饮用水水源的地区，在集中开采地下水的水源地、井群区和地下水的直接补给区，应根据水文地质条件划定地下水水源保护区。在保护区内禁止排放废水，堆放废渣、垃圾和进行污水灌溉，并加强水土保持和植树造林，以增加和调节地下水的补给。

(9)防治地下水污染应以预防为主。在地下水水源地的径流、补给和排泄区应建立地下水动态监测网，对地下水的水质进行长期连续监测，对地下水的水位、水量应进行定期监测，准确掌握水质的变化状况，以便及时采取措施，消除可能造成水质恶化的因素。对地下水质具有潜在危害的工业区应加强监测。地下水受到污染的地区,应认真查明环境水文地质条件,确定污染的来源及污染途径,及时采取控制污染的措施与治理对策。防止过量开采地下水,已形成地下水降落漏斗的地区,应严格控制或禁止开采地下水,支持和鼓励有条件的地区利用拦蓄的地表水或其他清洁水进行人工回灌,以调蓄地下水资源。

(10)控制农业面源污染。合理使用化肥,积极发展集合生态农业,扩大绿色农业的种植面积,以防止和减少化肥与农药(包括农田径流)对水体的污染。

8.3　西部地区水资源可持续利用

8.3.1　水资源可持续利用概述

8.3.1.1　可持续发展问题的由来

在过去的一个世纪中,世界人口急剧增加。尽管还有很多人生活水平较低,但人均物质需求却迅速增加。自20世纪50~60年代以来,经济的增长常被看做是解决贫困的手段。可是,世界自然资源是有限的,它们之间的关系也是复杂的,这种掠夺性的开发行为使陆地上的自然资源承受着空前的压力,许多资源面临枯竭,生态系统也正呈现出脆弱的迹象,全球性的"资源危机"威胁着人类的命运。越来越多的疑问是,在不破坏人类最终生存基础的自然系统前提下,全球经济系统能否持续增长?

人们把这样的议题称为"持续性问题"。在追求经济增长和持续发展时,人们意识到,环境是维持经济增长的一个重要因素。在20世纪70年代,"可持续发展"开始出现在国际政治议程中,主要出现在一系列的国际会议报告中,这些争议的共同主题是贫困、经济发展和自然环境状况之间的相互关系。

可持续发展,作为一个永恒的主题,体现了当前全人类共同面临人口、资源和环境等问题挑战时的选择,是人类发展的新阶段、新模式。其较为公认和广泛的定义是:既要满足当代人的需要,又不对后代人满足其需要的能力构成危害的发展。走可持续发展之路,现在已为全世界人民所共识,并形成了声势强大的共同呼声。

8.3.1.2　水资源可持续利用的含义及其原则

水资源是人类及一切生物赖以生存和发展的基础自然资源,是一种多重用途、不可替代的生活资料和生产资料,是构成自然生态系统的控制性因子。水资源虽然是一种再生资源,但水资源短缺已成为全球共同面临的问题。1997年联合国发表的《对世界淡水资源的全面评估》报告指出,目前全世界1/5以上的人口,即12亿人面临"中高度到高度缺水的压力",缺水问题将严重制约21世纪的经济和社会发展,并可能导致国家间的冲突。因此,水资源又是战略性经济资源,是一个国家综合国力的有机组成部分。

水资源可持续利用具有自然基础。除深层地下水外,水资源是以年为周期的再生资源。在太阳辐射和地心引力的作用下,地球上的水通过海洋和陆面蒸发、水汽输送、凝结、降水、陆面产流和汇流,最后流到海洋,形成地球水循环过程。正是这一循环,使得河川径流和地下径流得到不断的更新和补充。河川径流平均每年可以更新22次之多。据统计,整个地球的年降水量基本上是一个常量,只不过在年内时程和地区分布不同。根据水量平衡原理,地球上任何一个区域的蓄水量等于区域输入水量与输出水量之差,取决于该区域的自然地理位置、气候气象条件、地表状况、地质构造、植被情况等。就水质而言,在人为的或自然因素作用下,总有一些外来物质进入水体。水在流动过程中,外来物质掺混、稀释、转移和扩散,在物理、化学和生物作用下,这些物质被分解、沉积,水体得到净化,这个过程称为水的自净能力。只要外来物质进入水体的负荷在水的自净能力范围内,水质就不会进一步恶化。正是这年复一年、周而复始的地球水循环和水的自净能力,为水资源可持续利用提供了自然支撑条件。

水资源可持续利用的含义是:在维持水资源的持续性和生态系统整体性的条件下,支持不同地区人口、资源、环境与经济社会的协调发展,满足代内与代际人生存与发展的用水需要。水资源可持续利用既要反映再生自然资源可持续利用的特性,又要与传统水资源开发利用有明显的区别,具体包括:水资源的开发利用必须在水资源承载能力和水环境容量的限度之内,对水资源的开发利用应保持水循环的持续性和生态环境的整体性;坚持公平、效率与协调的原则,水资源的开发利用应支持人口、资源、环境、社会与经济的协调、有效发展,同时不仅要满足当代人发展的需要,而且不能对后代用水需要构成危害。实现上述目标,要坚持以下 5 个原则:

(1)供需平衡原则。水资源是人类生存和发展的基础资源,人类对水资源的开发利用必须在水资源承载能力之内。水资源承载能力,是指在保证一定生态环境质量的前提下,区域水资源支撑该区域人口生存和社会经济发展的能力。在传统的水资源开发利用和水利工程建设中,往往根据“以需定供”的原则来确定开发规模,或多或少忽视了区域水资源的承载能力,尤其是忽视环境用水,这样不仅造成了水资源浪费,长此以往,将制约社会经济发展,影响人类及其他生物的生存。实现水资源可持续利用,要在加强水的需求管理前提下,坚持供需平衡原则,注意节约水资源,开发利用以不能超过其承载能力为原则。

(2)生态平衡原则。水是生态系统的控制性因子。在生态系统运行中,水以不同的形态不断运动,为各种生物的生存繁衍提供物质、能量及环境。水资源开发利用,应保持生态系统的整体性和物种多样性,不能危及生态系统的动态平衡。要实现生态平衡,必须节约用水,注意保护水资源,工业生产采用清洁、高效的工艺,尽可能减少对水资源的污染;水利工程建设要尽量减少对环境的不利影响。

(3)效率原则。水资源可持续利用强调水资源 - 生态环境 - 社会经济复合系统协调发展,即系统结构的均衡、生产链的协调和管理的有序。水作为一个国家综合国力的有机组成部分,是一种多重用途、不可替代的生产资料,受到市场经济规律的支配。即使在作为人类生活的社会公益性物质使用时,也要提高使用效率,发挥市场配置资源的基础作用,使有限的水资源尽可能多地创造社会财富。

(4)公平原则。水资源是人类及一切生物赖以生存和发展的基础资源,构成自然生态系统的控制性因子,水资源配置要做到公平。公平属于伦理学和社会学的范畴,出发于社会成员的主观价值判断,依赖于法律制度的规定。一个可以为社会成员容易接受的公平性定义,是李嘉图提出的“一切机会均等就是公平”的观点。由于水资源分布的区域性、季节性,以及利害两重性,水资源分配在同代人之间的公平性可以理解成在社会成员之间分配的差别要在全体成员可以接受的范围之内。比如,通过流域调水进行水资源再分配,要使调出地区的公民可以接受,甚至要有一定补偿。由于水资源以年为周期再生,因而后代人可以与当代人平等使用水资源,因为当代人不可能提前支用下一代人的水;在当前技术条件下,也不可能把水节省下来留给下一代使用。因此,保持代际公平的关键,是如何保护水资源的再生能力。当代人对水资源的开发利用不能破坏全球水循环的任何一个环节,也不得损害水体的自净能力。

(4)整体性原则。由于水资源的流动性、地区和季节分布不均匀性、利害两重性、易污染性和多重用途、不可替代性,可持续利用要求在一定范围内实现整体规划、合理开发、加强管理,协调上下游、左右岸、行业间、地区间、部门间的利害冲突,兼顾各方面的利益,注重当前利益与长远利益的结合,尤其要注重生态环境效益。

8.3.1.3 水资源可持续利用应正确处理的关系

水资源可持续利用的模式与传统水资源开发利用方式有着本质的区别。传统水资源开发利用方式是经济增长模式下的产物,它只顾眼前、不顾未来,只顾当代、不顾后代,只重视经济价值、不顾生态环境价值和社会价值,甚至不惜牺牲环境效益和社会效益。水资源可持续利用应当处理好以下4个关系。

1)正确处理好人与水的关系

从经济社会可持续发展的战略高度提高全社会对"水危机"的意识,转变人们对水的传统观念,从人类向大自然无节制的索取转变为人与自然的和谐相处;从认为水是"取之不尽、用之不竭"转变为认识到淡水资源是有限的,是一种宝贵的战略资源;从防止水对人类的侵害转变为在防止水对人类侵害的同时,特别注意防止人类对水资源的侵害;从对水的无偿和廉价索取转变为按市场经济和价值规律合理取水。要大力加强宣传教育,更新观念,提高全民对水资源重要性的认识。

2)正确处理好生活、生产、生态用水的关系

水资源与生态系统关系密切,与人力、资金、技术和信息等经济资源不同,与矿产等自然资源不同,没有任何一种资源像水那样处于生态系统和人类经济活动之间的激烈竞争之中。取用水资源的同时,要满足维系生态平衡对水的基本需求,防止经济竞争中对水资源的无序开发利用。

水资源不仅要与其他生产要素合理配置,促进国民经济健康持续发展,更要首先从量与质上满足人民生活的基本要求,以保障社会稳定。在大力发展工业的同时,必须对农业、公益环境等行业用水采取保护措施,防止和减少市场竞争对其产生的破坏作用。

3)正确处理好经济发展与水资源保护的关系

在特定的区域内,可用水资源的多少并不完全取决于水资源数量,也取决于水资源质量。质量的好坏直接关系到水资源功能,决定着水资源用途。严重污染的水不仅没有任何使用价值,而且会给人带来各种危害,如破坏景观、影响健康、带来各种经济损失等。

多年来,我国水资源质量不断下降,水环境持续恶化,由于污染所导致的缺水和事故不断发生,不仅使工厂停产、农业减产甚至绝收,而且造成了不良的社会影响和较大的经济损失,严重威胁了社会的可持续发展,威胁了人类的生存。因此,经济开发特别是开发冶金、能源和石油化工产业时,要注意产业绿化,加强水源地的保护,减少污染。确保有足够的水资源支持经济的持续发展。

4)正确处理好水资源开发利用和统一管理的关系

水资源以流域为基本单元。无论是地表水还是地下水,均以流域的地形地貌和地质条件为依托,形成自然水系。如果不是人为的调水,流域之间的水资源是独立的。同时,水资

源时空分布是不均匀的。水资源这些自然特征加上区域经济发展对流域水资源的依赖关系,使得水资源的统一管理变得尤其重要。建立权威、高效、协调的水资源管理体制,实行水资源统一管理。只有在统一管理的基础上才能更好地开展水资源的开发、利用、节约和保护工作,最大限度地提高水的利用率,实现水资源合理配置,保障社会经济可持续发展。

8.3.1.4 水资源可持续利用对策

水资源可持续利用是一个涉及多种水体、多种用水部门、多学科领域的复杂问题。从目前来看,水污染严重和水资源短缺是实现我国水资源可持续利用的两大主要障碍。随着社会经济的发展、科技的进步、管理的加强,水污染问题势必得到控制。所以,从长远来看,我国水资源的主要问题是短缺。

1)认真开展宣传教育工作

水资源属于可更新资源,可以周而复始、循环利用,但是在一定的时间和空间内有数量的限制。在开发利用到一定程度或在阈值内,其数量和质量能够再生、恢复,并长期被人类所用。反之,不顾自然界生态平衡,片面、错误地超过阈值地开发利用就可能使水资源遭受破坏乃至消耗殆尽。水资源并不是"取之不尽、用之不竭"的,而是一种可枯竭的可再生资源,不合理的盲目开发所带来的供水紧张及诸多环境问题已是广大群众有目共睹、深受其害的。在我国人口众多的情况下,提高全社会保护水资源、节约用水的意识和守法自觉性,是实现水资源可持续利用的关键所在。

2)加强水资源综合管理

(1)改革传统的水资源管理体制。由于条块分割,"多龙管水"实际上很难实现水资源的统一和合理分配,导致出现了许多部门之间、地区之间以及流域上下游之间的水事纠纷。因此,必须尽快改革传统的水资源管理体制。在国家一级要加强或扩大水资源综合管理的能力;在流域一级应完善现行的水资源管理体制,加强水资源管理的权威,尤其是建立和完善以河流流域为单元的水资源统一管理体制,把城市和农村、地表水和地下水、水质和水量、开发与保护、利用与管理统一起来。在流域水资源管理机构中,建立一种协调机制,以协调流域范围内有关的水资源合作与保护者之间的利益分配;在条件许可的情况下,按有关法律下放权力,让市、县和村镇政府机构直接负责水资源的管理,包括水污染的控制;适当条件下,可明确水资源产权,实行水资源的企业化综合管理。广泛吸收专家和社会公众参与水资源的管理和保护。

(2)健全水资源管理的法规。审查现行的有关水资源开发、利用和保护的政策法规中不利于水资源综合管理的因素。在国家和流域两级制定全国性的和流域性的水资源开发利用和保护规划。地方一级的水资源综合管理要实施开发许可证和使用定额分配制度,在保证生活供水的基本条件下实现供需平衡和水环境质量的逐步改善。

(3)完善水资源管理的经济机制。改革水资源开发和保护的投资机制,采用经济手段和价格机制,进行需求管理和供给管理。

(4)做好水资源管理的技术基础工作。以国民经济和社会发展、国土整治规划为依据,在流域水资源评价和综合规划工作的基础上,确立长期供水计划,成为国家和地方政府的行动方案。

在完善现有各部门的水资源开发、利用和保护信息系统及观测手段的基础上,开发建立国家水资源综合管理信息系统,实现管理手段的现代化。

3）采取多种措施，特别是防治污染和节约用水措施，解决面临的水资源问题

防治污染、节约用水是目前缓解水资源供需矛盾的关键措施。因此，必须加强水生态环境保护，在江河上游建设水资源涵养森林和水土保持防护林；中下游禁止盲目围垦，保护鱼类及其他水生生物的生存环境，防止水质恶化；划定水环境功能区，制定行政区域跨界水质控制标准，明确辖区水资源管理责任。根据谁污染谁治理的原则，治理工矿企业排放废水的污染问题，不能再走先污染后治理的道路，更不能完全指望靠收排污费或罚款的办法临时解决问题。实际上，这种收费或罚款的办法不仅不能从根本上解决生态环境的恶化问题，反而把现在的污染留给后人去治理，这不仅非常不合理，而且拖延的时间越长，治理的难度也越大，后代人要付出更大的代价。

全面推行节约用水，是缓解水资源供求矛盾最现实、最有效的措施，也是必须长期坚持的方针。农业是用水大户，抓好农业节水意义重大。为此，应大力开展节水农业灌溉技术，加强农田基本建设，平整土地、改大块灌为小块灌、改漫灌为滴灌等都是最简单有效的节水措施，节水潜力可达10% ~15%；也可用喷灌、滴灌、微灌、低压管道灌水和地膜覆盖耕作等新的节水技术，节水潜力更大。在城市工矿企业，要改革节水工艺，采取循环用水、一水多用等措施，提高水的重复利用率，降低单位生产增加值的淡水用量；利用污水处理利用方面较为成功的技术、经验、设备，建设多种类型的污水再生利用工程，减轻对地表水和地下水的污染。同时，要限制耗水大的企业盲目发展，特别是在缺水地区的城市中应禁止此类项目的建设。

8.3.2　西北地区水资源可持续利用

8.3.2.1　西北地区水资源可持续利用的战略分析

水资源在地区经济发展建设中占有十分重要的战略性地位，它是不可替代的自然资源，是一切发展规划的基础和制约因素。对我国西北地区来说，水资源的战略意义更为突出。由于我国西北地区的自然条件不同于我国东部和南部地区，水资源开发利用要突出考虑地区的特点：地广人稀，气候干旱，蒸发强烈；山区与盆地相间，水资源受控于地形、地貌变化，形成非常不均匀的空间分布规律。因此，必须因地制宜，根据区内水资源自然分布的不同，采取不同的方针和措施。对内陆盆地及黄河流域，在今后可持续发展中应考虑不同的方针。

1）内陆盆地

在内陆盆地，山区是水资源（包括地表水、地下水）的天然水源地（天然水资源库）。保护山区的森林、植被生态环境对保护水源有十分重要的意义。中部平原地区是人工绿洲的主要分布地带，是内陆盆地的经济发展地带，也是人口集中、工农业建设和水资源开发利用的重点地区。但人工绿洲需依下游的天然绿洲为屏障。目前，人工绿洲用水过多，使下游天然绿洲水资源情况恶化，生态环境破坏，如新疆塔里木河流域、甘肃石羊河流域和黑河流域出现的情况。因此，在水资源可持续开发利用时必须注意对天然绿洲的保护，这对一些重要城市和经济建设区，都起着重要的防沙屏障作用。例如，内蒙古额济纳绿洲的存在，对甘肃河西走廊的武威、张掖等城市就十分重要。

农业节水对西北内陆盆地来说，有十分重要的意义。农业用水占西北地区用水量的80%左右。由于目前普遍采用大水漫灌，灌溉定额过高，加上过多的垦荒造田，扩大耕地面积，水资源的浪费严重。因此，建立节水高效农业是内陆盆地水资源可持续开发利用的重要

方向。可以采取多种途径和措施,在用水的各个环节上考虑节约水资源,提高水的利用效率。西北干旱地区的节水措施还应考虑多方面充分利用各种可利用的水源,如大气降水、灌溉回归水、再生水等,以减少淡水资源量的消耗。农业上节约用水,也有利于改善土壤的质量,在方法上可以推广当地群众创造的节水方法和设备,既减少投入,又有实际效果。

加强水资源科学管理,是解决西北内陆盆地水资源可持续利用上下游矛盾的重要措施。水资源的科学管理应抓好两个方面:一是抓好需水管理,在水资源的需求方面应结合当地水资源特点,本着节约用水的原则规划需水量;二是应在考虑维护好生态环境,不使之恶化的前提下,充分合理地开发利用水资源。位于同一流域内的经济发展规划,还应考虑上下游水资源可持续利用的需求与平衡。上游用水要同时考虑到下游的用水,要逐步改善由于上游过量用水而导致下游无水可用以致生态破坏并造成生产、生活用水困难的局面。

修建一些必要的区内调水工程,是解决内陆盆地水资源分布不均的积极措施。如新疆的西水东调,开发利用伊犁河、额尔齐斯河流域可利用的水资源;甘肃景泰二期调水工程弥补石羊河水量的不足,改善民勤的缺水状态,都是十分必要的。内陆盆地由于蒸发量很大,不宜在平原地区修建平原水库,而应修建山谷水库,以调节径流。

2)黄河流域

西北地区黄河流域大部分是黄土高原,地形极为复杂,有较平坦的台地、川地和地形破碎的丘陵沟壑。黄土高原水土流失严重,天然水资源贫乏,有些地区人畜用水都很困难。黄土高原的农业应主要利用黄河干流及其支流的河谷川地,以及小于25°的坡地。

黄土高原水资源可持续开发利用,在原则上应根据高原内不同自然地形、地貌条件,采取不同的措施。应本着广开水源的思路,充分利用各种水资源,如黄河水、大气降水、地下水,修建各种中小型集水工程及必要的引水工程。

在黄河干流附近地区,发展引黄灌区,如宁夏北部灌区、宁夏扬黄扶贫引水工程,甘肃景泰提灌工程,内蒙古河套引黄灌区,陕西关中交口提灌工程等,对发展西北农业都有重要作用。但目前存在的问题是,一些历史悠久的老灌区由于长期投入不足,工程多年失修,且灌区内工程不能配套,灌溉效率偏低,如上述的宁夏、内蒙古的河套灌区等。

在黄河的一些较大支流上,如陕西的泾河、渭河、洛河,甘肃的洮河,青海的大通河、湟水等,可根据各支流的具体水文条件修建必要的工程开发利用水资源。如陕西的渭惠渠、洛惠渠已有悠久历史,今后应进一步完善配套工程,提高水的利用率,发挥更大效益。陕西渭河宝鸡峡引水工程和冯家山引水工程对关中的农业用水都发挥了非常重要的作用。甘肃的洮河径流量较大,在建的引洮工程对解决陇西地区水资源缺乏问题是一项重要措施。青海东部是重要的经济发展地区,应在充分用好湟水,搞好配套工程的前提下,开发引用大通河的水。在远离黄河干流及其支流的地区,应因地形不同而采取不同的水资源利用方式。可以利用分散的中小型集水工程,如水窖等,充分利用雨水。局部地区有浅层地下水处可打井取水。

黄土高原要因地、因水制宜,调整好农、林、牧业的生产结构。要抓好大于25°陡坡地的退耕还林还草工作,加强沟壑治理及必要的基本农田工程建设措施,做好水土保持工作。

8.3.2.2 对西北地区水资源可持续开发利用的建议

(1)加强对水资源利用的科学管理,全面规划协调好部门之间和地区之间的用水、分水矛盾。要上下游统一考虑水资源分配利用,避免上游浪费、下游严重缺水和生态恶化。

(2)农业节水在水资源利用上有十分重要的意义,农业用水占西北地区用水总量的80% ~90%,灌溉定额偏高,水资源利用率较低。建设高效节水农业是一项有效途径。

(3)对部分灌区应逐步改为井渠结合,降低地下水位,改善土壤盐渍化程度。提高水资源的有效利用率,充分利用好黄河干流水源。

(4)绿洲是西北干旱内陆盆地的经济发展地区,也是人口集中、工农业建设的重要地带,是水资源可持续开发利用的重点地区。水资源可持续开发利用必须注意在开发人工新绿洲的同时做好天然绿洲的保护工作。目前,已不宜再扩大人工绿洲。

(5)在今后西北地区经济建设中要坚持把生态保护放在重要位置,积极发展科技含量高、耗水量少的工农业生产。要调整产业结构,根据水资源条件制定需水量规划。

(6)西北地区应立足于充分利用区内的各种水资源。利用各种引水工程调配各地水资源的丰缺不均。根据西北地区水资源分析,预计在搞好各方面的节水措施、合理利用、科学管理等方面工作的基础上,于2030年以前可以基本保障西北地区经济发展的需求。为了补充水源,还可在南水北调东、中线完成后适当调增黄河上游省区的分水指标。

(7)从长远考虑,应在21世纪中期实施南水北调的西线方案,从长江的上游源区调水到黄河上游,调水规模可达150亿 m^3/a 左右。在南水北调工程实施的基础上,在黄河干流的上中游修建大柳树等大型水库,可以进一步引水到甘肃、宁夏、内蒙古和陕西关中等地,对西北各地水资源的利用将会有很大作用。

8.3.3 西南地区水资源可持续利用

西南地区云南、贵州、四川、重庆和西藏五个省(区、市)的水资源是丰富的,但是由于时空分布不均,而且山区和丘陵占97%以上,因而开发难度很大,开发程度较低,呈现出工程性缺水的局面。有限的较平坦的平坝盆地,人口密集,相对人均水资源量少,是资源性缺水地带。针对西南地区上述水资源的特点,在21世纪水资源可持续开发利用中,建议采用下列对策。

8.3.3.1 恢复与重建生态环境,防治石漠化与减轻自然灾害

西南地区的生态环境在前段较长时期内已遭受严重破坏,环境质量不断恶化。各地水土流失面积占该地区总面积的30% ~46%,影响到水源的涵蓄及农业与经济的发展。在正常的自然作用下,该地区水土流失率应在300 ~500 $t/(km^2 \cdot a)$,或者低于此数值,但是目前多数在1 500 $t/(km^2 \cdot a)$以上,严重的达10 000 ~25 000 $t/(km^2 \cdot a)$。对森林植被的滥砍、滥伐,加剧了覆盖土层不厚的山区的水土流失,而呈现岩石裸露、嶙峋的石漠化现象(岩漠化现象),其结果不仅影响当地的生态环境,严重阻碍经济发展,也影响到中下游广大地区,加剧旱涝灾害的危害。特别是岩溶山区,土壤侵蚀深度可达0.5 ~7 mm/a,土壤抗侵蚀能力只有几年至十几年的占不少面积。近20多年来石漠化发展速度惊人,岩溶山区已有一半以上,受到因人工开发不当而导致的石漠化现象的威胁。

除石漠化现象外,沙化现象也需注意。四川阿坝自治州的红原县和诺尔盖县20世纪60年代沙化土地只有2万亩,70年代发展至7万亩,目前已发展为成片的30万亩,这与超载放牧有密切关系。这种现象在西南其他地区也较为普遍。

目前,中央提出25°以上坡地退耕还林还草的政策,虽然退耕使耕地减少,但涵蓄了水源,减少了土壤侵蚀,有利于生态环境的恢复与重建。据近期调查资料,不少已有林地又因

滥砍、滥伐而使其质量有所降低或被破坏,草地也由于过量放牧及诱发地质灾害与生物灾害而使其质量有所降低并产生退化现象。因此,在恢复与重建山区生态环境中,必须积极防治各种林地及草地的多种自然灾害,以提高质量,减轻灾害。

虽然25°以上坡地退耕还林还草,但在西南山区25°以下坡地仍有很大数量,需花大力气予以改造,使坡地改为经受得住水流侵蚀冲刷的梯地。所以,坡改梯也是一项重要措施。在恢复与提高生态环境质量中,需要因地制宜地采取相应的绿色工程与岩土工程相结合的措施,以求收到发展经济及保护生态环境的双重效益。

8.3.3.2 实施水利扶贫工程,促进以水利为中心的农田基本建设

经过几年来中央及地方各级政府的努力,大多数县已基本上脱掉贫困的帽子,但这仅仅是低水平的脱贫。由于西南山区地势险峻、交通不便,又多是岩溶及红层分布的石山地区,也有半干旱沙化地带,生态环境脆弱,因而存在着返贫的可能性。至目前为止,不少山区人畜饮水仍较困难。山区的贫困多数与没有从根本上解决水资源问题有关。为了能巩固脱贫成果,促进山区发展,通过水利扶贫措施,促进以水利为中心的农田基本建设,是山区脱贫的一种非常重要的途径。

西南地区要取得大开发的良好效果,首先应当对贫困与饮水困难的山区予以积极扶持,改变其不发达的面貌,才有可靠的大开发基础。只有贫困山区能够真正地脱贫,才能够使生态环境得以改造、恢复与重建,也才能促进民族团结与社会安定,西南大开发才能有真正的光辉前景。西南地区的水利扶贫工程应当和恢复与重建生态环境、防治石漠化、减轻自然灾害等的措施密切结合,以此共同构筑西南大开发的牢固基础。

8.3.3.3 大力开发西部水电能源,西电东送

西南地区蕴藏着丰富的水电能源。大力开发西部水电能源,西电东送,可对我国西南大开发起有力的促进作用,也可使东部得到廉价、清洁的可再生能源,以减轻过多依靠煤炭和油气所造成的不可再生能源的耗竭及对环境的污染。

今后,为了西电东送,建议积极发展龙滩、小湾、洪家渡、三板溪、溪洛渡、景洪、向家坝、瀑布沟等水电站的建设,这对拉动内需,提高西南地区经济实力,促进大开发,以及构建全国电力网络,都有重要的作用。

8.3.3.4 大中小型水利设施相结合,以中小型为主

西南地区的山区及丘陵占大部分,必须大中小型水利设施相结合。因为受地形、地貌及地质条件的制约,大工程处在深切沟谷之中,而城镇及耕田多在高处,除电能外,其水利功能受益范围有限。因此,必须有一系列中小型水利枢纽互相配合,才能使水利设施覆盖更多的山区,使工农业与城镇发达地带对水资源的需求得到满足。对山区小块农田的灌溉,必须充分利用雨水资源,兴建田间水柜等微型工程。

中小型水利设施包括三小工程(小水库、小水塘、小水窖)及微型工程(导引表层水流工程及小型水柜等),地下岩溶洞穴水资源开发工程以及地表水和地下水调蓄等方面的工程设施,都需要针对当地的具体自然条件,因地制宜地予以规划、兴建。西南四省(市)(不包括西藏)有2 374条岩溶暗河,枯季总流量达203亿 m^3/a,积极地因地制宜地采用多种方式予以部分开发,对解决山区缺水问题也有重要作用。

8.3.3.5 水资源开发与保护并举,综合防治污染

在开发各种水资源中,应当将开发与保护并举,不能在开发利用水资源的过程中又发生

对水资源及有关环境造成严重破坏的情况。所以,一方面不能过量开发水资源,必须考虑下游的生态流量;另一方面,无论是开发地表水还是开发地下水,都需要考虑可能产生的不良环境效应以及其诱发的地质灾害问题。为防治滑坡、崩塌、泥石流、地震、塌陷、土壤加剧侵蚀、地膨胀、地面沉降,以及石漠化等突发性与缓变性灾害的发生和发展,需要采取相应的防治措施。对可能产生的危害性大的地质灾害,应建立监测与预警、预报系统。当然,要使一切地质灾害都能防治,目前尚难达到这一目标。就是说,要完全避免自然灾害是不可能的,但在水资源开发中,尽量注意环境保护,减少诱发灾害的发生与发展还是应当做到的。

需要特别注意对水环境污染的防治。云贵高原地区以滇池为代表的严重富营养化问题已造成许多不良后果。高原湖泊的特征是储水容量大,与其流域内小河流存在着多年性的补排关系,汇入的地表径流与湖水处于多年交替的状态。因此,受污染后,处于相对半封闭、半静止的湖水不易得到大量洁净径流的置换,而且污染物在湖底淤积又易产生二次污染。云贵高原的湖泊污染需通过长期综合治理才可解决。西藏地区湖泊的污染问题也是不可忽视的。一方面要防止淡水湖泊的盐化与污染现象,另一方面也要避免盐湖这一宝贵资源发生淡化与污染的破坏现象。

水库的污染也是不可忽视的重要问题。除来自上游的污水及库区两岸的污水外,水库中的网箱养鱼常是重要的污染源之一,还有广大农村的农肥农药污染,也是重要的面污染源。因此,必须严格控制网箱养鱼,限制两岸各种生活及工业废水的直接排入,同时也要做好农村面污染源的控制与治理。贵州猫跳河 6 级水库作为供水水源地,需要严格控制污染,保护库区周围的水环境。西南大开发中应吸取东部沿海开发的教训,不能单纯追求经济效益,置环境污染于不顾,更不能抱着“先开发,而后治理(污染)”的错误认识。西南地区处在大江大河的上游,其污染状况会迅速影响到这些河流中下游的生态环境,保护水环境更为迫切。如果待到水环境严重污染后再进行治理,其难度及投资力度会比在东部地区更大。

目前,西南 5 个省(区、市)的工业污水真正处理达标的不到 1/3,生活污水多数没有处理,面污染源更没有予以重视。今后,应增加污水处理的力度,积极进行污水处理,使水资源重复利用,这样才能更好地发挥水资源的效益。

此外,农业化肥等方面的污染源日益扩大、对水环境的危害不断加剧的趋势也应予以注意,并采取积极的防治措施。在西南地区,利用有关矿产资源发展掺有矿物的肥料是减少污染、提高农业产量的一个重要途径,目前已有多种生物、矿物肥料的研究成果有待进一步转化与开发。

8.3.3.6 从水资源条件出发,合理调整产业结构

西南地区虽然总体上水资源量较大,但目前的可持续开发利用程度仍很低。由于时空分布不均,与土地不相匹配,而且开发难度大,水资源仍是这一地区经济发展的重要制约因素。从水资源条件出发,考虑水土资源的配套情况,合理地调整产业结构仍非常重要。目前,西南地区未利用土地的面积虽占较大比重,但主要是荒草地、盐碱地、沼泽地、沙地、裸土地、裸岩地、石砾地、田坎及其他未利用土地,质量不高。显然,这些土地不应当作为“开荒种粮”的基地,应尽量利用其来发展湿地、林地及草地,以有助于生态环境的恢复与重建。特别需要依照水土配套情况,结合 25°以上坡地退耕还林还草进行水土资源的合理匹配与产业调整,并在调整中求发展。进行产业调整更需进一步考虑生态大农业,包括畜牧业及有关农产品加工业的兴建与调整。在水资源和土地资源匹配较好的地带,建设高产精细农业,

并发展特色种植业及蔬菜、油料、工业原料和中药材等基地,也都是很重要的措施。

在调整产业结构的同时,从生态恶化而且饮水特别困难的山区迁移人口至条件较好的地势较低处也是需要的。因此,在调整产业结构中,应当合理调整人口布局。在大开发中,乡镇的兴起应当以水资源为制约条件,选择适宜的地带,并制定适宜的发展规模。

为使上面的各项对策能够得到更好的实施,有关政府部门的相应政策也应适时予以修正和兑现。例如:①退耕还林中的有关补充资金应及时兑现,以便取信于民;②中央予以支持的大型水利水电工程的规模标准在西南地区应予以降低,许多中型的枢纽应作为大型工程予以积极扶持;③西南水电能源丰富,目前在当地用电的电费上应采取因时因地的差价办法,以带动对电能的内需;④为吸引东部的资金和科技力量,应制定一系列优惠办法,以促进西部大开发;⑤为了保护西部的生态环境,应当有严格的法令法规,以避免只重开发而严重破坏生态环境与污染现象的发生;⑥为开发水电能源,应关闭污染严重、效率低下的火电厂,实行厂网分开的电力体制改革;⑦对水电的税率和贷款实行国际通用的优惠政策;⑧为防治及减轻自然灾害,对环境脆弱的西南地区应当增加有关公益性工程的资金投入,并建立多渠道、有力度的防灾减灾基金。

第9章　石羊河流域水资源开发利用与生态环境研究

以石羊河流域为例，在概要介绍石羊河流域概况基础上分析了石羊河流域水资源与生态的关系，对石羊河流域水资源可持续利用进行了研究，计算了流域生态需水量，提出了石羊河流域水资源可持续利用的多种方案，并探讨了石羊河流域水资源可持续利用的对策措施。

9.1　研究区概况

石羊河是我国内陆河流域中人口最密集、水资源开发利用程度最高、用水矛盾最突出、生态环境问题最严重的流域之一。现状流域水资源开发利用已严重超过其承载能力，致使流域生态环境日趋恶化，危害程度和范围日益扩大。下游民勤县的生态恶化形势极其严峻，其湖区北部已严重危及居民的生存。石羊河流域的水资源及生态环境问题，是流域资源型缺水引起的，也是长期演变、积累的结果。

9.1.1　自然概况

9.1.1.1　地理位置与行政区划

石羊河流域位于甘肃省河西走廊东部，乌鞘岭以西，祁连山北麓，东经 101°41′～104°16′、北纬 36°29′～39°27′之间。东南与甘肃省白银、兰州两市相连，西北与甘肃省张掖市毗邻，西南紧靠青海省，东北与内蒙古自治区接壤，总面积 4.16 万 km^2。

流域行政区划包括武威市的古浪县、凉州区、民勤县全部及天祝县部分，金昌市的永昌县及金川区全部，以及张掖市肃南裕固族自治县和山丹县的部分地区、白银市景泰县的少部分地区，流域共涉及4市9县。流域地理位置及行政区划见图9-1。

9.1.1.2　地形地貌

石羊河流域地势南高北低，自西南向东北倾斜。全流域可分为南部祁连山地、中部走廊平原区、北部低山丘陵区及荒漠区四大地貌单元。南部祁连山地，海拔 2 000～5 000 m，其最高的冷龙岭主峰海拔 5 254 m，在 4 500 m 以上有现代冰川分布，山脉大致呈西北—东南走向；北部低山丘陵区，为低矮的趋于准平原化荒漠化的低山丘陵区，海拔低于 2 000 m；中部走廊平原区，由东西向龙首山东延的余脉—韩母山、红崖山和阿拉古山的断续分布，将走廊平原分隔为南北盆地。南盆地包括大靖、武威、永昌三个盆地，海拔 1 400～2 000 m；北盆地包括民勤—潮水盆地、昌宁—金昌盆地，海拔 1 300～1 400 m，最低点的白亭海仅 1 020 m（已干涸）。

9.1.1.3　气候

石羊河流域深居大陆腹地，属大陆性温带干旱气候，气候特点是：太阳辐射强、日照充足，夏季短而炎热、冬季长而寒冷，温差大、降水少、蒸发强烈、空气干燥。流域自南向北大致划分为三个气候区。南部祁连山高寒半干旱半湿润区：海拔 2 000～5 000 m，年降水量

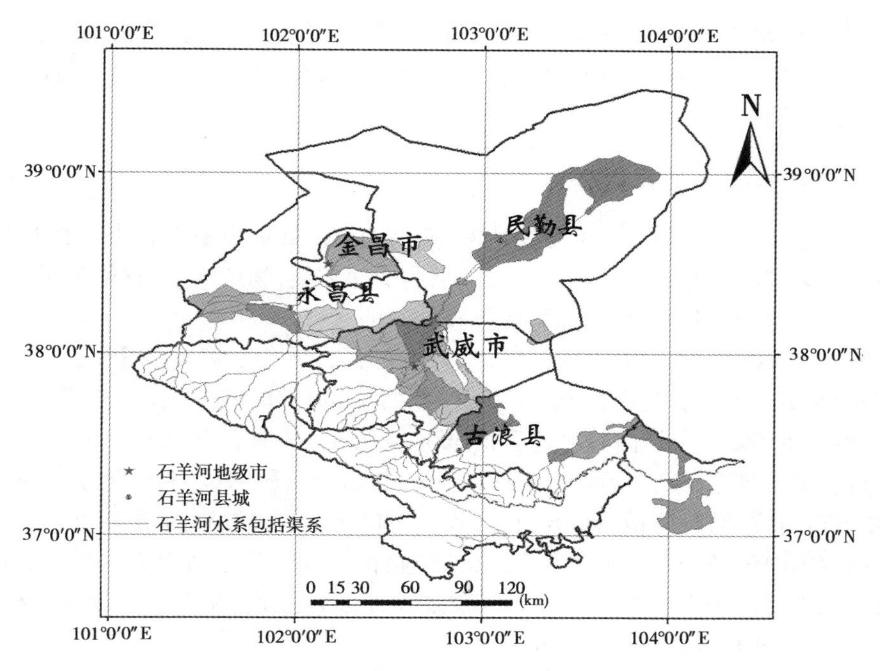

图 9-1 石羊河流域地理位置及行政区划

300～600 mm，年蒸发量 700～1 200 mm，干旱指数 1～4；中部走廊平原温凉干旱区：海拔 1 500～2 000 m，年平均气温小于 7.8 ℃，大于 0 ℃积温 2 620～3 550 ℃，年降水量 150～300 mm，年降水日数 50～80 d，无霜期 120～155 d，年蒸发量 1 300～2 000 mm，干旱指数 4～15；北部温暖干旱区：包括民勤全部、古浪北部、武威东北部、金昌市龙首山以北等地域，海拔1 300～1 500 m，年平均气温 8 ℃，大于0 ℃积温 3 550 ℃以上，年降水量小于 150 mm，民勤县北部接近腾格里沙漠边缘地带年降水量 50 mm，区域年降水日数小于 50 d，平均相对湿度小于45%，年蒸发量 2 000～2 600 mm，干旱指数 15～25，年日照时数 3 000 h 以上，无霜期 150 d 以上，气候温暖，日照充足，热量丰富，风大沙多，春季最大风速达 38 m/s，多西北风。

9.1.1.4 河流水系

石羊河流域是甘肃省河西走廊三大内陆河流域之一。流域水系发源于祁连山，自东向西由大靖河、古浪河、黄羊河、杂木河、金塔河、西营河、东大河、西大河 8 条河流及多条小沟小河组成，河流补给来源为山区大气降水和高山冰雪融水，产流面积 1.1 万 km^2，多年平均年径流量 15.6 亿 m^3。河水自南向北流出山后，基本上全部被水库拦蓄和引入渠道灌溉。引水渠和山水灌区处于强透水的洪积扇带，地表水在引用过程中大量渗漏转化成地下水，至中游山前冲积扇边缘又出露成泉，各河的泉水及上游部分下泄洪水汇流后成为石羊河，穿过下游民勤地区汇集于民勤北部的青土湖。自 1958 年修建红崖山水库以后，石羊河进入民勤的地表水完全由水库控制，水量全部引入灌区用于农田灌溉。昔日碧波万顷、水草丛生的青土湖自 20 世纪 50 年代以来逐渐干涸，现已成为荒漠盐碱滩。

石羊河流域按照水文地质单元又可分为 3 个独立的子水系，即大靖河水系、六河水系及西大河水系。大靖河水系主要由大靖河组成，隶属大靖盆地，其河流水量在本盆地内转化利用。六河水系上游主要由古浪河、黄羊河、杂木河、金塔河、西营河、东大河组成，隶属于武威南盆地，其水量在该盆地内经利用转化，最终在南盆地边缘汇成石羊河，进入武威北盆地即民勤盆地，石羊河水量在该盆地全部被消耗利用。西大河水系上游主要由西大河组成，隶属永昌盆地，其水量在该盆地内利用转化后，汇入金川峡水库，进入金川—昌宁盆地，在该盆地内全部被消耗利用。

9.1.2 社会经济

石羊河流域包含的主要行政区分属武威、金昌两市。武威市是以农业发展为主的地区，金昌市是我国著名的有色金属生产基地。流域内交通方便，物产丰富，有色金属工业及农产品加工业发展迅速，是河西内陆河流域经济较繁荣的流域。

根据统计，2000 水平年，流域内总人口 237.09 万人（含引黄灌区 9.98 万人）。其中，农业人口 176.68 万人（含引黄灌区 9.63 万人），城镇人口 60.41 万人（含引黄灌区 0.35 万人），城市化率 25.5%。流域内有耕地面积 560.05 万亩，林地面积 288.4 万亩，牧草地面积 1 122.4 万亩，大小牲畜 325.3 万（头）只。流域内总灌溉面积 476.44 万亩，其中农田灌溉面积 449.98 万亩，林草灌溉面积 26.46 万亩，农业人口人均农田灌溉面积 2.55 亩。全流域国内生产总值（GDP）94.7 亿元，其中第一、第二产业和第三产业分别为 27.0 亿元、39.4 亿元和 28.3 亿元，人均国内生产总值 4 244 元，财政收入 5.4 亿元。粮食总产量 96.08 万 t，人均粮食产量 544 kg，农民人均纯收入 2 035 元。

截至 2003 年，流域内总人口 247.96 万人（含引黄灌区 9.98 万人）。其中，农业人口 174.57 万人（含引黄灌区 9.63 万人），城镇人口 73.39 万人（含引黄灌区 0.35 万人），城市化率 29.6%。流域内有耕地面积 556.75 万亩，林地面积 302.31 万亩，牧草地面积1 248.93 万亩，大小牲畜 325.3 万（头）只。流域内总灌溉面积 476.44 万亩，其中农田灌溉面积 449.98 万亩，林草灌溉面积 26.46 万亩，农业人口人均农田灌溉面积 2.58 亩。全流域国内生产总值（GDP）138.46 亿元，其中第一、第二产业和第三产业分别为 32.87 亿元、64.57 亿元和 41.02 亿元，人均国内生产总值 6 102 元，财政收入 10.12 亿元。粮食总产量 113.23 万 t，人均粮食产量 649 kg，农民人均纯收入 2 476 元。

2003 年与 2000 水平年比较，人口年均增加 1.53%，城市化率达到 29.6%；国内生产总值（GDP）年均增长 15.4%，人均国内生产总值增长 43.8%；财政收入增长 87.4%，农民人均纯收入增长 21.7%；第一、二、三产业 GDP 比例，第一产业略有下降，由 28.5% 降为 23.7%，第二产业相应增加，由 41.6% 增为 46.6%，第三产业基本没有变化。全流域总灌溉面积基本保持原规模，但粮食总产量增长 17.85%，达到 113.23 万 t，人均粮食产量增长 19.3%，达到近 650 kg。

9.2 水资源与生态环境

石羊河流域位于祁连山东段与巴丹吉林沙漠、腾格里沙漠南缘之间，流域水系发源于祁连山。流域水资源分产流区和转换消耗区。产流区位于流域上游祁连山区，出山口以后的区域即中、下游区基本不产流，为径流的转换消耗区。

9.2.1 地表水资源

石羊河流域地表水资源主要产于祁连山区，产流区东西长 200 km，南北宽 50 km，产流面积 1.11 万 km^2。自东向西主要由大靖河、古浪河、黄羊河、杂木河、金塔河、西营河、东大河、西大河 8 条山水河流及多条小沟小河组成。根据 1956～2000 年共 45 年系列水文资料分析，流域地表水资源总量为 15.6 亿 m^3，其中：8 条大支流多年平均年天然径流量 14.54 亿 m^3，11 条小沟小河多年平均年径流量 0.48 亿 m^3，浅山区水量 0.58 亿 m^3。

8 条山水河流出山口均建有水文站，具有河流水量多年观测资料。各河水量控制站分别为西大河插剑门站、东大河沙沟寺站、西营河四沟嘴站、金塔河南营水库站、杂木河杂木寺站、黄羊河黄羊河水库站、古浪河古浪站、大靖河大靖峡水库站。通过对各河实测径流资料进行插补延长及逐年还原（还原水量 1979 年以前采用 1980 年第一次甘肃省水资源评价成果，1980～1995 年采用"九五"攻关项目成果，1996～2000 年为本次规划调查成果），按 1956～2000 年同步系列资料计算得到 8 条山水河流实测及天然年径流量成果。8 条河流出山口多年平均实测年径流量合计 14.19 亿 m^3，天然年径流量 14.539 亿 m^3，见表 9-1。

表 9-1　8 条主要支流水资源量及控制断面基本情况

河流	站名	集水面积（km^2）	天然年径流量（亿 m^3）	实测年径流量（亿 m^3）	山区年用水量（亿 m^3）	说明
大靖河	大靖峡水库	389	0.127	0.12	0.007	1962～1966、1996～2000 年资料来自水文局，1967～1995 年资料为古浪水务局提供。目前观测站为大靖峡水库站
古浪河	古浪	877	0.727	0.69	0.042	1956～1968、1983～2000 年资料来自水文局，1969～1982 年资料为黄羊河水库站相关而得。目前观测站为古浪水文站
黄羊河	黄羊河水库	828	1.428	1.33	0.099	1961～2000 年资料来自水文局，1956～1960 年资料为水峡口、沙金台水文站资料。目前观测站为黄羊河水库站
杂木河	杂木寺	851	2.380	2.35	0.029	1956～2000 年资料来自水文局。目前观测站为杂木寺水文站
金塔河	南营水库	841	1.367	1.36	0.007	1965～1969、1976～2000 年资料来自水文局，1956～1964、1970～1975 年资料来自水管所。目前观测站为南营水库站
西营河	四沟嘴	1 455	3.701	3.68	0.022	资料均来自水文局，1956～1971 年为四沟嘴水文站资料，1972 年九条岭水文站设立，九条岭面积 1 077 km^2。1972～2000 年资料由九条岭水文站资料转换而来。目前观测站为九条岭水文站
东大河	沙沟寺	1 545	3.232	3.09	0.139	1956～1987 年 4 月资料为沙沟寺水文站资料，1987 年 5 月至 2000 年资料由皇城水库入库水量资料转换而来，$Q_{沙}=1.125Q_{皇}$。目前观测站为皇城水库站
西大河	插剑门	811	1.577	1.57	0.003	1956～1981 年资料为插剑门水文站资料，1982～2000 年资料为西大河水库站资料，两站集水面积接近，资料可连续使用。目前观测站为西大河水库站
合计		7 597	14.539	14.19	0.348	

除8条大支流外,石羊河流域产流区还有多条独立的小河沟,这些小河沟无水文站控制,水量计算由径流模数推求。流域主要的11条小沟小河控制流域面积2 968 km^2,年平均径流量合计为0.48亿m^3。

此外,石羊河流域产流区还包括未曾控制的山区流域,即浅山区,主要分布在山前地带。本区河流多为间歇性小沟,平时干涸无水,只在暴雨后才有水流,径流量不大,无稳定供水意义,但对山前平原地区的地下水具有补给作用。浅山区集水面积2 053 km^2,根据甘肃省年径流深等值线图量算,径流量为0.58亿m^3。

9.2.2 地下水资源

石羊河流域地下水资源量按南北两个盆地分别计算。南盆地紧临祁连山,包括大靖、武威、永昌三个盆地,北盆地包括民勤、昌宁两个盆地。地下水资源量包括与地表水重复的地下水资源量和与地表水不重复的地下水资源量,在流域水资源总量计算中,仅计入与地表水不重复的地下水资源量。

石羊河流域与地表水不重复的地下水资源量包括降水、凝结水补给量和侧向流入量。根据《甘肃省河西走廊地下水分布规律与合理开发利用研究》、"九五"科技攻关项目《石羊河流域水资源承载力与可持续发展研究》等有关成果,石羊河流域降水、凝结水补给量为0.43亿m^3,沙漠地区侧向流入量为0.49亿m^3,祁连山区侧向补给量为0.07亿m^3,三项合计石羊河流域地下水资源量为0.99亿m^3。石羊河流域与地表水不重复的地下水资源量计算结果见表9-2。

表9-2 石羊河流域与地表水不重复的地下水资源量计算结果 (单位:万m^3)

<table>
<tr><th colspan="2" rowspan="2">项目</th><th colspan="5">盆地</th><th rowspan="2">合计</th></tr>
<tr><th>大靖盆地</th><th>武威盆地</th><th>永昌盆地</th><th>民勤盆地</th><th>昌宁盆地</th></tr>
<tr><td colspan="2">降水入渗量</td><td>0</td><td>1 446.48</td><td>10</td><td>221.71</td><td>312.43</td><td>1 990.62</td></tr>
<tr><td colspan="2">凝结水入渗量</td><td>0</td><td>1 076.11</td><td>30</td><td>509.63</td><td>704.42</td><td>2 320.16</td></tr>
<tr><td rowspan="2">侧向补给量(不含盆地之间补给量)</td><td>祁连山区补给量</td><td>20</td><td>681.65</td><td></td><td></td><td></td><td>701.65</td></tr>
<tr><td>沙漠补给量</td><td></td><td>2 500</td><td></td><td>2 390.83</td><td></td><td>4 890.83</td></tr>
<tr><td colspan="2">合计</td><td>20</td><td>5 704.24</td><td>40</td><td>3 122.17</td><td>1 016.85</td><td>9 903.26</td></tr>
</table>

9.2.3 水资源总量及地表水可用水资源量

石羊河流域水资源总量为16.59亿m^3。包括地表天然水资源量和与地表水不重复的地下水资源量,其中地表天然水资源量为15.6亿m^3,与地表水不重复的地下水资源量为0.99亿m^3。

石羊河流域地表可用水资源量指出山口的河川径流量,8条出山河流可用水资源量计算为:控制断面多年平均天然水资源量扣除2000年山区用水量及水库水面蒸发量。8条出山河流控制断面多年平均天然水资源量为14.539亿m^3,2000年山区用水量为0.727 44亿m^3,水库水面蒸发量为0.13亿m^3,8条出山河流可用水资源量为13.681 5亿m^3,见表9-3。

表 9-3　出山口以下可用水资源量计算结果

项目				单位	河流名称及相应控制断面								合计
					大靖河	古浪河	黄羊河	杂木河	金塔河	西营河	东大河	西大河	
					大靖峡水库	古浪水文站	黄羊河水库	杂木寺	南营水库	四沟嘴	皇城水库	西大河水库	
控制断面实测水资源量				亿 m³	0. 120	0. 686	1. 329	2. 351	1. 360	3. 685	3. 094	1. 574	14. 199
控制断面以上多年平均还原水量				亿 m³	0. 007	0. 042	0. 099	0. 029	0. 007	0. 016	0. 138	0. 003	0. 341
控制断面天然水资源量				亿 m³	0. 127	0. 727	1. 428	2. 380	1. 367	3. 701	3. 232	1. 577	14. 539
控制断面以上用水户	用水户名称				横梁等二乡	黄羊川等六乡(包括安远灌区)	哈溪等三乡(包括张义灌区)	毛臧乡	旦马、祁连二乡	铧尖乡、九条岭煤矿	马营、东滩、羊场	北滩乡	
	所属地县				古浪、天祝	古浪、天祝	天祝、凉州	天祝	天祝	肃南	肃南	肃南	
控制断面以上用水量(2000 年)	生活	乡镇		万 m³	0	35. 2	12. 37	0	0. 69	0. 99	2. 96	1. 25	53. 46
		农村	人	万 m³	23. 1	263. 1	89. 18	28. 6	31. 89	2. 43	0. 853	1. 89	441. 043
			牲畜	万 m³	12. 0	257. 4	53. 72	15. 089	20. 026	13. 918	42. 22	22. 579	436. 952
			小计	万 m³	35. 1	520. 5	142. 90	43. 689	51. 916	16. 348	43. 073	24. 469	877. 995
		小计		万 m³	35. 1	555. 7	155. 27	43. 689	52. 606	17. 338	46. 033	25. 719	931. 455
	农业	农田		万 m³	60. 5	644. 8	1 969. 4	0	58. 58	94. 16	3 356. 89	86. 29	6 270. 62
		林草		万 m³	6. 4	53. 1	0	0	0	0	0	0	59. 5
		小计		万 m³	66. 9	697. 9	1 969. 4	0	58. 58	94. 16	3 356. 89	86. 29	6 330. 12
	工业			万 m³	0	0	0	0	0	6. 3	0	6. 4	12. 7
	合计			万 m³	102. 0	1 253. 6	2 124. 67	43. 689	111. 186	117. 798	3 402. 923	118. 409	7 274. 275
水库蒸发量				亿 m³	0. 000 96	0. 009 0	0. 033 0	0	0. 010 0	0. 033 0	0. 024	0. 020 0	0. 130 0
控制断面可用水资源量				亿 m³	0. 115 7	0. 593 1	1. 182 7	2. 375 3	1. 345 9	3. 656 4	2. 867 4	1. 545 0	13. 681 5

9.2.4 生态环境

石羊河流域有高寒草甸、灌丛草甸、森林灌丛、寒温带山地荒漠、温带半荒漠、荒漠及绿洲等生态景观。分为南部山地生态系统、中部平原荒漠与绿洲生态系统、北部低山及高原生态系统。

南部山地生态系统，包括祁连山区冰雪寒冻垫状植被带、高寒草甸、灌丛草甸、森林带及灌丛带，上述各带为本流域水源涵养区及产流区，是全流域的"绿色水库"，走廊的生命线；中部平原荒漠与绿洲生态系统，包括山前温带沙质荒漠、半荒漠区，该区内自身不产流，但有区外地表径流流入和较丰富的地下水，由于人们长期垦殖和改造，既有原生的荒漠植被、草甸、盐生草甸及沼泽植被，又有人工栽培的植被，形成特殊的绿洲区，是此地区人类主要经济活动地区；北部低山及高原生态系统植被以旱生、超旱生、盐生的灌木、半灌木及多年生草本植物组成，植被覆盖率5% ~40%，生产能力极低，是石羊河流域的生态脆弱带。

9.2.4.1 祁连山区林草植被变化

祁连山地是石羊河流域的径流形成区，森林植被和高山草场是重要的水源涵养区。由于砍伐森林、过度放牧、开矿挖药和毁林毁草开荒种植，有近1 500 km^2 的林草地被垦殖。现有乔木林644 km^2、灌木林1 832 km^2，山区的植被覆盖率只有40%左右。20世纪80年代以前，祁连山森林总资源量持续减少；20世纪80年代以来，国家开始重视水源涵养林的作用，成立了祁连山水源涵养林保护局，划定了核心保护区，林分质量有了提高，但其外围地区过度放牧及人为干扰仍然存在。在祁连、旦马等乡，海拔2 700 m的高度上，仍然存在开荒种植大麦、油菜、胡麻等作物的现象。人为活动的急剧增加，使灌木林线上移，灌木林出现草原化，草场严重退化。其结果是水土流失面积增大，保水能力减弱，大量砂砾随洪水而下，淤塞河床、水库及渠道，山区的多座水库均有不同程度的淤积，有效库容减小1/5 ~1/8。

9.2.4.2 北部风沙区林草植被变化

据调查，石羊河流域北部沿沙漠地区防风固沙林、草植被和农田防护林减少了近 20×10^4 hm^2。沙漠区内的人工乔、灌木林大片萎缩、枯死，沙漠边缘和外围的人工防风固沙林大部分破败死亡，成片的人工沙枣林、灌草及沙生植物枯死，固沙能力减弱，覆盖率下降。全流域有近 2.67×10^4 hm^2 的农田沙化撂荒，生存和发展的空间日趋缩小、恶化。

植被的退化导致沙尘暴等自然灾害的频繁发生，影响农作物正常生长，使产量降低，给农业生产和人民生活带来严重威胁。全流域受风害面积约 5×10^4 hm^2，受风沙危害面积 3.49×10^4 hm^2，旱灾面积 5.33×10^4 hm^2，冻害面积 2.77×10^4 hm^2，虫害面积 4.08×10^4 hm^2。

自然灾害中以沙尘暴造成的影响范围最广，沙尘暴肆虐威胁民勤、金昌和武威，甚至影响到整个北方地区。据有关研究，此地域已成为全国四大沙尘暴策源地之一。据统计，民勤县年均风沙日数达139 d，最多时达150 d，8级以上大风天数70多d，年均强沙尘暴日数达29 d。近10年来，沙尘暴发生的频率明显增大，2001年元月至6月发生沙尘暴6次，扬沙天气17次，直接经济损失上亿元。

9.2.4.3 水质

水资源质量按照国家《地面水环境质量标准》(GB 3838—2002)评价，评价时段划分为汛期、非汛期和全年3个时段。评价因子选取pH值、溶解氧、高锰酸盐指数、COD_{CR}、BOD_5、氨氮、亚硝酸盐、硝酸盐、挥发酚、总氰化物、石氮油类、氟化物、总砷、总汞、六价铬、总铜、总铅、总镉等18项。评价方法采用单因子法。

(1)出山口以上河段水质:西大河、东大河、西营河、金塔河、杂木河、黄羊河和古浪河为Ⅰ类水质,大靖河为Ⅱ类水质,总体属优良水质。但是,黄羊河上游的采金、西营河上游的九条岭煤矿与电厂,已对两河水质产生一定影响。

(2)平原区河段水质:选取金川峡水库入库、石羊河干流四坝桥和红崖山水库入库3个断面,共计80 km河段进行评价。评价结果见表9-4。

表9-4 石羊河流域水质现状评价结果

河流名称	监测断面		水期	水质类别	主要超标项目
	名称	代表河长(km)			
石羊河	四坝桥	45.5	汛期	劣Ⅴ	氨氮、高锰酸盐指数、化学需氧量
			非汛期	劣Ⅴ	
			年平均	劣Ⅴ	
	红崖山水库	14.5	汛期	Ⅴ	氨氮、高锰酸盐指数、化学需氧量
			非汛期	劣Ⅴ	
			年平均	劣Ⅴ	
	金川峡水库	20	汛期	Ⅲ	
			非汛期	Ⅲ	
			年平均	Ⅲ	

注:资料来至《甘肃省水资源保护规划》(2003)。

红崖山水库来水由于受凉州区工业、城市生活废污水及农业退水等水体的污染,水质差,基本为劣Ⅴ类水质,现状水质已不能满足灌溉要求。

金川河四坝桥断面受金昌市工业及生活废污水排放的影响,污染严重,

全年均为劣Ⅴ类水质,不满足灌溉要求。金川峡水库水质为Ⅱ~Ⅲ类。

(3)平原区地下水质:根据地下水长期观测资料,平原区南盆地地下水水质尚好,但污染形势不容乐观。北盆地地下水由于地表水的污染、多次重复利用,地下水补给量减少等,地下水水质明显恶化,矿化度升高,各种有害离子含量增大。民勤北部地下水质目前污染不甚明显,南部湖区地下水质恶化严重,水矿化度普遍在3 g/L以上,局部地区高达10 g/L,不但不能饮用,而且灌溉也受很大程度的影响。民勤县部分地下水长观井水质资料见表9-5。

表 9-5　民勤县部分地下水长观井水质资料　　（单位:g/L）

年份	昌宁灌区		环河灌区		坝区灌区		
	唐家房	昌盛大海子	麻家湾温水井	扎子沟温水井	大坝王谋四社	红柳元永宁四社	西沟一社
1998	2.34	2.95	0.55	1.84	1.36	1.39	1.60
1999	2.31	2.87	0.55	2.02	1.50	1.46	1.19
2000	2.54	3.32	0.83	2.25	1.03	2.04	1.00
2001	1.83	2.58	0.54	2.00	1.10	1.44	1.62
2002	1.54	3.22	0.55	1.98	1.13	1.74	1.63
2003	2.34	3.59	0.58	2.06	1.20	2.00	1.68
年份	湖区灌区						
	西渠水管所		中渠水管所		东渠水管所		
	制出一社	民旗四社	辉煌三社	兴隆二社	附余二社	红英六社	冬固六社
1998	3.73	4.17	4.18	3.80	1.01	4.76	5.43
1999	6.37	4.67	6.01	6.21	8.83	4.96	5.32
2000	5.87	4.67	4.79	6.79	8.39	5.54	5.37
2001	6.22	4.43	3.25	4.06	8.94	5.44	5.47
2002	6.43	4.32	3.41	2.63	8.45	5.70	5.69
2003	6.44	4.34	3.48	3.06	8.50	5.93	5.97

注:唐家房等为灌区观测井点。

9.3　石羊河流域水资源开发利用现状

9.3.1　水利工程建设现状

石羊河流域水利工程设施已具有一定规模,形成了上游山区水库调蓄,中游平原渠道输水,下游机井井灌或井渠混灌的水资源开发利用格局,流域水利工程建设为经济社会发展发挥了重要作用。

截至 2003 年底,全流域已建成水库 23 座,其中:中型水库 8 座,小型水库 15 座,总库容 4.5 亿 m^3,兴利库容 3.7 亿 m^3,8 条山水河流除杂木河外均建有水库。已建成总干渠、干渠 109 条,干支渠以上总长 3 989 km,衬砌率 81.4%,衬砌完好率 49.7%,灌区渠系已衬砌部分有效利用系数 0.50 ~ 0.62,未衬砌部分有效利用系数 0.38 ~ 0.50。建有机电井 1.69 万眼,配套 1.56 万眼,其中:民勤现拥有机井数量为 1.01 万眼,配套 0.9 万眼,处于常年运行之中。已建成万亩以上灌区 17 个,已建成跨流域调水工程有“景电”二期向民勤调水和“引硫济金”两处。

全流域设计供水能力 37.91 亿 m^3,其中蓄水工程 16.56 亿 m^3,引水工程 5.13 亿 m^3,地下水供水工程 15.28 亿 m^3,跨流域调水 0.6 亿 m^3,其他 0.34 亿 m^3。现状实际供水能力 29.9 亿 m^3,其中蓄水 12.15 亿 m^3,引水 2.8 亿 m^3,地下水 14.78 亿 m^3,其他 0.17 亿 m^3,现

状实际供水能力占设计供水能力的78.9%。

主要水利工程建设现状见表9-6~表9-8。

表9-6　石羊河流域水库一览表

市县名称		水库类型	水库名称	坝高（m）	总库容（万 m^3）	兴利库容（万 m^3）	设计供水能力（万 m^3）	现状供水能力（万 m^3）
总计			23 座		45 123	36 599	165 602	121 502
金昌市	合计		6 座		21 510	18 040	81 467	59 772
	永昌县	中型	皇城	45	8 000	6 400	39 526	29 000
		中型	西大河	37	6 800	5 430	18 541	13 603
		中型	金川峡	29	6 500	6 050	21 807	16 000
		小型	3 座		210	160	1 593	1 169
武威市	合计		17 座		23 613	18 559	84 135	61 730
	凉州区	中型	黄羊	52	5 644	3 377	23 715	17 400
		中型	西营	40.7	2 350	1 800	33 665	24 700
		中型	南营	42.1	2 000	1 383	15 674	11 500
		小型	7 座		372	171		
	古浪县	中型	大靖峡	33.6	1 210	507	1 363	1 000
		小型	5 座		2 107	1 521	2 903	2 130
	民勤县	中型	红崖山	14.5	9 930	9 800	6 815	5 000

9.3.2　现状供水、用水和耗水

流域现有蓄水工程、引水工程、地下水供水工程及跨流域调水共4类供水工程。

9.3.2.1　现状供水

2000水平年，全流域实际供水量28.4亿 m^3，其中蓄水工程10.69亿 m^3，占总供水量的37.68%；引水工程2.76亿 m^3，占总供水量的9.72%；地下水工程14.78亿 m^3，占总供水量的52.0%；其他0.17亿 m^3，占总供水量的0.6%。见表9-9。

流域现状供水总体上以蓄水、提取地下水和引水工程为主。2000年蓄水、引水、地下水三项供水比例为37.68∶9.72∶52，其中地下水工程和蓄水工程两项占89.68%。经对1980年、1995年、2000年实际供水量比较，1980~1995年期间总供水量变化较小，1995~1980年地表水供水量下降近10%，地下水供水量增大近10%。地表水供水量下降的主要原因：一是80年代以后来水量为连续枯水，二是山区用水量增加。2000年比1995年地下水供水量增大近2.68亿 m^3。1995年机电井数目较1980年增加约15%，2000年较1995年又增加23%。仅民勤县机井数量就达到11 000多眼，长年运行的有9 000多眼，民勤县是石羊河流域地下水开采规模最大的地区。石羊河流域1980年、1995年、2000年、2003年实际供水量对照见表9-10。

表 9-7 石羊河流域引水工程现状统计

市	县	灌区	总干渠 条数(条)	总干渠 总长(km)	总干渠 已衬砌(km)	总干渠 土渠(km)	干渠 条数(条)	干渠 总长(km)	干渠 已衬砌(km)	干渠 土渠(km)	支渠 总长(km)	支渠 已衬砌(km)	支渠 土渠(km)	斗渠 总长(km)	斗渠 已衬砌(km)	斗渠 土渠(km)	渠系水利用系数	灌溉水利用系数
总计			18	264.6	238.6	26.0	91	1 237.9	898.3	339.6	2 486.8	2 110.3	376.5	7 595.9	4 991.6	2 604.3		
金昌市	合计		10	105.9	104.6	1.3	40	524.7	448.8	75.9	1 052.2	836.3	215.9	2 694.3	1 364.9	1 329.4		
金昌市	永昌县	小计	9	98.9	97.6	1.3	38	491.6	415.7	75.9	962.8	747.6	215.2	2 694.3	1 364.9	1 329.4		
金昌市	永昌县	西河	3	23.7	23.7		11	173.3	166.2	7.1	381.9	299.3	82.6	569.1	346.2	222.9	0.53	0.44
金昌市	永昌县	四坝	4	31.3	30.0	1.3	7	65.2	36.7	28.5	186.1	161.4	24.7	193.0	106.1	86.9	0.55	0.45
金昌市	永昌县	东河	1	27.5	27.5		17	195.1	195.1	0	330.5	274.3	56.2	432.2	182.6	249.6	0.54	0.46
金昌市	永昌县	清河	1	16.4	16.4		3	58.0	17.7	40.3	64.3	12.6	51.7	1 500.0	730.0	770.0	0.68	0.61
金昌市	金川区	金川	1	7.0	7.0		2	33.1	33.1	0	89.4	88.6	0.8			0	0.6	0.48
武威市	合计		8	158.7	134.1	24.6	51	713.2	449.5	263.7	1 434.6	1 274.0	160.6	4 901.6	3 626.7	1 274.9		
武威市	凉州区	小计	4	32.5	32.5	0	15	233.7	224.5	9.2	687.9	641.5	46.4	2 845.2	2 403.2	442.0		
武威市	凉州区	西营	1	10.9	10.9		5	89.4	89.4	0	271.3	250.3	21.0	1 218.0	879.4	338.6	0.585	0.526
武威市	凉州区	金塔	1	4.0	4.0		2	31.6	31.6	0	69.0	69.0	0	141.5	141.5	0	0.595	0.536
武威市	凉州区	杂木	1	9.2	9.2		3	62.3	53.1	9.2	169.5	163.7	5.8	426.4	358.7	67.7	0.575	0.52
武威市	凉州区	黄羊	1	8.4	8.4		5	50.4	50.4	0	143.6	143.6	0	284.1	269.9	14.2		
武威市	凉州区	张义								0			0			0		
武威市	凉州区	清源								0	17.9	12.5	5.4	57.0	35.5	21.5	0.74	0.666
武威市	凉州区	金羊								0	16.6	2.4	14.2	1.3	1.3	0		
武威市	凉州区	永昌								0			0	716.9	716.9	0		
武威市	民勤县	红崖山	1	94.9	70.3	24.6	13	171.3	136.3	35.0	494.5	405.2	89.3	1 007.0	263.0	744.0	0.53(河) 0.6(井)	0.48(河) 0.54(井)
武威市	古浪县	小计	3	31.3	31.3	0	22	298.2	87.7	210.5	237.8	223.9	13.9	1 049.4	960.5	88.9		
武威市	古浪县	古浪	1	7.0	7.0		9	76.0	75.5	0.5	171.0	171.0	0	760.0	745.0	15.0	0.66	0.53
武威市	古浪县	古丰	1	18.0	18.0		1	4.1	4.1	0	32.6	18.7	13.9	103.4	90.8	12.6	0.63	0.56
武威市	古浪县	大靖	1	6.3	6.3		12	218.1	8.1	210.0	34.2	34.2	0	186.0	124.7	61.3	0.62	0.51
武威市	天祝县	安远					1	10.0	1.0	9.0	14.4	3.4	11.0			0	0.6	0.6

表 9-8　石羊河流域机电井现状统计

市(县)		灌区	机电井		设计年提水量(万 m^3)
			数量(眼)	其中已配套(眼)	
总计			16 898	15 617	152 799.84
金昌市	合计		1 997	1 925	30 489.09
	永昌县	小计	1 262	1 190	18 739.09
		西河	79	32	1 064.16
		四坝	39	39	546.93
		东河	164	139	1 554
		清河	980	980	15 574
	金川区	金川	735	735	11 750
武威市	合计		14 901	13 692	122 310.75
	凉州区	小计	3 881	3 793	45 850.75
		西营	403	403	4 139
		金塔	235	235	2 750
		杂木	447	447	7 712.41
		清源	1 055	967	13 400
		金羊	795	795	7 465
		永昌	946	946	10 384.34
	民勤县	小计	10 100	9 019	70 060
		红崖山	8 310	7 229	
		昌宁	1 101	1 101	
		环河	689	689	
	古浪县	小计	918	878	6 400
		古浪	918	878	6 400
	天祝县	安远	2	2	

表 9-9　石羊河流域 2000 年实际供水量统计　　(单位:亿 m^3)

市(县)	地表水供水量				地下水供水量	其他供水	总计
	蓄水工程	引水工程	提水工程	小计			
金昌市	3.9	0.3	0	4.2	2.95	0.08	7.23
武威市	6.79	2.46	0	9.25	11.83	0.09	21.17
其中:民勤县	0.64	0.17	0	0.81	7.01	0	7.82
总计	10.69	2.76	0	13.45	14.78	0.17	28.40
比例(%)	37.64	9.72	0	47.36	52.04	0.6	100

表 9-10　石羊河流域 1980 年、1995 年、2000 年、2003 年实际供水量对照

年份	项目	地表水供水量				地下水供水量	其他供水量	合计
		蓄水工程	引水工程	提水工程	小计			
1980	水量(亿 m^3)	10.32	5.62		15.94	9.8		25.74
	比例(%)	40.10	21.83		61.93	38.07		100
1995	水量(亿 m^3)	9.2	4.32	0.24	13.76	12.1	0.007	25.867
	比例(%)	35.6	16.7	0.9	53.2	46.78	0.02	100
2000	水量(亿 m^3)	10.69	2.76	0	13.45	14.78	0.17	28.40
	比例(%)	37.64	9.72	0	47.36	52.04	0.6	100
2003	水量(亿 m^3)	10.89	3.24	0	14.13	14.64	0	28.77
	比例(%)	37.85	11.26	0	49.11	50.89	0	100

2003 年实际供水量与 2000 水平年持平,供水构成基本没有变化,仍然是以蓄水工程和地下水工程为主。

9.3.2.2　现状用水

2000 水平年,社会经济各部门总用水量 28.40 亿 m^3,其中工业用水量 1.53 亿 m^3,占总用水量的 5.4%;农田灌溉用水量 24.34 亿 m^3,占总用水量的 85.7%(其中,中游农田灌溉用水量占中游总用水量的比例高达 89%,下游民勤县农田灌溉用水量占民勤县总用水量的 87.8%);林草用水量 1.30 亿 m^3,占总用水量的 4.6%;城镇生活用水量 0.64 亿 m^3,占总用水量的 2.3%;农村生活用水量 0.59 亿 m^3,占总用水量的 2.0 %(见表 9-11、图 9-2)。根据《中国水资源公报》(2000 年 7 月),2000 年全国工业用水量占总用水量的 20.7%,农业用水量占总用水量的 68.8%,城镇生活用水量占总用水量的 10.5%(见表 9-12),甘肃省农业用水量占总用水量的 74.2%。由此可见,石羊河流域农田灌溉用水明显偏高,以六河系统中游及民勤县更为突出,流域工业及生活用水比例明显偏低。

表 9-11　石羊河流域 2000 年实际用水量统计　（单位:亿 m^3）

市(县)	城镇生活	农田灌溉	林草	农村生活	工业	总用水量
金昌市	0.32	5.73	0.17	0.10	0.91	7.23
武威市	0.32	18.61	1.13	0.49	0.62	21.17
其中:民勤县	0.03	6.86	0.76	0.09	0.07	7.82
总计	0.64	24.34	1.30	0.59	1.53	28.40

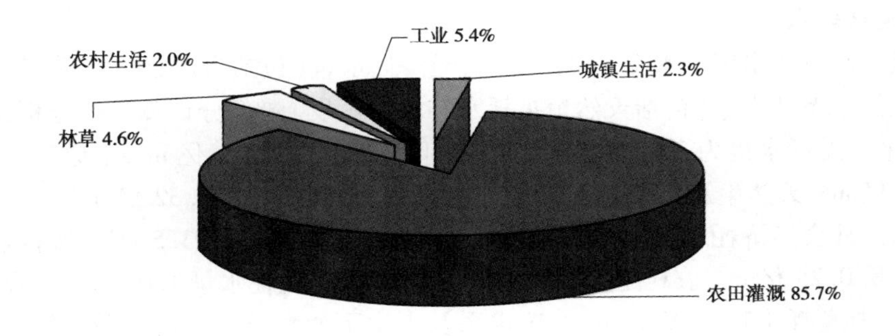

图 9-2　石羊河流域 2000 年用水结构图

表 9-12　2000 年流域经济社会各部门用水构成比较　（%）

市(县)	总比例	其中				
		工业	城镇生活	农田	林草	农村生活
金昌市	100	12. 6	4. 4	79. 4	2. 3	1. 3
武威市	100	2. 95	1. 48	87. 91	5. 35	2. 31
石羊河	100	5. 4	2. 3	85. 7	4. 6	2. 0
全省	100	14. 4	2. 8	74. 2	5. 2	3. 4
全国	100	20. 7	10. 5	68. 8		

2000 水平年，全流域实际用水量较 1980 年增加了 10. 5%，其中农业用水增加 3%，工业用水量增加 2 倍多，城镇生活用水增加 8 倍多，林草灌溉用水增加近 2 倍，农村生活用水增加 55%。分析流域现状年用水，农业为主要用水部门，虽然从用水量发展来看，工业、城乡生活及农村生活用水增加明显，但从用水总量分析，农业仍是用水大户。

2003 年实际用水量与 2000 水平年持平，各行业用水结构基本没有变化。见表 9-13。

表 9-13　石羊河流域 1980 年、1995 年、2000 年、2003 年实际用水量对照　（单位：亿 m^3）

年份	城镇生活	农田灌溉	林草	农村生活	工业	总计
1980	0. 07	23. 65	0. 69	0. 38	0. 77	25. 56
1995	0. 11	23. 40	0. 75	0. 45	1. 05	25. 76
2000	0. 64	24. 34	1. 30	0. 59	1. 53	28. 40
2003	0. 65	24. 58	1. 30	0. 59	1. 69	28. 81

9.3.2.3 现状耗水

全流域耗水量按山区耗水量、平原区社会经济耗水量(包括生产、生活、人工生态耗水)和平原区天然生态耗水量(包括天然植被耗水和潜水蒸发)三部分计算。经分析计算,全流域2000水平年总耗水量为22.18亿m^3,其中山区总耗水量0.86亿m^3,平原区社会经济耗水量17.18亿m^3、天然生态耗水量4.14亿m^3,平原区总耗水量21.32亿m^3。

在平原区社会经济耗水量中,人均耗水量770 m^3,亩均耗水量325 m^3。按行业划分:城镇生活耗水量0.25亿m^3,农村生活耗水量0.58亿m^3,工业耗水量1.07亿m^3,农业耗水量14.25亿m^3,林草耗水量1.03亿m^3。按水系及上中下游划分:西大河系统总耗水量2.99亿m^3,人均耗水量774 m^3,亩均耗水量258 m^3。六河中游系统总耗水量9.6亿m^3,人均耗水量742 m^3,亩均耗水量315 m^3,六河下游系统总耗水量4.50亿m^3,人均耗水量1 654 m^3,亩均耗水量461 m^3。

就石羊河流域平原区耗水量而言,经济耗水量占总耗水量的80.6%,而生态耗水量仅占19.4%,若计入人工生态耗水量,也只有24.2%。六河系统下游人均耗水是中游的2.2倍,亩均耗水也较中游高,表明下游人均实际占用水资源量高于中游地区。经济耗水中农业灌溉耗水占了82.9%,明显高于国内平均水平。

流域现状供用耗水量见表9-14~表9-16。

必须引起重视的是,石羊河流域的现状耗水量无论从2000年本身的水资源量还是从多年平均水资源量看,已远大于流域的水资源量,流域超规模用水是靠超采地下水维持的,这必然会导致地下水持续下降,生态环境持续恶化的恶性循环,最终危机绿洲的稳定。

9.3.3 水资源开发利用程度分析

9.3.3.1 现状供需分析

全流域水资源总量16.59亿m^3,出山水资源总量15.74亿m^3(含与地表不重复的地下水),经分析,当保证率$P=50\%$时,全流域总可供水量25.71亿m^3,按照现状用水水平,全流域总需水量为31.14亿m^3,现状供需分析结果表明,全流域总缺水量5.43亿m^3,缺水程度17.4%。若考虑地下水超采量5.59亿m^3,则缺水量高达11.02亿m^3,缺水程度35.4%。目前,流域共有129万亩农田面积得不到保灌,流域各区域及行业之间供用水矛盾十分尖锐。

9.3.3.2 地下水超采量

全流域现状地下水超采总量5.59亿m^3,流域分区水资源量及利用程度不同,区域间的缺水程度和超采量也有所不同。其中:西大河系统金川—昌宁盆地超采0.49亿m^3;六河系统中游超采0.96亿m^3,在地下水集中开采区形成地下水位降落漏斗;六河系统下游的民勤红崖山灌区是流域的主要集中超采区,年超采达4.14亿m^3,地下水漏斗大面积存在。

9.3.3.3 水资源开发利用程度分析

按多年平均水资源总量和总用水量统计分析,石羊河流域2000水平年水资源开发利用程度为172%,其中:西大河系统为157%,六河中游为133%,六河下游民勤盆地为588%(用水量中含地下水超采量)。可见,石羊河流域水资源开发利用程度远高于黑河流域(112%)和塔里木河流域(74.5%),是全国内陆河流域水资源开发利用率最高的地区。

表 9-14　2000 年石羊河流域各水系及分灌区实际供水量统计　（单位：万 m³）

河系	分区	灌区	地表水供水量 蓄水工程	地表水供水量 引水工程	地表水供水量 提水工程	地表水供水量 小计	地下水供水量	其他供水	总计
总计			108 867.4	27 581.63	0	136 449.03	147 796.53	1 666.07	285 911.61
西大河系统		小计	27 456	2 970	0	30 426	13 939.2	767.07	45 132.27
西大河系统		西河	10 678	0	0	10 678	818	0	11 496
西大河系统		四坝		2 835	0	2 385	248	767.07	3 850.07
西大河系统		金川	16 778	135	0	16 913	7 323	0	24 236
西大河系统		昌宁	0	0	0	0	5 550.2	0	5 550.2
六河系统	合计		80 275.4	24 109.1	0	104 384.5	133 462.24	899	238 745.74
六河系统	河灌区	小计	73 884.4	21 064	0	94 948.4	17 659.86	899	113 507.26
六河系统	河灌区	东河	11 525	0	0	11 525	1 566	0	13 091
六河系统	河灌区	西营	25 950.2	0	0	25 950.2	4 191.8	861	31 003
六河系统	河灌区	金塔	15 398.6	0	0	15 398.6	2 179	0	17 577.6
六河系统	河灌区	杂木	0	21 064	0	21 064	7 414.26	0	28 478.26
六河系统	河灌区	黄羊	12 335.7	0	0	12 335.7	44.3	0	12 380
六河系统	河灌区	张义	2 008.7			2 008.7	44.3		2 053
六河系统	河灌区	古浪	5 790	0	0	5 790	2 220.2	38	8 048.2
六河系统	河灌区	古丰	876.2	0	0	876.2	0	0	876.2
六河系统	井灌区	小计	0	3 045.1	0	3 045.1	55 145.88	0	58 190.98
六河系统	井灌区	永昌	0	0	0	0	10 384.34	0	10 384.34
六河系统	井灌区	清河	0	0	0	0	19 498	0	19 498
六河系统	井灌区	清源	0	0	0	0	14 056.26	0	14 056.26
六河系统	井灌区	金羊	0	1 368.1	0	1 368.1	7 319.78	0	8 687.88
六河系统	井灌区	环河	0	1 677	0	1 677	3 887.5	0	5 564.5
六河系统	红崖山（下游）		6 391	0	0	6 391	60 656.5	0	67 047.5
大靖河系统		大靖	1 136	0	0	1 136	100	0	1 236
天祝		安远		502.53		502.53	295.07		797.6

表 9-15　石羊河流域各灌区 2000 年实际用水量统计

河系		灌区	城镇生活	农田灌溉	林草	农村生活	工业	总用水量
总计			6 295.5	243 339.2	13 037.1	5 868.7	15 318.1	283 858.6
西大河系统		小计	3 095.8	31 525.0	1 092.0	533.0	8 886.4	45 132.2
西大河系统		西河	14.0	11 140.0	173.0	169.0		11 496.0
西大河系统		四坝	117.0	3 602.0	36.0	81.0	14.0	3 850.0
西大河系统		金川	2 964.0	11 684.0	505.0	217.0	8 866.0	24 236.0
西大河系统		昌宁	0.8	5 099.0	378.0	66.0	6.4	5 550.2
六河系统	合计		3 139.7	210 899.9	11 941.1	5 138.0	6 371.6	237 490.4
六河系统	河灌区	小计	2 719.7	98 909.2	2 997.9	2 969.0	4 656.1	112 251.9
六河系统	河灌区	东河	12.0	12 595.0	214.0	270.0		13 091.0
六河系统	河灌区	西营	25.0	29 495.0	662.0	611.0	210.0	31 003.0
六河系统	河灌区	金塔	2 139.6	11 937.0	667.0	603.0	2 231.0	17 577.6
六河系统	河灌区	杂木	256.2	25 868.0	762.6	547.3	1 044.2	28 478.3
六河系统	河灌区	黄羊	91.0	10 823.0	394.0	474.3	597.7	12 380.0
六河系统	河灌区	张义	0	0	0	0	0	0
六河系统	河灌区	古浪	195.1	7 375.2	283.3	437.0	555.2	8 845.8
六河系统	河灌区	古丰	0.8	816.0	15.0	26.4	18.0	876.2
六河系统	井灌区	小计	101.5	53 044.7	2 515.2	1 462.0	1 067.6	58 191.0
六河系统	井灌区	永昌	16.9	9 358.1	245.3	351.1	412.9	10 384.3
六河系统	井灌区	清河	55.0	18 231.0	772.0	238.0	202.0	19 498.0
六河系统	井灌区	清源	11.5	13 209.0	376.5	290.2	169.1	14 056.3
六河系统	井灌区	金羊	16.6	7 694.6	365.4	415.7	195.6	8 687.9
六河系统	井灌区	环河	1.5	4 552.0	756.0	167.0	88.0	5 564.5
六河系统	红崖山(下游)		318.5	58 946	6 428	707	648	67 047.5
大靖河系统		大靖	60.0	914.3	4.0	197.7	60.0	1 236.0
天祝		安远	0	0	0	0	0	0
肃南		皇城	0	0	0	0	0	0

注:张义、安远、皇城灌区用水量计入山区用水量。

按多年平均水资源总量和生活生产耗水量统计分析,石羊河流域水资源利用消耗率为109%;按多年平均水资源总量和全流域总耗水量统计分析,流域水资源消耗率为133.4%。持续过多地动用地下水净储量是导致生态环境严重恶化、人与自然矛盾持续尖锐的根本原因之一。

表 9-16　2000 年石羊河流域各水系平原区分灌区实际耗水量统计

河系	灌区	城镇生活	耗水量	农田灌溉	耗水量	林草	耗水量	农村生活	耗水量	工业	耗水量	总用水量	总耗水量
总计		5 394.16	2 459.7	245 539.48	142 557.0	12 464.24	10 295.3	5 805.09	5 805.09	16 238.18	10 701.0	285 441.15	171 818.09
西大河系统	合计	2 178.6	993.4	38 700.97	21 406.5	701.1	579.1	507.31	507.31	9 778.51	6 444.0	51 866.49	29 930.31
西大河系统	西河	28.8	13.1	11 393.46	5 374.3	195.5	161.5	199.1	199.1	9.5	6.3	11 826.36	5 754.3
西大河系统	四坝	250	114.0	3 601.51	1 762.9	36	29.7	96.21	96.21	290	191.1	4 273.72	2 193.91
西大河系统	金川	415	189.2	18 607	10 911.1	56.6	46.8	146	146	3 156.5	2 080.1	22 381.1	13 373.2
西大河系统	金川市区	1 484	676.7			35	28.9			6 316.11	4 162.3	7 835.11	4 867.9
西大河系统	昌宁	0.8	0.4	5 099	3 358.2	378	312.2	66	66	6.4	4.2	5 550.2	3 741.0
六河系统	合计	3 155.56	1 438.9	205 924.21	120 646.0	11 759.14	9 712.9	5 100.08	5 100.08	6 399.67	4 217.5	232 338.66	141 115.38
六河系统 河灌区	小计	2 732.58	1 246.1	99 692.2	51 637.7	3 197.93	2 641.4	2 969.09	2 969.09	4 686.06	3 088.2	113 277.86	61 582.49
六河系统 河灌区	东河	25	11.4	13 378	6 548.5	414	342.0	270	270	30	19.8	14 117	7 191.7
六河系统 河灌区	西营	25	11.4	29 495	15 356.6	662	546.8	611	611	210	138.4	31 003	16 664.2
六河系统 河灌区	金塔	406.8	185.5	11 937	6 321.2	635	524.5	603	603	329	216.8	13 910.8	7 851.0
六河系统 河灌区	凉州市区	1 732.8	790.2			32	26.4			1 902	1 253.4	3 666.8	2 070.0
六河系统 河灌区	杂木	256.16	116.8	25 868	13 237.9	762.6	629.9	547.33	547.33	1 044.17	688.1	28 478.26	15 220.03
六河系统 河灌区	黄羊	90.97	41.5	10 823	5 777.6	394	325.4	474.34	474.34	597.69	393.9	12 380	7 012.74
六河系统 河灌区	张义	0	0	0	0			0	0	0	0	0	0
六河系统 河灌区	古浪	195.05	88.9	7 375.2	3 938.4	283.33	234.0	437.02	437.02	555.2	365.9	8 845.8	5 064.22
六河系统 河灌区	古丰	0.8	0.4	816	457.5	15	12.4	26.4	26.4	18	11.9	876.2	508.6
六河系统 井灌区	小计	104.48	47.6	47 286.01	30 565.2	2 133.21	1 762.0	1 423.99	1 423.99	1 065.61	702.3	52 013.3	34 501.09
六河系统 井灌区	永昌县	16.9	7.7	9 358.13	6 663.0	245.32	202.6	351.1	351.1	412.89	272.1	10 384.34	7 496.5
六河系统 井灌区	清河	58	26.4	12 472.32	7 548.2	390	322.1	200	200	200	131.8	13 320.32	8 228.5
六河系统 井灌区	清源	11.46	5.2	13 209	8 699.4	376.49	311.0	290.19	290.19	169.12	111.5	14 056.26	9 417.29
六河系统 井灌区	金羊	16.62	7.6	7 694.56	4 656.7	365.4	301.8	415.7	415.7	195.6	128.9	8 687.88	5 510.7
六河系统 井灌区	环河	1.5	0.7	4 552	2 997.9	756	624.5	167	167	88	58.0	5 564.5	3 848.1
六河系统	红崖山(下游)	318.5	145.2	58 946	38 443.1	6 428	5 309.5	707	707	648	427.0	67 047.5	45 031.8
大靖河系统	大靖	60	27.4	914.3	504.5	4.0	3.3	197.7	197.7	60	39.5	1 236	772.4
天祝	安远		0	0	0	0	0	0	0	0	0	0	0
肃南	皇城												

注:张义、安远、皇城灌区耗水量计入山区耗水量。

9.4 流域水资源开发利用中存在的主要问题

石羊河流域属资源型缺水地区，随着人口增长和经济发展，进入下游的水量逐年锐减，致使下游绿洲萎缩，沙漠化、荒漠化趋势加剧。整个流域生态环境平衡失调和水资源危机，引发了严重的生态问题及社会问题。生态环境的不断恶化，直接威胁着流域经济社会的可持续发展与和谐社会的构建，务必引起高度重视。导致流域水资源危机及生态环境恶化的根本原因可以归结为“三多一少”，即人口多、灌溉面积多、水污染严重、水资源总量严重不足。

9.4.1 山区水源涵养林萎缩，出山径流变幅加剧

石羊河流域经济社会用水圈主要为出山口以下的走廊平原区，走廊区不产流，水源全部依靠祁连山区产水。近年来，流域上游祁连山区由于人为砍伐森林、过度放牧、开矿挖药和毁林毁草开荒种植，植被破坏严重，涵养水源的能力降低。目前，有近 1 500 km^2 的林草地被垦殖，水源林仅存不足 550 km^2，现有乔木林 644 km^2、灌木林 1 832 km^2，山区的植被覆盖率只有 40% 左右。祁连山灌木林线的上移和灌木林的草原化、荒漠化，造成的结果是保水能力减弱，调节功能降低，水土流失面积增大，大量泥沙及漂砾随洪水而下，淤积河床、水库及渠道，全流域上游山区的十多座水库均有程度不同的淤积，减少有效库容的 1/5 ~ 1/8。出山径流年内丰枯幅度 20 世纪 80 年代以后较五六十年代增大 30%，部分水库的调节能力已不能满足河川径流的变化需求。

9.4.2 水资源严重短缺，供需矛盾十分尖锐

石羊河流域深居大陆腹地，属大陆性温带干旱气候，降水量不足，平原区年降水量仅 150 ~ 300 mm，下游地区更是小于 150 mm，而年蒸发量却达 1 300 ~ 2 600 mm，蒸发量远大于降水量。

流域多年平均水资源量 16.59 亿 m^3，人均拥有当地水资源量 744 m^3，仅为全国的约 1/3，亩均水资源量 296 m^3，仅为全国的约 1/5，远低于人均 1 000 m^3 的国际水资源紧缺标准。人均及亩均水资源量与内陆河流域其他河流相比最低，见表 9-17。人均、单位面积耕地占有水资源量的严重不足，是石羊河流域用水紧缺和生态环境恶化的主要根源之一。

表 9-17 人均、亩均水资源量比较

流域名称	人均水资源量(m^3)	亩均水资源量(m^3)
石羊河	744	296
黑河	1 400	529
疏勒河	4 759	2 150
塔里木河	5 196	2 099
全省	1 114	389
全国	2 167	1 421

注：全国数据来自《中国水资源公报》(2000 年 7 月)。

近20年来，全流域人口增加了33.2%，农田灌溉面积增加了29.6%，粮食增加了45.2%，GDP翻了约6倍，而水资源量不但没有增加反而减少了约1%，流域的水资源负荷在继续上升（见表9-18、图9-3），现状水资源开发利用程度达172%，居内陆河流域之首。即便如此，流域现状还缺水5.43亿m^3，缺水程度17.4%，如果考虑地下水超采量，则缺水量高达11亿m^3左右，缺水程度高达35.4%。这势必导致经济社会用水挤占生态用水。而生态环境恶化反过来又威胁人类的生存环境，使人与自然不能和谐共处。20世纪90年代经济发展速度加快，来水却偏枯（见图9-4），更加剧了水资源与经济发展及生态环境之间的矛盾。

表9-18　石羊河流域主要社会经济指标

年代	人口（万人）	城镇人口（万人）	城市化率（%）	农田有效灌溉面积（万亩）	粮食产量（万t）	平均亩产（有效农田灌溉面积计算）（kg/亩）	GDP（2000年可比价）（亿元）
1980	167.4	23.91	14.3	347.27	66.18	190.6	16.6
1985	176.54	25.97	15.5	359.64	68.43	190.3	24.37
1990	192.41	31.33	16.3	356.34	75.43	211.7	38.6
1995	206.43	39.02	18.9	388.36	77.48	199.5	61.1
2000	223	60.41	27	449.98	96.1	213.6	95.9

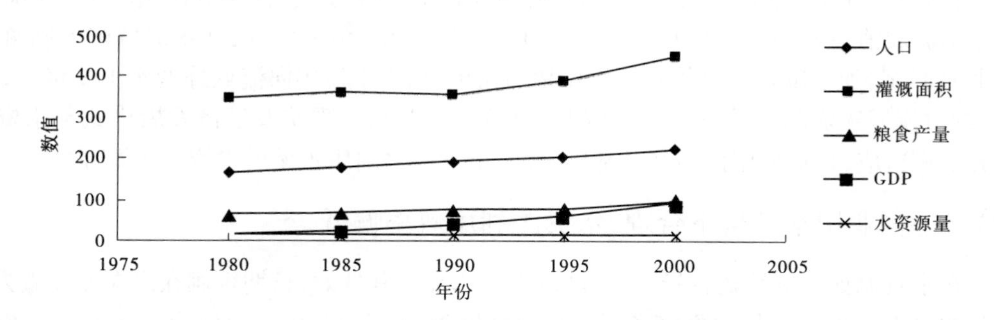

图9-3　石羊河流域社会经济发展与水资源对比

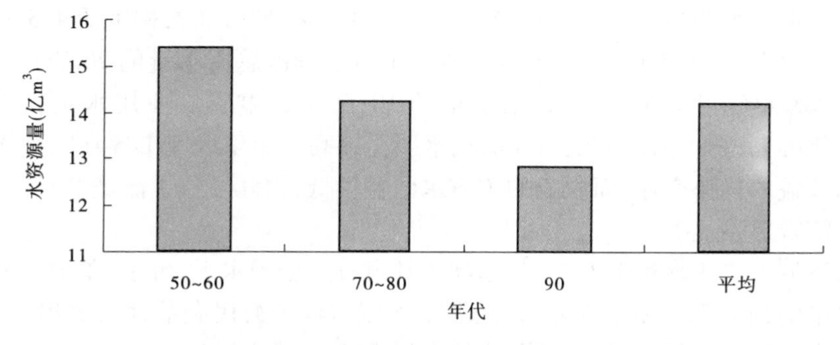

图9-4　石羊河流域不同年代水资源量对比

由于用水得不到保证，永昌、金昌、凉州、民勤等县区间及工农业间的水事纠纷层出不穷。金昌市自20世纪70年代以来为了保证工业及生活用水，多次采取停农保工措施，时常造成农民直接经济损失，且得不到任何补偿。目前，全流域仍有129万亩农田得不到保灌，尽管政府及群众正在采取不同的节水措施，但国民经济各行业用水仍然非常紧张。人们为了经济的发展，过度开发水资源，致使地下水位严重下降，破坏了人与自然的和谐关系，进而导致流域生态环境急剧恶化，全流域目前土地沙化面积已达2.22万km^2，占流域总面积的53.3%，平均每年沙化的面积达22.5万多亩，流沙压埋农田48万亩。由于沙化面积和荒漠草原枯死面积逐年扩大，沙漠每年以3～4 m的速度向绿洲推进。沙尘暴肆虐，威胁民勤、金昌和武威，甚至影响到整个北方地区。

造成目前流域水资源供需矛盾的主要原因，一是流域人口偏多，二是灌溉面积偏大。

石羊河流域近50年来人口年均增长17.5‰，至2000水平年总人口达到223万人。其中，2000年凉州区总人口超过了100万人，是甘肃省除省会兰州市属区县外人口最多的地区。石羊河流域现状绿洲承载人口已达每平方千米300人以上，与人口稠密的四川省水平相当。过多的人口和主要从事第一产业的人口结构，增加了水资源供给压力，加剧了水资源矛盾，引发了一系列生活经济与生态环境问题。

石羊河流域由于灌溉条件便利，光热资源充足，多年来形成了发达的灌溉农业，为保证全省粮食安全和经济发展作出了不可磨灭的贡献。2000年，全流域粮食产量96.08万t，占当年全省粮食总产量的14.5%，占河西地区粮食总产量的44.3%，其农业生产的效益和优势十分明显，为全省的经济发展发挥了重要作用。但是，这种灌溉和种植的优势，是建立在对自然资源，特别是水资源掠夺式开发利用的基础上取得的。全流域2000年产粮96.08万t，扣除本流域消耗80万～90万t，还有约10万t粮食调往流域之外，现状流域产1 kg粮食需耗水1.4 m^3，加之瓜果蔬菜等高耗水作物的输出，相当于每年向流域外调水1.2亿～1.5亿m^3，约占流域水资源总量的10%。因此，流域的产业结构现状及经济发展模式与水资源状况的不相适应，是造成国民经济各部门之间、上下游之间用水矛盾尖锐的主要原因。

9.4.3 行业用水结构不合理，水资源利用效率偏低

在水资源如此紧缺的背景下，流域用水结构却极其低效，长期徘徊在以农业灌溉为绝对成分的水平。2000年国民经济各行业总用水量28.4亿m^3，用水比例为工业5.4%，农田灌溉85.7%（其中，六河中游农田灌溉用水量占六河中游总用水量的比例高达89%，下游民勤县农田灌溉用水占民勤县总用水的87.8%），林草4.6%，城市及农村生活4.3%。根据《中国水资源公报》（2000年7月），2000年全国工业用水量占总用水量的20.7%，农业用水占总用水量的68.8%，生活用水占总用水量的10.5%，甘肃省农业用水量占总用水量的74.2%。由此可见，石羊河流域农田灌溉用水明显偏高。由于武威市各县优势产业为农业，没有其他高效益的优势产业，而农业的单方水效益很低，由此导致了流域尤其是六河系统耗水量大而经济效益不显著。

石羊河流域人均用水量1 273 m^3，远高于甘肃省及全国水平，可是，单方水GDP却只是全国平均水平的约1/5，水资源利用效率偏低，尤以六河下游民勤盆地为突出。民勤盆地人均用水量为全流域的2倍多，但民勤盆地的人均GDP仅为全流域的68%。西河系统因金昌市为工业城市，人均GDP略高于全国，但人均用水量也高于全国及全省水平，单方水GDP

与全国水平相比，仍还有不小差距（见表9-19）。

表9-19　石羊河流域水资源利用效率比较

区域	人均用水量(m^3)	人均GDP(元)	单方水GDP(元/m^3)
石羊河流域	1 273	4 243	3.33
六河中游	1 222	4 006	3.28
民勤(六河下游)	2 640	2 901	1.10
西河系统	1 166	8 171	7.01
甘肃省	478	3 839	8.03
全国	430	7 049	16.39

注：全国数据来自《中国水资源公报》(2000年7月)。

9.4.4　区域用水不平衡加剧，严重威胁构建和谐社会

流域经济和社会发展没有充分考虑流域水资源的整体承载能力及区域的平衡性，总用水和耗水规模偏大，中下游水资源配置不尽合理。

中游六河天然年径流量均值为13.7亿m^3。多年来，中游灌溉面积持续扩大，大中企业、五小企业迅猛发展，耗水量猛增。据统计，中游灌溉面积由新中国成立初期的165万亩增加到2000年的约278万亩，增长了0.7倍。总耗水量由新中国成立初期的5.67亿m^3增加到2000年的9.6亿m^3，尤其以农业耗水量增加为甚。就当地出山口水资源而言，由于中游地区耗用水量过大，留给下游民勤地区可供消耗的人均水资源量就极少，2000年六河中游人均耗水量742 m^3，留给民勤的只有350～400 m^3，中下游相差1倍左右，矛盾加剧。

中游地区地表水、地下水利用失衡，地下水位逐年下降，原有的泉水灌区基本演变为机井灌区，甚至是深井灌区，直接导致下游泉水溢出量减少。1971年前入民勤水量占六河出山水量的30%～35%，1971年后，由于中游地区水量消耗逐年增加，进入民勤的水量及其所占六河出山口水量的比例逐年减少，到2000年仅占六河年径流量的7.5%。六河山区来水与红崖山水库入库流量对比见图9-5。表9-20列出了几个径流接近多年均值年份情况下进入民勤的水量。从表9-20中不难看出，民勤来流的减少主要是中游用水增加的结果。

表9-20　六河典型年径流量与红崖山入库径流量对比

年份	六河年径流量(亿m^3)	中游年耗水量(亿m^3)	入民勤年径流量(亿m^3)	入民勤径流量占六河径流量比(%)
1957	13.31	8.67	4.64	34.9
1969	13.05	9.11	3.94	30.2
1976	14.04	11.36	2.68	19.1
1980	13.00	10.79	2.21	17.0
1990	14.09	12.39	1.70	12.1
2000	13.03	12.05	0.98	7.5

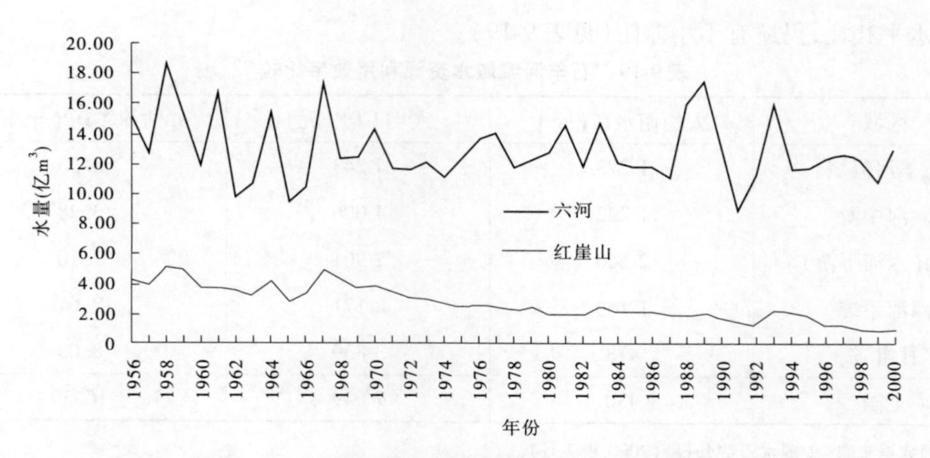

图 9-5　六河山区来水与红崖山水库入库流量对比

经计算,1971～2000 年的 30 年间,从蔡旗断面进入民勤的水量共计减少了 3 亿 m^3,平均每年递减约 0.1 亿 m^3。由于下游民勤无自产地表水,入境水量的逐年减少,必然导致民勤人民为了生存和生活而大量开采地下水,造成地下水位急剧下降、生态环境严重恶化的后果。

据有关资料统计,民勤红崖山水库以下现状绿洲面积 1 313 km^2,比 20 世纪 50 年代减少了 289 km^2。民勤盆地年超采量达 4 亿 m^3 以上,区域性地下水位下降 10～20 m,局部地区地下水位下降 40 m。绿洲潜水位平均每年降幅为 1.44 m,30 年降深总计 43.2 m,在绿洲中心形成深大漏斗。民勤县拥有机井 1.1 万眼,在运行的 9 400 眼机井中,有 300 眼井深达 300 m 以上。地下水超采开发,地下水位急剧下降,绿洲边缘大面积植被衰亡,土地荒漠化严重。同时,水质不断恶化,造成人畜饮水发生困难,一些地方群众已不得不移居他乡,成为生态难民,对构建和谐社会构成严重威胁。

9.4.5　水污染严重,进一步加剧水资源危机

随着经济的快速发展和城镇化趋势的加大,流域中游地区城市废污水排放明显增加,截至 2000 年,金昌市废水排放量为 3 364.42 万 t,较 1990 年增加 46.5%,武威市 2000 年排入石羊河的生产生活废水达 2 471.47 万 t。石羊河干流河流地表流量小,流程短,河道自净能力弱,环境容量小,纳污量十分有限,造成进入下游地表水水质严重污染。现状红崖山水库水质为劣Ⅴ类,民勤仍然在用这些水灌溉,后果可想而知。随着中游地表水水质的恶化,加上当地城市污水及地表各种污染物的渗漏,民勤地下水水质也受到不同程度的污染。同时,随着农业中地膜、化肥、农药用量的增加,土地土质、农作物品质也受到污染。民勤盆地南部地下水水质尚可,北部(泉山北部及湖区)地下水水质已明显恶化,且呈快速南侵之势。湖区大部分地下水因矿化度高,不仅人畜不能饮用,而且也无法用于农田灌溉。水质恶化进一步加重了下游水资源危机和日趋严重的生态问题。

9.4.6　水资源管理严重缺位

水资源缺乏统一管理和调度,流域内行政区域各自为政现象很严重。目前,石羊河流域水资源管理仍是以行政区划为单元的管理体制,地方水利部门缺乏对全流域水资源统一规

划、合理配置和协调发展的认识，而是局限于局部利益，各自为政，大量无序开发水土资源，中游地区超计划用水严重，且大量开采地下水，灌区工程配套不完善，水资源利用效率偏低。

下游民勤地区几十年来过量开垦耕地，严重超采地下水。据统计，20世纪80年代中期全县灌溉面积60多万亩，进入90年代，在“瓜籽热”的经济利益驱动下，耕地开荒处于无序状态，灌溉面积最高峰时期曾达到120万~130万亩，增加1倍多，随着瓜籽行情的低落，大量耕地被撂荒和弃耕，目前民勤县的灌溉面积维持在102万亩左右，近几年来超采地下水维持在4.0亿m^3以上。地表水供给的严重不足、地下水的掠夺性开采、地下水位的持续下降和地下水水质的恶化，导致新一轮的土地撂荒，民勤绿洲面临十分严重的水资源危机和生存危机等一系列问题。目前，民勤湖区部分地区由于地下水水质已不能满足灌溉要求，大片耕地由于水资源的匮乏而被迫弃耕，当地群众无法生存，背井离乡，沦落为“生态难民”。据统计资料，民勤湖区中渠乡1995年有人口1.56万人，目前在册人口仅0.8万人，实际生活的只有0.43万人。湖区北部生态环境恶化景况令人触目惊心，“罗布泊”现象已经出现。

基于以上对流域生活经济、生态环境及水资源情势的分析，可以得到以下几点结论：

（1）流域水资源总量不足，人均量少，严重制约区域经济社会快速、健康发展。

（2）流域水污染严重，对供水安全和环境安全构成严峻挑战。

（3）流域地下水长期超采，严重威胁了水资源的可持续利用，威胁着整个流域绿洲安全。

（4）上中下游用水严重失衡，对流域内社会安定、生态安全和经济发展构成严峻挑战。

（5）生态环境持续恶化，尾闾脆弱生态系统濒于崩溃，山区水源涵养区严重退化。石羊河流域已成为人与自然不和谐相处、经济社会不能可持续发展的典型区域。

（6）缺位的流域水资源管理制度，造成流域水资源利用的无序，加剧了对水资源的掠夺，将产生极其严重的社会危机，对构建和谐社会形成严峻挑战。

9.5　现状生态需水量与水资源供需分析

9.5.1　现状生态需水量计算

植被是生态系统的核心，是良好生态环境的体现和保障。天然植被（农作物、经济果木和人工草地除外）及农田防护林带生长所消耗掉的水量即是生态耗水量。由于各类植物群落的生长和耗水过程相当复杂，涉及的因素很多，因而耗水量的计算需通过大量不同区域、不同类型的灌溉试验来取得耗水规律及其相关数据。但在西北地区生态耗水量近年才受到重视，缺乏类似农田灌溉那样长期的试验依据，所以详细和精确的计算难度很大。本次计算从区域生态环境的主要问题和保护的主攻方向出发，利用区内和类似区域部分间断性观测和试验结果，主要针对植被的蒸腾耗水进行粗线条的估算。

9.5.1.1　计算类型和范围

1）区域范围

计算生态耗水量的目的是合理配置人类可利用和可控制的水资源。河西地区各主要河流的上游产流区位于祁连山区，天然降水完全能够满足生态良性循环的需要，也就不需要对生态环境给予专门的人工配水，所以本次不计算山区的生态需水量。在河流中下游地区，绿洲以外的地带性荒漠植被不占用人类可控制的水资源，基本处于天然平衡状态，因此生态耗水量的计算只限于中下游可利用水资源的消耗区，主要是人工绿洲及其外缘、对区域生态环境有较大影响的天然绿洲、平原湿地、自然保护区和重要设施等。

2）类型范围

从上面分析可知，河西地区生态环境的主要问题是土地沙漠化、草地退化、土壤盐渍化、水土流失、部分河段和城镇的污染、自然生物多样性受到威胁等。生态环境保护就是要在经济发展的同时使这些生态环境问题缓解、消除，至少使其不对经济可持续发展造成危害。由于内陆河流域的特点，用水稀释或冲洗污染物和土壤中过多的盐分将会给下游造成更严重的危害，因而盐渍化和污染问题只能靠改进生产和灌溉技术，堵住问题发生的源头，在此所指的生态需水量暂时不考虑稀释和冲淡用水。水土流失主要发生在上游产流区，也不在生态耗水范围内。河西各河中下游的草地绝大部分是依赖天然降水的荒漠和荒漠草原，既不必要也无可能分出水量对其进行大面积的灌溉改良，对这类草地退化问题只能采取减轻载畜压力，使其自然恢复的方法。人工灌溉草地还是一种生产性的经济行为，可与农作物轮、间作，其耗水计入农田灌溉范围。

土地沙漠化在河西绿洲主要表现为绿洲外围沙地向绿洲侵袭、绿洲内因植被衰败或防护体系不完善而产生的土壤风蚀和就地起沙。防治土地沙漠化的主要措施是在绿洲内建立完善的农田防护林网、在绿洲边缘与沙地的交接地带封育和保护天然植被或营造大型防沙阻沙林带等。这些植被维持正常生长和更新需要消耗的水分都属生态耗水的统计范围。

主要河流沿岸、湖泊和泉水周围以地表水和地下水为主要补给来源的天然植被，包括荒漠河岸林、盐生和中生灌丛及部分草甸草地，既是绿洲区的生态屏障，又是荒漠区重要动植物种类资源的栖居地，尤其在黑河下游地区还是主要的放牧场。这部分天然植被维持正常生长和更新需要消耗的水分应计入生态需水的统计范围。

由此可见，在河西地区需计入生态需水的主要类型是中下游区的全部人工林和天然林，全部人工灌丛及依赖地表水或地下水补给的天然灌丛、草甸和沼泽草地等。其中的人工植被类型不仅包括防护林体系（网、带、片等），也包括了农村的四旁树和城镇、工矿交通、国防基地的绿化地，但不包括经济林和人工草地。

9.5.1.2 **计算方法**

从计算的类型范围来看，生态需水量的组成可表述为

$$Q_z = Q_n + Q_i + Q_c$$

式中：Q_z 为总生态需水量；Q_n 为绿洲灌溉农田防护林体系需水量，为防护林体系面积 S_n 与单位面积防护林地年蒸腾耗水量 E_n 的乘积，即

$$Q_n = S_n E_n$$

Q_i 为农田防护林体系以外可起生态屏障作用的林地和灌丛，包括绿洲外缘固沙阻沙林、荒漠河岸林、低湿地灌丛及农村四旁树和城镇绿化地需水量。这些群落建群种较多，并有单独和混交之分。其基本计算公式为

$$Q_i = \sum_{i=1}^{n} S_i E_i$$

式中：S_i 为第 i 种林地（或混交类型）的面积；E_i 为第 i 种林地（或混交类型）单位面积的蒸腾耗水量。由于正常群落和退化群落蒸腾强度不同，因而在后面所述的两个生态耗水量指

标的计算中取不同值。

Q_c 为统计范围内各类草甸草地耗水量。由于草地水分动态方面的试验几乎处于空白，只能根据一些草地灌溉方面的经验粗略估算一个统一的单位面积蒸腾量 E_c，而面积 S_c 也不再区分各种类型，即

$$Q_c = S_c E_c$$

9.5.1.3 单位面积蒸腾需水量 E 值的确定

单位面积蒸腾需水量 E 值是利用面积定额法计算生态需水量的基础，其确定包括四个主要部分，即农田防护林、其他林地和灌丛、草甸草地、复合群落。

1）农田防护林

对于农田防护林（带、网）的耗水规律进行试验研究的很少，而且多数是为了探讨林带对所防护农田的水分效应，例如小气候湿度、生物排水等，它们的蒸腾需水量均是在农田正常甚至超量灌溉情况下取得的。而真正在接近衰败（凋萎）临界点时的需水量则缺乏有关试验资料，目前只能根据部分观测资料和调查结果，大致估算出农田正常灌溉条件下单位面积防护林的蒸腾需水量。本次利用黑河实测蒸腾量法推算出的农田防护林单位面积蒸腾需水量 E 值为 1 788 m^3/hm^2。现状和良好生态耗水量的差别主要体现于防护林对农田的覆盖率。

2）其他林地和灌丛

在研究区域内，这类植被的水分动态有一些资料，如甘肃省治沙所 1985 ~ 1993 年在民勤所做的试验观测。根据这些试验结果所得的单位面积生态需水量 E 值见表 9-21，这些值主要用于河西地区甘肃部分的计算。研究区域内虽然这类植被的分布面积较大，但是极不均匀，大多受到了人为的干扰，因而在进行乡镇生态需水量计算时，植株密度平均按照 645 株/hm^2 计，而保持良好生态环境的需水量则按平均 1 665 株/hm^2 计算。在计算表中未列出的其他乔木、灌木，分别采用新疆杨和沙拐枣的值。

表 9-21　农防林以外的乔灌木植物蒸腾耗水量

林龄	单位	沙枣	柠条	花棒	柽柳*	胡杨*	梭梭	沙拐枣	新疆杨	白刺
幼林	(kg/株)	745.13	200.5	274.03			214.39	116.16	220.54	268.88
	现状 (m^3/hm^2)	480.61	129.32	176.71			138.28	74.92	142.25	173.43
	良好 (m^3/hm^2)	1 240.64	333.83	456.26			356.96	193.41	367.20	447.69
成熟林	(kg/株)	1 149.8	563.48	1 018.83			260.57	196.85	839.34	
	现状 (m^3/hm^2)	741.62	363.44	657.15	15.05	1 195.8	168.07	126.97	541.37	
	良好 (m^3/hm^2)	1 914.41	938.19	1 696.35			433.85	327.76	1 397.50	

注：* 为额济纳旗测定结果，其余为民勤测定结果。

3)草甸草地

各类草甸草地单位面积耗水量统一采用黑河流域水资源合理开发利用研究中根据额济纳绿洲灌溉草地(主要是草甸草地)及地下水情况所估算的草地耗水定额675 m^3/hm^2。

4)黑河下游林草复合群落

黑河下游内蒙古额济纳三角洲的林草复合群落可分为三大类,现状需水定额分别为:河岸林、灌丛、低湿草甸2 127.74 m^3/hm^2,河泛地、湖滩低湿沼泽地的灌丛和草甸1 161.01 m^3/hm^2,盐化灌丛和杂草草地390.53 m^3/hm^2。

9.5.1.4 现状生态需水量

预测各水平年基本生态净需水量、毛需水量,2003年分别为6 076万 m^3、11 486万 m^3,2010年分别为7 799万 m^3、12 964万 m^3,2020年分别为8 433万 m^3、13 285万 m^3。

9.5.2 经济社会发展指标

石羊河流域的社会发展目标就是建设和谐的社会,以科学发展观为指导合理利用当地的资源和条件,倡导节水型社会的建设,以提高群众的生活水平和生活质量为重要任务,加快工业化和城市化的进程,以工业化促进城市化,以产业化带动城市的发展,树立内陆河流域建设新型小康社会的范式。

根据全省的社会经济发展总体规划和河西的发展战略,对石羊河流域的发展有具体的要求,石羊河的社会经济发展速度要高于全省的平均水平,要努力提早在全流域全面实现小康,率先走向和谐富裕。石羊河流域的资源和区位优势要得到尽可能的发挥,依托金昌和武威两市的城市资源和城市聚合力走工业化的道路,农业要工业化,产业要现代化,城市要信息化。

(1)人口:规划范围内2003年总人口211.47万人,其中城镇人口73.05万人。预测2010年总人口225.68万人,其中城镇人口89.43万人,城市化率达到39.6%;2020年总人口237.79万人,其中城镇人口116.28万人,城市化率达到48.9%。

(2)工业总产值:规划范围2003年工业总产值152.76亿元。预测2010年达到325.41亿元,2020年达到801.07亿元。

(3)大小牲畜:规划范围内2003年332.39万(头)只。预测2010年达到356.37万(头)只,2020年达到385.91万(头)只。

石羊河流域社会经济发展指标预测结果见表9-22。

(4)灌溉规模调整:现状流域农田灌溉面积446.11万亩,到2010年调整农田灌溉配水面积为363.85万亩,2020年为310.59万亩。为进一步减小民勤盆地用水规模,对红崖山灌区进一步按农业人口人均2.0亩进行灌溉配水规模的比较分析,此方案对应全流域灌溉配水面积2010年为353.39万亩,2020年为300.13万亩。

全流域生态林网灌溉面积2010年、2020年分别为35.1万亩、39.6万亩。

9.5.3 需水量预测

根据分析预测的各水平年社会经济发展指标和需水定额,预测各水平年需水量。山区需水量以现状用水量为基数,考虑农田退耕还林(草)面积调整指标和节水改造潜力,一次性核定耗水总量4 393万m^3,其中六河水系上游山区4 275万m^3,西大河水系上游118万m^3。此部分水量直接从天然来水中扣除,需水量只针对平原区分析预测。

生活、工业及基本生态需水量,按预测各水平年的发展指标及节水定额分析预测。

(1)城镇生活需水:包括居民生活和公共设施两部分。预测各水平年城镇生活净需水量、毛需水量分别为2003年3 501万m^3、4 341万m^3,2010年4 600万m^3、5 382万m^3,2020年6 791万m^3、7 877万m^3。

(2)农村人畜需水:按全部消耗考虑。预测农村人口生活需水量和大小牲畜需水量,2003年分别为2 034万m^3、1 571万m^3,2010年分别为2 483万m^3、1 887万m^3,2020年分别为2 513万m^3、2 462万m^3。

(3)基本生态需水:预测各水平年基本生态净需水量、毛需水量,2003年分别为6 077万m^3、11 485万m^3,2010年分别为7 800万m^3、12 964万m^3,2020年分别为8 433万m^3、13 283万m^3。

(4)工业需水:预测各水平年工业净需水量、毛需水量,2003年分别为13 285万m^3、15 820万m^3,2010年分别为22 798万m^3、25 554万m^3,2020年分别为28 527万m^3、31 895万m^3。

生活、工业及基本生态净、毛需水量分别见表9-23、表9-24。

9.5.4 水资源供需平衡分析

根据石羊河流域天然水系和水资源开发利用情况,与抢救民勤关系较大河流的水资源开发利用与循环转化关系可表述为图9-6的形式。

按图9-6,石羊河流域可划分为三个水文地质单元:六河水系中游片,包括东大河、西营河、金塔河、杂木河、黄羊河、古浪河及其毗连的水库灌区和井灌区,统称武威南盆地;六河水系下游片,为石羊河下游红崖山水库以下的民勤县,也称民勤盆地,是抢救的重点区域;西大河水系片,为西大河出山口后至金川峡间的永昌盆地和金川峡水库以下的金川—昌宁盆地。

石羊河流域水资源利用长期处于超载状态,水资源供需矛盾十分突出,总耗水量超过总水资源量,全流域地下水超采严重,以下游为甚,详见表9-25。

9.5.4.1 现状供需平衡分析

现状水平年流域总毛需水量35.19亿m^3,总供水量28.80亿m^3,缺水量6.39亿m^3。需水中,农业需水31.66亿m^3,其他需水3.53亿m^3;供水中,水库供水(包括杂木渠首的供水量)14.04亿m^3,地下水供水14.76亿m^3,地下水已占总供水的50%以上。在优先保障生活、工业和基本生态的配水次序下,主要是农业灌溉缺水。

表 9-22　石羊河流域分水系社会经济发展指标预测

水系		县区	人口(万人)									工业产值(亿元)			大小牲畜(万头/只)		
			2003 年			2010 年			2020 年			2003 年	2010 年	2020 年	2003 年	2010 年	2020 年
			人口	城镇	农村	人口	城镇	农村	人口	城镇	农村						
合计			211.47	73.05	138.42	225.68	89.43	136.24	237.79	116.28	121.38	152.76	325.41	801.07	332.39	356.37	385.91
西大河系统		小计	38.10	22.70	15.40	39.67	24.84	14.80	41.82	28.90	12.84	91.41	189.79	449.3	36.77	39.42	42.68
		金川区	20.82	18.05	2.77	21.67	19.50	2.17	22.82	21.68	1.14	69.93	145.19	343.7	9.40	10.08	10.91
		永昌县	16.22	4.45	11.77	16.9	5.09	11.79	17.8	6.88	10.89	21.41	44.46	105.3	26.45	28.35	30.70
		民勤县	1.06	0.20	0.86	1.1	0.25	0.84	1.2	0.34	0.81	0.07	0.14	0.3	0.92	0.99	1.07
六河系统	中游	小计	121.40	43.26	78.14	131.95	55.48	76.46	139.06	75.07	63.90	53.72	118.75	308.3	169.47	181.70	196.76
		凉州区	98.95	35.09	63.86	102.97	45.31	57.65	108.45	61.31	47.14	46.89	103.66	268.86	117.32	125.79	136.22
		古浪县	11.49	5.33	6.16	17.58	6.88	10.69	18.51	9.31	9.20	5.28	11.67	30.28	14.90	15.97	17.30
		永昌县	8.99	2.47	6.52	9.4	2.82	6.54	9.9	3.81	6.04	0.63	1.38	3.59	36.84	39.50	42.77
		民勤县	1.97	0.37	1.60	2.0	0.47	1.58	2.2	0.64	1.52	0.92	2.04	5.30	0.41	0.44	0.47
	下游	民勤县	27.69	5.15	22.54	28.8	6.65	22.16	30.3	8.99	21.35	4.64	10.26	26.6	53.13	56.96	61.69
出山口以上		小计	24.28	1.94	22.34	25.26	2.46	22.82	26.61	3.32	23.29	2.99	6.61	17.14	73.02	78.29	84.78
		武威市	21.54	0.60	20.94	22.41	0.76	21.66	23.61	1.03	22.58	2.58	5.70	14.79	41.54	44.54	48.23
		张掖市	2.74	1.34	1.40	2.85	1.70	1.16	3.00	2.29	0.71	0.41	0.91	2.35	31.48	33.75	36.55

注：表中不含引黄灌区指标。

表 9-23　生活、工业及基本生态净需水量

（单位：万 m^3）

水系		县区	城镇生活			农村人畜						工业			基本生态		
			2003年	2010年	2020年	2003年		2010年		2020年		2003年	2010年	2020年	2003年	2010年	2020年
						农村生活	大小牲畜	农村生活	大小牲畜	农村生活	大小牲畜						
合计			3 501	4 600	6 791	2 034	1 571	2 483	1 887	2 513	2 462	13 285	22 798	28 527	6 077	7 800	8 433
西大河系统		小计	1 126	1 321	1 741	270	223	323	267	328	349	7 835	12 144	14 315	822	876	1 163
		金川区	922	1 068	1 345	49	57	47	68	29	89	5 944	9 276	10 937	345	338	496
		永昌县	195	241	377	206	160	258	192	278	251	1 884	2 856	3 362	357	461	595
		民勤县	9	12	19	15	6	18	7	21	9	7	12	16	120	77	72
六河系统	中游	小计	2 150	2 964	4 558	1 369	1 026	1 675	1 233	1 632	1 609	4 893	9 731	12 882	4 068	4 948	5 346
		凉州区	1 793	2 481	3 804	1 119	711	1 263	854	1 204	1 114	4 126	8 371	10 924	3 208	4 104	3 960
		古浪县	233	327	510	108	90	234	108	235	141	581	1 051	1 514	122	119	667
		永昌县	108	134	209	114	223	143	268	154	350	75	125	179	635	616	614
		民勤县	16	22	35	28	2	35	3	39	4	111	184	265	103	109	105
	下游	民勤县	225	315	492	395	322	485	387	553	504	557	923	1 330	1 187	1 976	1 924

表 9-24　生活、工业及基本生态毛需水量

（单位：万 m^3）

水系		县区	城镇生活			农村人畜						工业			基本生态		
			2003年	2010年	2020年	2003年		2010年		2020年		2003年	2010年	2020年	2003年	2010年	2020年
						农村生活	大小牲畜	农村生活	大小牲畜	农村生活	大小牲畜						
合计			4 341	5 382	7 877	2 034	1 571	2 483	1 887	2 513	2 462	15 820	25 554	31 895	11 485	12 964	13 283
西大河系统		小计	1 324	1 468	1 935	270	223	323	267	328	349	9 219	13 493	15 905	1 600	1 729	1 849
		金川区	1 085	1 186	1 495	49	57	47	68	29	89	6 993	10 306	12 152	627	614	718
		永昌县	229	268	419	206	160	258	192	278	251	2 217	3 173	3 735	774	986	1 035
		民勤县	10	14	21	15	6	18	7	21	9	9	14	18	199	129	96
六河系统	中游	小计	2 716	3 520	5 363	1 369	1 026	1 675	1 233	1 632	1 609	5 859	10 975	14 425	7 930	8 014	8 299
		凉州区	2 241	2 919	4 476	1 119	711	1 263	854	1 204	1 114	4 854	9 302	12 138	6 100	6 482	6 081
		古浪县	311	408	600	108	90	234	108	235	141	774	1 313	1 781	266	247	1 147
		永昌县	144	167	246	114	223	143	268	154	350	100	156	211	1 392	1 148	939
		民勤县	20	26	41	28	2	35	3	39	4	131	204	295	172	137	132
	下游	民勤县	301	394	579	395	322	485	387	553	504	742	1 086	1 565	1 955	3 221	3 135

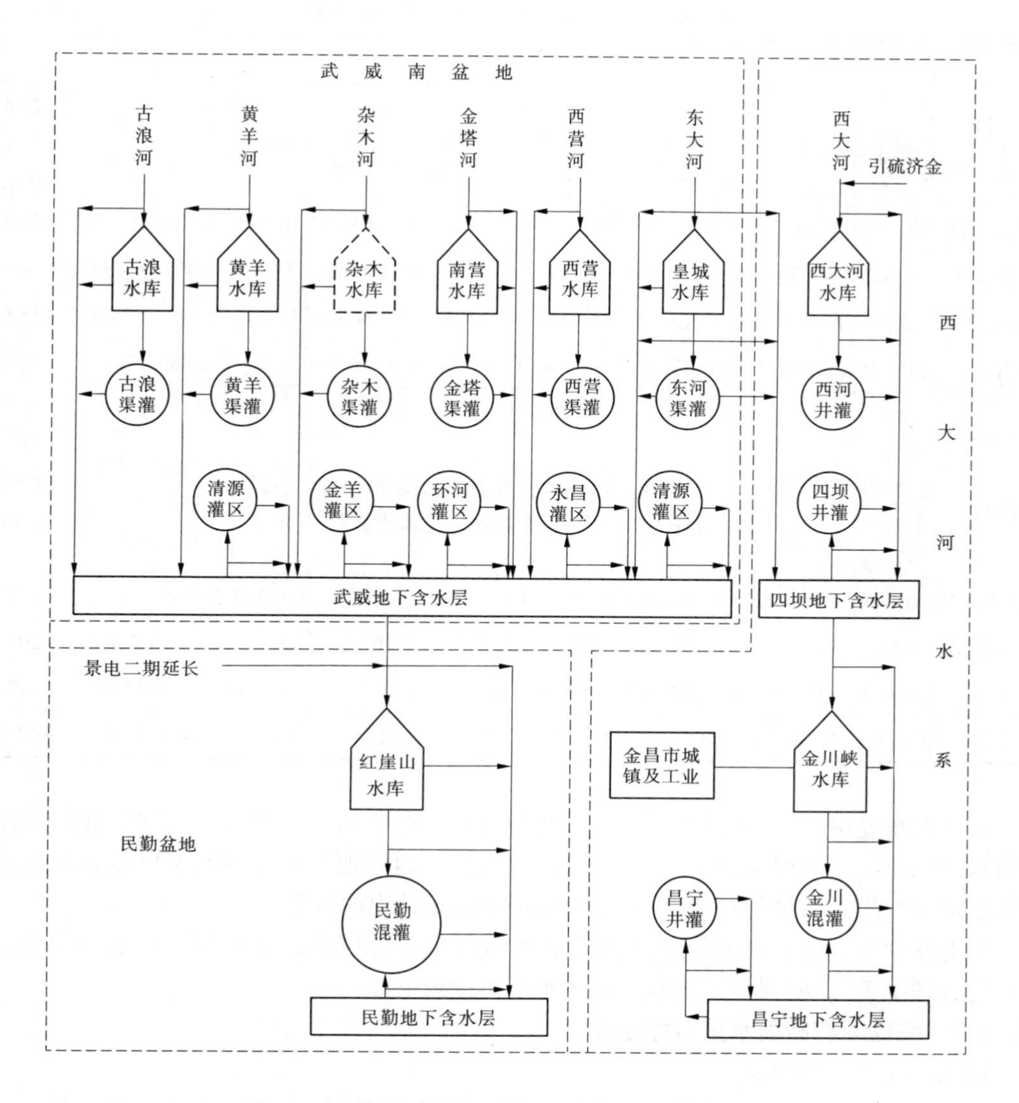

图 9-6 石羊河水资源系统利用与转化概化图

流域出山口以下当地水资源量 15.02 亿 m^3，外流域调水量 0.84 亿 m^3，两者之和为 15.86 亿 m^3。现状水平年，农业耗水 13.81 亿 m^3，生活、工业、基本生态耗水 2.20 亿 m^3，渠系输水蒸发损失及其他蒸发 4.21 亿 m^3，总耗水 20.18 亿 m^3。耗水量大于水资源量，地下水处于负均衡状态。全流域地下水超采量达 4.25 亿 m^3，其中六河中游武威南盆地 1.29 亿 m^3，下游民勤盆地 2.96 亿 m^3。石羊河流域中上游对水资源不断增加的开发利用，减少了进入下游民勤盆地的水量。根据历史资料分析，石羊河进入民勤县境内水量由 20 世纪 50 年代的 4.6 亿 m^3 减小到 90 年代的 1.5 亿 m^3，1999 年以后更维持在 1.0 亿 m^3 左右，并且还有减少的趋势。经分析预测，在现状用水水平下，到 2020 年这一水量将减少到 0.7 亿 m^3 以下，下游生态环境将更加恶化。

表 9-25　石羊河流域现状水平年供需平衡　（单位：万 m^3）

毛供需平衡

项目	需水				供水			毛用水				供需平衡
	农业灌溉	生活工业	基本生态	总需水	水库供水	井供水	总供水	农业	生活工业	生态	总用水	农业缺水
武威南盆地	201 233	10 973	7 930	220 136	97 234	74 721	171 955	153 052	10 973	7 930	171 955	-48 181
民勤盆地	59 857	1 757	1 955	63 569	11 919	51 650	63 569	59 854	1 760	1 955	63 569	-3
西河水系	55 519	11 037	1 601	68 157	31 235	21 256	52 491	39 853	11 037	1 601	52 491	-15 666
合计	316 609	23 767	11 486	351 862	140 388	147 627	288 015	252 759	23 770	11 486	288 015	-63 850

净耗水平衡

项目	出山口以下当地水资源总量	外流域进入/调入量	总计	农业耗水	工业生活耗水	基本生态耗水	渠道输水损失及其他蒸发	总耗水量	盆地间水量交换(出)	盆地间水量交换(入)	地下水蓄变量
武威南盆地	126 489	1 308	127 797	82 240	6 752	4 852	25 404	119 247	21 455		-12 905
民勤盆地	3 122	3 052	6 174	34 481	933	1 134	8 102	44 650		8 867	-29 609
西河水系	20 612	4 000	24 612	21 363	6 893	1 000	8 618	37 874		12 588	-677
合计	150 223	8 360	158 583	138 084	14 578	69 86	42 124	201 771	21 455	21 455	-43 191

从生态角度讲，除位于石羊河干流和红崖山水库两侧的环河灌区因受河道和红崖山水库回水影响而地下水埋深较浅外，石羊河流域的其他地方地下水埋深状况已难以支撑该地区天然地带性生态植被的存活，更谈不上发展和抵御沙漠的侵袭。

为遏制中下游生态环境的恶化，必须改变现行的不合理水资源利用模式，在全流域范围内进行合理配置，以确保中下游盆地地下水不再持续下降。

9.5.4.2　民勤蔡旗断面水量目标论证

1）民勤生态保护目标

石羊河流域重点治理，是以抢救民勤，绝不让民勤成为第二个罗布泊为主要目标。这一目标具体体现在保障民勤盆地特别是民勤北部的生态不再继续恶化，并通过治理有所好转。

民勤盆地天然年降水量不足 100 mm，除少数稀疏沙生植被可靠天然降水存活外，其他天然生态均依靠地下水生长。当地下水埋深小于植被根系临界可吸取水量的深度时，生态存活；反之，生态退化直至死亡。根据有关研究成果，这一地下水临界埋深一般为 3～4 m。

因此，可以地下水均衡状况和地下水埋深小于 3 m 的范围代表民勤盆地的生态状况。地下水停止超采，可代表民勤生态基本停止继续恶化；地下水埋深小于 3 m，可代表地带性天然植被基本可以生存；地下水埋深小于 3 m 范围扩大，可代表适宜天然植被存活与发展的范围扩大，生态条件有所改善。

综上所述，民勤生态保护的水资源支撑目标可具体为：2010 年，地下水停止超采，生态环境恶化得到有效遏制；2020 年，通过进一步合理配置水资源，民勤盆地实现一定量的地下水正均衡，生态环境得到明显改善，其北部地下水埋深小于 3 m 范围逐渐扩大，出现有限的旱区湿地，期望绿洲规模稳定在不小于 1 000 km^2 的水平。

2）蔡旗断面水量和红崖山出库水量关系

蔡旗水文站设在民勤—凉州界的民勤侧，为省级水文站，是石羊河进入民勤盆地的最后地表水文站。因此，蔡旗水文站可作为监控进入民勤县境地表水的控制断面。

红崖山水库出库断面是武威南盆地与民勤盆地之间水量交换的分界，红崖山水库出库水量加上民勤盆地 0.31 亿 m^3 与地表水不重复的地下水量，构成了支撑民勤盆地社会经济发展和生态环境的水资源总量。

在蔡旗水文站与红崖山水库之间，有民勤县的环河灌区（纯井灌区）。蔡旗断面的地表水经与环河灌区地下水部分交换后，到达红崖山水库断面。根据多年实际观测资料，蔡旗水文站与红崖山水库出库断面之间输水效率为 0.859。

蔡旗断面的水量及进入红崖山水库的水量，受流域中上游水资源及其开发利用方式和下游外调水量影响。

3）蔡旗断面水量目标分析

根据拟定的 2010 水平年民勤盆地需水规模，通过地表水与地下水转换关系试算，可生成 3 个相对应的供需方案，以地下水采补基本平衡为控制条件，推算民勤红崖山水库的出库水量，进一步推算蔡旗断面的水量目标。具体结果见表 9-26。

表 9-26　2010 水平年民勤盆地水资源供需平衡分析　（单位：万 m^3）

供需方案	需水				供水			毛用水				供需平衡	
	农业灌溉	生活工业	生态	总需水	水库供水	井供水	总供水	农业	生活工业	生态	总用水	农业缺水	地下水均衡值
方案一	35 021	2 352	3 211	40 594	29 585	11 009	40 594	35 021	2 351	3 221	40 593	0	281
方案二	26 224	2 352	3 221	31 797	22 930	8 867	31 797	26 224	2 352	3 221	31 797	0	45
方案三	25 139	2 352	3 221	30 702	22 023	8 679	30 702	25 139	2 352	3 221	30 702	0	26

根据水资源供需分析结果可知：

在供需方案一条件下，要实现 2010 年民勤盆地地下水采补平衡，红崖山水库出库水量不小于 2.96 亿 m^3，相应蔡旗断面来水量不小于 3.45 亿 m^3。

在供需方案二条件下，要实现 2010 年民勤盆地地下水采补平衡，红崖山水库出库水量不小于 2.29 亿 m^3，蔡旗断面来水量不小于 2.67 亿 m^3。

在供需方案三条件下，要实现 2010 年民勤盆地地下水采补平衡，红崖山水库出库水量不小于 2.2 亿 m^3，蔡旗断面来水量不小于 2.56 亿 m^3。

9.5.4.3　六河可调地表水水量分析

石羊河流域主要由 8 条山水河流，3 个水系组成，与民勤盆地相关的主要是位于中部的六河水系，包括东大河、西营河、金塔河、杂木河、黄羊河、古浪河等 6 条河流。六河在出山口以下均对应一个河水灌区，基本将出山径流全部引用。根据对应河水灌区灌溉配水面积、综合净定额、灌溉水利用系数等计算分析各灌区灌溉引水量和渠首断面可调水量，见表 9-27。

表 9-27　六河可调地表水水量计算　（单位：万 m^3）

项目	东大河	西营河	金塔河	杂木河	黄羊河	古浪河
水库出库水量	30 986	36 607	13 533	23 753	12 207	6 004
渠首断面水量	27 887	32 946	12 180	21 378	10 986	5 404
渠首调出水量	14 200	0	0	0	0	0
渠首灌溉引水量	9 537	19 159	7 850	16 825	12 511	12 551
渠首断面可调水量	4 150	13 787	4 330	4 553	-1 525	-7 147

由表 9-27 可知，黄羊河、古浪河对应灌区人多、地多、水少，资源性缺水严重；金塔河承担向凉州城区的部分供水任务，亦无富余水量；东大河、西营河、杂木河有一定的富余水量，有向下游民勤输水的可能性。具体输水规模、方式应依据六河中游地表地下水均衡分析结果最终选定。

9.5.5　规划水平年水资源配置

9.5.5.1　2010 水平年六河中游武威南盆地水资源供需分析

根据民勤蔡旗断面水量目标，以中游武威南盆地地下水采补平衡为控制条件，分析水资源供需平衡和地下水均衡状况，推算蔡旗断面水量，选择既能满足蔡旗水量目标又能实现中游地下水采补平衡的水资源配置方案及治理措施。

1）供需方案一

供水方案以现状供水工程为基础，不建设专用输水工程，不考虑民调水量；需水方案为以常规节水模式为主、适度发展高效节水灌溉的需水方案一。供需平衡结果见表 9-28。

表 9-28　2010 水平年武威南盆地水资源供需平衡分析　（单位：万 m^3）

供需方案	需水				供水			毛用水				供需平衡		蔡旗断面来水
	农业灌溉	生活工业	生态	总需水	水库供水	井供水	总供水	农业	生活工业	生态	总用水	农业缺水	地下水均衡	
方案一	134 036	17 403	6 396	157 835	101 094	48 016	149 110	125 311	17 403	6 396	149 110	-8 725	-3 041	9 859
方案二	112 637	17 404	8 014	138 055	89 503	40 244	129 747	104 329	17 404	8 014	129 747	-8 308	7 013	12 988
方案三	112 637	17 404	8 014	138 055	86 777	42 940	129 717	104 299	17 404	8 014	129 717	-8 338	-2 146	11 242
方案四	112 637	17 404	8 014	138 055	88 177	41 785	129 962	104 543	17 404	8 014	129 961	-8 094	564	11 292

从供需平衡结果可知，该方案下，六河中游的缺水量为 8 725 万 m^3，地下水负均衡 3 041 万 m^3，蔡旗断面来水量 9 859 万 m^3。此方案即使考虑民调水量，距民勤蔡旗水量目标也相去甚远，无法实现抢救民勤的目标，同时六河中游地下水负均衡值较大，不满足治理目标要求，故不予推荐。

2）供需方案二

供水同供需方案一。进一步加大田间节水力度，提高高效节水面积比例，即需水方案二。供需平衡结果见表 9-28。

从供需平衡结果可知，通过进一步加大节水力度，六河中游缺水程度有所下降，蔡旗断面来水量由现状的0.98亿m^3增加到1.3亿m^3，地下水实现正均衡0.7亿m^3。此方案下，六河中游具备向下游增泄水量的条件，但依靠天然河道输水无法满足民勤蔡旗水量目标，因此有必要建设专用的输配水工程，所以此方案不予推荐。

3）供需方案三

为实现民勤蔡旗水量目标，考虑修建西营、杂木两条专用输水渠，西营向蔡旗输水1.1亿m^3、向杂木输水0.3亿m^3。需水同供需方案二。供需平衡结果见表9-28。

从供需平衡结果可知，此方案下蔡旗断面来水量1.12亿m^3，加上西营、杂木两条专用输水渠输水，蔡旗断面总来水量达到2.52亿m^3，基本满足需水方案三条件下民勤蔡旗2.56亿m^3的水量目标。但该方案下，六河中游地下水负均衡值达到0.21亿m^3，无法实现中游地下水采补平衡、遏制中游生态环境恶化趋势的治理目标，故此方案亦不予推荐。

4）供需方案四

为了在实现民勤蔡旗水量目标的同时，使中游地下水达到采补基本平衡，考虑民调工程的调水量，杂木河不向民勤蔡旗输水。其他同供需方案三。供需平衡结果见表9-28。

从供需平衡结果可知，此方案下六河中游实现了地下水的采补平衡。蔡旗断面河道来水量达到1.13亿m^3，加上西营专用输水渠输水量1.1亿m^3，民调水量0.42亿m^3（总分水闸断面设计调水规模0.61亿m^3，总分水闸断面至红崖山出库断面输水效率约0.7），蔡旗断面总来水量达到2.65亿m^3以上。此方案既实现了民勤蔡旗断面水量目标，也使中游地下水基本达到采补平衡，故推荐该方案。

9.5.5.2 2010水平年流域水资源配置及重点治理方案

根据民勤盆地和六河中游的水资源供需平衡结果，可以看出：民勤蔡旗断面水量目标方案一（3.45亿m^3）是无法实现的；水量目标方案三（2.56亿m^3）是建立在红崖山灌区人均2亩灌溉配水面积的需水方案之上的，由于民勤缩减的全部为保灌面积，按人均2.5亩计，下降幅度已达44%以上，考虑到进一步缩减面积实施的难易程度以及对农民收入的影响，不推荐该方案；水量目标方案二（2.67亿m^3）在供需方案四条件下基本满足，推荐该方案。

综合分析，2010水平年，推荐需水方案二对应的田间节水措施，即六河中游井灌区户均1座温室大棚和1亩大田滴灌，高效滴灌面积达到31.97万亩，占中游总配水面积的15%；民勤盆地户均1座温室大棚和人均1亩大田滴灌，高效滴灌面积达到27.46万亩，占民勤盆地总配水面积的49%。兴建西营河向民勤蔡旗专用输水渠工程。

推荐方案下，全流域2010水平年水资源供需平衡见表9-29，净耗水量平衡见表9-30。

表9-29 推荐方案2010水平年水资源供需平衡 （单位：万m^3）

项目	需水				供水			毛用水				供需平衡
	农业灌溉	生活工业	生态	总需水	水库供水	井供水	总供水	农业	生活工业	生态	总用水	农业缺水
武威南盆地	112 637	17 404	8 014	138 055	88 177	41 785	129 961	104 543	17 404	8 014	129 961	-8 094
民勤盆地	26 224	2 352	3 221	31 797	22 930	8 867	31 797	26 224	2 352	3 221	31 797	0
西河水系	50 772	15 553	1 729	68 054	32 801	18 324	51 125	33 843	15 553	1 729	51 125	-16 929
合计	189 633	35 309	12 964	237 906	143 908	68 976	212 883	164 610	35 309	12 964	212 883	-25 023

表 9-30　**推荐方案 2010 水平年净耗水量平衡**　（单位：万 m^3）

分区	出山口以下当地水资源总量	外流域进入/调入量	总计	农业耗水	工业生活耗水	基本生态耗水	渠道损失及其他蒸发	总耗水量	盆地间水量交换(出)	盆地间水量交换(入)	地下水蓄变量
武威南盆地	129 369	1 830	131 199	62 704	12 413	4 947	18 493	98 557	32 077		565
民勤盆地	3 122	4 270	7 392	16 091	1 678	1 976	6 179	25 924		18 660	128
西河水系	20 612	4 000	24 612	18 827	11 034	876	7 718	38 455		13 417	-426
合计	153 103	10 100	163 203	97 622	25 125	7 799	32 390	162 936	32 077	32 077	267

2010 水平年水资源配置方案：

规划范围武威、金昌两市出库断面可分配水资源量 15.31 亿 m^3（包括与地表水不重复的地下水资源量 0.99 亿 m^3 和浅山区小沟、小河可利用资源量 0.64 亿 m^3），水资源配置方案为：凉州区 7.30 亿 m^3，民勤县 2.66 亿 m^3，古浪县 0.70 亿 m^3，金昌市 4.65 亿 m^3。

2010 水平年重点治理措施：

（1）维持景电向民勤年调水 6 100 万 m^3，红崖山水库出库水量不少于 4 270 万 m^3。充分发挥引硫济金工程效益，向金昌市足额年调水 4 000 万 m^3。

（2）修建西营河专用输水渠，优先从上游水库直接输水 1.1 亿 m^3 至民勤蔡旗断面，使蔡旗断面水量达到 2.67 亿 m^3（水量组成为西营输水 1.1 亿 m^3，河道下泄 1.08 亿 m^3，民调水量 0.49 亿 m^3），实现蔡旗断面不小于 2.5 亿 m^3 的水量目标。

（3）调整武威农田灌溉配水面积，使之不超过 246.38 万亩，其中民勤 62.53 万亩（红崖山以下 56.26 万亩），调整金昌农田灌溉配水面积使之不超过 117.47 万亩。加大高效节水力度，重点在凉州、民勤的井灌区实施管灌、滴灌节水，规划安排六河中游高效滴灌面积 31.97 万亩，民勤盆地高效滴灌面积 27.46 万亩。

此方案下，全流域以及各盆地地下水采补基本平衡。

9.5.5.3　2020 水平年流域水资源配置及重点治理方案

在 2010 水平年治理措施的基础上，为了实现民勤盆地地下水正均衡，使地下水浅埋区（埋深小于 3 m）范围逐步扩大，需进一步在六河中游的黄羊、古浪、东河、清河灌区进行节水改造，节余水量通过东大河至蔡旗专用输水渠输向民勤。同时，进行西大河水系的灌区节水改造，缓解西大河水系的水资源供需缺口，基本实现全流域社会经济与生态环境的可持续发展。

2020 水平年流域水资源供需平衡见表 9-31，净耗水量平衡见表 9-32。

2010 水平年水资源配置方案：

2020 水平年水资源配置方案：

规划范围武威、金昌两市出库断面可分配水资源量 15.31 亿 m^3（包括与地表水不重复

表 9-31　治理方案下 2020 水平年水资源供需平衡　（单位：万 m^3）

项目	需水				供水			毛用水				供需平衡
	农业灌溉	生活工业	生态	总需水	水库供水	井供水	总供水	农业灌溉	生活工业	生态	总用水	农业缺水
武威南盆地	93 264	23 028	8 300	124 592	82 159	41 899	124 058	92 730	23 028	8 300	124 058	-534
民勤盆地	25 755	3 202	3 135	32 092	23 456	8 636	32 092	25 755	3 202	3 135	32 092	0
西河水系	18 756	18 516	1 850	39 122	22 842	14 992	37 834	17 468	18 516	1 850	37 834	-1 288
合计	137 775	44 746	13 285	195 806	128 457	65 527	193 984	135 953	44 746	13 285	193 984	-1 822

表 9-32　治理方案下 2020 水平年净耗水量平衡　（单位：万 m^3）

分区	出山口以下当地水资源总量	外流域进入/调入量	总计	农业耗水	工业生活耗水	基本生态耗水	渠道损失及其他蒸发	总耗水量	盆地间水量交换（出）	盆地间水量交换（入）	地下水蓄变量
武威南盆地	129 369	1 525	130 894	60 034	14 025	5 346	16 255	95 660	34 875		359
民勤盆地	3 122	4 575	7 697	15 803	1 486	1 924	7 346	26 559		21 458	2 596
西河水系	20 612	4 000	24 612	11 673	13 054	1 163	5 684	31 574		13 417	6 455
合计	153 103	10 100	163 203	87 510	28 565	8 433	29 285	153 793	34 875	34 875	9 410

的地下水资源量 0.99 亿 m^3 和浅山区小沟小河可利用水资源量 0.64 亿 m^3）。水资源配置方案为：凉州区 7.30 亿 m^3，民勤县 2.96 亿 m^3，古浪县 0.70 亿 m^3，金昌市 4.35 亿 m^3。

2020 水平年重点治理措施：

（1）维持景电向民勤年调水 6 100 万 m^3。充分发挥引硫济金工程效益，向金昌市足额年调水 4 000 万 m^3。

（2）修建东大河至民勤蔡旗专用输水渠，从皇城水库向民勤蔡旗断面输水 0.30 亿 m^3，使蔡旗断面地表水量达到 2.97 亿 m^3 以上（水量组成为西营输水 1.1 亿 m^3，河道下泄 1.08 亿 m^3，民调水量 0.49 亿 m^3，东大河水量 0.30 亿 m^3）。

（3）结合渠道电站建设，完成东大河、西大河向金川峡水库专用输水渠的改造，从东大河向金川峡水库输水 1.28 亿 m^3，从西大河向金川峡水库输水 0.40 亿 m^3，实现金昌市范围内永昌县和金川区水资源配置目标。

（4）调整武威农田灌溉配水面积使之不超过 244.3 万亩、民勤 62.53 万亩（红崖山以下 56.26 万亩），重点在黄羊、古浪、东河、清河灌区进行节水改造。

（5）调整金昌农田灌溉配水面积使之不超过 66.29 万亩，在西河水系所属的西河、四坝、金川、昌宁灌区实施灌区节水改造。

(6)改扩建杂木河渠首;整治景电民调渠下段河道工程,使红崖山水库相应出库水量在4 270万m^3的基础上有所增加。

此方案下,全流域地下水采补实现正均衡0.94亿m^3,其中六河水系中游武威南盆地地下水采补持续保持2010水平年基本平衡状态,下游民勤盆地实现正均衡0.26亿m^3,西河水系实现正均衡0.65亿m^3。

通过治理,流域水资源供需平衡有很大改善,缺水量将从现状的6.38亿m^3降低到2010年的2.5亿m^3和2020年的0.18亿m^3;在合理配置和需求管理共同措施下,缺水程度(缺水量/需水量)将从现状的18.3%降低到2010年的10.5%和2020年的0.9%。通过产业结构的大力调整和高效节水的大面积实施,农业需水大幅下降,全流域的水资源基本实现了供需平衡。

通过治理,在兴建西营河、东大河向民勤专用输水渠,改造东大河、西大河向金川峡水库专用输水渠的条件下,流域地下水均衡从现状的-4.32亿m^3到2010年实现采补平衡,到2020年实现正均衡0.94亿m^3。民勤盆地地下水均衡从现状的-2.96亿m^3到2010年实现采补平衡,到2020年实现正均衡0.26亿m^3。六河中游武威南盆地地下水均衡从现状的-1.29亿m^3到2010年实现地下水采补平衡,以后保持基本平衡状态;民勤下游湖区北部有望逐步出现局部浅埋区,并且浅埋区面积随着时间的延长逐渐扩大,可望出现局部旱区湿地等看得见的治理效果。

通过治理,石羊河流域水资源开发利用程度(毛用水/总水资源量)从现状的172%降低到2010年的128%和2020年的117%,水资源利用消耗率(生产、生活、基本生态耗水量/总水资源量)从现状的109%降低到2010年的80%和2020年的76%,总体状况得到较大改善。

按照本规划的治理方案实施,对抢救民勤有十分积极的作用,民勤生态将有明显恢复,中游武威南盆地生态系统将得到有效修复,石羊河流域整体生态状况得到较大改善,经过全流域人民的共同努力,抢救民勤绿洲、修复中游绿洲的目标将会实现。

9.6 水资源可持续利用与生态环境保护对策

石羊河流域现状毛供水量和净耗水量均超过了该流域的水资源量,即使计入新增的1.0亿~1.2亿m^3外调水,现状毛供水量和净耗水量仍超出总水资源量,表明现状流域不但供水工程的供水能力已经很高,而且,若不扩大超采,从现有水资源中已难以提高总供水量。因此,根据治理目标,合理配置当地水资源和有限外调水资源,是供水预测的主要任务。

9.6.1 水量分配的基本原则

石羊河流域随着社会经济的发展和人口的增加,水资源短缺、生态环境恶化等问题日益严重。在石羊河流域,由于水资源时空分布的特性加之自然界可提供的水资源量的有限性,水资源供需之间的矛盾不但会长期存在且日趋尖锐。

水资源是流动和变化中的资源,从流域上游到下游随时在与流经的区域进行着水量的交换。所流经的地区由于自然条件和水资源条件不同,其生态环境状况和经济社会发展状况往往也不尽相同,因而对水资源的取用程度和需求设想也不同。一个流域的水资源数量及其可利用量是有限的,一方对水资源的过度开发利用必将造成对另一方的损害,而不能达到整体的最优。

水资源合理配置要以可持续发展为总原则,对有限的、不同形式的水资源,通过工程措施与非工程措施在各用水户之间进行科学分配。石羊河流域水资源合理配置有三方面的原则:

(1)在水源上,要统筹考虑地表水和地下水的转化关系和联合运用,考虑水资源利用过程中的引、供、用、耗、排各个环节,综合考虑跨流域调水的现实性和持续性,考虑污水处理与回用等,尽可能做到高水高用、好水好用、尾水生态用的配置格局。

(2)在空间上,要统筹考虑流域上、中、下游和区域内各行政区域的用水公平性,在保障生活用水、基本生态用水的前提下,兼顾地区间缺水度差异性最小和水资源效率最高,尽可能合理发挥水资源在不同地区的最佳作用。

(3)在结构上,要统筹考虑生活、生产和生态三部分用水,根据重要性和优先用水原则,以保障生活用水、基本生态用水,尽可能满足工业用水,协调农业用水和其他生态用水的顺序,合理配置水资源,以体现流域水资源支撑人类社会发展和保障人类生存环境安全的重要作用。

由于石羊河流域水资源的稀缺性、不可替代性和时空分布的不均衡性以及供求矛盾,天然的水循环条件及现实的水资源利用格局已经严重扭曲水资源使用的公平性,难以实现既保障流域绿洲安全又支持区域经济发展的目标,要求我们必须在水资源自然配置格局的基础上进行合理的人工配置,用工程和管理的手段,协调、避免上下游之间的用水矛盾。

综合以上原则,建立石羊河流域水资源合理配置方案可行及优劣的综合评价准则:①社会经济发展与水资源开发利用的可持续性;②与合理的社会经济发展速度相协调,水的利用要高效率和高效益;③各地区的需水破坏程度差别尽可能小,既可减小缺水损失,又兼顾社会公平的原则;④尽可能恢复石羊河尾闾民勤盆地北部的有限湿地。

9.6.2 水量分配方案

9.6.2.1 生活用水量分配

生活用水包括城镇居民生活、农村居民生活、牲畜饮水三部分。现状石羊河流域城镇居民生活综合用水标准为 120 ~ 140 L/(人·d),农村居民生活综合用水标准为 30 ~ 60 L/(人·d)。

依据正在进行的全国水资源综合规划,并参照《城市给水工程规划规范》(GB 50282—98)确定的城镇居民生活综合用水定额为:金川区、凉州区 170 L/(人·d),民勤县、古浪县、天祝县、永昌县、肃南县 150 L/(人·d);农村居民生活综合用水定额为:山区气候阴湿,用水定额略低于平原区,山区 54 L/(人·d),平原区 60 L/(人·d)。

9.6.2.2 工业用水量分配

依 2003 年工业用水量和工业总产值统计数字,计算出现状工业用水定额为:金川区 136.5 m^3/万元,永昌县 181.4 m^3/万元,凉州区 151.5 m^3/万元,民勤县 217.7 m^3/万元,古浪县 169 m^3/万元,天祝县和肃南县用水量很小,定额在 200 m^3/万元左右。

根据《中国可持续发展水资源战略研究报告集》第 2 卷“中国水资源现状评价和供

需发展趋势分析”中的资料，我国现状内陆河流域工业取水定额为136.5 m^3/万元，工业取水定额年平均递减率为5.4%。考虑石羊河流域工业以资源－加工混合型为主，耗水量较大，节水水平相对落后。甘肃省正在加快工业强省步伐，工业发展速度较快，为确保工业用水，在考虑节约用水的前提下，确定石羊河流域工业配水定额如下：金川区、永昌县、凉州区为135 m^3/万元，民勤县、古浪县为145 m^3/万元，天祝县和肃南县为160 m^3/万元。

9.6.2.3 基本生态用水分配

基本生态用水包括北拒风沙的天然生态基本用水和中保绿洲的人工绿洲防护林体系基本用水。根据土地资源详查成果，现状石羊河流域的人工防护林网体系面积占农田灌溉面积的5%～7%，灌溉定额为210～240 m^3/亩。

根据相关的研究成果和监测成果，河西走廊地区人工绿洲防护林体系面积占农田灌溉面积的合理比例为8%～10%，依树木高度和风力有所变化。考虑石羊河流域各县区地处风沙线，从流域生态安全出发，按农田灌溉面积的4%～5%配置北拒风沙的天然生态基本用水。两项合计，基本生态用水面积占农田灌溉面积的合理比例为：金川区、民勤县15%，其余各县12%；配水定额山区为160 m^3/亩，古浪县由于自身水资源不足为175 m^3/亩，其余均为220 m^3/亩，以保障林木处于较好的生长状态。

9.6.2.4 农业灌溉用水分配

石羊河流域现状农业灌溉用水水平十分不均衡，由于自然条件、土壤质地、种植结构的差异，各县区的用水定额和节水水平差距较大。

武威市的主要灌溉县区有凉州区、古浪县和民勤县。凉州区人均土地资源紧缺，农业人口人均耕地1.5～2.2亩，整体上属于精耕细作，单位面积灌水量较小，常规节水水平下灌水定额为60～70 m^3/亩，但复(套)比例非常高，灌溉定额较高，为350～425 m^3/亩；古浪县土地资源丰富，但水资源十分紧缺，复(套)比例低，非充分灌溉十分普遍，灌溉定额为250～280 m^3/亩；民勤县由于多年来不断开荒，人均耕地面积较大，为4.5～5.2亩，又由于地处沙漠边缘，干旱指数高，灌溉定额为340～410 m^3/亩；

金昌市包括金川区和永昌县。金川区和永昌县土地资源丰富，农业人口人均耕地较多，分别为4.1亩和5.1亩，除金川灌区、清河灌区的自然地理条件与凉州区较为相似，用水水平也较接近外，其他如永昌县西河灌区、东河灌区均地处冷凉地区，海拔1 900～2 200 m，种植结构十分单一，土层较薄，沙性大，保水性差，灌溉定额较高，为340～410 m^3/亩，单位产出水平也较低。

根据各县区经济发展水平和自然条件，考虑产业结构调整因素，确定农田灌溉配水面积：基本灌溉农田按农业人口人均2.0～2.5亩灌溉面积配水，其中永昌县、民勤县按人均2.5亩配水，金川区、凉州区、古浪县按人均2.0亩配水，山区灌溉面积按人均≤2.5亩核定引水量，农场灌溉配水面积根据县区调整情况同比例核减。对于未配水量的面积，各县区及农户可通过调整种植结构、采取节水灌溉等方法，在核定的水量范围内实施灌溉。

针对各县区的特点，充分考虑各县区的实际，以各县区常规节水灌溉试验资料为基本依据，确定农业灌溉配水定额：金川区、凉州区为350 m^3/亩，永昌县、民勤县为370 m^3/亩，古浪县为240 m^3/亩。

9.6.2.5 预留水量

在上述水量分配方案下，参照流域多年平均水资源总量，流域尚剩余水资源 7 316 万 m³。此部分水量将作为全流域应急调度的预留水量，由流域管理机构统一调配，不再向各县区分配。

9.6.2.6 水量分配方案

根据上述基本规定和定额指标体系，提出多年平均情况下的流域水量分配方案，见表 9-33、表 9-34。

在多年平均水量分配方案的基础上，对不同来水频率（$P=90\%$、$P=75\%$、$P=50\%$、$P=25\%$、$P=10\%$）仍然按照前述优先顺序进行分配，即枯水年：按照优先保证生活用水、其次保证重点工业和基本生态用水、剩余水量满足农业和其他用水的配水原则进行分配；丰水年：按照配水优先顺序不变、水量不再增加、富余水量全部沿河道下泄的原则进行分配。

必须指出的是，表 9-33 的水量，在空间上界定的是分配给各县区的净水资源量，在类别上界定的是分配给各行业的净耗水量。各县区各部门的水量总和，即为该县区在来水多年平均状况下的最大可耗水量。各县区可在此框架下，通过节约、调整、处理、利用等措施，挖潜改造，最大限度地提高水资源对国民经济各部门的满足程度。

表 9-33 石羊河流域水量分配方案 （单位：万 m³）

县(区)			生活配水	工业配水	基本生态配水	农业配水	合计	预留水量
总计			13 272	23 601	8 505	107 738	153 116	7 316
出山口以下	合计		12 285	23 103	8 399	104 937	148 724	7 316
	武威市	小计	9 389	7 991	6 792	82 503	106 675	
		凉州区	6 373	6 330	4 030	53 425	70 158	
		民勤县	1 955	816	2 096	23 505	28 372	
		古浪县	1 061	845	666	5 573	8 145	
	金昌市	小计	2 883	15 112	1 607	21 400	41 002	
		金川区	1 302	12 137	329	3 492	17 260	
		永昌县	1 581	2 975	1 278	17 908	23 742	
	张掖市	小计	13			1 034	1 047	
		山丹县				915	915	
		肃南县	13			119	132	
出山口以上	合计		987	498	106	2 801	4 392	
	武威市	小计	858	432	95	1 723	3 108	
		凉州区	73	37	69	1 324	1 503	
		古浪县	413	40	26	322	801	
		天祝县	372	355		77	804	
	张掖市	肃南县	129	66	11	1 078	1 284	

续表 9-33

县(区)			生活配水	工业配水	基本生态配水	农业配水	合计	预留水量
全流域总水量	合计		13 272	23 601	8 505	107 738	153 116	7 316
	武威市	小计	10 247	8 423	6 887	84 226	109 783	
		凉州区	6 446	6 367	4 099	54 749	71 661	
		民勤县	1 955	816	2 096	23 505	28 372	
		古浪县	1 474	885	692	5 895	8 946	
		天祝县	372	355		77	804	
	金昌市	小计	2 883	15 112	1 607	21 400	41 002	7 316
		金川区	1 302	12 137	329	3 492	17 260	
		永昌县	1 581	2 975	1 278	17 908	23 742	
	张掖市	小计	142	66	11	2 112	2 331	
		山丹县				915	915	
		肃南县	142	66	11	1 197	1 416	

9.6.3 水量分配方案合理性分析

按人均水资源量分析，从金昌、武威两市看，金昌市分配水量为 4.10 亿 m^3，人均 896 m^3；武威市分配水量为 10.98 亿 m^3，人均 616 m^3，可见，金昌市人均水量较武威市高，主要原因是金昌市人口相对较少、工业分配水量相对较多。

县区之间重点分析凉州区和民勤县之间的水量关系。凉州区分配水量为 7.17 亿 m^3，人均 711 m^3；民勤县分配水量为 2.84 亿 m^3，人均 924 m^3。民勤县人均分配水量明显高于凉州区，其主要原因一是民勤县水量分配按农业人口人均 2.5 亩灌溉面积配水，较凉州区人均高 0.5 亩；二是民勤县亩灌溉定额在考虑节水条件下，因地理位置、气候条件等平均较凉州区高 20 ~ 30 m^3；三是分配给民勤县的生态用水人均较凉州区高约 27 m^3。

民勤县人均灌溉面积多，这是不合理的经济社会发展模式长期积累、演变的结果，在较短的时间范围内缩减配水面积，必须考虑现实的可能性、可行性和可操作性，按农业人口人均 2.5 亩灌溉面积分配灌溉水量，灌溉面积下降比例高达 44% 以上，且缩减面积基本为保灌面积。显然，如何落实这个比例，同时确保农民收入不减少，地方经济发展又不受较大影响，是落实流域水资源配置方案、实现流域治理目标的关键环节。

总体看，根据流域重点工业布局和农业灌溉面积分布现状及自然条件，按照水量分配所遵循的基本原则和水资源比选论证结论，水量分配方案基本是合理的，也具有较强的可操作性。今后，根据流域治理进展情况，在适当的时候应对流域水量分配方案进行调整，以利于全流域经济社会持续、协调发展。

表 9-34　石羊河流域水量按河流地域分配方案

（单位：万 m^3）

控制断面	项目	大靖河	古浪河	黄羊河	杂木河	金塔河	西营河	东大河	西大河	合计	浅山区小沟、小河水量	纯地下水资源量	总计
天然来水量		1 268	7 275	14 282	23 797	13 670	37 011	32 317	15 768	145 388	6 360	9 983	161 731
控制断面以上	小计	100	1 182	1 745	44	37	75	1 091	118	4 392			4 392
	凉州区			1 503						1 503			1 503
	古浪县	77	724							801			801
	肃南县						75	1 091	118	1 284			1 284
	天祝县	23	458	242	44	37				804			804
	水库损失	10	90	330		100	330	240	200	1 300			1 300
控制断面以下	控制断面水量（水库出库断面）	1 157	6 004	12 207	23 753	13 533	36 607	30 986	15 450	139 697	6 360	9 983	156 040
	预留水量		16		2 648		2 120	2 532		7 316			7 316
	合计	1 157	5 988	12 207	21 105	13 533	34 487	28 454	15 450	132 381	6 360	9 983	148 724
	肃南县							132		132			132
	山丹县								915	915			915
	永昌县							11 802	9 954	21 756	1 986		23 742
	金川县							12 679	4 581	17 260			17 260
	凉州区			12 207	17 753	13 533	17 586			61 079	4 374	4 705	70 158
	古浪县	1 157	5 988							7 145		1 000	8 145
	民勤县				3 352		16 901	3 841		24 094		4 278	28 372

续表 9-34

控制断面	项目		大靖河	古浪河	黄羊河	杂木河	金塔河	西营河	东大河	西大河	合计	浅山区小沟小河水量	纯地下水资源量	总计
全流域水量	总计		1 257	7 186	13 952	23 797	13 570	36 682	32 077	15 568	144 089	6 360	9 983	160 432
	预留水量			16		2 648		2 120	2 532		7 316			7 316
	合计		1 257	7 170	13 952	21 149	13 570	34 562	29 545	15 568	136 773	6 360	9 983	153 116
	武威市	小计	1 257	7 170	13 952	21 149	13 570	34 487	3 841		95 426	4 374	9 983	109 783
		凉州区			13 710	17 753	13 533	17 586			62 582	4 374	4 705	71 661
		民勤县				3 352		16 901	3 841		24 094		4 278	28 372
		古浪县	1 234	6 712							7 946		1 000	8 946
		天祝县	23	458	242	44	37				804			804
	金昌市	小计							24 481	14 535	39 016	1 986		41 002
		金川区							12 679	4 581	17 260			17 260
		永昌县							11 802	9 954	21 756	1 986		23 742
	张掖市	小计						75	1 223	1 033	2 331			2 331
		山丹县								915	915			915
		肃南县						75	1 223	118	1 416			1 416

9.6.4 高效水资源利用体系建设

节约用水、提高水资源利用效率、增加效益和维护可持续发展是节水型社会建设的核心内容。

(1)微观上要提高各行各业水资源利用效率,采取工程、经济、技术、行政等各项措施,降低单位产品的水资源消耗量,提高产品、企业和产业的水利用效率。

(2)宏观上要协调区域发展与水资源承载能力相适应。首先,通过加快流域的城镇化和产业结构调整步伐,提高水资源配置效益;其次,进行农业结构内部调整,优化农业种植结构,控制农业灌溉规模,加大节水型经济作物种植比例,全面提升农产品的技术、经济含量。

通过统筹规划,合理安排生活、生产和生态用水,将流域社会经济发展规模控制在水资源承载能力范围之内,避免以"生态环境赤字"为代价维系社会经济发展,实现社会经济可持续发展。

9.7 水资源管理及对策

重点治理的根本措施是加强水资源配置和管理,切实转变用水观念和发展模式,通过大力调整产业结构,特别是农业种植结构,改变传统的耕作习惯,转变用水方式,提高用水效率和效益。

9.7.1 实施产业结构的调整

石羊河流域现状产业结构布局与流域水资源承载力不相适应,第一产业规模偏大,占用水量过多,水资源利用效率和效益不高。因此,必须加快流域的城镇化建设、产业结构调整和农业内部结构调整步伐,减轻水土资源的承载压力。通过优化农业种植结构,控制农业灌溉规模,加大节水型经济作物种植比例,减少农业用水总量,把挤占的生态用水退出来。这是流域治理最直接有效的措施。

金昌市是我国镍都和铂族金属提炼中心,其矿产资源开发和冶炼加工具有世界级的水平,以采掘业、有色冶金业、化工业、新材料、能源工业和建材工业为主导产业,进一步拓展发展范围,延伸产业链,大力发展高新技术产品,加大第三产业的发展力度,实现金昌工业的再次腾飞,辐射带动区域经济结构调整和发展。武威市是国家级历史文化名城,有"银武威"之称,在农业产业化、规模化和商品农业方面具有明显的比较优势,要进一步发展制造业、酿造业、农副产品加工业和物流业;合理布局城市工业,强化武威商贸中心和交通枢纽地位;开发以马踏飞燕和雷台为代表的旅游资源,利用历史文化名城丰富的旅游资源发展旅游业和服务业,拉动区域第三产业发展。总之,石羊河流域要依托金昌和武威两市的城市资源及城市聚合力走工业化的道路,农业要工业化,产业要现代化,城市要信息化,对三次产业结构进行大的调整,通过农业现代化与工业化的同步推进,壮大农村集体经济力量,提高第二、三产业增加值在国内生产总值中的比重,以吸纳越来越多的农村剩余劳动力,减轻水土资源的承载压力,整体提高区域经济效益。同时,要加强城市废污水治理和排放控制,做到达标排放,提高再生水和工业用水的重复利用率,2020 水平年第二、三产业用水全面达到节水型社会建设要求的标准,基本实现清洁生产和循环经济发展模式。

农田灌溉规模调整后，石羊河流域要明确不再作为甘肃省的商品粮基地，以粮食自给自足为条件，结合高效节水模式的大面积推广，依据灌区不同的地理位置，光、热、水资源条件，因地制宜地推进产业化的高效种植业发展道路。规划在六河中游312国道和兰新铁路附近的井河混灌区一带，发展以外销为主的万亩温室大棚蔬菜基地；在六河中游井灌区，以葡萄酒业为依托，发展10万亩的酿酒葡萄基地，同时为市场提供一定数量的鲜食葡萄；下游民勤盆地以其独特的自然地理条件，规模化种植棉花、瓜类、盐地药材等，并以此为依托，逐步走上农业产业化、工业化的发展道路。金昌市农业要依托工业的快速发展，结合高效节水模式的推广，在金川区建设农副产品供应基地。

随着高效节灌模式的实施，政府要积极做好市场引导、技术指导、水资源管理等各项工作，确保产业结构调整的顺利实施和各类产业的持续发展。

到2010年，石羊河流域第一、二、三产业比例由现状的24:46:30调整到17:47:36；种植业内部的粮、经种植结构由现状的76:24调整到65:35。到2020年，第一、二、三产业比例调整到9:44:47；粮、经种植结构调整到50:50。

适度控制农业灌溉规模。流域现状灌溉面积446.11万亩，其中保灌面积约328.1万亩，主要分布在井水或井河混灌区；非保灌面积约118.01万亩，主要分布在沿山的河水灌区，其中凉州区64万亩、古浪县10.01万亩、金昌市44万亩。根据上中下游人均占有水资源量、人均占有土地资源量、人均配水面积、现状实灌面积等多项指标，依据流域水量分配方案，经多方案论证分析，确定流域农田灌溉有效面积由现状的446.11万亩压缩为310.59万亩，减少135.52万亩。压缩的135.52万亩灌溉面积中，河水灌区68.05万亩为非保灌面积，占总压缩面积的50.2%；井水灌区23.46万亩、井河混灌区44.01万亩基本为保灌面积，占总压缩面积的49.8%。显然，压缩后的河水灌区仍然存在非保灌面积，但在结构调整和强化节水措施下，非保灌面积规模将显著下降。现状条件下，压缩非保灌面积不会引起农民人均实际灌溉面积的减少；井水或井河混灌区配水面积的压缩，将会直接引起农民人均实际灌溉面积的减少和收入的下降。因此，在井水或井河混灌区配水面积压缩后，地方政府要结合新农村建设和灌区节水改造工程的实施，通过各种途径对农民加以扶持和帮助。一是组织群众，输出劳务，增加收入，改变农民对土地的依靠程度；二是引导和扶持群众发展特色和设施农业，提高土地产出效益；三是加快城镇化进程，拓宽农民就业渠道。通过以上各种措施，确保减少保灌配水面积后，农民收入不降低，区域经济社会发展不受较大影响，又有利于农民群众致富奔小康目标的如期实现和加快社会主义新农村建设的步伐。

分步实施：2010年以前先期压缩与抢救民勤生态关系最为密切的西营、杂木、环河、红崖山等灌区63.34万亩灌溉面积，其中环河、红崖山灌区压缩的37.13万亩为保灌面积，昌宁灌区压缩6.86万亩；金昌市六河水系的东河、清河灌区，现状非保灌而轮歇的18.92万亩，予以调减。2011~2020年六河水系主要压缩凉州区的黄羊县、永昌县的东大河和清河，古浪县的古浪等灌区17.4万亩面积，其中仅清河灌区压缩的2.65万亩为保灌面积；西河水系主要压缩金昌市的西河、四坝和金川等灌区35.86万亩面积，其中四坝灌区压缩的3.13万亩为保灌面积。各县区及灌区农田灌溉配水面积调整见表9-35。

表 9-35　石羊河流域农田灌溉配水面积调整　（单位:万亩）

灌区名称			2003 年农田灌溉面积	2010 年		2020 年	
				压缩	农田灌溉配水面积	压缩	农田灌溉配水面积
			①	②	③	⑥	⑦
总计			446.11	82.26	363.85	53.26	310.59
武威市	合计		309.72	63.34	246.38	2.08	244.30
	凉州区	小计	174.98	19.35	155.63		155.63
		西营	44.99	9.19	35.80		35.80
		金塔	15.68		15.68		15.68
		杂木	37.72	5.74	31.98		31.98
		黄羊	29.74	4.42	25.32		25.32
		永昌	16.76		16.76		16.76
		清源	17.82		17.82		17.82
		金羊	12.27		12.27		12.27
	古浪县	小计	28.22		28.22	2.08	26.14
		古浪	25.37		25.37	2.08	23.29
		古丰	2.85		2.85		2.85
	民勤县	小计	106.52	43.99	62.53		62.53
		红崖山	89.56	33.30	56.26		56.26
		环河	7.81	3.83	3.98		3.98
		昌宁	9.15	6.86	2.29		2.29
金昌市	合计		136.39	18.92	117.47	51.18	66.29
	永昌县	小计	109.93	18.92	91.01	40.47	50.54
		西河	37.28		37.28	22.02	15.26
		四坝	11.65		11.65	3.13	8.52
		东河	40.92	11.93	28.99	12.67	16.32
		清河	20.08	6.99	13.09	2.65	10.44
	金川区	金川	26.46		26.46	10.71	15.75

9.7.2　水资源配置保障工程

根据规划水资源配置方案，要保证将配置给地处下游数十千米的民勤县和金川区的地表水量输送到县界控制断面，在现状流域水循环条件下，仅依靠天然河道输水是根本不可能实现的。修建专用输配水工程是保证实现下游民勤盆地配水目标、落实水资源配置方案不可或缺的措施，否则，流域治理目标将不可能实现。民勤存则全流域稳，民勤亡则全流域危。所以，从全流域可持续发展角度考量，修建专用输配水工程是有利于全流域生态环境保护与建设的。

水资源配置保障工程主要包括专用输配水渠道工程、景电民调输水渠下段河道整治工程等。依据流域水资源配置方案以及各河流地表水可调水量分析结论，向六河下游民勤蔡旗断面承担分水任务的河流主要有西营河、东大河，向西河下游金川峡断面承担分水任务的河流主要有西大河、东大河。为实现抢救民勤生态、修复中游生态的治理目标，规划 2010 年前，完成西营河向民勤蔡旗输水任务；为实现民勤生态系统明显好转、中游生态系统持续修复的治理目标，规划 2020 年，完成东大河向民勤蔡旗输水任务；为落实全流域水资源配置方案、实现全流域治理目标，尚应改建东大河、西大河向金川峡水库输水渠工程，整治景电民调输水渠下段河道。本次规划的重点是西营河至民勤蔡旗专用输水渠工程。

9.7.2.1 西营河至民勤蔡旗专用输水渠

西营河至民勤蔡旗专用输水渠工程的可行性研究报告已经完成，经多方案技术经济全面比较论证，推荐渠线起始于西营渠首，结合西营灌区总干渠、部分干渠，然后沿四坝干河古河床布置至四坝水库（干库），由南向北穿越永昌井灌区和西营河入干流河口，在石羊河左岸台地平行河流布置至蔡旗水文站上游汇入石羊河干流，渠线总长 50.4 km。渠道工程地质条件比较简单，无重大工程地质问题。天然建筑材料储量丰富，开采条件好。专用渠设计流量 22 m^3/s，平水年设计年输水量 1.1 亿 m^3。渠道纵坡基本依地面自然坡降控制，一般为 1/300 ~ 1/800。横断面主要采用梯形明渠形式，在穿越永昌井灌区段采用了整体现浇钢筋混凝土箱形结构的暗渠形式。

9.7.2.2 东大河至民勤蔡旗专用输水渠

东大河至民勤蔡旗专用输水渠的任务是从东大河直接向民勤蔡旗断面输水，年输水量 3 072 万 m^3，专用输水渠全长 83 km。渠线上段全长 47 km，主要结合改扩建现状灌溉渠道布置。下段新建长 36 km 渠道至蔡旗断面。渠道断面形式以明渠为主。

9.7.2.3 景电民调渠下段河道整治工程

为确保进入民勤盆地的地表水量和地下水位的持续稳定回升，同时也为了降低对民勤而言的用水成本，规划初步分析比较了河道整治和延伸景电二期向民勤调水渠两种方案，本次规划推荐河道整治方案。现状景电二期向民勤调水工程的尾段于长城乡进入河道，利用天然河道输水长度约 60 km，输水效率约 0.7，输水损失大，为提高输水效率，规划对 42 km 河道实施裁弯取直、河岸护砌整治。

9.7.2.4 东大河、西大河至金川峡输水渠改建工程

东大河、西大河至金川峡输水渠承担东大河和西大河向金川区的配水任务。该渠道已经建成并运行多年，纵坡较陡，有兴建渠道电站的水力条件，目前渠道沿线部分电站正在开发建设，此两条输水渠的改建任务结合电站开发实施，本次规划不计列投资。

9.7.3 灌区节水改造工程

流域各灌区骨干工程大部分建于 20 世纪 60 ~ 70 年代，渠系建筑物不配套，老化失修严重，输水损失大。田间灌水技术粗放，地块大，平整度差，漫灌普遍，浪费水的现象严重，

水资源利用效率和效益低。因此,必须全面实施灌区节水改造,把节水重点放在田间,制度建设和高新技术节水并举,制度建设优先,这是降低水资源需求量,实现流域治理目标的核心。

灌区节水改造包括干支渠改造、田间灌水模式改造和节水农艺技术研究推广等部分。干支渠改造依据灌区实际情况,除严重变形、运行危险的渠段实施拆除重建外,主要以套衬或局部整修为主,同时全面配套建设支(斗)口计量设施。田间灌水模式较多,主要有滴灌、喷管、管灌、畦灌等。根据流域高效节水灌溉模式试验推广的经验与教训,以及流域不同地区适宜种植的作物品种,结合种植结构调整的总体布局,本次规划选定田间节水灌溉模式主要为滴灌、管灌、畦灌三种。实施时应结合农民的具体喜好、种植作物、接受程度、效益指标、管理水平等,与农民群众协商选定既能实现节水目标、农民群众又乐于接受的农艺措施和灌溉模式。

在已开展的灌区节水改造工程的基础上,规划到2020年,改造干支渠1 658.45 km,其中总干渠107.9 km,干渠395.84 km,支渠1 154.71 km,同时对杂木河渠首溢流堰、闸室、消力设施、上下游护岸等改造建设。田间节水改造面积275.27万亩,实施强化节水方案,规划安排渠灌185.85万亩,占田间节水改造总面积的67.52%;管灌27.25万亩,占总面积的9.90%;温棚滴灌27.65万亩,占总面积的10.04%;大田滴灌34.52万亩,占总面积的12.54%。全流域大田和温棚滴灌面积合计占总灌溉面积22.58%,其中民勤盆地两项滴灌面积占盆地总灌溉面积的49%,六河中游占15%。

为落实2010年流域水资源配置方案,实现抢救民勤绿洲、修复中游生态的治理目标,应优先在2010年以前安排实施六河水系所属的西营、杂木、金塔、清源、环河、金羊、永昌以及红崖山灌区的节水改造工程;为实现2020年流域水资源配置方案和治理目标,在2011~2020年期间,前5年安排东大河、黄羊、古浪、清河灌区的节水改造工程,后5年安排西河、四坝、金川、昌宁灌区的节水改造及杂木河引水渠首改扩建工程。

规划灌区节水改造工程安排见表9-36。按县区、灌区分别统计节水改造工程见表9-37。

表9-36 灌区节水改造工程规划安排

项目		骨干工程(km)			田间工程(万亩)				
		总干渠	干渠	支渠	渠灌	管灌	温棚滴灌	大田滴灌	合计
合计		141.10	521.59	1 211.94	214.73	32.90	27.65	35.31	310.59
已完成节水改造		33.20	125.75	57.23	28.88	5.65	0	0.79	35.32
规划节水改造	小计	107.90	395.84	1 154.71	185.85	27.25	27.65	34.52	275.27
	2006~2010年	60.11	211.73	606.26	107.60	19.93	20.53	31.17	179.23
	2011~2020年	47.79	184.11	548.45	78.25	7.32	7.12	3.35	96.04

表 9-37 各灌区节水改造工程统计

县(区)		灌区	骨干工程				田间工程				
			总干渠（km）	干渠（km）	支渠（km）	合计（km）	渠灌（万亩）	管灌（万亩）	大田滴灌（万亩）	温棚滴灌（万亩）	合计（万亩）
金昌市	合计		14.09	117.50	405.66	537.25	37.78	7.02	1.67	2.88	49.35
金昌市	永昌县	小计	13.25	107.58	378.83	499.66	30.49	3.01	1.12	1.88	36.50
金昌市	永昌县	西河	0.20	33.81	150.00	184.01	9.64	0	0	0.62	10.26
金昌市	永昌县	四坝	7.56	38.55	80.83	126.94	4.92	0.80	0.30	0.30	6.32
金昌市	永昌县	东河	5.49	35.22	148.00	188.71	9.08	0.44	0.50	0.50	10.52
金昌市	永昌县	清河					6.85	1.77	0.32	0.46	9.40
金昌市	金川区	金川	0.84	9.92	26.83	37.59	7.29	4.01	0.55	1.00	12.85
武威市	凉州区	小计	32.52	117.36	334.98	484.86	99.75	14.78	9.96	17.12	141.61
武威市	凉州区	西营	10.90	13.30	118.74	142.94	26.26	1.58	0.50	3.32	31.66
武威市	凉州区	金塔	4.00	22.00	69.69	95.69	10.40	0.80	0.50	1.98	13.68
武威市	凉州区	杂木	9.22	48.95	124.26	182.43	24.75	0.40	0.40	2.91	28.46
武威市	凉州区	黄羊	8.40	33.11	22.29	63.80	20.82	0	1.45	1.75	24.02
武威市	凉州区	清源					6.26	5.00	2.38	2.38	16.02
武威市	凉州区	金羊					4.05	3.00	2.36	2.36	11.77
武威市	凉州区	永昌					7.21	4.00	2.37	2.42	16.00
武威市	民勤县	小计	35.99	127.48	293.57	457.04	25.01	5.45	22.89	5.38	58.73
武威市	民勤县	红崖山	35.99	127.48	293.57	457.04	22.80	2.50	22.46	5.00	52.76
武威市	民勤县	昌宁					1.33	0.30	0.23	0.23	2.09
武威市	民勤县	环河					0.88	2.65	0.20	0.15	3.88
武威市	古浪县	小计	25.30	33.50	120.50	179.30	23.32	0	0	2.26	25.58
武威市	古浪县	古浪	7.00	29.30	85.50	121.80	20.90	0	0	1.83	22.73
武威市	古浪县	古丰	18.30	4.20	35.00	57.50	2.42	0	0	0.43	2.85
总计			107.90	395.84	1 154.71	1 658.45	185.85	27.25	34.52	27.64	275.27

通过以上灌区节水改造工程的实施、产业结构的调整、大面积推广高效节水灌溉、改变传统的耕作习惯和灌溉方式、积极推行非充分灌溉等措施，使全流域综合灌溉净定额由现状的 377 m^3/亩，2010 年降至 307 m^3/亩，到 2020 年降至 290 m^3/亩，全流域的灌溉水利用系数由现状的 0.52，2010 年提高到 0.57，到 2020 年提高到 0.64。

9.7.4 生态建设与保护工程

9.7.4.1 祁连山区生态建设与保护工程

上游祁连山区生态建设与保护工程主要包括退耕还林还草、林草地封育保护和生态监测体系建设等。规划完成生态建设工程总面积36.66万亩,生态保护工程总面积66.1万亩。同时,完成相应的配套工程建设及环境监测设备改造、人员培训等。确保上游保护水源涵养林治理目标的实现。

9.7.4.2 民勤盆地生态建设与保护工程

为使民勤盆地生态恶化趋势得到有效遏制,规划建设人工绿洲基本生态体系和北部荒漠绿洲过渡带生态缓冲功能区。人工绿洲基本生态体系包括农田防护林网和紧邻灌区北部的防风固沙林带两部分。同时,实施生态保护工程,主要任务包括民勤湖区和昌宁盆地退耕封育、恢复荒漠植被等。具体建设内容:完善绿洲内部农田防护林网体系和北部防风固沙林网体系16.8万亩,林草地封育保护和北部荒漠绿洲过渡带生态缓冲功能区建设96.5万亩,工程治沙6万亩。同时,完成相应的配套工程建设及环境监测设备改造、人员培训等。通过综合治理措施,使民勤盆地绿洲规模稳定在1 000 km^2 左右,实现抢救民勤、稳定绿洲的治理目标。

9.7.4.3 生态移民

1)民勤盆地生态移民

石羊河流域尾闾的民勤湖区,现状地下水矿化度普遍在3 g/L以上,局部地区高达10 g/L,地下水不但不能饮用,而且大部分地区无法用于灌溉,近10年来,已有2.65万人举家外迁,流离失所,沦为生态难民。这一地区现有居民近3万人,生存条件比较恶劣,生活困难。规划对此部分居民中生存条件恶劣,生存成本高的10 500人实施生态移民,规划在省农垦集团所属农场安置。

省农垦集团所属农场现状人均灌溉面积均在5亩以上,水土资源条件较好,具有安置移民的条件。根据甘肃省人民政府办公厅《关于农垦企业改革有关问题的会议纪要》(甘改办纪[2006]8号)精神,省农垦集团公司在2006~2008年的3年内,从其所属农场中调整出集中连片的3万亩灌溉面积(每年1万亩),用于安置石羊河流域生态移民。本次规划在省农垦集团所属的酒泉建筑公司七道沟分场、小宛农场等处安置民勤生态移民。同时引导、鼓励农民通过劳务输出等多种渠道移民,改善自身的生产生活条件。

生态移民工程实施后,对湖区北部约5万亩灌溉农田封育保护,逐步恢复荒漠植被,估算可减少该区域耗用水量约2 000万 m^3,有利于地下水位的逐步回升,有利于天然荒漠植被的恢复,有利于实现抢救民勤绿洲的治理目标。同时,为此部分群众脱贫致富奔小康创造条件。

2)祁连山区生态移民

祁连山水源涵养林区,随着农牧民人口日益增长,过度放牧、过度砍伐、过度垦殖,加上开矿掘金等人类活动,植被破坏严重。为使山区水源涵养能力得到修复,有必要对水源涵养林核心区的人口实施生态移民搬迁。依据调查分析,祁连山区需要移民安置人口13 500人,其中古浪县3 500人,天祝县4 000人,凉州区3 500人,永昌县2 000人,肃南县皇城区500人。

祁连山区移民规划在2011~2020年实施安置。古浪县、肃南县移民,初步规划全部为县内安置,其中肃南县为县内城镇移民。永昌县、天祝县、凉州区移民,初步规划主要在省农垦集团公司所属农场安置。

9.7.4.4 开展农村能源建设

石羊河流域平原区属于太阳能资源丰富区,年日照时数为2 900~3 000 h,非常适宜发展太阳能利用项目;流域内种植业和养殖业十分发达,有着丰富的薪柴畜粪和秸秆资源,适宜发展大中型沼气项目。从2000年起,国家加大了对农村可再生能源的支持力度,甘肃省先后实施了"生态家园富民计划"项目、"农村小型公益设施建设补助资金农村能源"项目、农村沼气建设(国债)项目等。截至2005年底,石羊河流域武威市推广用沼气池累计达到4 887户,推广太阳灶16 538台;金昌市推广用沼气池累计达到1 467户,推广太阳灶1 620台。农村能源综合建设已初见成效。"十一五"期间,石羊河流域要根据农业部农村可再生能源建设项目总体部署,按照《甘肃省农业发展"十一五"规划》,推广、普及太阳能和沼气等生态环保型能源建设,提高能源利用效率,建设节约型社会,大力推进农村能源建设,优化农村能源结构,为农业增效、农民增收和改善农民生活条件及保护生态环境发挥积极作用。

9.7.5 水资源保护

9.7.5.1 水功能区划

水功能区划分按照二级分类。一级分类区可划分为水源保护区、保留区、开发利用区和缓冲区4个功能区。二级分类区是将一级分类区中的开发利用区划分为饮用水源区、工业用水区、农业用水区、景观娱乐用水区、过渡区和排污控制区等7个功能区。

流域一级水功能区河流数10个,总区划河长872 km,河段数17个,其中保护区河段数7个,开发区河段数10个;二级水功能区河流数10个,河段数10个,总区划河长622.1 km,工农业用水区2个,排污控制区1个,农业用水区7个。区划结果见表9-38、表9-39。

9.7.5.2 2010水平年水质目标

(1)集中式城镇供水水源地:水质达到Ⅱ、Ⅲ类水质标准。

(2)流域内重点排污口实现达标排放;使河流水质改善,全流域达到规划功能区水质目标。

(3)城市重要供水水源地水质达标率90%以上,城市供水水源保证率不低于95%。

控制指标:根据流域污染物的特点,规划统一采用化学需氧量(COD)、氨氮(NH_3-N)作为污染物必控指标,一些明显富营养化的水域,可增加反映该水体污染特性的其他指标。

9.7.5.3 保护措施

1)污染物总量控制

为实现功能区水质目标,应严格实施入河污染物总量控制制度。

a.功能区入河污染物总量控制方案

各功能区入河污染物总量控制方案,是根据各功能区允许纳污量与现状入河量相互对比来确定的。当现状入河量小于或等于该功能区允许纳污量时,将现状入河量作为该功能区入河污染物控制总量;当现状入河量大于该功能区允许纳污量时,则将该功能区允许纳污量作为其入河污染物控制总量。与2010年以前治理工程相关的各功能区入河污染物控制总量及削减量见表9-40。

表 9-38　石羊河流域水功能一级区划结果

水功能一级区名称	范围		长度（km）	水质现状	水质目标	区划依据
	起始断面	终止断面				
石羊河武威民勤开发利用区	武威	红崖山水库	60	Ⅴ	Ⅲ	农业用水
西大河肃南源头水保护区	源头	西大河水库	33	Ⅱ	Ⅱ	源头水
西大河肃南金昌开发利用水区	西大河水库	北海子	91	Ⅲ	Ⅲ	农业用水
金川河金昌保护区	金川峡水文站	阴山坡	20	Ⅲ	Ⅲ	城市生活供水
金川河金昌市开发利用区	阴山坡	东湾	24	Ⅳ	Ⅳ	农业用水
东大河肃南源头水保护区	源头	皇城水库	47.4	Ⅱ	Ⅱ	城市生活供水
东大河肃南金昌开发利用区	皇城水库	金山	85.6	Ⅱ	Ⅱ	农业用水
西营河肃南源头水保护区	源头	铧尖	47.5	Ⅱ	Ⅱ	源头水
西营河肃南武威开发利用区	铧尖	入石羊河口	76.5	Ⅱ	Ⅱ	农业用水
金塔河武威源头水保护区	源头	南营水库	50	Ⅱ	Ⅱ	城市生活供水
金塔河武威开发利用区	南营水库	入石羊河口	52	Ⅲ	Ⅲ	农业用水
杂木河天祝源头水保护区	源头	毛藏寺	20	Ⅱ	Ⅱ	源头水
杂木河武威开发利用区	毛藏寺	武南	60	Ⅲ	Ⅲ	农业用水
黄羊河天祝源头水保护区	源头	哈溪镇	32	Ⅱ	Ⅱ	源头水
黄羊河武威市开发利用区	哈溪镇	赵家庄	45	Ⅲ	Ⅲ	农业用水
古浪河天祝古浪开发利用区	源头	永丰堡	80	Ⅲ	Ⅲ	农业用水
大靖河古浪开发利用区	源头	大靖	48	Ⅳ	Ⅳ	农业用水

b. 排污口入河污染物总量控制方案

按照功能区污染物总量控制目标要求，对功能区各入河排污口、支流口按权重进行总量分配，计算各入河排污口、支流口相应的削减量。17 个功能区共有入河排污口 16 个，其中 10 个入河排污口需要对 COD、氨氮排放量进行削减。

c. 入河污染物总量控制成果分析

流域现状 COD 入河总量为 7 048.2 t/a，氨氮现状入河总量为 738.1 t/a。2010 水平年 COD 入河污染物控制总量为 1 143.5 t/a，削减量为 5 904.7 t/a，削减率为 83.8%；氨氮入河污染物控制总量为 48.8 t/a，削减量为 689.3 t/a，削减率为 93.4%。

COD 入河量主要集中在凉州区，氨氮入河量主要集中在金川区，COD、氨氮入河量已远远超出水体的承受能力，必须加大治污力度，才能满足总量控制的要求。

表9-39　石羊河流域水功能二级区划结果

水功能二级区名称	范围		长度(km)	水质现状	水质目标	区划依据
	起始断面	终止断面				
石羊河武威民勤农业用水区	武威	红崖山水库	60	Ⅴ	Ⅲ	农业用水
西大河肃南金昌农业工业用水区	西大河水库	金川峡水文站	91	Ⅲ	Ⅲ	农业用水
金川河金昌排污控制区	河西堡	东湾	24	Ⅴ	Ⅳ	工农业用水
东大河肃南金昌农业工业用水区	皇城水库	金山	85.6	Ⅱ	Ⅱ	农业用水
西营河肃南武威农业用水区	铧尖	入石羊河口	76.5	Ⅱ	Ⅱ	农业用水
金塔河武威农业用水区	南营水库	入石羊河	52	Ⅲ	Ⅲ	农业用水
杂木河武威农业用水区	毛藏寺	武南	60	Ⅲ	Ⅲ	农业用水
黄羊河武威市农业用水区	哈溪镇	赵家庄	45	Ⅲ	Ⅲ	农业用水
古浪河天祝古浪农业用水区	源头	永丰堡	80	Ⅲ	Ⅲ	农业用水
大靖河古浪农业用水区	源头	大靖	48	Ⅳ	Ⅳ	农业用水

表9-40　与2010年以前治理工程相关的水功能区入河污染物控制总量及削减量

水功能区		水平年	年COD量(t)			年氨氮量(t)		
一级	二级		入河量	入河控制量	入河削减量	入河量	入河控制量	入河削减量
石羊河武威民勤开发利用区	石羊河武威民勤农业用水区	2003	6 982.8	1 078.1	5 904.7	731.3	42	689.3
		2010	1 078.1	1 078.1	0	42	42	0
西营河肃南武威开发利用区	西营河肃南武威农业用水区	2003	55.8	55.8	0	6.8	6.8	0
		2010	55.8	55.8	0	6.8	6.8	0
杂木河武威市开发利用区	杂木河武威农业用水区	2003	9.6	9.6	0	0	0	0
		2010	9.6	9.6	0	0	0	0
合计		2003	7 048.2	1 143.5	5 904.7	738.1	48.8	689.3
		2010	1 143.5	1 143.5	0	48.8	48.8	0

2)依法治水、强化管理

结合石羊河流域实际，制定石羊河流域水污染防治和水资源管理办法，使石羊河污染防治有法可依，加大水污染防治力度。重点要关闭产品质量低劣、浪费资源、污染严重、危及人民群众健康的“15小”和“新5小”企业，淘汰落后生产设备、技术和工艺。逐步实行排污许可证制度，以此对企业排污行为实行动态管理、总量控制，达到严格控制污染、确保环境质量的目标。加强宣传教育，提高全社会环境意识，形成法律监督、公众监督、媒体舆论监督配合联动的监督机制，使全社会都来关心环境保护。

3)治理工程措施

按照“谁污染、谁治理”的原则,采取多渠道筹集资金,加大污水处理设施建设的力度。

目前,武威市和金昌市污水处理厂已经建成,处理能力分别为9万t/d和8万t/d。根据甘肃省编制且已经中咨公司现场评审的《甘肃省城镇污水处理及再生利用设施建设规划初步方案》,石羊河流域待建的污水处理厂有民勤、古浪、永昌城区及永昌河西堡镇等4座,设计污水处理能力分别为1万t/d、0.5万t/d、1万t/d和3万t/d。据此,规划2010年,武威市污水集中处理能力将达到3 832万t/a,其中凉州区3 285万t/a,民勤县365万t/a,古浪县182万t/a;金昌市污水集中处理能力将达到4 380万t/a,其中金川区2 920万t/a,永昌县365万t/a,永昌河西堡镇1 095万t/a。

石羊河流域是我国干旱内陆河区人口密度最大、水资源供需矛盾最为突出,也是受人类活动影响生态环境恶化最为严重的流域之一。位于石羊河下游的民勤盆地,赖以生存的绿洲已面临或部分进入崩溃的边缘。民勤绿洲的消亡,将会危及中游绿洲甚至河西走廊大通道的安全,绿色走廊将有可能被沙漠阻隔,这必然会影响到整个西部少数民族地区的健康发展与稳定,关系国家发展和各民族和谐相处的长远大计。加强石羊河流域重点治理,抢救民勤,不仅具有维持绿洲对当代人民供养能力的急迫的现实意义,而且还具有关乎西部稳定与发展的深远历史意义。

石羊河流域特别是下游民勤的生态环境问题备受社会所关注,加强石羊河流域治理广为人们所认同。坚持以人为本,全面、协调的可持续发展观,按照构建社会主义和谐社会和人与自然协调发展的要求,根据流域的水资源条件及承载能力,统筹协调流域经济社会发展,调整产业结构,合理配置资源,加强流域管理和综合治理,保护水资源,提高流域的承载能力,才能不断改进生产、生活条件,逐步改善生态环境,确保民勤不会成为第二个“罗布泊”,以水资源可持续利用保障流域经济社会可持续发展。

石羊河流域重点治理,必须以全面建设节水型社会为主线,以生态环境保护为根本,以水资源的合理配置、节约和保护为核心,以人与自然和谐相处、经济社会可持续发展为最终目标,大力调整产业结构,转变发展模式,转变耕作习惯,转变用水方式,提高水资源利用效率和效益。实施水资源配置保障工程、灌区节水改造工程、生态移民工程,以及加强水污染治理和水资源管理等各项措施进行综合治理。发挥中央和地方各级政府的作用,调动流域广大人民群众的积极性,加强流域管理和部门协调,发扬艰苦奋斗精神,经过4~5年或更长时间的重点治理,使民勤生态恶化趋势得到有效遏制。在此基础上,再经过不懈的艰苦努力,使民勤生态系统逐渐好转,使中游生态环境持续得到修复,为最终实现流域水资源可持续利用、经济社会可持续发展、人水和谐、全面建设小康社会的美好愿景打下坚实的基础。

参考文献

[1] 张国良.中国水情分析研究报告文集[R].北京:中国水利水电出版社,2003.
[2] 袁弘任.水资源保护及立法[M].北京:中国水利水电出版社,2002.
[3] 薛禹群.地下水动力学[M].北京:地质出版社,1997.
[4] 徐恒力.水资源开发与保护[M].北京:地质出版社,2001.
[5] 张衡平.中华人民共和国水法实施手册[M].黑龙江:黑龙江人民出版社,2002.
[6] 黄修桥,李英能.节水灌溉的三个体系[J].节水灌溉,1999(1):7-10.
[7] 史晓新,朱党生,张建永.现代水资源保护规划[M].北京:化学工业出版社,2005.
[8] 刘俊民.工程地质及水文地质[M].北京:中国农业出版社,2004.
[9] 詹道江,等.水文学[M].北京:中国水利水电出版社,2001.
[10] 孙明权.水工建筑物[M].北京:中央广播电视大学出版社,2001.
[11] 蒋展鹏.环境工程学[M].北京:高等教育出版社,2003.
[12] 刘福臣.水资源开发利用工程[M].北京:化学工业出版社,2006.
[13] 叶锦昭,卢如秀.世界水资源概论[M].北京:科学出版社,1993.
[14] 施嘉炀.水资源综合利用[M].北京:中国水利水电出版社,1996.
[15] 翁焕新.城市水资源控制与管理[M].杭州:浙江大学出版社,1998.
[16] 中华人民共和国建设部.GB 50318—2000 城市排水工程规划规范[S].北京:中国建筑工业出版社,2001.
[17] 孙慧修.排水工程(上册)[M].4版.北京:中国建筑工业出版社,1999.
[18] 钱正英,张光斗.中国可持续发展水资源战略研究综合报告及各专题报告[R].北京:中国水利水电出版社,2001.
[19] 崔玉川,崔建国,梁月花,等.城市与工业节约用水手册[M].北京:化学工业出版社,2002.
[20] 中华人民共和国国家质量监督检验局,中国国家标准化管理委员会.GB/T 7119—2006 节水型企业评价导则[S].北京:中国标准出版社,2006.
[21] 何俊仕,林洪孝.水资源概论[M].北京:中国农业大学出版社,2006.
[22] 任树梅.水资源保护[M].北京:中国水利水电出版社,2003.
[23] 谢新民,张海庆,等.水资源评价及可持续利用规划理论与实践[M].郑州:黄河水利出版社,2003.
[24] 蒋辉,等.专门水文地质学[M].北京:地质出版社,2007.
[25] 黄君礼.水分析化学[M].3版.北京:中国建筑工业出版社,2007.
[26] 李广贺.水资源利用与保护[M].2版.北京:中国建筑工业出版社,2010.
[27] 左其亭,窦明,马军霞.水资源学教程[M].北京:中国水利水电出版社,2008.
[28] 张凯.水资源循环经济理论与技术[M].北京:科学出版社,2007.
[29] 左其亭,王中根.现代水文学[M].2版.郑州:黄河水利出版社,2006.
[30] 陈志恺.中国水利百科全书(水文与水资源分册)[M].北京:中国水利水电出版社,2004.
[31] 左其亭,陈曦.面向可持续发展的水资源规划与管理[M].北京:中国水利水电出版社,2003.
[32] 高健磊,吴泽宁,左其亭,等.水资源保护规划理论方法与实践[M].郑州:黄河水利出版社,2002.
[33] 王树谦,陈南祥.水资源评价与管理[M].北京:水利电力出版社,1996.
[34] 何俊仕,林洪孝.水资源规划及利用[M].北京:中国水利水电出版社,2006.
[35] 刘福臣,张桂琴,杜守建,等.水资源开发利用工程[M].北京:化学工业出版社,2006.
[36] 刘自放,张廉均,邵丕红.水资源与取水工程[M].北京:中国建筑工业出版社,2000.

[37] 董辅祥.给水水源及取水工程[M].北京:中国建筑工业出版社,1998.
[38] 宋祖诏,张思俊,詹美礼.取水工程[M].北京:中国水利水电出版社,2002.
[39] 盛海洋,孟秋立,朱殿华,等.我国地下水开发利用中的水环境问题及其对策[J].水土保持研究,2006(1):51-53.
[40] 李广贺,柳萍.水资源利用工程与管理[M].北京:清华大学出版社,1998.
[41] 郑在洲,何成达.城市水务管理[M].北京:中国水利水电出版社,2003.
[42] 关鸿滨.浅谈城市生活用水及节水[J].山西建筑,2002(5):88-89.
[43] 舒春敏.城市生活用水及其节水对策[J].内蒙古水利,2002(2):61-63.
[44] 袁宝招,陆桂华,郦建强.我国生活用水变化分析[J].水资源保护,2007(7):48-51.
[45] 董辅祥,董新东.节约用水原理及方法指南[M].北京:中国建筑工业出版社,1995.
[46] 李远华.节水灌溉理论与技术[M].武汉:武汉水利电力大学出版社,1999.
[47] 郭元裕.农田水利学[M].3版.北京:中国水利水电出版社,1997.
[48] 杜成义.灌区供水工程[M].郑州:黄河水利出版社,1999.
[49] 李远华.灌区高效用水[J].中国农村水利水电,2003(8):19-22.
[50] 康绍忠,许迪,李万红,等.关于西北旱区农业与生态节水基本理论和关键技术研究领域若干问题的思考[J].中国科学基金,2002(5):274-278.
[51] 贾大林.发展节水农业的若干问题[J].水利发展研究,2001(1):9-12.
[52] 秦大庸,于福亮,李木山.宁夏引黄灌区井渠双灌节水效果研究[J].农业工程学报,2004(2):73-77.
[53] 蒋礼平.地下水资源可持续利用——资源节水基本概念[M].北京:中国农业科学技术出版社,2003.
[54] 段爱旺,信乃诠,王立全.西北地区灌溉农业的节水潜力及其开发[J].中国农业科技导报,2002(4):50-55.
[55] 裴源生,张金萍,赵勇.宁夏灌区节水潜力的研究[J].水利学报,2007(2):239-243.
[56] 石秋池.关于水功能区划[J].水资源保护,2003(3):58-59.
[57] 袁弘任.水功能区划方法及实践[J].水利规划与设计,2003(2):19-24.
[58] 姜文来,韩国刚.水资源价格上限的研究[J].中国给水排水,1993(2):58-59.
[59] 左其亭,王树谦,刘廷玺.水资源利用与管理[M].郑州:黄河水利出版社,2009.
[60] 叶秉如.水资源系统优化规划和调度[M].北京:中国水利水电出版社,2001.
[61] Loucks Daniel P, Stedinger Jery R, Douglas A Haith. Water Resources Systems planning and Analysis[M]. New Jersey: Prentice Hall Inc, 1981.
[62] 黄永基,马滇珍.区域水资源供需分析方法[M].南京:河海大学出版社,1990.
[63] Loucks Daniel P, Van Beek Eelco, Stedinger Jery R, et al. Water Resources Systems Planning and Management: An Introduction to Methods, Models and Applications[M]. Paris: UNESCO, 2005.
[64] 王浩,陈敏建,秦大庸,等.西北地区水资源合理配置和承载能力研究[M].郑州:黄河水利出版社,2003.
[65] 阮本清,梁瑞驹,王浩,等.流域水资源管理[M].北京:科学出版社,2001.
[66] 陈家琦,王浩,杨小柳.水资源学[M].北京:科学出版社,2002.
[67] 冯尚友.水资源持续利用与管理导论[M].北京:科学出版社,2000.
[68] 赵斌,董增川,徐德龙.区域水资源合理配置分质供水及模型[J].人民长江,2004(2):21-22.
[69] Haimes Y Y, et al. Hierachical Multi-Objective Analysis of Large Scale Systems[M]. New York: Hemisphere Publishing Company, 1990.
[70] 董增川.水资源规划与管理[M].北京:中国水利水电出版社,2008.
[71] 施嘉炀.水资源综合利用[M].北京:中国水利水电出版社,1996.
[72] Gao Jianen, Gu Binjie, L BIN. The: Representive Patterns of Rainwater Catchment Utilization (RWCU) and

Their Economical Analysis. Proceeding of Chinese-Israel Bilateral Workshop of Water Saving Agriculture [M]. 北京:中国水利水电出版社,2001.
[73] 高建恩,汪岗. 西北黄土高原水资源开发中的泥沙问题与雨水利用[M]. 乌鲁木齐:新疆人民出版社,2000.
[74] 付国岩. 雨水积蓄利用工程蓄水设施容积计算[J]. 防渗技术,1999(3):11-13.
[75] 李少斌. 雨水集流工程中蓄水窖经济容积的计算方法[J]. 防渗技术,2000(2):16-21.
[76] 吴普特. 黄土坡地硬地面产流过程研究——山区可持续发展相关理论[M]. 北京:中国林业出版社,1997.
[77] 杨新民. 北方缺水地区雨水利用与农业发展[M]. 北京:中国水利水电出版社,2001.
[78] 黄占斌,山仑,张岁岐,等. 雨水集流与水土保持和农业的持续发展[J]. 水土保持通报,1997(1):54-64.
[79] 张正斌,黄占斌,张富,等. 汇集雨水补灌农技措施研究初报[J]. 水土保持通报,1998(4):27-30.
[80] 吴普特,黄占斌,等. 人工汇集雨水利用技术与研究[M]. 郑州:黄河水利出版社,2002.
[81] 国家防汛抗旱总指挥部办公室,等. 中国水旱灾害[M]. 北京:中国水利水电出版社,1997.
[82] 黄河流域及西北片水旱灾害编委会. 黄河流域水旱灾害[M]. 郑州:黄河水利出版社,1996.
[83] 杜一. 灾害与灾害经济[M]. 北京:中国城市经济社会出版社,1988.
[84] 国家统计局综合司. 历史统计资料汇编(1949—1989 年)[G]. 北京:中国统计出版社,1990.
[85] 国家统计局. 中国统计年鉴(1993)[G]. 北京:中国统计出版社,1994.
[86] 国家统计局. 中国统计年鉴(1997)[G]. 北京:中国统计出版社,1998.
[87] 国家统计局. 中国统计年鉴(1998)[G]. 北京:中国统计出版社,1999.
[88] 中国科学院可持续发展研究组. 中国可持续发展战略报告[R]. 北京:科学出版社,1999.
[89] 矫勇. 浅谈水资源管理中的资源配置[J]. 中国水利,2002(11):34-36.
[90] 中共中央宣传部教育司,水利部办公厅. 水资源问题与对策[M]. 北京:学习出版社,2002.
[91] 国家环保总局污染控制司. 中国环境污染控制对策[M]. 北京:中国环境科学出版社,1998.
[92] 许自达,关业祥. 洪涝灾害对策及其效益评估[M]. 南京:海河大学出版社,1997.
[93] 水利部规划计划司. 水利可持续发展战略研究[M]. 北京:中国水利水电出版社. 2004.
[94] 郭廷辅. 中国水土保持成就与展望[J]. 水利水电科技进展,1997(4):7-10.
[95] 倪晋仁,王兆印,王光谦. 江河泥沙灾害形成机理及其防治研究[J]. 中国科学基金,1999(5):284-287.
[96] 徐乾清. 对未来防洪减灾形势和对策的一些思考[J]. 水科学进展,1999(3):235-241.
[97] 赵文林. 黄河泥沙[M]. 郑州:黄河水利出版社,1996.
[98] 中国水利学会泥沙专业委员会. 泥沙手册[M]. 北京:中国环境科学出版社,1989.
[99] 周立华,樊胜岳. 对沙漠化成因机制和治理途径的思考[J]. 中国环保产业,2000(4):30-31.
[100] Atef Handy. General Advancement of Research on Saline Irrigation Practices and Management[J]. 农业工程学报,1993.
[101] 安永会,张福存,姚秀菊. 黄河三角洲水土盐形成演化与分布特征[J]. 地球与环境,2006(3):65-70.
[102] 陈邦本,陈效民,方明,等. 江苏滨海地区回归水灌溉对土壤碱化可能性的探讨[J]. 土壤通报,1987(5):3-5.
[103] 丁宏伟,张举. 河西走廊地下水水化学特征及其演化规律[J]. 干旱区研究,2005(1):24-28.
[104] 郭永辰. 咸水与淡水联合运用的策略[J]. 农田水利与小水电,1992(6):15-18.
[105] 李文鹏. 甘肃省民勤盆地深层淡水及表层咸水成因[J]. 地质论评,1991(6):546-554.
[106] 李文鹏,郝爱兵. 中国西北内陆干旱盆地地下水形成演化模式及其意义[J]. 水文地质工程地质,1999(4):28-32.

[107] 蔺海明. 旱地农业区对咸水灌溉的研究与应用[J]. 世界农业,1996(2):45-47.
[108] 刘福汉. 咸水的田间灌溉实践及措施[J]. 灌溉排水,1990(2):60-62.
[109] 刘平贵,李雪菊. 黄土高原缺水区河谷冲积层潜水及其供水意义[J]. 地下水,2001(1):39-42.
[110] 马春花. 灌溉用水质量的化学评价概述[J]. 灌溉排水,1997(2):57-60.
[111] 乔玉辉. 微咸水灌溉对盐渍化地区冬小麦生长影响与土壤环境效应[J]. 土壤肥料,1999(4):11-14.
[112] 石培泽,马金珠,赵华. 民勤盆地地下水地球化学演化模拟[J]. 干旱区地理,2004(3):305-309.
[113] 宋保平,方正. 上海地区第四系地下水流系统特征[J]. 石家庄师范专科学校学报,2004(6):57-61.
[114] 尉宝龙,刑黎明,牛豪震. 咸水灌溉试验研究[J]. 人民黄河,1997(9):28-31.
[115] 许迪. 咸水灌溉[J]. 农田水利与小水电,1988(8):27-30.
[116] 郑九华,于开芹,张立河. 咸水灌溉[M]. 北京:中国水利水电出版社,2010.
[117] 全达人. 地下水利用[M]. 3 版. 北京:中国水利水电出版社,1996.
[118] 麻效祯. 地下水开发与利用[M]. 北京:中国水利水电出版社,1999.
[119] 周维博,施桐林,杨路华. 地下水利用[M]. 北京:中国水利水电出版社,1996.
[120] 张元禧,施鑫源. 地下水文学[M]. 北京:中国水利水电出版社,1998.
[121] 张蔚榛. 地下水非稳定流计算和地下水资源评价[M]. 北京:科学出版社,1983.
[122] 张蔚榛,沈荣开. 地下水文与地下水调控[M]. 北京:中国水利水电出版社,1998.
[123] 陈崇希,林敏合. 地下水动力学[M]. 武汉:中国地质大学出版社,1999.
[124] 中华人民共和国水利部. SL 256—2000 机井技术规范[S]. 北京:中国水利水电出版社,2000.
[125] 中华人民共和国环保总局. HJ/T 164—2004 地下水环境监测规范[S]. 北京:中国环境科学出版社,2004.
[126] 中华人民共和国水利部. SL 183—2005 地下水监测规范[S]. 北京:中国水利水电出社,2005.
[127] 张永波,时红,王玉和. 地下水环境保护与污染控制[M]. 北京:中国环境科学出版社,2003.
[128] 郭占荣,刘花台,朱延华. 论西北地区地下水的开发利用与保护[J]. 水利学报,2001(6):37-40.
[129] 王金生,王长申,腾彦国. 地下水可持续开采量评价方法综述[J]. 水利学报,2006(5):525-533.
[130] 马振民,武强,付守会. 地下水资源可持续利用管理模型研究[J]. 水利学报,2004(9):63-67.
[131] 魏加华,王光谦,李慈君,等. 地下水地理信息系统设计与实现[J]. 水利学报,2003(11):59-63.
[132] 孙承志. 干旱地区地下水资源开发应用研究[D]. 北京:中国地质大学,2007.
[133] 虎胆·图马尔白,杨路华,史海滨. 地下水利用[M]. 4 版. 北京:中国水利水电出版社,2008.
[134] 广西水旱灾害编委会. 广西水旱灾害及减灾对策[M]. 南宁:广西人民出版社,1997.
[135] 黄威廉,等. 贵州植被[M]. 贵阳:贵州人民出版社,1988.
[136] 李吉均. 中国西部冰川与环境[M]. 北京:科学出版社,1991.
[137] 任美锷,包浩生. 中国自然区域及开发整治[M]. 北京:科学出版社,1992.
[138] 杨明德. 论贵州岩溶水赋存的地貌规律性[J]. 中国岩溶,1982(2):81-91.
[139] 中国科学院青藏高原综合科学考察队. 西藏第四纪地质[M]. 北京:科学出版社,1983.
[140] 邹成杰,等. 水利水电岩溶工程地质[M]. 北京:水利电力出版社,1994.
[141] 张宗祜,卢耀如. 中国西部地区水资源开发利用[M]. 北京:中国水利水电出版社,2002.
[142] 朱铁铮. 20 世纪中国河流水电规划[M]. 北京:中国电力出版社,2002.
[143] 虞锦江,等. 水电能源学[M]. 武汉:华中工学院出版社,1987.
[144] 余铭正,孟宪生. 水电规划与管理[M]. 北京:水利电力出版社,1994.
[145] 朱成章. 世界水能资源和水电开发[J]. 贵州水力发电,2002(4):1-5.
[146] 李世东. 中国的水力资源和水电发展政策[M]. 北京:中国电力出版社,2000.
[147] 关志华. 我国西部丰富的水能资源亟待大力开发[J]. 科学对社会的影响,2000(3):30-33.
[148] 刘俊峰,王克明. 长江黄河上游水能资源优化调度探讨[J]. 人民长江,1999,30(12):45-47.

[149] 周新光. 黄河上游水电开发探讨[J]. 西北水力发电,2002(3):1-3.
[150] 中华人民共和国水利部. 农村水电技术现代化指导意见[J]. 农村水电及电气化经济信息,2003(6):3-7.
[151] 刘维东. 小流域小水电梯级开发的探讨[J]. 小水电,2003(4):7-8.
[152] 黄明,付自龙. 我国小水电发展与政策保障[J]. 中国水利,2001(10):74-75.
[153] 张超,陈武. 关于我国 2050 年水电能源发展战略的思考[J]. 北京理工大学学报:社会科学版,2002(B10):63-66.
[154] 赵纯厚,朱振宏,周端庄. 世界江河与大坝[M]. 北京:中国水利水电出版社,2000.
[155] 杨立信,等. 国外调水工程[M]. 北京:中国水利水电出版社,2003.
[156] Fereidoun Ghassemi,Ian White. Interbasin Water Transfer:Case Studies from Australia,United States,Canada,China and India[M]. Cambridge University Press,2007.
[157] 叶锦昭,卢如秀. 世界水资源概论[M]. 北京:科学出版社,1993.
[158] 袁少军,郭恺丽. 美国加利福尼亚州调水工程综述[J]. 水利水电快报,2005(10):9-14.
[159] 胡甲均. 加拿大水资源管理经验及其对新阶段治江工作的借鉴意义[J]. 水利水电快报,2006(23):5-10.
[160] Overhoff G. 大型输水系统对巴伐利亚州环境的影响[J]. 水利水电快报,2002(4):14-17.
[161] 胡卫东. 印度水资源开发的成就[J]. 水利水电快报,1999(13):21-23.
[162] 李运辉,陈献耘,沈艳忱. 印度萨达尔萨罗瓦调水工程[J]. 水利发展研究,2003(5):49-52.
[163] 魏昌林. 巴基斯坦的西水东调工程[J]. 世界农业,2001(6):26-28.
[164]李运辉,陈献耘,沈艳忱. 巴基斯坦西水东调工程[J]. 水科学发展,2003(1):56-58.
[165]魏昌林. 澳大利亚雪山调水工程[J]. 世界农业,2001(11):29-31.
[166] Geoff Wright. Interbasin Water Transfers:The Australian Experience with the Snowy Mountains Scheme. In:Interbasin Water Transfer,Proceedings of the International Workshop[M]. Paris:UUESCO,1999.
[167] 王光谦,等. 世界调水工程[M]. 北京:科学出版社,2009.
[168] 陈昌毓. 河西走廊实际水资源及其确定的适宜绿洲和农田面积[J]. 干旱区资源与环境,1995(3):122-128.
[169] 冯尚友. 水资源可持续利用与管理导论[M]. 北京:科学出版社,2000.
[170] 甘泓,王浩,罗尧增,等. 水资源需求管理——水利现代化的重要内容[J]. 中国水利,2002(10):68-70.
[171] 韩守江,侯春艳,东迎新. 关于水环境和水环境问题的思考[J]. 哈尔滨师范大学自然科学学报,2000(5):105-108.
[172] 何大伟. 我国的水环境管理:问题与对策[J]. 科技导报,1999(8):58-60.
[173] 布里斯科. 水资源管理的筹资[J]. 水利水电快报,2000(4):28-31.
[174] 姜文来. 水资源价值论[M]. 北京:科学出版社,1999.
[175] 姜文来,唐曲,雷波,等. 水资源管理学导论[M]. 北京:化学工业出版社,2005.